AF509594

2591-80. — Corbeil. Typ. et stér. Crète.

HISTOIRE NATURELLE

DES

POISSONS DE LA FRANCE

PAR

LE DR ÉMILE MOREAU

Avec 220 figures dessinées d'après nature.

TOME DEUXIÈME

PARIS

G. MASSON, ÉDITEUR

LIBRAIRE DE L'ACADÉMIE DE MÉDECINE

120, Boulevard Saint-Germain, en face de l'Ecole de Médecine

M DCCC LXXXI

HISTOIRE NATURELLE

DES POISSONS

* * *

SECTION DES POISSONS OSSEUX ou ICHTHYOSTÉS
ICHTHYOSTEI

Syn. : Téléostéens, *Teleostei*. J. Müller

Les Poissons osseux ont un squelette interne plus ou moins solidifié par le dépôt de sels calcaires, montrant même assez souvent de véritables ostéoplastes. Ordinairement les diverses parties de l'endosquelette acquièrent une certaine dureté, elles sont plus ou moins compactes, mais parfois elles présentent une structure spongieuse très-lâche, et n'ont qu'une densité excessivement faible. La corde dorsale est persistante, elle est moniliforme ; la colonne rachidienne est formée de vertèbres distinctes, il arrive cependant que plusieurs des vertèbres de la région antérieure se soudent les unes aux autres, plus ou moins complétement. Le crâne est composé de pièces réunies par des sutures. Les branchies sont libres, logées dans une chambre dont la paroi externe est constituée par un appareil operculaire et par une membrane soutenue par des rayons plus ou moins nombreux. Le bulbe artériel n'est pas contractile, il a généralement deux valvules.

Corps. — Il présente les formes les plus variées. La queue

paraît symétrique. La peau est rarement nue ; elle est généralement couverte de pièces plus ou moins dures, montrant des différences très-marquées dans leur disposition et dans leur structure.

Tête. — Le squelette de la tête est constitué par des pièces nombreuses. Nous allons indiquer brièvement les os qui entrent dans la composition du crâne et dans celle de la face, puis nous vous ferons connaître une partie des muscles auxquels ils donnent insertion.

Crâne. — Il peut être divisé en quatre régions ou zones : région occipitale, région pariétale, région frontale, région ethmoïdale.

A. Région occipitale. — Dans la région postérieure du crâne il y a deux os impairs et un ou deux os pairs.

1° *Occipital inférieur* ou *basilaire*, Cuv. (n° 1), (*basisphénal, otosphénal*, Geof. Saint-Hil. ; *basioccipital*, R. Owen) ; il est l'analogue de l'apophyse basilaire des vertébrés supérieurs ; il s'articule en avant et en dessous avec le sphénoïde, en avant et en dehors avec l'alisphénoïde, latéralement et en haut avec l'occipital latéral, en arrière avec la première vertèbre par le bord de la cavité conique, qui reçoit l'extrémité de la corde dorsale.

2° *Occipital latéral*, Cuv. (n° 2), (*exoccipital*, Geof. Saint-Hil. ; R. Owen) ; il est pair. Chez le Colin, les deux os se réunissent en haut et en bas pour former la partie antérieure du canal ou du trou occipital ; ils sont surmontés par une pièce médiane, l'occipital supérieur. Dans un grand nombre de poissons, l'occipital latéral présente une facette articulaire assez large, qui est en rapport avec une facette de la première vertèbre (Maigre).

3° *Occipital supérieur* (n° 3) ou *interpariétal*, Cuv., Geof. Saint-Hil. (*suroccipital*, R. Owen) ; il se prolonge en arrière par une crête élevée, mince, qui, à sa partie supérieure, se divise en V (Morue). Cet os constitue une grande portion de la voûte du crâne ; il s'avance souvent entre les pariétaux, d'où le nom d'interpariétal qui lui a été donné par Cuvier ; il est en rapport en dehors et en arrière avec l'occipital externe.

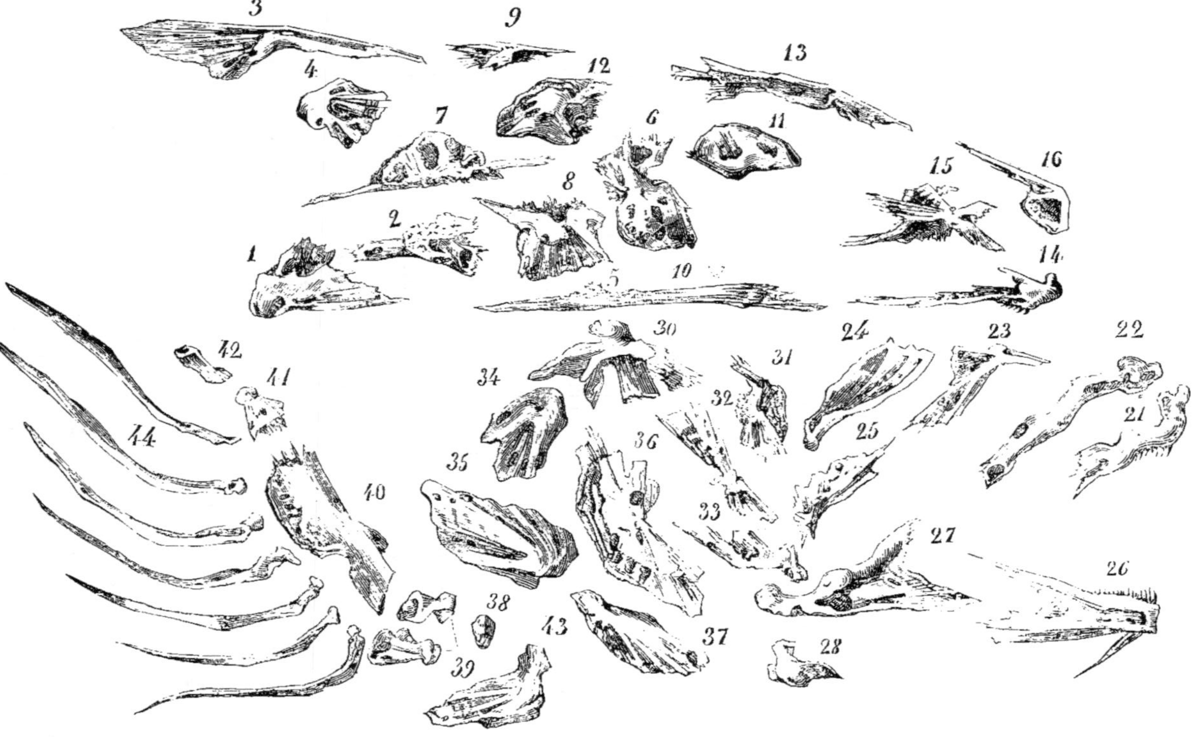

Fig. 83. — Squelette de la tête de la Morue, Gadus morhua.

4° *Occipital externe*, Cuv. (n° 4), (*suroccipital*, Geof. Saint-Hil. ; *paroccipital*, R. Owen); c'est un os pair qui s'articule avec l'occipital supérieur, nous venons de le dire, et avec l'occipital latéral. Cette pièce n'est pas constante, et, quand elle existe, elle est généralement assez réduite dans ses dimensions; cependant elle est développée chez les Gades, chez les Saumons; elle loge en partie le canal semi-circulaire postérieur.

B. Région pariétale. — Dans cette région se trouvent cinq os qui sont pairs, excepté le sphénoïde.

1° *Sphénoïde* (n° 5) ou *sphénoïde proprement dit* (*hyposphénal*, Geof. Saint-Hil. ; *basisphénoïde*, R. Owen ; *sphénoïde principal*, Agassiz ; *sphénoïde basilaire, os de la base du crâne*); il est très-allongé, il ne forme pas le plancher du crâne, si ce n'est chez les Gadoïdes et encore dans une très-petite étendue. Il s'articule en arrière avec l'occipital basilaire, en avant avec l'alisphénoïde ; il supporte, dans sa région moyenne, le sphénoïde antérieur (quand il existe, il manque chez les Gades). Il fait, chez beaucoup de poissons, la paroi inférieure du canal sous-occipital qui loge en arrière les muscles droits de l'œil.

2° *Alisphénoïde*, R. Owen (n° 6), (*aile temporale* ou *grande aile*, Cuv.; *ptéréal*, Geof. Saint-Hil.; *grande aile du sphénoïde*, Agass.; *rocher*, Stannius). Cet os, qui est très-développé, forme une grande partie des parois latérale et inférieure du crâne; il s'articule en bas avec celui du côté opposé et avec le sphénoïde, en arrière avec le rocher, en haut avec le frontal postérieur et le mastoïdien, en avant avec l'orbitosphénoïde. Il est percé d'un trou, ou bien entamé d'une échancrure à son bord antérieur, pour donner passage au nerf maxillaire inférieur ; il loge en grande partie les otolithes, ou plutôt la portion du vestibule qui les contient.

3° *Mastoïdien*, Cuv. (n° 7), (*ex-rupéal*, Geof. Saint-Hil. ; *mastoïde*, R. Owen ; *écaille du temporal*, Agass.); il présente à la région postérieure une large apophyse servant d'attache aux muscles. Il est en rapport en avant avec le frontal postérieur et l'alisphénoïde, en arrière avec l'occipital latéral, en haut avec le pariétal et l'occipital externe, en bas avec le rocher.

4° *Rocher*, Cuv. (n° 8), (*in-rupéal*, Geof. Saint-Hil.; *pétrosal*, R. Owen); il n'est pas, en général, très-développé, excepté chez les Gades; il manque dans le Brochet, dans l'Anguille; il s'articule en arrière avec l'occipital latéral, en avant avec l'alisphénoïde, en haut avec le mastoïdien. Cet os est l'une des deux pièces constituant le *mastoïdien* de Stannius.

5° *Pariétal* (n° 9); il est mince, quadrilatéral; il est tantôt uni à son congénère, tantôt il en est séparé par l'occipital supérieur. Il est en rapport en avant avec le frontal principal, en arrière avec l'occipital supérieur, en bas et en dehors avec le mastoïdien.

La cavité glénoïde, simple ou double, qui reçoit l'extrémité du suspensorium de la mâchoire inférieure, est formée, en général, par la réunion de trois os, le frontal postérieur, le mastoïdien et l'alisphénoïde.

C. Région frontale. — Elle pourrait, chez les Poissons, s'appeler parfaitement région orbitaire; en effet, la plupart des os qui s'y trouvent concourent à former l'orbite. La partie inférieure de cette région est constituée par le sphénoïde, nous n'avons pas à parler de cette pièce, nous l'avons étudiée précédemment. Outre le sphénoïde, il y a quatre os, trois os pairs et un impair, qui est le sphénoïde antérieur.

1° *Sphénoïde antérieur*, Cuv. (n° 10), (*entosphénal*, Geof. Saint-Hil.; *entosphénoïde*, R. Owen; *ethmoïde crânien*, Agass.); il a généralement la forme d'un Y; il s'appuie sur la face supérieure du sphénoïde par sa branche verticale, et s'articule par ses branches obliques, tantôt avec les alisphénoïdes, tantôt avec les orbitosphénoïdes, parfois aussi avec chacun de ces os. Le sphénoïde antérieur manque dans les poissons de certaines familles, dans les Gadidés, par exemple.

2° *Orbitosphénoïde*, R. Owen (n° 11), (*aile orbitaire*, Cuv.; *ingrassial*, Geof. Saint-Hil.; *aile orbitaire du sphénoïde*, Agass.); il est ordinairement peu développé; il est en rapport en arrière et en bas avec l'alisphénoïde, en haut avec le frontal postérieur et le frontal antérieur; il présente un trou ou bien une échancrure pour le passage du nerf optique.

3° *Frontal postérieur*, Cuv. (n° 12), (*temporal*, Geof. Saint-Hil. ; *postfrontal*, R. Owen); il est généralement assez développé ; il est d'une structure plus ou moins spongieuse ; il concourt, nous l'avons dit, à former la cavité glénoïde ou articulaire, qui reçoit l'épitympanique ; il s'articule avec le mastoïdien en arrière, avec l'orbitosphénoïde en bas, avec le frontal principal en haut et en dedans, chez la Morue, en dedans et en dessus avec le pariétal.

4° *Frontal principal*, Cuv. (n° 13), (*frontal*, Geof. Saint-Hil. ; R. Owen); il acquiert un grand développement chez les Poissons; il n'a plus les mêmes usages que dans les Vertébrés supérieurs ; il ne sert nullement à protéger le cerveau, mais, généralement, il garantit la partie supérieure de l'œil, en lui formant une sorte de voûte plus ou moins développée, suivant les espèces. Il s'articule sur la ligne médiane avec celui du côté opposé, en arrière avec le pariétal, en arrière et en bas avec le frontal postérieur, en bas avec l'orbitosphénoïde, en avant avec l'ethmoïde et le nasal.

D. Région ethmoïdale. — Elle est peu étendue; on y compte deux ou trois os seulement.

1° *Vomer*, Cuv. (n° 14), (*rhinosphénal* et *voméral*, Geof. Saint-Hil.) ; c'est un os impair qui termine en avant l'espèce de plancher du crâne, formé au milieu par le sphénoïde, en arrière par l'occipital inférieur, il est plus ou moins allongé ; sa partie postérieure, qui est rétrécie, porte le nom de *corps du vomer*; sa partie antérieure, qui est ordinairement assez élargie, s'appelle *chevron*, elle est souvent armée de dents; le corps du vomer en est aussi garni dans certains poissons, les Truites, par exemple. Le vomer s'articule en arrière avec le sphénoïde, en haut avec l'ethmoïde, en avant avec les maxillaires, sur les côtés avec les palatins. Dans les Congres, il est soudé avec l'ethmoïde et avec l'intermaxillaire.

Il reste encore à déterminer deux pièces osseuses qui me paraissent représenter uniquement l'ethmoïde ; je ne veux pas maintenant discuter cette opinion, et je décris séparément chacune des deux pièces.

2° *Ethmoïde*, BERTRAND (n° 15), (*frontal antérieur*, CUV.: *lacrymal*, GEOF. SAINT-HIL.: *préfrontal*, R. OWEN); c'est un os pair qui forme une partie de la région antérieure de l'orbite; il est percé d'un trou pour le passage du pédoncule olfactif; il s'articule en dedans avec son congénère, en dehors avec le palatin, en bas avec le vomer, en arrière et en haut avec le frontal principal, en avant avec la pièce impaire suivante.

3° *Nasal*, GEOF. SAINT-HIL. (n° 16), R. OWEN; *ethmoïde*. CUV.: il est plus ou moins soudé à l'ethmoïde; il fait en avant une espèce de contre-fort qui soutient la mâchoire supérieure; il est en rapport avec le *nasal* de Cuvier, l'*olfactif* d'Agassiz.

Le crâne se compose, quand les pièces sont au complet, de vingt-six os, et même de vingt-sept, dans la Truite commune, suivant Agassiz. Il y a six os impairs : l'*occipital basilaire*, l'*occipital supérieur*, le *sphénoïde principal*, le *sphénoïde antérieur*, le *vomer* et le *nasal;* un septième se trouve dans la Truite, c'est l'*ethmoïde crânien*. Agassiz. Les vingt os pairs sont : les *occipitaux latéraux*, les *occipitaux externes*, les *pariétaux*, les *mastoïdiens*, les *rochers*, les *alisphénoïdes*, les *orbitosphénoïdes*, les *frontaux postérieurs*, les *frontaux principaux*, les *frontaux antérieurs* ou *parties latérales de l'ethmoïde*.

L'ossification des pièces du crâne n'est pas toujours achevée, on peut le voir facilement sur le Brochet, l'Orphie, le Saumon, etc.

Face. — Elle se partage en trois régions : région antérieure et supérieure ou maxillo-palatine; région moyenne ou mandibulo-tympanique; région postérieure ou operculaire.

A. RÉGION MAXILLO-PALATINE. — On y trouve cinq os pairs.

1° *Intermaxillaire*, CUV. (n° 21), AGASS.; (*adnasal*, GEOF. SAINT-HIL.; *prémaxillaire*, R. OWEN); il constitue, en général, la plus grande partie de la mâchoire supérieure; il est très-souvent denté; à son côté interne, il porte ordinairement une apophyse montante plus ou moins développée; quand cette branche est

longue, elle permet à la bouche un mouvement de protractilité
parfois très-prononcée, comme dans les Zées, dans les Callionymes, et surtout dans les Sublets. L'intermaxillaire est en rapport
avec le maxillaire supérieur, auquel il est parfois soudé, chez
les Plectognathes; il est encore en rapport avec l'ethmoïde,
le palatin. Le plus souvent les intermaxillaires sont distincts
l'un de l'autre, quelquefois ils sont plus ou moins soudés,
chez les Bélones; ils peuvent être très-réduits dans leur dimension et séparés par un intervalle plus ou moins grand,
chez les Brochets, dans ce cas, le bord antérieur de la bouche est constitué par le vomer. On voit par ces différences
dans la configuration, dans la situation de l'intermaxillaire,
qu'il est impossible d'en indiquer exactement les rapports, ce
qui est vrai pour une famille, ne l'est plus, évidemment, pour
une autre.

2° *Maxillaire supérieur*, CUV. (n° 22); AGASS.; (*addental*, GEOF.
SAINT-HIL.; *maxillaire*, R. OWEN); il est le plus communément
parallèle à l'intermaxillaire; il a un développement très-variable;
il est le plus souvent formé d'une seule pièce, quelquefois de
plusieurs, dans les Clupes; il n'est généralement pas denté, mais
chez le Saumon, par exemple, il est armé de dents et fait une
partie du contour de la bouche; il est en rapport avec le vomer,
le palatin, etc. Le *surmaxillaire* est un osselet ordinairement
aplati, qui se trouve à l'extrémité de la mâchoire supérieure chez
les Brochets, les Salmones, les Scombriniens, Maquereau, Thon
et chez d'autres poissons.

3° *Palatin*, CUV. (n° 23); il est de forme et de dimension variables; ordinairement il présente en avant deux surfaces articulaires pour s'unir d'un côté au maxillaire, de l'autre à l'ethmoïde,
ou, si l'on veut, au frontal antérieur de Cuvier; postérieurement
il est en rapport avec le ptérygoïdien en haut, et avec le transverse
en dessous. Il est souvent denté.

4° *Ptérygoïdien* (n° 24) ou *ptérygoïdien interne*, CUV.; (*héris-
séal*, GEOF. SAINT-HIL.; *entoptérygoïde*, R. OWEN); il est généralement aplati, mince; il s'articule en arrière avec le suspenseur

commun, en bas avec le ptérygoïdien externe ou le transverse, en avant avec le palatin.

5° *Transverse* (n° 25) ou *ptérygoïdien externe*, Cuv.; (*adjugstal*, Geof. Saint-Hil.; *ptérygoïde*, R. Owen); il est plus ou moins arqué à sa partie inférieure; il est étroit, allongé en avant chez les Gades; il continue en bas et en arrière la ligne du palatin; il s'articule en arrière avec l'hypotympanique, en haut avec le ptérygoïdien interne, en avant avec le palatin.

Les palatins et les ptérygoïdiens doivent être examinés avec soin, surtout relativement aux caractères de la dentition qu'ils peuvent présenter. Ces os sont parfois confondus ou soudés entre eux comme dans les Congres.

B. Région mandibulo-tympanique. — Le nombre des os qui se trouvent dans cette région est généralement de sept, rarement de huit; il y a trois os, quelquefois quatre, dans chaque moitié de la mandibule, et ordinairement quatre dans le suspenseur commun.

La mâchoire inférieure est ordinairement formée de trois os : le dentaire, l'articulaire et l'angulaire.

1° *Dentaire*, Cuv. (n° 26); (*subdental*, Geof. Saint-Hil.); le premier os, étant presque toujours armé de dents, a reçu le nom de dentaire; il fait une espèce d'arc de cercle et se réunit sur la ligne médiane à celui du côté opposé; en arrière, il présente une échancrure en gouttière, plus ou moins profonde, dans laquelle s'enfonce l'

2° *Articulaire*, Cuv. (n° 27), (*subjugal, submalléal*, Geof. Saint-Hil.); il est triangulaire en avant, plus épais dans sa partie postérieure, qui présente une surface articulaire pour recevoir l'extrémité inférieure de l'hypotympanique. A son angle postérieur et inférieur se fixe l'angulaire. Dans certains Plectognathes, le dentaire et l'articulaire sont soudés l'un à l'autre.

3° *Angulaire*, Cuv. (n° 28); (*subtemporal, subcotyléal*, Geof. Saint-Hil.); il est généralement très-peu développé.

4° *Operculaire*, Cuv. (*subvoméral*, Geof. Saint-Hil.); il existe quelquefois un quatrième osselet placé « à la face interne de l'articulaire : il répond à l'*operculaire* des reptiles. » (Cuv. et Valenc., t. I, p. 348.)

Le suspenseur commun est composé de quatre pièces qui ont été désignées par les noms les plus différents ; nous adopterons la nomenclature de R. Owen, qui a l'avantage d'être la plus claire et la plus simple.

1° *Hypotympanique* (n° 33), (*jugal*, Cuv. ; *hypocotyléal*, Geof. Saint-Hil. ; *os carré*, Agass.) ; il est généralement large et triangulaire ; son angle inférieur présente une surface articulaire, sur laquelle se meut la mandibule ; il s'articule en avant avec le transverse, en arrière avec le préopercule, en haut avec les deux mésotympaniques.

2° *Mésotympanique* (n° 32) ou *mésotympanique postérieur* (*symplectique*, Cuv. ; *uroserrial*, Geof. Saint-Hil. ; *tympano-malléal*, Agass.) ; il s'articule avec les trois autres pièces formant le suspenseur commun.

3° *Prétympanique* (n° 31) ou *mésotympanique antérieur* (*tympanal*, Cuv. ; *épicotyléal*, Geof. Saint-Hil. ; *caisse*, Agass.) ; il est plus ou moins développé, il est en rapport avec les trois autres osselets du suspenseur commun.

4° *Épitympanique* (n° 30), (*temporal*, Cuv. ; *serrial*, Geof. Saint-Hil. ; *mastoïdien*, Agass.) ; il est de forme assez variable ; il s'articule avec le crâne par son extrémité supérieure qui est reçue dans la fosse glénoïde ; en arrière il porte une apophyse qui est en rapport avec l'opercule ; en dehors il s'articule avec le préopercule. Dans les Congres, il déborde en arrière et augmente ainsi la largeur de la région occipitale ; il est uni au crâne par deux articulations éloignées l'une de l'autre.

C. Région operculaire. — Elle est limitée en arrière par la fente des ouïes.

L'appareil operculaire quand il est complet se compose de quatre pièces.

1° *Opercule*, Cuv. (n° 34), (*stapéal.*, Geof. Saint-Hil.) ; cet os, en raison des fonctions qu'il remplit, est la pièce la plus importante de l'appareil ; il est de forme très-variable, il est arrondi ou échancré à son bord inférieur, il est mousse ou bien épineux à son bord postérieur. Il s'articule avec l'apophyse postérieure de l'épitympanique, il est en rapport en bas avec le sous-opercule, en avant avec le bord postérieur du « préopercule, et s'y meut comme un battant de porte sur son chambranle. » (Cuv. et Valenc., t. I, p. 345.)

2° *Sous-opercule*, Cuv. (n° 35), (*incéal*, Geof. Saint-Hil.); il est plus ou moins développé; il est attaché à l'opercule, et limite en bas et en arrière le bord du battant operculaire: il est en rapport avec l'interopercule et le plus souvent avec le préopercule. Dans les Congres, il est réduit à une espèce de lame falciforme qui borde la partie inférieure de l'opercule. Il manque chez les Silures, d'après Cuvier.

3° *Préopercule*, Cuv. (n° 36), (*tympanal*, Geof. Saint-Hil.); il est, en général, assez grand; il s'articule en avant avec les os tympaniques; il est en rapport, dans la Morue, par exemple, en arrière avec l'opercule et le sous-opercule, en bas avec l'interopercule, en dedans avec le stylohyal ou la pièce supérieure de l'os hyoïde. Son bord libre est tantôt mousse, tantôt plus ou moins dentelé.

4° *Interopercule*, Cuv. (n° 37), (*malléal*, Geof. Saint-Hil.); il est placé sous le préopercule, il s'étend, chez beaucoup de poissons, du sous-opercule à l'angulaire, ou plutôt à l'articulaire de la mandibule; il a une forme ovale plus ou moins allongée dans la Morue.

Les pièces operculaires peuvent être lisses, striées, épineuses, nues ou écailleuses. Les différences qu'elles présentent fournissent d'excellents caractères pour la diagnose des Poissons.

Nous n'avons pas à revenir sur la disposition de l'appareil hyoïdien, qui a été décrit (t. I, p. 163); nous indiquerons seulement le nom des pièces qui sont dessinées dans la figure 83.

38, *Basihyal*; 39, *Arthrohyaux*; 40, *Hypostégal*; 41, *Épistégal*; 42, *Stylohyal*; 43, *Os sous-hyoïdien*; 44, *Rayons branchiostéges*.

Os accessoires de la tête (*Os à canaux muqueux*, Stannius). — Il faut encore signaler des os qui pour certains auteurs sont des pièces supplémentaires ou accessoires, et qui dépendent plus ou moins du dermosquelette ; quelques-unes de ces pièces ne sont pas constantes, elles manquent chez divers poissons.

Os sur-orbitaire, Valenc.; il s'articule avec le frontal principal, et donne ainsi une plus large surface à la voûte orbitaire ; il se trouve chez les Cyprins, chez les Ésoces.

Os nasal, Cuv. (*ethmophysal*, Geof. Saint-Hil.; *turbinal*, R. Owen; *olfactif*, Agass.); cet os, que Geoffroy Saint-Hilaire regardait comme l'analogue d'un cornet, recouvre la cavité de la narine ; il est généralement assez développé, mince ; il est en rapport, en arrière, avec le frontal principal, en avant avec l'intermaxillaire, en bas et en avant avec le préorbitaire, en dedans, plus ou moins, avec l'ethmoïde.

Os sous-orbitaires, Cuv. (*adorbital et jugaux*, Geof. Saint-Hil.; *jugaux*, Agass.); ils forment une chaîne qui va de l'ethmoïde à l'angle postérieur et externe du frontal principal ; ils sont généralement au nombre de trois à cinq ou six. Le premier, qui est beaucoup plus développé que les autres, devrait porter le nom de *préorbitaire*; Cuvier le regardait comme l'analogue du *lacrymal*; Geoffroy Saint-Hilaire le désignait sous le nom d'*adorbital*, et appelait les suivants, d'après leur rang d'ordre, *primi-jugal*, *tertii-jugal*, etc. Dans les Joues cuirassées de Cuvier, dans les Trigles, par exemple, les sous-orbitaires prennent un très-grand développement et font une large plaque qui vient s'attacher en arrière sur le suspenseur de la mâchoire inférieure et sur le préopercule. Les sous-orbitaires manquent chez les Baudroies.

Os surtemporaux, Cuv. — Ils ne sont pas constants, ils sont faciles à voir dans les Gades, ils se rencontrent surtout dans l'espace limité par le surscapulaire, le mastoïdien et l'occipital. Ces os, qui se montrent chez les Cyprins, etc., constituent les parois du système canalicule latéral.

Muscles de la tête.

Muscles des mâchoires. — Les muscles qui rapprochent les mâchoires l'une de l'autre ne forment qu'une seule masse, généralement disposée en plusieurs couches. Cette masse est, en arrière, fixée à la face externe de l'appareil palatin et à celle du suspenseur commun; elle se divise ordinairement en deux muscles qui ont leurs tendons unis par une aponévrose. Le muscle supérieur (*masséter*, DUVERNOY) est le plus allongé, il va s'insérer au maxillaire supérieur; parfois, dans la Morue, par exemple, il est séparé en deux faisceaux; il manque dans certaines espèces (Brochet, Congre). Le muscle inférieur (*temporal*, DUVERNOY) s'attache à la mandibule, le plus souvent en arrière de son apophyse coronoïde. Chez la Morue, il existe un muscle profondément placé (*temporal interne*), qui vient en bas confondre ses fibres tendineuses avec celles du temporal; il fait en quelque sorte la partie postérieure de l'orbite.

La mâchoire inférieure est abaissée par les muscles *génio-hyoïdiens* qui sont plus ou moins développés.

Dans beaucoup de poissons les branches de la mandibule peuvent être maintenues et plus ou moins rapprochées par un muscle à fibres transversales placé en arrière de la symphyse, et en avant ou bien au-dessus de l'insertion des génio-hyoïdiens. Ce muscle porte différents noms : *triangulaire du menton*, *mylo-hyoïdien*. Il manque dans la Carpe.

MUSCLES DE L'ARCADE PALATO-TYMPANIQUE. — L'arcade palatine est relevée par un muscle de forme quadrilatérale dans la Morue; ce muscle, appelé *ptérygoïdien externe* par Duvernoy, est placé derrière l'orbite, en avant du releveur de l'opercule; il s'insère en haut sur le bord du frontal postérieur, en bas sur l'épitympanique et sur le ptérygoïdien externe.

Son antagoniste est un muscle plus ou moins développé, qui abaisse l'arcade palatine et la rapproche de celle du côté opposé; il s'insère en dedans au sphénoïde, en dehors à l'épitympanique et au ptérygoïdien interne; il est accompagné parfois d'un autre muscle également abaisseur, qui est placé plus en arrière et n'est en réalité qu'un muscle accessoire. Le muscle abaisseur est, suivant Duvernoy, l'analogue du ptérygoïdien interne des mammifères.

Ces différents muscles, selon Duvernoy, manquent dans les Plectognathes, qui n'ont pas d'arcade palatine proprement dite.

MUSCLES DE L'OPERCULE. — Les mouvements de l'opercule sont déterminés par deux muscles, l'un externe qui l'élève, l'autre interne qui l'abaisse.

Le muscle *releveur* s'insère en bas à la face externe de l'opercule, en haut sur le mastoïdien; il est placé en arrière du ptérygoïdien externe.

L'*abaisseur* est en arrière de son antagoniste; il s'insère au mastoïdien et parfois à l'alisphénoïde et au rocher; il s'attache à la face interne de l'opercule. Dans la Morue, se trouve en arrière un autre muscle qui peut être considéré comme un accessoire de l'abaisseur.

Au reste, chez certaines espèces, le releveur et l'abaisseur se composent de deux et même trois muscles distincts.

CÔTES. — Elles manquent, nous l'avons dit, chez tous nos Lophobranches, dans certains Plectognathes, Mole, Lagocéphale, et chez presque tous nos Apodes. Elles se trouvent ordinairement chez les Chorignathes; elles sont plus ou moins développées, elles sont même remarquables par leur dimension dans beaucoup de familles, Cyprinidés, etc.

ARÊTES (*apophyses musculaires*, AGASS.; *actinapophyses*, GOODSIR). — Dans certains poissons, dans les Clupes, dans les Salmones, etc., se voient des tiges osseuses appelées *arêtes*, qui ne doivent pas être confondues avec les côtes.

Les arêtes peuvent être fixées sur les neurapophyses, sur les corps vertébraux, sur les hémapophyses et même sur les côtes; suivant leurs rapports d'insertion, elles ont été désignées par R. Owen sous les noms d'*épineurales*, *épicentrales*, *épipleurales*. Les épineurales, etc., se rencontrent parfois chez un même animal, Hareng, Alose. Dans les Zées, dans les Mulles, des arêtes sont insérées directement sur les hémaphophyses; chez l'Ophisure serpent, il y a, dans la région caudale, une longue arête sur chacune des neurapophyses et des hémapophyses. Ces osselets s'enfoncent dans les interstices des masses musculaires.

Chez les Cyprins se trouvent, au milieu des chairs, diverses arêtes qui n'ont aucun rapport avec les vertèbres.

STERNUM. — Le sternum existe-t-il réellement chez les Poissons? Et. Geoffroy Saint-Hilaire donne le nom d'*épisternal* à l'os sous-hyoïdien, qui déjà avait été appelé, par Gouan, *sternum* ou *poitral*. Cuvier regardait comme étant les pièces du sternum les osselets en forme de V qui constituent la carène ventrale des Clupéidés. Mais alors il faut aussi considérer comme des pièces sternales les osselets qui, dans les Zées, soutiennent la partie inférieure de la paroi abdominale?

NAGEOIRES. *Nageoires paires.* — Les pectorales ne sont pas constantes, elles manquent dans la sous-famille des Nérophiniens, et dans plusieurs espèces de l'ordre des Apodes. Elles sont portées sur la ceinture scapulaire qui vient s'attacher au crâne, excepté chez les Lophobranches, chez les Apodes et chez quelques Chorignathes. La ceinture scapulaire ne manque presque jamais complétement; elle est composée, le plus souvent,

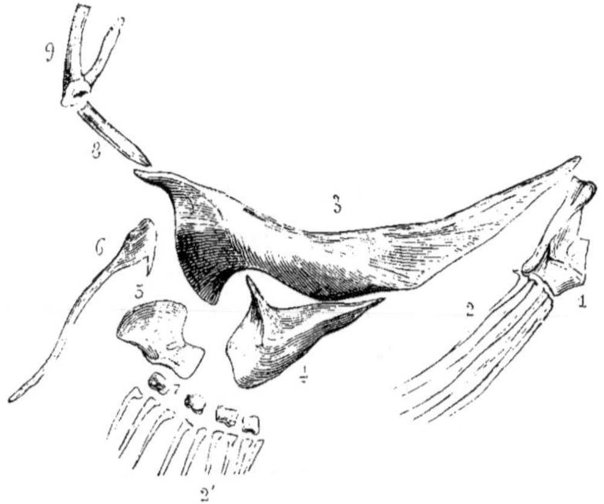

Fig. 84. — *Squelette des nageoires paires de la Morue.*

de trois os pairs qui s'articulent par simple approche, et vont ordinairement des côtés du crâne au plancher de la chambre branchiale, où ils se joignent sur la ligne médiane; ces os sont le surscapulaire, le scapulaire et le coracoïdien ou la clavicule.

1° *Surscapulaire* ou *sus-scapulaire* (n° 9), (*omolite*, Geof. Saint-Hil.). — Il a le plus généralement la forme d'une espèce de **V**, il s'articule par sa branche supérieure avec l'occipital externe (Perche, Morue), et par sa branche inférieure avec le mastoïdien ; il est quelquefois pourvu d'une troisième apophyse, qui s'avance entre les deux autres branches pour venir se fixer au crâne ; souvent il ressemble à une écaille plus grande que les autres, et comme le fait observer Cuvier, il a quelquefois le bord dentelé. Il manque dans certaines familles (Lophiidés), dans l'ordre des Apodes ; les Congres, les Anguilles ont l'extrémité supérieure de la ceinture scapulaire libre, enfoncée dans les chairs.

2° *Scapulaire*, Cuv. (n° 8), (*omoplate*, Geof. Saint-Hil. ; Laurillard ; Agass.). — Il est généralement assez peu développé ; il est assez large, mais court ; parfois il est allongé comme dans les Gades ; il manque très-rarement, il peut être soudé au surscapulaire.

3° *Coracoïdien*, Laurillard, ou *clavicule*, Gouan (n° 3) ; (*clavicule*, Geof. Saint-Hil., 1807 ; Agass. ; *furculaire*, Geof. Saint-Hil., 1818 ; *huméral*, Cuv. ; *coracoïde*, R. Owen). — Il est très-développé, il fait la pièce principale de la ceinture scapulaire ; il constitue la charpente de la paroi postérieure de la chambre branchiale ; il est arqué et vient s'unir sur la ligne médiane à celui du côté opposé, soit au moyen d'un ligament, ce qui est le le cas plus ordinaire, soit au moyen d'une suture solide. Il est de forme très-variable, le plus souvent il ressemble à une espèce de gouttière, courbée à sa partie moyenne, terminée en pointe à son extrémité inférieure ou antérieure. Il est généralement attaché par un ligament à l'os sous-hyoïdien avec lequel il fait ordinairement, excepté chez les Apodes, la charpente des parois latérale et inférieure de la chambre cardiaque. Dans certains Apodes, chez la Murène hélène, il est réduit à un long filet cartilagineux, que l'on découvre avec assez de peine dans les chairs, dit Cuvier.

4° *Coracoïdien postérieur* (n° 6), (*coracoïdien*, Cuv. ; *coracoïde*, Geof. Saint-Hil., Agass. ; *clavicule*, R. Owen ; *iléon*, et *ischion*, Laurillard). — A la face interne de la grande pièce de la ceinture scapulaire s'attache une espèce de stylet, plus ou moins allongé, qui est parfois simple, comme dans la Morue, mais qui est le plus généralement composé de deux osselets ; l'osselet supérieur est moins développé que l'autre qui s'enfonce ordinairement, plus ou moins loin, au milieu des chairs et soutient les parois latérales du corps. Il est assez difficile de déterminer cette pièce d'une façon précise ; elle a été considérée tantôt comme un coracoïdien ou un furculaire, tantôt comme une clavicule, et même comme un scapulaire. Laurillard n'admet aucune de ces opinions ; pour cet anatomiste, la pièce supérieure, qui est communément aplatie, représente l'*iléon* et l'autre qui est plus ou moins grêle est l'*ischion*, quelquefois en effet cette dernière pièce s'articule, par son extrémité postérieure, avec « l'os de la jambe » ; dans les Muges, il est facile de voir cette disposition remarquable.

A la face postérieure ou sur le bord interne du coracoïdien viennent se fixer ordinairement deux os, le cubitus et le radius, rarement un troisième, l'humérus.

5° *Cubital* ou *cubitus*, Cuv. (n° 4), (*humérus* et *cubitus* Geof. Saint-Hil. ; *humérus*, Laurillard ; *cubital*, Agass. ; *radius*, R. Owen). — C'est le plus développé des os du bras ; il est de forme très-variable ; il est le plus souvent triangulaire, il ressemble au soc d'une charrue, ou bien encore à une espèce de hache dont le manche est tourné vers l'extrémité antérieure du coracoïdien ; il est quelquefois échancré ou percé d'un trou ; il s'appuie, plus ou moins, sur le coracoïdien, parfois seulement par ses deux extrémités, comme dans les Salmonidés ; chez ces poissons encore, il a l'extrémité postérieure et supérieure divisée en deux lames.

6° *Radial* ou *radius*, Cuv. (n° 5), (*radius*, Geof. Saint-Hil. ; Laurillard ; *radial*, Agass. ; *cubitus*, R. Owen). — Il est placé au-dessus du cubitus ; il est ordinairement plus ramassé que ce dernier ; il est souvent en forme de quadrilatère ou de trapèze ; il est échancré ou percé d'un trou.

Gouan regardait le cubitus et le radius comme étant des omoplates.

7° *Humérus*. AGASS. — « Dans certains genres, notamment dans les Saumons, dans les Cyprins, ces deux derniers os en ont sur leur suture du côté interne un troisième, qui, par son autre extrémité, va s'appuyer contre le bord antérieur de l'humérus (coracoïdien), et leur sert ainsi d'arc-boutant. » (CUV. et VALENC., t. I, p. 373.) — Suivant Agassiz, et nous partageons sa manière de voir, cet os répond à l'humérus, il s'appuie sur le bord antérieur et interne du coracoïdien, sur le tubercule inférieur du radius et sur la lame interne du cubitus ; il forme ainsi la paroi interne d'un canal triangulaire dont la paroi externe est constituée par le cubitus et le radius, et la paroi supérieure par le coracoïdien.

8° *Carpe* ou *métacarpe* (n° 7), ou *carpe* et *métacarpe*, d'après l'opinion de certains auteurs. — Il est composé d'osselets ordinairement de forme carrée, plus ou moins aplatie. Ces osselets sont en nombre variable de deux à cinq, presque toujours sur une seule rangée ; ils portent en tout ou en partie les rayons de la nageoire ; ils s'insèrent sur le cubitus et sur le radius le plus généralement ; quelquefois ils deviennent des os excessivement développés, par exemple, dans les Baudroies, qui en ont seulement deux, allongés comme des espèces de bras. Geoffroy Saint-Hilaire donnait même à ces métacarpiens de la Baudroie commune, les noms de cubitus et de radius.

Les ventrales manquent plus souvent que les pectorales ; elles ont moins de fixité dans leur situation, dans leurs rapports. Ces différences dans leur position ont été mises à profit par Linné pour établir une classification plus ou moins artificielle. Les ventrales représentent les membres pelviens des animaux supérieurs, elles sont soutenues par un squelette très-peu développé, qui n'a aucune attache avec la colonne vertébrale.

Les os du bassin, de la cuisse, de la jambe, du tarse et du

métatarse sont en quelque sorte réduits à une seule pièce qui a été regardée comme un *os coxal*, un *ischion* par quelques auteurs, comme la cuisse ou la jambe par Laurillard.

Cette pièce (n° 1) est de forme variable, ordinairement plus ou moins triangulaire, elle est mince. aplatie ; elle s'unit par suture ou par un ligament à celle du côté opposé. et figure une plaque souvent triangulaire, à pointe dirigée en avant. Dans les Poissons soit jugulaires soit thoraciques. dans les Subrachiens de Cuvier. elle vient s'attacher en avant à la partie interne des coracoïdiens. ou plutôt à la symphyse de la ceinture scapulaire ; elle reste libre au milieu des chairs dans les Abdominaux. excepté chez les Mugilidés. les Gastérostéidés, etc., qui ont été regardés comme des Hémisopodes ; elle manque absolument chez les Lophobranches, et naturellement chez les Apodes.

Les os du bassin peuvent être soudés l'un à l'autre et confondus en une seule pièce, dans les Silures, par exemple. Chez les Balistes, ils sont très-allongés et réunis également en une pièce arquée, faisant une espèce de carène médiane depuis la gorge jusqu'à l'anus. et portant, comme le fait observer Laurillard, à son extrémité la base de quelques rayons, qui sont des vestiges de nageoires.

Rayons. — (N°⁸ 2, 2′) Ils ont une base élargie qui donne plus de solidité à leur attache ; ils sont formés de deux moitiés soudées d'une façon plus ou moins complète ; ils sont presque toujours articulés, excepté l'épine des ventrales chez les Acanthoptérygiens et l'aiguillon de la pectorale dans les Silures ; les articulations sont plus visibles vers l'extrémité libre que vers la base des rayons.

Le premier rayon de la pectorale est le plus souvent en rapport avec le radius, les autres rayons sont articulés sur les osselets du carpe ou du métacarpe. Les pectorales peuvent avoir plusieurs de leurs rayons détachés de la partie principale et unis entre eux, comme dans le Dactyloptère, ou complétement libres, comme chez les Trigles. Dans ces derniers animaux, les rayons isolés sont appelés *doigts*, ils sont mis en mouvement par un appareil musculaire présentant une disposition anatomique des plus curieuses. Les rayons des ventrales sont articulés vers l'angle rentrant de l'os du bassin ; parfois la base du premier rayon porte un tubercule arrondi qui est reçu dans une espèce de petite cavité cotyloïde ; les ventrales se réunissent, chez certaines espèces, pour former une sorte de ventouse.

Le nombre des rayons des pectorales est variable, celui des ventrales, chez les Acanthoptérygiens, est généralement de six, une épine et cinq rayons mous.

Muscles. — Les nageoires paires ont des muscles plus ou moins développés.

Il y a le plus souvent, sur l'une et l'autre face de la pectorale, deux couches musculaires placées dans une direction différente et formant en quelque sorte quatre muscles distincts ; ces muscles se divisent en autant de petits faisceaux qu'il y a de rayons ; chaque faisceau est terminé par une bandelette fibreuse, espèce de tendon qui s'insère sur l'un des rayons. Il est facile de comprendre le mode d'action des muscles ; si les deux couches d'un même côté se contractent en même temps, la nageoire est écartée ou rapprochée du corps, les muscles de la face antérieure agissant ensemble sont *abducteurs*, ceux de la couche postérieure, au contraire, sont *adducteurs* ou *fléchisseurs ;* si l'une des couches musculaires exerce isolément son action, elle peut, en raison de l'obliquité de ses fibres, soit élever, soit abaisser la pectorale. Outre ces muscles, il y a souvent un faisceau musculaire qui se détache de la couche profonde ou de la face interne du coracoïdien, et va s'insérer à la base du premier rayon de la nageoire, c'est l'*abducteur du pouce ;* il étale la pectorale.

Les muscles de la ventrale sont à peu près disposés comme ceux de la pectorale, sur deux couches légèrement obliques ; les muscles qui sont placés à la face externe ou inférieure des os du bassin sont des abaisseurs ou des abducteurs ; les autres, qui sont en rapport avec la face opposée ou ventrale, sont des releveurs ou des adducteurs. Des faisceaux musculaires attachés aux rayons interne et externe les éloignent l'un de l'autre et déterminent la dilatation de la nageoire. Le mouvement d'abduction est parfois limité ; dans le Malarmat, une membrane, espèce de frein, s'étend de la nageoire au côté du corps.

Nageoires impaires. — Elles ont pour soutiens des osselets appelés, les uns *os interépineux*, les autres *rayons*. Les interépineux sont plus ou moins anguleux ; ils sont enfoncés entre les muscles, servent d'appuis aux rayons sur lesquels est fixée la membrane de chaque nageoire. Le nombre des interépineux est variable, il ne correspond pas toujours au nombre des rayons de la nageoire ; dans la plupart des cas, il n'y a qu'un interépineux entre deux apophyses épineuses ; mais il peut s'en trouver deux et même trois dans le même intervalle. Les interépineux sont donc complétement en dehors du type de la vertèbre, ils sont même parfois éloignés de la colonne vertébrale, comme dans la région ventrale de la plupart des Apodes. Ils ne sont pas toujours complétement cachés sous la peau, ils montrent, sur le dos des Trigles, leur extrémité articulaire et forment, par leur réunion, une sorte de gouttière bordée de chaque côté par une épine. Chez les Caranginiens, l'épine fixe qui précède la première dorsale est la pointe du premier épineux. L'anale a parfois son premier interépineux très-développé.

Les rayons de la dorsale et de l'anale s'articulent avec les interépineux par une espèce de ginglyme angulaire assez lâche. L'extrémité externe des interépineux porte un petit osselet plus ou moins arrondi, qui est embrassé latéralement par la base cintrée du rayon correspondant. En raison de ce mode d'articulation, les rayons peuvent se mouvoir dans un plan vertical, c'est-à-dire peuvent se redresser ou se fléchir. Quant aux mouvements latéraux, ils sont nécessairement très-limités, excepté dans certains cas ; la base du rayon, au lieu de former une partie de cercle, fait un anneau transversal qui passe dans un anneau longitudinal de l'interépineux, comme il est facile de le constater sur les tentacules des Baudroies ; il résulte de cette disposition que les mouvements sont très-variés, ils s'exécutent dans tous les sens.

A la caudale les rayons sont en quelque sorte à cheval sur les interépineux ou sur la plaque terminale ; ils ont, par conséquent, des mouvements latéraux assez étendus. Parfois les rayons médians de la nageoire sont réunis, sont soudés ; dans le Germon, ils forment trois plaques triangulaires, la plaque du milieu est plus courte que les plaques latérales, elle présente la figure d'un triangle isocèle. Les rayons de la caudale sont toujours mous et branchus, excepté les rayons externes qui sont articulés ou simples, réduits à leur base.

Les rayons sont composés de deux parties semblables, unies l'une à l'autre, mais qu'il est facile de séparer ordinairement dans toute leur longueur ; ils montrent certaines différences dans leur structure ; ils sont épineux ou mous. Les rayons épineux ne sont jamais articulés, ils sont toujours simples, plus ou moins coniques, piquants, véritables aiguillons dans les Percidés, etc., ou plus ou moins flexibles, comme dans les Callionymidés, etc. Quant aux rayons mous, ils ont la base osseuse, mais ils sont segmentés dans le reste de leur étendue ; ils présentent deux dispositions un peu différentes, ils sont simplement articulés, mais non divisés dans les Anguilles, les Donzelles ; ou bien ils se ramifient, deviennent branchus dans les Cyprins, les Clupes. Dans quelques poissons, les segments d'un rayon articulé peuvent se souder et prendre l'aspect d'une pièce osseuse ou épineuse, comme le rayon dentelé de la dorsale chez la Carpe. Parfois en avant ou en arrière de la dorsale et de l'anale, il y a des rayons qui restent isolés, ce sont des épines libres, dans les Épinoches, de fausses nageoires, dans les Scombres.

La dorsale et l'anale sont parfois composées de deux espèces de rayons qu'il est important de compter pour distinguer les espèces d'un même genre ou les genres d'une même famille.

Muscles. — La dorsale et l'anale ont à chacun de leurs rayons six muscles pairs ; de chaque côté se trouve un muscle superficiel ou *latéral* qui, d'une part, s'insère à la base du rayon, et, d'une autre part, est adhérent à la peau ; en avant il y a deux muscles profonds *interépineux antérieurs* ou *releveurs ;* en arrière il y a de même deux muscles profonds *interépineux postérieurs* ou *fléchisseurs ;* ces quatre muscles s'insèrent à l'interépineux et à la base du rayon; il est inutile d'indiquer leur mode d'action.

Chez beaucoup de poissons, la caudale, sans compter les fibres musculaires qu'elle reçoit de la masse latérale, a généralement, de chaque côté, cinq muscles propres. Des cinq muscles, les uns sont superficiels, les autres sont profonds.

Les muscles superficiels ou *caudaux superficiels* sont pairs, ils sont assez peu développés; ils s'insèrent, d'une part, à l'aponévrose du muscle latéral, et, de l'autre, à la base des rayons de la caudale; ils se dirigent obliquement de dedans en dehors et d'avant en arrière, ils rapprochent les rayons les uns des autres, aussi Gouan les a-t-il appelés muscles *constricteurs* de la nageoire de la queue.

Les muscles profonds ou *caudaux profonds* sont pairs, l'un supérieur, l'autre inférieur; ils sont cachés par l'extrémité du grand muscle latéral ; ils s'insèrent à la colonne vertébrale ; ils sont courts et assez puissants; ils envoient des faisceaux aux rayons ; ils sont tout à la fois des muscles dilatateurs des rayons et fléchisseurs de la nageoire.

Entre les muscles profonds se trouve généralement un muscle impair ou *caudal profond moyen*, il prend insertion sur la colonne vertébrale, puis se dirige de bas en haut, et va s'attacher à la base de la plupart des rayons supérieurs qu'il rapproche plus ou moins les uns des autres, en même temps qu'il leur imprime un mouvement de flexion.

Outre ces muscles, il en existe parfois d'autres encore qui ont été décrits par Cuvier dans la Perche; ils sont placés entre les rayons, à la base de chacun d'eux; ces petits muscles sont des constricteurs de la caudale.

Système nerveux. — L'éminence quadrigéminée fait dans le ventricule optique un renflement plus ou moins prononcé.

Yeux. — Ils sont le plus souvent latéraux; ils ont généralement un procès falciforme, et sont pourvus ordinairement d'une glande choroïdienne. Les nerfs optiques ne forment pas un véritable chiasma.

NARINES. — Elles ont communément chacune deux ouvertures.

OREILLES. — L'oreille est logée dans la cavité crânienne; il y a le plus souvent trois otolithes.

APPAREIL RESPIRATOIRE.—La paroi externe de la chambre branchiale est constituée par les pièces operculaires et par la membrane branchiostège. Les pièces operculaires sont assez ordinairement au nombre de quatre : l'*opercule*, le *sous-opercule*, le *préopercule* et l'*interopercule*. La *membrane branchiostège* est soutenue par des rayons qui sont attachés sur la corne de l'hyoïde. Les arcs de l'appareil hyoïdien portent sur leur bord externe généralement quatre paires de branchies ; à leur bord interne ils sont fréquemment garnis d'appendices très-variables dans leur forme et dans leur développement. Les branchies sont quelquefois en houppes, mais le plus souvent en peignes, et, dans ce dernier cas, elles sont pourvues d'un diaphragme plus ou moins grand, qui fournit des faisceaux musculaires aux lamelles respiratoires.

Outre les branchies hyoïdiennes, il y a chez un certain nombre de poissons des organes particuliers, qui sont appelés *fausses branchies* ou *pseudobranchies*, et qui se montrent sous deux aspects différents.

1° *Pseudobranchie lamelliforme.* — Elle est visible quand la paroi operculaire est soulevée ; elle est appliquée sur la muqueuse qui tapisse la paroi supérieure et externe de la chambre respiratoire; elle n'est pas portée sur un arc osseux, mais ses lamelles sont ordinairement soutenues par des tiges cartilagineuses excessivement fines. Nous n'avons pas à rappeler les diverses opinions qui ont été émises sur le rôle que remplit cet organe.

2° *Pseudobranchie ganglionnaire.* — Elle a l'apparence d'une glande sanguine. Dans le Brochet, elle a l'aspect d'un ganglion, elle est oblongue, rougeâtre ; elle est composée de lobules ayant un pédoncule et des rameaux divergents ; elle est placée à la base du crâne; elle est recouverte par la muqueuse qui est très-épaisse, doublée d'une membrane fibreuse. Ces pseudobranchies, ces ganglions vasculaires se rencontrent dans les Gades, Morue, etc., dans les Cyprins, le Chromis? Sont-ils réellement les analogues des fausses branchies lamelliformes? Remplissent-ils les mêmes fonctions? Leur structure anatomique est tellement différente qu'il est permis d'avoir un certain doute à cet égard.

Muscles de l'appareil respiratoire. — Nous avons fait connaître les muscles qui se portent de l'hyoïde à la mâchoire inférieure, ce sont les *génio-hyoïdiens.* Nous rappellerons qu'une partie du grand muscle latéral s'insère à l'hyoïde et fait, suivant Cuvier, fonction de *sterno-hyoïdien.* Nous ajouterons que, dans la Morue, etc., les cornes de l'hyoïde sont rapprochées l'une de l'autre par un muscle l'*hyoïdien* ou le *cérato-hyoïdien.*

MUSCLES DE LA MEMBRANE BRANCHIOSTÈGE. — *Muscles branchiostèges.* — Ils se composent de fibres plus ou moins isolées, ils forment une couche assez mince en général à la face interne des rayons branchiostèges. Les fibres viennent en partie de la face interne de l'opercule; elles peuvent, quand la fente des ouïes est très-étroite, s'unir plus ou moins, sous la gorge, à celles du côté opposé.

Muscles croisés. — Ils sont au nombre de deux seulement; ils sont assez courts, ils se croisent obliquement; ils s'insèrent, d'une part, sur un ou plusieurs rayons inférieurs de la membrane branchiostège, et, d'autre part, à la corne de l'hyoïde. Quand ils se contractent, ils étendent les membranes et les rapprochent l'une de l'autre; ce sont des abducteurs des rayons branchiostèges.

MUSCLES DES ARCS BRANCHIAUX ET DES OS PHARYNGIENS. — Ces muscles sont très-variables dans leur disposition; leurs insertions ne peuvent être indiquées d'une façon précise, puisque les rapports changent suivant la place occupée par l'appareil respiratoire. Ils peuvent être divisés en muscles suspenseurs ou élévateurs, muscles abaisseurs, muscles rétracteurs, muscles protracteurs.

Duvernoy indique les muscles suivants :

« *Muscles qui s'attachent aux arcs branchiaux* » : *abducteurs supérieurs; abducteurs inférieurs; adducteurs supérieurs; constricteur du dernier arceau.*

« *Muscles des os pharyngiens supérieurs* » : *élévateurs des plaques pharyngiennes; abaisseurs des plaques; rétracteur supérieur.*

« *Muscles des os pharyngiens inférieurs* » : *muscles rétracteurs et abaisseurs des pharyngiens ou coraco-pharyngiens; releveur du pharyngien inférieur; protracteur du pharyngien inférieur ou hyo-pharyngien; muscle adducteur impair des os pharyngiens.*

Vessie natatoire. — Elle se trouve dans beaucoup d'espèces; elle est tantôt pourvue, tantôt privée de conduit pneumatophore.

Appareil circulatoire. — Le bulbe artériel est élastique, mais pas contractile, il est presque toujours formé exclusivement de fibres lisses; il n'a, le plus communément, que deux valvules.

Appareil digestif. — Le tube digestif a le plus souvent une dilatation stomacale, il manque de valvule en spirale, il s'ouvre directement au dehors, et non dans un cloaque. Il est dans beaucoup d'espèces fourni d'appendices pyloriques.

Conservation de l'espèce. — La fécondation est presque toujours externe; le plus souvent le testicule ou l'ovaire se continue en un canal vecteur qui porte au dehors le produit de la sécrétion; dans certains cas, les canaux vecteurs manquent, les spermatozoïdes ou les œufs tombent dans la cavité abdominale et sortent par les conduits péritonéaux. Les Poissons osseux sont ovipares, à peu d'exceptions près; quelques espèces sont ovovivipares.

Les Poissons osseux sont très-nombreux, ils se divisent en quatre ordres : *Lophobranches, Plectognathes, Chorignathes, Apodes.*

Ces différents ordres se distinguent, nettement les uns des autres, par les caractères que nous allons indiquer dans le tableau suivant :

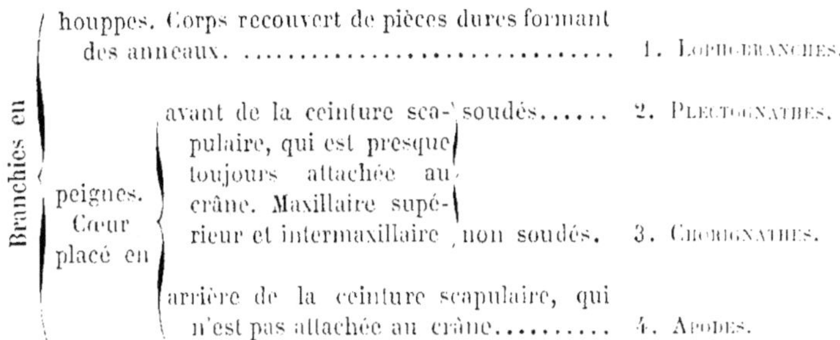

Ordre des Lophobranches, Lophobranchii, Cuv.

Corps. — Il est peu développé; il est couvert de petits écussons qui, réunis par séries verticales, forment des anneaux plus ou moins nombreux.

Tête. — Elle est longue; le museau est tubuleux; à son extrémité s'ouvre une petite bouche non dentée.

Appareil branchial. — Les branchies présentent un arrangement particulier; les lamelles respiratoires sont portées sur des tiges très-courtes; elles s'enroulent en forme de massues ou de houppes, d'où le nom de Lophobranches donné par Cuvier aux poissons de l'ordre que nous allons étudier. Cette disposition singulière est plus apparente que réelle; il est, en effet, très-facile de dérouler les feuillets branchiaux et de voir qu'ils ont la même structure que ceux des autres Ichthyostés. L'opercule est articulé avec l'épitympanique; il est développé. La chambre branchiale est grande; à l'extérieur elle n'a qu'un orifice très-étroit pour la sortie de l'eau; la membrane branchiostège est fixée sur l'anneau scapulaire.

Vessie natatoire. — Elle est de forme variable; elle manque de canal pneumatophore; elle est pourvue, à sa partie antérieure, d'un corps rouge; elle est plus ou moins enduite de matière nacrée.

Cœur. — Le bulbe artériel n'a que deux valvules.

L'ordre des Lophobranches comprend une seule famille.

Famille des Syngnathidés, Syngnathidæ.

Corps de forme variable; entouré de pièces dures unies entre elles et faisant une espèce de cuirasse articulée. Ces pièces sont tantôt, comme dans les Hippocampes, grêles, terminées par des angles aigus, elles circonscrivent des espaces libres assez larges, elles figurent une sorte de treillage, n'étant attachées les unes aux autres que par l'extrémité de leurs pointes; tantôt, comme dans les Syngnathes, etc., elles s'élargissent en plaques articulées par des surfaces étendues et ne laissant entre elles que des lacunes très-étroites. Elles sont plus nombreuses aux anneaux du tronc qu'à ceux de la queue.

Pour avoir une idée nette de l'arrangement de ces pièces, il faut les étudier sur des animaux relativement d'assez grande taille, sur des Hippocampes, sur des Syngnathes aiguilles, sur des Siphonostomes typhles.

Anneaux du tronc. — Les anneaux du tronc placés entre les pectorales et la dorsale sont formés de sept pièces toujours distinctes (V. fig. 85, I) : 1° deux pièces latérales supérieures (nos 1, 1') coudées à angle droit, s'articulant sur le dos l'une à l'autre; 2° deux pièces latérales proprement dites (nos 2, 2'); 3° deux pièces latérales inférieures (nos 3, 3) coudées; 4° une pièce impaire ou ventrale (n° 4). Toutes ces pièces limitent, avec les segments des anneaux voisins, de petits espaces losangiques chez les Syngnathes; les espaces sont au nombre de sept, un espace impair supérieur, deux espaces latéraux à droite et à gauche, et deux espaces inférieurs; chacun de ces espaces est plus ou moins clos par un petit écusson ovale qui a la plus grande ressemblance avec les écailles sous-épidermiques de certains poissons.

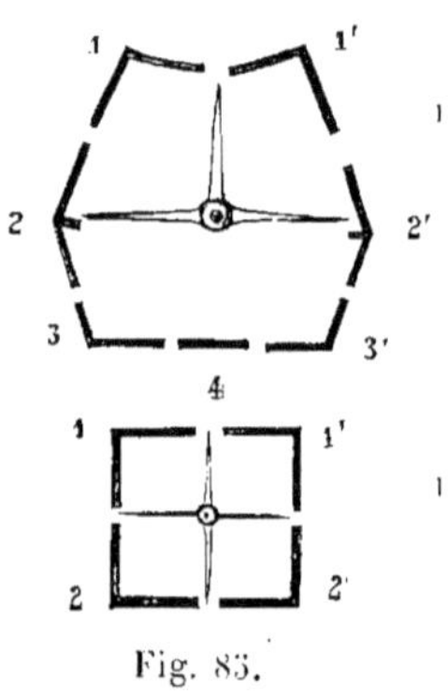

Fig. 85.

I, anneau du tronc; II, anneau de la queue (Syngnathe aiguille).

Dans les Hippocampes, les espaces sont fermés par une aponévrose.

2° *Anneaux de la queue.* — Après l'insertion de la dorsale, les anneaux sont composés de quatre pièces (V. fig. 85, II) : 1° deux pièces latérales supérieures, 2° deux pièces latérales inférieures. Dans les poissons que nous avons nommés, ces pièces sont coudées à angle droit et donnent au tronçon de la queue une forme carrée; elles bordent une série d'espaces losangiques sur chacune des faces de la queue.

Les anneaux sont non-seulement unis entre eux, mais ils sont aussi en rapport avec la colonne vertébrale, avec les apophyses de chaque vertèbre, au tronc avec les neurapophyses et avec les apophyses transverses, il n'y a que trois points d'appui : à la queue, outre les points d'attache que nous venons d'indiquer, il y en a un quatrième, le segment inférieur est fixé à l'hémapophyse. Il résulte de cette disposition que la queue est partagée en quatre loges parfaitement distinctes, à parois symétriques. Dans le Syngnathe aiguille, dans le Siphonostome typhle, les différentes apophyses vertébrales ne sont pas en contact immédiat avec les anneaux, mais avec de petites pièces osseuses qui n'ont pas encore été signalées, il me semble. Chez les femelles remplies d'œufs, les segments du ventre s'éloignent les uns des autres, ils paraissent même désunis parfois, et les intervalles losangiques deviennent plus grands.

Pièces nuchales. — Après l'occipital et au-dessus de l'anneau scapulaire il y a une ou plusieurs pièces impaires qui, en raison de leur position, doivent être appelées pièces nuchales, et doivent être aussi, quand il y en a plusieurs, désignées sous le nom de première, seconde nuchale, suivant le rang qu'elles occupent.

Le corps est couvert d'un épiderme très-adhérent ; les appendices cutanés ne se trouvent guère que chez les Hippocampes, surtout chez l'Hippocampe moucheté qui a ses épines garnies de filaments plus ou moins allongés.

Colonne vertébrale. — Les vertèbres correspondent aux anneaux du corps et sont par conséquent en nombre égal ; elles sont relativement développées, grosses et longues avec de très-grandes apophyses. Les apophyses épineuses sont généralement larges, elles présentent au niveau de la dorsale une disposition singulière, elles se divisent en tiges plus ou moins nombreuses qui sont en rapport avec autant d'interépineux.

Les côtes manquent complétement : il n'est pas possible de comparer à des côtes les petits appendices osseux, qui relient les apophyses aux pièces latérales du tronc.

Tête. — Elle fait parfois un coude avec le tronc (Hippocampes), le plus souvent elle continue l'axe du corps. La bouche est à l'extrémité d'un tube dont les parois sont constituées en bas par une aponévrose et les interopercules, latéralement par l'appareil tympanique, en dessus par les ptérygoïdiens, les palatins et le vomer ; elle est très-étroite, à fente presque verticale, sans aucune espèce de dents, à lèvres très-minces. La mâchoire supérieure est formée par les intermaxillaires très-grêles, très-courts, débordés en dehors par les maxillaires qui se terminent en une sorte de palette élargie. La mâchoire inférieure est constituée, d'une façon normale, par trois os, le dentaire, l'articulaire et l'angulaire ; elle est articulée avec l'appareil tympanique composé de ses quatre osselets.

Yeux latéraux, arrondis, plus ou moins éloignés du bout du museau.

Rétine ayant des bâtonnets très-nombreux et peu de cônes.

Narines placées au-devant des yeux, pourvues de deux petits orifices distincts.

Appareil branchial ; ouverture des ouïes très-étroite, oblongue ; elle est placée très en arrière et très-haut, près de la pièce nuchale. Dans les Syngnathes et dans les Siphonostomes la paroi externe de la chambre respiratoire est formée par un opercule bombé très-développé, un sous-opercule, des rayons branchiostèges et leur membrane qui vient se fixer à l'anneau scapulaire ; il n'y a pas de préopercule, et l'interopercule fait une partie du plancher du tube rostral. L'os hyoïde est court, assez fort, il donne attache à deux ligaments qui s'insèrent à la mâchoire inférieure ; la corne de l'hyoïde porte deux ou trois rayons branchiostèges très-grêles et très-longs ; l'os sous-hyoïdien est allongé. Il y a quatre paires de branchies ; le côté interne des arcs branchiaux est garni de tiges coniques très-fines.

Nageoires; dorsale unique; les apophyses épineuses, au niveau de la dorsale, se divisent en trois, quatre et même parfois en six tiges donnant appui à des interépineux ; ces tiges sont tantôt presque droites, parallèles (Hippocampes), tantôt divergentes comme les branches d'un éventail (Syngnathes). Les interépineux ont leur extrémité supérieure très-développée, ils portent les rayons de la nageoire qui sont tous simples, articulés, qui sont en quelque sorte indépendants les uns des autres, et, grâce à cette disposition, les muscles peuvent leur imprimer des mouvements ondulatoires plus ou moins rapides. Anale peu développée, manquant chez les Nérophiniens. Caudale n'existant d'une façon complète que chez les Syngnathiniens ; les Hippocampiniens et les Nérophiniens, qui en sont dépourvus, ont la queue prenante, ils l'enroulent autour des plantes marines, des corps flottants soit pour se fixer, soit pour se faire transporter. Ceinture scapulaire non attachée au crâne, mais à la colonne vertébrale et aux boucliers antérieurs.

Pectorales assez développées chez les Hippocampiniens, les Syngnathiniens, manquant chez les Nérophiniens ou plutôt s'atrophiant et disparaissant assez vite, mais visibles chez les embryons de quelques espèces, comme l'ont constaté plusieurs naturalistes. Ventrales manquant toujours.

Appareil digestif; le tube intestinal présente une disposition différente suivant la forme des animaux ; dans les Nérophiniens il va directement du pharynx à l'anus, dans les Syngnathiniens il décrit une légère courbure au niveau de la vessie natatoire, il n'est fixé par aucun ligament mésentérique ; dans nos Hippocampiniens il fait une triple courbure et ses replis sont maintenus par des expansions péritonéales. L'estomac est légèrement dilaté dans les Hippocampes. Pas d'appendices pyloriques. Péritoine généralement noirâtre.

Conservation de l'espèce. *Testicules*, ressemblant à deux petits cordons allongés ou à deux bandelettes ; ils se réunissent dans leur partie postérieure et versent leur produit dans un canal déférent commun.

Ovaires formant deux sacs plus ou moins allongés, se rejoignant par leur partie postérieure, n'ayant qu'un seul oviducte.

Les Syngnathidés présentent dans leur mode de reproduction un phénomène des plus extraordinaires. Les mâles sont chargés du soin de leur progéniture, ils ne préparent pas, comme quelques autres poissons, un nid pour recevoir les œufs, mais ils les portent soit renfermés dans un organe spécial, soit fixés à la paroi inférieure de l'abdomen. Chez les Hippocampi-

niens, chez les Syngnathiniens, ils sont pourvus d'une poche sous-caudale
dans laquelle sont déposés les œufs, naissent et même séjournent les petits
tant qu'ils n'ont pas atteint un certain degré de force. Aristote, Rondelet,
Gouan, Risso avaient constaté le fait de l'éclosion dans la poche des Syngnathes. Tous les ichthyologistes supposaient que ce sont les femelles qui
ont l'appareil d'incubation ; Ekström, le premier, combattit cette manière
de voir, et, en 1831, il démontra que les individus munis de la poche sont
les mâles, et non les femelles. L'observation d'Ekström ne fut d'abord admise qu'avec une certaine défiance, tant elle semblait extraordinaire ; mais
l'examen est si facile qu'il ne peut rester le moindre doute à cet égard.

Dans les Hippocampes la poche est large, mais courte ; elle donne au corps
un aspect tout particulier ; ainsi le tronc, chez les mâles, au lieu de se terminer, comme dans les femelles, par une ligne droite perpendiculaire à la
queue, s'arrondit en courbe plus ou moins prononcée suivant l'état de va-
cuité ou de plénitude de l'organe. L'ouverture de la poche est située un peu
en arrière de l'anale, elle n'est pas arrondie, elle est oblongue, un peu plus
large en avant qu'en arrière ; elle est entourée d'un sphincter puissant, elle
est plissée sur les bords qui forment des lèvres épaisses entre lesquelles est
plus ou moins cachée la petite anale. L'intérieur de la cavité est tapissé d'une
muqueuse qui présente un aspect variable suivant les époques auxquelles on
l'examine. Au moment de l'incubation la muqueuse est excessivement vasculaire ; elle envoie des prolongements entre les œufs et fait à chacun d'eux
une espèce de cellule plus ou moins enveloppante. Les parois du sac ovigère
sont épaisses, résistantes, elles peuvent, ainsi que je l'ai constaté, être le
siége de contractions assez énergiques pour expulser de la cavité tous les
petits.

Chez les Syngnathiniens la poche est très-longue, elle occupe une grande
partie de la région sous-caudale ; elle est fermée par deux lèvres latérales
qui ont presque la même longueur que la cavité elle-même. Ces lèvres sont
munies à leur bord libre de papilles qui se développent pendant l'incubation
et la cavité est alors parfaitement close. D'après C. Vogt et Pappenheim :
« La structure de cette cavité est fort singulière ; elle est divisée dans un
grand nombre de compartiments ouverts rangés en ligne longitudinale, et
alternant les uns avec les autres comme les cellules dans un gâteau d'Abeil-
les. » (C. Vogt et Papp., Organ. générat. Vertébr., Ann. sc. natur., 1859, t. XI,
p. 364.) Ces auteurs ne parlent sans doute de la structure de la poche qu'au
moment de l'incubation ; avant cette époque il n'y a pas plus d'alvéoles dans
la poche des Syngnathes que dans celle des Hippocampes. Les cellules ne se
forment que par suite du dépôt des œufs, elles persistent quelque temps
encore après l'éclosion, puis s'effacent peu à peu et finissent par disparaître
complétement. La muqueuse de la poche semble s'exfolier après l'incubation ; elle présente un épithélium pavimenteux à grandes cellules presque
toujours pentagonales avec un noyau assez volumineux et des granulations.
Le nombre des rangées d'œufs varie non-seulement dans les différentes espèces de Syngnathiniens, mais encore dans les individus d'une même espèce

suivant leur taille. Dans la poche du Syngnathe aiguille de grande dimension, il y a généralement huit rangées d'œufs, quatre à la région dorsale, deux sur chacune des lèvres ; il y en a deux seulement, parfois quatre dans celle du Siphonostome de Rondelet, ou du moins chez les sujets que j'ai examinés ; chez un Siphonostome typhle de petite taille, je trouve deux séries d'œufs, et trois séries chez un individu plus développé. Quant au nombre des cellules, il est égal à celui des œufs déposés. Comment la femelle introduit-elle les œufs dans la poche du mâle? Je ne veux pas entrer dans de longs détails à ce sujet et je me contente de rapporter une observation faite par mon ami Lafont à l'aquarium d'Arcachon.

« Le 11 février 1869 (température de l'eau + 12°), je vis deux Syngnathes aiguilles étroitement embrassés, dans un bac de l'Aquarium ; en les séparant, je constatai que la poche du mâle était vide, mais que les deux replis qui la forment, étaient fortement gonflés et vascularisés, et qu'ils étaient soudés par une humeur gélatineuse sur presque toute leur longueur ; vers la partie supérieure de la poche, ces replis s'écartaient et laissaient entre eux une ouverture en cœur. Au bas de l'abdomen de la femelle, s'avançait une sorte d'oviducte, long de 6 à 8 millimètres, qui était introduit dans la poche du mâle, par l'ouverture que j'ai signalée à la partie supérieure de cet organe. En lâchant dans le bac les deux individus dont je parle, je les vis se rejoindre, et la femelle introduisit chaque fois l'oviducte dans la poche du mâle. » (A. LAFONT, *Note pour servir à la faune de la Gironde, actes de la Société linn. Bordeaux*, 1871, t. 28, 2ᵉ liv., p. 15.)

Les Nérophiniens n'ont pas de poche incubatrice. Les œufs sont fixés sous le ventre du mâle, en avant de l'ouverture de l'anus, ils sont rangés avec symétrie, sur plusieurs lignes longitudinales, variant de huit à dix, de deux à quatre parfois dans une même espèce ; ainsi Kaup indique quatre rangées d'œufs dans le Nérophis lombricoïde ; chez un individu de cette espèce, j'en ai trouvé seulement deux séries composées chacune de treize œufs, il n'y avait que vingt-six cellules. L'abdomen est plus aplati dans les mâles que chez les femelles et la peau qui le recouvre est, surtout au moment de l'incubation, plus vasculaire que dans les autres régions. Les œufs ne sont pas de prime abord, comme le suppose Canestrini, placés dans des niches particulières, c'est par suite de leur dépôt, à la région abdominale, qu'ils déterminent la formation des cellules dans lesquelles ils sont ensuite légèrement enchatonnés.

Les cas de métamorphoses ne sont pas rares dans la famille des Syngnathidés ; Canestrini a trouvé chez les embryons de l'Hippocampe brévirostre une caudale rudimentaire ; d'un autre côté, nous l'avons dit, Fries, de Quatrefages ont signalé, chez de jeunes Nérophiniens, la présence des pectorales qui manquent chez les adultes. De ces faits Canestrini tire la conclusion que les Nérophis sont les descendants des Syngnathes, que les Hippocampes sont les descendants des Calamostomes.

Les Syngnathes, suivant le naturaliste italien, en perdant leurs pectorales et leur caudale, ont donné naissance aux Nérophiniens, qui portent à l'état embryonnaire les pectorales et la caudale de leurs ancêtres : quelques Néro-phiniens même conservent, à l'état adulte, une caudale rudimentaire.

On peut affirmer en toute assurance, ajoute Canestrini, que le genre Néro-phis est un genre en voie de formation. Quand la caudale, déjà mainte-nant tout au plus rudimentaire, aura complétement disparu dans toutes les espèces, et ne se présentera même plus chez les embryons, alors on pourra dire que le genre Nérophis est bon parce qu'il est bien distinct du genre allié Syngnathe. Maintenant on ne peut en dire autant, et la preuve en est dans l'incertitude des auteurs relativement à la classification de quelques espèces : Kaup place les Nérophiniens à caudale rudimentaire dans le genre Nérophis, tandis que Rafinesque et Bonaparte rapportent les mêmes espèces au genre Syngnathe. V. CANESTR., *Faun. Ital.*, p. 139.)

Nous n'avons pas à rechercher si le genre Nérophis est en voie de forma-tion, si, pour devenir bon, il lui faut nécessairement remplir les conditions indiquées par Canestrini ; nous nous bornerons à montrer que le natura-liste italien fait une confusion des plus singulières à propos du genre Syn-gnathe, que la preuve qu'il apporte à l'appui de sa manière de voir repose sur une équivoque. Depuis plus d'un demi-siècle le nom de Syngnathe, *Syn-gnathus*, est donné par la plupart des ichthyologistes excepté C. Bonaparte qui a suivi la nomenclature de Rafinesque, à un genre comprenant des espèces qui, outre la dorsale et la caudale, sont munies de pectorales et d'anale ; ce genre Syngnathe répond au genre Siphonostome de Rafinesque, et nullement au genre Syngnathe du même auteur, qui est caractérisé par l'ab-sence des pectorales et de l'anale, *senza ale pettorali, ne anali*. Kaup a réuni, et il a eu soin de le faire remarquer, les deux genres Nérophis et Syngnathe de Rafinesque en un seul, le genre Nérophis : il a divisé en deux groupes les espèces composant le genre ainsi modifié, il a placé les espèces pourvues d'une caudale rudimentaire dans le premier groupe qui répond au genre Syngnathe de Rafinesque, et dans le second groupe il a rangé les espèces privées de caudale, espèces qui seules forment le genre Nérophis de Rafines-que. Il est inutile d'insister davantage pour démontrer qu'il n'y a jamais eu, chez les auteurs cités par Canestrini, la moindre divergence d'opinion, la moindre incertitude relativement à la classification des espèces pourvues d'une caudale rudimentaire.

Les Syngnathidés n'ont qu'un système musculaire excessive-ment peu développé ; ils ne sont, par conséquent, d'aucune utilité au point de vue de l'alimentation ; ils sont apportés parfois sur quelques marchés et vendus comme des objets de curiosité en rai-son de leur singulière conformation. Pour les naturalistes, ils sont le sujet d'études intéressantes ; nous n'avons pas ici à faire con-naître leurs mœurs, nous dirons seulement qu'ils vivent dans des eaux peu profondes, dans les algues, au milieu desquelles ils se tiennent cachés, qu'il s'en trouve sur toutes nos côtes. La famille des Syngnathidés se divise en trois sous-familles.

Pectorales
- bien développées. Caudale
  - nulle. ... 1. HIPPOCAMPINIENS.
  - distincte. 2. SYNGNATHINIENS.
- nulles, pas d'anale.................. 3. NÉROPHINIENS.

Sous-famille des *Hippocampiniens. Hippocampini*, Bp.

Corps heptagonal en avant, comprimé ; dos en gouttière peu profonde ; ventre à carène médiane convexe. Queue préhensile, en pyramide quadrangulaire. Angle libre des écussons plus ou moins saillant.

Tête ressemblant à une tête de cheval, inclinée en bas et en avant ; à la région occipitale une sorte de couronne à bord inégal, portant parfois des filaments cutanés ; museau arrondi ; bouche petite.

Nageoires ; dorsale unique, anale très-petite, pectorales assez développées, pas de caudale.

Cette sous-famille comprend un seul genre.

GENRE HIPPOCAMPE — *HIPPOCAMPUS*, Cuv.

Corps ; tronc heptagonal, raccourci, comprimé ; anneaux du tronc au nombre de douze, en comptant les deux anneaux de la ceinture scapulaire. Le dernier anneau est composé de huit pièces, il n'a pas, comme les anneaux précédents, de pièce médiane inférieure. La pièce latérale proprement dite se relève brusquement et son angle externe commence la série des angles latéraux supérieurs de la queue ; elle est attachée à la pièce latérale inférieure par une espèce de chevron ou d'écusson, qui n'a pas d'angle externe saillant. La pièce latérale inférieure a son angle postérieur abaissé, venant se mettre, sur la ligne médiane, en rapport avec l'angle de la pièce du côté opposé ; sur l'espèce de symphyse ainsi formée se fixent les tiges osseuses, grêles et allongées qui sont les interépineux de l'anale.

Le premier anneau de la queue est composé de six segments : il est plus élevé que les suivants ; il porte les derniers rayons de la dorsale. Les anneaux suivants sont réduits à quatre segments ; il est facile de voir que les pièces persistantes sont les pièces latérales moyennes et les pièces latérales inférieures. La queue est en pyramide quadrilatérale, elle est constituée par trente-six à quarante anneaux ; sa longueur fait les deux tiers, quelquefois un peu moins, de la distance qui sépare la nuque de l'extrémité caudale.

Tête longue, comprimée, relevée dans la région occipitale qui porte trois tubercules, un tubercule médian et deux tubercules latéraux plus ou moins pointus. Il y a deux pièces nuchales ; la première s'articule en arrière avec la pièce nuchale postérieure et avec les deux pièces latérales supérieures de l'anneau scapulaire, elle arc-boute en avant sa pointe sur le bord postérieur du tubercule occipital et forme, de cette façon, une espèce de pont ou d'arcade au-dessus de l'articulation de la tête avec la colonne vertébrale ; elle porte à la région supérieure une sorte de couronne, une protubérance dont le milieu est déprimé et dont le bord est plus ou moins tuberculeux. La seconde pièce nuchale est allongée, elle est étroite, elle fait une espèce de toit au-dessus de l'espace vide, qui reste entre les deux pièces latérales supérieures du premier anneau du tronc ou de l'anneau scapulaire.

Sur chaque sourcil est une épine plus ou moins longue ; sur le milieu de l'espace préorbitaire se voit une protubérance plus ou moins développée appelée *protubérance* ou *épine nasale*. L'espace interorbitaire est concave, il figure un triangle isocèle, *triangle orbito-nasal*, dont les grands côtés sont les lignes allant de la protubérance nasale aux épines sourcilières. La longueur de ces lignes, comparée à la distance qui sépare l'épine nasale du bout du museau, est différente dans chacune de nos espèces. Cette différence dans les proportions fournit pour la diagnose un caractère excellent. La longueur du museau est mesurée à partir de l'œil, elle répond à la longueur de l'espace préorbitaire.

Yeux assez grands. D'après Lyonnet, et son opinion est adoptée par beaucoup de naturalistes, les Hippocampes peuvent imprimer à leurs yeux des mouvements indépendants et regarder en même temps deux objets placés chacun dans une direction opposée. Je ne suis pas absolument convaincu de la réalité du fait : j'ai bien souvent examiné des Hippocampes pour vérifier l'assertion de Lyonnet et j'avoue qu'il me reste un grand doute à cet égard.

Narines placées de chaque côté de la protubérance nasale, au devant de l'orbite.

Appendices cutanés allongés, coniques, attachés le plus souvent à la couronne nuchale, aux épines de la tête et du dos ; ces appendices filamenteux ne sont pas constants ; ils sont généralement moins développés dans l'Hippocampe brévirostre que dans l'autre espèce.

Appareil branchial ; opercule bien développé ; membrane branchiotège soutenue par deux rayons ; orifice branchial étroit, placé en avant et au-dessus de l'épine latérale supérieure de l'anneau scapulaire ; la base de cette épine forme en quelque sorte la paroi postérieure de l'orifice branchial.

Nageoires ; dorsale insérée sur des anneaux plus hauts que les autres ; ces anneaux sont au nombre de trois dans nos espèces, deux appartenant au tronc et le troisième à la région caudale ; ces trois anneaux n'ont pas le même nombre d'écussons, le premier en a sept, le second huit, et l'anneau caudal six. Les pièces latérales supérieures qui portent la dorsale, n'ont plus leur côté interne terminé en pointe, mais au contraire ce côté se transforme en une espèce d'éventail triangulaire dont les rayons, les lames vont en divergeant de dehors en dedans. Dorsale à dix-sept ou vingt rayons. Anale peu développée, à quatre rayons, plus visibles chez la femelle que chez le mâle. Pectorales assez développées : la ceinture scapulaire qui est enveloppée par le premier anneau du corps, est attachée à la colonne vertébrale.

Vessie natatoire ovale.

Poche incubatrice n'ayant qu'une petite ouverture ovale.

Les caractères que nous venons d'indiquer avec un certain développement, ne conviennent pas à toutes les espèces composant le genre Hippocampe ; ils appartiennent à celles qui vivent sur nos côtes et qui portent les noms vulgaires suivants :

N. vulg. : Cheval marin ; Chibaou de ma, Biarritz ; Cavall mari, Roussillon ; Tchival de màr, Cette ; Cavau, Nice.

Le genre Hippocampe comprend deux espèces ayant entre elles une telle ressemblance qu'elles n'ont pas été distinguées par les ichthyologistes qui ont précédé Cuvier.

La longueur du côté externe du triangle orbito-nasal est

- à peine égale à la distance qui sépare la protubérance nasale du bout du museau......... 1. H. MOUCHETÉ.
- plus grande que la distance qui sépare la protubérance nasale du bout du museau......... 2. H. BRÉVIROSTRE.

L'HIPPOCAMPE MOUCHETÉ
HIPPOCAMPUS GUTTULATUS, Cuv.

Syn. : DU CHEVAL MARIN, Rondel., 2ᵉ part., liv. II, c. IX, p. 79.
SYNGNATHUS HIPPOCAMPUS, Bloch, pl. 109, fig. 3.
HIPPOCAMPUS GUTTULATUS, Cuv., *Règ. an.*, 2ᵉ éd., t. II, p. 363, *Règ. an. ill.*, p. 331 Kaup, *Cat.*, *Lophobranchiate fish. col. British Museum*, p. 9 ; CBp., *Cat.*, nº 794 : A Dumér., t. II, p. 509 ; Günth., t. VIII, p. 202 ; Canestr., *Fn. Ital.*, p. 140.

Rondelet a donné une figure très-exacte de l'Hippocampe moucheté, qui est beaucoup plus commun que l'Hippocampe brévirostre sur nos côtes de la Méditerranée.

Long. : 0,10 à 0,14, quelquefois 0,16.

La longueur du corps, mesurée de la couronne nuchale à l'extrémité de la queue, fait six fois et demie à sept fois la hauteur qui est à peu près double de l'épaisseur. La hauteur du tronc prise entre le premier et le deuxième anneau portant la dorsale, est, chez les mâles, à peu près égale à la distance qui sépare le bout du museau de l'épine mastoïdienne ; elle est sensiblement plus petite chez les femelles. Le profil de l'abdomen est en arrière moins courbe chez la femelle de l'Hippocampe moucheté que dans l'autre espèce. Les épines des boucliers sont plus développées et plus pointues que dans l'Hippocampe brévirostre. Les appendices cutanés manquent rarement ; ils sont plus ou moins allongés, simples, rarement divisés, attachés principalement sur les épines du tronc et surtout sur les pièces latérales supérieures.

La tête est longue, sa longueur prise du bout du museau au bord postérieur de la couronne nuchale, fait plus du cinquième de la longueur du corps. Le museau est régulier, non déprimé à la racine de la protubérance nasale ; sa longueur, mesurée à partir de cette protubérance, est aussi grande et même plus grande que le côté externe du triangle orbito-nasal. L'épine nasale est plus saillante que dans l'Hippocampe brévirostre, elle a sa pointe dirigée en avant. La couronne de la pièce nuchale antérieure est large, bien développée, bordée généralement de cinq tubercules, pourvus presque toujours de filaments cutanés plus ou moins allongés.

Les yeux sont arrondis, assez grands. L'iris est argenté ou d'un blanc rougeâtre. Les épines sourcilières sont grandes, pointues ; elles portent ordinairement des filaments cutanés ; elles sont séparées des épines mastoïdiennes par une distance moins grande que la longueur du museau. ·

Trois anneaux, plus élevés que les autres, soutiennent la dorsale ; cette nageoire a le plus souvent dix-huit rayons ; elle est grisâtre chez les jeunes sujets, elle est plus foncée chez les grands, à peu près de la teinte du corps ; elle montre parfois une bande noirâtre bien marquée et une jolie bordure jaunâtre. L'anale est très-peu développée, d'une teinte brune ou même noirâtre ; elle a quatre rayons seulement. Les pectorales sont brunâtres, elles ont dix-sept rayons.

D. 18 ; A. 4 ; P. 17. — Ann. 12 + 38 à 40.

Quant au système de coloration, il est assez variable ; il est quelquefois d'un brun assez foncé, mais le plus souvent grisâtre ou gris brunâtre, ou rougeâtre avec des points ou des lignes d'un blanc, soit argenté, soit jaunâtre. Il n'est pas rare de trouver des animaux avec de très-grandes marques blanchâtres sans, pigment.

Habitat. C. Bonaparte n'admet cette espèce qu'avec doute et la range parmi les poissons de la Méditerranée ; cependant l'Hippocampe moucheté existe sur nos côtes de l'Ouest, il se trouve au moins à partir de la pointe du Raz jusque dans le golfe de Gascogne. Océan, baie d'Audierne, rare ; peu commun entre la Loire et la Gironde, la Rochelle ; golfe de Gascogne, commun à Arcachon, moins commun à Biarritz et à Saint-Jean de Luz. Il est assez commun dans la Méditerranée, Port-Vendres, Cette, Marseille, Nice.

L'HIPPOCAMPE BRÉVIROSTRE OU A MUSEAU COURT
HIPPOCAMPUS BREVIROSTRIS, Cuv.

Syn. : Hippocampus brevirostris, Cuv., *Rég. an.*, p. 363, *Rég. an. ill.*, p. 331 ; Kaup, *Cat.*, p. 7 ; CBp., *Cat.*, n° 793 ; A. Dumér., t. II, p. 504 ; Canestr., *Fn. Ital.*, p. 141.
Hippocampus antiquorum, Günth., t. VIII, p. 199, excl. syn.
The Short-nosed Hippocampus, Yarr., t. II, p. 394, fig. M., F.
Sea Horse, Short-nosed Hippocampus, Couch, t. IV, p. 344, non fig.

La figure donnée par Couch, pl. 241, est celle d'un Hippocampe moucheté venant de la Méditerranée.
Long. : 0,10 à 0,14, quelquefois 0,16.

Les proportions du corps sont à peu près les mêmes que dans l'Hippocampe moucheté. La hauteur du tronc, prise entre le 1er et le 2e anneau portant la dorsale, est, chez les mâles et chez les femelles, plus grande que la distance qui sépare le bout du museau de l'épine mastoïdienne. Les épines des boucliers sont généralement beaucoup moins longues que dans l'autre espèce. Les appendices cutanés sont peu développés en général et manquent même assez souvent.

Chez la plupart des animaux, la longueur de la tête ne mesure pas tout à fait le cinquième de la distance qui sépare la couronne nuchale de l'extrémité de la queue. Le bord supérieur du museau est irrégulier, il est creusé ou abaissé vers la protubérance nasale, et forme ainsi une courbure très-prononcée, qui détermine en arrière une diminution dans le calibre du tube rostral ; la longueur du museau est moins grande que le côté externe de l'angle orbito-nasal. Protubérance nasale comprimée, à pointe peu développée. La pièce nuchale antérieure est de forme assez variable, elle a sa couronne large comme dans l'autre espèce, à cinq tubercules saillants, ou bien étroite, à bord supérieur n'ayant que des tubercules très-réduits et souvent sans appendices cutanés. Les épines mastoïdiennes sont longues.

Les yeux sont assez grands. Les épines sus-orbitaires sont grandes, pointues ; elles sont séparées des épines mastoïdiennes par un espace égal à peu près à la longueur du museau.

Comme dans l'autre espèce, la dorsale est portée sur trois anneaux ; elle est haute surtout chez les femelles, elle a dix-sept ou dix-huit et même vingt rayons ; elle est d'une teinte grisâtre chez les jeunes, d'une teinte brune chez les grands individus ; elle est plus foncée à sa partie externe avec une bordure d'un blanc jaunâtre, qui n'a rien de bien régulier. Les pectorales ont une quinzaine de rayons.

D. 17 à 20 ; A. 4 ; P. 15. — Ann. 12 + 36.

Le système de coloration est tantôt brun cendré pâle ou brun foncé, varié de bleuâtre, avec des taches blanchâtres ; les individus à teinte pâle sont marqués de bandes ou de raies d'un brun plus ou moins foncé.

Habitat. L'Hippocampe brévirostre se trouve sur toutes nos côtes ; Manche excessivement rare, Boulogne, Dieppe, Granville, Roscoff. Océan rare jusqu'à l'embouchure de la Gironde : golfe de Gascogne, commun à Arcachon, moins commun à Biarritz. Méditerranée, assez commun, Cette.

Sous-famille des Syngnathiniens. Syngnathini.

Corps heptagonal au tronc, hexagonal entre l'anus et la fin de la dorsale, puis finissant en pyramide quadrangulaire. Queue non préhensile, munie d'une nageoire terminale ; les anneaux de la queue sont formés par les pièces latérales moyennes et les pièces latérales inférieures. Ligne latérale du tronc tantôt interrompue après l'anneau anal, tantôt continuée par l'angle ou le bord supérieur des anneaux de la queue.

Tête continuant l'axe du corps ; plaques nuchales plus ou moins développées ; museau plus ou moins allongé, de forme variable.

Nageoires ; dorsale, anale, caudale et pectorales.

Vessie natatoire allongée, à peu près cylindrique.

Poche incubatrice très-longue, faisant le tiers, ou peu s'en faut, de la longueur totale, fendue sur tout son milieu ; chez les mâles les angles inférieurs de la région sous-caudale sont, au niveau de la poche, fortement rejetés en dehors ; en raison de cette disposition la surface interne de l'organe d'incubation est très-augmentée.

La sous-famille des Syngnathiniens se divise en deux genres facilement reconnaissables.

<pre>
          ⎧ à peu près arrondi, moins élevé que la tête.
          ⎪   Anneau scapulaire complet, fermé en des-
          ⎪   sous par la première pièce impaire........ 1. SYNGNATHE.
Museau ⎨
          ⎪ comprimé, très-haut, aussi élevé que la tête
          ⎪   parfois. Anneau scapulaire non fermé en
          ⎩   dessous, sans pièce impaire.............. 2. SIPHONOSTOME.
</pre>

GENRE SYNGNATHE — *SYNGNATHUS.*

Corps allongé, plus ou moins anguleux, aplati ou légèrement concave à la région dorsale, qui garde un niveau régulier. Le bord supérieur du tronc s'arrête vers la fin de la dorsale ; au niveau de la nageoire, il forme avec la ligne latérale une espèce de V allongé, ouvert en avant. Anneau scapulaire complet, fermé en dessous par une pièce impaire.

Tête plus ou moins allongée ; museau à peu près arrondi, moins élevé que la tête.

Nageoires ; dorsale longue, commençant sur le dernier ou l'avant-dernier anneau du tronc, placée sur des anneaux ayant le même niveau que les autres ; anale à trois ou quatre rayons ; caudale le plus souvent arrondie en éventail, ayant une dizaine de rayons ; pectorales bien développées.

Le genre Syngnathe se compose de sept espèces :

Angles des anneaux

— non épineux. Museau faisant

  — la moitié au moins de la longueur de la tête. Dorsale commençant

    — après le quinzième anneau du tronc. Sourcil

      — continué en arrière par une arête plus ou moins prononcée. Dorsale

        — plus longue que l'espace qui sépare le bout du museau du bord supérieur de l'occipital, ou au moins égale. — 1. S. AIGUILLE.

        — moins longue, etc. ; hauteur du museau comprise dans sa longueur......{ 5 à 6 fois. — 2. S. ROUGEÂTRE. / 8 fois. — 3. S. TÉNUIROSTRE. }

      — peu prononcé, non continué par une arête en arrière de l'orbite.................... — 4. S. ÉTHON.

    — sur le quatorzième anneau du tronc et plus longue que la tête.......................... — 5. S. DE DUMÉRIL.

  — moins de la moitié de la longueur de la tête, qui est moins longue que la dorsale........................ — 6. S. ABASTER.

— épineux, denticulés principalement sur les pièces latérales ; museau faisant plus de la moitié de la longueur de la tête............................. — 7. S. PHLÉGON.

LE SYNGNATHE AIGUILLE — *SYNGNATHUS ACUS*, Linn.

Syn. : SYNGNATHUS, Arted., *Synon.*, p. 2, spec. 3.
SYNGNATHUS ACUS, Linn., p. 416, spec. 2 ; Bloch, pl. 91, fig. 2 ; Kaup, *Cat.*, p. 41
A. Dumér., t. II, p. 552 ; Günth., t. VIII, p. 157.
SYNGNATHUS TYPHLE, Bloch, pl. 91, fig. 1.
SYNGNATHE TROMPETTE, Syngnathus typhle, Riss., *Icith.*, p. 62, *Hist. nat.*, p. 178 ?
L'AIGUILLE, Bonnat., *Encycl. méth.*, p. 31, pl. 21, fig. 11.
SIPHOSTOMA ACUS, CBp., *Cat.*, n° 795.
THE GREAT PIPE-FISH, Yarr., t. II, p. 400.
GREATER PIPEFISH, Couch, t. IV, p. 351.

N. vulg. : Trompette, Vendée ; Serpent de mer.
Long. : 0,20 à 0,40 et plus.

Le Syngnathe aiguille atteint relativement une grande taille ; il a le dos légèrement concave.

Les anneaux sont au nombre de soixante à soixante-deux ; il y en a dix-neuf ou vingt pour le tronc ; ils sont très-distincts les uns des autres ; ils ont des angles saillants qui forment, par leur rapprochement, des arêtes bien prononcées. Dans les mâles, au niveau de la poche incubatrice, les pièces latérales inférieures se développent d'une façon remarquable ; leur angle est aplati, élargi et fortement rejeté en dehors. L'anus est séparé du museau par une distance égale à peu près à trois fois la longueur de la tête.

La tête est un peu plus longue que la dorsale, sa longueur est comprise sept fois et demie environ dans la longueur totale. La nuque est relevée en carène plus haute que le profil du dos. Une crête partant du bord postérieur de l'orbite, ou plutôt continuant en arrière l'arête du sourcil, remonte vers la région occipitale en se rapprochant de plus en plus de celle du côté opposé et forme avec elle une sorte de moitié d'ovale, de V ouvert en avant, au milieu duquel se voit une petite crête qui précède la crête nuchale ; il résulte de cette disposition que l'espace compris entre la pièce nuchale antérieure, le bord postérieur de l'orbite, la petite crête du sourcil et le bord supérieur de l'opercule, est un quadrilatère et non un triangle comme dans le Syngnathe abas-

ter. L'angle occipital se continue, en arrière, par la crête denticulée des pièces nuchales, qui sont l'une et l'autre bien développées. Le museau est allongé, il fait dans les adultes plus de la
moitié de la longueur de la tête, les deux tiers de l'espace postorbitaire ; il est étroit, à peu près arrondi ; il porte une crête longue,
denticulée qui va se terminer dans l'espace interorbitaire. Le
menton est arrondi, un peu retiré.

Les yeux sont assez grands, leur diamètre fait le quart de l'espace préorbitaire. L'espace interorbitaire est légèrement concave,
il est bordé latéralement par deux crêtes ou sourcils bien dessinés. Sur le bord antérieur de l'orbite se remarque un petit tubercule qui borne en arrière la fossette nasale.

L'opercule est large, bombé, strié sur les parties latérales et
granuleux en dessous ; le sous-opercule est allongé, aplati ; il est
caché par l'opercule. Il y a deux rayons branchiostèges qui sont
grêles, très-allongés, relevés en arrière.

Chez le Syngnathe aiguille, la dorsale est bien développée,
elle est portée sur neuf ou dix anneaux ; elle commence sur le
dernier ou sur l'avant-dernier anneau du tronc, elle compte une
quarantaine de rayons. La longueur de sa base est moins grande
que la longueur de la tête entière, et cependant, d'après la diagnose de Kaup, la dorsale est plus longue que le museau et la tête
ensemble ; en tout cas, elle est plus grande que la distance qui sépare le bout du museau du bord postérieur de l'orbite et même
du bord supérieur de l'occipital ; une seule fois j'ai trouvé la longueur de la dorsale égale à la distance qui sépare le bout du museau du bord supérieur de l'occipital. L'anale a quatre rayons ;
la caudale est en éventail, elle a une dizaine de rayons : les pectorales sont peu développées, elles ont douze rayons.

D. 38 à 41 ; A. 4 ; C. 10 ; P. 12. — Ann. 19 ou 20 + 40 à 42.

La poche des œufs est très-longue, elle occupe vingt-quatre à
vingt-cinq anneaux ; elle fait à peu près le tiers de la longueur
totale, elle est relativement plus longue que dans le Syngnathe
rougeâtre.

Il n'est guère possible d'indiquer, d'une façon bien nette, le
système de coloration qui est des plus variables ; la teinte est d'un
gris jaunâtre avec des bandes transversales plus foncées, d'un
gris noirâtre, quelquefois rougeâtre, ou d'un brun assez uniforme ;
parfois le dos et les côtés sont traversés par de larges bandes alternativement brunes et d'un gris jaunâtre.

Habitat. Le Syngnathe aiguille se trouve sur nos côtes de l'ouest ; Manche,
peu commun sur les plages de Picardie et de Normandie ; Bretagne, assez
commun, Roscoff. Océan, assez commun sur les côtes de Bretagne, du Poitou ; excessivement commun à Noirmoutiers ; golfe de Gascogne, commun,
Arcachon, Biarritz. Méditerranée, Nice ?

Proportions : ♂, long. totale 0,318 ; tronc. long. 0,081 ; dorsale. long.
0,039 ; poche incubatrice, long. 0,106.
　Tête. long. 0,042 ; museau, long. 0,022, haut. 0,004. — Œil, diam. 0,005.
Distance du museau à : dorsale, 0,119 ; anus, 0,123.
　♀, long. totale 0,300 ; tronc. long. 0,085 ; dorsale. long. 0,034.
　Tête, long. 0,039 ; museau. long. 0,021, haut. 0,004. — Œil, diam. 0,0045.
Distance du museau à : dorsale, 0,120 ; anus, 0,124.

LE SYNGNATHE ROUGEÂTRE
SYNGNATHUS RUBESCENS, Riss.

Syn. : SYNGNATHUS RUBESCENS, Syngnathe rougeâtre. Riss., *Ichth.*, p. 66, *Hist. nat.*,
p. 180 ; Kaup, *Cat.*, p. 43 ; A. Dumér., t. II, p. 557 ; Canestr., *Fn. Ital.*, p. 142.
SIPHOSTOMA RUBESCENS, CBp., *Cat.*, nº 799.

Long. : 0,20 à 0,30.

Chez le Syngnathe rougeâtre, le corps présente assez de ressemblance avec celui du Syngnathe aiguille, mais le dos est
beaucoup moins concave que dans l'autre espèce, il est à surface
presque plane. Les anneaux sont au nombre de cinquante-huit à
soixante, dont quarante pour la queue, qui mesure à peu près
deux fois la longueur du tronc.

La tête est beaucoup plus longue que la base de la dorsale,
sa longueur est comprise six fois et demie dans la longueur totale. Le museau est lisse, plus étroit, plus arrondi, plus allongé
que dans l'Aiguille ; il fait plus de la moitié de la longueur de
la tête, et le double, ou peu s'en faut, de l'espace postorbitaire.

Les yeux sont assez grands : l'iris est rougeâtre. Les sourcils, assez prononcés, sont continués en arrière par une petite arête, qui remonte ordinairement vers la région occipitale. L'espace interorbitaire est légèrement concave.

La dorsale est portée sur sept ou huit anneaux, elle commence sur le dernier ou l'avant-dernier anneau du tronc ; elle a trente-six à trente-huit rayons : la longueur de sa base est égale, ou peu s'en manque, à la distance qui sépare le bout du museau du bord postérieur de l'orbite ; elle est moins longue que dans le Syngnathe aiguille. L'anale a quatre rayons. La caudale est à peu près carrée. Les pectorales sont peu développées, elles comptent treize rayons.

D. 36 à 38 ; A. 4 ; C. 10 ; P. 13. — Ann. 18 à 20 + 40.

La longueur de la poche incubatrice est égale à celle du tronc.

La teinte générale est rougeâtre, tirant sur le brun, avec des points blancs sur les côtés ; parfois il y a des bandes transversales d'un brun plus ou moins foncé, à peu près semblables aux bandes qui se montrent sur le corps de l'Aiguille.

Habitat. Méditerranée, assez commun à Nice, à Cette.

Proportions : ♂, long. totale 0,198 ; tronc, long. 0,054 ; dorsale long. 0,021 ; poche incubatrice, long., 0,054.

Tête, long. 0,030 ; museau, long. 0,017, haut. 0,003. — Œil, diam. 0,004. Distance du museau à : dorsale, 0,080 ; anus, 0,084.

♀, long. totale 0,189 ; tronc, long. 0,056 ; dorsale, long. 0,020.

Tête, long. 0,029 ; museau, long. 0,016, haut. 0,003. — Œil, diam. 0,004. Distance du museau à : dorsale, 0,082 ; anus, 0,085.

LE SYNGNATHE TÉNUIROSTRE
SYNGNATHUS TENUIROSTRIS, Rathke.

Syn. : Syngnathus tenuirostris, Rathke. *Beitrag zur Fauna der Krym*, dans *Mémoires présentés à l'Académie impériale des sciences de St-Pétersbourg*, par divers savants, 1837, t. III, p. 313, pl. 2, fig. 11-12, tête ; Nordmann, *Faune pontique*, dans Demidoff, *Voyage dans la Russie méridionale*, 1840, t. III, p. 541, pl. 32, fig. 2 ; Kaup, *Cat.*, p. 44 ; A. Dumér., t. II, p. 556 ; Canestr., *Fn. Ital.*, p. 142.

Long. : 0,25 à 0,35.

Parmi les nombreux poissons, qui m'ont été envoyés de Cette

par mon zélé correspondant, se trouvent quatre Syngnathes qui présentent tous les caractères du *Syngnathus tenuirostris*.

Dans cette espèce le nombre des anneaux varie de cinquante-huit à soixante-deux ; il y en a dix-huit ou dix-neuf au tronc, en comptant l'anneau pectoral.

La longueur de la tête est comprise six fois et quatre cinquièmes à huit fois dans la longueur totale. Le museau est très-allongé, chez les individus de grande taille il fait le double et plus de l'espace postorbitaire ; il est très-mince, beaucoup plus grêle que dans le Syngnathe rougeâtre, sa hauteur est contenue environ huit fois dans sa longueur, tandis que chez le Syngnathe rougeâtre, la longueur du museau en mesure au plus six fois la hauteur.

Quant aux proportions de l'œil, elles se montrent assez variables ; le diamètre de l'œil est compris quatre fois et demie à six fois dans la longueur de l'espace préorbitaire, il paraît toujours plus grand que la hauteur du museau. Les sourcils bien dessinés, saillants, se continuent en arrière avec les crêtes latérales ; la carène médiane ou occipitale semble moins prononcée que chez le Syngnathe aiguille.

La dorsale est portée sur le dernier anneau du tronc et sur les sept ou huit premiers anneaux de la queue ; elle est moins longue que la distance qui s'étend du bout du museau au bord supérieur de l'occipital, elle est dans les sujets de grande taille. à peine plus longue que le museau ; elle compte de trente-quatre à trente-huit rayons ; elle est marquée de nombreux points brunâtres disposés en séries. L'anale a trois ou quatre rayons blanchâtres, parfois teintés de noir à leur extrémité. La caudale arrondie est brunâtre, bordée de blanc. elle a dix rayons :

D. 34 à 38 ; A. 3 ou 4 ; C. 10 ; P. 13 ou 14. — Ann. 18 ou 19 + 41 à 43.

La teinte est brunâtre dans les jeunes, d'un gris jaunâtre ou rougeâtre chez les grands individus, qui portent souvent des bandes transversales d'un brun plus ou moins foncé.

Habitat. Méditerranée, rare, Cette.

Proportions : ♀, long. totale 0.291 ; tronc, long. 0.079 ; dorsale, long. 0,030.

Tête, long. 0,043 ; museau, long. 0,0265, haut. 0.003. — Œil. diam. 0,004. Distance du museau à : dorsale, 0,119; anus, 0,120.

Günther rapporte au *Syngnathus acus* les *S. rubescens*, *S. tenuirostris*, etc. Canestrini, qui a fait une étude particulière des Lophobranches vivant sur les côtes d'Italie, admet comme deux espèces parfaitement déterminées le *S. tenuirostris* et le *S. rubescens*. En effet, malgré l'opinion de Günther, il faut reconnaître que les deux Syngnathes de la Méditerranée, comparés à l'Aiguille de l'Océan, présentent dans l'ensemble de leurs formes des différences très-sensibles, qui les font distinguer au premier coup d'œil. — Les animaux qui nous ont été envoyés de Cette sont tous des femelles.

LE SYNGNATHE ÉTHON — *SYNGNATHUS ÉTHON*, Riss.

Syn. : SYNGNATHUS ETHON, Syngnathe éthon. Riss., *Hist. nat.*, p. 182. SIPHOSTOMA ETHON. CBp., *Cat.*, nᵒ 802.

N. vulg. : Cavau, Nice.
Long. : 0,12 à 0,15.

Le corps est peu développé ; le dermosquelette est composé de cinquante-deux à cinquante-trois anneaux, dont dix-sept ou dix-huit pour le tronc. Les anneaux ont les angles peu saillants et donnent au corps une forme assez arrondie. La queue fait deux fois et plus la longueur du tronc. La ligne latérale paraît continue.

Quant à la tête, elle est à peu près aussi longue que la dorsale ; sa longueur est comprise sept à huit fois dans la longueur totale. La nuque n'est pas relevée, elle ne fait pas saillie au-dessus du profil du dos ; la région occipitale n'est pas bombée et la crête est presque nulle ; les pièces nuchales ne sont pas saillantes, elles sont droites, à crête supérieure peu prononcée, la plaque nuchale antérieure est oblongue, étroite, petite, moins développée que la pièce postérieure. La région postoculaire est arrondie, convexe ; la crête du sourcil ne se prolonge nullement en arrière, elle n'est pas continuée, comme dans le Syngnathe aiguille, par une crête qui remonte latéralement vers l'occipital supérieur. Le museau est assez long, il est au moins égal à la moitié de la longueur de la tête, la dépasse sensiblement s'il est mesuré à la partie avancée de la mâchoire inférieure ; il est légèrement comprimé ; il a sur le côté, à partir du tubercule nasal, une crête qui devient assez prononcée en arrière.

Les yeux sont de moyenne grandeur ; l'espace interorbitaire est étroit et légèrement concave ; les sourcils sont peu prononcés, très-courts ; ils ne débordent pas en arrière le contour de l'orbite.

L'opercule est bombé dans sa partie centrale ; il est marqué de stries assez fines, qui descendent de son bord et s'irradient sur toute sa face externe.

La dorsale est généralement portée sur dix anneaux, elle commence sur le dernier ou l'avant-dernier anneau du tronc ; elle est à peu près aussi longue que la tête, parfois un peu moins longue, rarement à peine plus longue ; elle a une trentaine de rayons. L'anale n'a que deux ou trois rayons. Les pectorales comptent douze ou treize rayons.

D. 30 ; A. 2 ou 3 ; C. 10 ; P. 12 ou 13. — Ann. 17 ou 18 + 24 ou 25.

La poche incubatrice est placée sous vingt à vingt-deux anneaux ; elle est d'un cinquième moins longue que la distance qui sépare le museau de l'anus.

Le dos et les côtés sont d'un verdâtre plus ou moins foncé ; le ventre est grisâtre.

Habitat. Manche, très-rare, baie de Somme ; Océan, très-rare. Méditerranée rare, Nice.

Proportions : ♂, long. totale 0,132 ; tronc, long. 0,036 ; dorsale, long. 0,015 ; poche incubatrice, long. 0,042.

Tête, long. 0,017 ; museau, long. 0,0087.

Distance du museau à : dorsale, 0,053 ; anus, 0,054.

♀ , long. tot. 0,130 ; tronc, long. 0,036 ; dorsale, long. 0,015.

Tête, long. 0,018 ; museau, long. 0,0095.

Distance du museau à : dorsale, 0,051 ; anus, 0,054.

LE SYNGNATHE DE DUMÉRIL — *SYNGNATHUS DUMERILII*, Nob.

Fig. 86.

Syn. : Syngnathus Dumerilii, A. Dumér., t. II, p. 556.

Long. : 0,10 à 012.

Ce Syngnathe n'acquiert pas une grande taille; il a le corps relativement allongé, le dos tout à fait aplati. La queue est légèrement concave en dessous; sa longueur mesure au moins deux fois et demie la longueur du tronc. Les anneaux sont en nombre peu variable, de cinquante à cinquante-trois, la différence ne porte que sur le nombre des anneaux de la queue; le tronc, soit chez le mâle, soit chez la femelle, est toujours entouré de quinze anneaux, compris l'anneau scapulaire. La ligne latérale est ordinairement continue.

La tête est assez longue, sa longueur est contenue sept fois et demie à huit fois dans la longueur totale; elle a en arrière la même hauteur que le tronc; elle est légèrement concave vers la fin de l'espace interorbitaire; elle porte, sur le milieu de la région occipitale, une petite crête longitudinale à laquelle fait suite la crête des plaques nuchales. Les pièces nuchales sont basses, elles ne font pas de saillie sensible au-dessus du profil du dos; la première nuchale est petite, ovale, la seconde est plus allongée. Le museau est plus long que la moitié de la tête, il est assez haut, légèrement comprimé; il porte sur le bord supérieur, qui est concave, une crête mince qui part du milieu de l'espace interorbitaire et va se terminer près de la bouche; le bord inférieur du museau est anguleux, très-étroit.

Les yeux sont grands; l'iris est argenté. Le sourcil est marqué;

son arête est très-courte en arrière, elle ne se relève pas pour gagner la région occipitale. L'espace interorbitaire est concave ; à la partie antérieure de l'orbite, près de l'ouverture de la narine, est un petit tubercule terminé en pointe très-aiguë, dirigée en dehors et un peu en arrière.

La dorsale est plus longue que la tête, elle s'étend sur dix ou onze anneaux dont les deux premiers appartiennent au tronc ; elle a trente-six rayons chez les mâles, et trente-quatre chez les femelles ; elle est pâle ainsi que l'anale et les pectorales. L'anale est très-réduite, elle a trois rayons. La caudale est bien développée, elle est noirâtre. Les pectorales comptent onze, quelquefois douze rayons.

D. 36 ♂, 34 ♀ ; A.3 ; C. 10 ; P. 11 ou 12. — Ann. 15 + 35 à 38.

La poche incubatrice est placée sous dix-neuf anneaux et même sous vingt et un ; elle fait à peine plus de la moitié de la longueur de la queue.

La coloration est d'un gris brunâtre sur le dos et sur les côtés, d'un gris blanchâtre sous le ventre. La queue est d'une couleur uniforme chez les femelles, et chez les mâles après la poche incubatrice. Un mâle a le dos gris verdâtre jusqu'à la dorsale.

Habitat. Manche ; ce Syngnathe est très-rare, je l'ai trouvé pour la première fois au Havre, en 1869. Océan, golfe de Gascogne, Arcachon. A. Lafont.

Proportions : ♂, long. totale, 0,112 ; tronc, long., 0,028 ; dorsale, long., 0,0165 ; poche incubatrice, long., 0,036.

Tête, long., 0,014 ; museau, long., 0,008.

Distance du museau à : dorsale, 0,038 ; anus, 0,042.

♀, long., totale, 0,105 ; tronc, long., 0,027 ; dorsale, long., 0,015.

Tête, long., 0,014 ; museau, long., 0,008.

Distance du museau à : dorsale, 0,039 ; anus, 0,041.

LE SYNGNATHE ABASTER — *SYNGNATHUS ABASTER*, Riss.

Syn. : SYNGNATHE AIGUILLE, Syngnathus acus, Riss., *Ichth.*, p. 63.
SYNGNATHUS ABASTER, Syngnathe abaster, Riss., *Hist. nat.*, p. 182 ; Kaup., *Cat.*, p. 39 ; A. Dumér., t. II, p. 562 ; Günth., t. VIII, p. 161 ; Canestr., *Fn. Ital.*, p. 143. SIPHOSTOMA ABASTER, CBp., *Cat*, nᵒ 803.

Long. : 0,12 à 0,15.

Le corps n'atteint jamais une grande dimension; le dos est légèrement concave depuis les plaques nuchales jusqu'à la caudale. Le tronc est assez élevé, sa cuirasse est composée de seize annneaux; la queue a trente-six à trente-huit anneaux, elle est longue, sa longueur fait deux fois et un quart à deux fois et demie la longueur du tronc. Les anneaux ont les angles prononcés, surtout ceux des pièces latérales supérieures. La ligne latérale est très-saillante et non interrompue le plus souvent.

La tête est courte, elle ne fait que le neuvième de la longueur totale, elle est un peu moins longue que la dorsale. Le museau est comprimé; il est court, sa longueur ne mesure pas tout à fait la moitié de la longueur de la tête; il porte sur le bord supérieur une crête mince, assez haute, qui commence dans l'espace interorbitaire, se continue presque jusqu'à la mâchoire supérieure, et présente une légère échancrure à sa partie antérieure; une petite arête latérale prolonge la crête du sourcil au-devant et au-dessus des narines, cette arête se dirige d'arrière en avant, de bas en haut, et va border la crête du museau jusqu'auprès de sa terminaison. Les sourcils sont relevés, saillants; ils se continuent en arrière par une arête horizontale qui finit sur le côté de la pièce nuchale antérieure; du bord postérieur de l'orbite part une autre arête qui se dirige d'avant en arrière et de bas en haut, passe sur le bord antérieur de l'opercule et va rejoindre l'arête horizontale; ces deux arêtes et le bord postérieur de l'orbite limitent un petit espace triangulaire plus ou moins rugueux. La région occipitale est légèrement relevée, elle porte sur le milieu une petite crête qui est suivie de la crête plus saillante des pièces nuchales; ces pièces ont le bord supérieur très-mince, comme tranchant; la pièce nuchale antérieure est moins longue et moins large que l'autre, et sa crête est tantôt unie à celle de la seconde nuchale, tantôt elle en est séparée par un espace très-étroit, par une espèce d'échancrure.

D'après Risso, l'iris est d'un bleu doré, les yeux sont assez grands. L'espace interobitaire est plus large en arrière, il présente en avant deux rainures ou fossettes latérales formées par les sourcils et le commencement de la crête du museau.

La dorsale est à peine plus longue que la tête, elle est portée sur huit ou neuf anneaux, dont le premier appartient au tronc ; elle paraît avoir un nombre assez variable de rayons. Canestrini en indique vingt-huit à trente et un, Duméril trente-deux à trente-six, j'en ai trouvé de trente-trois à trente-cinq. L'anale a trois rayons. La caudale a généralement dix rayons ; suivant Canestrini, elle en aurait de six à dix ; cette différence dans le nombre des rayons paraît extraordinaire. Les pectorales comptent une douzaine de rayons.

D. 32 à 36 ; A. 3 ; C. 10 ; P. 12 ou 13. — Ann. 16 + 36 à 38.

La poche incubatrice est sous dix-neuf anneaux ; elle occupe un peu plus de la moitié de la longueur de la queue.

Le système de coloration est d'un brun rougeâtre, avec des taches ou des bandes verticales, tantôt jaunâtres, tantôt blanchâtres, plus marquées sur les femelles que sur les mâles.

Habitat. Méditerranée rare, Nice. Océan très-rare, je l'ai reçu de Bayonne ; le Muséum en possède quelques spécimens envoyés de la Rochelle par d'Orbigny.

Proportions : ♂, long. totale 0,136 ; tronc, long. 0,035 ; dorsale, long. 0,0155 ; poche incubatrice, long. 0,045.

Tête, long. 0,014 ; museau, long. 0,0065. Œil, diam. 0,002.

Distance du museau à : dorsale, 0,048 ; anus, 0,049.

♀, long. totale 0,132 ; tronc, long. 0,038 ; dorsale long. 0,047.

Tête, long. 0,014 ; museau, long. 0,0065. Œil, diam. 0,002.

Distance du museau à : dorsale, 0,049 ; anus, 0,052.

LE SYNGNATHE PHLÉGON — *SYNGNATHUS PHLEGON*, Riss.

Syn. : SYNGNATHUS PHLEGON, Syngnathe phlégon, Riss., *Hist. nat.*, p. 181 ; Kaup, *Cat.*, p. 41 ; A. Dumér., t. II, p. 551 ; Günth., t. VIII, p. 156 ; Canestr., *Fn. Ital.*, p. 143.

SIPHONOSTOMA PHLEGON, CBp., *Cat.*, n° 801.

Long. : 0,14 à 0,20.

Le corps est allongé, très-grêle ; il a soixante-six à soixante-dix anneaux, il en a même parfois jusqu'à soixante-dix-sept; le nombre des anneaux du tronc est de dix-sept ou dix-huit. Les angles des anneaux sont excesivement rudes, surtout d'arrière en avant; ils portent plusieurs dentelures assez fines, suivies d'une petite épine; ces dentelures, et d'abord l'épine, sont plus saillantes sur l'arète latérale. La queue est très-longue, elle mesure au moins deux fois et demie, et même trois fois, la longueur du tronc.

La tête est à peu près aussi longue que la dorsale, sa longueur est comprise de sept à huit fois dans la longueur totale. La région occipitale est à peine relevée; sur la partie médiane se montre une petite crête. La saillie des pièces nuchales est peu prononcée; la première nuchale est presque ronde, aussi large que longue, c'est une espèce de petit bouclier rehaussé dans son milieu et couvert de stries radiées; la seconde nuchale est allongée, avec une crête assez longue, mais peu saillante. Le museau est étroit, très-allongé, il fait plus de la moitié, parfois les deux tiers de la longueur de la tête, il est beaucoup plus long que la hauteur du corps; il est droit, peu comprimé, rude en dessus.

Les yeux sont de moyenne grandeur; l'iris est argenté; les sourcils sont prononcés, saillants; l'espace interorbitaire est concave, et en arrière se trouve une crête longitudinale, basse le plus ordinairement.

Des stries plus ou moins marquées sillonnent l'opercule, qui porte, sur la moitié antérieure, une crête saillante.

La dorsale est de longueur très-légèrement variable suivant les sujets, elle est égale à la longueur de la tête, ou tantôt un peu plus longue, tantôt un peu plus courte; elle s'étend sur douze ou treize anneaux, elle commence sur le dernier ou, le plus souvent, sur l'avant-dernier anneau du tronc; elle compte une quarantaine de rayons; elle en aurait, suivant Canestrini, de trente-huit à quarante-cinq, je n'ai jamais trouvé une différence aussi grande dans le nombre des rayons. L'anale a deux ou trois rayons. La caudale est bien développée, elle est égale au tiers de la longueur de la dorsale. Les pectorales ont seize ou dix-sept rayons, parfois dix-huit, seulement quatorze d'après Canestrini.

D. 40 à 42 ; A. 2 ou 3 ; C. 10 ; P. 16 à 18. — Ann. 17 ou 18 + 48 à 59.

La poche incubatrice fait plus de la moitié de la longueur de la queue. Chez les animaux vivants, le système de coloration est bleuâtre sur le dos, argenté sur les côtés et sur le ventre, d'après Risso ; chez les individus conservés dans la liqueur, le fond paraît brunâtre avec des bandes verticales d'un gris tirant un peu sur le jaune.

Habitat. Méditerranée, assez rare, Nice, printemps, été, Riss.
Proportions : ♂, long. totale, 0,145 ; tronc, long. 0,030 ; dorsale, long. 0,020 ; poche incubatrice, long. 0,058.
Tête, long. 0,019 ; museau, long. 0,0125. — Œil, diam., 0,0025.
Distance du museau à : dorsale, 0,047 ; anus, 0,049.
♀, long. totale 0,148 ; tronc, long. 0,036 ; dorsale, long. 0,020.
Tête, long. 0,018 ; museau, long. 0,012. — Œil, diam. 0,0022.
Distance du museau à : dorsale, 0,049 ; anus, 0,054.

GENRE SIPHONOSTOME — *SIPHONOSTOMA.*

Corps anguleux ; dos aplati ou même légèrement convexe ; tronc relativement assez développé. Anneau scapulaire non complétement fermé, pas de pièce médiane inférieure, un espace losangique ouvert entre les pièces latérales inférieures.

Tête longue ; première pièce nuchale excessivement réduite ; museau très-allongé, très-comprimé et très-haut, continuant à peu près le profil de la tête.

Nageoires ; dorsale longue, commençant sur le dernier anneau du tronc et s'étendant sur les sept à neuf premiers anneaux de la queue ; ces anneaux sont sur le même niveau que les autres. Anale à trois ou quatre rayons. Caudale assez développée, arrondie ou légèrement pointue, à dix rayons en général. Pectorales assez larges.

Quant à la disposition de la ligne latérale elle est variable, il ne faut pas y chercher un caractère de grande valeur, ni surtout un caractère de genre comme le fait Günther. J'ai toujours vu cette ligne continue dans le Siphonostome de Rondelet, mais le nombre des individus que j'ai examinés n'est pas assez considérable pour me permettre d'affirmer qu'il en est toujours ainsi. Dans le Siphonostome typhle la ligne latérale est tantôt interrompue, tantôt continue, et chez le même sujet il n'est pas absolument rare de trouver, sur chacun des côtés, une disposition différente.

Le genre Siphonostome se compose de trois espèces parfaitement déterminées :

Dorsale plus
- longue que le museau. . . . . 1. S. TYPHLE.
- courte que le museau qui a le bord antérieur
  - courbe. . . . . 2. S. ARGENTÉ.
  - anguleux. . . . . 3. S. DE RONDELET.

Pour éviter toute erreur, la longueur du museau doit être prise du bord antérieur de l'orbite à la partie avancée de la mâchoire inférieure.

LE SIPHONOSTOME TYPHLE — *SIPHONOSTOMA TYPHLE*.

Syn. : SYNGNATHUS TYPHLE, Linn., p. 416, sp. 1, excl. syn.
? SIPHOSTOMA TIPHLE. CBp., *Cat.*, n° 796.
SIPHONOSTOMUS TYPHLE, Kaup. *Cat.*, p. 49, excl. syn.
SIPHONOSTOMA TYPHLE, A. Dumér., t. II. p. 576; Günth., t. VIII. p. 154, excl. syn.
THE DEEP-NOSED PIPE-FISH, Yarr., t. II, p. 406.
BROAD-NOSED PIPEFISH, Couch, t. IV, p. 355.

N. vulg. : Anguille vésarde, Charente-Inférieure.
Long. : 0,20 à 0,30.

Les anneaux sont au nombre de cinquante-quatre à cinquante-huit; il y a dix-huit, quelquefois vingt anneaux pour le tronc. L'anus est ouvert avant la fin de la première moitié de la longueur totale, il paraît un peu plus reculé dans les femelles que dans les mâles.

La tête est, en arrière, de la grosseur du tronc à peu près; elle est aplatie en dessus ou plutôt légèrement concave; elle est de longueur variable, sa longueur est comprise, chez les grands

Fig. 87.

individus, cinq fois et trois quarts à six fois dans la longueur totale, et six fois et demie chez les jeunes. Le museau est très-comprimé, il est à peine moins haut que le tronc ; il est long, mais sa longueur ne fait pas les deux tiers de la longueur de la tête, elle est moins grande que la longueur de la base de la dorsale ; le museau porte à sa partie supérieure une crête médiane qui mesure, en avant, près du tiers de la hauteur du rostre. La mâchoire inférieure n'a pas la même configuration que dans le Siphonostome de Rondelet, son contour forme une courbe ou bien un arc de cercle, dont une ligne passant verticalement par la bouche ferait la corde.

Les yeux sont assez grands, le diamètre de l'œil fait le cinquième de l'espace préorbitaire ; l'espace interorbitaire est rétréci en avant, triangulaire, concave. Les sourcils sont très-saillants, minces, ils se confondent en arrière avec deux petites arêtes formant un V ou un angle aigu ; en avant ils se prolongent de chaque côté sur le commencement de la crête du museau. Il y a trois rayons branchiostèges.

La dorsale est placée sur huit à dix anneaux, elle commence sur le dernier anneau du tronc ; elle est presque toujours d'un quart ou d'un cinquième plus longue que le museau, cependant, selon A. Duméril, elle aurait la même longueur que le museau ; cette nageoire a de trente-quatre à quarante rayons. L'anale a trois rayons. Les pectorales ont une quinzaine de rayons.

D. 34 à 40 ; A. 3 ; C. 10 ; P. 14 ou 15. — Ann. 18 à 20 + 36 à 38.

La poche incubatrice est ordinairement placée sous vingt-deux anneaux.

La coloration est d'un gris verdâtre assez foncé, teinté de jaune sur le dos et sur les côtés, d'un gris blanchâtre sous le tronc ; parfois la teinte générale est brunâtre.

Habitat. Manche assez rare, Roscoff. Océan, je l'ai trouvé en grande quantité à Noirmoutiers ; île de Ré, commun ; moins commun sur les plages du continent, Sables-d'Olonne, la Rochelle ; golfe de Gascogne, Arcachon, assez commun ; Saint-Jean de Luz, rare. Méditerranée, assez rare, Cette, Nice?

Proportions : ♂, long. totale 0,227 ; tronc, long. 0,055 ; dorsale, long. 0,028 ; poche incubatrice, long. 0,078.

Tête, long. 0,039 ; museau, long. 0,022, haut. max. 0,007, min. 0,006. — Œil, diam. 0,004.

Distance du museau à : dorsale, 0,092 ; anus, 0,094.

♀, long. totale 0,224 ; tronc, long. 0,065 ; dorsale, long. 0,028.

Tête, long. 0,038 ; museau, long. 0,023, haut. max. 0,007, min. 0,006. — Œil, diam. 0,004.

Distance du museau à : dorsale, 0,100 ; anus, 0,103.

LE SIPHONOSTOME ARGENTÉ.
SIPHONOSTOMA ARGENTATUM.

Syn. : Syngnathus argentatus, Pallas, *Zoographia Rosso-Asiatica*, t. III, p. 120 ; Rathke, *Fn. Krym. Mém. sur. étr. Acad. imp. sc. St-Pétersb.*, 1837, t. III, p. 316, pl. 2, fig. 5-6, tête ; Nordmann, *Fn. pont.*, Demidoff, *Voy. Russ. mérid.*, 1840, t. III, p. 539, pl. 2, fig. 1.

Siphonostomus argentatus, Kaup, *Cat.*, p. 50.

Siphonostomus typhle, Canestr., *Fn. Ital.*, p. 141.

Siphonostoma argentatum, A. Dumér., t. II, p. 579.

Chez le Siphonostome argenté, le nombre des anneaux paraît être moindre que dans le Typhle, il varie de quarante-neuf à cinquante-deux ou cinquante-trois. Le tronc est entouré de dix-huit ou dix-neuf anneaux. Suivant Kaup les côtés du corps sont denticulés ; je ne trouve une disposition semblable sur aucun des animaux que j'ai examinés, et dans leur diagnose Rathke et Nordmann ne signalent pas ce caractère.

La tête semble, en raison de la forme du museau, sensiblement plus longue que celle des autres Siphonostomes ; sa longueur est contenue cinq à six fois dans la longueur totale. Le

Fig. 88.

museau est évidemment beaucoup moins large ou moins haut que dans le Typhle, sa plus petite hauteur mesure à peine le septième de sa longueur, tandis qu'elle en fait le quart dans le Typhle ; son bord supérieur n'est pas droit, il est au contraire légèrement concave, non surmonté d'une crête haute et tran-

chante. La longueur du rostre fait à peine moins des deux tiers
de la longueur de la tête, elle fait le double, et même plus, de
l'espace postorbitaire. La mâchoire inférieure a le bord antérieur convexe, arrondi, elle est relativement plus étroite que
celle du Typhle.

Quant au diamètre de l'œil, il est égal à la moindre hauteur
du museau, il est contenu six fois à six fois et quatre cinquièmes
dans la longueur de l'espace préorbitaire. Les sourcils ne paraissent pas saillants ; l'espace interorbitaire est très-étroit, il
présente une surface plane.

La dorsale est placée sur le dernier anneau du tronc et sur les
huit ou neuf premiers anneaux de la queue ; elle a de trente-
trois à trente-huit rayons ; elle a sa base moins longue que le
museau. A. Duméril, il est vrai, donne à la nageoire une longueur plus grande qu'au museau, cela tient évidemment au
mode de mensuration ; A. Duméril, au lieu de mesurer la base
de la nageoire, a pris vraisemblablement, comme pour le Typhle,
la longueur entière de la dorsale ayant ses rayons postérieurs
couchés complétement. La caudale présente encore une disposition particulière, elle n'est pas anguleuse comme dans le
Typhle, elle est au contraire généralement arrondie en éventail.
L'anale est très-petite.

D. 33 à 38; A. 3 ; C. 10; P. 14 ou 15.

La coloration est variable, d'un brun verdâtre ou jaunâtre
sur le dos et les côtés, d'un gris argenté dans la région abdominale.

Habitat. Méditerranée, assez commun à Cette; il est probable que c'est
au Siphonostome argenté que M. Doûmet a donné le nom de Typhle.

Proportions : ♀, long. totale 0,231 ; tronc, long. 0,069 ; dorsale,
long. 0,027.

Tête, long. 0,045; museau, long. 0,029, haut. max. 0,006, min. 0,004. —
Œil, diam. 0,0045, esp. postorbit. 0,012.

Distance du museau à : dorsale 0,112; anus 0,114.

LE SIPHONOSTOME DE RONDELET
SIPHONOSTOMA RONDELETII.

Syn. : De l'Éguille d'Aristote, Rondel., liv. VIII, c. iv, p. 188. fig. sup.
Syngnathus Rondeletii. Syngnathe de Rondelet, Delaroche, *Ann. Muséum*, 1809,
t. XIII, p. 324, fig. 5, *Mém.*, p. 38.
Syngnathe vert, Syngnathus viridis, Riss., *Ichth.*, p. 65, *Hist. nat.*, p. 179.
Siphonostomus Rondeletii, Kaup, *Cat.*, p. 50: Canestr., *Fn. Ital.*, p. 141.
Siphonostoma Rondeletii, A. Dumér., t. II, p. 578.

Long. : 0,20 à 0,33.

Dans cette espèce, le corps est plus développé que dans le Siphonostome typhle ; le dos est aplati ; les anneaux sont au
nombre de cinquante-trois à cinquante-huit, il y en a dix-neuf
ou vingt pour le tronc ; les angles des anneaux du tronc sont
peu saillants, de sorte que le corps en avant paraît un peu
arrondi. L'anus est placé vers la fin de la première moitié de la
longueur totale, il est un peu plus reculé dans les femelles que
dans les mâles.

La tête est plate en dessus ; sa longueur est comprise cinq
fois et demie à six fois dans la longueur totale. Le museau est
très-allongé, il est plus long que la base de la dorsale ; dans sa

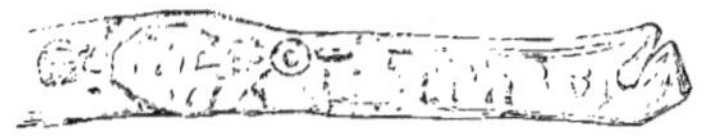

Fig. 89.

région moyenne, il est à peine moins haut que la tête, à son
extrémité il est aussi élevé ; il est très-comprimé latéralement,
le bord supérieur, très-mince, figure une espèce de crête tranchante. Le menton est anguleux, très-saillant ; la mâchoire inférieure n'a pas le contour arrondi comme dans le Siphonostome
typhle, elle forme un angle très-prononcé en avant, une ligne
passant verticalement par la bouche ferait la base d'un triangle
dont les côtés seraient le bord supérieur et le bord inférieur de
la mandibule.

Les yeux sont assez grands; le diamètre de l'œil fait le sixième ou le septième de la longueur du museau; il n'y a pas de crête sourcilière; l'espace interorbitaire est aplati ou même parfois légèrement convexe, il est à peu près aussi large en avant qu'en arrière.

La dorsale est portée sur huit à dix anneaux, elle commence sur le dernier anneau du tronc et parfois même sur la partie postérieure de l'anneau, directement au-dessus de l'anus; elle est moins longue que le museau, la différence est plus sensible chez les animaux de moyenne taille que chez les très-grands sujets; le nombre des rayons varie de trente-trois à trente-cinq. L'anale est petite, souvent peu visible. La caudale est noirâtre. Les pectorales ont ordinairement seize rayons.

D. 33 à 35; A. 4; C. 10; P. 15 à 17. — Ann. 19 ou 20 + 34 à 38.

La poche incubatrice est très-longue; sur un individu long de 0^m,22 elle mesure 0^m,070. Elle contient des œufs qui sont placés sur deux rangées seulement; quelques-uns des œufs paraissent hors rang, ils se trouvent entre les deux rangées qui sont séparées par une espèce de raphé médian.

La teinte est d'un gris brunâtre, quelquefois olivâtre, parfois encore d'un gris légèrement nuancé de rouge jaunâtre; la tête et surtout le museau sont traversés par des lignes étroites d'un brun très-foncé; ces lignes manquent dans certains cas, principalement chez les jeunes individus.

Habitat. Méditerranée, Nice, assez commun; Cette, rare. Océan? Arcachon.

Proportions : ♂, long. totale 0,230; tronc, long. 0,065; dorsale, long. 0,0215; poche incubatrice, long., 0,075.

Tête, long. 0,042; museau, long. 0,028, haut. max. 0,008, min. 0,006. — Œil, diam. 0,0045.

Distance du museau à : dorsale, 0,105; anus, 0,107.

♀, long. totale 0,230; tronc, long. 0,067; dorsale, long. 0,0215.

Tête, long. 0,043; museau, long. 0,029, haut. max. 0,0075, min. 0,006. — Œil, diam., 0,004.

Distance du museau à : dorsale, 0,110; anus, 0,110.

Var. Le *Siphonostome pyrois*.

Syngnathus pyrois, Syngnathe pyroïs, Riss., *Hist. nat.*. p. 180.
Siphonostomus pyrois, Kaup, *Cat.*, p. 48.
Siphonostoma pyrois, A. Dumér., t. II, p. 579.

Le Siphonostome pyroïs est une variété du Siphonostome de Rondelet ; il est d'un gris verdâtre, plus ou moins foncé sur le dos et sur les côtés, avec des taches blanchâtres ; il est d'un blanc argenté, teinté de jaune doré sous le ventre. Le museau est traversé de lignes noirâtres ; l'opercule est marqué de traits noirâtres et de points blancs ; les nageoires sont grisâtres.

Proportions : ♂, long. totale 0,244 ; tronc, long. 0,064 ; dorsale, long. 0,0223.

Tête, long. 0,046 ; museau, long. 0,029. Œil, diam. 0,004.
Distance du museau à : dorsale, 0,110 ; anus, 0.110.

Sous-famille des Nérophiniens, *Nerophini.*

Corps à peu près lisse, plus arrondi ou plutôt moins anguleux que chez les Syngnathiniens ; tronc allongé, se continuant, sans ligne de démarcation bien sensible, avec une queue grêle, effilée, préhensile.

Nageoires ; une seule nageoire développée, la dorsale qui est opposée à l'anus ; pas d'anale, pas de pectorales, caudale nulle ou rudimentaire.

Poche incubatrice nulle ; œufs attachés sous le ventre, en avant de l'anus, chez les mâles, qui ont la région abdominale plus aplatie que les femelles. Les œufs sont collés sur plusieurs rangées longitudinales, qui varient en nombre non-seulement suivant les espèces, mais encore suivant la taille des animaux.

La sous-famille des Nérophiniens répond au genre Nérophis de Kaup, de Günther ; suivant d'autres ichthyologistes, elle se compose de deux genres nettement distincts :

Nageoire caudale	rudimentaire ou dorsale portée sur 11 à 13 anneaux dont les trois ou quatre derniers appartiennent à la queue....	1. Entelure.
	nulle. Dorsale portée sur 7 à 11 anneaux dont les deux ou trois premiers appartiennent au tronc....................	2. Nérophis.

GENRE ENTELURE — *ENTELURUS*, A. Dumér.

Syn. : Syngnathe, Syngnathus, Rafin. ; CBp.

Nageoires ; caudale rudimentaire, à rayons plus ou moins enveloppés par la peau (elle est fragile ; elle paraît manquer chez les mâles, au moins dans l'Entelure de mer, suivant A. Duméril). Dorsale longue, placée sur onze à treize anneaux, dont les trois ou quatre derniers appartiennent à la queue.

Ce genre comprend deux espèces, d'après la plupart des ich-thyologistes, une seule, d'après Günther.

Rayons de la caudale au nombre de
- six............. 1. E. de mer.
- cinq.......... 2. E. serpentiforme.

ENTELURE DE MER — *ENTELURUS ÆQUOREUS*.

Syn. : Syngnathus æquoreus, Linn., p. 417, sp. 4 ; Rafin., *Ind. ittiol. sicil.*, p. 57 ; CBp., *Cat.*, n° 813.
Nerophis æquoreus, Kaup, *Cat.*, p. 66 ; Günth., t. VIII, p. 191.
Entelurus æquoreus, A. Dumér., t. II, p. 605.
The Æquoreal Pipe-fish, Yarr., t. II, p. 409.
Ocean Pipefish, Couch, t. IV, p. 356.

Long. : 0,30 à 0,50, quelquefois 0,60.

Le tronc est octogone ; les angles latéraux sont peu prononcés, l'angle dorsal est assez marqué ; le ventre est aplati chez les mâles, tandis que chez les femelles il présente une carène assez saillante. La queue fait suite au tronc sans ligne de démarcation bien sensible, elle est toutefois moins anguleuse, elle est ordi-nairement légèrement arrondie en dessus et en dessous et un peu aplatie sur les côtés. L'anus est ouvert sous le tiers postérieur de la dorsale.

La tête n'est pas relevée en arrière ; sa longueur est contenue douze fois et demie à treize fois dans la longueur totale. Le mu-seau est cylindrique, un peu plus haut en avant ; en général, il ne mesure pas tout à fait la moitié de la longueur de la tête.

Quant aux yeux, ils sont de moyenne grandeur ; l'iris est rougeâtre.

La dorsale compte une quarantaine de rayons ; les cinq ou six
derniers rayons sont placés sur les trois premiers anneaux de la
queue. La caudale a six rayons enveloppés dans la peau, mais
distincts.

D. 38 à 40 ; C. 6. — Ann. 28 à 30 + 68 à 70.

Chez les adultes, la coloration est gris olivâtre sur le dos et les
flancs, gris jaunâtre sous le ventre, avec des bandes verticales
argentées à bordure noire. Ces bandes vont de l'angle qui sépare la région dorsale de la région latérale, jusque vers la carène
du ventre. La première bande, qui commence vers l'opercule,
est plus courte que les suivantes, elle est légèrement concave en
arrière. Après l'anus les bandes sont moins brillantes, elles disparaissent, ou deviennent moins visibles, un peu en arrière de la
dorsale. Chez les jeunes, les bandes sont moins marquées, le système de coloration est plus uniforme. Une ligne rougeâtre, qui
s'efface promptement, va du museau à l'orbite, et de l'orbite au
bord supérieur de l'opercule.

Habitat. Manche, assez rare, Tréport, le Havre, Cherbourg, Granville ;
assez commun, Roscoff. Océan, assez rare, la Rochelle (Musée Fleuriau) ;
golfe de Gascogne, assez commun, Arcachon. Méditerranée.

Proportions : ♀, long. totale 0,40 ; tronc, long. 0,159 ; dorsale, long.
0,05.

Tête, long. 0,031 ; museau, long. 0,015.

Distance du museau à : dorsale, 0,15 ; anus, 0,19.

L'ENTELURE SERPENTIFORME
ENTELURUS ANGUINEUS. A. Dumér.

Syn. : ? SYNGNATHUS OPHIDION, Bloch, pl. 91, fig. 3.
SYNGNATHE PIPE, Syngnathus æquoreus, Riss., *Ichth.*, p. 66.
SYNGNATHUS ANGUINEUS, CBp., *Cat.*, n° 814.
NEROPHIS ANGUINEUS, Kaup, *Cat.*, p. 65.
ENTELURUS ANGUINEUS, A. Dumér.. t. II, p. 606.
THE SNAKE PIPE-FISH, Yarr., t. II, p. 414.
SNAKE PIPEFISH, Couch, t. IV, p. 359.

Long. : 0,20 à 0,30.

Un corps très-effilé, excessivement grêle, fait distinguer facilement l'Entelure serpentiforme de l'Entelure de mer.

La tête, plus allongée que dans l'autre espèce, est contenue onze fois et demie à douze fois dans la longueur totale. Le museau mesure au moins la moitié de la longueur de la tête.

L'iris est rougeâtre.

La dorsale est portée sur huit anneaux du corps et trois ou quatre anneaux de la queue; elle a généralement trente-huit rayons. La queue est arrondie, conique ; elle se termine par une nageoire très-peu développée, à cinq rayons seulement et non pas à huit, comme l'indique A. Duméril.

D. 38 ; C. 5. — Ann. 28 ou 29 $+$ 64 à... ?

La coloration est à peu près uniforme, tantôt d'un vert jaunâtre ou olive, devenant plus clair sur le bord des anneaux, tantôt d'un brun foncé, passant au grisâtre sur les côtés. Une ligne rougeâtre va du museau à l'opercule, elle est interrompue au niveau de l'œil.

Habitat. Manche, assez commun, Roscoff. Océan, assez commun. Méditerranée, assez rare, Nice.

Proportions : long. totale 0,192 ; tronc, long. 0,063 ; dorsale long. 0,024. Tête, long. 0,017 ; museau, long. 0,009.

Distance du museau à : dorsale, 0,065 ; anus, 0,080.

GENRE NÉROPHIS — *NEROPHIS*, Rafin.

Syn. : Scyphius, Riss.

Nageoires; caudale absolument nulle, sans aucun vestige de rayons; dorsale de longueur variable, placée sur sept à onze anneaux dont les deux ou trois premiers appartiennent au tronc.

Le genre Nérophis se compose de trois espèces :

Museau faisant

le tiers seulement de la longueur de la tête, pas plus long que la hauteur du corps, excavé en dessus.. ...... 1. N. LOMBRICOÏDE.

plus du tiers de la longueur de la tête,

à peu près arrondi, à bord supérieur sans crête. .... 2. N. ANNELÉ.

plus long que la hauteur du corps et

comprimé, haut, avec une crête sur le bord supérieur. .... 3. N. OPHIDION.

LE NÉROPHIS LOMBRICOÏDE ou LOMBRICIFORME
NÉROPHIS LUMBRICIFORMIS, Bp.

Fig. 90.

Syn. : Acus lumbriciformis aut serpentinus, Willugh.. p. 160.
Nerophis lumbriciformis, CBp., *Cat.*, n° 818; Kaup, *Cat.*, p. 69 : A. Dumér., t. II. p. 604 : Günth.. t. VIII, p. 193.
The Worm Pipe-fish, Yarr., t. II, p. 420.
Worm Pipefish, Couch, t. IV, p. 361.

Long. : 0,10 à 0,12, quelquefois, 0,15.

Chez les femelles, le tronc est à peu près arrondi, il est aplati sous le ventre chez les mâles; le corps se termine par une queue effilée et légèrement comprimée vers son extrémité; la queue est très-longue, elle fait les deux tiers de la longueur totale. Les anneaux sont au nombre de soixante-huit à soixante-douze, il y en a dix-huit ou dix-neuf au tronc. L'anus est placé sous le tiers antérieur de la longueur totale, sous le tiers antérieur de la dorsale.

La tête est de même hauteur que le tronc, sa longueur est comprise treize à quatorze fois dans la longueur totale. Le museau est très-court, ramassé, excavé en quelque sorte dans le milieu de sa partie supérieure; il est renflé à son extrémité, il est moins élevé que la tête dont il mesure à peu près le tiers de la longueur; il est moins long que la hauteur du tronc à sa réunion à la tête. La forme du museau donne à ce poisson une apparence singulière.

Les yeux sont assez grands.

La dorsale est portée sur deux anneaux du corps et cinq de la queue; elle est un peu plus longue que la tête, sa longueur est comprise dix à onze fois dans la longueur totale. Elle a vingt-cinq ou le plus souvent vingt-six rayons.

D. 25 ou 26. — Ann. 18 ou 19 + 50 à 53.

Le corps est d'un gris verdâtre foncé, coupé de lignes obliques qui forment une espèce de rayure plus ou moins bien dessinée.

Habitat. Ce Nérophis qui est le plus petit du genre, se trouve sur nos côtes de l'Ouest; Manche, très-rare. Océan, très-rare sur la côte de Bretagne; Vendée, très-commun aux Sables-d'Olonne, où je l'ai pris bien souvent à marée basse; Charente-Inférieure, assez rare, la Rochelle, Musée Fleuriau; golfe de Gascogne, rare, Arcachon.

Proportions: ♂, long. totale 0,127; tronc, long. 0,028.
Tête, long. 0,009; museau, long. 0,003.
♀, long. totale 0,103; tronc, long. 0,025.
Tête, long. 0,008; museau, long. 0,0027.

LE NÉROPHIS ANNELÉ — *NEROPHIS ANNULATUS*.

Syn. : Nerophis maculata, Rafin., *Ind. ittiol. sicil.*, p. 57; Canestr., *Fn. Ital.*, p. 144.
Syngnathe Papacin, Syngnathus Papacinus, Riss., *Ichth.*, p. 69, fig. 7.
Syngnathe a bandes, Syngnathus fasciatus, Riss., *Ichth.*, p. 70, fig. 8.
Scyphius annulatus, papacinus, fasciatus, Scyphius annelé, etc., Riss., *Hist. nat.*, p. 185-186-187.
Nerophis annulatus, Kaup, *Cat.*, p. 69; A. Dumér., t. II, p. 602.
Nerophis papacinus, Günth., t. VIII, p. 192.
Syngnathus fasciatus, CBp., *Cat.*, n° 809, S. annulatus, id., n° 811.
Nerophis papacina, CBp., *Cat.*, n° 820.

N. vulg. : Cavau, Bissa, Nice.
Long. : 0,20 à 0,30.

Le corps est légèrement fusiforme, il est un peu renflé en avant de l'anus, il est à peu près arrondi, excepté sous le ventre et sur le dos; en arrière de la dorsale, ces régions sont faiblement aplaties. La queue est toujours très-longue, elle fait dans les femelles à peu près le double de la distance qui sépare le museau de l'anus, et même parfois plus, rarement moins; elle est grêle et terminée en pointe arrondie. Les anneaux sont lisses, réguliers; ils sont au nombre de quatre-vingt-onze à quatre-vingt-treize; à la queue, il y en a soixante-dix ou soixante et onze. L'anus est avancé, il est placé sous le tiers antérieur du corps, ou peu s'en faut.

La tête est un peu moins haute que le corps, sa longueur est comprise seize à dix-sept fois dans la longueur totale. Le museau est moins élevé que la tête, il est à peu près arrondi, très-peu comprimé sur les côtés, il n'a pas de crête sur le bord supérieur; il est plus long que la hauteur du derrière de la tête, mais un peu moins que l'espace postorbitaire.

Le diamètre de l'œil est un peu plus grand que la hauteur du museau.

La dorsale a de vingt-cinq à trente rayons.

D. 25 à 30. — Ann. 21 ou 22 $+$ 70 ou 71.

Le système de coloration est très-variable; le corps est d'un brun verdâtre, quelquefois gris rougeâtre, avec des taches oblongues jaunâtres à bordure noire; ces taches, en se rapprochant, forment des espèces de bandes ou d'anneaux plus complets vers la fin de la queue. Une courte bande jaunâtre, bordée de noir, s'étend de l'œil à l'orifice branchial; une autre bande de même couleur descend, en arrière de l'œil, perpendiculairement sous la gorge et figure une espèce de jugulaire; une troisième bande de même teinte entoure l'extrémité postérieure des opercules ou plutôt gagne l'anneau pectoral.

Habitat. Méditerranée, Nice, assez rare.

Proportions : ♀, long. totale 0,190; tronc, long. 0,048; dorsale, long. 0,0151.

Tête, long. 0,012, haut. 0,003 : museau, long. 0,005.
Distance du museau à : dorsale, 0,055 ; anus. 0,060.

LE NÉROPHIS OPHIDION — *NÉROPHIS OPHIDION*, Bp.

Syn. : Syngnathus ophidion. Linn., p. 417, sp. 5 ; Riss.. *Ichth.*, p. 68.
Scyphius littoralis, Scyphius littoral, Riss., *Hist. nat.*, p. 188.
Nérophis ophidion. CBp., *Cat*, n° 815 : Kaup, *Cat.*, p. 70 : A. Dumér., t. II, p. 602 :
Günth.. t. VIII, p. 192 ; Canestr., *Fn Ital.*, p. 145.
The Straight-nosed Pipe-fish, Yarr., t. II, p. 416.
Straight-nosed Pipefish, Couch, t. IV, p. 363.

Long. : 0,20 à 0,25.

Chez l'Ophidion, le nombre des anneaux est de quatre-vingt-quinze à cent, il y en a de trente à trente-trois pour le tronc. Le corps est très-allongé et très-grêle ; le dos et les flancs sont à peu près arrondis ou du moins les angles sont très-effacés, très-peu saillants ; le ventre est formé de deux plans obliques. A la région abdominale du mâle est une carène médiane prononcée, qui va de l'anus à une petite distance de la tête ; de chaque côté de cette carène se trouve une dépression destinée à recevoir les œufs. La queue est excessivement grêle, elle est arrondie, elle va, s'amincissant de plus en plus, se terminer en pointe mousse. L'anus est placé un peu avant le milieu de la longueur du corps chez les mâles, plus en arrière chez les femelles ; il est ouvert sous le tiers antérieur de la dorsale.

La tête est de même hauteur que le tronc ; sa longueur est comprise quinze à dix-huit fois dans la longueur totale. Le museau est droit, à peine moins haut que la tête, il est légèrement comprimé sur les côtés, il a le bord supérieur et le bord inférieur minces, anguleux ; sa longueur ne fait pas tout à fait la moitié de la longueur de la tête, elle est égale à l'espace post-orbitaire. La forme du museau fait distinguer facilement l'Ophidion des autres Nérophis.

Les yeux sont assez grands ; le diamètre de l'œil mesure un peu moins de la moitié de l'espace préorbitaire ; il est à peine moindre que la hauteur du museau. L'espace interorbitaire est aplati. très-étroit, il se termine par un angle d'où part la crête du bord supérieur du museau.

La dorsale s'étend sur dix ou onze anneaux dont sept ou huit appartiennent à la queue, elle compte trente-cinq à trente-huit rayons. Sa longueur, qui fait le double de la longueur de la tête, est comprise environ huit fois dans la longueur totale. Sa position varie. comme celle de l'anus. suivant le sexe ; dans les mâles. le milieu de la nageoire répond à peu près au milieu de la longueur totale.

D. 35 à 38. — Ann. 30 à 33 $\frac{}{}$ 62 à 67.

La coloration est excessivement brillante sur les animaux vivants, elle est variable suivant les individus; elle est, en général. d'un vert bleuâtre, à reflets métalliques sur le dos et les flancs. d'un vert jaunâtre sous le ventre; les parties latérales inférieures sont marquées de points arrondis. d'un blanc jaunâtre ou azuré. La tête est bleuâtre.

Habitat. Manche, très-rare. Océan. rare entre la Loire et la Gironde ; golfe de Gascogne, assez commun. Arcachon. Méditerranée, assez rare, Nice.
Proportions : ♂ , long. totale 0.212 ; tronc. long. 0,083 ; dorsale. long. 0,025. Tête, long. 0,012 ; museau. long. 0,005.
Distance du museau à : dorsale. 0,088 ; anus. 0,095.

Ordre des Plectognathes, Plectognathi, Cuv.

Cuvier a donné le nom de Plectognathes à des poissons dont « le principal caractère distinctif tient à ce que l'os maxillaire est soudé ou attaché fixement sur le côté de l'intermaxillaire qui forme seul la mâchoire. et à ce que l'arcade palatine s'engrène par suture avec le crâne, et n'a par conséquent aucune mobilité. » (Cuv., *Règne anim.*, p. 144.) A ce caractère de grande importance, il est vrai, mais non d'une valeur absolue, s'en joignent d'autres que nous allons indiquer, et qui, malgré l'opinion de certains naturalistes, font, de l'ordre des Plectognathes, un ordre parfaitement déterminé.

Corps. — Il présente des formes variables. La peau est parfois nue, mais le plus ordinairement elle est couverte de pièces dures, épaisses, souvent rudes, épineuses, différentes des écailles des Chorignathes. Le système osseux est assez peu développé; en général les os sont légers, peu consistants, spongieux. La colonne vertébrale est réduite à un petit nombre de vertèbres, dix-huit au plus dans nos espèces. Les côtes sont petites ou manquent.

Tête. — Elle est peu distincte du corps ; la bouche est étroite ; le maxillaire supérieur est uni solidement à l'intermaxillaire ; les dents sont tantôt séparées les unes des autres et peu nombreuses, elles sont tantôt soudées entre elles et figurent une espèce de bec.

Appareil branchial. — Il communique avec l'extérieur par une fente étroite ; les branchies sont pectiniformes, en nombre variable de trois ou quatre de chaque côté. Les pièces operculaires et les rayons branchiostèges sont engagés dans la peau et ne deviennent visibles que par la dissection.

Nageoires. — Les ventrales manquent, ou bien elles sont anormales et incomplètes ; les autres nageoires sont plus ou moins développées ; la ceinture scapulaire est attachée au crâne.

Vessie natatoire. — Elle existe dans la plupart des Plectognathes ; elle est dépourvue de conduit pneumatophore.

Appareil digestif. — Le canal intestinal n'a pas d'appendices pyloriques.

L'ordre des Plectognathes comprend deux sous-ordres :

Dents
- soudées, formant avec les mâchoires une espèce de bec de perroquet........................ 1. Gymnodontes.
- séparées et distinctes.................... .... 2. Sclérodermes.

Sous-Ordre des Gymnodontes, Gymnodontes, Cuv.

Syn. : Chondrostés gymnognathes, C. Dumér.

Tête : « Mâchoires garnies d'une substance d'ivoire, divisée intérieurement en lames, dont l'ensemble représente comme un bec de perroquet » (Cuv.,

Règ. anim., p. 145) ; ce bec est très-solide, à bords tranchants ; chaque mâchoire paraît formée d'une seule pièce, ou porte une division médiane et semble alors avoir deux dents.

Nageoires ; dorsale unique, non épineuse ; anale, caudale et pectorales plus ou moins développées ; pas de ventrales.

Cet ordre se compose de deux familles :

Mâchoires { ayant une division médiane............. 1. Tétraodontidés.
          { sans division médiane................. 2. Orthagoriscidés.

Bibron a laissé sur les Gymnodontes une œuvre très-importante, qui malheureusement n'a jamais été imprimée, et n'est guère connue que par un extrait publié il y a déjà plus de vingt ans : « Note sur un travail inédit de Bibron relatif aux Poissons Plectognathes Gymnodontes (Diodons et Tétrodons), par M. le docteur Aug. Duméril, aide-naturaliste au Muséum d'histoire naturelle. » (*Revue et mag. de Zoologie* 1855, t. VII, p. 274.) Dans l'intérêt de la science, A. Duméril a bien voulu déposer (1855, à la bibliothèque du Muséum, où il peut être consulté, le manuscrit que lui avait confié Bibron. La dernière œuvre de notre habile naturaliste, il est facile de s'en convaincre, est sans contredit l'étude la plus complète qui ait jamais été faite sur les Diodons et les Tétrodons.

Famille des Tétraodontidés, Tetraodontidæ.

Corps assez allongé, mais pouvant se boursoufler, d'une façon remarquable, par le refoulement de l'air dans une espèce de poche qui communique avec l'œsophage ; le ventre alors flotte à la surface de l'eau et présente ainsi l'aspect d'un ballon plus ou moins gonflé et arrondi, d'où les noms d'*Orbes*, de *Boursouflus* donnés aux poissons de cette famille. Queue distincte. Peau le plus souvent hérissée d'épines sur une étendue plus ou moins grande ; ces épines se redressent par l'effet de la dilatation du corps et protègent ainsi les Tétraodontidés contre les attaques de leurs ennemis.

Tête ; mâchoires partagées par une division médiane, et paraissant chacune avoir deux dents.

Appareil branchial ; trois paires de branchies ; cinq rayons branchiostèges.

Vessie natatoire grande, à deux lobes.

Cette famille se compose d'un genre unique.

GENRE PROMÉCOCÉPHALE — *PROMECOCEPHALUS*, Bibron.

Nous indiquons les caractères du genre d'après Bibron (*Ms.*, p. 100).

« Narines en forme de cupule recouverte d'une peau molle, un peu distendue et percée de deux orifices arrondis.

« Des épines sur la tête, le dos et le ventre, ou bien seulement sur cette dernière région.

« Épiptère et hypoptère (dorsale et anale) courtes, pointues; uroptère (caudale) à rayons externes plus longs que les autres. »

Le genre Promécocéphale est représenté par une seule espèce.

LE PROMÉCOCÉPHALE LAGOCÉPHALE,
PROMECOCEPHALUS LAGOCEPHALUS, Bibron.

Tetrodon lagocephalus. Bloch (non Linné), pl. 140, excl. synon.; Günth., t. VIII, p. 273.

Le Tetrodon lagocéphale, Tetraodon lagocephalus. Lacép., t. VI, p. 232.

Tetrodon curvus, Mitchill, *Fishes of New-York*, p. 472.

Le Promécocéphale lagocéphale, Promecocephalus lagocephalus. Bibr., *Ms.*, p. 108.

Lagocephalus Pennanti. CBp., *Cat.*, n° 782. *Fn. ital.*, fig.; Canestr., *Fn. Ital.*, p. 147.

Pennant's Globe-Fish. Yarr., t. II, p. 426.

Pennant's Globefish. Couch, t. IV, p. 373.

Long. : 0,20 à 0,60.

Chez de semblables animaux les proportions du corps sont des plus variables ; en moyenne la hauteur du tronc est comprise trois fois et demie à quatre fois dans la longueur totale. Le profil supérieur est presque droit, à peine convexe; le profil inférieur est convexe de la tête à l'anale. La peau du ventre est plissée, elle porte des aiguillons disposés sur quinze à vingt rangées longitudinales. Ces aiguillons ont une base étoilée formée de quatre rayons relativement développés, le rayon antérieur est le plus allongé.

La tête est forte; sa longueur est comprise trois fois et deux tiers dans la longueur totale, chez les jeunes, et quatre fois et demie chez les grands individus ; le profil antérieur est légèrement arrondi. Les mâchoires sont avancées. La substance qui les recouvre est, sur chacune d'elles, séparée en deux parties, figurant ainsi quatre dents, deux à la mâchoire supérieure, deux à la mandibule.

Les yeux sont grands : ils sont placés sur la ligne allant du museau à la fente des branchies. L'iris est grisâtre avec des taches blanches ou d'un blanc teinté de roux. Chez un jeune animal, le diamètre de l'œil est contenu quatre fois et demie dans la longueur de la tête et deux fois et quart dans l'espace préorbitaire ; dans les individus de grande taille, il ne fait que le tiers de l'espace préorbitaire.

Quant aux narines, elles sont plus rapprochées de l'orbite que du bout du museau ; elles ont un double orifice.

La dorsale est au-dessus et un peu en avant de l'anale : elle est triangulaire avec le bord postérieur légèrement échancré ; elle compte onze à quatorze rayons. L'anale est semblable à la dorsale. La caudale est échancrée. La pectorale a quatorze rayons : sa longueur est comprise cinq fois et demie à six fois dans la longueur totale ; et d'après Bibron, ses rayons supérieurs sont « une fois au moins plus longs que les inférieurs. »

D. 11 à 14 ; A. 10 à 12 ; C. 6 ou 7 ; P. 14.

La teinte est ardoisée ou bleuâtre sur le dos, blanchâtre ou gris-perle sur les flancs et le ventre. Les jeunes portent généralement sur le ventre des taches arrondies d'un brun plus ou moins foncé et « ordinairement de larges bandes foncées en travers du dos. » (Bibron, *Ms.*)

Habitat. Ce poisson est excessivement rare dans les mers d'Europe. Océan, Arcachon (1870, A. Lafont); Noirmoutiers (1876). Mon ami, le docteur Fischer m'a communiqué une note envoyée de Noirmoutiers au *Phare de la Loire* : « Un poisson des plus rares et des plus curieux est venu s'échouer, ces jours derniers, sur la côte sud de notre île. — C'est un Tétrodon, mais il diffère des espèces mentionnées par Lacépède, principalement à l'endroit du dos et du corps qui sont complétement privés de piquants... Le sac membraneux et sous-ventral que ce poisson a la faculté de gonfler à volonté, est hérissé de seize rangées régulières de piquants, en forme d'étoiles à quatre rayons aplatis... Ce poisson mesure 46 centimètres en longueur, et 28 centimètres en hauteur, le sac distendu compris. » — J'ai vu, au musée de Gênes, un très-beau spécimen, pris dans le golfe, mesurant 0^m,50 de longueur: c'est probablement l'animal qui a été désigné sous le nom de *Tetraodon bicolor* par Durazzo, *negli Atti della soc. rium. scient. ital. in Torino*.

Proportions : long. totale 0,18.

Tête, long. 0,050, haut. 0,045. — OEil, diamèt. 0,011, esp. préorb. 0,025, esp. interorbit. 0,014.

Pectorale, long. 0,034. — Distance du museau à : dorsale, 0,105; anale, 0,110.

Famille des Orthagoriscidés, Orthagoriscidæ.

Corps tronqué en arrière, haut, comprimé. Peau couverte de tubercules ou de scutelles, parfois hérissée d'épines chez les jeunes, dure, épaisse, non extensible.

Tête ; bouche petite ; mâchoires sans séparation médiane.

Appareil branchial ; quatre paires de branchies ; une branchie accessoire ou une pseudobranchie.

Nageoires ; dorsale et anale hautes, reculées vers la caudale à laquelle elles sont plus ou moins unies. Pas de ventrales, pas d'os pelviens.

Vessie natatoire nulle.

Cette famille se compose d'un seul genre.

GENRE ORTHAGORISQUE — *ORTHAGORISCUS.*

Caractères de la famille.

Le genre Orthagorisque comprend deux espèces :

Longueur du corps(une fois et demie la hauteur.......... 1. O. MOLE.
     faisant   ) deux fois au moins la hauteur........ 2. O. OBLONG.

L'ORTHAGORISQUE MOLE — *ORTHAGORISCUS MOLA*, Schneid.

Syn. : De la lune ou Mole, Rondel., liv. XV, c. VI, p. 326.
TETRODON MOLA, Linn., p. 412, sp. 7 ; Bloch, pl. 128.
De la Môle ou Lune de Salvien, Duham., *Pêch.*, part. 2, sect. 9, p. 306, pl. 23.
ORTHAGORISCUS MOLA, Bl. Schneider, p. 510; Günth., t. VIII, p. 317 ; Canestr., *Fn. Ital.*, p. 148.
Le Tétrodon Lune, Orthagoriscus Mola, Lacép., t. VI, p. 246.
Lune Meule, Cephalus Mola, Riss., *Ichth.*, p. 60.

CEPHALUS ORTAGORISCUS, Mole ortagorisque. Riss., *Hist. nat.*, p. 173.

MOLA ASPERA. CBp., *Cat.*, n° 785.

THE SHORT SUN-FISH. Yarr., t. II, p. 432.

SUNFISH, Couch, t. IV, p. 377.

MOLA ACULEATA, Kölreuter, *Nov. comm. Acad. scient. imper. Petropolit.*, 1766, X. pl. VIII, fig. 3.

DIODON MOLA, Pallas, *Spicileg. zool.*, fasc. 8, p. 39, pl. 4, fig. 7.

ORTHAGORISCUS SPINOSUS, Bl. Schneid., Cuv., *Règ. anim. ill.*, p. 339; Gatchet, *Soc. linn. Bord.*, 22 juin 1832.

V. Synonymie plus complète, Ranzani, *Nov. comm. Acad. scient., Inst. Bonon.*, 1839, t. III, p. 80. — Anatomie, Wellenbergh, *Observat. anatom., de Orthragorisco Mola*, Lugduni-Batav., 1850.

N. Vulg. : Lune, Poisson lune, Lune de mer, côtes de l'Ouest : Lune d'argent, Bayonne ; Bot (outre), Roussillon ; Mola, Cette ; Mole, Molebut, côtes de la Méditerranée ; Muola, Nice.

Long. : 0,50 à 1,50 et plus.

Ce singulier animal présente des formes variables suivant l'âge. Le corps est raccourci ; dans les adultes il est oblong, et la longueur fait environ une fois et demie la hauteur ; dans les jeunes, la longueur est à peine plus grande que la hauteur ; dans les très-jeunes, les deux diamètres ont la même longueur, et le corps présente l'aspect d'un disque régulier. Ces différences de configuration ont été regardées comme des caractères spécifiques par divers naturalistes. Le dermosquelette est très-dur, rude, il est composé de segments polyédriques ayant un tubercule central ; il est plus ou moins épineux chez les très-jeunes individus.

La tête est peu distincte du corps, sa longueur, dans les sujets de grande taille, fait à peine moins du tiers de la longueur totale. La bouche est petite, elle est ouverte au bout du museau ; les mâchoires sont d'une seule pièce, sans trace de séparation médiane. Quand la pièce dentaire est enlevée, on trouve parfois adhérentes à la mâchoire de petites dents isolées, coniques, à pointe mousse. Les yeux sont petits, arrondis ; ils sont assez rapprochés du profil supérieur de la tête. L'iris est argenté. Le diamètre de l'œil est compris trois fois et demie à quatre fois dans la longueur de l'espace préorbitaire. D'après Cuvier, la paupière est pourvue d'un sphincter, au moyen duquel elle peut se fermer et couvrir l'œil complétement ; je l'ai dit, malgré d'assez longues recherches, je n'ai pas réussi à constater cette singulière disposition.

L'ouverture des ouïes est très-petite, elle est placée à peu près vers la fin du tiers antérieur de la longueur totale, au-devant de la base de la pectorale. Il y a cinq rayons branchiostèges. Les branchies sont souvent envahies par de nombreux Cécrops de Latreille.

La dorsale et l'anale sont pointues, très-hautes, presque triangulaires. La dorsale a seize à dix-huit rayons appuyés sur une douzaine d'osselets interépineux, qui sont en rapport avec les neurapophyses des trois dernières vertèbres abdominales et celles des cinq premières vertèbres caudales. L'anale est pourvue de quinze à dix-sept rayons unis à une douzaine d'interépineux, qui sont rattachés aux hémapophyses des six premières vertèbres caudales. J'ai trouvé sur un sujet douze interépineux pour la dorsale, autant pour l'anale ; ce nombre est-il toujours le même ? Je ne voudrais pas l'affirmer. La caudale est courte, arrondie, elle occupe toute la hauteur du tronc entre la dorsale et l'anale ; elle a douze à seize rayons articulés sur des interépineux qui sont en rapport : les supérieurs avec la neurapophyse de la sixième vertèbre caudale, les inférieurs avec l'hémapophyse de la septième vertèbre caudale. Les pectorales sont peu développées, elles sont arrondies ; elles comptent une douzaine de rayons.

D. 16 à 18 ; A. 15 à 17 ; C. 12 à 16 ; P. 12.

Une teinte grisâtre s'étend sur le dos ; les côtés brillent d'un éclat argenté très-vif. Les nageoires sont brunâtres.

Habitat. La Mole se trouve sur toutes nos côtes, mais elle est toujours assez rare.

Deux de ces poissons ont été apportés, au mois de janvier 1874, sur le marché de Paris.

Proportions : long. totale 0,42 ; corps, haut. 0,27.

Tête, long. 0,13. — Œil, diam. 0,015, esp. préorbit. 0,055.

Les pêcheurs apportent parfois à terre les Moles, comme un objet de curio-

sité, les montrent moyennant une légère rétribution, puis les rejettent sans
essayer d'en tirer aucun autre profit. En effet la chair de ces poissons, d'une
odeur désagréable, ne peut guère tenter l'estomac même le plus affamé. Cependant sur les bords de la Méditerranée quelques parties de l'animal servent
à l'alimentation; à Nice, le foie bien que très-peu estimé est mangé, d'après
ce que rapporte Risso; à Cette, les pêcheurs regardent même l'intestin, ainsi
que celui des Raies, comme un mets assez délicat.

L'ORTHAGORISQUE OBLONG.
ORTHAGORISCUS OBLONGUS Schneid.

Syn. : Orthagoriscus oblongus. Bl. Schneid., p. 511, sp. 2, pl. 97 ; CBp., *Cat.*,
n° 788.

Cephalus elongatus, Céphale allongé. Riss., *Hist. nat.*, p. 173.

Orthagoriscus truncatus, Günth., t. VIII . p. 319.

Orthagoriscus Planci. Canestr., *Fn. Ital.*, p. 149.

The Oblong Sun-fish. Yarr., t. II. p. 439.

Longer Sunfish, Couch, t. IV, p. 381.

Long.: 0,50 à 0,70.

Au milieu du siècle dernier (1766), Jan. Plancus décrivit et
figura ce poisson, qui est facile à distinguer de la Mole. En effet,
le corps est oblong, tronqué brusquement dans sa partie postérieure, il est proportionnellement beaucoup moins élevé, plus
allongé que celui de la Mole, la longueur faisant au moins deux
fois la hauteur; il est couvert d'une peau épaisse, qui présente
l'aspect d'une mosaïque formée de petits segments polyédriques,
et qui est toujours beaucoup plus lisse que dans l'autre espèce.

La tête est moins haute et plus longue que dans la Mole; sa
longueur, prise sur un sujet monté, du bout du museau à l'ouverture branchiale fait un peu plus du tiers de la longueur
totale. Le museau est plus étroit que celui de la Lune.

Les yeux sont arrondis, ils sont plus grands et plus rapprochés
du profil supérieur que dans l'autre espèce. L'iris est d'un gris
argenté. Le diamètre de l'œil fait à peu près la moitié de l'espace préorbitaire.

Les narines ont des orifices étroits, elles se trouvent à peu
près au milieu de la distance qui sépare l'œil du museau.

Quant à la fente des ouïes, elle est placée avant la fin du tiers antérieur de la longueur totale ; elle est ovale et très-voisine de la base de la pectorale.

Les nageoires impaires sont moins développées que dans l'autre espèce ; la dorsale et l'anale sont reculées sur l'angle postérieur du tronc ; la caudale est moins haute que l'extrémité du tronc ; les pectorales sont assez allongées, triangulaires.

Le dos est brunâtre à reflets argentés, les côtés et le ventre sont d'un gris argenté.

Habitat. Cette espèce a été trouvée sur toutes nos côtes, mais elle est excessivement rare. Manche. Océan, la Rochelle, Musée Fleuriau ; un des sujets du Muséum, acheté sur le marché de Paris, 1864, est indiqué comme venant de l'Océan. Méditerranée, Nice.

Proportions : long. totale 0,45 ; corps, haut. 0,19. — Tête, long. 0,16. — OEil, diam. 0,024, esp. préorbit. 0,030.

Dans les jeunes les proportions sont un peu différentes ; le corps est plus court, plus ramassé, mais jamais autant que dans les jeunes Moles.

Sous-Ordre des Sclérodermes, Sclerodermi.

Corps de forme variable, couvert de scutelles rudes ou de plaques osseuses.

Tête développée ; museau plus ou moins avancé ; bouche petite ; dents séparées ; le dentaire et l'articulaire sont ou paraissent soudés.

Vessie natatoire grande.

Cet ordre se compose de deux familles :

Dorsale { double... 1. BALISTIDÉS.
{ unique.. 2. OSTRACIONIDÉS.

Famille des Balistidés, Balistidæ.

Corps ovale, comprimé, couvert de scutelles, de pièces rudes, parfois épineuses. Vertèbres au nombre de dix-sept ou dix-huit.

Tête développée ; museau avancé ; bouche petite ; dents bien séparées, peu nombreuses.

Nageoires ; deux dorsales, la première épineuse.

La famille des Balistidés comprend un seul genre.

GENRE BALISTE — *BALISTES*, Linn.

Tête ; dents plus ou moins aplaties, sur deux rangées à la mâchoire supérieure, sur une seule rangée à la mandibule.

Yeux placés loin de la bouche.

Narines rapprochées de l'orbite, à deux orifices.

Appareil branchial ; fente des ouïes très-étroite, au-dessus de l'articulation de la pectorale ; quatre paires de branchies ; os pharyngiens dentés.

Nageoires ; première dorsale courte, à trois épines articulées sur une grande pièce osseuse ; première épine développée, plus forte que les autres. Seconde dorsale longue, opposée à l'anale qui présente la même disposition. Caudale de forme variable. Pectorales peu développées. Pas de ventrales complètes ; os pelvien portant, à son extrémité, une pièce épineuse suivie d'un repli de la peau soutenu par de petits aiguillons.

Ce genre est représenté par une espèce.

LE BALISTE CAPRISQUE — *BALISTES CAPRISCUS.*

Fig. 91.

Syn. : Du Porc, Rondel., liv. V, ch. xvi, p. 140.

Caper, Pesce balestra, Salv., p. 206.

Capriscus Salviani, Willugh., p. 152, pl. J, 19.

Balistes capriscus, Linn., ed. Gmel., t. III, p. 1471, nº13 ; Agass., *Poiss. fos.*, t. II, p. 249, pl. F, squel. ; Günth., t. VIII, p. 217 ; CBp., *Cat.*, nº 791 ; Canestr., *Fn. Ital.*, p. 146 ; Hollard, *Ann. sc. nat.*, 1854, t. I, p. 309.

Le Baliste caprisque, Balistes capriscus, Lacép., t. VI, p. 121 ; Riss., *Ichth.*, p. 51.

Le Baliste Buniva, Balistes Buniva, Lacépède, t. VI, p. 106 ; Riss., *Ichth.*, p. 49, *Hist. nat.*, p. 175.

Le Baliste en croissant, Balistes lunulatus, Riss., *Hist. nat.*, p. 175.
The Pig-Faced Trigger-Fish, Yarr., t. II, p. 422.
Filefish, Couch, t. IV, p. 369.

N. vulg. : Fanfré, Nice ; Purcell, Pyrénées-Orientales.
Long. : 0,15 à 0,35, quelquefois 0,40.

Le corps est ovale et très-comprimé, la longueur n'étant guère que le double de la hauteur qui fait à peu près le quadruple de l'épaisseur. Il est revêtu d'une peau très-rude ou plutôt d'une espèce de cuirasse formée de pièces losangiques étroites, à petits tubercules épineux dont la pointe, quand elle existe, est tournée en arrière. Les vertèbres sont au nombre de dix-huit, 7 + 11.

La tête est haute et longue, elle mesure le quart de la longueur totale ; elle est comprimée et couverte, comme le tronc, de scutelles losangiques. Le profil de la tête est oblique, régulier. Le museau est à peu près arrondi ; la bouche est très-petite, tout à fait terminale, bordée de grosses levres. La mâchoire supérieure est munie de deux rangées de dents appliquées l'une contre l'autre ; les dents de la rangée interne sont au nombre de six, elles paraissent faire l'office de plaques de renforcement ; les dents de la rangée externe sont au nombre de huit, les deux dents antérieures sont généralement un peu plus longues que les autres, elles sont très-rapprochées et semblent former une espèce de bec pointu correspondant à celui de la mâchoire inférieure, qui a huit dents sur une seule rangée. Les dents sont assez larges, plus ou moins coupantes, Salviani les comparait à des dents humaines, parfois elles sont assez aiguës.

De petits yeux, placés vers le profil supérieur et loin du museau, donnent aux Balistes une physionomie particulière. L'iris est d'un blanc jaunâtre. Le diamètre de l'œil fait le tiers ou un peu moins de l'espace préorbitaire, et les deux tiers de l'espace interorbitaire. L'œil est entouré d'une paupière couverte de granulations épineuses.

Les narines sont très-rapprochées de l'œil ; elles ont deux orifices étroits, arrondis, à peine séparés l'un de l'autre. L'orifice antérieur semble un peu plus large que l'autre; il est légèrement tubuleux, ou plutôt il est bordé par une membrane terminée en triangle postérieurement.

L'ouverture des ouïes est réduite à une petite fente presque verticale ou légèrement oblique de haut en bas et d'arrière en avant; elle est placée en avant et au-dessus de l'insertion de la pectorale. Les os pharyngiens portent des dents pointues. Les rayons branchiostèges sont au nombre de sept, parfois de six, c'est du moins le nombre que j'ai trouvé. Il y a quatre paires de branchies, et non trois seulement, ainsi que l'indique Yarrell.

Quant à la ligne latérale, elle est presque nulle; cependant quelques pores se montrent sur le tronçon de la queue.

La première dorsale a trois rayons épineux; le premier aiguillon est inséré un peu en arrière de l'aplomb du bord postérieur de l'orbite, il est excessivement fort et robuste, il est couvert en avant de granulations épineuses; le deuxième aiguillon est beaucoup moins développé que le premier dont il est très-rapproché; le troisième aiguillon est le plus court, il est reculé, il est à peu près à la même distance de la seconde dorsale ue du deuxième aiguillon. Le deuxième et le troisième rayon peuvent s'enfoncer dans un sillon assez creux, qui se prolonge en arrière vers la seconde dorsale. Le premier aiguillon présente, dans son mode d'articulation, une disposition particulière qui empêche, quand la nageoire est relevée, de l'abaisser directement; il faut, pour lui imprimer le mouvement de flexion, rabattre d'abord soit le troisième, soit plutôt le deuxième aiguillon qui le maintient immobile. La seconde dorsale est longue, elle commence un peu avant l'aplomb de l'anus, et s'étend assez près de la base de la caudale; elle est composée de vingt-sept ou vingt-huit rayons, le premier rayon est assez court, les suivants s'allongent jusqu'au dixième ou onzième, puis diminuent graduellement. L'anale est opposée à la seconde dorsale, elle compte de vingt-cinq à vingt-sept rayons. La caudale montre de si grandes différences dans sa forme que de Lacépède, Risso et d'autres naturalistes pensaient qu'il y a deux espèces de Balistes sur nos côtes de la Méditerranée ; elle est tantôt arrondie, tronquée, coupée plus ou moins carrément ; tantôt, au contraire, elle est échancrée plus ou moins profondément, selon la longueur qu'atteignent ses rayons externes. A quoi tiennent ces différences dans la configuration de la nageoire ? Elles dépendent du sexe peut-être ? Elles dépendent surtout du développement des animaux. Chez un jeune, mesurant $0^m,13$ de longueur, la caudale est à peu près arrondie ; dans un autre, ayant $0^m,158$, elle est carrée, enfin chez un troisième d'assez grande taille, de $0^m,25$, la nageoire est en croissant. La caudale a dix ou douze rayons. Les pectorales sont peu développées, à bord postérieur ovale, elles sont un peu relevées ; elles ont quatorze rayons ; elles sont insérées sur une base écailleuse dont le bord supérieur est à peu près au niveau du milieu de la hauteur du corps. L'os pelvien porte, à son extrémité postérieure, une pièce mobile, courte, mais assez large, très-rugueuse à la face antérieure, terminée par des pointes ou par des dentelures. Cette pièce est unie par un prolongement cutané à une série d'épines soutenant une membrane, qui se continue jusqu'à l'anus. Il y a environ une douzaine d'épines excessivement pointues qui, près de leur base, présentent, de chaque côté, une petite dent très-aiguë.

Br. 6 ou 7. — D. 3 — 27 ou 28 ; A. 25 à 27 ; C. 10 à 12. P. 14.

La coloration est assez variable, elle est d'un gris brunâtre teinté de jaune et de bleu, parfois d'un brun violacé. Quelques animaux portent sur le corps et sur les nageoires verticales des taches bleues, jaunes, noirâtres.

Habitat. Ce poisson est très-rare ; Méditerranée, Nice, Marseille, Cette ; Pyrénées-Orientales (Companyo). Océan ?

Proportions : long. totale 0,266 ; tronc, haut. 0,116, épais. 0,031 ; caudale, long. rayons : supérieurs 0,055, moyens 0,037, inférieurs 0,051.

Tête, long. 0,070, haut. 0,098. — Œil, diam. 0,013 ; esp. préorbit. 0,050 ; esp. interorbit. 0,024.

La chair du Caprisque ne se mange pas suivant Canestrini ; elle est très-recherchée d'après Companyo ; enfin d'après Risso elle est délicate (*Ichth.*), elle est assez bonne (*Hist. nat.*).

Famille des Ostracionidés, Ostracionidæ.

Corps enfermé dans une espèce de carapace qui ne laisse de libre que le tronçon de la queue. Cette cuirasse formée de pièces osseuses polygonales, tuberculeuses, soudées les unes aux autres, est tout à fait inflexible : elle est percée de plusieurs ouvertures, qui permettent l'accomplissement des diverses fonctions. La queue, les nageoires, la membrane des ouïes, la bouche et les yeux ont seuls conservé leur mobilité. Les vertèbres du tronc, comme le dit Hollard, sont soudées et immobiles, mais restent distinctes.

Nageoires : dorsale unique, sans rayons épineux ; pas de ventrales.

Vessie natatoire sans conduit aérien.

Cette famille se compose d'un seul genre.

GENRE COFFRE — *OSTRACION*, Linn.

Corps de forme variable, polyédrique, à face abdominale aplatie.

Tête à profil déclive ; bouche petite, lèvres mobiles, plus ou moins épaisses ; maxillaire supérieur très-réduit, complétement soudé à l'intermaxillaire ; dents coupantes ou pointues, assez développées, sur une seule rangée, au nombre de dix à quatorze à chaque mâchoire.

Yeux recouverts par la peau, placés latéralement vers le profil supérieur de la tête ; orbite relevée par un sourcil plus ou moins saillant.

Narines à double orifice ; en avant des yeux, dans une petite fossette.

Appareil branchial ; ouverture des ouïes étroite, verticale.

Nageoires ; une dorsale reculée au-dessus de l'anale, une caudale, des pectorales. La caudale est la nageoire qui paraît toujours avoir le plus de développement, ce qui se conçoit parfaitement chez des poissons ainsi conformés ; elle est ordinairement de forme arrondie : elle a généralement dix rayons.

Le genre Coffre comprend deux espèces :

Carapace à { cinq arêtes ; pas d'épine sur l'arête abdominale.   1. C. A BEC.
{ trois arêtes ; une épine sur l'arête abdominale.   2. C. TRIGONE.

LE COFFRE A BEC — *OSTRACION NASUS.*

Syn. : ALUS PISCIS NILOTICUS, Bell., p. 300.

OSTRACION NASUS. Bloch, pl. 138 ; CBp., *Cat.*, n° 790 ; Hollard, *Ann. sc. natur.*, 1857, t. VII, p. 160 ; Günth., t. VIII, p. 263 ; Canestr., *Fn. Ital.*, p. 146.

L'OSTRACION A MUSEAU ALLONGÉ, Ostracion nasus, Lacép., t. VI, p. 198.

OSTRACION NASUS, Coffre à bec, Riss., *Hist. nat.*, p. 176 ; Bonnaterre, *Encyclop. méth.*, pl. 15, fig. 48, copiée de Bloch.

Long. : 0,20 à 0,30.

Les faces latérales et la face inférieure sont planes, la face supérieure est relevée par une crête médiane courbe allant de la tête à la dorsale, en sorte que la carapace présente cinq arêtes parfaitement distinctes. L'arête inférieure n'est pas armée d'épine. La carapace entoure la base de la dorsale, elle se continue en arrière de la nageoire, en formant une espèce de large bouclier sur le tronçon de la queue.

La tête est forte; le dermosquelette fait, au-dessus de la bouche, une saillie tuberculiforme plus ou moins prononcée, comme un nez, un bec conique.

La dorsale est au-dessus et un peu en avant de l'anale.

D. 9 ou 10; A. 9; C. 10; P. 10.

Sur la carapace et le tronçon de la queue se voient des taches noirâtres arrondies, assez larges.

Habitat. Méditerranée, excessivement rare, Nice, Risso.
Proportions : long. totale 0,30 ; hauteur 0,052 ; largeur du dos 0,060 ; largeur de l'abdomen 0,070 (Hollard).

LE COFFRE TRIGONE — *OSTRACION TRIGONUS*, Linn.

Syn. : Ostracion trigonus, Linn., p. 408, sp. 2 ; Bloch, pl. 135 ; Hollard, *Monographie de la famille des Ostracionidés*, *Ann. sc. natur.*, 1857, t. VII, p. 150 ; Günth., t. VIII, p. 256 ; CBp., *Cat.* n° 789 ; Canestr., *Fn. Ital.*, p. 146.
Le Coffre triangulaire tuberculé, Bonnat., *Encyclop.*, p. 21, pl. 13, fig. 41.
L'Ostracion trigone, Ostracion trigonus, Lacép., t. 6, p. 205 ; Riss., *Ichth.*, p. 58, *Hist. nat.*, p. 177.

N. vulg. : Coffre, Nice, Riss.
Long. : 0,20 à 0,40.

Une carapace triangulaire fait distinguer facilement cette espèce. La crête du dos est mince ; les crêtes abdominales sont très-prononcées, elles portent l'une et l'autre, un peu avant la base de l'anale, une épine très-développée à pointe dirigée en arrière. La cuirasse finit au niveau de la dorsale ; elle est for-

mée de plaques hexagonales assez régulières, couvertes de tubercules.

La tête est assez forte ; l'ouverture rostrale de la carapace est
un peu plus haute que large ; la bouche est excessivement peu
fendue.

L'œil est grand, son diamètre fait le tiers de la longueur de
la tête ; l'espace interorbitaire est très-concave.

La dorsale n'est pas complétement entourée par la carapace,
qui se termine en formant. à la base de la nageoire, une échancrure, une espèce de sinus ; l'échancrure est à peu près fermée
en arrière par l'écusson isolé du tronçon de la queue. La caudale
est tantôt arrondie, tantôt échancrée. « La forme concave et un
peu fourchue de la caudale n'a pas été assez remarquée, et
constitue un des bons caractères de cette espèce. » (HOLLARD.
loc. cit., p. 151.) Mais dans les figures indiquées par Hollard.
Bloch, pl. CXXXV, Bonnaterre. pl. XIII. la caudale est arrondie.
La nageoire probablement affecte des formes différentes suivant
l'âge des sujets, comme dans le Baliste caprisque ; elle varie de
longueur selon la taille des individus, elle fait le sixième de la
longueur totale dans les petits, le huitième dans les grands.

D. 10; A. 10; C. 10.

La coloration est d'un gris foncé ou d'un gris jaunâtre avec
des taches blanches dispersées sans régularité.

Habitat. Méditerranée, accidentellement, Nice. Risso.
Proportions : long. totale 0,21 ; face latérale, haut. 0,070 ; face abdomi-
nale, larg. 0,070 : tronçon de la queue. long. 0,047 : caudale, long. 0,036.
Tête , long. 0,043, haut. 0,055 ; échancrure rostrale, haut. 0,021, long.
0,019. — Œil, diam. 0,014, esp. préorbit. 0,039, esp. interorbit. 0,021.
Distance du museau à : dorsale, 0,117 ; anale, 0,126.

Ordre des Chorignathes, Chorignathi.

L'ordre des Chorignathes comprend les Poissons osseux de Cuvier et Valenciennes, à branchies en peignes et à mâchoire supérieure libre. moins les vrais Apodes.

Corps. — Il est de forme variable. La peau est assez rarement nue ou tuberculeuse ; elle est généralement couverte d'écailles, à bord postérieur lisse ou dentelé, écailles *cycloïdes* ou *cténoïdes*.

Tête. — L'intermaxillaire et le maxillaire supérieur sont distincts, non soudés l'un à l'autre (chez quelques rares Salmonoïdes étrangers, le maxillaire supérieur paraît plus ou moins uni à l'intermaxillaire) ; les mâchoires sont le plus souvent dentées.

Appareil branchial. — Les pièces operculaires sont généralement au nombre de quatre : l'opercule, le sous-opercule, le préopercule et l'interopercule. La membrane branchiostège et ses rayons sont plus ou moins développés. Les os pharyngiens sont dentés le plus ordinairement.

Nageoires. — La dorsale existe toujours soit simple, soit multiple. La ceinture scapulaire est attachée au crâne, excepté dans les Notacanthidés ; les pectorales ne font presque jamais complétement défaut (Plagusie), quelquefois il n'y en a qu'une (Monochire). Les ventrales manquent dans quelques faux Apodes (Anarrhique, Stromatée, Espadon, Trichiure, Ophidiidés).

Vessie natatoire. — Elle existe chez un assez grand nombre d'espèces, elle est tantôt munie, tantôt privée de conduit pneumatophore.

Appareil digestif. — Le canal intestinal montre généralement une dilatation plus ou moins grande, l'estomac ; il est souvent pourvu d'appendices pyloriques.

Conservation de l'espèce. — La fécondation est presque toujours externe ; l'ovoviviparité est très-rare. Les œufs sont petits et très-nombreux.

L'ordre des Chorignathes se divise en deux sous-ordres : les *Acanthoptérygiens* et les *Malacoptérygiens*.

Les rayons qui soutiennent la partie antérieure du *Lophioderme*, ou du repli de la peau formant les nageoires du dos et de l'anus, sont tantôt mous et articulés, tantôt simples et épineux. Artédi a parfaitement compris l'importance du caractère fourni par la structure des rayons, et s'en est très-judicieusement servi pour établir ses deux premiers ordres de Poissons, les *Mala-*

coptérygiens et les *Acanthoptérygiens*. Les principes de cette classification basée sur une disposition anatomique, en général facile à reconnaître, ont été admis, après quelques changements nécessaires, par la plupart des auteurs, par Cuvier et Valenciennes. Quant à présent, faute d'une classification meilleure, nous croyons utile de conserver les deux principales divisions dans lesquelles les ichthyologistes français ont rangé leurs Poissons osseux « à branchies en peignes », et « à mâchoire supérieure libre », en retirant toutefois des Malacoptérygiens les vrais Apodes, qui, suivant nous, doivent constituer un ordre particulier.

Nous commencerons par exposer l'histoire des Acanthoptérygiens ou des Poissons ayant, selon la diagnose formulée par Artédi, quelques-unes de leurs nageoires épineuses. Il est inutile de le rappeler, les caractères de familles, de genres que nous indiquons, ne sont pas des caractères généraux, ils conviennent particulièrement aux espèces de notre pays.

Sous-Ordre des Acanthoptérygiens, Acanthopterygii.

Nageoires ; les rayons de la première dorsale et de la première anale, quand il y en a plusieurs, ou les premiers rayons de la dorsale et de l'anale sont simples, plus ou moins épineux. Les ventrales manquent très-rarement, elles ont presque toujours un premier rayon épineux ; elles sont variables dans leur position. Les os du bassin sont ordinairement unis à ceux de la ceinture scapulaire.

Les rayons épineux sont tantôt composés de deux parties latérales semblables, tantôt ils sont formés de deux côtés inégalement développés. Kner a donné le nom d'*Acanthoptérygiens homacanthes* aux poissons à rayons épineux symétriques, et celui d'*Acanthoptérygiens hétéracanthes*, à ceux dont les épines présentent une disposition différente.

Vessie natatoire ; elle manque assez souvent ; quand elle existe, elle n'est pas en communication avec l'œsophage, mais elle n'est pas toujours close, ainsi qu'on l'avait supposé jusqu'à ces dernières années. Le docteur Arm. Moreau a découvert chez le Saurel, *Caranx trachurus*, un canal qui fait communiquer la vessie aérienne avec l'extérieur ; ce conduit pneumatophore s'ouvre dans le côté droit de la chambre branchiale.

Le sous-ordre des Acanthoptérygiens se compose à peu près

exclusivement d'espèces marines; il ne compte qu'un très-petit nombre de poissons d'eau douce, tels que le Blennie cagnette, la Perche, la Grémille, l'Apron, le Chabot de rivière, l'Épinochette, l'Épinoche; et encore l'Épinoche peut-elle vivre au milieu des eaux plus ou moins saumâtres.

Les Acanthoptérygiens sont très-nombreux; afin d'en rendre plus facile la détermination, nous croyons devoir les répartir, d'après la position des ventrales, en trois tribus : les *Jugulaires*, les *Thoraciques*, les *Abdominaux*. Parmi eux se trouvent d'assez rares espèces qui, bien qu'étant privées de nageoires ventrales, ne présentent, sous aucun autre rapport, la conformation anatomique de vrais Apodes, et ne peuvent être séparées du sous-ordre auquel elles appartiennent par leurs caractères essentiels. Dans cette division des Acanthoptérygiens, nous avons adopté, avec certaines restrictions, certains changements, la méthode dont Linné s'est servi pour distribuer en ordres les Poissons qui composent la quatrième classe du *Systema naturæ*. (LINN., *Syst. natur.*, *edit.* 12ª.) Mieux que personne, nous savons tout ce qu'il y a d'artificiel dans le mode de classement que nous adoptons, mais nous ne voulons pas laisser oublier que notre but est de fournir les moyens de reconnaître aisément les différentes espèces de poissons, plutôt que de les ranger suivant leurs affinités naturelles.

Les Acanthoptérygiens se divisent en trois tribus :

<table>
<tr><td rowspan="3">Ventrales placées</td><td>en avant des pectorales</td><td>1. JUGULAIRES.</td></tr>
<tr><td>au-dessous des pectorales</td><td>2. THORACIQUES.</td></tr>
<tr><td>en arrière des pectorales</td><td>3. ABDOMINAUX.</td></tr>
</table>

C. Duméril a remplacé les noms de Jugulaires, etc., par ceux de Propodes, Hémisopodes, Opisthopodes.

Quant aux faux Apodes, il est facile de voir à quelles familles ils appartiennent au moyen des caractères suivants : la caudale manque dans le Trichiure (Trichiuridés), elle est arrondie chez l'Anarrhique (Blenniidés), elle est fourchue dans le Stromatée, en croissant chez l'Espadon (Scombridés).

TRIBU DES ACANTHOPTÉRYGIENS JUGULAIRES
ACANTHOPTERYGII JUGULARES.

Cette tribu se compose de quatre familles :

Pectorales
- non pédiculées. Préopercule de forme ordinaire. Ventrales à
  - six rayons; deux dorsales..... 1. TRACHINIDÉS.
  - moins de six rayons....... 2. BLENNIDÉS.
- avec un prolongement postérieur formant une espèce d'éperon................. 3. CALLIONYMIDÉS.
- pédiculées, placées au-dessus de l'orifice des branchies............................. 4. LOPHIIDÉS.

Famille des Trachinidés, Trachinidæ.

Corps allongé, couvert d'écailles lisses, peu développées, formant des espèces de bandes obliques parallèles.

Tête de forme variable; museau court; mâchoire supérieure moins avancée que la mandibule; dents sur les mâchoires, le vomer, les palatins.

Appareil branchial : ouïes largement fendues; six rayons branchiostèges; pseudobranchies.

Ligne latérale bien marquée.

Nageoires deux dorsales (dans nos genres), la première épineuse et courte, la seconde plus ou moins longue, opposée à l'anale; caudale coupée carrément ou légèrement échancrée; ventrales jugulaires, à six rayons, un épineux et cinq mous.

Vessie natatoire nulle.

Appendices pyloriques en nombre variable.

La famille des Trachinidés se compose de deux genres :

Tête
- cuboïde, cuirassée en partie.................... 1. URANOSCOPE.
- comprimée, non cuirassée..................... 2. VIVE.

GENRE URANOSCOPE — *URANOSCOPUS*, Linn.

Corps plus ou moins cunéiforme; couvert d'écailles lisses très-petites. Anus avancé. Vertèbres au nombre de vingt-trois à vingt-six.

Tête grosse et large, aplatie en dessus, en partie cuirassée ; museau très-court ; bouche à fente verticale ; dents sur les mâchoires, le vomer, les palatins ; langue lisse.

Yeux placés dans le plan supérieur de la tête, dirigés en haut.

Appareil branchial fente des ouïes très-grande ; sous-opercule épineux ; six rayons branchiostèges ; fausses branchies.

Nageoires deux dorsales, la première épineuse, à rayons peu nombreux ; la seconde dorsale opposée à l'anale, à quatorze ou quinze rayons ; anale semblable à la seconde dorsale ; pectorales grandes ; ventrales très-avancées.

Appendices pyloriques au nombre de onze, le plus souvent, dans notre espèce.

Le genre Uranoscope ne comprend qu'une espèce :

L'URANOSCOPE RAT — *URANOSCOPUS SCABER*, Linn.

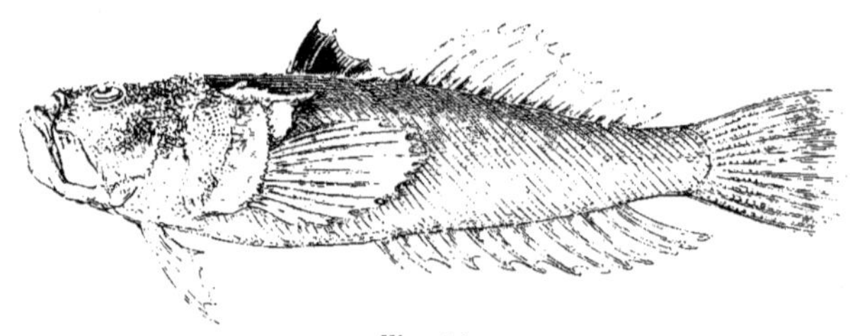

Fig. 92.

Syn. : Καλλιώνυμος, Aristote, liv. II, c. xv, p. 90-91.

Callionymus, sive Uranoscopus, Bell, p. 217-219.

Du Raspecon ou Tapecon, Rondel., liv. X, ch. xii, p. 242.

Uranoscopus, Salvian., p. 196.

Uranoscopus scaber, Linn., p. 434, sp. 1 ; Bloch, pl. 163 ; Günth., t. II, p. 226 ; CBp., *Cat.*, n° 500 ; Canestr., *Fn. Ital.*, p. 150.

L'Uranoscope rat, Uranoscopus scaber, Lacép., t. VII, p. 209 ; Riss., *Ichth.*, p. 106, *Hist. nat.*, p. 261.

L'Uranoscope vulgaire, Uranoscopus scaber, Cuv. et Valenc., *Hist. nat. Poiss.*, t. III, p. 287 ; Cuv., *Rég. an. ill.*, pl. 17, fig. 1 ; Guich., *Expl. Algér. Poiss.*, p. 37.

N. vulg. : Muou, Nice ; Rascasse blanche, Responsadoux, Rat, Provence, Languedoc ; Biou, Cette ; Rat, Roussillon ; Rose, Oreille, Basses-Pyrénées.

Long. : 0,15 à 0,25, rarement plus.

Le tronc est épais ; le dos est large, le ventre arrondi ; la hauteur est comprise environ cinq fois et un tiers dans la longueur totale. A partir de l'anus le corps est comprimé, il forme une

espèce de cône ou plutôt de coin à faces latérales beaucoup plus
développées que les autres, avec les arêtes peu prononcées ; dans
les grands individus, le dos est beaucoup plus large que la région
inférieure, de sorte que le corps a plutôt la figure d'une pyramide triangulaire. La peau est couverte de petites écailles lisses,
disposées en bandes, en lignes séparées, légèrement obliques
d'avant en arrière et de haut en bas. Il n'y a pas d'écailles sous
la gorge, ni sous le ventre, ni dans l'espèce de raquette ou dans
l'espace limité en avant par le crâne et sur les côtés par les lignes latérales et la fin de la première dorsale.

La tête présente une conformation tout à fait particulière ; elle
est cuboïde, large, aplatie en dessus, très-grosse ; elle est épineuse ; elle est recouverte de plaques osseuses chagrinées, excepté dans l'espace interorbitaire, dans l'intervalle où se loge la
branche montante de l'intermaxillaire, et sur une partie de la
joue, comme nous le verrons plus loin. La longueur de la tête
est un peu plus grande que la hauteur ; mesurée du bout du museau à la fin de l'opercule, elle est comprise trois fois et trois
quarts dans la longueur totale. Le museau est court, aplati. La
bouche est remarquable par la disposition qu'elle présente, la
fente à l'état de repos est dirigée en haut, elle se trouve dans un
plan vertical ; la mandibule pour se rapprocher de la mâchoire
supérieure, n'exécute pas un mouvement de bas en haut, mais
plutôt d'avant en arrière. La bouche est protractile ; elle est entourée de lèvres formant de larges replis latéraux, qui viennent
se réunir en bas à l'angle antérieur et inférieur du maxillaire supérieur. La lèvre inférieure est retenue par un fort ligament qui
s'attache en dedans de l'angle externe et supérieur de l'os dentaire. Les lèvres sont très-développées, et sont munies de petits
tentacules.

Les mâchoires sont nues, sans écailles ; l'intermaxillaire porte
une bande de dents en cardes fines, plus large en avant qu'en arrière. Le maxillaire supérieur est très-développé, il est uni à l'intermaxillaire par une peau assez lâche ; il est un peu caché par le
préorbitaire, mais dans sa partie verticale il est complétement

à nu, il est large et forme une espèce de plaque qui descend très-bas ; il présente à son extrémité interne un tubercule, qui est placé sur le prolongement longitudinal de l'œil et croise l'intermaxillaire. La mâchoire inférieure montre une rangée de dents crochues, dirigées en arrière, plus ou moins écartées les unes des autres, au nombre d'une dizaine sur chaque moitié ; chez les grands individus, il y a, sur le devant de la mâchoire, une petite série de trois ou quatre dents. Le vomer est large, lisse dans sa partie médiane, il a, sur chacun des angles du chevron, un petit groupe de dents en cardes, à la suite viennent trois ou quatre dents plus fortes portées sur les palatins. La langue est lisse : elle est assez large. Le voile ou la membrane intramandibulaire s'effile en un tentacule qui, chez les grands individus, fait plus du tiers de la longueur de la tête, et peut sortir, s'agiter au dehors ou rester dans la bouche au gré de l'animal. Rondelet a parfaitement signalé cette singulière disposition : « Entre la langue et la mâchoire basse sort une peau, au commencement un peu large, peu à peu finissant en une rondeur charnue, pendant hors la bouche, de quoi il allèche les poissons pour les manger, et la retire quand il veut, en faisant comme un serpent de sa langue. » (Rondel., p. 243.)

Le nom d'Uranoscope donné à ce poisson, indique parfaitement la position occupée par les organes de la vue. Les yeux regardent le ciel, ils sont tournés directement en haut, ils sont placés à fleur de tête, recouverts par la peau qui est grisâtre vers l'orbite et ne laisse de transparent, dans la partie centrale, qu'un petit espace ovale. L'iris est d'un jaune marbré. Le diamètre de l'œil est compris sept fois à sept fois et demie dans la longueur de la tête, il fait les trois cinquièmes de l'espace interorbitaire, il est plus petit que l'espace préorbitaire. L'espace interorbitaire est recouvert par la peau seulement, il est profondément échancré en avant pour loger le pédoncule de l'intermaxillaire. Les sous-orbitaires sont soudés les uns aux autres, ils forment une grande plaque à surface chagrinée, à bord postérieur et inférieur arrondi, à bord supérieur légèrement échan-

cré au niveau de l'œil; le bord antérieur de cette pièce est muni,
en avant et en haut, de deux tubercules qui croisent la mâchoire supérieure ; il est entaillé dans sa moitié inférieure pour
donner place au maxillaire supérieur. Le sous-orbitaire n'est
pas articulé avec le préopercule.

Les ouvertures des narines sont étroites; l'orifice antérieur est
placé au-dessus et en dedans du tubercule du maxillaire supérieur, il est sur un appendice tubuleux, qui redressé est semblable à une petite corne ; l'orifice postérieur est assez difficile à
voir en raison de la teinte de la peau.

Chez l'Uranoscope la fente des ouïes est excessivement grande,
elle s'avance en dessous jusqu'au niveau des épines pelviennes,
ou plutôt jusqu'à l'extrémité de la ceinture scapulaire. Les pièces articulaires de l'os hyoïde et la pièce inférieure de ses cornes, qui sont très-larges, viennent en avant combler le vide, qui
se trouve entre l'extrémité de la ceinture scapulaire et la mâchoire inférieure ; le bord inférieur de ces pièces porte une espèce de voile assez large qui paraît un dédoublement de la membrane branchiostège. Il y a six rayons branchiostèges. Les os
pharyngiens sont garnis de dents en cardes assez fortes et très-
pointues. L'appareil operculaire est bordé par une large membrane, qui, en avant, part de l'épine postérieure de l'articulaire
de la mandibule, et vient se terminer en arrière et en haut sur
l'angle postérieur et supérieur de l'opercule. Cette membrane
porte de petites franges sur le bord postérieur ; elle peut s'appliquer en grande partie sur la ceinture scapulaire, et ne laisse alors
sortir l'eau, qui a servi à la respiration, que par une petite ouverture placée vers le bord supérieur de l'opercule. L'opercule
montre une surface externe chagrinée ou plutôt tuberculeuse; le
bord postérieur est convexe, l'antérieur est légèrement concave. Le sous-opercule est petit, étroit, terminé en pointe verticale dirigée en bas. L'interopercule est mince, aplati, caché en
partie sous le préopercule. Le préopercule est très-développé, à
surface externe excessivement rugueuse, creusée de sillons larges et profonds ; son bord antérieur est concave ; son bord posté-

rieur est légèrement convexe avec une petite échancrure vers le bas ; son bord inférieur est comme déchiqueté, il porte quatre épines dirigées en bas, ces épines sont courtes mais fortes ; à l'angle de réunion du bord inférieur et du bord antérieur, il y a une ou deux dents, visibles seulement chez les individus de grande taille. Entre le bord antérieur du préopercule, les mâchoires et la plaque des sous-orbitaires est un espace allongé, qui est la partie nue de la joue.

En avant les lignes latérales sont écartées l'une de l'autre, elles se rapprochent au niveau de la première dorsale et limitent ainsi une surface ayant la forme d'une espèce de raquette.

La première dorsale commence à peu près à l'aplomb du milieu de la longueur des pectorales ; elle est courte, basse ; elle a quatre rayons très-grêles, le dernier qui est excessivement court est assez écarté des autres et paraît en quelque sorte le premier rayon de l'autre dorsale.

La seconde dorsale est unie à la première par une membrane très-basse : elle compte quatorze rayons ; elle est relativement très-longue. L'anale est opposée à la seconde dorsale ; elle a un premier rayon épineux très-court, et douze rayons mous qui sont plus allongés que ceux de la seconde dorsale, les derniers rayons atteignent presque la base de la caudale. La caudale est bien développée, elle fait le cinquième de la longueur totale ; elle est coupée carrément ; elle est composée de dix rayons.

Le surscapulaire est très-peu développé, il forme une plaque plus large que longue, à surface supérieure chagrinée ; le scapulaire est également chagriné, c'est une pièce quadrilatérale, irrégulière à bord interne plus court, finissant par une petite épine, à bord externe terminé par une épine plus forte et un peu plus longue que l'autre. Le coracoïdien (*os huméral*, Cuv. ; *clavicule*) est développé ; il est armé à son extrémité postérieure d'une épine longue et forte, dirigée en arrière, placée à peu près au milieu de l'espace qui sépare l'épine externe du scapulaire de la base de la pectorale. L'isthme du gosier est soutenu par un appareil squelettique formé par la réunion des coracoïdiens et des os du bassin et muni de trois pointes dirigées en avant, une pointe médiane résultant de la jonction de l'extrémité des coracoïdiens, une pointe latérale plus longue et plus aiguë, qui est l'extrémité inférieure et antérieure de l'os du bassin ; cette dernière pointe est plus ou moins saillante suivant la taille des animaux. L'os du bassin soutient l'extrémité du coracoïdien comme dans une espèce de fourche. La pectorale est bien développée, elle mesure le cinquième de la longueur totale ; elle compte dix-sept rayons. La ventrale fait à peu près le septième de la longueur totale.

Br. 6. — D. 4 — 14; A 1/12; C. 10; P. 17; V. 1/5.

La coloration est d'un gris brunâtre sur le dos avec des taches plus claires, d'un gris clair sur les côtés, blanchâtre en dessous. La première dorsale est noire, la seconde grisâtre ; l'anale est blanchâtre ; la caudale est gris noirâtre ; les pectorales sont grises avec une teinte violette à leur extrémité ; les ventrales sont rosées.

Habitat. Méditerranée, assez commun à Nice, Marseille ; très-commun à Cette, c'est là que j'ai trouvé les plus grands individus ; assez commun à Port-Vendres, où il est connu sous le nom de *Rat*. Océan, excessivement rare, Bayonne (U. Darracq).

Les Uranoscopes sont essentiellement carnivores, ils se nourrissent de petits poissons qu'ils allèchent, dit Rondelet, au moyen de leur tentacule buccal, et encore de mollusques et d'animaux inférieurs. Leur chair est blanche, mais de mauvais goût, suivant Rondelet ; toutefois, comme le fait observer Risso, la qualité de la chair dépend des endroits dans lesquels vivent ces animaux, ceux qui habitent les roches sont meilleurs, ils ne sont pas coriaces. Les Uranoscopes sont vendus sur les marchés de Nice, Toulon, Marseille, Cette avec d'autres menus poissons pour faire la bouille-abaisse.

GENRE VIVE — *TRACHINUS*, Arted.

Corps allongé, comprimé, couvert de petites écailles minces. Anus très-avancé, au-dessous des pectorales. Vertèbres en nombre variable de trente cinq à quarante-deux, avec la formule de 10 ou 11 +.

Tête comprimée latéralement ; museau court ; bouche à fente très-obli-

que; dents en velours sur les mâchoires, le vomer, les palatins, les ptérygoïdiens.

Yeux placés latéralement et très-haut, vers le profil supérieur de la tête.

Appareil branchial; opercule armé d'une épine dirigée en arrière; six rayons branchiostèges; fausse branchie.

Nageoires; première dorsale à six ou sept rayons épineux très-acérés, seconde dorsale et anale très-longues, à plus de vingt rayons: pointe du rayon épineux de la ventrale, de l'anale plus ou moins recouverte par la peau.

Vessie natatoire nulle.

Appendices pyloriques au nombre de six généralement.

Le genre Vive se compose de quatre espèces :

<pre>
                      nulle : 2º dorsale à 24 rayons.......... 1. PETITE VIVE.

Épine
sur   (nulles ; 2e dor-
le bord   plus   6 rayons. (sale, 30..... 2. V. COMMUNE.
an-   ou moins   Taches
térieur   développée ;   ocellées   (bien marquées ;
du   1re dorsale   sur   (2e dorsale, 25
sourcil   à   le corps   (ou 26....... 3. V. A TÉTÉRAYONNEE.

                      7 rayons ; 2e dorsale, 28... 4. V. ARAIGNÉE.
</pre>

LA PETITE VIVE — *TRACHINUS VIPERA*, Cuv.

Syn. : D'une petite espèce de VIVE ou ARAIGNÉE DE MER, Araneola, qu'on nomme Bodereau ou Bois de Roc, Duham., *Péch.*, p. 2, sect. 6, p. 135, pl. 1, fig. 2.

LA PETITE VIVE, Trachinus vipera, Cuv. et Valenc., t. III, p. 254 ; *Règ. an. ill.*, pl. 15, fig. 1.

TRACHINUS VIPERA, Günth., t. II, p. 236; CBp., *Cat.*, n° 504 ; Canestr., *Fn. Ital.*, p. 99.

THE LESSER WEEVER, Yarr., t. II, p. 7.

VIPER WEEVER. Couch, t. II, p. 48.

N. vulg. : Toquet, Abbeville, Boudereux, Carentan ; Petite Vive, côtes de l'Ouest ; Lapouriche, *Lapouricha* des Basques, Basses-Pyrénées.

Long. : 0,10 à 0,12, quelquefois 0,14.

C'est Duhamel qui le premier a parfaitement distingué la petite Vive de la Vive commune ; il a donné de chacune de ces espèces une figure exacte, qui les fait immédiatement reconnaître.

La petite Vive a le corps relativement assez court ; la longueur totale fait quatre fois et demie à quatre fois et deux tiers la hauteur du tronc. Le dos est légèrement convexe et le profil du ventre est plus arqué, plus convexe que dans la Vive commune. Les écailles forment des bandes obliques moins marquées que dans les autres espèces.

La tête est plus large, moins comprimée, moins raboteuse que dans les autres espèces, sa longueur fait le quart de la longueur totale. La fente de la bouche est plus verticale que dans la Vive commune ; la mâchoire supérieure est échancrée en avant pour recevoir la proéminence de la mandibule, sa longueur fait près de la moitié de la longueur de la tête.

L'iris est jaunâtre, marqué de noir dans sa région supérieure. Le diamètre de l'œil fait le cinquième de la longueur de la tête, il est un peu plus grand que l'espace préorbitaire, il mesure le double de l'espace interorbitaire. Il n'y a pas d'épine sur le bord antérieur du sourcil, ni à l'angle antérieur et inférieur du sousorbitaire. Les joues sont nues, du moins je ne les ai jamais vues couvertes d'écailles.

L'opercule et le sous-opercule ont de très-petites écailles, je n'en trouve pas sur l'interopercule ni sur le préopercule. L'épine de l'opercule, dirigée horizontalement en arrière, est très-pointue et relativement développée. Le bord inférieur du préopercule est armé de deux épines ; la plus longue qui est à l'angle postérieur, est dirigée en bas et légèrement en arrière, elle est séparée par une échancrure de l'autre épine, qui a la pointe dirigée en bas et un peu en avant.

La ligne latérale est rapprochée du dos ; seulement vers l'aplomb de la fin de l'anale, elle s'infléchit brusquement en bas et gagne le milieu du tronçon de la queue.

La première dorsale a six épines, parfois sept, et chez les mâles seulement, d'après Canestrini ; elle porte sur les trois premiers espaces intraradiaires une tache d'un noir très-foncé, et souvent une autre tache dans le quatrième espace intraradiaire ; son dernier rayon qui est très-court, est uni à la seconde dorsale par une petite membrane. La seconde dorsale finit avant l'anale,

II. 7

elle a vingt-quatre rayons ; elle est d'un gris pâle ou plutôt d'un blanc terne avec des points jaunâtres ou de très-petites taches grises sur les rayons. L'anale fait la moitié et plus de la longueur totale ; elle a vingt-cinq rayons ; elle est blanchâtre ou d'un blanc jaunâtre. La caudale est jaune pâle avec des points gris sur les rayons dans les deux premiers tiers de sa longueur, elle est noire sur le tiers postérieur ; elle fait le sixième de la longueur totale. Les pectorales mesurent le cinquième au moins de la longueur totale ; elles sont d'un jaune pâle. Le surscapulaire a seulement, à partir du niveau de l'angle de la fente branchiale, de très-fines dentelures sur le bord libre ; le scapulaire en a de semblables à la suite, il se termine postérieurement en une lame triangulaire excessivement mince. Les ventrales sont courtes, blanchâtres.

Br. 6. — D. 6 ou 7 — 24 ; A. 1/24.

La coloration est d'un gris jaunâtre sur le dos avec un léger pointillé brun sur les bandes d'écailles ; au-dessous de la ligne latérale, il y a une espèce de bande interrompue, formée également de petits points brunâtres ; sur les côtés la teinte est d'un gris argenté passant au jaune pâle vers le ventre. La gorge et le dessous du ventre sont d'un blanc d'argent ; les joues sont argentées avec un léger pointillé brun ; le dessus de la tête est marqué de petites taches formées par un pointillé noirâtre.

Habitat. La petite Vive se trouve sur toutes nos côtes ; elle est commune dans la Manche, dans l'Océan ; elle est même très-commune dans le golfe de Gascogne, bassin d'Arcachon, embouchure de l'Adour. Méditerranée, commune à Cette ; assez commune à Nice.

Proportions : long. totale 0,120 ; tronc, haut. 0,026, épaiss. 0,012.

Tête, long. 0,031, haut. 0,027. — Mâchoire sup., long. 0,014. — OEil, diam. 0,006, espace préorbit. 0,005, esp. interorbit. 0,003.

LA VIVE COMMUNE — *TRACHINUS DRACO*, Linn.

Syn. : Draco marinus, Bell., p. 215.

De l'Araigne de mer, ou de la Vive, Rondel., liv. X, c. x, p. 238.

De la Vive, Duham., *Pêch.*, part. 2, sect. 6, p. 134, vl. 1, fig. 1.

Trachinus draco, Linn., p. 435, sp. 1 ; Günth., t. II. p. 233 ; CBp., *Cat.,* n° 501 ; Canestr., *Fn. Ital.,* p. 98 ; Riss., *Ichth.,* p. 108 ; *Hist. nat.,* p. 260.
La Trachine vive. Trachinus vividus, Lacép., t. VII, p. 216.
La Vive commune, Trachinus draco. Cuv. et Valenc., t. III, p. 238.
The Great Weever, Yarr., t. II, p. 1.
Greater Weever, Couch. t. II. p. 43.

N. vulg : grande Vive, Vive, Avive, Normandie ; L iètre, Aunis; Chaque-dit. Biarritz ; Iragna, Cette ; Aragna. Nice.
Long. : 0,20 à 0,30 et plus.

Le corps est comprimé et allongé, sa hauteur est comprise six fois à six fois et demie dans la longueur totale. Le profil supérieur est presque droit, le profil inférieur est légèrement convexe. Les vertèbres sont au nombre de 40 à 42, 10 ou 11 +... L'anus est placé sous la fin de la première dorsale.

La longueur de la tête est contenue quatre fois et demie à quatre fois trois quarts dans la longueur totale. Le museau est court, la bouche oblique. Les mâchoires ne sont pas écailleuses, elles sont garnies de dents en velours, ainsi que le chevron du vomer, les palatins, les ptérygoïdiens et les pharyngiens. La mâchoire supérieure se porte, en arrière, jusqu'à l'aplomb du bord postérieur de l'orbite.

L'iris est jaune doré. Le diamètre de l'œil est compris cinq fois et un quart à cinq fois et demie dans la longueur de la tête : il est d'un tiers environ plus grand que l'espace préorbitaire, il fait le double de l'espace interorbitaire, qui est légèrement concave. L'angle antérieur et inférieur du sous-orbitaire s'allonge en une épine qui gagne le niveau de la mâchoire supérieure ; sur le bord antérieur et supérieur de l'orbite se montre une épine triangulaire, qui est séparée, par un espace étroit, d'une autre épine plus courte, placée en dedans et plus en arrière. Les joues sont couvertes d'écailles.

Dans une petite fossette, placée entre l'épine antérieure du sourcil et l'épine de l'angle antérieur du sous-orbitaire, se trouvent les orifices des narines qui sont très-étroits; l'orifice postérieur est très-rapproché du bord de l'orbite.

La fente des branchies est très-grande, elle s'avance au moins

jusque sous le diamètre vertical de l'œil. Les interopercules sont
nus ; ils sont très-rapprochés l'un de l'autre en dessous et même
ils se croisent un peu en avant. L'opercule et le sous-opercule
sont écailleux ; les écailles du sous-opercule sont petites, elles
sont plus ou moins caduques, ce qui a fait supposer à plusieurs
auteurs qu'elles manquent dans cette région. L'opercule se termine en arrière par une longue épine, qui se porte jusqu'au
dessus de la base de la pectorale. L'angle postérieur et inférieur
du préopercule forme une espèce d'épine et son bord inférieur
présente deux échancrures qui sont séparées par une saillie, une
sorte d'épine très-courte à base très-large.

La ligne latérale est bien marquée, elle est rapprochée du dos,
elle se compose de quatre-vingts écailles environ. Écailles : ligne
longit. 80 ; ligne transv. 50.

La première dorsale commence au-dessus de l'épine du scapulaire ; elle a six épines dont les trois premières très-développées, la seconde et la troisième sont les plus longues ; la cinquième et la sixième épine surtout sont très-petites. La seconde
dorsale n'est pas complétement séparée de la première ; une petite membrane très-basse unit le dernier rayon de la première
dorsale au premier rayon de la seconde ; la seconde dorsale finit
un peu avant l'anale, assez près de la base de la caudale, elle
compte une trentaine de rayons. L'anale n'a pas une seule épine,
comme on l'écrit, elle en a deux qui sont enveloppées par la
peau jusqu'au delà de leur pointe, elle a une trentaine de
rayons mous. Le surscapulaire est rugueux, à bord supérieur dentelé ; le scapulaire porte en arrière une épine courte, mais large
et plate, à bord supérieur légèrement dentelé continuant le bord
du surscapulaire. Les pectorales, assez longues, ont une quinzaine de rayons.

Br. 6. — D. 6 — 30; A, 2/30; C. 15; P. 15; V. 1/5.

La première dorsale est marquée d'un grande tache noire qui
s'étend sur les deux premiers espaces intraradiaires et sur les deux
tiers du troisième espace ; elle est blanchâtre dans le reste de son

étendue. La seconde dorsale et l'anale sont d'un gris très-pâle, elles portent une large bande longitudinale de teinte jaunâtre ; la caudale est d'un ton grisâtre avec des taches jaunâtres sur la membrane et une bordure postérieure d'un gris noirâtre. Les pectorales et les ventrales sont d'un blanc rosé.

Sur le corps le système de coloration est gris roussâtre ou plutôt jaunâtre à reflets bleus, avec des bandes ou des taches brunâtres, dirigées obliquement de haut en bas et d'avant en arrière, suivant les lignes d'écailles ; parfois ces bandes sont plus ou moins confondues et donnent à la partie supérieure du corps une teinte d'un brun plus ou moins foncé que des traits bleuâtres rendent moins uniforme. La partie inférieure du corps est rayée de jaune sur les lignes d'écailles. La tête est d'un gris foncé ou roussâtre avec des points bruns et des lignes bleuâtres ; les opercules et les pièces scapulaires sont aussi marqués de traits bleuâtres.

Habitat. Cette Vive est très-commune sur toutes nos côtes ; elle est apportée en abondance des ports de l'Ouest sur le marché de Paris.

Proportions : long. totale, 0,302 ; tronc, haut. 0,047, épais. 0,023.

Tête, long. 0,064, haut. 0,042. — Mâchoire sup., long. 0,027. — OEil, diam. 0,012, esp. préorbit. 0,009, esp. interorbit. 0,006.

LA VIVE A TÊTE RAYONNÉE — *TRACHINUS RADIATUS*, Cuv.

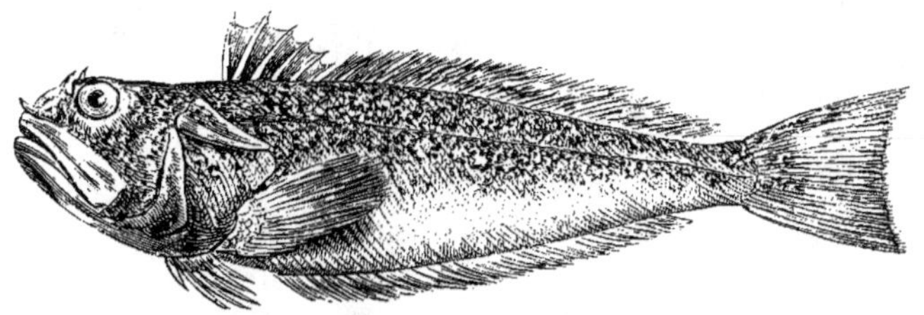

Fig. 93.

Syn. : TRACHINUS DRACO, Brunnich, *Ichthyologia Massiliensis*, p. 20.

TRACHINUS LINEATUS, Trachine ocellée, Delaroche, *Ann. Muséum*, t. XIII, p. 331 et 332.

LA VIVE A TÊTE RAYONNÉE, Trachinus radiatus, Cuv. et Valenc., t. III, p. 250, pl. 61.

TRACHINUS RADIATUS, CBp., *Ca'.*, n° 593 ; Günth., t. II, p. 236 ; Canestr., *Fn. Ital.*, p. 99.

N. vulg. . Iragna, Cette.
Long. : 0,30 à 0,40.

Cette espèce a le corps plus haut, plus épais, le dos plus convexe que la Vive commune. La longueur fait à peu près quatre fois et trois quarts la hauteur, qui est d'un tiers plus grande que l'épaisseur. Les écailles sont moins petites que dans la Vive commune, elles dessinent des bandes plus larges.

La tête est massive, épaisse, longue et large ; sa longueur qui est d'un tiers plus grande que sa hauteur, est comprise trois fois et demie dans la longueur totale. La nuque est couverte de pièces osseuses marquées de stries profondes, qui sont disposées suivant trois directions différentes : 1° du bord postérieur et supérieur du sourcil partent des stries formant éventail, les unes se portent en dedans et s'unissent à celles du côté opposé, les autres vont en arrière ; 2° sur le milieu de la nuque se trouvent des stries divergentes, en éventail à courbure antérieure, elles se dirigent en avant et se confondent avec celles du sourcil ; 3° en dehors il y a deux petits centres de stries, la plaque antérieure réunit en avant ses stries à celles du milieu de la nuque, à celles du sourcil, et en arrière à celles de l'autre petite plaque se rapprochant du surscapulaire qui est également strié.

La bouche est oblique, grande, elle s'ouvre au delà du diamètre vertical de l'œil, elle est munie de dents en velours. Le maxillaire supérieur est large à son extrémité postérieure ; il se porte en arrière plus loin que l'aplomb du bord postérieur de l'orbite. L'espace jugulaire ou intermandibulaire est bien dessiné, il est large, sa largeur fait un peu moins du tiers de sa longueur ; l'os articulaire n'est pas rapproché de celui du côté opposé, comme dans la Vive commune, il en est au contraire assez éloigné, il est bordé d'une large membrane noirâtre couvrant l'espace, qui le sépare de son congénère.

Les yeux sont ovales. L'iris est d'un rouge cuivré. Le diamètre de l'œil est compris cinq fois et un tiers dans la longueur de la tête, il est à peine plus petit que l'espace préorbitaire, il est deux fois et quart plus grand que l'espace interorbitaire qui est

concave, lisse, couvert de quelques petites écailles. Le bord supérieur et postérieur du sourcil est denticulé. Le bord postérieur
et inférieur de l'orbite forme une demi-ceinture composée de
sept ou huit osselets marqués de stries profondes. A la réunion
du bord antérieur au bord supérieur de l'orbite il y a deux épines bien développées; l'épine postérieure et interne est dirigée
en arrière et en dehors; le préorbitaire, qui descend sur la mâchoire supérieure, se termine par une épine plus forte que dans
la Vive commune, légèrement recourbée, dirigée en avant et en
dehors. La joue est entièrement couverte d'écailles.

Quant à la fente des ouïes, elle est très-grande, elle s'avance
en-dessous jusque vers l'aplomb du bord antérieur de l'orbite.
L'opercule et le sous-opercule, peu distincts l'un de l'autre, sont
enveloppés d'une peau plus ou moins écailleuse; l'opercule est
armé d'une longue épine, très-aiguë, striée sur la face externe.
La peau qui recouvre l'interopercule est nue. Le préopercule
est très-développé, son bord postérieur est presque droit ou plutôt légèrement oblique de haut en bas et d'avant en arrière; son
angle est faiblement arrondi et son bord inférieur un peu convexe; son limbe qui est large, paraît légèrement strié et granuleux
avec quelques pores arrondis plus visibles sur le haut de la partie verticale. La membrane qui garnit le bord libre de l'appareil
operculaire n'est pas régulière, comme dans la Vive commune,
elle présente, au niveau de la base de la pectorale, une échancrure assez profonde, en sorte que son contour est doublement arqué. La muqueuse qui tapisse la paroi externe de la
chambre branchiale, est d'un gris bleuâtre.

La première dorsale a six épines, la seconde a vingt-cinq ou
vingt-six rayons; l'anale compte un aiguillon et vingt-six rayons
mous. La caudale a la base très-écailleuse; elle est échancrée;
elle est longue, sa longueur étant comprise cinq fois et demie
dans la longueur totale; elle a quatorze grands rayons, et deux
plus courts en haut et en bas; les rayons portent de petites
écailles dans une grande partie de leur longueur.

Les pectorales font le sixième de la longueur totale; elles

comptent seize rayons, le premier est simple, le dernier très-court; les rayons les plus allongés sont le huitième, le neuvième et le dixième. Les pectorales ont à la partie supérieure de l'aisselle une membrane développée, qui retient leur base au côté du corps; cette membrane ou ce repli, comme le font observer Cuvier et Valenciennes, a plus de développement que dans la Vive commune et que dans la Vive araignée. Le surscapulaire est couvert de stries qui forment de petites dentelures sur le bord supérieur; le bord du scapulaire est rugueux. Les ventrales sont courtes, elles ne font que le neuvième de la longueur totale; l'épine est courte, le troisième rayon mou est le plus allongé.

D. 6 — 25 ou 26; A. 1/26; C. 2/14/2; P. 16; V. 1/5.

La première dorsale est noirâtre dans la plus grande partie de son étendue, elle est en arrière d'un blanc grisâtre; la seconde dorsale a la pointe des rayons noirâtre, elle est d'un gris jaunâtre pâle avec des taches brunes plus foncées sur les rayons; l'anale est jaunâtre; la caudale est grisâtre avec l'extrémité noirâtre; les pectorales et les ventrales sont d'un jaune clair.

Un système de coloration particulier fait assez facilement reconnaître la Vive à tête rayonnée. Le dos et les parties latérales supérieures sont jaunâtres et marqués de taches noires, qui se groupent et forment des anneaux plus ou moins réguliers, plus ou moins distincts. Les anneaux les plus visibles, les plus constants se trouvent placés sur la ligne latérale, ils sont au nombre de sept ou huit, même de neuf; entre eux il y a d'autres taches noires sur une ou deux écailles. Le long du dos il y a douze à quinze anneaux plus ou moins confus, quelquefois rapprochés par des taches intermédiaires; au-dessous de la ligne latérale se montrent encore cinq ou six anneaux, qui peuvent aussi être réunis par des taches interposées. Entre la pointe de l'opercule et la base de la pectorale commence presque toujours une série de taches noires, qui se continue jusque vers la caudale. Les flancs sont jaunâtres, sans taches; le ventre est d'un jaune très-pâle. La tête est en dessus et sur le haut des cotés d'un brun roussâtre avec des points noirs très-foncés ; les pièces operculaires, les joues ne sont pas marquées de points noirs. Les parties latérales et inférieures de la tête sont d'un violet très-foncé, presque noirâtre. Le museau est d'un brun rougeâtre. Il n'y a pas sur les joues, sur les tempes de lignes bleues comme celles qui se voient dans la Vive commune.

Habitat. Méditerranée. rare, Nice, Cette.

Proportions : long. totale 0.30 ; tronc. haut. 0.062. épais. 0.041.

Tête, long. 0.086. haut. 0.058. — Mâchoire sup.. long. 0.039. — OEil, diam. 0,016, esp. préorbit. 0.017, esp. interorbit. 0,006.

LA VIVE ARAIGNÉE — *TRACHINUS ARANEUS*, Cuv.

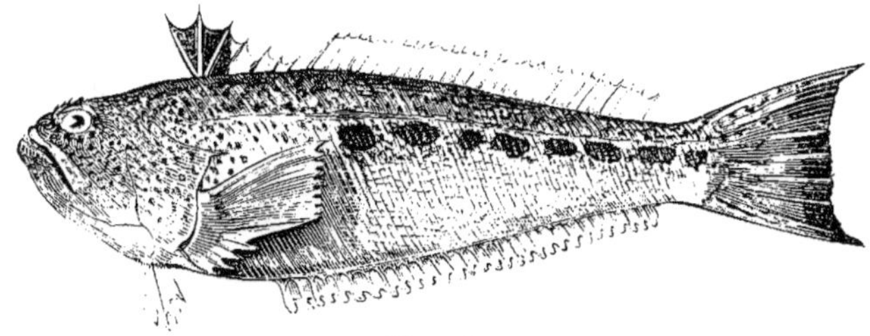

Fig. 94.

Syn. : Draco major, Salvian., p. 71, fig. 11 ; Willugh., pl. S. 10, fig. 2.

? Trachine Araignée, Trachinus lineatus, Riss., *Ichth.*, p. 109 ; *Hist. nat.*, p. 260.

La Grande Vive à taches noires de la Méditerranée, ou Vive araignée, Cuv. et Valenc., t. III, p. 248.

Trachinus araneus, CBp., *Cat.*, n° 502 : Günth., t. II, p. 235 ; Canestr., *Fn. Ital.*, p. 98 ; Agass , *Poiss. foss.*, t. IV, p. 195, pl. E, squel.

Risso a mêlé dans sa description les caractères de deux espèces différentes, la Vive Araignée et la Vive à tête rayonnée.

Long. : 0,30 à 0,40.

La hauteur du corps, qui est d'un tiers plus grande que l'épaisseur, est comprise quatre fois et deux tiers à cinq fois et demie dans la longueur totale.

Chez cette Vive la tête est plus large que dans la Vive commune ; elle est forte ; sa longueur est contenue quatre fois et demie à quatre fois et trois quarts dans la longueur totale. Le

museau est gros ; la bouche est pourvue de dents en velours, elle
est fendue à peu près jusqu'à l'aplomb du diamètre vertical de
l'œil ; la mâchoire supérieure se porte en arrière à peu près au-
dessous du bord postérieur de l'orbite.

L'iris est jaunâtre. Le diamètre de l'œil fait environ le sixième
de la longueur de la tête, il est à peine plus grand que l'espace
préorbitaire, qui est égal à l'espace interorbitaire; l'espace interorbitaire est convexe. Les sous-orbitaires ont des stries presque perpendiculaires au bord de l'orbite ; le préorbitaire a les
épines très-peu saillantes ; l'épine du sourcil est un peu plus développée.

La première dorsale est plus longue que haute, elle a sept aiguillons ; la deuxième et la troisième épine sont les plus développées ; la nageoire est en grande partie noirâtre, elle est d'un gris
blanchâtre en arrière. La seconde dorsale a vingt-huit rayons,
elle est grisâtre avec des points bruns. L'anale a deux épines et
vingt-huit ou vingt-neuf rayons mous, elle est grise, marquée d'une
bande longitudinale plus foncée. La caudale est assez échancrée ;
elle est grisâtre avec des taches brunes dans ses deux premiers
tiers, noirâtre dans le reste de son étendue ; sa longueur est
comprise cinq fois et demie à six fois dans la longueur totale.
Les pectorales font le sixième de la longueur totale, elles sont
grisâtres ainsi que les ventrales.

D. 7 — 28; A. 2/28 ou 29; C. 2/15/2; P. 15 à 17; V. 1/5.

La coloration est d'un gris roussâtre vers le dos avec de très-
nombreuses taches noirâtres, d'un gris jaunâtre sous le ventre.
La tête, le dos et les flancs sont marqués de points ou de petites
taches arrondies noirâtres. Au-dessous de la ligne latérale se voit
une série longitudinale de grandes taches formées d'un pointillé
noirâtre ; ces taches sont le plus souvent au nombre de six ou
sept, quelquefois il y en a davantage, j'en compte dix sur une
Vive de 0,38 de longueur.

Habitat. Méditerranée, assez rare, Nice, Cette.
Proportions : long. totale 0,380 ; tronc, haut. 0,082, épaiss. 0,055.

Tête, long. 0.084, haut. 0.072. — Mâchoire sup., long. 0.038. — Œil, diam. 0.014, esp. préorbit. 0,013, esp. interorbit. 0,013.

Les blessures faites par les aiguillons des Vives déterminent parfois des accidents très-graves. Aussi a-t-on pensé et pense-t-on encore aujourd'hui que les épines de ces animaux portent un poison dans la plaie : *Duas in tergo fert (Draco) pinnas : anterior capiti vicina, quinis aculeis membrana nigra connexis horret, quibus venenatum vulnus infligere dicitur* (Willugh., p. 288. — *Si é negata per lungo tempo la presenza di organi veleniferi in questa classe (Pisces) ; ma recentemente fu dimostrato, che le spine seanulate dorsali ed opercolari nel genere Trachinus sono organi veleniferi* (Byerley, 1849. — V. Canestrini, *Anat. comp.*, t. I, p. 307).

J'ai connu un peintre d'histoire naturelle qui, en pêchant (1874) à Veules (S.-I.), fut blessé au pouce par l'épine operculaire d'une petite Vive. Une douleur atroce se fit sentir à l'instant ; la main et l'avant-bras furent le siége d'un gonflement considérable qui dura vingt-quatre heures environ. La rapidité avec laquelle se développent les accidents causés par la piqûre des épines des Vives, a évidemment quelque chose de particulier. À une certaine époque la crainte que causait le danger de ces blessures était si grande que l'autorité crut devoir prendre une mesure de précaution ; il parut des réglements de police obligeant les pêcheurs à couper les épines des Vives avant de les mettre en vente. Ces réglements sont à peu près tombés en désuétude sur nos côtes de l'Ouest ; mais ils restent en vigueur sur les bords de la Méditerranée. À Cette, par exemple, les Vives de grande taille ne sont jamais apportées sur le marché que complétement mutilées. Aussi n'ai-je pu avoir de ces parages la Vive araignée que grâce à l'extrême obligeance d'une personne qui a bien voulu, pour me procurer cette belle espèce, accompagner les pêcheurs au boulieche sur la plage, qui s'étend de la Peyrade à Frontignan.

Les Vives s'enfoncent dans le sable, s'y cachent en partie, spécialement la petite Vive qui se tient près du rivage, et qui, sur nos plages de l'Ouest, est si redoutée des pêcheurs de crevettes. Elles se nourrissent de substances animales.

La chair des grandes espèces est très-estimée, au moins en France ; il n'en est pas de même partout ; ainsi, d'après Nordmann : « à la mer Noire, ce ne sont que les pauvres gens qui mangent » la Vive commune. Les Tatars de la Crimée, ajoute le même auteur, l'appellent *Tracon*.

Rondelet a le premier, pour désigner la Vive commune, employé le terme de *Trachinus*, dérivé de *Tragina* ou *Trachina*, nom vulgaire de ce poisson à Rome. Plus tard Artédi a fait du mot *Trachinus* un nom de genre.

Cuvier et Valenciennes rangent les Vives et les Uranoscopes dans leurs *Percoïdes à ventrales jugulaires*. Quant à Canestrini, il place la famille des *Trachininiens* dans l'ordre des *Acanthoptères*, et celle des *Uranoscopiniens* dans l'ordre des *Haploptères*.

Famille des Blenniidés, Blenniidæ.

Corps allongé, plus ou moins comprimé; peau enduite de mucus, complétement nue ou couverte d'écailles généralement peu développées.

Tête à profil souvent arrondi, comprimée latéralement, surtout dans sa région supérieure; mâchoires dentées.

Appareil branchial : fente des ouïes ordinairement très-large; les deux membranes branchiostéges s'unissent fréquemment l'une à l'autre sous l'isthme du gosier et ne paraissent entourer qu'une vaste poche; rayons branchiostéges au nombre de six, rarement de cinq ou de sept. Fausses branchies.

Nageoires; dorsale unique le plus souvent, parfois divisée en deux ou trois parties, très-longue, s'étendant à peu près sur toute la longueur du dos, à rayons antérieurs simples, plus ou moins épineux, excepté dans le Zoarcès; anale longue; ventrales peu développées, manquant chez l'Anarrhique, elles sont jugulaires, parfois cependant elles semblent presque thoraciques.

Vessie natatoire nulle. — **Appendices pyloriques** manquant.

Reproduction : l'ovoviviparité a été constatée dans le Zoarcès et dans certains Clinus.

<pre>
                                         / plusieurs / unique. ...   1. BLENNIE.
                              distincte, | rayons. | double.....   2. CLINUS.
                              libre. | Dorsale   \ triple......   3. TRIPTÉRYGION.
              existantes.   Ventrales |
Ventrales {   Caudale   à | à un seul rayon appa-
                                         \ rent, très-réduit, épi-
                                           neux.............   4. GONNELLE.

                              non distincte de la dorsale et de
                                l'anale....................   5. ZOARCÈS.

              nulles. Caudale distincte...................   6. ANARRHIQUE.
</pre>

GENRE BLENNIE — *BLENNIUS*, Arted.

Corps allongé : peau nue, visqueuse. Vertèbres ordinairement au nombre de 32 à 40.

Tête comprimée dans sa partie supérieure; museau court; bouche petite; mâchoires en demi-cercle; dents sur une seule rangée qui se termine souvent aux deux mâchoires, ou à la mâchoire inférieure seulement, par une canine en crochet tourné en arrière; cette canine est toujours un peu séparée de la dent qui la précède; quelquefois il y a deux canines.

Yeux latéraux.

Appareil branchial : ouïes largement fendues ; six rayons branchiostèges. Pseudobranchies.

Nageoires ; dorsale très-longue, très-avancée, ayant onze à quatorze rayons épineux, et des rayons articulés en nombre plus ou moins grand, selon les espèces ; son dernier rayon mou est généralement pourvu d'une membrane, qui s'insère sur le tronçon de la queue et se prolonge parfois sur la caudale elle-même. Il ne faut pas voir dans ce mode de terminaison de la nageoire un caractère spécifique d'une grande importance : ainsi, chez le Blennie tentaculaire la membrane postérieure de la dorsale finit en général avant la base de la caudale, mais dans quelques cas elle est plus développée et se prolonge sur les rayons supérieurs de l'uroptère. Anale longue. Caudale plus ou moins arrondie. Ventrales peu développées, à deux ou trois rayons.

Sexe. Il est souvent facile de distinguer les mâles des femelles ; les mâles ont généralement en arrière de l'anus, près de l'anale, un appendice en forme de papille conique plus ou moins développée.

Appendices : sur la tête se montrent toujours, excepté chez la femelle du Blennie basilic, divers appendices de forme très-variable : les uns sont pairs, simples de chaque côté, et placés soit sur les sourcils, ce qui est le cas le plus ordinaire, soit vers les narines seulement, ou bien ils sont doubles et s'élèvent sur les sourcils et vers les narines, ces appendices devraient porter le nom de tentacules ; les autres sont impairs, ils sont fixés sur le milieu du front et de la nuque, ils consistent tantôt en filaments ténus, comme dans le Blennie chevelu, ils existent dans les mâles et dans les femelles, tantôt ils se montrent comme une espèce de crête érectile, plus ou moins développée qui se remarque surtout chez les mâles adultes, comme dans les Blennies basilic, paon, etc. Les tentacules sont des organes du toucher ; ceux qui sont insérés sur les sourcils, ou qui sont en rapport avec les narines, reçoivent des rameaux du nerf ophthalmique. Le Dr Jobert a bien démontré le fait dans la Gattorugine.

L'étude des Blennies est difficile. Pour arriver à distinguer ces poissons les uns des autres, il faut examiner avec soin : le développement et le nombre des dents ; la forme et la longueur des appendices qui se trouvent sur la tête ; la disposition de la dorsale ; la distance proportionnelle qui sépare le bord postérieur de l'orbite de l'extrémité du museau et de l'origine de la dorsale.

Le genre Blennie se compose d'espèces assez nombreuses dont nous allons exposer les principaux caractères différentiels dans un tableau synoptique.

TABLEAU :

Tentacule sur le sourcil

faisant au moins le tiers du diamètre de l'œil. Filaments sur la tête.

  nuls. Dorsale

    à peu près égale. Ocelle sur la joue

      bien marqué........................... **1. Bl. PAON.**

      nul. Tentacule du sourcil

        très-court, pas plus long que le diamètre de l'œil. Anale commençant

          après la fin de la pectorale. A la mâchoire supérieure canine

            nulle ou peu distincte. .... **2. Bl. PALMICORNE.**

            forte, bien distincte.. .... **3. Bl. CAGNETTE.**

          sous le tiers postérieur de la pectorale............ **4. Bl. DE ROUX.**

        beaucoup plus long que le diamètre de l'œil. Dorsale séparée du bord postérieur de l'orbite par une distance

          égale à l'espace préorbitaire............ **5. Bl. GATTORUGINE.**

          beaucoup plus grande que l'espace préorbitaire............ **6. Bl. TENTACULAIRE.**

    très-inégale, la partie antérieure plus

      élevée et

        marquée d'un ocelle...................... **7. Bl. PAPILLON.**

        sans ocelle; les 2, 3 ou 4 premiers rayons

          dépassant le suivant.. .... **8. Bl. TÊTE BOUGE.**

          ne dépassant pas le suivant. .... **9. Bl. SPHINX.**

      basse que la région molle........................ **10. Bl. DORSALES INÉGALES.**

  au nombre de dix à douze..................... **11. Bl. CHEVELU.**

nul. Filaments sétacés sur le milieu de la tête

  plus ou moins nombreux........................ **12. Bl. MONTAGU.**

  nuls. Appendice à la narine

    nul.. **13. Bl. BASILIC.**

    palmé. Bord postérieur de l'orbite

      plus près de la dorsale que du bout du museau.............. **14. Bl. TRIGLOÏDE.**

      au milieu de la ligne qui s'étend du museau à la dorsale. ...... **15. Bl. PHOLIS.**

LE BLENNIE PAON — *BLENNIUS PAVO*, Riss.

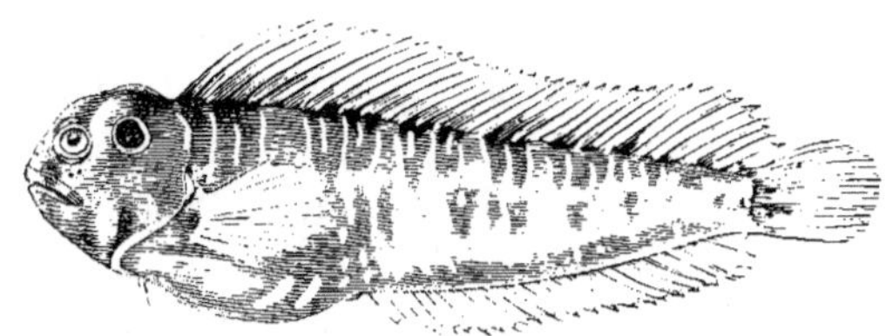

Fig. 95.

Syn. : DE LA COQUILLADE, *Galerita*, Rondel., liv. VI, c. XXI, p. 171.
DU PERCEPIERRE (c'est la femelle), Rondel., liv. VI, c. XXII, p. 172.
LE BLENNIE COQUILLADE, *Blennius galerita*, Lacép., t. VII, p. 328 ; Riss., *Ichth.*, p. 132, *Hist. nat.*, p. 235.
BLENNIE PAON, *Blennius pavo*, Riss., *Ichth.*, p. 133, *Hist. nat.*, p. 235 ; Cuv. et Valenc., t. XI, p. 238, pl. 323.
BLENNIUS PAVO, Günth., t. III, p. 221 ; Canestr., *Archiv. zoolog. anatom.*, 1862, t. II, p. 97, pl. 4, fig. 4. *Fn. Ital.*, p. 182.
ICHTHYOCORIS PAVO, CBp., *Cat.*, n° 625.

N. vulg. : Bigoùla ou Bigoùna, Cette ; Bavecca, Nice.
Long. : 0,09 à 0,11.

Certains caractères, que nous allons indiquer, distinguent les mâles adultes des femelles et des jeunes mâles ; ils les ont fait parfois considérer comme étant des espèces différentes.

Le corps est comprimé surtout après l'anus ; sa hauteur est comprise quatre fois et demie à cinq fois et demie dans la longueur totale.

La tête est aussi haute que longue, elle fait à peu près le cinquième de la longueur totale. Chez les mâles adultes, elle est surmontée d'une crête charnue, érectile, qui va de l'espace interorbitaire à la nuque, finit brusquement avant la dorsale, et, suivant les circonstances, présente une coloration plus ou moins brillante ; chez les jeunes mâles, chez les femelles cette crête est nulle ou à peine sensible. Le museau est court. Les dents sont au nombre de vingt-deux à trente à la mâchoire supérieure, de seize à vingt-deux à la mandibule ; la dernière dent est une canine, à la mâchoire inférieure elle est très-crochue, grande, beaucoup plus forte que celle de l'autre mâchoire. La longueur de la mâchoire supérieure est plus grande que l'espace préorbitaire, elle fait le tiers environ de la longueur de la tête.

Chez ce Blennie les yeux sont arrondis ; ils brillent d'un vif éclat. L'iris est doré. Le diamètre de l'œil est compris cinq fois dans la longueur de la tête, il est d'un tiers moins grand que l'espace préorbitaire, d'un tiers plus grand que l'espace interorbitaire. Le sourcil porte un tentacule très-petit, ne faisant pas même la moitié de la longueur du diamètre de l'œil. Le bord postérieur de l'orbite est un peu plus rapproché du bout du museau que du commencement de la dorsale.

La ligne latérale est peu marquée, elle est courte, elle finit avant les pectorales ; elle est constituée par une douzaine de pores.

La dorsale est régulière, d'un tiers moins haute que le corps ; elle commence au-dessus de l'opercule ; elle est séparée de la crête de la nuque par un intervalle très-court ; elle se prolonge jusque vers la caudale à laquelle elle est unie par la membrane, qui attache son dernier rayon sur le tronçon de la queue ; elle se compose de douze rayons épineux et de vingt et un ou vingt-deux rayons mous. L'anale est moins haute que la dorsale, elle a ordinairement vingt-quatre rayons. Ces deux nageoires sont d'une teinte verdâtre avec une bordure d'un brun violacé ; chez quelques mâles, l'anale est bordée de bleu. La caudale est arrondie ; elle est d'un vert plus ou moins foncé avec le contour rougeâtre chez les mâles. Les pectorales sont grandes, oblongues, d'un vert jaunâtre. Les ventrales, de moyenne grandeur, ne font guère que le dixième de la longueur totale ; leur rayon interne est divisé ; elles sont d'une teinte jaunâtre.

Br. 6. — D. 12/21 ou 22 ; A. 24 ou 25 ; C. 13 ; P. 14 ; V. 1/3.

Ces poissons, les mâles surtout, sont parés des couleurs les plus brillantes. Le plus généralement, la teinte de la région supérieure du corps est un jaune verdâtre traversé par six ou sept

larges bandes verticales d'un bleu très-foncé, qui descendent
de la base de la dorsale jusque sur le milieu des flancs ; souvent
des lignes d'un bleu lilas bordent ces bandes verticales, et même
les partagent en deux suivant le sens de la longueur. La partie
inférieure des flancs est d'un jaune verdâtre plus clair avec des
lignes ou des points d'un blanc lilas légèrement bleuâtre : ces
points se montrent aussi sur le dos dans les femelles et dans les
jeunes, plus rarement chez les mâles adultes. La tête présente
un système de coloration très-remarquable ; sur la tempe se
montre un grand ocelle ovale, noirâtre, cerclé de blanc-lilas
chez les femelles, de bleu chez les mâles ; de la crête partent
deux bandes assez larges d'un vert noirâtre, la bande postérieure
descend verticalement, elle passe plus ou moins sur l'ocelle et
se termine sur le bord de la membrane branchiostège : la bande
antérieure est toujours unie, sur la crête, à celle du côté opposé
et forme avec elle une espèce de V ouvert en avant et en bas,
elle descend vers l'œil, au niveau duquel elle est interrompue,
puis reprenant à partir du bord inférieur de l'orbite, elle va
rejoindre, sous la gorge, la bande du côté opposé ; en arrière de
cette bande, il y en a, sous la gorge, souvent une autre qui va
parfois se confondre avec la bande postérieure ; en avant de
l'œil, de chaque côté du museau, se voit encore une bande qui
descend de la région préorbitaire, passe sur les mâchoires et se
réunit en dessous à celle du côté opposé, avec laquelle elle
forme une espèce de mentonnière.

Chez les mâles adultes, la crête est d'un jaune plus ou moins
brillant dans l'intervalle des bandes. A la base ou plutôt un
peu en avant de la base de la pectorale se trouve une courte
bande verticale d'un bleu très-foncé ; en avant de l'insertion
des ventrales, il y a parfois encore une bande transversale assez
courte allant au niveau de la membrane branchiostège.

Habitat. Méditerranée, assez commun à Nice, Toulon, Marseille ; très-
commun à Cette, étang de Thau ; assez commun à Port-Vendres. Océan,
golfe de Gascogne, Arcachon, assez rare, parcs aux huîtres, Moulleau. Je ne
l'ai jamais vu au nord de l'embouchure de la Gironde. Il est cité, dans un

catalogue, ainsi que le Blennie cagnette, comme vivant dans la Manche !

Proportions : long. totale 0,109 ; tronc, haut. 0,020, épais. 0,0105.

Tête, long. 0,022, haut. 0,021. — OEil, diam. 0,0045, esp. préorbit. 0,007, esp. interorbit. 0,003.

LE BLENNIE PALMICORNE — *BLENNIUS PALMICORNIS*. C. V.

Syn. : De la Baveuse, Rondel., liv. VI, c. XXIII. p. 173.
Blennius sanguinolentus, Pallas, Nordm., *Fn. pont.*, p. 492. pl. 6. fig. 1 ; Günth., t. III. p. 218.
Le Blennie pholis. Blennius pholis, Riss., *Ichth.*, p. 134, *Hist. nat.*, p. 232.
Le Blennie palmicorne. Blennius palmicornis, Cuv. et Valenc., t. XI, p. 214, pl. 320.
Blennius palmicornis, CBp., *Cat.*, n° 614 : Canestr., *Arch. zool.*, t. II, p. 94, pl. 2, fig. 3, pl. 3. fig. 1, *Fn. Ital.*, p. 181.

N. vulg. : Bavecca, Nice ; Cabot, Basses-Pyrénées.
Long. : 0,12 à 0,15.

Chez ce Blennie, le corps est assez large, assez épais dans la partie antérieure, il est comprimé à partir de l'anus, il semble avoir des proportions assez variables. Suivant Cuvier et Valenciennes, la longueur totale fait près de cinq fois et demie la hauteur ; sur divers animaux, j'ai trouvé la hauteur comprise seulement quatre fois et quart à quatre fois et trois quarts dans la longueur totale.

La tête est aussi haute que longue, ou peu s'en faut, sa longueur est contenue environ cinq fois dans la longueur totale ; son profil supérieur présente une courbe allongée. La bouche est petite, elle est fendue à peine jusqu'au niveau du bord antérieur de l'orbite. Les mâchoires sont armées de trente-quatre à trente-huit dents ; à la mâchoire supérieure la canine manque, ou bien elle est peu distincte des autres dents, à la mandibule, au contraire, elle est crochue et fort apparente.

Les yeux sont arrondis, ils sont près du profil de la tête. L'iris est rougeâtre ou d'un jaune plus ou moins foncé. Le diamètre de l'œil est compris environ cinq fois dans la longueur de la tête, il fait la moitié de l'espace préorbitaire, il est deux fois plus grand que l'espace interorbitaire. Le tentacule du sourcil est une palmette à quatre ou cinq, quelquefois à six divisions, il est très-court, il n'a guère que la moitié de la longueur du diamètre de l'œil.

Une ligne latérale bien marquée forme une grande courbure au-dessus de la pectorale.

La dorsale est très-avancée, elle commence au-dessus de l'insertion des ventrales, elle est séparée du bord postérieur de l'orbite par une distance plus courte que l'espace préorbitaire ; elle est régulière, elle se continue, en gardant la même hauteur, jusqu'à la naissance de la caudale à laquelle elle est unie par une membrane ; elle est d'une teinte gris jaunâtre et souvent marquée d'une tache noire dans son premier espace intraradiaire. L'anale a, près de son bord libre, une bande brunâtre parfois peu distincte, la pointe des rayons est blanchâtre : le premier rayon de l'anale porte une excroissance charnue, qui peut s'élargir en forme de petite cupule, noirâtre à son pourtour et blanche dans sa partie concave. Les ventrales ne font que le dixième de la longueur totale. Toutes les nageoires sont tachetées de brun, en outre les pectorales et la caudale sont souvent parsemées de points rougeâtres ; sur des Blennies que j'ai rapportés de Guétary, les pectorales sont jaunâtres avec des taches d'un rouge tirant sur la rouille.

D. 12 ou 13/19 à 21 ; A. 22 à 24 ; C. 13 : P. 15 ; V. 2.

La coloration est très-variable, elle est olivâtre ou brunâtre avec des macules noirâtres.

Habitat. Méditerranée, assez commun à Nice pendant les mois d'avril et de mai ; assez rare, Cette, étang de Thau ; assez rare, Port-Vendres. Océan, golfe de Gascogne, assez commun à Guétary (Basses-Pyrénées), rare à Arcachon ; au-dessus de la Gironde très-rare. Ce Blennie ne se rencontre guère au nord de la Loire. Je l'ai vu seulement une fois sur nos côtes de la Manche, au Havre, en 1875.

Proportions : long. totale 0,150 ; tronc, haut. 0,033, épais. 0,019.

Tête : long. 0,032, haut. 0,032. — Œil, diam. 0,006, esp. préorbit. 0,012, esp. interorbit. 0,003.

Distance du bord postérieur de l'orbite à : museau 0,018 ; dorsale 0,009,

LE BLENNIE CAGNETTE — *BLENNIUS CAGNOTA*, Valenc.

Syn. : Blennie sujéfien. Blennius sujefianus, Riss., *Ichth.*, p. 131.
Salarias varus, Salarias du Var. Riss., *Hist. nat.*, p. 237.
Le Blennie cagnette. Blennius cagnota. Cuv. et Valenc., t. XI, p. 249 ; Blanchard,
Poissons des eaux douces de la France, p. 255.
La Blennie alpestre, Blennius alpestris, Blanch., p. 261.
Blennius cagnota, Heckel et Kner, p. 14.
Ichthyocoris varus. CBp., *Cat.*, n° 628, *Fn. ital.*, fig. .
Ichthyocoris cagnota, CBp., *Cat.*, n° 629.
Ichthyocoris anticolus, CBp., *Cat.*, n° 632. *Fn. ital.*, fig. mauv.
Blennius vulgaris. Günth., t. III, p. 217 ; Canestr., *Fn. ital.*, p. 28.
Blennius varus, Günth., t. III, p. 220.

N. vulg. : Chasseur, lac du Bourget ; Lièvre, Agde (Hérault) ; Bavecca,
Nice.
Long. : 0,10 à 0,12 et même 0,13.

Suivant la taille des animaux, les proportions présentent des
différences plus ou moins marquées : la longueur totale fait chez
les adultes cinq fois à cinq fois et demie la hauteur du tronc, et
six fois à six fois et demie chez les jeunes. Le corps, d'une sou-
plesse remarquable, est légèrement arrondi dans sa région antérieure ; à partir de l'anus il est comprimé et va diminuant
d'une façon régulière jusqu'au tronçon de la queue.

La tête est longue, elle mesure le quart ou les deux neuvièmes
de la longueur totale, elle a le profil antérieur arrondi et un peu
oblique. Chez les mâles adultes, ou du moins ayant une certaine
taille, elle porte une crête allongée, tranchante, qui commence
vers le niveau du tentacule orbitaire et se termine un peu en
avant de la dorsale. Cette crête fait, ou peu s'en manque, la moitié de la longueur de la tête ; elle n'est jamais aussi élevée que
dans le Blennie paon, elle reste même toujours assez basse ; dans
les femelles, dans les jeunes mâles, elle est nulle, pour ainsi
dire, ou peu visible. Le museau est assez gros, arrondi. La bouche est à peu près horizontale, elle est fendue jusqu'à l'aplomb
du bord antérieur de l'orbite. La mâchoire supérieure est bordée
d'une grosse lèvre charnue, elle paraît ainsi beaucoup plus large
et plus avancée que la mandibule, qui semble cachée quand la

bouche est fermée ; la lèvre inférieure forme un bourrelet assez mince. Les mâchoires portent une rangée d'incisives régulières, un peu aplaties. plus nombreuses à la mâchoire supérieure ; en arrière et de chaque côté. elles ont une canine forte. grande et crochue ; les canines de la mandibule sont toujours plus avancées que celles de la mâchoire supérieure. elles paraissent aussi généralement plus développées. Le nombre des incisives n'a rien de fixe : il varie à la mâchoire supérieure de seize à vingt-quatre et quelquefois il arrive à vingt-huit ; à la mandibule. il y en a de quatorze à dix-huit, rarement vingt-deux.

L'iris est légèrement rougeâtre ou plutôt d'un jaune doré. Le diamètre longitudinal de l'œil est compris quatre fois à quatre fois et deux tiers dans la longueur de la tête. il est d'un tiers plus petit que l'espace préorbitaire, et d'un tiers plus grand que l'espace interorbitaire qui est à peu près égal au diamètre vertical. Le tentacule du sourcil est placé en arrière du diamètre vertical de l'œil ; il est de teinte noirâtre. très-court. beaucoup moins long que le diamètre de l'œil ; il est composé de trois ou quatre petits filaments qui paraissent ne former qu'un seul brin. une espèce de corne, quand le poisson n'est pas dans l'eau ou dans un liquide quelconque. Des pores d'un blanc jaunâtre. assez larges. au nombre de cinq ou six. sont disposés à égale distance les uns des autres sur une ligne demi-circulaire qui. partant du tentacule, suit le bord postérieur de l'orbite et se termine en bas à l'aplomb du diamètre vertical de l'œil.

Quant aux orifices des narines. ils sont étroits, arrondis ; l'orifice postérieur est très-rapproché de l'orbite ; l'orifice antérieur, qui en est assez éloigné, est légèrement tubuleux, il est pourvu d'un appendice tentaculaire de longueur variable.

L'opercule fait en arrière un angle assez prononcé, qui va jusqu'à la partie supérieure de la base de la pectorale. Une ligne de pores monte le long du bord postérieur du préopercule, passe un peu au-dessus de la fente branchiale et vient se terminer à l'origine de la ligne latérale.

La ligne latérale est bien marquée, en avant surtout ; elle des-

sine une courbe allongée, qui commence au-dessus de la pectorale, puis, arrivée à l'aplomb du huitième rayon épineux de la
dorsale, elle descend obliquement, se rapproche un peu du profil inférieur du corps et reste droite jusqu'à sa terminaison.

Au-dessus de l'angle de l'opercule commence la dorsale, qui
est séparée de la crête de la tête par une légère dépression ; elle
est un peu plus éloignée que le bout du museau du bord postérieur de l'orbite ; elle est légèrement échancrée, sa portion épineuse, qui est en arrière un peu moins élevée que sa portion
molle, fait environ la moitié de la hauteur du corps. La nageoire
se termine par une membrane qui tantôt finit sur le tronçon de
la queue, tantôt gagne la base de la caudale ; elle compte douze
rayons épineux et dix-sept à vingt rayons mous. Elle est d'une
teinte jaunâtre avec de petites taches brunes ; d'autres taches
plus larges sont disposées en séries à la base de la nageoire ; la
pointe des rayons mous est d'un blanc rosé. L'anale est souvent
précédée de deux fraises développées ; elle commence un peu en
avant de la moitié de la longueur totale, mais après la fin de la
pectorale ; elle se termine par une membrane qui ne va pas
aussi loin, sur le tronçon de la queue, que la membrane de la
dorsale ; elle est à peine moins haute que la portion épineuse de
l'épiptère ; elle est formée le plus souvent de dix-huit rayons,
elle en a rarement dix-neuf ou vingt ; elle est jaunâtre avec une
bordure d'un brun assez foncé ; la pointe des rayons est blanchâtre. La caudale est coupée à peu près carrément, avec les angles arrondis ; sa longueur est comprise cinq fois et demie dans
la longueur totale ; cette nageoire a douze à quatorze grands
rayons, plus un petit en dessus et en dessous ; elle est d'un jaune
souvent teinté de rose chez les mâles, elle est jaunâtre, dans les
jeunes, avec des taches brunes sur les rayons. La pectorale mesure près du cinquième de la longueur totale, elle a quatorze
rayons ; les huitième et neuvième rayons qui paraissent ordinairement les plus allongés, n'arrivent pas à l'aplomb du commencement de l'anale ; la pectorale est jaunâtre et sa base est le
plus souvent marquée d'une tache brun foncé. La ventrale fait

le sixième de la longueur totale, elle a trois rayons plus ou moins
distincts ; elle est jaunâtre ou d'un vert tirant sur le jaune.

D. 12,17 à 20; A. 18 à 20; C. 12 à 14; P. 14; V. 4.

La teinte est le plus souvent d'un jaune verdâtre ou plus ou
moins pointillé de brun ; le dos porte une série de cinq ou six
taches brunes assez grandes, plus ou moins carrées ; ces taches
gagnent la base de la dorsale ; des lignes brunâtres descendent
ordinairement de la région dorsale jusqu'au milieu des flancs,
parfois elles sont peu distinctes et sont remplacées par des nuages
brunâtres. Le ventre est jaunâtre, la gorge, d'un jaune assez
clair. La coloration de la tête n'offre pas moins de variétés que
celle du corps ; la nuque ou plutôt la région occipitale est d'un
gris brunâtre et le reste de la tête d'un jaune plus ou moins
obscurci par un pointillé noirâtre ; les points sont plus larges sur
la nuque, l'espace interorbitaire et le pourtour de l'orbite, ils
sont beaucoup plus fins et plus serrés sur les joues, un peu
plus écartés sur les pièces operculaires. Il y a ordinairement
sur les joues deux bandes foncées, obliques, dirigées d'arrière en
avant et de bas en haut.

Habitat. Le Blennie cagnette est le seul de nos Blennies qui se tienne
dans les eaux douces ; il n'est pas très-commun, cependant il se trouve dans
la plupart de nos départements du Midi, à partir du Tarn-et-Garonne jusqu'aux Alpes-Maritimes. Il a été pris, à la Magistère, dans la Garonne. Il se
pêche dans le Tarn, dans le canal du Midi, à Agde, où il est appelé *Lièvre*.
Le département de l'Hérault le nourrit encore dans la petite rivière du Lez.
Ce Blennie vit aux environs de Toulon ; Risso qui l'a décrit d'abord sous le
nom de *Blennie sujéfien*, lui a donné plus tard celui de *Salarias du Var*, pour
indiquer son habitat dans les eaux de ce fleuve. En Savoie, aux environs
d'Aix, il est appelé *Chasseur*: il est commun dans les ruisseaux ou les petites
rivières qui se jettent dans le lac du Bourget, Leisse, Tillet, Sierroz. Je
l'ai fait prendre dans le Sierroz, près de l'embarcadère des bateaux à va-
peur. Les pêcheurs du Bourget le recherchent pour amorcer leurs hameçons.

Proportions : long. totale 0,10 ; tronc, haut. 0,018, épais. 0,010.

Tête, long. 0,022, haut. 0,019. — Œil, diam. 0,0045, esp. préorbit. 0,007,
esp. interorbit. 0,003.

Distance du bord postérieur de l'orbite à : museau 0,011 ; dorsale 0,012.

Günther, à l'exemple de C. Bonaparte, fait deux espèces du *Blennius vul-*

garis et du *Blennius varus*, suivant que la dorsale est ou n'est pas unie à la caudale. Ce prétendu caractère différentiel n'a aucune importance ; la membrane qui termine la dorsale, est plus ou moins développée, tantôt elle s'étend jusqu'à la caudale, tantôt elle s'arrête avant d'atteindre la base de cette nageoire. Il n'y a rien de spécifique dans le mode de terminaison de la dorsale, j'ai pu facilement le reconnaître sur des Cagnettes pêchées dans le même endroit.

Günther suppose que le *Blennius vulgaris* de Pellini et le *Blennius cagnota* de Valenciennes vivent l'un dans les eaux douces, l'autre dans les eaux saumâtres ; mais Valenciennes dit que le Blennie cagnette « se tient dans les eaux douces du Var et de ses affluents. » Günther croit encore que le *Blennius varus*, le Salarias du Var de Risso, est un poisson de mer ; la dénomination spécifique de ce poisson, tirée précisément de l'habitat, aurait dû empêcher l'auteur que nous venons de citer, de commettre une semblable méprise. « C'est, dit Risso, dans les divers canaux qui prennent naissance dans notre rivière du Var que cette espèce se propage. » (Risso, *Hist. nat.*, p. 238.)

LE BLENNIE DE ROUX — *BLENNIUS ROUXI*, Cocco.

Syn. : Blennius Rouxi, CBp., *Cat.*, n° 624, *Fn. ital.*, fig. ; Doûmet, *Cat. Poissons de Cette* ; Günth., t. III, p. 217 ; Canestr., *Fn. Ital.*, p. 181.

Long. : 0,05 à 0,06.

Le corps est très-comprimé ; sa hauteur est contenue cinq fois et demie dans la longueur totale.

La tête est comprimée ; son profil antérieur est légèrement courbe ; sa longueur fait le cinquième de la longueur totale. Le museau est court, la bouche étroite ; les lèvres sont charnues ; les dents sont grêles, excepté les canines qui sont crochues et beaucoup plus fortes à la mandibule qu'à la mâchoire supérieure.

L'iris est argenté ; le diamètre de l'œil mesure le quart de la longueur de la tête, il fait plus du double de l'espace interorbitaire. Le tentacule du sourcil est légèrement palmé, il est court, moins grand que le diamètre de l'œil ; le tentacule de la narine est plus long et plus grêle.

En avant on peut voir la ligne latérale, qui disparaît après la pectorale.

La dorsale est égale, elle est élevée, elle fait plus de la moitié de la hauteur du corps ; elle commence avant la fin de l'oper-

cule ; elle est libre en arrière, sa membrane ne s'attache pas sur la
base de la caudale ; elle a environ trente-quatre rayons. L'anale
commence sous le tiers postérieur des pectorales ou peut-être un
peu avant. La caudale est arrondie. Les pectorales sont triangulaires, aiguës. Les ventrales, relativement très-longues, vont
jusqu'à l'anus.

D. 13, 21 ; A. 26 ; V. 2.

Sur le frais, d'après C. Bonaparte, le corps est transparent
comme l'ambre ; il est pointillé de noir sur le dos : le ventre est
argenté ; une bande châtain foncé va de l'œil à la queue et sépare nettement les deux teintes du corps qui paraît tricolore.
Cette bande persiste avec sa coloration foncée sur les animaux
préparés ou conservés dans l'alcool.

Habitat. Méditerranée, rare. Cette. J'ai vu plusieurs Blennies de Roux
dans le beau musée de M. Doûmet-Adanson, qui le premier a signalé cette
espèce sur nos côtes.

LE BLENNIE GATTORUGINE — *BLENNIUS GATTORUGINE.*

Syn. : GATTORUGINE, Willugh., p. 132, pl. H. 2, fig. 2.
BLENNIUS GATTORUGINE, Brunnichii *Ichthyologia Massiliensis*, p. 27 ; CBp., *Cat.*,
n° 611 ; Günth., t. III, p. 212 ; Canestr., *Arch. zool.*, 1862, t. II, p. 90, pl. 2, fig. 1, *Fn.
Ital.*, p. 180.
LE BLENNIE GATTORUGINE, Blennius gattorugine, Lacép., t. VII, p. 320 ; Riss., *Ichth.*,
p. 127, *Hist. nat.*, p. 530 ; Cuv. et Valenc., t. XI, p. 200 ; Guichen., *Explor. Algérie*,
p. 69.
THE GATTORUGINOUS BLENNY, Yarr., t. II, p. 362.
GATTORUGINE, Couch, t. II, p. 219.

N. vulg. : Cabot à Cherbourg, Jouan ; Cabos, Biarritz, Guétary.
Long. : 0,15 à 0,20.

Ce Blennie atteint relativement une grande taille. Le corps
est plus développé dans sa région antérieure ; à partir de l'anale
il est plus comprimé, moins haut, il diminue d'une façon régulière jusqu'à la base de la caudale. L'épaisseur du tronc fait la
moitié de la hauteur, qui est comprise quatre fois à quatre fois
et un tiers dans la longueur totale.

La tête est comprimée, un peu moins haute que longue, sa longueur est contenue quatre fois et demie dans la longueur totale ; son profil supérieur est arrondi, la courbe est interrompue, en arrière des tentacules, par une échancrure transversale assez profonde. La crête de la nuque est bien prononcée. Le museau est assez court, épais, arrondi. La bouche est horizontale, grande, elle est fendue au moins jusqu'à l'aplomb du bord antérieur de l'orbite ; la lèvre supérieure est développée ; la mâchoire supérieure est à peine moins longue que l'espace préorbitaire, elle est munie, ainsi que la mandibule, d'une rangée de dents à bord égal, serrées les unes contre les autres et diminuant d'une façon régulière d'avant en arrière ; le nombre des dents est de trente-six à quarante ; il n'y a pas de véritables canines, seulement la mâchoire inférieure porte en arrière parfois une ou deux dents qui sont séparées des autres et légèrement crochues.

Vers le profil supérieur se montrent de grands yeux arrondis. L'iris est bleuâtre. Le diamètre de l'œil fait près du quart de la longueur de la tête, il est d'un tiers moins grand que l'espace préorbitaire et d'un tiers plus long que l'espace interorbitaire, qui est remarquable par sa forte dépression. Les sourcils sont élevés surtout en arrière, ils sont séparés l'un de l'autre par un sillon, qui semble se bifurquer postérieurement pour former l'échancrure transversale que nous avons signalée. C'est dans l'espèce d'angle limité par le sillon intraorbitaire et l'échancrure postorbitaire que s'élève le tentacule du sourcil, il est placé en arrière du diamètre vertical de l'œil. Le tentacule est plus long que le diamètre de l'œil ; il se partage dès la base en ramifications qui généralement se divisent elles-mêmes en filets plus ou moins nombreux ; il est d'une teinte ordinairement foncée, noirâtre ou grisâtre.

L'orifice postérieur des narines est arrondi, l'orifice antérieur est pourvu d'un tentacule, qui fait près du tiers de la longueur du tentacule orbitaire et qui est légèrement frangé à son extrémité.

Une membrane assez large borde l'opercule et forme en arrière un angle assez prononcé.

La dorsale est très-avancée, elle commence sur la nuque au-dessus du bord postérieur du préopercule ; la distance qui sépare son premier rayon du bord postérieur de l'orbite, est moins grande que la distance comprise entre ce même bord et l'extrémité du museau, elle est, on peut dire, égale à l'espace préorbitaire. La dorsale se termine par une membrane qui l'unit à la base de la caudale ; elle est plus haute en arrière, et mesure la moitié ou un peu plus de la hauteur du corps : la partie épineuse est séparée de la partie molle par une échancrure plus ou moins prononcée, parfois peu sensible. Cette nageoire a douze ou treize, rarement quatorze rayons épineux et dix-sept à vingt rayons articulés. Elle est de coloration très-variable, différente surtout suivant les localités où vivent les Blennies ; dans les Gattorugines de Nice et de la Méditerranée en général, la nageoire est d'un gris foncé jaunâtre avec cinq ou six larges bandes verticales brunâtres, la pointe des rayons est blanchâtre : dans les Gattorugines de nos côtes de l'Ouest, la dorsale est d'une teinte grise ou brun jaunâtre tirant sur le roux ; elle porte sur les troisième et quatrième rayons et sur l'espace intraradiaire une tache noirâtre, quelquefois d'un bleu foncé entouré de gris ordinairement. L'anale commence après la fin des pectorales et finit avant la dorsale ; elle est à peu près aussi haute que la portion épineuse de la dorsale ; elle compte vingt et un, parfois vingt-deux rayons ; elle est d'un gris jaunâtre avec des macules brunâtres, dans les Blennies de la Méditerranée, elle est bordée d'un fin liséré noirâtre qui fait ressortir la teinte blanche de l'extrémité libre des rayons ; dans les Blennies de l'Océan, la coloration est d'un gris roussâtre uniforme, la pointe des rayons est blanche. La caudale fait un peu plus du sixième de la longueur totale ; elle est tantôt grisâtre avec des taches noires, tantôt d'une teinte uniforme, ainsi que les pectorales et les ventrales ; il y a souvent sur la base des longs rayons de la pectorale une tache d'un noir plus ou moins foncé ; parfois le tiers postérieur de la pectorale est d'un roux plus ou moins clair.

D. 12 à 14/17 à 20 ; A. 21 ou 22 ; V. 1/2.

Quant au système de coloration il est très-variable ; le dos est d'un gris brun tirant sur le roux semé de petites taches d'un violet foncé presque noir, avec des bandes noires verticales, qui se prolongent sur la dorsale : quelquefois une bande brunâtre assez large, plus ou moins continue, va de la pectorale à la caudale ; cette bande est formée par la réunion des angles des bandes transversales qui s'étendent sur le dos et sur le ventre. Le ventre est gris roussâtre avec des plaques ou des bandes noires plus ou moins larges, plus ou moins limitées, alternant avec les bandes supérieures. La tête porte en dessus des taches ou des bandes brunes ; sous le menton et sous la gorge se montrent deux bandes d'un brun foncé. La teinte générale est parfois uniforme, d'un brun tirant sur le roux, c'est le système de coloration que j'ai remarqué chez les grands individus.

Habitat. Ce Blennie se trouve sur toutes nos côtes. Méditerranée, assez commun, Nice, Marseille, Cette. Océan assez rare, la Rochelle. Manche, rare, Granville, Cherbourg.

Proportions : long. totale 0,171 ; tronc, haut. 0,040, épais. 0,019.

Tête, long. 0.039, haut. 0,035. — Œil, diam. 0.009, esp. préorbit. 0,014, esp. interorbit. 0,005.

Distance du bord postérieur de l'orbite à : museau 0,021 ; dorsale 0,013.

LE BLENNIE ROUGE — *BLENNIUS RUBER*, Valenc.

Syn. : Le Blennie rouge, Blennius ruber, Cuv. et Valenc., t. XI, p. 211.
(?) Blennius ruber, CBp., *Cat.*, n° 612.

De Lapylaie a décrit et figuré un Blennie qui a beaucoup de rapports avec le Blennie gattorugine. Valenciennes a pensé qu'il faut peut-être regarder ce poisson, pêché à Ouessant, comme une espèce nouvelle, toutefois à la fin de la description qu'il en a donnée, il a formulé ce doute ? « Ne serait-ce point un Blennie gattorugine dans quelque état passager, peut-être dans la saison de l'amour ? » Il y a toute raison de le croire.

Long. : 0,16.

Les proportions du corps et de la tête sont les mêmes que dans le Gattorugine. Ce Blennie « est parfaitement semblable au Gattorugine par les formes, » mais il « semble en différer, parce que son tentacule sourcilier paraît plus court, et que, dans

certaines circonstances du moins, il prend une teinte générale
d'un rouge vif. » (VALENC.)

D. 13/20 ; A. 22 ; C. 11 ; P. 14 ; V. 2.

« Les rayons des nageoires sont, comme le corps, d'un rouge
de feu ou de sang, et il y a dans leurs intervalles des lignes obliques blanches. » (VALENC.)

Habitat. Océan, Ouessant. Manche, Granville. A propos du Gattorugine,
Jouan écrit : « J'ai remarqué les tentacules de couleur rougeâtre, au mois
de juillet et au mois de novembre. » (JOUAN, *Cat. Poiss.*, Cherbourg.)

LE BLENNIE TENTACULAIRE
BLENNIUS TENTACULARIS, Brunn.

Syn. : BLENNIUS TENTACULARIS. Brunn., *Ichth. Mass.*, p. 26 ; CBp., *Cat.*, n° 613 ;
Günth., t. III, p. 215 ; Canestr., *Arch. zool.*, t. II, p. 96, pl. 4, fig. 6, *Fn. Ital.*,
p. 180.
Le BLENNIE TENTACULÉ. Blennius tentaculatus, Lacép., t. VII, p. 326 ; *Bl. tentacu-
laris*, Riss., *Ichth.*, p. 130., *Hist. nat.*, p. 230.
BLENNIE CORNU. Blennius cornutus. Riss., *Ichth.*, p. 128.
BLENNIE BRÉA. Blennius Brea. Riss., *Ichth.*, p. 129. *Hist. nat.*, p. 233.
BLENNIUS PUNCTULATUS. Blennie ponctué. Riss., *Hist. nat.*, p. 231.
Le BLENNIE TENTACULAIRE. Blennius tentacularis, Cuv. et Valenc., t. XI, p. 212.
pl. 319 ; Guichen., *Expl. Algér.*, p. 69.

N. vulg. : Baveca, Bavoua. Nice.
Long. : 0,10 à 0,12 et même 0,15 d'après Risso.

Dans son Ichthyologie de Marseille, Brünnich a parfaitement
décrit cette espèce qui présente beaucoup de rapports avec le
Gattorugine, mais s'en distingue par la dentition et par quelques
autres caractères.

En avant le corps est assez épais, il est comprimé en arrière.
L'épaisseur du tronc fait la moitié de la hauteur, qui est comprise cinq fois environ dans la longueur totale.

La tête a le profil arrondi, sa longueur mesure à peu près le
cinquième de la longueur totale. Le museau est arrondi; la bouche, assez grande, est fendue jusqu'au-dessous de l'œil; la mâchoire supérieure est aussi longue, on peut dire, que l'espace

préorbitaire. Le nombre de dents, à chaque mâchoire, varie de vingt-six à trente ; à la fin de la rangée se montre une canine crochue, beaucoup plus grande que les autres dents ; la canine de la mâchoire supérieure est aussi forte et parfois même plus forte que celle de la mandibule. La mâchoire inférieure a souvent deux ou quatre dents de moins que l'autre mâchoire.

Parfois l'iris, qui est argenté, montre un pointillé rouge, d'après Brünnich. Le diamètre de l'œil est compris quatre fois et quart à cinq fois dans la longueur de la tête ; il paraît relativement plus grand chez les femelles ; il est plus court que l'espace préorbitaire, mais il est d'un quart ou de moitié plus grand que l'espace interorbitaire. Le sourcil porte, un peu en avant du diamètre vertical de l'œil, un tentacule allongé ; quand ce tentacule est rabattu transversalement sur la joue, il cache la moitié antérieure de l'œil, et laisse une partie de la pupille visible en arrière ; c'est une disposition tout à fait différente de celle qui se rencontre chez le Blennie gattorugine. Le tentacule est toujours beaucoup plus grand que le diamètre de l'œil ; mais sa longueur est très-variable ; dans les mâles adultes, il est plus long que la distance qui le sépare du bout du museau, il est parfois égal, ou peu s'en faut, à la longueur de la tête ; dans les jeunes et dans les femelles, il est plus grand que l'espace préorbitaire. Il est dentelé, mais il ne présente pas ordinairement les divisions secondaires si nombreuses qui se remarquent sur le tentacule du Blennie gattorugine ; quand ces divisions existent, elles ne se montrent que d'un seul côté et consistent seulement alors en filaments grêles et courts, qui ne se partagent pas en filets nouveaux.

A l'orifice antérieur de la narine se voit un tentacule plus développé que celui du Gattorugine, il est généralement plus grand que le diamètre de l'œil.

Il n'y a pas de ligne latérale nettement marquée ; elle est parfois visible au-dessus de la pectorale.

La dorsale est régulière, elle garde la même hauteur à peu près dans toute sa longueur ; elle s'étend de la nuque au tronçon

de la queue sur lequel elle s'attache par une petite membrane,
qui le plus ordinairement finit avant la base de la caudale, mais
qui parfois la dépasse, et se prolonge sur les rayons supérieurs
de la nageoire. La dorsale a douze à quatorze rayons épineux
et dix-neuf à vingt et un rayons mous : elle est grisâtre, tachetée
de jaunâtre, elle est marquée d'une tache noire dans le premier
espace intraradiaire, quelquefois cette tache s'étend jusqu'au
quatrième aiguillon. Le bord postérieur de l'orbite est à la
même distance du commencement de la dorsale que du bout du
museau. L'anale est moins haute que la dorsale, sa hauteur ne
fait pas la moitié de la hauteur du corps ; elle commence en
arrière de l'extrémité des pectorales ; elle compte vingt-trois à
vingt-cinq rayons ; elle est grisâtre, rayée de blanc et de brunâtre, parfois elle est d'une teinte uniforme brun assez clair,
avec la pointe des rayons blanchâtre. La caudale est assez
longue, surtout dans les mâles, chez lesquels sa longueur égale
presque la hauteur du tronc ; elle est de teinte brunâtre. Les
pectorales finissent avant l'origine de l'anale. Les ventrales
sont grêles, effilées. Les nageoires paires sont d'une teinte brunâtre.

D. 12 à 14/19 à 21 ; A. 23 à 25 ; C. 11 ; P. 14 ; V. 2.

Le système de coloration est variable. Le plus souvent la
teinte générale est d'un gris roussâtre tiqueté de noir avec sept
ou huit grandes taches brunâtres, qui s'étendent plus ou moins
du dos vers les flancs ; parfois ces grandes taches paraissent
manquer, et le dos, les côtés ne portent que de larges points ou
plutôt de petites macules ovales d'un brun foncé. Le dessous de
la gorge est d'un brun rougeâtre assez clair. La tête est d'un
brun tirant sur le roux avec des taches brunes plus ou moins
nombreuses.

Habitat. Méditerranée, assez commun, Nice, Marseille.
Proportions : long. totale 0,10 ; tronc, haut. 0,019, épais. 0,010.
Tête, long. 0,021, haut. 0,017. — Œil, diam. 0,004, esp. préorbit. 0,007,
esp. interorbit. 0,003.
Distance du bord postérieur de l'orbite à : museau 0,011 ; dorsale 0,011.

LE BLENNIE GRAPHIQUE — *BLENNIUS GRAPHICUS*. Riss.

Syn. : Blennius graphicus, Blennie graphique, Riss., *Hist. nat.*, p. 234, fig. 44;
Günth., t. III, p. 221.

Est-ce bien une espèce parfaitement déterminée? Il est permis de supposer
que c'est plutôt une simple variété du Blennie tentaculaire. Nous allons
indiquer, d'après Risso, les principaux caractères du Graphique.
Long. : 0,07.

Le corps est comprimé; « la tête est presque arrondie... la
bouche étroite, garnie de petites dents; les latérales droites,
épaisses. »

« L'œil rond, muni en dessus d'un long tentacule subulé,
ayant chacun deux appendices à leur base. »

« La ligne latérale droite ne s'étend que jusqu'aux nageoires
pectorales, disparaît ensuite. »

La dorsale est régulière, elle est libre en arrière; sur la figure
donnée par Risso, la ventrale a trois rayons, le rayon médian
est plus allongé que les autres.

Br. 5. — D. 38; A. 26; C. 10; P. 15; V. 2. (Riss.).

Le système de coloration est « d'un jaune rougeâtre, finement
pointillé de brun, agréablement varié de petits traits d'un bleu
d'azur, qui s'étendent en groupe jusqu'à la queue;... les opercules bariolées de petites ondulations d'un bleu céleste;... les
nageoires sont variées de vert, de jaune et de verdâtre. »

Habitat. Méditerranée, Nice, très-rare. J'ai rapporté de Nice un Blennie
qui a quelque ressemblance avec le Graphique de Risso; mais une tache
plus ou moins effacée à la partie antérieure de la dorsale et d'autres caractères me font regarder ce poisson comme une simple variété du Tentaculaire.

LE BLENNIE PAPILLON — *BLENNIUS OCELLARIS*, Linn.

Syn. : Blennius vel cæpola, Bell., p. 220-221.
De Lièvre marin du vulgaire, Rondel., liv. VI, c. xx, p. 170.
De Blenno, Salvian., p. 218, fig. 84.
Blennus Salviani, Willugh., p. 131, pl. II. 3, fig. 2.

Blennius ocellaris. Lin., p. 442, sp. 4 ; Bloch, pl. 167, fig. 1 ; CBp., *Cat.*, n° 616 ; Günth., t. III, p. 222 ; Canestr., *Arch. zool.*, t. II, p. 87, pl. 2, fig. 2, *Fn. Ital.*, p. 183.

Le Blennie lièvre, Blennius ocellaris, Lacép., t. VII, p. 314 ; Riss., *Ichth.*, p. 125, *Hist. nat.*, p. 229.

Le Blennie papillon, Blennius ocellaris, Cuv. et Valenc., t. XI, p. 220 ; *Règ. anim. ill.*, pl. 77, fig. 1.

The Ocellated Blenny or Butterfly fish, Yarr., t. II, p. 359.

Butterfly Blenny, Couch, t. II, p. 224.

N. vulg. : Bavecca, Nice ; Baveuse, Marseille ; Lébra, Diablé, Bigoula, Cette.

Long. : 0,15 à 0,18.

Ce Blennie est relativement de grande taille. La hauteur du tronc qui fait le double de l'épaisseur est contenue quatre fois et demie à cinq fois et quart dans la longueur totale.

La tête est forte ; sa longueur, qui est à peine plus grande que sa hauteur, est comprise quatre fois à quatre fois et demie dans la longueur totale. Le museau est court et le profil antérieur de la tête varie dans sa forme, il est tantôt un peu oblique et légèrement arrondi, tantôt il est complétement vertical, surtout chez les vieux mâles. La fente de la bouche se prolonge à peu près jusque sous le diamètre vertical de l'œil. Les mâchoires sont garnies de dents assez longues, serrées, grêles, à pointe légèrement arrondie ; à la fin de la rangée se montre une canine longue, forte, crochue, ordinairement plus développée à la mandibule qu'à la mâchoire supérieure ; parfois il y a deux canines d'un côté à la mâchoire inférieure, le plus souvent du côté droit. Le nombre de dents varie à chacune des mâchoires de trente à trente-six, rarement il est plus élevé.

L'iris est d'un blanc jaunâtre. Le diamètre de l'œil est compris trois fois et demie à quatre fois dans la longueur de la tête, il est un peu moins grand que l'espace préorbitaire. L'espace interorbitaire est assez étroit, il est concave. Le tentacule, inséré un peu en avant du diamètre vertical de l'œil, est de longueur très-variable ; généralement il est plus grand que le diamètre longitudinal de l'œil, il fait le tiers, et plus, de la longueur de la tête, parfois dans les jeunes et dans les femelles, il est à peine égal au diamètre vertical de l'œil ; il porte sur le bord postérieur quelques franges ou seulement de courtes dentelures.

Vers la réunion du bord antérieur au bord supérieur de l'orbite se trouve l'orifice postérieur de la narine, il est arrondi, très-étroit, difficile à voir; l'orifice antérieur est muni d'un petit tentacule qui paraît quelquefois manquer.

L'ouverture branchiale est moins fendue que dans la plupart des autres Blennies; l'isthme du gosier est large, il fait la moitié de la longueur de la fente branchiale. Il y a six rayons branchiostèges.

La ligne latérale est nulle ou peu visible.

Il est facile de reconnaître immédiatement le Blennie papillon à la forme particulière de sa dorsale. La nageoire présente une échancrure très-profonde à la réunion des rayons épineux et des rayons mous; la partie antérieure est très-élevée. Le premier rayon surtout est très-développé, sa longueur fait souvent plus du tiers de la longueur totale, il dépasse de beaucoup le rayon suivant, il reste libre dans une partie de sa hauteur et se termine en filament isolé d'un jaune noirâtre; chez quelques sujets, il ne fait que le quart de la longueur totale; le deuxième rayon est un peu plus haut que le corps, le dernier rayon épineux fait le quart ou un peu plus de la longueur du premier. La dorsale se relève en arrière, elle a son premier rayon mou d'un tiers ou de moitié plus haut que le dernier aiguillon, elle conserve à peu près la même hauteur jusqu'à sa terminaison; elle est attachée sur le tronçon de la queue par une membrane qui se prolonge jusque vers la base de la caudale. Elle compte onze ou douze rayons épineux et quatorze à seize rayons mous. Elle est très-avancée, elle commence au-dessus du préopercule; le bord postérieur de l'orbite est beaucoup plus rapproché de la dorsale que du bout du museau. La nageoire est d'un fond jaune gris très-pâle avec une teinte d'un brun assez clair et des taches d'un brun plus foncé; les rayons sont jaunâtres; sur le sixième et le septième rayon épineux se dessine une tache ovale noirâtre ou noir bleuâtre entouré de blanc, cette espèce d'ocelle occupe

la partie supérieure des rayons, mais n'atteint pas le bord de la
nageoire. L'anale commence au-dessous du premier rayon mou
de la dorsale et se termine au même niveau que cette nageoire,
ou à peine plus en arrière : elle a dix-huit rayons ; elle est d'un
jaune pâle près de son insertion, brunâtre dans le reste de son
étendue, souvent la pointe des rayons est blanchâtre. La caudale
mesure à peu près le sixième de la longueur totale ; elle est
d'un gris noirâtre ; ses rayons sont tantôt d'un gris jaunâtre,
tantôt jaunes avec quatre ou cinq rangées de points noirs. Les
pectorales sont larges ; elles sont aussi longues que la tête ; elles
ne vont pas tout à fait jusqu'à l'anale ; elles comptent douze
rayons d'un gris brunâtre. Les ventrales sont brunâtres ; elles
ont un rayon épineux et deux rayons mous.

D. 11 ou 12, 14 à 16 ; A. 18 ; C. 11 à 13 ; P. 12 ; V. 1/2.

Dans ce Blennie la coloration est très-variable ; elle est d'un
gris cendré ou verdâtre, roussâtre, jaunâtre, avec quatre, cinq,
parfois six bandes brunâtres, qui de la région dorsale descendent
vers les côtés ; ces bandes sont en général peu dessinées chez
les grands individus, et le corps est marqué de taches noires disposées plus ou moins régulièrement ; le ventre est d'un gris
jaunâtre. La tête est d'un brun jaunâtre avec des points et de
très-petites bandes d'une teinte plus foncée ; elle porte, en
arrière des yeux, une espèce de V d'un blanc jaunâtre qui se
dirige obliquement de haut en bas et d'avant en arrière.

Habitat. — Méditerranée, commun, Nice, Toulon ; très-commun, Cette,
étang de Thau. Océan, excessivement rare. Manche, le Havre (Lennier).
Proportions : long. totale 0,16 ; tronc, haut. 0,035, épais. 0,017.
Tête, long. 0,040, haut. 0,037. — Œil, diam. 0.010, esp. préorbit. 0,012,
esp. interorbit. 0,006.
Distance du bord postérieur de l'orbite à : museau 0,022 ; dorsale 0,014.

LE BLENNIE TÊTE ROUGE
BLENNIUS ERYTHROCEPHALUS, Riss.

Syn. : Blennius erithrocephalus, Blennie tête rouge, Riss., *Hist. nat.*, p. 236,
fig. 42.

Blennius erythrocephalus, Günth., t. III, p. 215 ; Canestr., *Fn. Ital.*, p. 181.
Le Blennie rouge cap, Blennius rubriceps, Cuv. et Valenc., t. XI, p. 248.
Ichthyocoris rubriceps, CBp., *Cat.*, n° 627.

N. vulg. : Bavecca, Nice.
Long. : 0,08 à 0,10.

Risso, le premier, a décrit cette espèce qui, par l'ensemble des formes du corps, présente beaucoup de rapports avec le Blennie paon. La hauteur du corps est contenue trois fois trois quarts à quatre fois et demie dans la longueur totale.

La tête est d'un quart environ plus haute que longue, sa longueur est comprise cinq fois à cinq fois et quart dans la longueur totale. Elle porte chez les mâles une crête un peu moins élevée que dans le Blennie paon. Valenciennes indique à la mâchoire supérieure vingt-six dents et vingt à la mandibule, en outre chaque mâchoire montre, à la suite des dents ordinaires, une canine assez développée.

Chez un mâle d'assez grande taille, le diamètre de l'œil fait au moins le quart de la longueur de la tête, il est près de moitié moindre que l'espace préorbitaire. L'œil est arrondi, de teinte bleuâtre suivant Risso. Le sourcil porte un petit tentacule non divisé.

La ligne latérale est peu visible.

Au-dessus du milieu de l'opercule commence la dorsale, qui montre une forme des plus caractéristiques ; ses deux ou trois et parfois ses quatre rayons antérieurs sont plus élevés que les suivants dont ils sont séparés par une échancrure. La longueur de ces premiers rayons est variable, le rayon le plus allongé est toujours au moins aussi haut que le corps. J'ai trouvé, sur un de ces Blennies, les rayons antérieurs quatre fois plus longs que ceux qui viennent après l'échancrure. La dorsale n'est pas réunie à la caudale, mais elle est attachée par une petite membrane sur le tronçon de la queue.

D. 12 ou 13/21 ; A. 22 ou 23.

La teinte générale est d'un gris verdâtre avec des bandes ver-

ticales mal dessinées d'un brun plus ou moins foncé. Une tache
rouge-minium s'étend sur la tête et les premiers rayons de la
dorsale. Il n'y a pas d'ocelle sur la tempe. Les nageoires sont
d'un vert jaunâtre avec un pointillé brun.

Habitat. — Méditerranée, rare, Nice.
Proportions : long. totale 0,604 ; tronc. haut. 0,025.
Tête, long. 0,018, haut. 0,023. — Œil, diam. 0,005, esp. préorbit. 0,009.

LE BLENNIE SPHINX — *BLENNIUS SPHINX*. Valenc.

Syn. : Le Blennie sphinx, Blennius sphynx, Cuv. et Valenc., t. XI. p. 226, pl. 321 ;
Guichen., *Expl. Algér.* p. 70.
Blennius sphinx, C.Bp., *Cat.,* n° 617 ; Günth., t. III. p. 221 ; Canestr., *Arch. zool.,*
1852, t. II. p. 101, pl. 3, fig. 2, adult., pl. 4, fig. 8, jean., *Fn. Ital.,* p. 182.

Long. : 0,056 à 0,070.

Ce Blennie est de petite taille, de forme assez allongée : la
hauteur du corps est comprise cinq fois et quart à cinq fois et
demie dans la longueur totale.

La tête est grosse, ordinairement un peu moins longue que la
hauteur du corps ; chez les adultes, sa longueur est contenue
cinq fois et demie à cinq fois et deux tiers dans la longueur
totale. Le profil antérieur de la tête est droit, ou plutôt il tombe
presque verticalement ; le museau est très-court, comme dans le
Blennie trigloïde. Les mâchoires sont armées de dents nombreuses ; la mâchoire supérieure porte une quarantaine de dents
ordinaires, plus une, rarement deux canines ; la mandibule est
munie d'une trentaine de dents assez grêles et de chaque côté,
en arrière, elle a une, parfois deux canines développées.

Le diamètre de l'œil fait à peu près le quart de la longueur de
la tête, il est moins grand que l'espace préorbitaire. Le sourcil
porte un tentacule sétacé, non divisé, qui est ordinairement
allongé, atteignant presque le bout du museau quand il est
rabattu ; parfois l'appendice est très-court, moins grand que le
diamètre de l'œil.

A l'orifice inférieur de la narine est un tentacule très-réduit,
parfois difficile à voir.

La dorsale est très-échancrée dans son milieu ; la partie épineuse est sensiblement plus élevée que la partie molle, elle est assez souvent plus haute que le tronc. La moitié supérieure de la région épineuse est parfois remarquable par son système de coloration, elle est parcourue par cinq bandes longitudinales lilas et argent. La moitié inférieure de la région épineuse et la région molle sont d'une teinte verdâtre avec des taches brunes sur la partie épineuse et des points argentés, disposés en séries, sur la partie molle. L'anale commence à l'aplomb de l'extrémité de la pectorale, elle est jaunâtre, bordée de noir ; la caudale, qui fait le sixième de la longueur totale, est arrondie, et d'un gris verdâtre. Les pectorales sont bien développées. Les ventrales sont d'un jaune plus ou moins clair.

Br. 6. — D. 12/16 ; A. 19 ou 20 ; C. 10 ou 11 ; P. 14 ; V. 2.

Le Sphinx est un des plus jolis poissons de nos côtes ; le corps est d'un vert jaunâtre relevé par six ou sept bandes verticales d'un vert olive assez foncé à bordure blanche. La coloration de la tête est très-belle : sur la tempe se montre un ocelle ovale, bleu de ciel, encadré de rouge ; des points, des lignes noirâtres marquent le museau et les joues ; trois bandes noirâtres descendent obliquement sous la gorge ; une quatrième bande, à peu près verticale, se voit en avant de la racine de la pectorale. Parfois la livrée est moins brillante ; la teinte est d'un jaune grisâtre sur la tête et sur la partie antérieure du corps ; elle est jaunâtre à la région dorsale avec cinq courtes bandes brunes, verticales. Le fond général est jaunâtre, pointillé de brun, marqué de lignes obliques blanchâtres. Les nageoires verticales et les pectorales sont jaunâtres avec des points orangés sur les rayons ; les ventrales sont jaunâtres. L'animal figuré dans l'ouvrage de Cuvier et Valenciennes est probablement un mâle avec sa parure de noce.

Habitat. Méditerranée, très-rare à Nice ; assez commun à Port-Vendres.
Proportions : long. totale 0,069 ; tronc, haut. 0,013, épais. 0,009.

Tête, long. 0,012, haut. 0,011. — Œil. diam. 0,003, esp. préorbit. 0,004, esp. interorbit. 0,002.

Distance du bord postérieur de l'orbite à : museau 0,007 : dorsale 0,006.

Dorsale, haut. : portion épineuse 0,012 ; portion molle 0,008.

LE BLENNIE AUX DORSALES INÉGALES
BLENNIUS INÆQUALIS, Valenc.

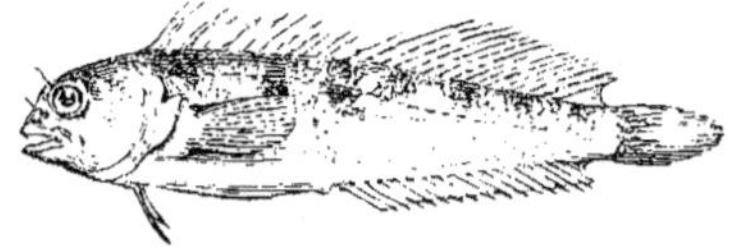

Fig. 96.

Syn.: LE BLENNIE AUX DORSALES INÉGALES, Blennius inæqualis, Cuv. et Valenc., t. XI, p. 239 : Guichen., *Explor. Algér.*, p. 71, pl. 4, fig. 3.
BLENNIUS INÆQUALIS. CBp., *Cat.*, nº 620.

Long. : 0,05 à 0,06.

La dénomination spécifique donnée par Valenciennes au poisson que nous allons étudier, n'est pas très-correcte ; il serait plus exact de l'appeler Blennie à dorsale inégale.

Ce Blennie a le corps peu développé, comprimé, surtout en arrière. La hauteur du tronc est comprise quatre fois et un quart à cinq fois et demie dans la longueur totale.

La tête a le profil antérieur un peu oblique, moins vertical que dans le Sphinx ; sa longueur, qui est d'un tiers environ plus grande que sa hauteur, est contenue quatre fois à quatre fois et deux tiers dans la longueur totale. Le museau est court, un peu camus. La bouche est petite ; les mâchoires ont une rangée de douze à quatorze dents terminée par une canine crochue, assez forte ; la canine de la mandibule est plus développée que celle de la mâchoire supérieure.

D'après Guichenot l'iris est argenté, il peut être aussi de coloration verdâtre. Le diamètre de l'œil fait le quart ou le cinquième de la longueur de la tête, il est d'un tiers plus petit que l'espace préorbitaire. Le tentacule du sourcil est ordinairement

moins grand que le diamètre de l'œil, il se divise parfois en
plusieurs filaments de teinte noirâtre ; suivant Guichenot ce tentacule est jaunâtre. Le tentacule de l'orifice antérieur de la
narine est encore plus court que l'autre ; il est bifurqué et de
même teinte que le tentacule sus-orbitaire.

Ainsi que l'indique le nom donné à l'espèce, la dorsale est très-
inégale, très-échancrée, elle est, dans sa région épineuse, beaucoup plus basse que dans sa région molle ; voici les proportions
que j'ai trouvées : la hauteur de la nageoire fait en avant un peu
plus de la moitié de la hauteur du corps, elle en fait le tiers au
niveau de l'échancrure ou à la fin de la région épineuse, et les
cinq sixièmes environ dans sa portion molle ; la dorsale est, à
son extrémité, attachée sur le tronçon de la queue par une
membrane, qui ne va pas jusqu'à la caudale ; le nombre des
rayons épineux varie de onze à douze. Le bord postérieur de
l'orbite est généralement plus rapproché du bout du museau
que du commencement de la dorsale. L'anale commence assez
loin des pectorales, elle a dix-sept à dix-neuf rayons ; sa hauteur
fait à peu près la moitié de la hauteur de la portion molle de la
dorsale. Les pectorales sont assez larges, elles ne vont pas jusqu'à l'anus. Les ventrales sont assez courtes. Les nageoires verticales et les pectorales sont jaunâtres avec des points orangés
sur leurs rayons ; les ventrales sont jaunâtres.

D. 11 ou 12/16 ou 17 ; A. 17 à 19 ; C. 10 ; V. 2.

La teinte est d'un jaune grisâtre sur la tête et sur la partie
antérieure du tronc, jaunâtre vers le dos avec cinq à huit courtes
bandes verticales d'un pointillé noirâtre ; les côtés sont jaunâtres, tiquetés de brun avec des lignes blanches obliques, formant
des angles ouverts en arrière. La gorge et le ventre sont lilas.
Des raies brunes marquent les joues et les pièces operculaires.
Le système de coloration, si j'en juge d'après l'animal que j'ai
examiné vivant et d'après la figure donnée par Guichenot, est des
plus variables.

Habitat. Méditerranée, très-rare. Cette : rare, Port-Vendres ; je l'ai vu prendre dans la petite crique du Four, située entre Port-Vendres et Banyuls.

Proportions : long. totale 0,051 ; tronc, haut. 0,0095, épais. 0,007.

Tête, long. 0,011, haut. 0,008. — OEil, diam. 0,002, esp. préorbit. 0,003, esp. interorbit. 0,0015.

Distance du bord postérieur de l'orbite à : museau 0,005 ; dorsale 0,0005.

Dorsale, haut. : portion épineuse, en avant 0,0035, à l'échancrure 0,003 ; portion molle 0,008.

LE BLENNIE CHEVELU — *BLENNIUS CRINITUS*, Cuv.

Syn. : Le Blennie chevelu. Blennius crinitus. Cuv. et Valenc., t. XI, p. 237 ; Guichen., *Expl. Alg.*, p. 72.

Blennius crinitus, Günth., t. III, p. 224.

Ichthyocoris crinitus, CBp., *Cat.*, n° 624.

Long. : 0,05 à 0,10.

La longueur totale fait à peu près cinq fois à cinq fois et demie la hauteur du corps dans les petits spécimens, et quatre fois à quatre fois et demie chez les grands individus.

La tête est aussi haute et même parfois plus haute que longue, elle mesure le cinquième de la longueur totale. Le museau est court, obtus ; le profil antérieur de la tête est presque vertical. Les mâchoires sont munies d'une trentaine de dents très-fines ; la mâchoire supérieure manque de canine, la mandibule en a une qui est très-petite.

Quant au diamètre de l'œil, il fait le cinquième de la longueur de la tête, et la moitié de l'espace préorbitaire. Le sourcil porte trois ou quatre petits tentacules déliés ; sur la ligne médiane de la tête, de l'espace interorbitaire à la dorsale, se trouvent dix à douze filaments sétacés. Il n'y a pas de tentacule à la narine, du moins je n'en ai pas vu.

La dorsale commence avant la fin de l'opercule, elle ne s'unit pas à la caudale ; elle est peu échancrée ; elle montre une tache noire et ronde dans son premier espace intraradiaire. L'anale est bordée de noir ; elle a, comme le fait remarquer Valenciennes, des excroissances en champignons sur les deux premiers rayons. Les pectorales ne vont pas jusqu'à l'anale.

D. 12 14, q.q.f. 15 ; A. 2 16 à 18 ; C. 15 ; P. 16 ; V. 1 2.

La coloration est variable ; chez un individu relativement de grande taille, la teinte est d'un brun assez uniforme ; chez un petit, elle est d'un gris brunâtre avec de larges taches noires formant des bandes verticales sur le dos et le haut des côtés ; de plus, la partie inférieure des flancs montre une série de cinq taches blanchâtres.

Habitat. Océan, excessivement rare, la Rochelle.

Proportions : Le spécimen qui a été envoyé par d'Orbigny, père, au Muséum, est très-petit, il a seulement : long. totale 0,050, haut. 0,009 ; un grand individu rapporté d'Algérie par Guichenot donne les proportions suivantes : long. totale 0,105 ; tronc, haut. 0,026.

Tête, long. 0,021. — OEil, diam. 0,004, esp. préorbit. 0,008.

LE BLENNIE DE MONTAGU — *BLENNIUS MONTAGUI*, Flem.

Syn. : Galerita. Montagu. in *Wern.. Mem.*, t. I, p. 98. pl. 5. fig. 2.

Blennius Montagui, Fleming. *Hist. British Anim..* p. 206-207 ; Canestr., *Arch. zool.*, t. II. p. 99. pl. 3. fig. 4, *Fn. Ital.*, p. 183.

Le Blennie de Montagu, Blennius Montagui, Cuv. et Valenc.. t. XI, p. 234. pl. 322 ; Guich., *Expl. Algér..* p. 72.

Montagu's Blenny. Yarr.. t. II. p. 355. ; Couch. t. II, p. 231.

Blennius galerita, Günth., t. III, p. 222, excl. syn. part.

Ichthyocoris Montagui, CBp., *Cat.*, n° 623.

Long. : 0,05 à 0,08.

En avant, le corps est assez gros, il est comprimé à partir de l'anale ; sa hauteur est comprise cinq fois et demie à six fois dans la longueur totale.

La tête a le profil antérieur très-peu courbe, tombant presque droit ; elle est aussi haute que longue ; sa longueur fait le cinquième de la longueur totale. Le museau est court, obtus. La bouche, assez grande, est fendue jusqu'au-dessous de l'œil ; la mâchoire supérieure avance un peu plus que la mandibule, elles sont garnies l'une et l'autre de dents nombreuses, il y en a de quarante à cinquante à la mâchoire supérieure, une dizaine de moins à la mâchoire inférieure, qui seule est armée d'une

canine assez forte et crochue. Au niveau, ou plutôt à peine en
arrière du bord postérieur de l'orbite, s'élève, sur le milieu de la
tête, un lambeau charnu, aplati transversalement ou d'avant en
arrière, plus haut que large, de forme triangulaire; ce lambeau
est mobile, il porte de nombreuses petites franges ou des cils en
arrière, sur les côtés et principalement sur le bord supérieur, qui
paraît tout chevelu. A la suite de cet appendice se trouvent encore, sur la crête de la nuque, cinq ou six petits filaments
sétacés.

Près du profil antérieur et supérieur de la tête sont placés de
grands yeux. L'iris est blanchâtre. Le diamètre de l'œil fait le
quart de la longueur de la tête, il est d'un quart moins grand
que l'espace préorbitaire. Il n'y a pas de tentacule sur le sourcil.

A l'orifice antérieur de la narine se montre un petit tentacule.
Le bord postérieur de l'orbite est plus rapproché de la dorsale
que du bout du museau. La nageoire du dos commence avant
la fin de l'opercule; elle est inégale, elle a sa portion épineuse
basse en arrière et formant ainsi avec la portion molle, qui est
plus élevée, une échancrure assez profonde; à sa terminaison,
elle est fixée sur le tronçon de la queue par une petite membrane;
elle finit plus loin de la caudale que dans les autres espèces; elle
a douze ou treize aiguillons et seize à dix-huit rayons mous; elle est
d'un gris très-pâle avec de petites taches brunes sur les rayons. L'a-
nale commence après l'extrémité des pectorales; elle est basse;
elle est d'un gris très-pâle, elle a une bordure étroite d'un gris
rougeâtre; la pointe des rayons est blanchâtre. La caudale arrondie est assez courte, elle ne mesure que le septième de la
longueur totale; sa teinte est d'un gris jaunâtre très-pâle avec
trois ou quatre rangées de points gris rougeâtre formant des bandes verticales. Les pectorales, bien développées, font le quart de
la longueur totale; elles sont grisâtres, marquées de quelques
points d'un gris marron. Les ventrales sont très-courtes, moitié
moins longues que les pectorales; elles sont d'un blanc jaunâtre.

D. 12 ou 13/16 à 18; A. 17 ou 18; C. 12; P. 12; V. 2.

La teinte générale est un gris brunâtre avec des taches plus foncées ; une suite de taches blanches se montre sur les flancs, elle forme une espèce de bande interrompue allant du milieu des pectorales à la caudale ; ces taches manquent parfois. La gorge est d'un gris roussâtre, le ventre d'un gris bleuâtre. Le système de coloration paraît des plus variables, j'indique celui que j'ai observé sur un animal vivant.

Habitat. Méditerranée, très-rare, Nice. Océan ? Manche, excessivement rare, je ne l'ai trouvé qu'une seule fois, en 1864, dans une petite crique près de Perros (Côtes-du-Nord). En 1877, il a été signalé à Roscoff par M. Joyeux Laffuie.

Proportions : long. totale 0,055 ; tronc. haut. 0,009.

Tête, long. 0,011, haut. 0,010. — Œil, diam. 0,003, esp. préorbit. 0,004.

Distance du bord postérieur de l'orbite à : museau 0,0062 ; dorsale 0,0055.

LE BLENNIE BASILIC — *BLENNIUS BASILISCUS*, Valenc.

Syn. : Le Blennie basilic, Blennius basiliscus. Cuv. et Valenc., t. XI, p. 245.
Blennius basiliscus, Günth., t. III, p. 220 ; Canestr., *Arch. zool.*, t. II, p. 92, pl. 3, fig. 3. *Fn. Ital.*, p. 182.
Ichthyocoris basiliscus, CBp., *Cat.*, n° 626.

Long. : 0,15 à 0,18.

Le Basilic a le corps développé. La hauteur du tronc est comprise environ cinq fois dans la longueur totale.

La tête est aussi haute que longue ; sa longueur est contenue quatre fois et trois quarts à cinq fois et demie dans la longueur totale. Le profil supérieur de la tête est légèrement arrondi, le profil antérieur est à peine courbe, il tombe presque droit ; le museau est court et obtus. La mâchoire supérieure est armée d'une trentaine de dents, la mandibule en a quelques-unes de moins ; la dernière dent est une canine qui est faible, très-petite à la mâchoire supérieure, elle est beaucoup plus forte, plus robuste à la mâchoire inférieure. La tête porte une crête mince, assez saillante, jamais cependant aussi haute que dans le Blennie paon.

Le diamètre de l'œil est compris cinq fois et demie dans la

longueur de la tête, il fait à peu près les deux tiers de l'espace préorbitaire. Le sourcil ne porte vraiment pas de tentacule, à moins de donner ce nom à une espèce de petit tubercule très-court et très-peu distinct.

Il n'y a pas de tentacule à la narine.

Après la fente branchiale commence la dorsale, qui est bien développée, égale, non échancrée. Canestrini cependant signale une petite dépression entre les rayons épineux et les rayons mous, dépression, il faut le dire, nullement visible dans la figure donnée par ce naturaliste. Selon Valenciennes, la longueur de la ventrale fait le treizième de la longueur totale, plus d'après Günther; il n'y a rien de fixe dans la grandeur des ventrales, ainsi que me l'a démontré l'examen de plusieurs individus.

D. 12 23 à 25 ; A. 26 à 28 ; C. 13 ; V. 2.

Le système de coloration est des plus brillants, d'un vert ou d'un gris olivâtre traversé par des bandes verticales d'un noir violacé, qui viennent de la dorsale et se continuent sur le corps. Ces bandes sont bordées d'une ligne blanche sur la dorsale, le dos et la partie supérieure des côtés, puis, à partir du milieu de la hauteur du corps, elles semblent bifurquées, une ligne blanchâtre sépare, en deux moitiés verticales, leur partie inférieure. Une bande noirâtre s'étend sur la base de la dorsale. En arrière de l'œil et de la crête, une bande noire descend de la région supérieure sur les pièces operculaires, souvent elle se confond, sur le milieu de la joue, avec une espèce de tache formant un V ; une bande noirâtre plus courte se voit encore sur la partie moyenne des pièces operculaires ; une bande noire, partagée verticalement, descend de la crête sur le bord supérieur de l'orbite ; du bord inférieur de l'orbite viennent deux petites bandes noirâtres dirigées obliquement en bas et en arrière, elles forment un N renversé, quelquefois une troisième bandelette va de l'œil à la lèvre supérieure et fait, en se réunissant aux autres, le premier jambage d'un M.

Habitat. Méditerranée, très-rare. Tous les Blennies basilics (de nos côtes) que possède le Muséum, viennent de Toulon. Océan ? Il me semble avoir vu cette espèce une seule fois sur nos côtes de l'Ouest, c'est en 1869 à Arcachon.

Proportions : long. totale 0,16 ; tronc, haut. 0,033.

Tête, long. 0,037, haut. 0,034. — Œil, diam. 0,006, esp. préorbit. 0,010.

LE BLENNIE TRIGLOÏDE — *BLENNIUS TRIGLOIDES*, Valenc.

Syn. : Le Blennie trigloïde, Blennius trigloides. Cuv. et Valenc., t. XI, p. 228 ; Guichen., *Explor. Alger.*, p. 71.

Blennius trigloides, CBp., *Cat.*, n° 619, *Fn. ital.*, fig. ; Günth., t. III, p. 227 ; Canestr., *Fn. Ital.*, p. 184.

Long. : 0,055 à 0,08.

Chez le Blennie trigloïde, la forme du corps paraît assez variable, probablement selon le sexe. Le corps est très-épais en avant, comprimé en arrière ; le profil du dos est à peu près horizontal, celui du ventre beaucoup plus convexe ; la hauteur du tronc est comprise quatre fois et demie à cinq fois et demie dans la longueur totale. L'anus est à peu près au milieu de la longueur totale ; il n'y a pas, dit Valenciennes, de tubercules près de l'anus.

La tête est cuboïde, ressemblant beaucoup à celle d'un Trigle, comme le fait remarquer Valenciennes ; elle est grosse, forte, d'un cinquième moins haute que longue ; sa longueur fait un peu moins du quart de la longueur totale, plus d'après Valenciennes, il n'y a rien de régulier dans cette proportion ; j'ai constaté que la longueur de la tête est comprise de quatre fois un tiers, rapport le plus ordinaire, à cinq fois et même davantage dans la longueur entière. Le profil supérieur de la tête est horizontal, le profil antérieur est oblique. Naturellement le museau est court. La fente de la bouche s'étend jusqu'à l'aplomb du diamètre vertical de l'œil ; les mâchoires sont à peu près égales, elles sont armées de vingt à vingt-quatre dents, la dernière dent est une canine plus développée à la mandibule qu'à la mâchoire supérieure.

Le bord de l'orbite atteint l'angle formé par le profil supérieur et le profil antérieur de la tête. Le diamètre de l'œil fait le quart de la longueur de la tête, les deux tiers de l'espace préorbitaire, il est un peu plus grand que l'espace interorbitaire, qui est concave. Le sourcil ne porte pas de tentacule.

La narine est rapprochée de l'orbite ; à l'orifice antérieur se voit un petit tentacule frangé.

Dans ce Blennie la ligne latérale est bien dessinée, elle est arquée en avant jusqu'au milieu de la longueur du corps, elle est droite ensuite.

Au-dessus du second tiers de l'opercule commence la dorsale, qui est basse en avant et profondément échancrée dans sa partie moyenne, de sorte que son bord supérieur paraît doublement arqué ; elle est séparée de la caudale. Le bord postérieur de l'orbite est plus rapproché de la dorsale que du museau. La caudale arrondie fait le sixième environ de la longueur totale. Les pectorales sont bien développées, elles ont une longueur égale à celle de la tête ; leurs quatre ou cinq rayons inférieurs sont les plus gros. Les ventrales sont d'un quart ou d'un tiers moins longues que les pectorales ; elles ont deux rayons, le rayon interne ne semble pas divisé.

D. 12/16 ; A. 18 ; C. 14 ; P. 12 ; V. 2.

La teinte est d'un gris brunâtre avec des taches ou des bandes transversales noirâtres en arrière de l'œil, sur le dos et les côtés ; quelquefois une bande blanchâtre paraît s'étendre le long des flancs. La caudale est traversée de bandes noirâtres.

Habitat. Méditerranée, très-rare, Nice. C'est Laurillard qui, le premier, a trouvé le Trigloïde sur nos côtes de Provence.

Proportions : long. totale 0,052 : tronc, haut. 0,0095.

Tête, long. 0,012, haut. 0,010. — Œil, diam. 0,003, esp. préorbit. 0,005.

LE PHOLIS — *BLENNIUS PHOLIS*, Linn.

Syn.: BLENNIUS PHOLIS, Linn., p. 443. sp. 8 ; Bloch, pl. 71, fig. 2 ; Günth., t. III, p. 226, excl. syn. part.

LE BLENNIE PHOLIS, Blennius pholis, Lacép., t. VII, p. 338.

LE PHOLIS LISSE, Pholis lævis, Cuv. et Valenc., t. XI, p. 269 ; Cuv., *Rég. anim. ill.*, pl. 77, fig. 2.

PHOLIS LÆVIS, CBp., *Cat.*, n° 635.

THE SHANNY, Yarr., t. II, p. 366 ; Couch, t. II, p. 226.

Günther commet dans la synonymie une étrange confusion ; il rapporte le Pholis (Baveuse) de Rondelet au Blennie palmicorne, *Blennius sanguinolentus* et au Pholis ordinaire, *Blennius pholis*. Cependant la figure donnée par Rondelet ne laisse pas le moindre doute, la dorsale est régulière comme dans le Blennie palmicorne, et non échancrée ainsi que dans le Pholis. D'ailleurs Rondelet ne pouvait guère décrire et figurer, comme un poisson assez commun en Provence, le Pholis, qui ne s'y trouve pas.

N. vulg. : Baveuse, Picardie, Normandie ; Lentèque, Mordocet, Bretagne ; Syrène et Serène, Noirmoutiers ; Sirène, Poitou ; Cabot, Basses-Pyrénées.

Long. : 0,10 à 0,12 et même 0,15.

Le Pholis a le tronc assez comprimé dans la région dorsale, plus épais vers le ventre, aussi les proportions sont-elles très-différentes suivant la hauteur du corps à laquelle est prise l'épaisseur. La hauteur est comprise de cinq à six fois dans la longueur totale. La peau est enduite d'un mucus épais, elle est complétement nue, comme dans les autres Blennies.

La tête a le profil supérieur presque droit jusqu'au niveau des yeux, puis arrondi, déclive en avant ; elle est comprimée dans sa région supérieure ; elle est à peu près aussi haute que large dans les grands individus, mais beaucoup plus haute que large dans les jeunes, sa hauteur fait les deux tiers de sa longueur, qui est comprise quatre fois à quatre fois et quart dans la longueur totale. Le museau est assez gros, arrondi. La fente de la bouche s'étend à peu près jusqu'à l'aplomb du diamètre vertical de l'œil ; les mâchoires sont, pour ainsi dire, égales ; les lèvres sont grosses, charnues, surtout la lèvre supérieure ; les dents sont assez longues, serrées, régulières ; les dents de la mâchoire inférieure sont légèrement proclives ; de chaque côté, en haut et en bas, se montre une canine assez forte ; la canine inférieure, en raison de la proclivité des dents, est plus séparée de la dent voisine que la canine de la mâchoire supérieure. Sur un Pholis de grande taille, je compte, sans les canines, dix-huit dents à la mâchoire supérieure et seize à la mandibule.

Des yeux arrondis, très-vifs se remarquent dans le Pholis ; ils sont rapprochés du profil supérieur et antérieur de la tête, mais ne l'atteignent pas. L'iris est jaunâtre. Le diamètre de l'œil fait,

dans les jeunes, à peu près le quart de la longueur de la tête, il
est un peu moins long que l'espace préorbitaire, mais dans les
individus de grande taille, il ne mesure plus que le cinquième
de la longueur de la tête et les quatre septièmes de l'espace préorbitaire, il est égal à l'espace interorbitaire qui est légèrement
concave. Il n'y a pas de tentacule sur le sourcil.

Les orifices de la narine sont éloignés l'un de l'autre ; l'orifice
postérieur est placé assez haut et près du bord de l'orbite ; l'orifice antérieur est d'un tiers au moins plus rapproché de l'orbite
que du bout du museau ; son bord postérieur forme un petit tentacule, qui mesure à peu près la moitié de la longueur du diamètre de l'œil. Ce tentacule est palmé, il montre cinq ou six
petites franges effilées.

La fente des branchies est grande ; la membrane branchiostège a son bord inférieur libre, elle passe sous l'isthme de la
gorge auquel elle n'est attachée en avant que par une bride assez
courte. Une légère échancrure entame le bord postérieur de l'o-
percule, elle est fermée par la membrane des ouïes, qui forme
un angle au niveau de la partie supérieure de la base de la pectorale.

La ligne latérale est assez bien marquée, elle est courbe en
avant jusqu'à l'aplomb du onzième ou douzième aiguillon de la
dorsale, elle est droite ensuite jusqu'à sa terminaison.

La dorsale est inégale, elle est basse, échancrée à la fin de sa
région épineuse, le dernier aiguillon ne fait guère que la moitié
de la hauteur du premier rayon mou. La région molle est régulière ; le dernier rayon est attaché, sur le tronçon de la queue,
par une membrane qui finit avant la caudale. La dorsale a douze
épines et dix-huit ou dix-neuf rayons mous ; elle commence
au-dessus et un peu en avant de l'angle de la fente branchiale.
Le bord postérieur de l'orbite est à peu près à la même distance
de l'origine de la dorsale que du bout du museau. L'anale
fait environ la moitié de la longueur de la dorsale ; elle commence au-dessous de l'échancrure de l'épiptère et finit par une
membrane qui en attache le dernier rayon sur le tronçon de la
queue ; elle a dix-huit rayons. La caudale en éventail est assez

grande, elle mesure un peu moins du sixième de la longueur totale. Les pectorales sont bien développées, elles sont larges et longues, elles font près du quart de la longueur totale ; les rayons inférieurs sont beaucoup plus forts que les autres, ils se terminent en pointe un peu recourbée. Les ventrales sont d'un cinquième plus courtes que les pectorales, elles ont deux gros rayons et souvent même un autre plus faible ; ce sont moins des nageoires que des pieds, qui servent parfaitement à la marche. La dorsale est d'un gris plus ou moins pâle, parfois jaunâtre ou teinté de brun chez les grands individus ; il y a généralement une tache brunâtre dans le premier espace intraradiaire, puis une parfois deux rangées de points noirâtres qui sont, toujours sur les rayons, bien marqués dans les jeunes. L'anale présente des teintes assez variables ; sur de grands sujets, que j'ai rapportés de Guétary, le fond de la nageoire est d'un jaune assez clair avec des points noirs aux rayons ; sur des individus plus petits, que j'ai pêchés à Fécamp, l'anale, d'un gris très-clair, porte une longue bande d'un brun assez foncé formant bordure ; la pointe des rayons est blanche. La caudale est d'un gris tirant sur le jaune marqué de taches brunes. Les pectorales sont d'un gris jaunâtre avec des points bruns sur les rayons et une ou plusieurs taches brunes à leur base. Les ventrales sont tantôt blanchâtres, tantôt d'un gris assez clair.

Br. 6. — D. 12/18 ou 19 ; A. 18 ; C. 11 ; P. 13 ; V. 2 ou 3.

Le système de coloration est des plus variables parfois roussâtre, parfois verdâtre semé de points noirs. Chez de grands individus, venant de Guétary, la teinte est d'un gris jaunâtre varié de points et de taches brunâtres sur le dos et sur les côtés, le ventre est gris, la tête est marquée d'un nombreux pointillé brun, une bandelette jaune se voit en arrière de l'œil, un nuage brun s'étend sur la joue ; chez de petits individus, pris dans la Manche, la coloration est d'un gris rougeâtre avec des taches noires et une suite de taches blanches assez grandes, formant parfois une bande presque continue au-dessous de la ligne latérale.

Habitat. Le Pholis n'a jamais été signalé sur nos côtes de la Méditerranée. Canestrini ne l'a pas indiqué, ni dans son Catalogue des Poissons du golfe de Gênes, ni dans sa Faune d'Italie ; je ne sais, écrit ce naturaliste, si c'est une bonne espèce, je ne l'ai jamais trouvé dans nos eaux (Canestr., *Fn. Ital.*, p. 181). Ce Blennie existe sur nos côtes de l'Ouest. Océan, assez commun, golfe de Gascogne, plages du Poitou ; plus commun au-dessus de la Loire. Manche, très-commun, Bretagne, Roscoff ; Normandie, Arromanches, le Havre, Fécamp, Saint-Valery en Caux ; un peu moins commun sur les côtes de Picardie.

Proportions : long. totale 0,134 ; tronc, haut. 0,022, épais. 0,018.

Tête, long. 0,032, haut. 0,022. — Œil, diam. 0,0062, esp. préorbit. 0,011, esp. interorbit. 0,006.

Distance du bord postérieur de l'orbite à : museau 0,0170 ; dorsale 0,0167.

GENRE CLINUS — *CLINUS*, Cuv.

Corps allongé, comprimé, couvert de petites écailles cycloïdes.

Tête à profil allongé ; museau court ; mâchoires garnies de dents sur plusieurs rangées ; les dents de la rangée externe sont coniques et plus fortes que les autres ; dents sur le vomer. Un tentacule sur le sourcil.

Appareil branchial ; fente des ouïes très-grande, paraissant joindre sous la gorge celle du côté opposé. Rayons branchiostéges au nombre de six.

Nageoires ; deux dorsales, la première courte, composée seulement de trois épines, la seconde longue, épineuse en grande partie, n'ayant à son extrémité postérieure que trois ou quatre rayons mous, articulés ; anale longue, à deux premiers rayons épineux ; ventrales jugulaires, à deux ou trois rayons.

Reproduction. Les poissons qui composent ce genre sont probablement tous ou presque tous ovovivipares ; le fait est certain pour le Clinus sourcilier du cap de Bonne-Espérance. (V. Cuv. et Valenc., t. XI, p. 364.)

Le genre Clinus ne comprend, suivant la plupart des ichthyologistes, qu'une seule espèce.

LE CLINUS ARGENTÉ — *CLINUS ARGENTATUS*, Riss.

Fig. 97.

Syn. : Blennie argenté, Blennius argentatus, Ris., *Ichth.*, p. 140.
Blennie testudinaire, Blennius testudinarius, Riss., *Ichth.*, p. 137.

Blennie Audifredi, Blennius Audifredi, Riss., *Ichth.*, p. 139, fig. 15.
Clinus argenté, Clinus argentatus, Riss., *Hist. nat.*, p. 238.
Clinus testudinaire, Clinus testudinarius, Riss., *Hist. nat.*, p. 239.
Clinus verdâtre, Clinus virescens, Riss., *Hist. nat.*, p. 239, fig. 50.
Clinus Audifredi, Clinus Audifredi, Riss., *Hist. nat.*, p. 240; ? CBp., *Cat.*, n° 639.
Le Clinus argenté, Clinus argentatus, Cuv. et Valenc., t. XI, p. 354; Guichen., *Expl. Algér.*, p. 74.
Clinus variabilis, CBp., *Cat.*, n° 638; Canestr., *Arch. Zool.*, t. II, p. 104, pl. I, fig. 3.
Cristiceps argentatus, Günth., t. III, p. 272; Canestr., *Fn. Ital.*, p. 185.

N. Vulg. : Bavecca, Nice.
Long. : 0,06 à 0,10.

Ce petit poisson de la Méditerranée a été décrit sous plusieurs noms différents. Il est très-comprimé, allongé ; la hauteur du tronc est comprise six fois dans la longueur totale. Sous l'épiderme se trouvent des écailles isolées les unes des autres et présentant une forme des plus singulières, elles sont discoïdes, largement ouvertes dans leur partie centrale, elles portent un assez grand nombre de rayons, qui limitent des espaces triangulaires ou trapézoïdes marqués de stries transversales.

La tête a le profil avancé ; elle est allongée, sa longueur est contenue cinq fois à cinq fois et demie dans la longueur totale. Le museau est court. La mâchoire supérieure est égale à la mandibule ou à peine moins proéminente ; les deux mâchoires sont en avant munies de deux rangées de dents et d'une seule rangée en arrière ; à la mâchoire supérieure les dents sont égales, cylindriques, terminées en pointe presque mousse ; à la mandibule elles sont coniques, à pointe plus fine qu'à la mâchoire supérieure ; quelquefois, sur la mandibule, la rangée externe est seule bien nettement visible. Il n'y a pas de canines. Le vomer porte un petit groupe de dents très-peu développées.

Les yeux sont arrondis. La coloration de l'iris semble varier siuvant la teinte générale ; dans un Clinus de couleur argentée, l'iris est gris doré, il est bleu noirâtre chez un animal de couleur noirâtre. Le diamètre de l'œil fait le quart, parfois le cinquième, de la longueur de la tête, il est égal à l'espace préorbi-

taire, un peu plus grand que l'espace interorbitaire. Le sourcil
porte un petit tentacule bifide, beaucoup plus court que le diamètre de l'œil.

Les orifices de la narine sont légèrement tubuleux.

Il est inutile de le rappeler, les ouïes sont très-largement
fendues. L'opercule se prolonge en arrière au-dessus de l'insertion de la pectorale.

La dorsale est excessivement longue, divisée en deux parties
bien distinctes formant en réalité deux dorsales. La première
dorsale figure une espèce de crête plus élevée que les premiers
rayons de la seconde dorsale; elle est courte, elle a trois rayons
seulement, le premier rayon, qui est le plus haut, mesure à peu
près le tiers de la longueur de la tête; cette petite nageoire est
unie à la seconde dorsale par une membrane assez longue; la
distance qui sépare les deux nageoires est au moins égale à la
base de la première dorsale. La seconde dorsale est basse en
avant, elle s'élève un peu en arrière et s'attache par une membrane sur le tronçon de la queue; elle a une trentaine de
rayons épineux et trois ou quatre rayons mous. L'anale est
longue; elle se fixe également sur le tronçon de la queue, au
moyen d'une membrane. La caudale est carrée; sa longueur est
contenue six fois à six fois et demie dans la longueur totale.
Les pectorales ont neuf ou dix rayons. Les ventrales ont une
épine très-courte et deux rayons mous allongés. Les nageoires
sont d'une teinte pâle dans les individus de couleur argentée;
elles sont d'un brun foncé, chez les sujets de coloration noirâtre.

D. 3 — 29 à 31/3; A. 2/20; C. 10; P. 9 ou 10; V. 1/2.

Le système de coloration est très-variable, et dans les différences qu'il présente, Risso a cru trouver des caractères suffisants pour faire plusieurs espèces de Clinus. La teinte générale est tantôt d'un jaune gris très-clair avec des taches, il y a
souvent une série de cinq taches blanches sur les flancs, à la
base de la dorsale et au-dessus des taches blanches se montre

une ligne de petites taches noirâtres, une bandelette noirâtre
descend de l'orbite et forme une espèce de mentonnière ; tantôt
la teinte est d'un brun foncé ou rougeâtre avec les nageoires
plus ou moins noirâtres, la caudale a ses rayons médians pâles
et ses rayons externes noirâtres, il y a le long des flancs des
taches d'un gris argenté ; parfois encore la coloration est rougeâtre.

Habitat. Méditerranée, assez rare à Nice ; rare, Toulon, Port-Vendres.
Proportions : long. totale 0,073 ; tronc, haut. 0,012.
Tête, long. 0,014, haut. 0,008. — Œil, diam. 0,003, esp. préorbit. 0,003,
esp. interorbit. 0,002.
Dans cette espèce, suivant Canestrini, se rencontrent des individus mons-
trueux qui ont les nageoires impaires unies et présentent alors une caudale
asymétrique. Le naturaliste, que nous venons de citer, pense que le *Clinus*
Verangi Filippi, qui fut pêché dans le golfe de Cagliari, est un sujet mons-
trueux à caudale symétrique. (CANESTR., *Fn. Ital.*, p. 185.)

GENRE TRIPTÉRYGION — *TRIPTERYGION*, Riss.

Corps allongé, couvert d'écailles.
Tête longue ; museau plus ou moins avancé ; mâchoires armées de dents
sur plusieurs rangées ; vomer denté.
Nageoires ; trois dorsales, la deuxième est la plus longue, la troisième
est seule composée de rayons mous ; anale unique ; ventrales à deux rayons.

Le genre Triptérygion est représenté par une espèce seulement.

LE TRIPTÉRYGION A BEC — *TRIPTERYGION NASUS*, Riss.

Syn. : BLENNIE TRIPTÉRONOTE, Blennius tripteronotus. Riss., *Ichth.*, p. 135, fig. 14.
TRIPTÉLYGION A BEC, Triptérygion nasus. Riss., *Hist. nat.*, p. 241 ; Cuv. et Valenc.,
t. XI, p. 409, pl. 338 ; Guichen., *Exp'or. Algér.*, p. 75.
TRIPTÉRYGION NASUS, CBp., *Cat.*, n° 637 : Günth., t. III, p. 276 ; Canestr., *Archiv.*
Zool., t. II, p. 107, pl. 4, fig. 5, *Fn. Ital.*, p. 184.

N. Vulg. : Bavecca d'Arga, Nice.
Long. : 0,05 à 0,07.

Le corps est légèrement fusiforme, il est allongé, sa hauteur
étant comprise cinq fois et demie à six fois et demie dans la
longueur totale ; il est couvert d'assez grandes écailles arron-

dies, ciliées sur leur bord libre : cette disposition des écailles est exceptionnelle dans la famille des Blenniidés.

La tête a le profil antérieur oblique ; sa longueur, assez variable, est contenue quatre à cinq fois dans la longueur totale. Le museau est saillant, étroit, relevé en avant comme un petit bec. La bouche est horizontale, protractile, assez grande relativement, elle est fendue plus loin que l'aplomb du bord antérieur de l'orbite. Les mâchoires sont garnies de plusieurs rangées de dents ; à la rangée externe les dents sont pointues et plus fortes que les autres ; le vomer porte des dents très-fines. La mâchoire supérieure est plus longue que l'espace préorbitaire.

Les yeux sont grands, arrondis, ils sont placés vers le profil supérieur de la tête. L'iris est d'un jaune rougeâtre, cuivré. Le diamètre de l'œil fait les deux septièmes ou le quart de la longueur de la tête, il est égal, ou peu s'en faut, à l'espace préorbitaire, il est environ deux fois plus grand que l'espace inter orbitaire qui est étroit, concave. Le bord de l'orbite est rugueux ; le sourcil porte un tentacule très-peu développé.

Un petit tentacule se voit à l'orifice antérieur de la narine.

En dessous, la fente branchiale ne s'avance pas jusqu'à la perpendiculaire tangente au bord postérieur de l'orbite ; les opercules sont lisses, arrondis ; il y a six rayons branchiostèges.

La ligne latérale est droite, rapprochée du dos, elle se tient à peu près vers le tiers de la hauteur du corps ; elle se compose de trente-quatre à quarante écailles plus adhérentes que les autres. Ligne longitudinale, écailles 34 à 40 ; ligne transversale, écailles $\frac{3 \text{ ou } 4}{7 \text{ à } 9} + 1 = 11$ à 14.

Il y a trois dorsales ; la première commence très-en avant, à peu près au-dessus de la fin du préopercule, elle est basse et courte, elle n'a que trois rayons, le deuxième rayon qui est le plus allongé, ne fait que le tiers, ou à peine la moitié de la hauteur du corps ; le bord postérieur de l'orbite est plus éloigné du bout du museau que du premier rayon de cette nageoire. La seconde dorsale est quatre fois plus longue que la précédente et double au moins de la troisième dorsale; elle compte quatorze à dix-sept rayons épineux, le premier est ordinairement le plus développé, il mesure, dans les mâles, parfois le quart de la longueur totale, il est libre dans une partie de sa longueur, il se termine en filet, ainsi que les deux rayons suivants; le deuxième rayon fait environ le cinquième de la longueur totale; les autres rayons vont en diminuant de hauteur jusqu'au dernier, qui est très-court; dans les jeunes et dans les femelles, les premiers rayons de la deuxième dorsale ne sont pas très-allongés. Les deux premières nageoires ne se composent que de rayons simples. La troisième dorsale est formée de rayons mous, ses deux premiers rayons sont aussi grands que le troisième de la seconde dorsale, son dernier rayon est trèspetit; cette nageoire compte une douzaine de rayons; elle finit à une certaine distance de la caudale. L'anale est longue, elle commence avant la fin des pectorales et se termine vis-à-vis du dernier rayon de la troisième dorsale; elle est soutenue par vingt-quatre ou vingt-cinq rayons. La caudale est large, arrondie, elle a onze ou douze grands rayons et un petit en dessus et en dessous; sa longueur paraît variable, elle fait ordinairement le sixième, le huitième d'après Valenciennes, de la longueur totale. Les pectorales sont larges, bien développées, elles mesurent le quart ou plus du cinquième de la longueur totale. Les ventrales ont deux rayons distincts, leur longueur est comprise cinq fois et demie dans la longueur totale. Le tronçon de la queue est deux fois moins haut que long; sa longueur est égale au huitième ou au neuvième de la longueur totale.

Br. 6. — D. 3 — 14 à 17 — 9 à 12; A. 24 ou 25; C. 1/11 ou 12/1; P. 14 à 16; V. 2.

La coloration de la tête est ordinairement noirâtre, dans les mâles adultes; dans les jeunes mâles et dans les femelles, elle est grise avec des taches noires. Le corps est blanc grisâtre ou gris rougeâtre, traversé par une huitaine de bandes verticales noirâtres ou plutôt brunes. La première dorsale est grise, souvent tachetée de noirâtre; les ventrales sont grises et le plus or-

dinairement noirâtres à partir de la bifurcation de leurs
rayons ; les autres nageoires sont orangées, les deux dernières
dorsales et la caudale ont des bandes vertes ou bleues, disposées perpendiculairement à leurs rayons, l'anale a quelques rangées de points bleus vers la base, l'extrémité de ses rayons est
blanche. Un Triptérygion envoyé de Marseille au Muséum (janvier 1877), présentait une coloration un peu différente ; la tête
était rougeâtre avec le museau noir et quelques taches noirâtres ; la gorge était jaunâtre et le corps, marqué de grandes
taches noires, avait une teinte rougeâtre.

Habitat. Ce joli poisson est de la Méditerranée ; il est assez rare, Nice,
Toulon, Marseille. Cette ?

Proportions : long. totale 0,055 ; tronc, haut. 0,010, épais. 0,007.

Tête, long. 0,013, haut. 0,008. — OEil, diam. 0,0035, esp. préorbit. 0,004,
esp. interorbit. 0,002.

Dorsales ; long. 1re 0,004, 2e 0,018, 3e 0,008.

GENRE GONNELLE — *GUNNELLUS*, Cuv.

Corps allongé, comprimé, mince, à petites écailles lisses.

Tête petite, courte ; museau court ; bouche peu fendue, oblique ; mâchoires
dentées. Pas de tentacules sur la tête.

Appareil branchial; fente branchiale commençant un peu au-dessus
de la base de la pectorale ; membrane branchiostège s'unissant sous la gorge
à celle du côté opposé, soutenue par cinq rayons ; pièces operculaires plus ou
moins cachées dans la peau. Fausses branchies très-réduites.

Nageoires; dorsale unique, très-longue et très-basse, à rayons tous épineux ; anale longue, à premiers rayons épineux ; ventrales rudimentaires,
composées d'une épine et de deux rayons mous excessivement courts, enveloppés dans la peau.

Ce genre ne comprend qu'une espèce.

LE GONNELLE VULGAIRE — *GUNNELLUS VULGARIS*.

Syn. : Gunnellus Cornubiensium, Willugh., p. 115, pl. G. 8, fig. 3.
Blennius gunnellus, Linn., p. 443, sp. 9 ; Bloch, pl. 71, fig. 1.
Le Gunnel, Bonnat., *Encycl. méthod.*, p. 55, fig. 119.
Le Blennie gunnel, Blennius gunnellus, Lacép., t. VII, p. 350.
Le Gonnelle vulgaire, Gunnellus vulgaris, Cuv. et Valenc., t. XI, p. 419.
Gunnellus vulgaris, CBp., *Cat.*, n° 642.

Centronotus gunnellus, Günth., t. III, p. 285.
The Spotted Gunnel, or Butterfish, Yarr., t. II, p. 376.
Butterfish, Couch, t. II, p. 236.

N. Vulg. : Papillon de mer, Poitou.
Long. : 0,15 à 0,20.

Le Gonnelle a le corps allongé, très-mince, ensiforme. La longueur totale fait huit à neuf fois la hauteur qui est double de l'épaisseur au moins. Les écailles sont petites, cycloïdes, cachées dans la peau qui est enduite d'une mucosité épaisse. Le nombre des vertèbres est de quatre-vingt-cinq environ.

La tête est très-petite, sa longueur étant à peu près égale à la hauteur du tronc ; elle est très-comprimée dans la région supérieure ; son profil est légèrement convexe. Le museau est court. La bouche est oblique, petite, elle est fendue seulement jusqu'à l'aplomb du bord antérieur de l'orbite ; elle a des lèvres charnues. Les mâchoires ont une rangée de petites dents coniques ; d'après Valenciennes, « la supérieure en a un second rang au milieu ; » j'ai toujours trouvé, à la mâchoire supérieure, les dents sur une seule rangée, parfois un peu irrégulière en avant. Le chevron du vomer porte quelques dents excessivement peu développées, à peine visibles. La mâchoire supérieure est un peu plus longue que l'espace préorbitaire.

Les yeux sont arrondis ; ils sont placés latéralement près du profil supérieur de la tête. L'iris est jaunâtre. Le diamètre de l'œil est compris quatre fois et un tiers à cinq fois dans la longueur de la tête, il est un peu plus grand que l'espace préorbitaire ; l'espace interorbitaire est étroit, convexe.

Il est inutile de rappeler la disposition de la fente branchiale. Quant aux pièces operculaires, elles sont assez peu distinctes les unes des autres.

La dorsale s'étend sur toute la longueur du corps, elle commence au-dessus de l'insertion des pectorales et finit vers la base de la caudale ; les rayons sont égaux, courts, épineux, crochus, au nombre de quatre-vingts environ. L'anale est longue et basse, elle est unie à la caudale par une membrane, elle a deux rayons épineux et une quarantaine de rayons mous. La caudale est arrondie, elle est courte, ne faisant guère que le quinzième de la longueur totale; elle compte une quinzaine de rayons. Les pectorales, en forme d'éventail, sont un peu plus longues que la caudale. Les ventrales sont placées presque sous les pectorales, elles paraissent réduites à un rayon court, épineux, mais elles ont en outre deux petits rayons mous, enveloppés dans la peau et ne devenant visibles que par la dissection.

Br. 5. — D. 77 à 81; A. 2/39 à 43; C. 15; P. 11; V. 1/2.

La coloration est grisâtre, quelquefois d'un brun roussâtre; une dizaine de taches arrondies, noirâtres, cerclées de blanc se montrent sur le dos et la base de la dorsale; le dessous du corps est d'un gris assez clair. La tête est teintée de jaune et marquée d'une bande plus ou moins foncée, qui, du bord antérieur de l'orbite, descend vers l'angle de la bouche.

Habitat. Les Gonnelles ne sont pas aussi abondants que semble l'indiquer Valenciennes; ils ne sont pas signalés dans le Catalogue des Poissons de Cherbourg (1858-1859, Jouan.); je les ai trouvés en certaine quantité seulement sur les côtes du Finistère. Manche, assez rares, Picardie, Normandie; assez communs, Finistère, Roscoff. Océan, assez rares, côtes de Bretagne; rares, Poitou (Aunis), la Rochelle.

Proportions : long. totale 0,140; tronc, haut. 0,0175, épais. 0,008.

Tête, long. 0,015, haut. 0,012. — Œil, diam. 0,0035, esp. préorbit. 0,003, esp. interorbit. 0.002.

GENRE ZOARCÈS — *ZOARCES*, Cuv.

Corps allongé, effilé en arrière, n'ayant que de très-petites écailles éparses sur la peau, jamais imbriquées.

Tête longue; museau assez avancé; mâchoires armées de dents coniques sur plusieurs rangées en avant, sur une seule rangée latéralement; vomer et palatins lisses.

Appareil branchial; six rayons branchiostèges; fausses branchies.

Nageoires; nageoires impaires réunies, caudale non distincte; dorsale très-longue, basse, à rayons mous dans la plus grande partie de son étendue, elle présente seulement, très-en arrière, une série de rayons plus ou moins épineux, beaucoup plus bas que les autres et formant ainsi une espèce d'échancrure ou plutôt une dépression très-remarquable, à la suite de laquelle se trouvent des rayons articulés et branchus ; anale très-longue, sans rayons épineux ; ventrales peu développées.

Ce genre est formé d'une seule espèce.

LE ZOARCÈS VIVIPARE — *ZOARCES VIVIPARUS*, Valenc.

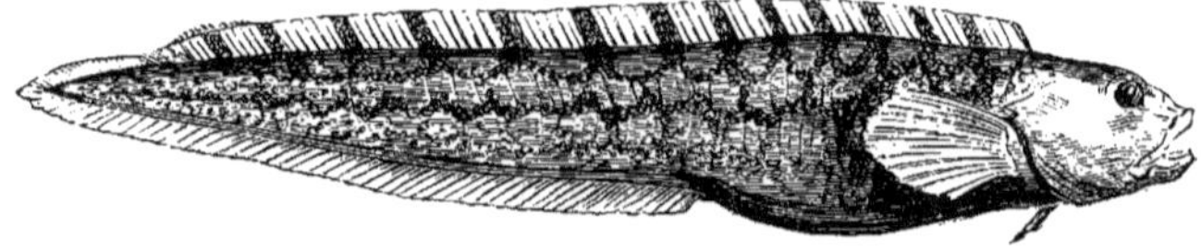

Fig. 98.

Syn. : Mustela vivipara Shonfeldii, Willugh., p. 122, pl. H. 3, fig. 5, mauv.
Blennius viviparus, Linn., p. 443, sp. 11 ; Bloch, p. 72.
La Vivipare, Bonnat., *Encyclop. méth.*, p. 55, fig. 120.
Le Blennie ovovivipare, Blennius ovoviviparus, Lacép., t. VII, p. 343.
Le Zoarcès vivipare, Zoarces viviparus, Cuv. et Valenc., t. XI, p. 454.
Zoarces viviparus, Günth., t. III, p. 295.
Zoarceus viviparus, CBp., *Cat..* nᵒ 645.
The Viviparous Blenny, Yarr., t. II, p. 380 ; Couch, t. II, p. 239.

N. Vulg. : Loquette, Abbeville.
Long. : 0,15 à 0,25, quelquefois plus.

Le Zoarcès a le corps allongé, comprimé à partir de l'anus, et terminé en pointe. La hauteur du tronc, qui est assez arrondi, fait le huitième ou le neuvième de la longueur totale. La peau est molle en raison de la ténuité des écailles. D'après Valenciennes le nombre des vertèbres est de cent dix, 25 + 85.

La tête a le profil supérieur légèrement arrondi ; elle est d'un tiers moins haute que longue, sa longueur est comprise environ six fois à six fois et un tiers dans la longueur totale. Le museau est arrondi et assez avancé. La bouche est grande, elle est fendue jusqu'au-dessous de l'œil, elle a des lèvres épaisses ; la mâchoire supérieure est plus avancée que la mandibule, elles portent l'une et l'autre des dents coniques à pointe mousse, placées sur deux rangées en avant, sur une seule rangée latéralement ; la rangée externe est composée d'une trentaine de dents, à la rangée interne, il y en a une douzaine. Le palais et la langue sont lisses.

L'iris est jaunâtre. Les yeux sont rapprochés du profil supérieur de la tête, ils sont de moyenne grandeur. Le diamètre de l'œil est compris de quatre à six fois dans la longueur de la tête ; il est moins grand que l'espace préorbitaire, d'un tiers plus grand que l'espace interorbitaire.

Sur le milieu de la ligne allant du bout du museau à l'orbite, se trouve l'orifice antérieur de la narine ; il est tubuleux et plus visible que l'orifice postérieur, qui est excessivement petit.

La fente branchiale est assez grande ; la membrane branchiostège est un peu échancrée sous la gorge ; les pièces operculaires sont enveloppées dans la peau.

La ligne latérale est droite, peu marquée.

Au-dessus de la fin de l'opercule commence la dorsale, qui se prolonge jusqu'à la pointe de la queue et se réunit à l'anale ; elle semble composée de trois parties, la partie antérieure, très-longue, compte environ quatre-vingts rayons mous, branchus, elle est séparée de la portion terminale par une série de rayons durs et pointus, deux ou trois fois plus courts que les précédents ; ces rayons durs sont au nombre de dix, ils forment cette dépression singulière qui se remarque sur la queue du Zoarcès, ils sont suivis de vingt-deux à vingt-cinq rayons mous, branchus, un peu plus élevés. L'anale a tous ses rayons mous, qui sont très-nombreux, il y en a quatre-vingt-quatre à quatre-vingt-neuf. Les pectorales, formées de dix-huit rayons, sont arrondies, elles sont un peu moins longues que la tête. Les ventrales sont courtes, elles mesurent à peu près le quart de la longueur des pectorales ; elles ont trois rayons enveloppés dans la peau.

D. 78 à 80/10/22 à 25 ; A. 84 à 89 ; P. 18 ; V 3.

Sur le dos et les flancs la coloration est d'un gris roussâtre ; une douzaine de bandes brunâtres verticales descendent de la dorsale vers la région supérieure du corps, parfois ces bandes sont plus ou moins effacées et fondues dans la teinte générale; sur les côtés se voient quelques taches nuageuses de couleur brunâtre. La partie inférieure de la tête et du corps est d'un gris brunâtre. La dorsale est d'un gris roussâtre avec des bandes brunâtres verticales. L'anale est teintée d'un jaune rougeâtre. Les pectorales sont grisâtres avec une espèce de bordure jaune rougeâtre plus ou moins nette.

Habitat. Ce poisson, qui est des mers du Nord, ne se rencontre que très-rarement sur nos côtes; il n'a été trouvé que dans la Manche, au Crotoy, baie de Somme, il ne paraît pas descendre plus au sud. Baillon d'Abbeville a donné au Muséum plusieurs de ces animaux. Le Zoarcès, m'a-t-on affirmé, est apporté quelquefois sur le marché de Paris, sans doute avec des poissons expédiés de Hollande.

Proportions : long. totale 0,22; tronc, haut. 0,026.

Tête, long. 0,035. — OEil, diam. 0,0080, esp. préorbit. 0,010.

D'après Valenciennes, les femelles commencent à avoir des œufs, mais encore fort petits, dès l'équinoxe du printemps; vers le milieu de mai ces œufs augmentent de volume et prennent de la mollesse et de la rougeur; ils s'allongent... Les fœtus sont disposés très-régulièrement dans le sac qui les contient, chacun dans son enveloppe particulière... Lorsqu'ils sont près de naître et que l'on ouvre leur mère, ils nagent promptement et avec rapidité. Leur nombre va quelquefois jusqu'à trois cents et au delà... Les Zoarcès mâles sont plus rares et plus petits que les femelles. (Cuv. et Valenc., t. XI, p. 463.)

GENRE ANARRHIQUE — *ANARRHICHAS*.

Corps beaucoup plus développé que dans les autres Blenniidés, allongé, couvert de très-petites écailles cachées sous l'épiderme.

Tête forte; museau assez court; bouche bien fendue; dents coniques sur les intermaxillaires et le devant du maxillaire inférieur, dents plus ou moins tuberculeuses sur les côtés du maxillaire inférieur, sur les palatins et le vomer.

Appareil branchial; ouïes largement ouvertes; sept rayons branchiostèges; fausses branchies.

Nageoires; dorsale très-longue, à rayons simples; anale longue; caudale libre, arrondie; pas de ventrales (l'absence de ventrales avait fait ranger par Linné, de Lacépède, etc., l'Anarrhique parmi les Apodes.

Vessie natatoire nulle. — **Appendices pyloriques** manquant.

Le genre Anarrhique est représenté par une seule espèce.

L'ANARRHIQUE LOUP — *ANARRHICHAS LUPUS*. Linn.

Syn. : ANARRHICHAS LUPUS, Linn., p. 430, sp. 1 ; Bloch, pl. 74 : C.Bp., *Cat.*, n° 646 ; Günth., t. III. p. 208.

L'ANARRHIQUE LOUP, Anarrhichas lupus, Lacép., t. VII, p. 169 ; Cuv. et Valenc., t. XI, p. 473, pl. 344, fig. 1. *Règn. an. ill.*, pl. 79, fig. 2.

THE WOLF-FISH. Yarr., t. II, p. 384 : Couch. t. II, p. 242.

Long. : 0,80 à 1,50.

De Lacépède qui exprimait dans un style élégant les conceptions de sa brillante imagination, trop portée vers le merveilleux, a fait de l'Anarrhique une description que ne désavouerait pas un poëte, mais qui n'est pas suffisamment exacte pour un naturaliste. Il donne à cet animal « jusqu'à la longueur de cinq mètres », il le considère comme le « vrai loup de l'Océan ».

L'Anarrhique a le corps allongé, comprimé, diminuant d'une façon régulière à partir des pectorales. La hauteur du corps, qui fait en avant le double de l'épaisseur et le triple en arrière, est contenue cinq fois à cinq fois et demie dans la longueur totale. La peau est épaisse, légèrement granuleuse, enduite d'une mucosité très-abondante cachant de petites écailles sous-épidermiques, arrondies, qui restent isolées les unes des autres. D'après Valenciennes les vertèbres sont au nombre de soixante-seize, 26 + 50.

La tête est développée, à profil supérieur arrondi ; elle est d'un cinquième ou seulement d'un sixième moins haute que longue ; sa longueur fait à peu près le cinquième de la longueur totale. La peau de la tête paraît complétement nue, elle montre autour de l'œil, sur les joues, sur les pièces operculaires, des pores assez nombreux disposés en séries. Le museau est arrondi, un peu saillant. La bouche est légèrement oblique, largement fendue, s'ouvrant au moins jusqu'au-dessous du bord postérieur de l'orbite ; elle est pourvue de lèvres épaisses. La mâchoire supérieure est armée en avant de quatre grandes canines, fortes, coniques et crochues ; sur un Anarrhique mesurant 0,79 de longueur, ces canines ont 0,017, elles sont à peu près aussi grandes que le diamètre de l'œil ; entre les longues canines antérieures, il y a, sur le bord interne de chaque intermaxillaire, une dent beaucoup moins développée; ces deux petites canines intermédiaires manquent souvent chez les sujets de grande taille, et il reste, sur le devant de la mâchoire, une espèce de brèche, un assez large espace complétement vide; derrière ces canines, il existe une rangée interne de dents assez petites, au nombre de dix à douze, cette rangée se porte plus loin sur les côtés que la rangée antérieure; chez un Anarrhique de grande taille, je n'ai trouvé que trois dents sur chaque côté, deux fortes canines en avant et une plus courte en arrière, c'était la seule qui restât de la rangée interne. L'intermaxillaire est court; le maxillaire supérieur est complétement caché sous les téguments. La valvule de la mâchoire supérieure est large en avant et se prolonge assez loin sur les côtés. Le vomer est garni d'une espèce de plaque oblongue, constituée par une série de grosses dents tuberculeuses et courtes, en forme de pavés, plus larges en arrière. Les dents palatines sont également sur deux rangées, elles sont fortes, coniques, parfois mousses et assez courtes. La mâchoire inférieure porte en avant une première rangée de six dents crochues, les dents du milieu sont moins longues que les autres, elles manquent assez souvent chez les vieux individus; les autres dents sont aussi développées que celles de la mâchoire supérieure; la série interne est composée de quatre dents assez courtes; de chaque côté il y a une rangée, double en avant, simple en arrière, de dents grosses, fortes, correspondant aux dents palatines. Les dents ne sont pas enfoncées dans des alvéoles, mais elles sont portées sur des espèces de pédoncules osseux larges et courts, semblables à ceux qu'on trouve dans certains autres poissons; ce mode d'implantation des dents ne paraît pas aussi rare que le suppose Valenciennes. Les dents pharyngiennes sont coniques.

Comme la plupart des Blennies, l'Anarrhique a les yeux à peu près arrondis. L'iris est jaunâtre. Le diamètre de l'œil est compris environ sept fois et demie dans la longueur de la tête, il ne mesure pas tout à fait la moitié de l'espace préorbitaire, il est d'un septième moins grand que l'espace interorbitaire. Les sous-orbitaires sont cachés sous la peau. Des pores assez larges sont disposés en ligne régulière autour de l'œil.

Les orifices des narines sont arrondis ; l'orifice postérieur est assez large, il est bordé d'un bourrelet de moyenne épaisseur, il est placé plus près de l'orbite que du bout du museau ; l'orifice antérieur est plus étroit.

La fente branchiale est grande ; les pièces operculaires sont peu distinctes, l'angle postérieur de l'opercule est assez développé, il se porte près de la base de la pectorale. Les rayons branchiostèges sont au nombre de sept. Nous l'avons indiqué, des lignes de pores se montrent sur les joues et sur les pièces operculaires.

Il n'y a pas de ligne latérale nettement marquée.

La dorsale commence un peu en avant de la base des pectorales, elle va jusqu'à la racine de la caudale à laquelle elle est légèrement unie par sa membrane terminale ; elle occupe toute la longueur du dos ; elle est régulière ; sa plus grande hauteur fait un peu moins de la moitié de la hauteur du tronc ; elle compte environ soixante-quinze rayons, tous simples et flexibles ; elle est d'une teinte gris-brunâtre avec des lignes noirâtres. L'anale commence vers la fin de la première moitié de la longueur totale, elle cesse un peu avant la dorsale, sa membrane n'atteint pas la base de la caudale ; elle est moitié moins haute que la dorsale ; elle est composée de trois espèces de rayons, le premier est simple, les trente-cinq ou trente-six qui suivent sont articulés, les neuf ou dix derniers sont légèrement branchus. La caudale arrondie fait le douzième de la longueur totale ; elle a un ou deux petits rayons en dessus et en dessous et quinze grands rayons branchus. Les pectorales sont arrondies, larges et longues, elles font le septième ou le huitième de la longueur totale ; elles sont insérées par une large base sur le tiers inférieur de la hauteur du tronc ; elles sont composées de dix-neuf rayons. Les ventrales manquent complétement. L'anale, la caudale et les pectorales sont d'un gris brunâtre.

Br. 7. — D. 75; A. 46; C. 1 ou 2/15/2 ou 1; P. 19.

Le système de coloration est d'un gris jaunâtre ou verdâtre
avec des points brunâtres chez les jeunes; la teinte est plus
foncée chez les grands individus, le corps, marqué d'un pointillé noirâtre, porte huit à dix bandes brunâtres, assez larges,
qui descendent verticalement de la région dorsale sur les côtés.

Habitat. L'Anarrhique est un poisson des mers du Nord, il est très-rare
sur nos côtes. Il est pêché quelquefois dans la Manche, Boulogne (Bouchard-
Chantereaux); le Havre (Lennier). De la Pylaie le cite parmi les poissons de
l'Océan qu'il a observés en 1832-1833. Lemarié l'indique dans son Catalogue
des Poissons de la Charente-Inférieure, etc.; enfin, A. Lafont dit qu'un de ces
animaux a été pris « en 1869, dans les parages d'Hourtins. » (A. Laf., *Note
pour servir à la Faune de la Gironde.*) Ul. Darracq le mentionne dans son
Catalogue des Poissons des environs de Bayonne.

Proportions : long. totale, 0,79; tronc, haut. 0,159, épais. 0,067.

Tête, long. 0,155, haut. 0,130. — Œil, diam. 0,020, esp. préorbit. 0,050,
esp. interorbit. 0,023.

Les Blenniidés, excepté l'Anarrhique et le Zoarcès, qui semblent, pour ainsi
dire, des égarés sur nos côtes, sont de taille peu développée; ils se tiennent
près du rivage, dans les endroits rocailleux; ils sont excessivement voraces
et font une chasse active aux autres animaux, crustacés, mollusques, etc. La
plupart d'entre eux ont la vie très-dure, ils peuvent rester longtemps hors
de l'eau sans périr. Ils se défendent avec vigueur contre les attaques de leurs
ennemis; le nom de *Mordocet*, donné au Pholis, rappelle qu'il sait fort bien
se servir de ses dents aiguës contre la main qui veut le saisir. Sur nos
plages de l'Ouest, ces poissons ne sont pas recherchés, et pour se les procurer
il est souvent nécessaire d'aller soi-même les prendre à marée basse; il n'en
est pas de même sur les côtes de la Méditerranée. Dans certains endroits, à
Cette par exemple, le Blennie paon, le Blennie papillon sont pêchés en assez
grande abondance et vendus pour la consommation. Le Blennie paon est
souvent apporté vivant sur le marché; il peut être conservé très-longtemps
dans un aquarium, il montre une parure si brillante, il a des mouvements si
souples, si gracieux, qu'on ne se lasse guère de l'admirer. Il est inutile de rappeler que la Cagnette se trouve dans les eaux douces; rarement j'ai vu le
système de coloration subir des modifications aussi marquées, présenter des
changements aussi rapides que chez ce Blennie, suivant la teinte du vase dans
lequel on le place; ces phénomènes si curieux sont dus, nous le savons, à
l'influence que subissent les chromatophores.

Famille des Callionymidés, Callionymidæ, Bp.

Corps allongé, déprimé, cunéiforme; peau lisse et nue. Vertèbres au nombre d'une vingtaine. Anus avancé.

Tête plus large que le corps, oblongue, triangulaire, aplatie; bouche petite, horizontale; mâchoire supérieure très-protractile, plus longue et plus large que la mandibule; petites dents en velours ou en cardes très-fines aux deux mâchoires; palais lisse.

Yeux très-rapprochés l'un de l'autre, plus ou moins tournés en haut, couverts par la peau.

Appareil branchial; ouverture des ouïes petite, arrondie ou ovale, placée vers la nuque, avec un repli de la peau faisant une espèce de valvule plus ou moins complète. Les pièces operculaires ne sont pas distinctes, elles sont en grande partie enveloppées par la peau; le préopercule envoie en arrière un prolongement osseux, espèce d'apophyse, d'éperon qui porte trois ou quatre pointes ou épines; trois de ces épines (quelquefois deux? CBp.) sont dirigées en haut, la dernière, quand elle existe, est tournée en avant, suivant l'axe du prolongement ou du bord inférieur du préopercule; c'est en raison de cette disposition du préopercule que C. Duméril a placé le genre Callionyme parmi les Trachinoïdes. Rayons branchiostéges au nombre de six. Fausses branchies.

Ligne latérale droite, rapprochée du dos; le canal latéral (tube muqueux de certains auteurs) passe sous une série d'arcades très-étroites, formant à peu près les trois quarts d'un tube aplati ou plutôt des espèces de C.

Nageoires; deux dorsales, la première avancée, à trois ou quatre rayons simples; la seconde dorsale et l'anale à rayons peu nombreux, pas plus d'une dizaine, articulés et simples, excepté le dernier qui est généralement divisé en deux; caudale plus ou moins allongée, non échancrée; ventrales jugulaires, aussi ou plus développées que les pectorales, écartées l'une de l'autre, composées de cinq rayons mous et d'une petite épine.

Vessie natatoire nulle.

Il y a souvent de grandes différences entre les mâles adultes et les jeunes mâles ou les femelles.

Cette famille est formée d'un seul genre.

GENRE CALLIONYME — *CALLIONYMUS*, Linn.

Caractères de la famille.

Le genre Callionyme se compose de quatre espèces.

<table>
<tr><td rowspan="8">1re dorsale à</td><td rowspan="6">4 rayons.
2e dorsale
à</td><td rowspan="4">9 ou 10 rayons.
Taches argentées
sur le corps</td><td>nulles........</td><td>1. C. LYRE</td></tr>
</table>

1re dorsale à
- 4 rayons. 2e dorsale à
  - 9 ou 10 rayons. Taches argentées sur le corps
    - nulles........ 1. C. LYRE
    - plus ou moins nombreuses. 2. C. TACHETÉ.
  - 6 ou 7 rayons................. 3. C. LACERT.
- 3 rayons................................. 4. C. BÉLÈNE.

LE CALLIONYME LYRE — *CALLIONYMUS LYRA*, Linn.

Mâle adulte.

Syn. : CALLIONYMUS LYRA. Linn., p. 433, sp. 1 ; Bloch, pl. 161 ; CBp., *Cat.*. n° 649 ; Günth., t. III, p. 139 ; Canestr., *Fn. Ital.*. p. 179.
DOUCET ou SOURIS DE MER. Duham., *Pêch.*, part. 2, sect. 5, p. 114, pl. 10, fig. 1.
LE CALLIONYME LYRE. Callionymus lyra, Lacép., t. VII, p. 193 ; Cuv. et Valenc., t. XII, p. 266, *Rég. an. ill.*, pl. 82, fig. 1 ; Guichen., *Expl. Algér.*, p. 78.
THE GEMMEOUS DRAGONET, Yarr., t. II, p. 310.
YELLOW SKULPIN, Couch, t. II, p. 173.

N. Vulg. : Chiqueur et Chiqueux, Dieppe ; Lavandière, Fécamp ; Six-deniers, au Havre ; Savary, Caen ; Cornard, Bretagne ; Savary, Doucet, Poitou.
Long. : 0,25 à 0,30.

Ce beau poisson a le corps allongé ; la longueur fait douze à quatorze fois la hauteur et six à sept fois la largeur. L'anus est à peu près au milieu de la distance qui sépare le museau de la base de la caudale.

La tête est oblongue, triangulaire, aplatie, développée ; elle est beaucoup plus grande chez les adultes que chez les femelles et chez les jeunes mâles. Sa longueur est, chez les mâles adultes, comprise trois fois et demie dans la longueur totale, et quatre fois dans les mâles non adultes. Le museau est avancé. La bouche est plus ou moins ouverte, mais elle n'est jamais fendue jusqu'au-dessous du bord antérieur de l'orbite ; les lèvres sont minces, mais larges. La mâchoire supérieure est très-protractile, elle déborde la mâchoire inférieure ; à l'état de rétraction, elle est en grande partie cachée par les sous-orbitaires antérieurs et par la membrane qu'ils soutiennent. Les dents, en cardes fines, nombreuses et serrées, forment une bande assez large sur chacune des mâchoires. La langue est très-mince, à bord libre, comme tranchant.

Les proportions de l'œil varient suivant le développement des animaux. Chez les mâles adultes, le diamètre de l'œil est compris cinq fois et un tiers dans la longueur de la tête, il ne fait pas la moitié de l'espace préorbitaire ; chez les mâles de grande taille, mais non encore adultes, il fait le cinquième de la longueur de la tête et un peu plus de la moitié de l'espace préorbitaire ; dans les mâles de petite taille, ayant 0,06 à 0,07 de longueur, il mesure le quart de la longueur de la tête, il est à peine moins grand que l'espace préorbitaire.

Quant à la narine, elle ne paraît avoir qu'un seul orifice, étroit, bordé d'un petit bourrelet placé sur le tiers ou le quart postérieur de l'espace préorbitaire.

Il est inutile de rappeler la disposition de l'ouverture branchiale. Le préopercule se termine par une espèce d'éperon armé de quatre pointes ainsi placées : il y a deux pointes divergentes tournées en haut, une pointe terminale ou postérieure dirigée un peu obliquement en haut ; enfin une quatrième pointe partant du bord inférieur et externe du prolongement préoperculaire, se porte en avant. L'éperon est de grandeur variable, mais il est toujours moins long que le diamètre de l'œil, surtout chez les adultes.

La ligne latérale apparaît vers le bord supérieur de l'orifice branchial, s'incline légèrement, puis se continue directement jusqu'à la caudale.

La première dorsale commence au-dessus de la base des pectorales ; elle a quatre rayons. Le premier rayon est de longueur très-différente suivant le sexe ou le développement des animaux : chez les mâles adultes, il dépasse souvent en arrière les rayons de la seconde dorsale, il fait la moitié et plus de la longueur totale ; dans les mâles de grande taille, mais non encore adultes, il mesure le tiers de la longueur totale, il est beaucoup plus haut que la seconde dorsale ; dans les tout jeunes mâles, il

est très-court, beaucoup plus bas que la seconde dorsale. Le
deuxième rayon est plus ou moins développé, mais il est, chez
les adultes, toujours beaucoup moins allongé que le premier.
La seconde dorsale est rapprochée de la première ; elle occupe
à peu près le quart de la longueur totale ; elle compte neuf rayons :
chez les mâles adultes le dernier rayon, quand il est couché,
atteint la base de la caudale, il est beaucoup plus allongé que
les rayons antérieurs ; dans les mâles non adultes les rayons sont
à peu près égaux. Anale à peu près aussi longue, mais moins
haute que la seconde dorsale, commençant et finissant plus en
arrière ; elle se compose de neuf rayons, le dernier rayon, chez
les mâles adultes, est très-allongé, il va jusqu'à la caudale. La
caudale est, on peut dire, coupée carrément, ses dix rayons sont
presque tous égaux ; elle est longue, sa longueur fait, chez les
mâles non adultes, le cinquième de la longueur totale, un peu
plus chez les adultes. Les pectorales sont larges, à rayons médians
un peu plus allongés que les autres et dessinant une petite pointe ;
leur longueur est comprise six fois et demie à sept fois dans la
longueur totale ; elles se composent de dix-neuf ou vingt rayons.
Les ventrales sont très-larges, très-écartées l'une de l'autre ; elles
sont insérées sur une ligne longitudinale, en avant des pectorales auxquelles elles sont unies par une petite membrane ; l'é-
pine est faible, mais les rayons mous sont très-développés ; beaucoup plus longs que ceux de la pectorale, ils mesurent le sixième
de la longueur totale.

D. 4 — 9 ; A. 9 ; C. 10 ; P. 19 ou 20 ; V. 1/5.

La première dorsale est de teinte orangée, elle porte à la base
de larges taches lilas, à bordure sombre ou violette, et des bandes
longitudinales de même couleur dans les espaces intraradiaires ;
la seconde dorsale est également orangée ou d'un gris jaunâtre
assez pâle, avec trois ou quatre bandes longitudinales ou rangées de taches lilas à bordure violacée. L'anale est d'un blanc
grisâtre vers la base, elle est noirâtre dans le reste de son étendue. La caudale est noirâtre, marquée de taches sur les rayons

et les espaces intraradiaires. Les pectorales sont d'un gris très-pâle, elles ont les rayons jaunâtres. Les ventrales sont noirâtres avec des taches arrondies d'un lilas plus ou moins violacé.

Le dessus du corps est d'un jaune orangé, orné de taches lilas, à bordure violacée, plus ou moins larges, assez longues, parfois confluentes; chez quelques animaux, la teinte générale est lilas ou violet-clair avec des taches jaunâtres et brunâtres; le dessous du corps est blanc ou d'un gris très-clair. La tête et les pièces operculaires portent des taches lilas plus étroites, formant des lignes vers le museau; une tache violette ovale ou composée de deux ovales de grandeur différente, le plus petit ovale étant placé en arrière; une tache ovale, disons-nous, se remarque sur la région moyenne du crâne, parfois cette tache s'avance un peu dans l'espace interorbitaire; elle est aussi très-marquée chez les jeunes, comme on peut le voir dans la figure donnée par Lesueur. (*Bull. scienc. Soc. philom.*, 1814, pl. I, fig. 17.)

Femelle.

Syn. : Doucet femelle. Duham., *Pêch.*, part. 2, sect. 5, pl. 10, fig. 6.
Callionymus dracunculus, Bloch, pl. 162, fig. 2.
Le Callionyme dragonneau, Callionymus dracunculus, Lacép., t. VII, p. **198**;
(C. dragonnet), Cuv. et Valenc., t. XII, p. 274; Guichen., *Expl. Algér.*, p. 79.
The Sordid Dragonet, Yarr., t. II, p. 315.
Dusky Sculpin, Couch, t. II, p. 178.

N. vulg. : Doucet, Sèche, Cherbourg; Dragon, Dragonnet, Poitou.
Long. : 0,20 à 0,25.

Chez la femelle les proportions du corps sont à peu près les mêmes que chez le mâle adulte, mais les proportions de la tête sont différentes. La tête est plus courte dans la femelle, sa longueur fait le quart de la longueur totale.

Les yeux sont un peu plus grands que dans le mâle; le diamètre de l'œil mesure le cinquième de la longueur de la tête et la moitié au moins de l'espace préorbitaire.

Le premier rayon de la première dorsale ne fait guère que le dixième de la longueur totale, il est moins élevé que le premier rayon de la seconde dorsale; le dernier rayon de la seconde dorsale et le dernier de l'anale n'atteignent pas la caudale.

Les deux derniers rayons de la première dorsale sont noirâtres, parfois même le second, il n'y a d'orangé que le premier espace intraradiaire. La coloration est moins brillante que dans le mâle, elle est jaunâtre avec des taches d'un lilas grisâtre ou plutôt brunâtre, quelquefois même d'une teinte noirâtre. Une tache ovale violette se montre, comme chez le mâle, sur le milieu du crâne ; elle est parfois assez irrégulière.

Jeune.

Syn. : LE CALLIONYME ÉLÉGANT, Callionymus elegans. Lesueur, *Bulletin des sciences par la Société philomatique de Paris*, 1814, p. 6, pl. 1, fig. 17.
LE CALLIONYME DE LESUEUR, Callionymus Sueurii, Cuv. et Valenc., t. XII, p. 291.

Long. : 0,05 à 0,07.
Nous allons donner seulement un extrait de la note insérée dans le *Bulletin de la Société philomatique.*

« Ce poisson n'a guère plus de sept centimètres de longueur.

« Il diffère particulièrement du *C. Risso* par le nombre des rayons de la première dorsale qui est ici de quatre, tandis qu'il n'est que de trois dans le premier poisson. » (*C. Risso.*)

D. 4 — 9 ; A. 9 ; C. 10 ; P. 19 ; V. 6.

« Son corps est agréablement varié de dessins ocellés, assez réguliers, d'une couleur blanchâtre sur un fond brun. » Lesueur, dans la figure 17, a très-bien indiqué la tache qui se trouve sur la tête, en arrière des yeux.

« M. Lesueur a trouvé ce Callionyme près du Havre, sur des fonds sableux. » (A. D.)

Habitat. Manche, assez commun, Picardie ; plus commun en Normandie ; le Havre, très-commun aux mois de juin, juillet, août ; Cherbourg, commun ; assez commun, Bretagne. Océan, moins commun, Bretagne, baie d'Audierne ; assez rare entre la Loire et la Gironde ; golfe de Gascogne, Arcachon, Bayonne, assez rare. Méditerranée, très-rare ; grâce à l'obligeance d'un soigneux correspondant, je l'ai reçu plusieurs fois de Cette. Au mois de février 1876, trois magnifiques spécimens m'ont été envoyés de Cette, trois mâles ; le plus grand mesure près de 30 centimètres (0,299), les deux autres ont une taille à peine moindre (0,282) ; ces Callionymes ont été pris à la pêche aux bœufs.

Proportions : *Mâle adulte* ; long. totale 0,280 ; tronc, haut. 0,020, larg. 0,040.

Tête, long. 0,080, haut. 0,025, larg. 0,052. — Œil, diam. 0,015, esp. préorbit. 0,036. — Éperon, long. 0,009.

1re dorsale. 1er rayon, long. 0,148 ; 2e dorsale, 1er rayon, long. 0,037. dernier rayon. long. 0,058.

Mâle non adulte : long. totale 0,250 ; tronc, haut. 0,019, larg. 0,034.

Tête, long. 0,063. haut. 0,025, larg. 0,045. — Œil, diam. 0,013, esp. préorbit. 0,022. — Éperon, long. 0,007.

1re dorsale. 1er rayon, long. 0,084 ; 2e dorsale, 1er rayon, long. 0,032, dernier rayon, long. 0,032.

Femelle ; long. totale 0,230 ; tronc. haut. 0,019, larg. 0,036.

Tête, long. 0,057, haut. 0,021, larg. 0,045. — Œil, diam. 0,011, esp. préorbit. 0,020. — Éperon, long. 0,006.

1re dorsale, 1er rayon, long. 0,023 ; 2e dorsale, 1er rayon, long. 0,029, dernier rayon, long. 0,030.

Jeune (ou *C. élégant*, Les.) ; long. totale 0,064 ; tronc, haut. 0,0075, larg. 0,011.

Tête, long. 0,017, haut. 0,007, larg. 0,013. — Œil, diam. 0,0047, esp. préorbit. 0,005. — Éperon, long. 0,004.

1re dorsale, 1er rayon, long. 0,004 ; 2e dorsale, 1er rayon, long. 0,010, dernier rayon, long. 0,010.

LE CALLIONYME TACHETÉ
CALLIONYMUS MACULATUS, Rafin.

Syn. : CALLIONYMUS DRACUNCULUS. Brunn., *Ichth. Massil.*, p. 17, n° 28.
CALLIONYMUS MACULATUS, Rafin., *Ind. ittiol. sicil.*, p. 12, sp. 36 ; CBp., *Cat.*, n° 650, *Fn. ital.*. fig., M. F.; Günth., t. III, p. 144, excl. syn. ; Canestr., *Archiv. zool.*, t. II, p. 110, pl. 1. fig. 2, *Fn. Ital.*, p. 178.
CALLIONYME LYRE, Callionymus lyra, Riss., *Ichth.*, p. 103, *Hist. nat.*, p. 262.
LE CALLIONYME GUITARE, Callionymus cithara, Cuv. et Valenc., t. XII, p. 280.

N. vulg. : Mouletto, Lambert, Nice, Riss. ; Moulette, Marseille, Brünn.; Lambert ou Limbert, Marseille, Adans., Valenc.; Pinaou, Cette.
Long. : ♂, 0,08 à 0,11 ; ♀, 0,06 à 0,08.

Chez les mâles, la hauteur du tronc est contenue onze à treize fois dans la longueur totale, neuf fois et demie chez les femelles ; elle fait à peu près la moitié de la largeur.

La tête est développée, sa longueur est comprise quatre fois et quart à cinq fois dans la longueur totale. Le museau est obtus, arrondi, il est relativement plus court que dans le Callionyme lyre. La bouche est assez grande ; la mâchoire supérieure se porte en arrière au delà du bord antérieur de l'orbite.

Le diamètre de l'œil est égal à l'espace préorbitaire, il fait le quart au moins, parfois le tiers de la longueur de la tête. L'iris est d'un bleu foncé. Le prolongement du préopercule est muni de trois ou quatre pointes, moins développées que dans le Callionyme lyre ; l'épine inférieure, à pointe dirigée en avant, manque parfois ; l'éperon est beaucoup moins grand que le diamètre de l'œil, il n'en mesure guère que la moitié.

La première dorsale a quatre rayons ; chez le mâle, le premier rayon est très-mince et très-allongé, il fait les deux cinquièmes de la longueur totale, le double des deux rayons suivants, qui sont plus hauts que le quatrième ; le premier rayon est alternativement brun et blanc vers son insertion, il est blanc dans le reste de son étendue, ainsi que les autres rayons. La seconde dorsale est très-développée ; c'est une espèce de large voile, soutenue par de grands rayons blancs, minces et flexibles ; les rayons de la seconde dorsale sont plus hauts que les trois derniers rayons de la première dorsale, ils font à peu près quatre fois la hauteur du corps. L'anale finit après la seconde dorsale, ses derniers rayons sont assez allongés, ils atteignent presque la caudale. Chez les femelles, la première dorsale est triangulaire, beaucoup moins haute que celle du mâle, sa hauteur est à peu près égale à celle du tronc ; la seconde dorsale, qui n'est pas non plus bien développée, est cependant plus haute que la première ; ses derniers rayons, ainsi que ceux de l'anale, sont courts, ils ne vont pas jusqu'à la caudale. La seconde dorsale a neuf ou dix rayons, l'anale en a huit ou neuf. La caudale est arrondie dans les deux sexes ; sa longueur fait environ le cinquième de la longueur totale, parfois un peu moins, parfois un peu plus. Les pectorales sont assez larges, mais courtes ; elles ont seize rayons. Les ventrales sont d'un tiers plus longues que les pectorales, elles mesurent, comme la caudale, le cinquième environ de la longueur totale.

D. 4 — 9 ou 10 ; A. 8 ou 9 ; C. 13 ; P. 16 ; V. 1/5.

Les dorsales paraissent noirâtres quand elles sont couchées, mais quand elles sont relevées et étendues, elles sont magnifiques, surtout la seconde, chez les mâles ; le fond est d'un gris pâle relevé par des taches noires et des taches d'un blanc laiteux à milieu plus foncé, formant des espèces d'ocelles ovales dans les espaces intraradiaires. Chez les femelles, les dorsales sont pâles, marquées de taches noires et de quelques points nacrés. L'anale est grisâtre, bordée de noir, elle a les rayons noirâtres, parfois sa membrane est complétement brune. La caudale est d'un jaune excessivement pâle avec des points nacrés et du brun sur le bord des rayons. Les pectorales sont pâles, elles portent des taches jaunâtres figurant des espèces de bandes. Les ventrales sont d'un jaune pâle à la base et d'un gris brunâtre à l'extrémité des rayons.

La tête est d'un jaune clair, elle est teintée d'un blanc laiteux sur les côtés et marquée d'un pointillé noirâtre excessivement fin sur le museau, sur les joues et les pièces operculaires ; l'espace préorbitaire et la nuque sont d'un rouge lilas. Le corps est en dessus d'un jaune verdâtre fort pâle, parfois grisâtre avec des nuages jaunâtres plus foncés et un pointillé noirâtre très-fin ; sur les côtés, il y a quelques taches brunes, petites, arrondies, et deux rangées longitudinales de taches nacrées ou plutôt d'un blanc laiteux ; les taches de la bande supérieure sont plus petites, celles de la bande inférieure sont ovales, au nombre de dix ou onze, parfois les taches nacrées sont dispersées sans ordre régulier. Le dessous du corps est d'un blanc rosé très-pâle.

Habitat. Méditerranée, assez rare à Nice ; assez commun à Marseille et à Cette. Il n'a pas encore été signalé sur nos côtes de l'Océan.

Proportions : ♂, long. totale 0,083 ; tronc, haut. 0,007, larg. 0,013.

Tête, long. 0,017, haut. 0,008, larg. 0,014. — Œil, diam. 0,006, esp. préorbit. 0,006. — Éperon, long. 0,003.

1re dorsale, 1er rayon, long. 0,032 ; 2e dorsale, 1er rayon, long. 0,025, dernier rayon, long. 0,012.

LE CALLIONYME LACERT — *CALLIONYMUS DRACUNCULUS.*

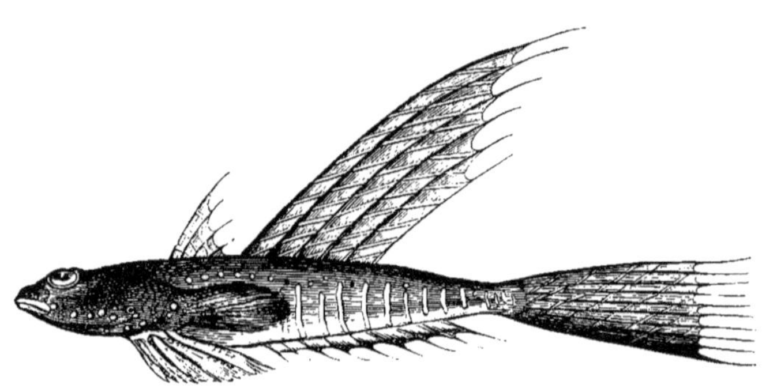

Fig. 99.

Syn. : Du LACERT. Dracunculus, Rondel., liv. X. c. XI, p. 241.
DRACUNCULUS, Gesner, p. 92 ; Willugh., p. 136, pl. H, 6, fig. 3.
COTTUS PINNA SECUNDA DORSI ALBA, Arted., syn., p. 77, sp. 4.
CALLIONYMUS FESTIVUS, Pallas, *Zoograph. Rosso-Asiat.*, t. III, p. 146 ; Nordmann,
Faune pontique, Demidoff, *Voyay. Russie méridion.*, t. III, p. 443, pl. 15 (mâle adulte
et mâle jeune ; Günth., t. III, p. 144.
CALLIONYMUS PUSILLUS, Callionyme nain, Delaroche, *Ann. Muséum*, 1809, t. XIII,
p. 330, *Mém.*, p. 44. fig. 16 ; C. petit, Riss., *Hist. nat.*, p. 264.
CALLIONYMUS ADMIRABILIS, Callionyme admirable. Riss., *Hist. nat.*, p. 264, fig. 11.
LE CALLIONYME LACERT, Callionymus lacerta. Cuv. et Valenc., t. XII, p. 286 ; Guichen.,
Erpl. Algér., p. 79.
CALLIONYMUS DRACUNCULUS, CBp., *Cat.*, n° 651, *Fn. ital.*, M. et F. ; Canestr., *Fn. Ital.*,
p. 178.

N. vulg. : Lambert, Nice.
Long. :   0,009 à 0,011, très-rarement 0,14 ; ♂, 0,07 à 0,10.

Ce Callionyme est un de nos plus jolis poissons ; il a des
formes élancées, une coloration variée. Le corps est cunéiforme,
ou plutôt il présente la figure d'une pyramide quadrangulaire ;
la hauteur, qui fait à peu près moitié de la largeur, est comprise,
chez les mâles, dix à treize fois dans la longueur totale, et neuf
à dix fois chez les femelles.

La tête est aplatie ; sa longueur est contenue cinq à six fois
dans la longueur totale. Le museau est avancé, presque pointu,
d'où la forme triangulaire que présente la tête, elle est très-

large en arrière, sa largeur fait les trois quarts ou même les quatre cinquièmes de sa longueur.

Le diamètre de l'œil mesure le cinquième de la longueur de la tête, les deux tiers, ou un peu plus, de la moitié de l'espace préorbitaire.

Ainsi que le fait remarquer Rondelet, l'ouverture des ouïes est très-petite et même assez difficile à voir. L'éperon du préopercule est grêle, il est moins grand que le diamètre de l'œil; il porte trois épines terminales; quant à l'épine inférieure, à pointe dirigée en avant, elle paraît toujours manquer, ou du moins je ne l'ai pas trouvée chez les nombreux Lacerts que j'ai eu l'occasion d'examiner.

La ligne latérale est bien marquée.

A l'exception peut-être de la première dorsale, les nageoires impaires sont beaucoup plus développées chez les mâles adultes que chez les femelles; la première dorsale a quatre rayons. Chez les mâles adultes, la première dorsale est triangulaire; son premier rayon, plus allongé que les autres, fait à peu près le double de la hauteur du tronc, les trois quarts et même les quatre cinquièmes de la longueur de la tête chez les sujets de très-grande taille. Les proportions que j'indique ne concordent pas, je le reconnais, avec celles qui ont été données par C. Bonaparte, par Valenciennes : d'après le prince de Canino, le premier rayon de la nageoire ne fait pas les trois quarts de la longueur de la tête ; selon Valenciennes, il n'est pas plus élevé que le tronc sous lui. A quoi tiennent ces différences dans les observations des auteurs que nous venons de citer? Elles proviennent évidemment du développement plus ou moins avancé des animaux; il est probable que le premier rayon n'acquiert toute sa longueur que chez l'adulte, comme dans le Callionyme lyre. La seconde dorsale est très-haute, trapézoïde, à base relativement courte, faisant à peine le neuvième de la longueur totale; elle a ses rayons, surtout les rayons antérieurs, excessivement développés, mesurant la moitié ou peu s'en faut, de la longueur totale; quand elle est couchée, elle arrive parfois en arrière jusqu'au delà de la moitié de la caudale ; elle a six ou plutôt sept rayons. La première dorsale est d'un gris pâle avec trois bandes d'un blanc jaunâtre, bordées de violet foncé ; ces bandes sont parfois effacées. La seconde dorsale est superbe ; c'est une sorte de grande voile de gaze soutenue par des rayons grêles et flexibles, qui se courbent mollement en arrière, que Rondelet comparait aux barbes d'un épi d'orge. Elle est traversée par des bandes obliques, nacrées ou d'un blanc légèrement jaunâtre à bordure violette : ces bandes sont continues, d'après Valenciennes, chez les divers Callionymes que j'ai examinés ; elles sont toujours interrompues à l'approche des rayons, elles sont même disposées, d'un espace intraradiaire à un autre, sur des niveaux différents. La caudale est pointue, lancéolée, très-allongée ; ses rayons médians, beaucoup plus développés que les rayons externes, font parfois plus du tiers de la longueur totale ; la nageoire est ornée de bandes semblables à celles que présente la seconde dorsale, plus ou moins longues, plus ou moins continues ; elle est d'un blanc grisâtre et bordée de noir le plus souvent, quelquefois les rayons inférieurs se montrent seuls d'un brun foncé à leur extrémité. L'anale est longue, à rayons croissant à partir du premier ; le dernier rayon est très-grand, il arrive sur la caudale, quand il est rapproché du corps ; la nageoire est d'un blanc grisâtre, bordée de noir. Les pectorales sont grisâtres. Les ventrales sont pâles avec de petits points nacrés sur les rayons.

Chez les femelles les nageoires verticales, surtout la seconde dorsale et la caudale, sont beaucoup moins développées que chez les mâles. La première dorsale est basse ; la seconde dorsale est un peu plus haute que la première, son dernier rayon, qui est le plus allongé, va jusqu'à la caudale. L'anale est plus haute en arrière. La caudale est arrondie, elle fait le sixième, ou un peu plus, de la longueur totale. La première dorsale est noirâtre ou d'un brun foncé ; la seconde dorsale est d'un gris clair avec plusieurs bandes argentées ; la caudale est marquée de quelques points ou taches d'un brun plus ou moins foncé.

D. 4 — 6 ou 7 ; A. 9 ou 10 ; C. 10 ; P. 16 ; V. 1/5.

Le système de coloration est excessivement joli, surtout dans les mâles ; une teinte grisâtre fait ressortir l'éclat des points et des bandes nacrées qui donnent à ce Callionyme une si brillante parure. Les parties latérales de la tête et la peau qui recouvre les rayons branchiostèges, portent deux ou trois rangées de points argentés, cerclés de noir ; la partie supérieure du corps est marquée de points argentés et de points noirs. Les côtés sont traversés par seize à dix-huit bandes verticales nacrées et bordées de noir ; sur un Callionyme de 0,10, ces bandes ont quatre à cinq millimètres de hauteur sur près d'un millimètre de largeur. Dans les femelles les teintes sont plus ternes, les bandes nacrées sont généralement remplacées par des taches.

Habitat. Méditerranée, assez rare ; Nice, au printemps et dans l'été, sur les plages de galets, les régions sablonneuses, d'après Risso ; Languedoc, on prend, dit Rondelet, ce poisson principalement aux jours caniculaires, il est assez rare.

J'ai reçu de Cette plusieurs très-beaux Lacerts, qui ont été pêchés au mois de juillet. Il paraît que la blessure que ce Callionyme peut faire avec son éperon était assez redoutée : « sa piqueure n'est pas si venimeuse comme celle de l'Araigne. » (Rondelet.)

Proportions : ♂, long. totale 0,144 ; tronc, haut. 0,011, larg. 0,018.

Tête, long. 0,025, haut. 0,012, larg. 0,020. — OEil, diam. 0,005, esp. préorbit. 0,0075. — Éperon, long. 0,003.

1re dorsale, 1er rayon, long. 0,021 ; 2e dorsale, 1er rayon, long. 0,008, dernier rayon, long. 0,046.

LE CALLIONYME BELÈNE — *CALLIONYMUS BELENUS*.

Syn. : De Belenne, Rondel., liv. VII, c. vii, p. 179.

De Blenno vel Belenno, Gesner, *Aquatil.*, p. 146.

Callionyme flèche, Callionymus sagitta, Riss., *Ichth.*, p. 105.

Callionymus belenus, Callionyme belène, Riss., *Hist. nat.*, p. 263.

Le Callionyme bélène, Callionymus belenus, Cuv. et Valenc., t. XII, p. 294.

Callionymus belenus, CBp., *Cat.*, nº 653, *Fn. ital.*, fig. M. et F. ; Günth., t. III, p. 145, excl. syn. part. ; Canestr., *Archiv. zool.*, t. II, p. 112, pl. 1, fig. 1, *Fn. Ital.*, p. 179, excl. syn.

Le Callionyme Risso, Callionymus Risso, Lesueur (ou Le Sueur), *Bulletin des sciences par la Société philomatique de Paris*, 1814, p. 5, pl. 1, fig. 16 ; Cuv. et Valenc., t. XII, p. 293.

CALLIONYMUS MORISSONII, Callionyme de Morisson, M., Riss., *Hist. nat.*, p. 265, fig. 12.

CALLIONYMUS MORISSONII, Canestr., *Archiv. zool.*, t. II, p. 114, pl. 4, fig. 3.

Nous rapportons le Callionyme Morisson, Riss. (non CBp.), au Callionyme belène pour des raisons que nous allons rapidement faire connaître. D'abord la figure 12, donnée par Risso dans son *Histoire naturelle*, est évidemment celle d'un Callionyme belène mâle : la première dorsale n'a que trois rayons, le dernier rayon de la seconde dorsale est très-allongé. Dans l'ouvrage inédit de Lesueur, qu'a bien voulu me communiquer mon savant confrère, le docteur Hamy, est une note accompagnant un très-beau dessin de Callionyme belène mâle fait par notre habile naturaliste, pendant son séjour à Nice (1809). Lesueur, dans cette note, dit qu'il ne croit pas que le Callionyme flèche de Pallas soit le Callionyme qui se trouve dans la Méditerranée, et d'un coup de crayon il efface le nom de *Flèche* que Risso avait attribué au poisson. Plus tard Risso adopte l'opinion de Lesueur, et à la dénomination spécifique de *Flèche* il substitue celle de *Morisson*.

Dans la synonymie qu'il donne du Callionyme belène, Günther commet une erreur des plus graves : il suppose que le *Callionymus elegans* et le *Callionymus Risso* de Lesueur forment une seule et même espèce ; cependant le naturaliste du Havre avait indiqué d'une manière précise les caractères qui distinguent chacun de ces Callionymes, la différence dans le nombre des rayons de la première dorsale, etc. Mais, il faut le dire, Günther n'a ni lu les descriptions ni vu les figures laissées par Lesueur. Au reste, dans la citation qu'il fait, à propos du *Callionymus Rissoi*, tout est inexact, tout, jusqu'au titre même de l'ouvrage qu'il indique d'après Risso.

Il est nécessaire, dans l'intérêt de la science, de signaler cette erreur qui, déjà reproduite par Canestrini, dans sa Faune d'Italie, peut avoir de singulières conséquences : il est permis, d'après une semblable synonymie, de croire que le Belène se trouve au Havre. Qui a jamais vu ce Callionyme dans la Manche ?

N. vulg. : Lambert, Nice.
Long. : 0,06 à 0,08.

Rondelet a parfaitement fait connaître ce Callionyme auquel il donna le nom de Belenne. Ce petit poisson, dit notre vieux naturaliste, est court et gros ; en effet il est de taille ramassée, il est large en avant. La hauteur du tronc, qui est d'un tiers environ moindre que la largeur, est comprise chez les mâles dix fois dans la longueur totale et neuf fois chez les femelles ; le corps est évidemment plus trapu dans les femelles.

Une tête développée, très-large en arrière, donne au poisson une physionomie particulière. La longueur de la tête, qui l'em-

porte d'un tiers sur la largeur, fait le quart de la longueur
totale. Le museau est allongé, effilé dans les mâles, il est relativement court chez les femelles. Les proportions que nous indiquons, prises sur des individus de moyenne taille, n'ont rien
d'absolu.

Le diamètre de l'œil mesure environ le quart de la longueur
de la tête, il est égal, ou peu s'en faut, à l'espace préorbitaire ;
les yeux paraissent un peu moins ouverts chez les femelles.

Il semble que l'orifice branchial soit encore plus arrondi que
dans les autres espèces ; l'éperon du préopercule a trois pointes
terminales, il est mince, allongé, il est à peu près égal au diamètre de l'œil.

Chez les femelles et chez les jeunes mâles, la ligne latérale
est marquée de petits points noirâtres, qui généralement ne sont
plus visibles chez les mâles adultes.

Dans ce Callionyme, ainsi que dans la plupart des autres, on
a d'abord cru trouver, d'après les proportions variables que
présente la seconde dorsale, des caractères suffisants pour faire
du mâle et de la femelle des espèces distinctes. La première
dorsale n'a que trois rayons, elle est très-basse, moins haute que
le tronc, elle est noirâtre, dans la partie supérieure au moins.
La seconde dorsale est sensiblement plus élevée que l'autre, sur
tout dans les mâles ; le dernier rayon, chez les mâles adultes,
est le plus développé, il est aussi long ou plus long que la tête,
et quand il est abaissé, il s'étend jusque sur la caudale ; dans
les jeunes mâles, il est plus allongé que les précédents, mais
n'atteint pas la caudale ; dans les femelles, le dernier rayon est
moins grand que les autres ; la nageoire est grisâtre, teintée de
jaune, de verdâtre et souvent pointillée de noir. L'anale a son
dernier rayon plus allongé chez les mâles adultes que chez les
femelles ; elle est, chez les mâles, bordée de bleu plus ou moins
foncé, le bleu devient noirâtre sur les animaux conservés dans
l'alcool. La caudale est à peu peu près carrée, elle mesure en
viron le sixième de la longueur totale, elle est marquée de points
noirâtres ou parfois couleur rouille, disposés par rangées verti-

cales. Les pectorales sont relativement bien développées, elles font le cinquième de la longueur totale, elles portent plusieurs séries transversales de points orangés. Les ventrales sont blanchâtres.

D. 3 — 8 ou 9; A. 9; C. 10; P. 17; V. 1/5.

J'ai trouvé une fois sept rayons seulement à la seconde dorsale. Chez les mâles, la coloration est d'un gris verdâtre ou jaunâtre avec des points ou des taches d'un rouge jaunâtre; le ventre est blanc. Chez les femelles la teinte est d'un gris plus foncé, jaunâtre avec des points noirs, la première dorsale est peut-être plus foncée que chez les mâles; l'anale est d'une teinte à peu près uniforme, ce caractère suffit pour distinguer les femelles des jeunes mâles, qui portent à la nageoire une bordure d'un bleu plus ou moins foncé.

Habitat. Méditerranée, assez commun, Nice; Cette?

Proportions : ♂, long. totale 0,060: tronc, haut. 0,006, larg. 0,008.

Tête, long. 0,015, haut. 0,006, larg. 0,010. — Œil, diam. 0,004, esp. préorbit. 0,004. — Éperon, long. 0,004.

1re dorsale, 1er rayon, long. 0,005; 2e dorsale, 1er rayon, long. 0,011, dernier rayon, long. 0,016.

♀, long. totale 0,035, tronc, haut. 0,006, larg. 0,009.

Tête, long. 0,014, haut. 0,005, larg. 0,010. — Œil, diam. 0,003, esp. préorbit. 0,0027. — Éperon, long. 0,003.

1re dorsale, 1er rayon, long. 0,004; 2e dorsale, 1er rayon, long. 0,007, dernier rayon, long. 0,004.

Les Callionymes sont, excepté le Belène, des poissons élégants de formes et parés de vives couleurs, mais ils n'offrent guère d'intérêt que pour le naturaliste: ils restent toujours de petite taille, le plus grand d'entre eux, le Callionyme lyre, arrive à peine à 0m,30 de longueur. Ils ne fournissent que très-peu de produit à l'alimentation. Sur les bords de la Méditerranée ils sont vendus pêle-mêle avec d'autres menus poissons. Sur nos côtes de l'Ouest, dans les ports de la Manche principalement, les Callionymes lyres sont, à certaines époques, portés en assez grande abondance sur le marché, au Havre par exemple. Leur chair est légère et de bon goût, d'après Valenciennes; assurément leur chair est blanche, mais elle est très-peu estimée, ainsi que l'indique le nom vulgaire de *Six-deniers* donné aux Callionymes lyres (Havre). Ces poissons vivent de petits mollusques, de crustacés, d'échinodermes.

Famille des Lophiidés, Lophiidæ.

Corps déprimé, large en avant, se rétrécissant d'une façon très-sensible après les pectorales. Peau complétement nue ; sur les côtés, des appendices cutanés plus ou moins frangés. Squelette formé d'un tissu spongieux, de faible consistance ; vertèbres au nombre de vingt-cinq à trente et une.

Tête énorme, aplatie, épineuse, portant deux ou trois tentacules libres, allongés, mobiles, qui sont des rayons détachés de la première dorsale. Bouche très-fendue ; mandibule avancée ; mâchoires armées de dents pointues, plus ou moins mobiles ; palais denté.

Yeux placés sur la tête ; pas de sous-orbitaires.

Narines ; l'organe olfactif est porté sur un pédoncule.

Appareil branchial ; ouverture des ouïes au-dessous de l'insertion des pectorales ; lames respiratoires sur trois arcs branchiaux seulement ; pharyngiens dentés. Six rayons branchiostéges. Pas de pseudobranchies.

Nageoires ; deux dorsales ; rayons antérieurs de la première dorsale isolés et placés très en avant, le premier rayon se trouve vers le bout du museau, il est terminé par une membrane plus ou moins grande ; seconde dorsale à rayons peu nombreux, une douzaine au plus. Pectorales pédiculées, portées sur un avant-bras, ou plutôt, comme le fait remarquer Valenciennes, sur deux os du carpe qui ont pris un développement extraordinaire. Ventrales jugulaires.

Vessie natatoire nulle.

Appareil digestif ; estomac très-grand, intestin court, deux appendices pyloriques. Péritoine noirâtre.

La famille des Lophiidés est représentée par un seul genre.

GENRE BAUDROIE. — *LOPHIUS*, Arted.

Caractéres de la famille.

Le genre Baudroie ne comprend que deux espèces :

<pre>
                          ⎧ faisant moitié de la distance qui la
                          ⎪   sépare de la pointe supérieure
                          ⎪   du coracoïdien............... 1. B. COMMUNE.
Épine coracoïdienne ⎨
                          ⎪ égale à la distance qui la sépare de
                          ⎪   la pointe supérieure du coracoï-
                          ⎩   dien....................... 2. B. BUDEGASSA.
</pre>

LA BAUDROIE COMMUNE — *LOPHIUS PISCATORIUS*, Linn.

Rana marina, Bell., p. 85-88.

De la Galanga, Rondel., liv. XII. c. xix, p. 288.

Rana piscatrix, Willugh., p. 85, pl. E, 1.

Lophius piscatorius, Linn., p. 402, sp. 1 ; Bloch, pl. 87 ; CBp., *Cat.*, n° 655, *Fn. ital.*, fig. ; Günth., t. III. p. 179 ; Canestr., *Fn. Ital.*, p. 151.

De la Grenouille pêcheuse, Duham., *Pêch.*, part. 2, sect. 9, p. 291, pl. 18.

La Lophie baudroie, Lophius piscatorius, Lacép., t. VI, p. 61.

Baudroie pêcheresse, Batrachus piscatorius, Riss., *Ichth.*, p. 47.

Lophius piscatorius, Baudroie commune, Riss., *Hist. nat.*, p. 170.

La Baudroie commune, Lophius piscatorius, Cuv. et Valenc., t. XII, p. 344, pl. 362, *Règ. an. ill.*, pl. 84.

The Angler, Yarr., t. II. p. 388 ; Couch. t. II. p. 204.

N. vulg. : Boudraie, Nice ; Baoüdroï, Cette ; Crapaud, Arcachon ; Baudreuille, île de Ré ; Marache, Loire-Inférieure, Vendée ; Cabot-vorage, Vendée ; Madeleine, Diable, Ange, Cherbourg ; Baudreuil et Vaudreuil, Seine-Inférieure ; Diable de mer, Crapaud de mer, Grenouille pêcheuse, Pescheteau.

Long. : 0,70 à 1,50 et même 2,00.

C'est un animal des plus singuliers que la Baudroie ; sa conformation, ses habitudes, ses instincts ont fait naître des comparaisons, souvent extraordinaires, dans l'imagination des pêcheurs, qui lui ont donné les dénominations les plus pittoresques. Ainsi que le dit Rondelet, dans son naïf langage, ce poisson semble n'être autre chose que tête et queue, il a quelque ressemblance avec les têtards de grenouilles. La partie antérieure de l'animal est très-large, déprimée, en forme de palette ; le corps se rétrécit d'une manière très-sensible après les pectorales. Les proportions exactes sont assez difficiles à indiquer ; chez les sujets d'assez petite taille, la hauteur du tronc est contenue une dizaine de fois dans la longueur totale. Sur les parties latérales du corps se détachent des lambeaux, ou plutôt des appendices cutanés, plus nombreux et plus ciliés que dans la Budegassa. Le nombre des vertèbres est de trente ou trente et une.

La tête est excessivement large, aplatie, déprimée dans sa partie moyenne, concave depuis l'occipital jusqu'à la base du second tentacule ; elle porte en dessus quelques épines assez courtes, et deux ou plus souvent trois tentacules libres, allongés,

très-mobiles, qui sont des rayons détachés de la première dorsale. Sur la mâchoire inférieure et sur les côtés de la tête se
trouvent de nombreux barbillons ou mieux des appendices cutanés. Le museau est large, court. La bouche est énorme, la
distance d'une commissure à l'autre fait les trois quarts de la
plus grande largeur de la tête ; les dents qui garnissent les mâchoires sont toutes mobiles chez les jeunes individus. La mâchoire supérieure est beaucoup plus courte que la mandibule.
L'intermaxillaire présente en avant et en haut une pointe ou
plutôt un tubercule mousse ; il est armé de dents coniques,
crochues, à pointe tournée en arrière, placées sur deux rangées ;
la rangée externe est beaucoup plus longue que la rangée interne, elle occupe presque tout le bord de l'intermaxillaire, les
dents de cette rangée diminuent, d'une façon régulière et peu
sensible, d'avant en arrière ; la seconde rangée est placée sur le
bord interne de l'intermaxillaire dont elle ne garnit pas même
la moitié de la longueur, elle finit un peu en arrière de l'angle
externe du vomer ; les dents les plus fortes de cette rangée sont,
d'avant en arrière, la 3e, la 4e et la 5e, puis les autres vont en
s'amoindrissant, elles sont toutes très-pointues, légèrement crochues, à pointe tournée en arrière, elles restent toujours mobiles, même chez les vieux individus, tandis que les dents de
la rangée externe sont plus ou moins soudées, excepté, nous
l'avons dit, chez les jeunes sujets ; les dents sous une faible
pression se renversent à l'intérieur de la bouche, aussitôt que
l'effort cesse, elles se redressent au moyen d'un mécanisme excessivement simple, elles portent, à la partie interne de leur
base, une espèce de ligament élastique qui fait l'office d'un
ressort.

Sur le bord interne de la mâchoire inférieure s'attache une
membrane, qui s'étend aussi loin en arrière que la rangée de
dents ; elle est haute en avant, de même teinte que la peau, grisâtre avec des taches noires ; cette membrane paraît jouer un
double rôle, elle semble tout à la fois protéger la muqueuse
buccale lorsque les dents s'abaissent et fermer la bouche lors du

passage de l'eau par les fentes intrabranchiales. La mandibule est avancée, elle présente, comme l'autre mâchoire, deux rangées de dents coniques, crochues ; les dents de la rangée externe sont plus courtes que les autres, les dents de la rangée interne sont longues, très-mobiles, elles se renversent en dedans. L'articulaire est armée d'une épine à pointe dirigée en dehors et en avant. Le chevron du vomer est large, lisse en avant, il porte seulement, sur chacun de ses angles latéraux, une, deux, rarement trois petites dents coniques. Les palatins ont une rangée de sept ou huit dents, quelquefois dix ; la dent antérieure est ordinairement la plus forte ; les palatins sont munis, en avant et en haut, de deux pointes épineuses qui limitent, avec le pédoncule de la narine, une espèce de petit triangle isocèle.

Les yeux sont placés sur le dessus de la tête, dans un plan à peu près horizontal ; ils manquent de paupières. Leurs proportions, très-variables, ne peuvent guère être indiquées ; dans un jeune animal, le diamètre de l'œil est compris quatre fois et un tiers dans la longueur de la tête. Le sourcil est épineux ; à l'angle postérieur et supérieur de l'orbite s'élève un tubercule qui se bifurque et forme deux épines ; sur le bord supérieur de l'orbite se trouve une éminence assez mince, échancrée dans son milieu et donnant naissance à deux épines, l'épine postérieure est un peu plus longue et plus pointue que l'autre ; en avant de cette éminence est une crête assez large, rugueuse, qui va jusqu'au niveau du second tentacule.

Un peu en dedans des épines du palatin, assez près du bout du museau par conséquent, sont placées les narines ; l'organe olfactif est porté sur un pédoncule légèrement renflé avant son extrémité libre, qui est percée de deux petits orifices.

L'ouverture de l'ouïe est très-reculée, elle est située au-dessous de la pectorale, elle se prolonge même en arrière au delà de l'articulation de la nageoire ; elle est très-éloignée de celle du côté opposé. L'os hyoïde, ou plutôt le premier segment hyoïdien, présente la même conformation que dans les autres Chorignathes, il porte six rayons branchiostèges excessivement

allongés, quelques-uns de ces rayons dépassent l'insertion de la
pectorale. Les arcs branchiaux ne sont garnis sur leur côté interne ni de tubercules denticulés, ni d'appendices lamelliformes,
ils sont complétement lisses ; les trois premiers arcs seulement
portent des lamelles respiratoires; le quatrième arc est nu, il
laisse, entre lui et le précédent, une fente très-allongée, facile
à voir, bien que la disposition anatomique n'ait pas été recon-
nue par quelques auteurs ; cette fente doit exister, puisque le
troisième arc branchial est pourvu d'une double série de lamelles respiratoires. La chaîne des osselets médians manque
entièrement ; il n'y a ni os lingual, ni os sous-hyoïdien ; de
l'absence de ces diverses pièces, il résulte que les fentes intrabranchiales commencent à peu près sur la même ligne et que
les os pharyngiens inférieurs sont portés très en avant. Le quatrième arc branchial se prolonge antérieurement beaucoup plus
loin que les autres, il suit le bord externe de l'os pharyngien inférieur et vient, en avant de l'angle des pharyngiens inférieurs,
se réunir à celui du côté opposé au moyen d'un ligament très-
solide. Les pharyngiens inférieurs sont fort développés, ils présentent la figure d'un triangle très-allongé à côté externe légèrement courbe ; ils ont, sur la moitié antérieure de leur bord
interne et de leur bord externe, une rangée plus ou moins régulière de dents fortes, crochues, à pointe dirigée en arrière. Les
pharyngiens supérieurs sont munis de dents alignées d'une façon
plus ou moins symétrique, celui du milieu montre, dans les
jeunes animaux, trois rangées de dents, qui sont mobiles, crochues, à pointe dirigée en arrière.

Certaines pièces operculaires ont subi de singulières modifications. L'opercule n'est constitué, pour ainsi dire, que par une
tige osseuse allongée, aplatie en dedans, à face externe relevée
par une arête, qui lui donne l'apparence d'une lame triangulaire, terminée en bas par une pointe aiguë ; vers le haut de son
bord postérieur, l'opercule porte une petite apophyse pointue
ou plutôt une épine dirigée en bas et en arrière, à laquelle se
fixe un ligament, qui vient, en suivant le même sens, se perdre

dans l'aponévrose formant la paroi externe de la chambre branchiale. Le sous-opercule est composé de deux parties ; sa branche ascendante, espèce d'apophyse à direction oblique de bas en haut et de dehors en dedans, est une lame mince, étroite, collée, sur une certaine étendue, au côté interne de l'opercule qu'elle dépasse en avant ; le corps du sous-opercule, ou sa partie horizontale et élargie, présente, à la région antérieure, deux épines saillantes, l'une qui se porte tout à fait en dehors et en haut, un peu en avant de la pointe inférieure de l'opercule, l'autre, qui continue le bord inférieur du sous-opercule, va d'arrière en avant ; elle est crochue, à pointe légèrement relevée. Au-dessus de cette dernière épine s'en trouve une troisième, qui ne fait pas saillie au dehors, mais donne insertion à un ligament. La partie postérieure du préopercule se divise en une vingtaine de rayons allongés, qui forment éventail et soutiennent la paroi externe de la chambre branchiale. L'interopercule est à peu près triangulaire ; son bord antérieur est, en grande partie, caché par le préopercule ; de son angle postérieur part une épine crochue, dirigée en dehors et un peu en avant. Le préopercule est assez étroit, allongé, triangulaire, son bord antérieur est une crête mince et saillante. Selon Valenciennes, l'arête du préopercule porte deux épines vers le bas, c'est une erreur ; ces deux épines sont placées sur le bord externe de l'hypotympanique ; l'une, la plus forte, est à la partie inférieure de l'os, vers son articulation avec la mâchoire inférieure, elle est séparée de l'autre épine par une échancrure assez large ; la seconde épine est à peu près sur le milieu du bord externe de l'hypotympanique, elle est dirigée en dehors et en haut.

Dans la Baudroie, la première dorsale présente une disposition particulière, sa partie antérieure, qui est insérée sur la tête, est destinée à remplir des fonctions nouvelles, sa partie reculée, qui est en rapport avec la colonne vertébrale, conserve l'apparence et continue l'office d'une véritable nageoire. La portion céphalique de la dorsale est composée de trois rayons isolés, qui ont été nommés *filets pêcheurs* et ont été décrits avec détail par

Bailly (*Ann. sc. nat.*, 1824, t. II, p. 323). Les deux premiers
rayons sont très-avancés, ils sont articulés sur une pièce osseuse
impaire que Bailly appelle *porte-filet* et qui, en somme, est formée par la réunion de deux osselets interépineux. La partie antérieure du porte-filet, écrit Bailly, se termine supérieurement
par un anneau vertical, qui reçoit un autre anneau appartenant
au premier filet absolument comme les anneaux d'une chaîne
de montre se reçoivent réciproquement. Le premier filet ou tentacule est placé vers le bout du museau, entre les narines, il est
très-allongé, il atteint, chez une Baudroie, pesant 7 kilogrammes,
plus de 0^m.54 de longueur ; chez un jeune animal mesurant
0^m.35, il fait plus du tiers de la longueur de la tête : il est terminé par une membrane très-développée en fer de lance d'une
assez grande largeur. La base ou extrémité articulaire du rayon
figure une espèce d'anneau chez les très-grands individus, elle
forme chez les jeunes les segments d'un cercle qui tend à se fermer de plus en plus. Ce mode d'articulation permet les mouvements les plus variés. Le second filet est rapproché du premier,
il est placé bien en avant des yeux, il est moins allongé que le
premier, terminé le plus souvent en pointe, il a une articulation
très-mobile. Le troisième rayon est très-reculé sur le crâne, il
est vers le commencement de la région occipitale ; il est porté
sur un petit interépineux isolé ; il est relativement assez court ;
il se termine en pointe. La seconde partie de la dorsale se compose de trois rayons assez grêles, simples, insérés sur la région
antérieure du tronc. La seconde dorsale est opposée à l'anale,
elle est soutenue par des rayons mous plus nombreux que dans
l'autre espèce, elle en a douze ordinairement. L'anale a une dizaine de rayons. La caudale est à peu près carrée, elle ne compte
que huit rayons.

La surscapulaire manque entièrement ; le scapulaire s'articule
directement avec le crâne par son extrémité supérieure, il est
aplati, sans épine, c'est une espèce de lame ovale, allongée, un
peu convexe sur sa face antérieure, il est en rapport avec le
coracoïdien par les trois quarts de sa face postérieure. Le cora-

coïdien (*huméral*, Cuv.; *furculaire*, Geof. Saint-Hil.) est très-développé, il est fortement uni, par son extrémité inférieure et antérieure, à celui du côté opposé; il est armé, à sa partie supérieure, d'une épine, ou plutôt il commence par une pointe qui fait saillie au-dessus du bord supérieur du scapulaire; il porte, au-dessus du pédoncule de la pectorale, une épine, une apophyse munie de trois pointes ou épines secondaires; cette épine est beaucoup moins développée que dans la Budegassa, elle fait environ la moitié de la longueur de l'espace, qui la sépare de la pointe supérieure du coracoïdien. Le pédoncule de la pectorale est constitué par deux os très-allongés, qui ont été pris d'abord par Cuvier et par Geof. Saint-Hilaire pour le radius et le cubitus, et que plus tard Valenciennes a considérés, avec raison, comme des os du carpe; en effet, sur la partie interne et postérieure du coracoïdien est fixée une pièce qui, malgré son peu de développement, représente le squelette de l'avant-bras. C'est principalement sur la partie élargie du grand os (*cubitus*, Geof. Saint-Hil.) que s'articulent les rayons de la pectorale, qui sont au nombre de vingt-trois ou vingt-quatre; la nageoire fait environ le septième de la longueur totale. L'os pelvien, par son extrémité antérieure, vient s'attacher sur le coracoïdien correspondant, sans se rapprocher de son congénère; à sa région postérieure, il s'aplatit, présente une large base triangulaire dont l'angle interne s'unit à celui du côté opposé, et dont l'angle externe donne insertion, ainsi que le bord externe, à la nageoire ventrale. Les os du bassin et les ventrales allongées forment une espèce de II majuscule; les angles internes constituent la barre transversale. Les ventrales ont cinq rayons mous et une petite épine; elles sont placées très en avant, sous la gorge, elles sont rapprochées l'une de l'autre, elles soutiennent la tête, elles servent à la progression.

D. 1 + 1 + 1 + 3 — 10 à 12; A. 10 ou 11; C. 8; P. 23 ou 24; V. 1/5.

Le système de coloration est d'un brun olivâtre en dessus, gris blanchâtre ou blanc sale en dessous.

Habitat. La Baudroie se trouve sur toutes nos côtes: elle est commune dans la Manche et dans l'Océan; elle est très-commune dans la Méditerranée, je l'ai vue surtout en grande abondance à Cette et à Marseille.

Afin de rendre plus facile et plus nette la comparaison de certains caractères spécifiques, nous donnons, après l'histoire de la Budegassa, les proportions que nous avons relevées sur chacune de nos Baudroies.

LA BAUDROIE BUDEGASSA — *LOPHIUS BUDEGASSA*, Spinola.

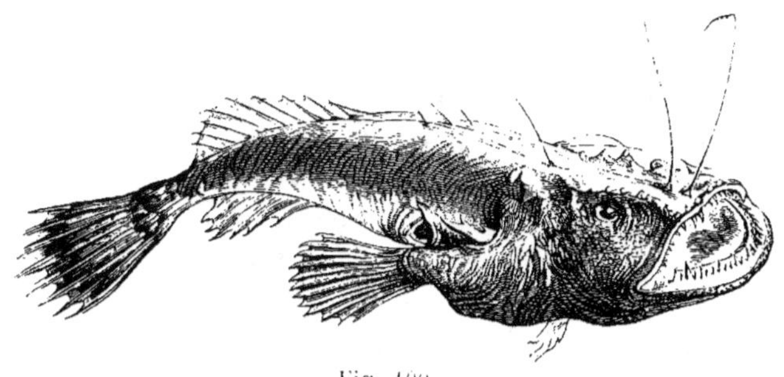

Fig. 100.

Lophius budegassa. Spinola, *Ann. Muséum.* 1807. t. X. p. 376; CBp., *Cat.*, n° 656. *Fn. ital.*, fig.: Günth., t. III, p. 180; Canestr., *Fn. Ital.*, p. 151.

Lophius budegassa, Baudroie budegassa, Riss., *Hist. nat.*, p. 170 (et *ganelli*, *Ichth.*, p. 48.

Lophius parvipinnis, Cuv., *Rég. an. ill.*, p. 188.

N. vulg. : Gianeli, Nice.
Long. : 0,40 à 0,70.

Valenciennes regarde la Budegassa comme une simple variété de la Baudroie commune, mais il ne cherche de caractères spécifiques que dans le nombre plus ou moins grand des rayons de la seconde dorsale et nullement dans la disposition de l'épine coracoïdienne.

La Budegassa n'atteint pas une aussi grande taille que la Baudroie commune.

Son corps présente à peu près les mêmes proportions que dans l'espèce ordinaire; mais il a des lambeaux cutanés moins nombreux, moins divisés.

Le nombre des vertèbres, et Cuvier insiste avec raison sur

cette particularité, est moindre dans la Budegassa que dans la
Baudroie commune : il est, suivant l'ichthyologiste français, de
vingt-cinq dans la Budegassa ; d'après le prince de Canino, ce
nombre varie de vingt-sept à trente ; sur une certaine quantité
d'animaux, je compte vingt-cinq ou vingt-six vertèbres, pas davantage.

Quant à la tête, elle est plus longue et moins large que dans
l'autre espèce ; sa largeur, mesurée au niveau du bord antérieur
de l'orbite, est comprise trois fois dans la longueur totale.

Chez un jeune individu, le diamètre de l'œil ne fait pas le
cinquième de la longueur de la tête.

Le rayon antérieur de la première dorsale, ou le grand tentacule, est plus grêle et plus court que dans la Baudroie commune ;
sa membrane est effilée en fer de lance étroit, elle est de moitié
moins longue et moins large que dans l'autre espèce, elle ne fait
que le cinquième de la longueur totale du tentacule ; la base du
tentacule est aussi moins développée ; les deux autres rayons libres sont également moins allongés. La seconde dorsale est
courte, elle ne compte que neuf rayons, rarement dix. L'anale
a neuf rayons. La caudale paraît un peu plus longue que dans
la Baudroie commune. Les pectorales sont grandes ; l'épine coracoïdienne (*humérale, claviculaire*) est beaucoup plus développée que dans l'autre espèce, elle mesure le double de grandeur au
moins, sa longueur est égale à la distance qui existe entre sa base
et la pointe supérieure du coracoïdien, elle fait le cinquième de
la longueur de la tête, chez de jeunes animaux. C'est dans la
longueur proportionnelle de l'épine coracoïdienne et non dans
sa forme, comme l'indique Günther, qu'il faut chercher les caractères spécifiques de nos Baudroies ; cette épine n'est pas simple, dans la Budegassa, ainsi que le suppose Günther, elle est
munie de trois dents et ressemble, sous ce rapport, à l'épine de
la Baudroie commune. Nous insistons sur ce point parce que
Günther, donnant les caractères différentiels de nos Baudroies,
écrit : Un meilleur caractère pour distinguer les deux espèces de
la Méditerranée, et le seul sur lequel on puisse compter, est la

forme de l'épine humérale ; les dents dont elle est pourvue, dans le *L. piscatorius*, n'étant jamais effacées, bien qu'elles soient plus obtuses dans les vieux sujets que dans les jeunes. Le caractère indiqué par Günther n'a aucune valeur ; c'est, nous le répétons, dans la longueur et non dans la forme de l'épine coracoïdienne qu'il faut chercher le signe spécifique. J'ai vu beaucoup de Budegassas, j'ai examiné, avec soin, leur épine coracoïdienne, qui m'a toujours présenté la même disposition.

Br. 6. — D. 1 + 1 + 1 + 3 — 9 ou 10 ; A. 9 ; C. 8 ; P. 20 ; V. 5.

En dessus, le corps est roussâtre presque marron avec de petites taches étoilées, le plus souvent blanchâtres ; en dessous, la teinte est blanchâtre.

Habitat. Méditerranée, la Budegassa est commune à Nice ; elle est très-commune à Marseille, à Cette. La chair de la Budegassa est plus estimée que celle de la Baudroie commune.

Proportions : *Baudroie commune* : long. totale 0,350 ; tronc, larg. 0,053.

Tête, long. jusqu'à la pointe de l'épine coracoïdienne 0,108, larg. au bord antérieur de l'orbite 0,138. — Œil, diam. 0,025, esp. préorbit. 0,039, esp. interorbit. 0,027.

Épine coracoïdienne, long. 0,010. — Tentacule, long. totale 0,113 ; membrane, long. 0,041, larg. 0,010.

Budegassa ; long. totale 0,370 ; tronc, larg. 0,061.

Tête, long. jusqu'à la pointe de l'épine coracoïdienne 0,119, larg. au bord antérieur de l'orbite 0,124. — Œil, diam. 0,022 ; esp. préorbit. 0,038, esp. interorbit. 0,026.

Épine coracoïdienne, long. 0,024. — Tentacule, long. totale 0,098 ; membrane, long. 0,018, larg. 0,005.

La place que doivent occuper les Baudroies dans le cadre ichthyologique n'a été vraiment bien déterminée que par Cuvier. En effet, Artédi mettait le genre *Baudroie* dans son ordre des *Branchiostèges*, Linné, dans ses *Amphibies à nageoires*, entre le genre *Chimère* et le genre *Esturgeon*, de Lacépède le rangeait dans sa seconde division des *Poissons cartilagineux*. Cuvier avait des connaissances anatomiques trop étendues et trop précises pour accepter l'une des manières de voir qui viennent d'être exposées. Dans l'organisation de la Baudroie tout rappelle l'ensemble de composition qui constitue les caractères des *Poissons osseux* en général et des *Acanthoptérygiens* en particulier.

Comme l'a prouvé Cuvier, dans son travail sur le genre *Chironecte*, les tentacules qui se trouvent sur la tête des Baudroies ne sont autre chose que les rayons détachés de la première dorsale. La position d'une telle nageoire montre, d'après le savant naturaliste, qu'il faut placer les Baudroies près des Blennies, des Gobies, des Callionymes et autres Acanthoptérygiens à première dorsale flexible. (Cuv., *Sur le genre Chironectes*, **Mém. Muséum**, 1817, t. III, p. 418-420.)

Ces tentacules sont regardés comme des espèces de lignes dont fait usage la Baudroie, pour attirer les poissons vers sa vaste bouche. L'opinion que la Baudroie pêche avec ses tentacules, est très-ancienne, ainsi qu'on peut le voir dans Aristote : « La grenouille a, au-devant des yeux, des appendices qui s'allongent comme des poils, et arrondis à l'extrémité : c'est comme un double appât qu'elle porte avec elle. Après avoir troublé soit la vase, soit le sable, elle s'y cache et élève ces appendices. Les petits poissons venant les saisir, elle les retire et les rapproche jusque vers sa bouche..... Quand on prend une grenouille qui n'a plus de bouton (membrane) à l'extrémité des appendices, on la trouve plus maigre. » (Arist., trad. Camus, liv. 9, c. 37, p. 589.)

Après avoir fait de la Baudroie un pêcheur à la ligne, on a encore voulu, dit un auteur, en faire un pêcheur au filet et même un pêcheur prévoyant, qui sait conserver, dans sa poche branchiale, la proie devant servir à la nourriture du lendemain.

Des poissons, suivant Et. Geoffroy-Saint-Hilaire, peuvent directement s'engager dans le sac branchial des Lophies en traversant la fente des ouïes. Voici en quels termes est exprimée l'opinion du savant anatomiste que nous venons de nommer : Les Baudroies réussissent à pêcher, comme si elles se servaient d'un épervier, en ouvrant et en fermant leur membrane des ouïes, qui est d'une étendue considerable, et en serrant avec le pédicule de leurs nageoires pectorales l'ouverture de cette membrane, quand une fois le poisson qu'elles veulent prendre y est entré. » (Geor. St-Hil., *Sur le sac branchial de la Baudroie, et l'usage qu'elle en fait pour pêcher*, dans Ann. *Muséum*, 1807, t. X, p. 180.)

Nul doute, parfois un poisson est enfermé dans le sac branchial des Lophies, mais il est à présumer qu'il faut voir dans ce cas le résultat d'un accident et non l'effet d'un acte volontaire. Du reste, le fait signalé n'est pas aussi fréquent qu'on paraît le supposer ; j'ai, pour le vérifier, examiné un grand nombre de Baudroies, et jamais il ne m'est arrivé de trouver une proie quelconque dans leur sac branchial.

« La Baudroie, dit Rondelet, a la vie très-dure. » Il a vu une Grenouille de mer vivre deux jours hors de l'eau, au milieu des herbes du rivage ; cet animal avait saisi par la patte un renard, qui rôdait la nuit en quête de nourriture, et l'avait retenu avec les dents jusqu'à l'aurore.

TRIBU DES ACANTHOPTÉRYGIENS THORACIQUES
ACANTHOPTERYGII THORACICI.

Cette tribu comprend treize familles :

Ventrales {

séparées. Barbillons articulés {

réunies, ormant ventouse; deux dorsales............ 1. GOBIIDÉS.

deux sous le menton; deux dorsales............ 2. MULLIDÉS.

nuls. Sous-orbitaire {

articulé avec le préopercule............ 3. TRIGLIDÉS.

non articulé avec le préopercule. Pharyngiens inférieurs {

non soudés. Opercule {

épineux. Ventrales à {

plus de six rayons............ 4. BÉRYCIDÉS.

six rayons. Vomer {

denté ou dorsale unique.. 5. PERCIDÉS.

non denté, deux dorsales. 6. SCIÉNIDÉS.

non épineux. Dorsale composée de rayons {

unique et {

à peu près semblables. Corps de forme {

double............ } ordinaire............ } 7. SCOMBRIDÉS.

très-allongée. Ventrale {

nulle ou réduite à une écaille. 8. TRICHIURIDÉS.

plus ou moins longue....... 9. TÆNIOÏDÉS.

différents, d'aiguillons et de rayons mous, en nombre souvent égal. Bouche {

peu ou pas pro-tractile....... 10. SPARIDÉS.

très-protractile. 11. MÉNIDES.

soudés. Écailles {

cycloïde............ 12. LABRIDÉS.

cténoïdes............ 13. POMACENTRIDÉS.

Famille des Gobiidés, Gobiidæ.

Corps allongé, écailleux.

Tête continuant la ligne du dos : mâchoires garnies de dents ; langue et palais lisses.

Appareil branchial ; pièces operculaires lisses ; quatre ou cinq rayons branchiostèges. Fausses branchies.

Nageoires ; deux dorsales : ventrales soudées et formant ventouse.

La famille des Gobiidés se compose de deux genres :

Dents des mâchoires
- sur plusieurs rangées............. 1. Gobie.
- sur une seule rangée............ 2. Aphye.

GENRE GOBIE — *GOBIUS*, Arted.

Corps allongé, arrondi, couvert d'écailles ordinairement cténoïdes et à une seule rangée d'épines : les écailles qui sont placées sous la gorge sont plus petites que les autres et souvent non ciliées. Vertèbres au nombre de vingt-six à vingt-huit 10 à 12 +.

Tête plus ou moins allongée, généralement plus longue que la hauteur du corps, ayant sur la nuque des écailles excessivement petites et peu ou point ciliées : joues plus ou moins renflées : bouche légèrement oblique ; mandibule ordinairement avancée ; mâchoires à dents en velours ou en cardes, souvent plus fortes sur la rangée externe ; langue en général bien développée. Des pores arrondis se voient assez fréquemment sur la tête et les pièces operculaires, ils sont disposés en lignes plus ou moins régulières.

Yeux de grandeur variable, rapprochés du profil supérieur de la tête ; espace interorbitaire étroit.

Narines à deux orifices.

Appareil branchial : fente des ouïes généralement de moyenne grandeur, presque verticale ; membrane branchiostège attachée à l'isthme de la gorge qui est parfois plus large que la fente branchiale.

Ligne latérale peu marquée ou nulle.

Nageoires ; première dorsale à rayons simples, flexibles, peu nombreux, cinq à sept, six dans la plupart de nos espèces ; seconde dorsale avec un rayon simple et des rayons mous dont le nombre varie de neuf à seize.

Vessie natatoire très-rare (existe chez le Gobie à gouttelettes). — **Appendices pyloriques** manquant.

Papille : en arrière de l'anus se trouve généralement un appendice en forme de papille plus ou moins allongée, légèrement conique.

Ce genre se divise en espèces assez nombreuses :

II.

1re Dorsale

pas plus haute que la 2e ou de moins du tiers et à rayons au nombre de

6. Diamètre vertical de l'œil

beaucoup plus haute que la 2e, et à rayons médians
  { plus allongés que les autres............ 1. G. JOZO.
  { à peu près égaux aux autres............ 2. G. COLONIEN.

pas plus grand que l'espace interorbitaire Ventrales à membrane antérieure
  courte, non lobée..................... 3. G. LOTE.
  à lobe latéral développé. Base de la 1re dorsale
    { pas plus longue que l'espace post-orbitaire........ 4. G. CÉPHALOTE.
    { plus longue que l'espace postorbitaire............ 5. G. A GOUTTELETTES.

sur les lèvres et le corps.................... 6. G. ENSANGLANTÉ.

plus grand que l'espace interor-bitaire. Taches rouges
  nulles. Rayons supérieurs de la pectorale
    non crinoïdes, ou à peine 2 ou 3. 2e dorsale à
      10 rayons, quelquefois 12. Ventrales plus
        courtes que la tête. Ta-ches isolées s. les flancs. Teinte
          { quatre............ 7. G. A QUATRE TACHES.
          { nulles, grise..... 8. G. BUHOTTE.
          { verdâtre......... 9. G. A TÊTE LARGE.
        longues que la tête.......... 10. G. RÉTICULÉ.
      13 rayons au moins. Caudale
        lancéolée, à peu près aussi lon-gue que la tête............ 11. G. LESUEUR.
        arrondie. Hauteur du tronc comprise dans la longueur totale
          { 5 fois.... 12. G. DORÉ.
          { 7 fois.... 13. G. A JOUE POREUSE
  crinoïdes, 6 ou 7. Écailles de la ligne longitudinale au nombre de
    plus de 42. 1re dorsale avec une bordure
      { jaune, nageoires tachetées....... 14. G. PAGANEL.
      { blanchâtre, na-geoires noirâtres. 15. G. A DEUX TEINTES
    moins de 42.................. 16. G. NOIR.

7. Tache à la base de la caudale
  { noirâtre; pectorales sans rayons crinoïdes.......... 17. G. RUTHENSPARRE.
  { nulle; pectorales avec des rayons crinoïdes......... 18. G. BORDÉ.

13

Aux caractères du genre précédemment indiqués il est peut-être utile d'ajouter les suivants : Anale semblable à la seconde dorsale, ayant un rayon simple suivi de huit à quinze rayons mous. Caudale arrondie le plus souvent. Pectorales à rayons supérieurs crinoïdes dans certaines espèces ; ces rayons, libres en grande partie, sont simples, très-effilés, plus ou moins nombreux (ils doivent être examinés avec soin, car leur présence ou leur absence suffit souvent pour faire reconnaître des espèces très-voisines). Ventrales réunies et formant une sorte de ventouse oblique, à bord antérieur membraneux et à douze rayons 1,5 + 1,5.

Les poissons que nous allons étudier portent sur nos côtes de l'Ouest les noms de Boulerots, Loches, Goujons de mer, et sur nos côtes de la Méditerranée, ceux de Gobis, de Gobous.

LE GOBIE JOZO OU GOBIE A HAUTE DORSALE
GOBIUS JOZO, Linn.

Gobius tertius, Jozo *Romæ*, Willugh., p. 207.
Gobius jozo, Linn., p. 450, sp. 5 : ? Bloch, pl. 107, fig. 3 ; CBp., *Cat.*, n° 569 ; Günth., t. III, p. 12, p. 547 ; Canestr., *Archiv. zool.*, 1861, t. I, p. 127, pl. 7, fig. 1, pl. 11. A. squel., *Fn. Ital.*, p. 172.
Le Gobie jozo, Gobius jozo, Lacép., t. VIII, p. 14 ; Riss., *Ichth.*, p. 159, *Hist. nat.*, p. 280.
Gobie nébuleux, Gobius nebulosus, Riss., *Ichth.*, p. 161, *Hist. nat.*, p. 281.
Le Gobie a haute dorsale, Gobius jozo, Cuv. et Valenc., t. XII, p. 35.

N. vulg. : Gobou variat, Nice ; Nigra, Gobi, Cette.
Long. : 0,12 à 0,13 et même 0,15.

Ce Gobie présente certaines variétés, qui ont été décrites comme des espèces particulières ; il est de forme allongée et plus ou moins arrondie. La hauteur du tronc, qui est d'un tiers plus grande que l'épaisseur, est comprise six fois à six fois et un tiers dans la longueur totale. Le corps est couvert de larges écailles pentagonales dont le bord libre est garni de spinules très-fines. Le nombre des vertèbres est de vingt-sept, 10 + 17.

A peine moins haute que large, la tête est allongée, sa longueur est contenue quatre fois et un quart à quatre fois et demie dans la longueur totale. Le museau est court, arrondi. La bouche, qui est protractile, montre une fente oblique ; la mâchoire supérieure est un peu moins avancée que la mandibule, elles

sont garnies l'une et l'autre de petites dents en cardes ; les dents
qui forment la rangée externe sont les plus fortes. Différentes
séries de points ou de pores se voient sur la tête, elles sont disposées d'une façon assez régulière ; il y a cinq ou six lignes qui
descendent verticalement du bord inférieur de l'orbite et deux
lignes horizontales sur la joue ; d'autres lignes existent sur la
nuque, sur l'espace qui précède la première dorsale, sur les
pièces operculaires et vers la base de la pectorale.

Chez les femelles, les yeux paraissent un peu plus grands que
chez les mâles ; ils sont ovales. Le diamètre longitudinal de
l'œil, qui nous sert de terme de comparaison à moins d'indications contraires, est compris quatre fois et quart à cinq fois dans
la longueur de la tête, il est à peine moins grand que l'espace
préorbitaire, il fait le double, ou peu s'en faut, de l'espace interorbitaire. L'iris est d'un gris jaunâtre.

La fente branchiale est assez grande.

La ligne latérale est peu ou pas marquée. Il y a une quarantaine d'écailles dans la ligne longitudinale et onze dans la ligne
transversale ; toutefois, Canestrini en indique une ou deux de
moins. Écailles, lign. longit., 39 à 41, lign. transv., 11.

Suivant l'âge, suivant le sexe, la première dorsale montre de
très-grandes différences dans son développement. Chez les mâles
adultes, elle est très-haute, à rayons inégaux, les 3e, 4e et 5^e
rayons, beaucoup plus grands que les autres, s'allongent en filaments minces et flexibles, de teinte noirâtre, ils sont sensiblement
plus longs que la tête, ils font le double de la hauteur du
corps ; chez les femelles, chez les mâles non encore adultes, les
rayons médians (2e, 3e, 4e, 5e) sont plus développés que les autres, ils sont crinoïdes, comme chez les mâles, et libres dans la
moitié de leur hauteur, mais ils sont moins longs que la tête, ils
sont à peu près égaux à la hauteur du tronc. La membrane intraradiaire est grisâtre, avec des bandes longitudinales d'un brun
assez foncé, les filaments des rayons sont noirâtres. La seconde
dorsale est assez haute, dans les mâles adultes, elle est égale, ou
peu s'en manque, à la hauteur du tronc ; elle est d'un quart

moins haute chez les femelles ; quand elle est couchée, la pointe de ses derniers rayons atteint la base de la caudale ; elle a un rayon simple et douze rayons mous ; elle est d'un gris plus ou moins pâle tirant sur le jaune dans les jeunes et dans les femelles, elle est plus foncée chez les mâles adultes, elle est bordée de noir. Il est inutile de faire observer que dans les jeunes Gobies ayant une taille de 0^m,05 à 0^m,06, la première dorsale n'est pas plus haute que la seconde, parfois même, elle est moins haute ; les rayons médians ne sont pas crinoïdes, ils dépassent à peine la membrane qui est d'un gris pâle avec des taches brunes disposées en bandes et une espèce de petite bordure soit acajou, soit marron. L'anale est assez longue : elle est grisâtre, bordée de noir, elle compte douze rayons, la pointe de ses derniers rayons arrive à la base de la caudale. La caudale est arrondie, brunâtre, sa longueur est comprise environ six fois dans la longueur totale. Les pectorales sont bien développées, elles mesurent le cinquième de la longueur totale, elles sont grisâtres à leur base, brunâtres dans le reste de leur étendue ; les deux ou trois, parfois les quatre rayons supérieurs sont crinoïdes. Les ventrales sont moins longues que les pectorales, elles font le sixième à peu près de la longueur totale, elles sont d'un gris brunâtre ; leur membrane antérieure est basse. Le tronçon de la queue est moins long que dans le Gobie à longs rayons ; la distance qui sépare la base de la seconde dorsale de l'insertion de la caudale est à peine plus grande que la hauteur du tronçon de la queue.

D. 6 — 1/12 ; A. 1/11 ; C. 15 ou 16 ; P. 15 à 17 ; V. 1/5.

Le système de coloration est foncé, il est grisâtre lavé de noir avec des taches noires le long des flancs ; la teinte générale est plus pâle dans les femelles et chez les jeunes qui sont d'un gris jaunâtre marqué de taches d'un brun très-foncé.

Var. *Le Gobie à longs rayons.*

Syn. : GOBIUS LONGIRADIATUS, Gobie à longs rayons, Riss., *Hist. nat.*, p. 286 ; Cuv. et Valenc., t. XII, p. 38.
GOBIUS LONGIRADIATUS, CBp., *Cat.*, n° 571.

N. vulg. : Gobou, Nice.

Dans le Gobie à longs rayons, le corps est plus allongé, la hauteur du tronc ne fait que le septième de la longueur totale. Le nombre des vertèbres est de vingt-huit 10 + 18 : c'est, du moins, ce que j'ai constaté.

Le diamètre de l'œil fait le quart de la longueur de la tête et parfois plus.

Je compte dans la ligne longitudinale trente-six à quarante écailles, et douze dans la ligne transversale. Écailles, lig. long., 36 à 40, lig. transv., 12.

La première dorsale est teintée de vert, de bleu, elle est bordée de noir, elle porte le plus souvent une tache noire dans le premier espace intraradiaire : le quatrième rayon paraît ordinairement plus allongé que le troisième et que le cinquième. La seconde dorsale compte douze ou treize rayons ; en général, quand elle est couchée, elle n'atteint pas, avec l'extrémité de ses derniers rayons, la base de la caudale ; elle est, ainsi que l'anale, grisâtre, bordée de noir. Les pectorales sont d'un gris brunâtre ; elles semblent un peu plus pointues que dans le Jozo ; elles n'ont que deux ou trois rayons à peu près crinoïdes. La membrane antérieure des ventrales est basse. Le tronçon de la queue est plus long que dans le Jozo, sa hauteur ne fait que les deux tiers, et souvent même pas, de la distance qui sépare la base de la seconde dorsale de l'insertion de la caudale.

D. 6 — 1/11 ou 12 ; A. 1/11 ; C. 15 ; P. 15 ; V. 1,5.

La coloration est un gris jaunâtre lavé de brun, moins foncé que dans le Jozo. D'après Risso, quelquefois le vert domine toutes les autres couleurs sur des individus plus petits, et c'est alors le *Gobius viridis* cité par M. Otto (Riss., *Hist nat.*, p. 287).

Habitat. Le Jozo ne paraît pas habiter la Manche, je ne l'ai jamais vu dans ces parages. Il est très-rare dans l'Océan au nord de la Loire ; il est assez commun sur la côte du Poitou ; il est abondant à Noirmoutiers (juillet, août), c'est même le seul Gobie que j'aie trouvé dans les explorations que j'ai faites sur les plages de cette île ; il est assez commun dans tout le golfe

Gascogne, Arcachon. Il est aussi assez commun dans la Méditerranée, Port-Vendres, Cette (mer, étang de Thau), Marseille, Nice.

Le Gobie à longs rayons n'est en aucune façon la femelle du Jozo, comme semble le supposer Valenciennes, et la preuve c'est qu'il ne se rencontre pas dans l'Océan ; il se trouve seulement dans la Méditerranée, il est assez commun à Cette, Nice.

Proportions : G. *jozo*, ♂ : long. totale, 0,126 ; tronc, haut. 0,020.

Tête, long. 0,029. — Œil, diam. 0,006 ; esp. préorbit. 0,007, esp. interorbit. 0,003.

1re dorsale, haut. 0,041 ; 2e dorsale, haut. 0,019.

LE GOBIE COLONIEN — *GOBIUS COLONIANUS*, Riss.

Syn. : Gobius Colonianus, Riss., *Hist. nat.*, p. 285 ; CBp., *Cat.*, n° 572 ; Günth., t. III, p. 59 ; Canestr., *Fn. Ital.*, p. 173.
Le Gobie Coulon, Gobius Colonianus, Cuv. et Valenc., t. XII, p. 51, pl. 345.

Long. : 0,06 à 0,07

Un petit Gobie que sa première dorsale fait reconnaître facilement, a été dédié par Risso à Coulon, naturaliste de Neufchâtel.

Le corps est allongé, sa hauteur est comprise environ six fois dans la longueur totale. La peau est couverte de très-petites écailles.

La tête est un peu plus haute que large, elle est longue ; sa longueur fait le quart de la longueur totale. Le museau est court, et la bouche assez grande ; la mandibule est beaucoup plus avancée que la mâchoire supérieure, elles sont l'une et l'autre garnies de petites dents aiguës.

Le diamètre de l'œil fait le cinquième de la longueur de la tête, il est sensiblement égal à l'espace préorbitaire.

Dans ce Gobie, la première dorsale est très-élevée, beaucoup plus haute que le tronc, elle fait à peu près le double de la seconde dorsale, mais elle est d'une hauteur uniforme ou plutôt régulière. Ses rayons légèrement courbes et dirigés en arrière, forment un brillant panache à fond jaunâtre, teinté de bleu, parcouru par des bandes transversales blanchâtres ; le dernier espace intraradiaire porte, à son tiers supérieur, un ocelle ovale,

noirâtre, cerclé de blanc. La seconde dorsale est, nous l'avons
dit, moitié moins haute que la première ; chez les animaux conservés, elle est d'un jaune pâle tirant sur le gris ; comme l'anale,
elle a un rayon simple et dix rayons mous. La caudale est arrondie. Les pectorales, bien développées, mesurent à peu près le
cinquième de la longueur totale ; d'après la plupart des auteurs,
elles manquent de rayons crinoïdes, il y a cependant, au moins
dans les animaux que j'ai examinés, à la partie supérieure de la
nageoire un ou deux rayons très-fins, ondulés, isolés. Les ventrales sont longues, mais elles dépassent à peine la pointe des
pectorales, elles arrivent au niveau de l'anus. La caudale et les
nageoires paires sont d'un jaune grisâtre.

D. 6 ou 7 — 1/10 ; A. 1/10.

La première dorsale, d'après Valenciennes, n'a que six rayons ;
c'est aussi le nombre que j'ai trouvé, Risso en indique sept.

Suivant Risso, le système de coloration, chez les animaux vivants, est d'un blanc translucide mêlé de jaune, avec un nombre
infini de petits points noirs qui, par leur réunion symétrique,
font des espèces de bandes circulaires. Les Gobies que j'ai étu-
diés, sont d'un brun rougeâtre parsemé de petits points noirs
qui se groupent sur les flancs et forment des taches mal définies.

Habitat. Méditerranée, Nice, assez rare. M. Doûmet indique le Colonien
comme étant commun à Cette, mais ne le confond-il pas avec le Gobie à
longs rayons qu'il ne cite pas, il me semble, dans son Catalogue ? Quant à
moi, je l'avoue, je n'ai pas encore pu, à Cette, me procurer le Gobie Colonien, et cependant j'ai pris soin de le chercher et de le faire chercher ; en
revanche, j'ai souvent trouvé le Gobie à longs rayons parmi les poissons
venant soit de la mer, soit de l'étang de Thau.

Proportions : long. totale, 0,061 ; tronc, haut. 0,010.
Tête, long. 0,015.
1re dorsale, haut. 0,013 ; 2e dorsale, haut. 0,0:9.

LE GOBIE LOTE — *GOBIUS LOTA*, Valenc.

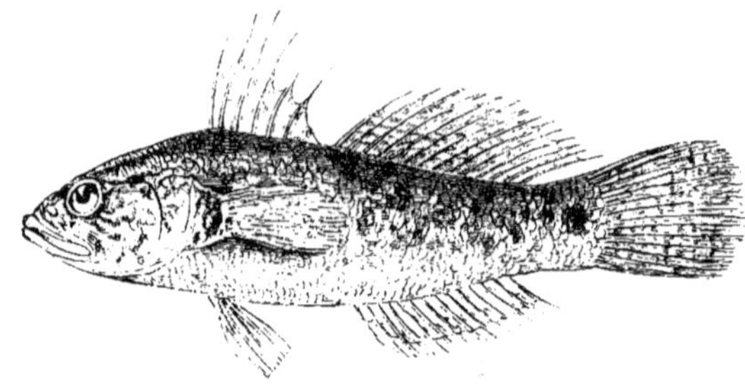

Fig. 101.

Syn. : Le Gobie lote. Gobius lota. Cuv. et Valenc., t. XII, p. 27.
Gobius lota. CBp., *Cat.*, n° 581 ; Canestr., *Fn. Ital.*, p. 170.
Gobius ophiocephalus, ex Pallas, Günth., t. III. p. 54.

Long. : 0,14 à 0,18.

Très-probablement cette espèce est celle qui a été décrite,
pour la première fois, par le savant Pallas, sous le nom de *G.
ophiocephalus*, nom que Rathke, Nordmann, Günther, ont cru
devoir conserver.

Le corps est arrondi en avant, légèrement comprimé en arrière, il est allongé ; la longueur totale fait cinq fois et demie à
six fois la hauteur du tronc qui l'emporte d'un tiers sur l'épaisseur. La peau est couverte d'écailles de moyenne grandeur.

La tête est forte, elle est d'un cinquième et parfois d'un quart
plus haute que large ; sa longueur est comprise quatre fois à
quatre fois et demie dans la longueur totale. Le museau est assez
court, gros, arrondi. La bouche est fendue jusqu'à l'aplomb du
bord antérieur de l'orbite, elle est pourvue de lèvres assez
épaisses ; la mâchoire supérieure est sensiblement plus courte
que la mandibule ; les dents, en cardes fines, couvrent un espace
assez large sur le devant de la mâchoire inférieure ; les dents
de la rangée externe sont relativement assez fortes, elles sont
crochues, régulières, elles paraissent un peu moins développées
à la mâchoire supérieure qu'à la mandibule. La mâchoire supé-

...eure est assez longue ; sa longueur est égale à la distance qui sépare le museau du bord postérieur de l'orbite.

Du bord inférieur de l'orbite partent, en divergeant, six ou sept rangées de pores noirâtres, qui descendent sur les joues et sont parfois coupées par d'autres rangées longitudinales ou obliques ; il n'y a rien de bien régulier dans cette disposition.

L'iris est d'un bleu foncé, noirâtre. Le diamètre horizontal de l'œil est compris environ cinq fois et demie dans la longueur de la tête, il est à peine moins long que l'espace préorbitaire ; le diamètre vertical est un peu moins grand que l'espace interorbitaire.

Les orifices des narines sont très-étroits.

Dans ce Gobie, le lobe de l'angle inférieur de la membrane branchiostège est assez développé, il se porte en arrière sous la base de la pectorale ; la fente branchiale est grande relativement, elle est plus longue que la distance qui sépare l'un de l'autre les lobes anguleux de la membrane branchiostège ; c'est le contraire dans le Gobie céphalote dont la gorge paraît plus large que celle du Gobie lote. L'opercule porte souvent une rangée de pores qui côtoie le bord postérieur du préopercule.

Il n'y a pas de ligne latérale marquée. Les écailles sont au nombre de soixante à soixante-cinq dans la ligne longitudinale et de dix-sept ou dix-huit dans la ligne transversale. Éc., lign. long. 60 à 65, lign. transv. 17 ou 18.

La première dorsale est moins haute que le tronc ; elle est d'une teinte grise assez pâle, elle est parcourue par trois bandes longitudinales noirâtres ; les rayons se terminent en filaments noirâtres. La seconde dorsale est à peine plus haute que la première, elle compte quatorze ou quinze rayons mous ; elle est, ainsi que la caudale, d'un gris brunâtre avec des taches noires ou parfois jaunâtres sur les rayons. La longueur de la caudale est à peu près égale à la hauteur du tronc. L'anale a des rayons mous en nombre variable de treize ou quatorze, rarement elle en a quinze ; elle est d'un gris jaunâtre dans les espaces intraradiaires ; les rayons sont d'un brun très-foncé, quand ils sont rapprochés,

la nageoire paraît noirâtre. Les pectorales sont assez larges,
elles ont une longueur égale au cinquième de la longueur totale ; dans la plupart des cas les rayons supérieurs ne sont pas
différents des autres, cependant, sur un des individus que j'ai
examinés, il y avait deux ou trois rayons crinoïdes ; la nageoire
est d'un gris foncé jaunâtre, avec des taches jaunes sur les
rayons, formant des espèces de bandes verticales lorsque les
rayons ne sont pas écartés ; la base de la pectorale est jaunâtre,
marquée dans sa partie supérieure d'une assez large tache noire
figurant parfois une bande verticale plus ou moins prolongée
vers le bord inférieur du pédoncule. Les ventrales sont assez
courtes, elles ne mesurent pas même le septième de la longueur
totale, elles ne vont pas jusqu'à l'anus ; leur membrane antérieure
est peu développée, elle est dépourvue de ces lobes latéraux si
remarquables dans le Gobie céphalote. Le tronçon de la queue
est à peu près aussi haut que long.

D. 6 — 1/14 ou 15 ; A. 1/13 à 15.

A la région supérieure, la coloration est grisâtre ou d'un jaune
rougeâtre avec des macules noires, qui descendent sur les côtés
en s'écartant les unes des autres et en laissant apparaître plus
nettement le fond de la teinte générale. Le dessous du corps et
la gorge sont d'un jaune plus ou moins uniforme. La tête a la
partie supérieure d'un brun jaunâtre et les parties latérales jaunâtres, traversées par des lignes ou des traits noirâtres s'entre-
coupant plus ou moins ; sur les opercules ces lignes laissent
entre elles des espaces ovales, limitant des espèces de gouttelettes jaunâtres ; parfois une bande brune va d'un œil à l'autre
en passant sous la gorge. A la base de la caudale, sur le milieu
du tronçon de la queue, il y a ordinairement une tache assez
large d'un noir foncé, quelquefois même il s'en trouve plusieurs.

Habitat. Méditerranée, commun à Cette ; Martigues.

D'après Valenciennes, ce poisson habite « à la fois les eaux douces et celles
de la mer. » Il a été trouvé, par Savigny, aux environs de Bologne. Canestrini ne paraît pas convaincu de la réalité du fait indiqué par Valenciennes.

Le mâle, suivant le naturaliste italien, construit, au mois de mars, un nid dans lequel les femelles déposent les œufs qu'il défend après les avoir fécondés ; plus tard il garde sa progéniture. La chair de cette espèce est très-recherchée.

Proportions : long. totale, 0,175 ; tronc, 0,030.

Tête, long. 0,043. — Œil, diam. longitudinal 0,008, diam. vertical 0,005 ; esp. préorbit. 0,009, esp. interorbit. 0,0065.

LE GOBIE CÉPHALOTE — *GOBIUS CAPITO*, Valenc.

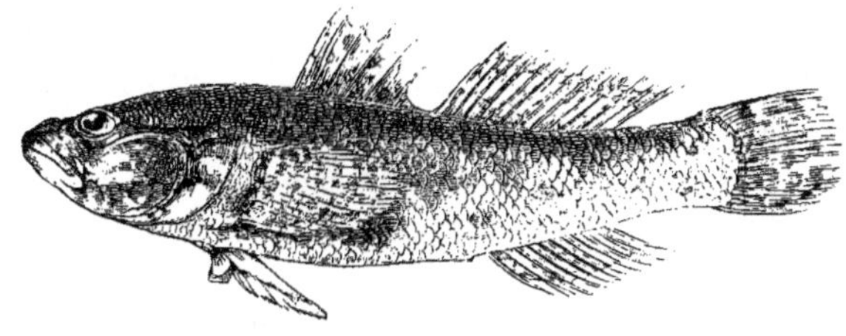

Fig. 102.

Syn. : Du Boulerot ou Goujon de mer, Rondel., liv. VI. c. xvi. p. 166.

Le Gobie céphalote, Gobius capito, Cuv. et Valenc., t. XII, p. 21 ; Guichen., *Expl. Algér.*, p. 76.

Gobius capito, CBp., *Cat.*, n° 551 ; Günth., t. III. p. 55 ; Canestr., *Fn. Ital.*, p. 170.

Long. : 0,18 à 0,25 et même 0,27.

Ce Gobie est bien le poisson qui a été désigné par Rondelet sous la dénomination de Boulerot ou de Goujon de mer ; la figure et la description qui en ont été données par l'ichthyologiste de Montpellier, ne laissent aucun doute. Le volume de la tête lui a fait appliquer par Valenciennes l'épithète de *Céphalote*.

Assurément cette espèce est parmi nos Gobies, celle qui atteint la plus grande taille. Le corps est gros, épais, arrondi en avant ; la hauteur du tronc est comprise cinq fois et demie à six fois et quart dans la longueur totale. La peau est couverte d'écailles de moyenne dimension.

La tête est grosse, renflée, un peu aplatie en dessus, elle a un peu moins de hauteur que de largeur ; sa longueur est contenue environ quatre fois à quatre fois et quart dans la longueur totale. Le museau est gros, arrondi, non écailleux. La bouche est bien fendue, elle a des lèvres grosses, charnues, noirâtres. Les mâchoires sont à peu près de même longueur ; elles sont garnies de dents assez petites, égales, parfois plus fortes à la mâchoire supérieure ; le maxillaire supérieur se porte en arrière jusqu'au-dessous du diamètre vertical de l'œil. Les séries de pores sont peu marquées sur les joues. elles sont un peu mieux dessinées sur la nuque.

L'iris est d'un gris jaunâtre. L'espace interorbitaire est aussi grand, parfois même plus grand que le diamètre vertical de l'œil ; il est nu, sans écailles. Le diamètre horizontal de l'œil varie suivant la taille des animaux ; chez les individus de moyenne grandeur, il mesure environ le cinquième de la longueur de la tête, les deux tiers de l'espace préorbitaire ; chez les individus très-développés, il présente des proportions différentes, il est compris six fois et quart dans la longueur de la tête, il fait la moitié, ou un peu plus, de l'espace préorbitaire.

Les orifices des narines sont peu distants l'un de l'autre, ils sont plus près de l'orbite que du bout du museau ; l'orifice postérieur est entouré d'une espèce de bourrelet ; à l'orifice antérieur se montre une petite languette.

Chez le Céphalote, la ligne latérale est nulle. Les écailles sont au nombre de soixante à soixante-deux dans la ligne longitudinale, et de dix-huit à vingt dans la ligne transversale. Éc., l. long., 60 à 62 ; l. transv., 18 à 20.

Les dorsales ont une même hauteur qui est inférieure à celle du tronc ; la première dorsale est à peu près aussi haute que longue, et sa base est tout au plus égale à l'espace postorbitaire. La seconde dorsale compte treize ou quatorze rayons mous. ses rayons postérieurs s'allongent parfois jusque sur la base de la caudale. L'anale finit plus tôt que la seconde dorsale ; la distance qui la sépare de la caudale, est souvent d'un tiers plus grande que celle qui se trouve entre la seconde dorsale et la nageoire de la queue. La caudale, assez développée, fait le sixième environ de la longueur totale. Les pectorales sont larges, elles sont un peu plus longues que la caudale ; leurs

rayons supérieurs sont crinoïdes. Les ventrales sont larges,
courtes, elles sont d'un quart moins longues que les pectorales :
leur membrane antérieure est bien développée, elle est épaisse,
elle porte un lobe ovale de chaque côté, elle paraît festonnée
ou plutôt trilobée.

D. 6 — 1 13 ou 14; A. 1/10 à 12.

Le système de coloration est jaunâtre ou jaune-verdâtre avec
des taches irrégulières, mal limitées, d'un brun plus ou moins
foncé sur le dos et sur les côtés : le ventre est jaunâtre, il a quelques macules brunes. La partie supérieure de la tête, l'espace
interorbitaire, le museau et les lèvres sont d'un brun foncé : les
joues sont jaunâtres à leur partie inférieure, à leur région supérieure elles sont d'un brun teinté de jaune, ainsi que les pièces
operculaires. La nuque a de petites écailles d'un jaune brunâtre. Les dorsales sont brunes avec quelques taches plus claires ;
l'anale et les pectorales sont brunes, tachetées de jaune ; la caudale est brune, marquée de taches en bandes d'un jaune grisâtre ;
d'après Valenciennes, toutes ces nageoires sont olivâtres, semées
de petites taches noires sur les rayons, les ventrales sont blanchâtres. Chez les individus que j'ai examinés, les ventrales sont
brunes. Parfois les dorsales, les pectorales et la caudale sont
brunâtres, marquetées de noir.

Chez le Céphalote, la vessie natatoire manque ; je l'ai inutilement cherchée sur divers sujets.

Habitat. Méditerranée, assez commun, Nice, Toulon, Martigues, Cette,
Port-Vendres.

Proportions : long. totale, 0,155 ; tronc, haut. 0.025.

Tête, long. 0,038. — Œil, diam. longit. 0,008, diam. vertic. 0,006 ; esp.
préorbit. 0,011, esp. interorbit. 0,006, esp. postorbit. 0,020.

1re dorsale, long. 0,020, haut. 0,019.

LE GOBIE A GOUTTELETTES — *GOBIUS GUTTATUS*, Valenc.

Syn. : Iconem Gobii nigri, etc., Gesn., *Aquatil.*, p. 470.
Le Gobie a gouttelettes, Gobius guttatus, Cuv. et Valenc., t. XII, p. 24.
Gobius guttatus, CBp., *Cat.*, n° 552 ; Canestr., *Archiv. zool.*, t. I, p. 124, pl. 7, fig. 3,
et pl. 9, fig. 4.

Long. : 0,15 à 0,22.

Dans son Mémoire sur les Gobies du golfe de Gênes, Canestrini déclare qu'il ne sait pas si le *Gobius capito* et le *G. guttatus* sont deux espèces bien distinctes. Il semble plus affirmatif dans sa Faune d'Italie ; à propos de la synonymie du *G. capito*, il cite le *G. guttatus* et le *G. limbatus* (Cuv. et Valenc.). Mais pourquoi au lieu d'indiquer, suivant son habitude, la figure du Gobie qu'il a donnée dans les Archives de zoologie, le savant naturaliste renvoie-t-il au dessin que Nordmann a publié dans l'Atlas de la Faune pontique ?

Assurément le Gobie céphalote et le Gobie à gouttelettes ont des points de ressemblance, mais ils présentent dans leurs formes extérieures, et plus encore dans leur structure interne, des différences qui doivent les faire considérer comme des espèces particulières.

Chez le Gobie à gouttelettes, le tronc est épais, arrondi, sa hauteur est comprise quatre fois et demie à cinq fois et un quart dans la longueur totale.

La tête est aussi haute que large ; sa longueur est contenue quatre fois et quart à quatre fois et demie dans la longueur totale. Le museau est gros, arrondi. La bouche est fendue à peu près jusqu'au-dessous du bord antérieur de l'orbite, elle a des lèvres épaisses, charnues ; les mâchoires sont égales, garnies de dents en cardes ; les dents qui forment la rangée antérieure sont plus fortes que les autres, elles sont légèrement crochues. La mâchoire supérieure paraît se porter un peu moins loin en arrière que dans le Gobie céphalote, elle n'arrive pas tout à fait à l'aplomb du diamètre vertical de l'œil. Les lignes de pores ne sont pas en général très-marquées sur les joues.

L'iris est d'un brun jaunâtre. Le diamètre longitudinal de l'œil fait le cinquième de la longueur de la tête, les deux tiers de l'espace préorbitaire, il est à peu près égal à l'espace interorbitaire, qui, lui, est un peu plus grand que le diamètre vertical de l'œil.

Il me semble que l'orifice postérieur de la narine n'est pas en-

touré d'un bourrelet ; l'orifice antérieur a, sur le bord postérieur,
une languette qui paraît moins développée encore que dans le
Céphalote.

Pas de ligne latérale. Les écailles sont, dans la ligne longitudinale, au nombre de soixante-cinq ou soixante-six, et de vingt ou
vingt et une dans la ligne transversale ; le nombre des écailles
est un peu plus grand que dans le Céphalote. Canestrini, dans
son Mémoire sur les Gobies, indique : écailles 64 à 70, et dans
la Faune d'Italie : 60 à 65. Éc., l. long., 65 ou 66 ; l. transv.,
20 ou 21.

Les dorsales sont beaucoup moins hautes que le tronc. La première dorsale se prolonge assez loin en arrière, sa membrane se
termine près de la seconde dorsale ; sa base est beaucoup plus
étendue que dans le Céphalote, elle mesure les deux tiers de la
longueur de la tête, elle est plus longue que l'espace postorbitaire ; enfin, la longueur de la nageoire m'a toujours paru l'em-
porter d'un tiers environ sur la hauteur. Ces caractères permettent de distinguer facilement le Gobie à gouttelettes du Gobie
céphalote. La seconde dorsale a treize ou quatorze rayons mous
dont les ramifications semblent plus écartées que dans le Céphalote. L'anale, moins longue que la seconde dorsale, a dix ou
onze rayons mous. La longueur du tronçon de la queue est assez
variable. Les pectorales comptent dix-neuf ou vingt rayons, leurs
trois ou quatre rayons supérieurs sont crinoïdes. Les ventrales
sont grandes, la membrane antérieure a des lobes à peu près
aussi développés que dans le Céphalote.

D. 6 — 1/13 ou 14 ; A. 1/10 ou 11 ; C. 15 ; P. 19 ou 20 ; V. 1/5.

Dans le Gobie à gouttelettes se trouve une vessie natatoire, qui
paraît avoir des dimensions assez variables. D'après Valenciennes, elle est fort petite, comme un pois argenté ; suivant Canestrini, le diamètre longitudinal de cet organe mesurait $0^m,021$
chez un individu long de $0^m,225$; chez deux de ces animaux que
j'ai examinés, ayant l'un $0^m,175$ et l'autre $0^m,177$, le diamètre de
la vessie faisait à peine $0^m,01$. La teinte de la vessie aérienne,

qui est d'un blanc argenté ou plutôt nacré, la fait distinguer facilement au milieu des autres organes.

Quant au système de coloration, il a, le plus souvent, beaucoup de rapport avec celui du Céphalote. Le corps est d'un gris jaunâtre avec de larges taches noirâtres, qui de la région supérieure descendent vers les côtés en se divisant et en s'unissant aux taches voisines par des bandes plus ou moins dessinées ; le jaune domine sous le ventre. La tête est parfois d'une teinte brune à peu près uniforme, parfois elle est marquée de taches noires et de taches arrondies d'un blanc laiteux sur les joues et sur les pièces operculaires. La gorge est plus ou moins jaunâtre avec des macules brunâtres. La première dorsale est d'un gris jaunâtre semé de taches noires plus ou moins arrondies, ou bien elle est d'un ton brunâtre, traversée de bandes plus claires ; elle a souvent une espèce de bordure blanche en avant. La pointe des rayons est blanchâtre ou d'un orangé assez clair. La seconde dorsale et la caudale sont grisâtres, elles sont marquetées de taches noires plus ou moins rapprochées. Les pectorales, sur un fond gris jaunâtre, portent des taches noirâtres disposées en séries verticales et des taches d'un jaune clair. Les ventrales sont tantôt d'un blanc grisâtre, tantôt d'un brun assez foncé.

Habitat. Méditerranée, Nice, très-rare ; Cette, assez rare. Au Muséum, il n'y a qu'un exemplaire venant de Nice, par Laurillard ; j'ai reçu de Cette plusieurs individus d'assez grande taille.

Proportions : long. totale, 0,177 ; tronc, haut. 0,040.

Tête, long. 0,042. — OEil, diam. longit. 0,008, diam. vertic. 0,006 ; esp. préorbit. 0,013, esp. interorbit. 0,008, esp. postorbit. 0,023.

1re dorsale, long. 0,030, haut. 0,020.

LE GOBIE ENSANGLANTÉ — *GOBIUS CRUENTATUS*, Gm.

Syn. : Gobius ore rubro pustulato, Brünn., *Ichth. Massil.*, p. 30, n° 42.

Gobius cruentatus, Gmel., Linn. ed. 13ª p. 1197 ; CBp., *Cat.*, n° 559 ; Günth., t. III. p. 54 ; Canestr., *Archiv. zool.*, t. I. p. 133, pl. 10, fig. 2. *Fn. Ital.*, p. 171.

Le Gobie ensanglanté, Gobius cruentatus, Lacép., t. VIII. p. 7 ; Riss., *Ichth.*, p. 157. *Hist. nat.*, p. 282 ; Cuv. et Valenc., t. XII, p. 29, *Règ. an. ill.*, pl. 80, fig. 1 ; Guichen., *Expl. Algér.*, p. 77.

N. vulg. : Gobou rouge, Nice ; Gobie roujé, Toulon.

Long. : 0,12 à 0,16.

Le premier, dans son Ichthyologie de Marseille, Brünnich a décrit cette espèce, mais sans lui donner de nom particulier.

Ce Gobie a des proportions assez variables. La hauteur du tronc, qui en général, au niveau des pectorales, l'emporte de très-peu sur l'épaisseur, est contenue cinq fois et demie à six fois et un tiers dans la longueur totale.

La tête est aussi haute que large ; sa hauteur est d'un tiers moindre que sa longueur, qui est comprise quatre fois à quatre fois et demie dans la longueur totale. Le museau est court, arrondi : il est, comme le dit Brünnich, marqué de taches rougeâtres. La bouche est assez grande ; la mâchoire supérieure ne se porte pas en arrière tout à fait à l'aplomb du diamètre vertical de l'œil, elle est un peu moins avancée que la mandibule, elles sont garnies l'une et l'autre de petites dents. Les pores forment, sur les joues et les opercules, des lignes brunes nettement dessinées.

L'iris est rougeâtre. Le diamètre de l'œil présente, suivant les sujets, de sensibles différences, il est compris trois fois et deux cinquièmes à quatre fois dans la longueur de la tête ; il est à peu près égal à l'espace préorbitaire ; il fait le double de l'espace interorbitaire, et parfois plus chez les individus de grande taille.

On ne voit pas de ligne latérale. Les écailles sont, dans la ligne longitudinale, au nombre de cinquante-huit à soixante-deux, et de seize à dix-huit dans la ligne transversale.

La première dorsale est moins haute que le tronc, elle est égale à la seconde ou à peine plus élevée, elle a six rayons ; elle est de couleur ocre avec des taches verdâtres. La seconde dorsale a quatorze rayons mous. L'anale, qui est assez longue, compte treize rayons mous, rarement quatorze. La caudale a une quinzaine de rayons ; sa longueur est comprise environ cinq fois et un tiers dans la longueur totale. Les pectorales sont à peu près aussi longues que la tête dans les jeunes, un peu moins chez les grands individus ; leurs rayons supérieurs sont crinoïdes. Enfin les ventrales mesurent le cinquième, ou un peu moins, de la longueur totale ; elles sont d'un gris bleuâtre ; leur membrane

antérieure est peu développée. La seconde dorsale, la caudale
et l'anale sont brunâtres, tachetées de jaune et de rouge; parfois les dorsales et les pectorales sont d'un rouge orangé avec
quelques taches plus claires; cette variation de teinte probablement tient au sexe, peut-être dépend-elle encore de l'influence
de la saison.

D. 6 — 1/14; A. 1/13 ou 14; C. 15; P. 19; V. 1/5.

Le fond général de la coloration est un gris rougeâtre varié de
taches ou nuages brunâtres; des lignes noires, étroites, formées
par des séries de pores, se dessinent sur les joues, sur la nuque
et les opercules; enfin les taches couleur rouge de sang qui
marquent les lèvres, le museau et les opercules, font aisément
reconnaître ce Gobie au premier coup d'œil, ces taches s'effacent chez l'animal conservé.

Habitat. Méditerranée, assez commun, Nice, Toulon, Martigues, Cette,
Océan, golfe de Gascogne, accidentellement; A. Lafont a trouvé cette espèce
à Arcachon, 1872.

Proportions : long. totale, 0,127; tronc, haut. 0,020.

Tête, long. 0,029. — Œil, diam. longit. 0,0075, diam. vertic. 0,0065; esp.
préorbit. 0,008, esp. interorbit. 0,004.

LE GOBIE A QUATRE TACHES
GOBIUS QUADRIMACULATUS, Valenc.

Syn. : Gobius aphia, Gobie aphie, Riss., *Hist. nat.*, p. 281, excl. syn.
Le Gobie a quatre taches, Gobius quadrimaculatus, Cuv. et Valenc., t. XII, p. 44;
Guichen., *Expl. Algér.*, p. 78.
Gobius quadrimaculatus, CBp., *Cat.*, n° 574; Canestr., *Archiv. zool.*, t. I, p. 139,
pl. 8, fig. 1, *Fn. Ital.*, p. 172.

Long. : 0,06 à 0,08.

Günther regarde ce Gobie comme un Gobie buhotte, mais il
ne donne aucune raison pour appuyer sa manière de voir. Plus
tard il nous sera facile de démontrer que l'opinion de Günther
ne repose sur aucun fait précis, qu'elle est, en un mot, absolument inexacte.

Le tronc est épais, arrondi, sa hauteur est comprise six à sept fois dans la longueur totale. La peau est couverte d'écailles assez grandes, plus larges que longues. Le tronçon de la queue est épais, à peu près carré.

On peut dire que la tête est à peine plus haute que large : sa longueur, qui fait le double de sa largeur, est comprise quatre fois et demie dans la longueur totale. Le museau est court, marqué de petites taches noires ; la mandibule est un peu plus avancée que la mâchoire supérieure. Les joues ne paraissent pas traversées par des lignes de pores.

L'iris est argenté, pointillé de noir, il porte une large tache noirâtre dans sa partie supérieure. Le diamètre de l'œil, le diamètre longitudinal, bien entendu, fait presque le tiers de la longueur de la tête, il est à peine plus grand que l'espace préorbitaire ; l'espace interorbitaire est très-étroit, il est contenu trois fois et demie à quatre fois dans la longueur du diamètre de l'œil.

Dans ce Gobie, il y a seulement quatre rayons branchiostéges, du moins je n'en ai pas trouvé davantage, c'est du reste le nombre qui est indiqué par Canestrini.

Il n'y a pas de ligne latérale marquée. Les écailles sont moins nombreuses dans cette espèce que dans la Buhotte ; on en compte dans la ligne longitudinale trente-sept à quarante, et huit ou neuf dans la ligne transversale. Éc., l. long., 37 à 40 ; l. transv., 8 ou 9.

Suivant l'âge des animaux, les dorsales présentent quelques différences dans leur hauteur ; la première dorsale, même chez les adultes, me paraît moins haute que le tronc ; d'après Canestrini, le deuxième rayon de cette nageoire est parfois tellement allongé qu'il arrive jusqu'au milieu de la base de la seconde dorsale, jamais je n'ai constaté un développement aussi considérable. La seconde dorsale est, dans les individus que j'ai examinés, aussi haute que le tronc ; l'anale est courte, ordinairement la longueur de sa base est moindre que la hauteur du tronc ; la seconde dorsale et l'anale n'ont que neuf ou dix rayons mous, un de moins, le plus souvent, que dans la Buhotte. La caudale est assez courte, elle ne mesure généralement que le septième ou le huitième de la longueur totale ; elle est arrondie ; elle est séparée de la seconde dorsale et de l'anale par une distance qui est au moins égale à la longueur de la tête et souvent plus grande. Les pectorales sont bien développées, elles font le cinquième de la longueur totale ; elles n'ont pas de rayons crinoïdes. Les dorsales et la caudale sont tachetées de points noirs formant des bandes nuageuses plus ou moins distinctes ; les pectorales sont pointillées de noir vers leur base, elles sont d'un blanc jaunâtre ou plutôt gris clair dans le reste de leur étendue : l'anale et les ventrales sont blanchâtres.

Br. 4. — D. 6 — 1/9 ou 10 ; A. 1/9 ou 10 ; C. 12 à 14 ; P. 17 ; V. 1/5.

Quatre taches noires arrondies, nettement dessinées sur les flancs chez les adultes, permettent de reconnaître facilement ce Gobie ; la première tache est placée vers le milieu de la pectorale, la quatrième à peu près au milieu du tronçon de la queue ; dans les jeunes animaux, les taches sont moins marquées que chez les adultes. Le système de coloration, assez joli, est un gris jaunâtre clair avec un fin semis de petits points noirâtres sur le dos et les côtés ; la gorge et le ventre sont blanchâtres.

Habitat. Méditerranée, assez commun à Nice, moins commun à Cette. Il ne se trouve ni sur nos côtes de l'Océan, ni dans la Manche, comme peut le faire supposer la synonymie défectueuse donnée par Günther.

Proportions : long. totale,0,062 ; tronc, haut. 0,010.

Tête, long. 0,014. — OEil, diam. longit. 0,0045, diam. vertic. 0,003 ; esp. préorbit. 0,004, esp. interorbit. 0,001.

LE GOBIE BUHOTTE — *GOBIUS MINUTUS*.

Syn. : The Spotted Goby, Pennant, *British Zool.*, 1769, t. III. p. 176. pl. 10.
De la Buhotte de Caen ou Tout-Nud d'Aunis, Duham.. *Pêch.*. part. 2, sect. 6. p. 156, pl. 3, fig. 3.
Le Gobie buhotte, Gobius minutus, Cuv. et Valenc., t. XII. p. 39 ; Guich.. *Expl. Algér.*, p. 78.
Gobius minutus, CBp., *Cat.*, n° 577 ; Günth., t. III, p. 58, excl. syn.
Gobius elongatus, Canestr., *Archiv. zool.*, t. I, p. 150. pl. 8, fig. 5, *Fn. Ital.*, p. 176.
The Freckled Goby, Yarr., t. II, p. 325.
? Little Goby, Couch, t. II, p. 161.

Canestrini pense que son *Gobius elongatus* est une espèce nouvelle ; mais la description et la figure qu'il en donne, sont trop exactes pour laisser subsister le moindre doute, ce *Gobius elongatus* est bien le *Gobius minutus*.

Nous regrettons de ne pouvoir encore sur un autre point partager la manière de voir du savant naturaliste italien. Son *Gobius minutus* Canestrini. *Archiv. zool.*, p. 148, pl. 9, fig. 2. et *Faun. Ital.*, p. 176) n'est en aucune façon le *G. minutus* des auteurs ; c'est probablement, si l'on en juge d'après la formule des écailles $\frac{40}{12}$, un *G. quadrimaculatus* dont les taches sont plus ou moins effacées, ou peu marquées, comme dans les jeunes sujets.

N. vulg. : Bourguette, à l'embouchure de la Seine ; Buhotte, Calvados ; Pescarlide, Roscoff ; Boucaud, Nantes ; Tout-nu, Cabau, Vendée, Charente-Inférieure.

Long. : 0,06 à 0,08.

Comparée au Gobie à quatre taches, la Buhotte se montre sous une forme plus svelte, plus allongée. La hauteur du tronc est comprise sept à huit fois dans la longueur totale. La peau est couverte de petites écailles légèrement arrondies ou mieux un peu plus longues que larges ; sur un sujet ayant une taille de $6^m,065$, les écailles, mesurées au micromètre, donnent : longueur, $0^m,0012$, largeur, $0^m,0011$. Le tronçon de la queue est comprimé.

La tête est aplatie en dessus, elle est plus large que haute ; sa largeur ordinairement fait près des deux tiers de sa longueur, qui est comprise quatre fois à quatre fois et un tiers dans la longueur totale. Le museau est court, la bouche assez grande, à lèvres brunâtres ; la mandibule est un peu plus avancée que la mâchoire supérieure. Je ne vois pas de lignes de pores sur les joues.

L'iris est d'un blanc teinté de noir surtout dans la partie supérieure. Le diamètre de l'œil fait le quart de la longueur de la tête, il est égal à l'espace préorbitaire ou à peine plus grand, il fait presque le triple de l'espace interorbitaire qui paraît moins étroit que dans le Gobie à quatre taches.

Il y a cinq rayons branchiostèges ; il ne faut pas l'oublier, c'est un caractère différentiel important, qui permet de distinguer facilement la Buhotte du Gobie à quatre taches.

La ligne latérale est nulle ou peu marquée. Les écailles sont

plus nombreuses que dans le Gobie à quatre taches, il y en a
dans la ligne longitudinale cinquante-cinq à soixante, et onze à
treize dans la ligne transversale. Éc., l. long., 55 à 60, l. transv.,
11 à 13.

En général, les dorsales ont à peu près une même hauteur, qui
est à peine moindre que celle du tronc. La seconde dorsale et
l'anale ont dix ou onze rayons mous. La caudale est arrondie,
bien développée, sa longueur est comprise environ six fois et demie dans la longueur totale ; la nageoire est séparée de la fin
de l'anale par une distance moindre ordinairement que la longueur de la tête. Le tronçon de la queue est comprimé, il a
souvent quatre fois plus de hauteur que d'épaisseur, et son bord
supérieur est aussi long que la tête ; il n'y a cependant, il faut
le reconnaître, rien d'absolu dans les proportions que nous venons d'indiquer. Les pectorales sont bien développées, un peu
moins longues que la tête ; elles comptent dix-neuf ou vingt
rayons semblables ; peut-être y a-t-il parfois un ou deux rayons
crinoïdes ? Les ventrales sont relativement plus grandes que dans
le Gobie à quatre taches, elles font le cinquième environ de la
longueur totale, elles sont, ou peu s'en manque, égales aux pectorales ; la membrane antérieure de la ventouse n'est pas lobée.

Br. 5. — D. 6 — 1/10 ou 11 ; A. 1/10 ou 11 ; C. 13 à 15 ; P. 19 ou 20 ; V. 1/5.

Ordinairement le système de coloration est gris jaunâtre,
nuancé parfois de brun clair ou finement pointillé de noirâtre ;
assez rarement les côtés portent de courtes bandes verticales.
Les deux dorsales et la caudale sont d'un gris clair avec des
points brunâtres formant des bandelettes ; la première dorsale
est généralement marquée d'une petite tache noirâtre à l'extrémité de ses derniers rayons ; l'anale est grise, quelquefois teintée
de brun à son bord libre ; les pectorales et les ventrales sont grisâtres.

Habitat. Ce Gobie est très-commun sur les plages de l'Ouest ; il est facile
à pêcher, dans les flaques d'eau, à marée basse. Il vit également sur nos
côtes de la Méditerranée ; il n'est pas rare à Cette, dans la mer et dans l'é-

tang de Thau ; il se trouve à Nice. Guichenot l'a pris aux environs d'Alger. Canestrini l'a signalé dans le golfe de Gênes et dans l'Adriatique. Ce petit poisson a, comme on le voit, un habitat très-étendu. Valenciennes a donné sur les habitudes de ce Gobie certains détails intéressants qui lui ont été communiqués par son correspondant : M. d'Orbigny, qui l'a observé souvent dans les réservoirs des marais salants des environs de la Rochelle, assure qu'il y établit sa demeure sous une coquille, autour de laquelle il trace dans la vase des routes en rayons divergents, et où il se tient en sentinelle pour guetter les petits animaux qui tombent dans ces sillons. Sitôt qu'il en aperçoit un, il fond à l'instant dessus et l'emporte dans sa demeure. (Cuv. et Valenc., t. XII, p. 43).

Proportions : long. totale, 0,065 ; tronc, haut. 0,009.

Tête, long. 0,015. — Œil, diam. longit. 0,004, diam. vertic. 0,0035 ; esp. préorbit. 0,0035, esp. interorbit. 0,0015.

LE GOBIE A TÊTE LARGE — *GOBIUS LATICEPS*, Nob.

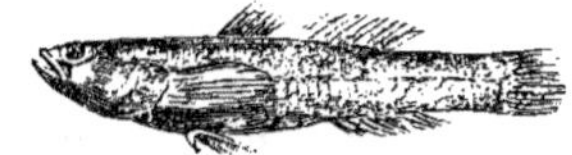

Fig. 103.

Long. : 0,044.

Il y a quelques années, sur la côte de Normandie, j'ai trouvé un Gobie qui présente les caractères d'une espèce nouvelle parfaitement déterminée.

Ce poisson est de très-petite taille ; il a le corps large en avant, comprimé en arrière. La hauteur du tronc est comprise environ sept fois dans la longueur totale. La peau est couverte de grandes écailles, plus ou moins caduques.

Ainsi que le rappelle le nom spécifique de l'animal, la tête est fort développée ; elle est aplatie, presque triangulaire, très-large vers la nuque ; sa longueur fait le quart de la longueur totale, et sa largeur, qui l'emporte d'un quart sur la hauteur, mesure les quatre

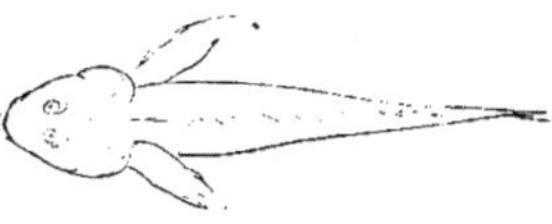

Fig. 104. *Animal vu en dessus.*

cinquièmes de sa longueur. Le museau est court, il a le profil très-peu incliné, presque droit. La bouche est assez petite, la lèvre supérieure est grosse ; la mâchoire supérieure est un peu moins longue que la mandibule, elles sont garnies l'une et l'autre de dents très-fines. Plusieurs lignes de pores s'étendent sur les joues.

Le diamètre de l'œil mesure près du tiers de la longueur de la tête ; il est d'un tiers plus grand que l'espace préorbitaire ; il fait le triple de l'espace interorbitaire. Dans le dessin représentant l'animal vu en dessus, les yeux sont trop petits.

Les rayons branchiostèges sont au nombre de quatre.

Il n'y a pas de ligne latérale visible. Les écailles sont moins adhérentes que dans la plupart des autres espèces, aussi n'ai-je pu les compter d'une façon absolument exacte ; j'en ai trouvé une quarantaine dans la ligne longitudinale et une dizaine environ dans la ligne transversale.

La première dorsale, un peu moins haute que la seconde, a six rayons, elle porte une tache noirâtre sur les deux ou trois derniers rayons. La seconde dorsale est aussi haute que le tronc, elle a neuf rayons mous ; ses derniers rayons ne sont pas allongés, ils ne vont pas jusqu'à la base de la caudale. L'anale, assez courte, compte huit rayons mous seulement. La caudale est arrondie, elle fait le septième de la longueur totale, elle a seize rayons. Les pectorales sont longues ; elles n'ont pas de rayons crinoïdes. Les ventrales sont très-développées, elles dépassent les pectorales, vont jusque sur l'anus, elles mesurent le cinquième de la longueur totale ; la ventouse forme un ovale régulier, très-large dans sa partie moyenne ; la membrane antérieure est basse et large, elle a de chaque côté un lobe arrondi. La ventouse montre une disposition tout à fait différente de celle que présente le même organe dans la Buhotte.

Br. 4; D. 6 — 1/9; A. 1/8; C. 16; P. 13 ou 14; V. 1/5.

Ce Gobie vivant était d'un beau vert-olive uniforme ; il a pris, dans l'alcool, une teinte brunâtre. Les nageoires sont aussi devenues brunâtres, mais la tache de la première dorsale est restée parfaitement visible.

Habitat. Manche, Saint-Valery en Caux. Je n'ai jamais trouvé qu'un seul individu de cette espèce : je l'ai pêché dans une flaque d'eau, au milieu de laquelle il se tenait suspendu, par sa ventouse, à un éclat de pierre.

Proportions : long. totale, 0,011 ; tronc, haut. 0,005.

Tête, long. 0,010, larg. 0,008. — Œil, diam. longit. 0,003, esp. préorbit. 0,002, esp. interorbit. 0,001.

LE GOBIE RÉTICULÉ — *GOBIUS RETICULATUS*. Valenc.

Syn. : ? ATHÉRINE MARBRÉE, Atherina marmorata, Riss., *Ichth.*, p. 339.

? GOBIUS MARMORATUS, Gobie marbré, Riss., *Hist. nat.*, p. 284.

? GOBIUS MARMORATUS, CBp., *Cat.*, nᵒ 568 ; Canestr., *Archiv. zool.*, t. I. p. 145. pl. 9. fig. 1. *Fn. Ital.*, p. 175.

LE GOBIE RÉTICULÉ, Gobius reticulatus, Cuv. et Valenc., t. XII. p. 50.

? GOBIUS LEOPARDINUS, Nordm., *Fn. pont.*, Demid., *Voy. Russ. merid.*, t. III. p. 436. pl. 13. fig. 4.

GOBIUS RHODOPTERUS. Günth., t. III. p. 16.

? SPECKLED GOBY, Couch, t. II, p. 170.

Long. : 0,05 à 0,06.

Les caractères que présente le Gobie marbré de Risso paraissent assez convenir au Gobie réticulé de Valenciennes ; il y a évidemment entre ces poissons certains rapports dans les proportions du corps, dans la longueur des ventrales, dans le nombre des rayons que comptent la plupart des nageoires, l'anale exceptée. Cependant il est difficile de savoir si véritablement les deux Gobies, décrits par les auteurs que nous venons de citer, ne forment qu'une seule et même espèce. En tout cas, l'identité de l'espèce étant admise, faut-il rendre à l'animal que nous étudions le nom de *Marbré*, sous lequel Risso l'a fait connaître ? Nous ne le pensons pas, car Pallas (*Zoogr.*, t. III, p. 161) a, le premier, attribué la désignation spécifique de *Marmoratus* à un Gobie tout à fait différent de celui que Risso a trouvé sur la côte de Nice.

Ainsi que le fait remarquer Valenciennes, le Gobie réticulé ressemble au Gobie de Ruthensparre ; il est de petite taille, il est arrondi, relativement gros en avant, comprimé en arrière. La hauteur du tronc est comprise cinq fois et demie à six fois et quart dans la longueur totale.

La tête est forte, à peine moins haute que large ; sa largeur est légèrement variable, elle fait chez les grands individus les deux tiers de sa longueur, qui est comprise environ quatre fois et demie dans la longueur totale. Le museau est court, arrondi. La bouche est assez large ; la mâchoire supérieure est un peu moins avancée que la mandibule. On ne voit pas de lignes de pores sur les joues.

Le diamètre de l'œil fait le quart de la longueur de la tête, il est aussi grand que l'espace préorbitaire, ou peu s'en faut, il mesure le double, et plus, de l'espace interorbitaire.

Il n'y a pas de ligne latérale.

Les dorsales sont à peu près de même hauteur, elles sont moins hautes que le tronc ; la première dorsale a six rayons, la seconde en a dix ; ces nageoires sont d'un jaune clair avec des points noirs. L'anale a huit et parfois neuf rayons mous. La caudale est moins longue que la tête ; elle présente la même teinte que les dorsales, elle porte, à la base, une tache d'un noirâtre peu foncé. Les pectorales sont grisâtres avec un pointillé noirâtre et une tache noire à la partie supérieure de la base ; il n'y a pas de rayons crinoïdes. Les ventrales sont très-développées, elles sont d'un quart plus longues que les pectorales qu'elles dépassent de moitié, étant insérées plus en arrière, elles vont à peu près jusqu'à l'anus ; sur un individu elles mesurent près du quart de la longueur totale ; elles sont blanchâtres.

D. 6 -- 1/9 ; A. 1,8 ou 9.

Sur le dos et les côtés le système de coloration est un gris jaunâtre clair avec un pointillé noirâtre très-fin, bordant les écailles et formant des espèces de petites mailles ; sur la partie inférieure des flancs se voient de légères taches résultant de la réunion de très-petits points brunâtres. Le ventre est blanc argenté, la gorge blanchâtre. Un peu en arrière de la mâchoire supérieure et sous la mâchoire inférieure se montre ordinairement une série demi-circulaire composée de huit points noirâtres, quatre de chaque côté, figurant une espèce de mentonnière interrompue.

Habitat. Méditerranée, rare, Nice.

Porportions : long. totale. 0,050; tronc, haut. 0,08.

Tête. long. 0,011, larg. 0,006. — OEil, diam. 0,003, esp. préorbit. 0,003, esp. interorbit. 0,001.

LE GOBIE DE LESUEUR — *GOBIUS LESUEURII*, Riss.

Syn. : Gobie Lesueur, Gobius Sueurii, Riss., *Ichth.*, p. 387, pl. 11, fig. 43.
Gobie de Lesueur, Gobius Lesueurii, Riss., *Hist. nat.*, p. 284 ; Cuv. et Valenc., t. XII, p. 33 ; Guichen., *Expl. Algér.*, p. 77.
Gobius Lesueurii, CBp., *Cat.*, n° 557 ; Günth., t. III, p. 12 ; Canestr., *Archiv. zool.*, t. I, p. 143, pl. 8, fig. 2. *Fn. Ital.*, p. 174.
N. vulg. : Gobiou raiat, Nice.
Long. : 0,045 à 0,07 et même 0,09 (Riss.).

Risso a donné au poisson que nous allons étudier le nom d'un artiste, d'un naturaliste qui a laissé des œuvres remarquables.

Chez ce Gobie, le corps est moins arrondi que dans les autres espèces, il est allongé ; la hauteur du tronc ne fait guère que le septième de la longueur totale. La peau est couverte d'écailles relativement longues et larges surtout, mais paraissant assez caduques.

La longueur de la tête est comprise quatre fois et demie à cinq fois dans la longueur totale. Le museau est court, à profil presque vertical. La mandibule est à peine plus avancée que la mâchoire supérieure. Sur la joue se montrent quelques lignes de pores.

L'iris est argenté. Le diamètre de l'œil fait le quart de la longueur de la tête, et même parfois le tiers d'après Canestrini ; il est au moins égal à l'espace préorbitaire et double de l'espace interorbitaire.

Suivant Canestrini, le nombre des rayons branchiostèges est de quatre.

En raison de leur dimension, les écailles sont naturellement peu nombreuses. La ligne longitudinale se compose de vingt-six ou vingt-sept écailles ; dans la ligne transversale il n'y a, d'après Valenciennes, Canestrini, que quatre ou cinq écailles, j'en ai trouvé six et même sept. Il est probable que cette différence de nombre tient uniquement à ce que les écailles de la série transversale n'ont pas été comptées dans la même région, ni peut-être de la même façon ; le nombre que j'indique est celui des écailles d'une rangée allant obliquement de la seconde dorsale à l'anale. Écailles, l. long., 26 ou 27, l. transv., 4 à 7.

La première dorsale est à peu près aussi haute que le tronc ; la seconde dorsale a ses rayons postérieurs souvent très-allongés, elle est composée de quatorze ou quinze rayons. La caudale a les rayons médians très-développés, ce qui lui donne une forme légèrement lancéolée ; sa longueur est contenue quatre fois et demie à cinq fois dans la longueur totale. Il n'y a pas de rayons crinoïdes aux pectorales. Les ventrales s'étendent en arrière aussi loin que les pectorales, elles arrivent au niveau de l'anus. Les nageoires impaires sont d'un gris pâle avec des lignes transversales jaunâtres ; la première dorsale porte une bordure noirâtre ; les pectorales sont roses, les ventrales grisâtres. La base de la caudale est marquée d'une tache noirâtre.

$$\text{D. } 6 — 1/13 \text{ ou } 14 ; \text{ A. } 1/13 \text{ ou } 14.$$

La teinte générale est un rose légèrement jaunâtre, pointillé de brun çà et là, sans régularité. La tête est d'un gris ou d'un brun rougeâtre ; trois lignes d'un jaune nacré descendent obliquement d'arrière en avant sur les opercules et sur les joues. Le système de coloration paraît assez variable.

Habitat. Méditerranée, assez rare, Nice.
Proportions : long. totale, 0,045 ; tronc, haut. 0,0065.
Tête, long. 0,010, larg. 0,006. — Œil, diam. 0,0025, esp. préorbit. 0,0025, esp. interorbit. 0,0012.

LE GOBIE DORÉ — *GOBIUS AURATUS*, Riss.

Syn. : Gobie doré, Gobius auratus, Riss., *Ichth.*, p. 160, fig. 42, mauv., *Hist. nat.*, p. 283 ; Cuv. et Valenc., t. XII, p. 31.
Gobius auratus, CBp., *Cat.*, n° 565 ; Günth., t. III, p. 11 ; Canestr., *Fn. Ital.*, p. 171.
? Yellow Goby, Couch, t. II, p. 159.

N. vulg. : Gobou giaune, Nice.
Long. : 0,07 à 0,10.

N'ayant sous les yeux, probablement, que la figure inexacte donnée dans l'Ichthyologie de Nice, Cuvier avait pensé que le Gobie doré de Risso est un *Éléotris*. Plus tard Valenciennes, grâce à l'examen qu'il fit de sujets bien conservés, rectifia l'opinion de son illustre maître, et replaça, dans le genre Gobie, l'espèce dont il avait pu mieux déterminer les caractères.

D'après Valenciennes, cet animal présente à peu près en petit les formes générales du Gobie noir. Le ventre paraît assez renflé ; la hauteur du tronc, qui est arrondi, est comprise environ cinq fois et un quart dans la longueur totale.

La tête est forte, aussi haute que large ; sa longueur mesure le quart de la longueur totale. Le museau est gros, arrondi ; la mandibule est légèrement proéminente. Du bord de l'orbite partent sept ou huit rangées de pores qui descendent sur la joue ; les pores manquent ou sont peu visibles sur les autres parties de la tête.

Chez la plupart des sujets, le diamètre de l'œil fait le quart de la longueur de la tête, le double de l'espace interorbitaire, il est un peu moins grand que l'espace préorbitaire. L'iris est jaunâtre ou d'un vert jaunâtre.

En général les dorsales sont moins hautes que le tronc ; la première dorsale semble un peu plus élevée que la seconde, qui a treize ou quatorze rayons mous, nombre égal à celui de l'anale. La caudale est arrondie. Les pectorales ont seulement deux ou trois rayons crinoïdes ; elles sont marquées, sur le haut de leur base, d'une tache brunâtre ou d'un bleu foncé. Les ventrales sont longues, elles arrivent près de l'anus. Suivant Risso, les nageoires, sur le frais, sont d'un rouge doré.

D. 6 — 1/13 ou 14 ; A. 1/13 ou 14 ; C. 14 ; P. 15.

Le système de coloration est jaune-doré avec des nuages et des points noirâtres ; dans l'alcool, la teinte générale est d'un gris nuancé de jaune rougeâtre.

Habitat. Méditerranée, assez commun ; Nice, apparaît en février, juillet, septembre, Risso ; Cette, Doûmet. Océan ? D'après Couch, l'espèce existe

dans le canal de Bristol, sur la côte du comté de Somerset ; mais chercher à
miner ce que peut être le *Yellow Goby*, est une tâche difficile ; pour s'en
convaincre, il suffit de voir le texte et le dessin donnés par le naturaliste
anglais.

Proportions : long. totale, 0,064 ; tronc, haut. 0,0125.

Tête, long. 0,016, larg. 0,012. — Œil, diam. 0,004, esp. préorbit. 0,003,
esp. interorbit. 0,002.

LE GOBIE A JOUE POREUSE — *GOBIUS GENIPORUS*, Valenc.

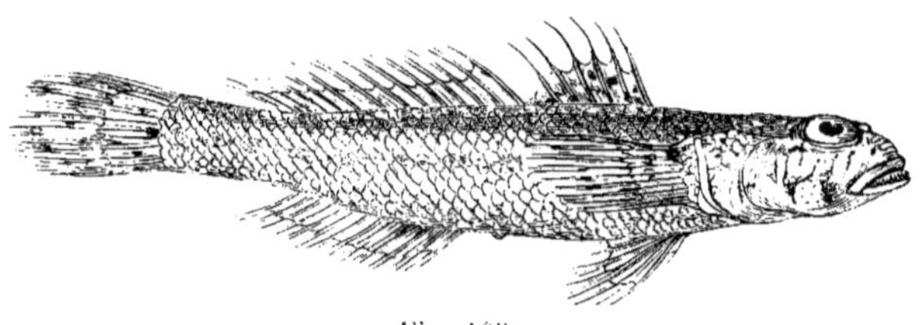

Fig. 105.

Syn. : LE GOBIE A JOUE POREUSE. Gobius geniporus, Cuv. et Valenc., t. XII. p. 32.
GOBIUS GENIPORUS, CBp., *Cat*., n° 566 ; Günth., t. III, p. 55 ; Canestr., *Archiv. Zool.*,
t. I, p. 137, pl. 9, fig. 3, *Fn. Ital.*, p. 171.

Long. : 0,10 à 0,16.

Dans la Méditerranée se trouve un Gobie qui fut, pour la première fois, reconnu et décrit par Valenciennes, comme une
espèce particulière.

Ce Gobie, qui est d'assez grande taille, a des formes plus élancées que la plupart de ses congénères. Le corps est à peu près
arrondi en avant, un peu plus épais que haut, il est comprimé
en arrière ; sa hauteur est comprise sept à neuf fois dans la longueur totale ; les proportions, ainsi qu'on le voit, présentent des
différences marquées. La peau est couverte de grandes écailles
rudes, assez épaisses.

La tête est longue ; sa longueur est contenue quatre fois à
quatre fois et un tiers dans la longueur totale, elle fait le double
de sa hauteur qui est un peu moindre que sa largeur. La nuque
est aplatie, large ; le museau est arrondi, assez long. La mâchoire
inférieure est plus avancée que la supérieure ; elles sont garnies
l'une et l'autre de dents très-fines. La tête montre des séries de

pores disposées avec plus ou moins de régularité ; au-dessous
de l'œil et partant, pour ainsi dire, du pourtour inférieur de
l'orbite, se dessinent en général cinq ou six rangées noirâtres
de petits pores qui descendent sur la joue, quelquefois ces rangées ne sont pas bien distinctes ; trois, quatre ou cinq larges
pores blanchâtres sont placés suivant une ligne légèrement
courbe, dirigée du bord postérieur de l'orbite jusque vers le
bord postérieur du préopercule ; sur les pièces operculaires se
trouve une autre série de pores, située en arrière du bord postérieur du préopercule dont elle suit la ligne. A la nuque il y a
généralement quatre rangées de pores, deux séries internes qui
souvent sont réunies en avant par une rangée transversale, et
deux séries externes placées au-dessus de l'appareil operculaire.

Sur le frais, l'iris est d'un gris foncé. Les yeux sont ovales,
développés, saillants. Le diamètre longitudinal de l'œil est d'un
quart plus grand que le diamètre vertical ; il fait, ou peu s'en
faut, le quart de la longueur de la tête, le triple et plus de
l'espace interorbitaire, il est à peine moins grand que l'espace
préorbitaire.

Les orifices de la narine sont bien séparés ; l'orifice antérieur,
qui est le plus large, est plus rapproché du bord antérieur de
l'orbite que du bout du museau.

A la partie libre des pièces operculaires, la membrane branchiostège forme une bordure plus large que dans la plupart des
autres espèces.

Il y a, dans la ligne longitudinale, cinquante-trois écailles et
même cinquante-cinq, en comptant les deux très-petites écailles
qui se trouvent en avant, près de la ceinture scapulaire : la ligne
transversale, entre la seconde dorsale et l'anale, se compose de
treize et le plus souvent de quatorze écailles. Écailles : lign. longit. 53 à 55 ; lign. transv. 13 ou 14.

La première dorsale est à peine plus haute que la seconde et
que le tronc, elle a six rayons. La seconde dorsale compte ordinairement treize rayons mous, les derniers rayons se prolongent
souvent jusque sur la base de la caudale. L'anale finit en même

temps que la seconde dorsale, elle a un rayon de moins. La longueur du tronçon de la queue est comprise sept fois et demie dans la longueur totale, sa hauteur fait un peu plus des deux tiers de la hauteur du tronc. La caudale mesure le cinquième de la longueur totale ; elle a seize rayons ; il est inutile de le rappeler. les rayons médians sont les plus allongés. Les pectorales, bien développées, font le cinquième de la longueur totale; elles n'ont, à leur partie supérieure, que deux petits rayons crinoïdes excessivement courts et fins, assez difficiles à voir si on n'examine pas avec beaucoup d'attention ; outre ces petits rayons, il y a seize rayons ordinaires. Les ventrales sont un peu moins longues que les pectorales, leur longueur étant comprise cinq fois et demie dans la longueur totale, elles arrivent presque jusqu'à l'anus ; elles sont larges dans leur partie moyenne ; elles sont remarquables par la disposition de leur membrane antérieure qui paraît manquer entièrement, la partie moyenne transversale n'existe réellement pas, et de chaque côté une espèce de petit lambeau triangulaire se dirige de dedans en dehors pour se porter sur le rayon externe de la nageoire ; il est nécessaire, si l'on veut se rendre compte de cette particularité, de soulever légèrement la membrane à sa jonction avec le rayon épineux de la ventrale.

D. 6 — 1/13 ; A. 1/12 ; C. 16 ; P. 16 + 2 crin. ; V. 1/5.

Les dorsales sont jaunâtres, marquées de taches noires et de taches ou bandes d'un jaune plus pâle, elles ont leur bord libre d'un jaune clair très-pâle ; les rayons sont teintés de noirâtre vers leur tiers supérieur. La caudale, d'un gris jaunâtre, porte quatre ou cinq rangées verticales de points noirs formant des bandes irrégulières ; une tache noire se voit au milieu du tronçon de la queue et de la base de la nageoire. Les pectorales sont grisâtres, elles ont du jaune vers leur base et quatre ou cinq bandes brunes verticales ; vers le tiers supérieur de la base des nageoires se remarque une tache ou plutôt une petite bande noirâtre, qui se continue sur le tiers antérieur des rayons correspondants; au-dessus et au-dessous de cette bande, il y a quelques taches arrondies, laiteuses, la tache inférieure est la plus grande et la mieux marquée. Les ventrales et l'anale sont jaunâtres.

Le système de coloration est des plus variables, brunâtre ou d'un brun roussâtre, parfois jaunâtre teinté de gris; sur les flancs une douzaine de larges taches brunes forment une espèce de rangée ou de bande longitudinale. Le ventre est blanchâtre. La tête est grisâtre, elle est marquée de jaune en avant, sous l'œil, sur le bas de la joue, et sur la mâchoire inférieure; en dessous elle est blanche et jaunâtre : la nuque est d'un gris jaunâtre; les opercules sont grisâtres : la variété de la coloration est encore augmentée par l'éclat de taches arrondies d'un blanc laiteux, taches qui se montrent surtout sur les joues, les pièces operculaires et la nuque.

Habitat. Méditerranée, excessivement rare sur nos côtes : je ne l'ai vu qu'une seule fois, je l'ai trouvé au milieu de poissons qui m'étaient envoyés de Nice. Ce Gobie n'a jamais été signalé ni par Risso, ni par M. Doûmet.

Proportions : long. totale 0,150; tronc, haut. 0,047.

Tête, long. 0,035, larg. 0,021. — Œil, diam. longit. 0,0084, diam. vertic. 0,0065; esp. préorbit. 0,0088, esp. interorbit. 0,0025.

LE GOBIE PAGANEL — *GOBIUS PAGANELLUS*, Linn.

Syn. : Gobius secundus, Paganellus Venetorum, Willugh., p. 207.

Gobius paganellus, Linn., p. 449, sp. 2; Brunn., *Ichth. Mass.*, p. 29, n° 40 ; CBp., *Cat.*, n° 557 ; ?Couch, t. II. p. 157.

? Le Gobie paganel, Gobius paganellus, Lacép., t. VIII, p. 7; Riss., *Ichth.*, p.156.

? Gobius niger, Gobie noir, Riss., *Hist. nat.*, p. 280.

Le Gobie paganel, Gobius paganellus, Cuv. et Valenc.,t. XII. p. 20 ; Guichen., *Expl. Algér.*, p. 76.

Gobius punctipinnis, Canestr., *Arch. zool.*, t. I, p. 131, pl. 10, fig. 1, *nov. spec.*, *Fn. Ital.*, p. 170.

Je suis vraiment fâché de ne pouvoir encore adopter l'opinion de Canestrini, qui regarde le *Gobius punctipinnis* comme une espèce nouvelle. Les caractères spécifiques indiqués avec précision par le naturaliste italien, se rapportent au *Gobius paganellus*; il est facile de le voir en lisant la monographie que le savant professeur a publiée sur les Gobies du golfe de Gênes.

Assurément Günther a confondu le G. *paganellus* avec le G. *bicolor* : la description qu'il donne ne convient nullement à l'espèce qui fait l'objet de notre étude.

Long. : 0,10 à 0,12.

A Venise, le nom de *Paganello* était autrefois, ainsi qu'il l'est encore aujourd'hui, donné par les pêcheurs à la plupart des Gobies, c'est un nom générique. Willughby appela *Paganellus Venetorum* sa deuxième espèce de Gobie, qui présente certains caractères assez nettement déterminés. Enfin Linné, appliquant les principes de sa nomenclature, fit du mot vénitien latinisé une dénomination spécifique, et l'attribua au poisson que nous allons décrire.

Chez le Paganel, le corps est assez gros en avant, il est renflé vers le ventre; la hauteur du tronc fait environ le cinquième de la longueur totale. Les écailles sont plus développées que dans le Gobie à deux teintes; elles ont le bord libre anguleux.

La tête est forte; sa longueur est comprise quatre fois à quatre fois et un quart, rarement quatre fois et demie, dans la longueur totale. Le museau est court; la mandibule est à peine plus avancée; les mâchoires ont de petites dents; les lèvres sont grosses. Du bord inférieur de l'orbite descendent, sur les joues, plusieurs lignes de pores, qui parfois sont peu distinctes.

L'iris est argenté. Le diamètre de l'œil est compris trois fois et un tiers à quatre fois dans la longueur de la tête; il est un peu plus grand que l'espace préorbitaire qui fait le double de l'espace interorbitaire.

Dans la ligne longitudinale, le nombre des écailles est moindre que chez le Gobie à deux teintes, il varie de quarante-quatre à quarante-sept, rarement on en compte quarante-huit. Il y a une quinzaine d'écailles dans la ligne oblique allant de la seconde dorsale à l'anale. Éc., l. long. 44 à 48; l. transv. 15.

Les dorsales paraissent égales, elles sont moins hautes que le tronc. La première dorsale est d'une teinte brunâtre rarement uniforme, le plus souvent elle est marquée de petites taches arrondies ou de points d'un bleu très-pâle; quelquefois les taches forment une petite bandelette interrompue au niveau des rayons;

le bord de la nageoire porte toujours une large bande d'un
jaune citron, tirant parfois sur le rouge vers la pointe des rayons
antérieurs ; la nageoire, chez le Paganel, ne présente jamais le
système de coloration indiqué par Günther. La seconde dorsale a
seulement douze ou treize rayons mous ; elle est d'un gris assez
foncé semé de taches arrondies d'un jaune clair, au milieu desquelles s'en trouvent d'autres d'un bleu pâle et parfois d'un brun
foncé ; à la base des deux rayons antérieurs se voit toujours, ou
presque toujours, une tache jaunâtre plus large que les autres.
L'anale finit plus tôt que la seconde dorsale ; elle compte dix à
douze rayons mous ; elle présente une coloration très-variable,
elle est brunâtre avec ou sans taches plus claires, elle est d'un
brun lilas plus clair à la base, elle porte quelques taches pâles,
elle se montre en grande partie jaunâtre, teintée de brun vers
son bord libre, ou bien encore elle est d'un gris jaunâtre orné
de taches d'un bleu ou d'un lilas très-clair. La caudale est arrondie, brunâtre avec de petites taches arrondies pâles, parfois elle
est d'un gris jaunâtre à la base et marquée de taches les unes
pâles, les autres brunâtres, elle porte des taches pâles à son
extrémité ; chez le Gobie à deux teintes, je ne vois aucune tache
sur la caudale. Le milieu de la base de la caudale est généralement d'un tiers plus éloigné de l'anale que de la seconde dorsale. La pectorale compte un certain nombre de rayons crinoïdes ;
elle est d'un gris foncé semé de taches jaunâtres ; quelquefois
la teinte est brunâtre avec des taches plus claires ; il y a une
tache noirâtre, plus ou moins étendue, sur la partie supérieure
de la base de la nageoire, cette tache arrive souvent jusqu'à la
limite inférieure de l'insertion de la pectorale ; la face interne de
la pleurope est, vers la base, d'un blánc jaunâtre, elle présente
une et le plus souvent deux taches brunes, la tache supérieure
est la plus constante. La membrane antérieure des ventrales est
assez développée ; ces nageoires sont d'un gris plus ou moins
prononcé parfois jaunâtre ou d'un gris pâle.

D. 6. — 1/12 ou 13 ; A. 1/10 à 12.

Quant à la coloration générale, elle est d'un brun assez foncé sur le dos, jaunâtre vers la partie inférieure des côtés avec des taches brunes, jaunâtre sous le ventre, quelquefois d'un jaune teinté de gris; des taches d'un blanc laiteux, parfois un peu jaune, se montrent vers le bas des pièces operculaires et sur la mâchoire inférieure.

Habitat. Méditerranée, assez commun, Nice, Toulon, Cette, Port-Vendres. Océan très-rare, Arcachon. Manche, rare, Roscoff, le Havre.

Proportions : long. totale 0,10; tronc, haut. 0,0195.

Tête, long. 0,025. — Œil, diam. 0,0075, esp. préorbit. 0,006, esp. interorbit. 0,003.

LE GOBIE A DEUX TEINTES — *GOBIUS BICOLOR*, Gmel.

Syn. : Gobius bicolor, Gmel., Linn. ed. 13ª, p. 1197, sp. 9 ; CBp., *Cat.*, nº 556.
Gobius, Brunn., *Ichth. Mass.*, p. 30, nº 41.
Le Gobie a deux teintes, Gobius bicolor, Cuv. et Valenc., t. XII, p. 19.
Gobius paganellus, Günth., t. III, p. 52, excl. syn.; Canestr., *Fn. Ital.*, p. 169.
Le *Gobius bicolor* de Risso, *Hist. nat.*, p. 279, est assez difficile à déterminer. A quelle espèce peut-il être rapporté, au G. *niger*, au G. *paganellus*, au G. *capito*?

Long. : 0,10 à 0,15.

En général le corps du Gobie à deux teintes est un peu moins épais, un peu moins haut que celui du Paganel; la hauteur du tronc est contenue cinq fois et deux tiers et même six fois dans la longueur totale. Les écailles ont leur bord libre presque droit ; elles sont plus nombreuses et paraissent plus recouvertes que dans le Paganel.

La tête est développée, sa longueur est comprise quatre fois et quart dans la longueur totale. Le museau est arrondi; la mâchoire supérieure est un peu plus courte que la mandibule; les deux mâchoires ont une bande de dents en velours ras avec une rangée externe de dents crochues, qui paraissent plus fortes que dans le Paganel. Des lignes de pores assez marquées se dessinent sur les joues.

Le diamètre de l'œil est contenu trois fois et demie dans la longueur de la tête; il est un peu plus grand que l'espace préorbitaire, il fait le triple au moins de l'espace interorbitaire.

Chez le Gobie à deux teintes, les écailles sont plus nombreuses
que chez le Paganel, on en compte cinquante à cinquante-
quatre dans la ligne longitudinale et seize ou dix-sept dans la
ligne transversale. Éc., l. long. 50 à 54 ; l. transv. 16 ou 17.

Ordinairement la première dorsale est un peu moins élevée
que la seconde ; elle ne mesure guère que le tiers de la hauteur du tronc ; elle porte trois bandes longitudinales d'une
couleur particulière : à la base de la nageoire est une bande
d'un gris brunâtre, qui, plus large en arrière, remonte généralement sur les derniers rayons ; une bande intermédiaire, d'un
noir foncé, va jusqu'au cinquième rayon et même jusqu'au dernier, elle n'est pas toujours bien limitée en bas et en arrière, sa
teinte se fond plus ou moins avec celle de la bande inférieure ;
quant à la troisième bande, ou bande supérieure, elle forme
une large bordure, elle présente une coloration bien différente
de celle qui se remarque dans le Paganel, cette bande est
blanchâtre, elle s'étend jusqu'au cinquième rayon. La première
dorsale ne montre jamais de taches arrondies. La seconde dorsale fait environ les trois quarts de la hauteur du tronc ; elle a
des rayons plus nombreux que dans le Paganel, elle compte
quatorze ou quinze rayons mous ; elle est bordée le plus souvent
d'un très-fin liséré blanchâtre. L'anale a treize ou quatorze
rayons mous. La caudale paraît plus longue que dans le Paganel ;
sa longueur est à peu près égale à la hauteur du corps. Le
tronçon de la queue est plus haut que dans le Paganel, il a le
bord supérieur un peu moins long seulement que le bord inférieur. Les pectorales ont leurs rayons supérieurs crinoïdes ; elles
sont au moins aussi longues que la hauteur du tronc ; les ventrales sont moins longues que les pectorales. Toutes ces nageoires,
la première dorsale exceptée, sont d'une teinte uniforme brunâtre ou noirâtre sans aucune espèce de taches arrondies.

D. 6 — 1/14 ou 15 ; A. 1/13 ou 14.

Ce poisson mérite assurément plutôt le nom de Gobie noir
que celui qu'il porte ; la teinte générale est d'un brun noirâtre

plus ou moins foncé, partout d'un même ton, sans aucune trace
de bandes ou de taches.

Habitat. Méditerranée. Océan, golfe de Gascogne excessivement rare ;
assez rare sur les côtes du Poitou ; plus commun au-dessus de la Loire.
Manche, très-commun à Roscoff (Finistère) ; assez commun depuis la pointe
de Primel jusqu'à la baie du Mont-Saint-Michel ; moins commun sur les
côtes de Normandie.

Proportions : long. totale 0,106 ; tronc, haut. 0,0187.

Tête, long. 0,0245. — Œil, diam. 0,007, esp. préorbit. 0,0037, esp. interorbit. 0,002.

LE GOBIE NOIR OU COMMUN — *GOBIUS NIGER*, Linn.

Syn. : Gobius niger, Linn., p. 449, sp. 1 ; Bloch, pl. 38 ; CBp., *Cat.*, nᵒˢ 555 ;
Günth., t. III, p. 11 ; ?Canestr., *Archiv. zool.*, t. I, p. 135, pl. 7, fig. 2, *Fn. Ital.*
p. 169.

?Le Gobie boulerot, Gobius niger, Lacép., t. VIII, p. 10.

Le Gobie commun, Gobius niger, Cuv. et Valenc., t. XII, p. 9.

The Black Goby, Yarr., t. II, p. 318.

Rock Goby, Couch, t. II, p. 153.

N. Vulg. : Cabot, Normandie ; Doucet à Cherbourg, d'après Jouan ;
Boulerot, Goujon de mer, Poitou ; Loche, Arcachon.

Long. : 0,10 à 0,15.

Il existe entre le Gobie noir et les deux espèces précédentes
une assez grande ressemblance, qui a souvent empêché les naturalistes de les déterminer d'une manière précise.

Dans le Gobie commun, la longueur totale fait cinq fois et
demie à six fois la hauteur du corps, qui est arrondi et légèrement déprimé en avant, comprimé dans sa région postérieure.
Un sillon assez marqué se voit en arrière de la nuque. Les
écailles sont plus grandes et moins nombreuses que dans le
Gobie à deux teintes.

En général, la tête est un peu moins haute que large ; sa longueur est comprise quatre fois à quatre fois et un quart dans la
longueur totale. La bouche est petite ; les mâchoires, à peu près
égales, sont garnies de dents assez nombreuses ; les dents de la
rangée externe sont plus fortes et plus crochues que les autres.

Il y a ordinairement sur la joue plusieurs séries verticales de petits pores noirâtres.

Le diamètre de l'œil fait le quart de la longueur de la tête, un peu plus du double de l'espace interorbitaire, il est d'un sixième environ plus grand que l'espace préorbitaire.

Il y a dans la ligne longitudinale trente-neuf ou quarante écailles, jamais je n'en ai trouvé davantage ; le nombre de quarante-huit à cinquante indiqué par Canestrini, est évidemment trop considérable, il se rapporte à une autre espèce. On compte, dans la rangée transversale, quinze ou seize écailles. Éc., l. long. 39 ou 40 ; l. transv. 15 ou 16.

Les dorsales sont assez rapprochées, elles sont à peu près égales, moins hautes que le tronc ; la première nageoire a six rayons ; la seconde en compte treize à quinze. L'anale est opposée et semblable à la seconde dorsale ; elle a une douzaine de rayons mous. La caudale est arrondie, elle fait le sixième de la longueur totale, elle compte treize grands rayons. Les pectorales sont ovales. bien développées, elles mesurent le cinquième de la longueur totale ; dans les jeunes, les rayons supérieurs de la nageoire paraissent souvent pareils aux autres, dans les vieux individus, ils sont courts, libres en grande partie, sétiformes. Quant aux ventrales, elles sont de longueur variable, souvent d'un quart moins longues que les pectorales, elles ne vont pas généralement jusqu'à l'anus, comme l'indique Günther, si ce n'est chez les jeunes et dans une variété.

Br. 5. — D. 6 — 1/12 à 14 ; A. 1/12 ou 13 ; C. 13 ; P. 22.

Suivant l'âge, les nageoires peuvent présenter des différences assez tranchées dans leur mode de coloration ; chez les jeunes, elles sont grisâtres, marquées de taches noires, excepté les ventrales qui sont ordinairement jaunâtres et mouchetées de noir ; chez les individus de grande taille, les dorsales et l'anale sont d'un brun foncé teinté de macules noirâtres peu limitées, les pectorales sont tantôt plus ou moins brunes, tantôt grisâtres et tachetées de noir, les ventrales sont le plus souvent d'un blanc grisâtre avec ou sans taches noires, parfois elles sont d'un brun plus ou moins foncé, la caudale est d'une teinte brune uniforme ; souvent la première dorsale montre en avant un liséré blanchâtre, la pectorale porte une tache noire à la base de ses rayons supérieurs. Parfois on trouve des sujets, d'un gris jaunâtre, ayant quelques macules d'un noir assez foncé et un pointillé noirâtre sur les dorsales et la caudale ; chez eux, l'anale est pâle et bordée de noir, excepté à l'extrémité des rayons qui est blanchâtre, la pectorale est sans tache à la base de ses rayons supérieurs. Suivant Canestrini, la première dorsale porte une bordure jaune-orange ; n'est-ce pas une variété du Paganel que le naturaliste italien a décrite sous le nom de Gobie noir? Il y a lieu de le supposer, avec d'autant plus de raison que le nombre des écailles de la ligne longitudinale indiqué par Canestrini, convient au Paganel et nullement à l'autre espèce.

Quant à la coloration du corps, elle est des plus variables ; le plus souvent le fond est un brun jaunâtre teinté de marbrures noirâtres, ou bien il est d'un gris plus ou moins foncé passant au noir sur le dos, d'un gris jaunâtre ou même blanchâtre sous le ventre ; parfois la teinte est uniforme, d'un brun foncé, une bande longitudinale de points noirs s'étend sur les côtés.

Habitat. Méditerranée, assez commun, Nice, Cette. Océan, assez commun le long des côtes. Manche, commun, Roscoff, Cherbourg ; il me paraît moins commun au nord de la Seine, Fécamp, Saint-Valery-en-Caux.

Proportions : long. totale 0,107 ; tronc, haut. 0,0187.

Tête, long. 0,027. — OEil, diam. 0,0067, esp. préorbit. 0,0055, esp. interorbit. 0,003.

LE GOBIE DE RUTHENSPARRE
GOBIUS RUTHENSPARRI, Euphr.

Syn. : Gobius Ruthensparri, Euphrasen, in *Nov. act. Stockholm.*, VII, 62, tab. 3, fig. 1, V. Arted., *Genera*, p. 194 ; CBp., *Cat.*, n° 576 ; Günth., t. III, p. 76 ; Canestr., *Fn. Ital.*, p. 174.

Le Gobie a deux taches, Gobius Ruthensparri, Cuv. et Valenc., t. XII, p. 48.

The Doubly-spotted Goby, Yarr., t. II, p. 322.

Two-spotted Goby, Couch, t. II, p. 162.

?Broad-finned Goby, Couch, t. II, p. 165.

?Tail-spotted Goby, Couch, t. II, p. 166.

Long. : 0,04 à 0,06.

Sur nos plages de l'Ouest, dans les flaques d'eau que la mer laisse en se retirant, on trouve assez souvent des poissons qui nagent par petites bandes. Ces poissons de taille peu développée, aux formes grêles, aux mouvements rapides, sont des Gobies de Ruthensparre. Ils ont le corps légèrement arrondi en avant, comprimé à partir de l'anus, couvert d'écailles relativement assez grandes. La hauteur du tronc fait environ le sixième de la longueur totale.

La tête est aplatie, à peine plus haute que large, allongée ; sa longueur est contenue quatre fois et demie dans la longueur totale. Le museau est court et gros ; la bouche, bien fendue, est légèrement oblique. La mâchoire supérieure est sensiblement plus courte que la mandibule ; elles sont l'une et l'autre garnies de dents très-aiguës, plus fortes à la mâchoire inférieure ; la langue est large et longue.

Ordinairement l'iris est d'un bleu foncé, parfois il est blanchâtre tacheté de brun. Le diamètre de l'œil est compris trois fois et un tiers dans la longueur de la tête ; il est un peu plus grand que l'espace préorbitaire qui paraît égal à l'espace interorbitaire.

La ligne latérale est nulle ou peu marquée, indiquée seulement par quelques points tantôt blanchâtres, tantôt brunâtres. Dans la ligne longitudinale, on compte de trente-six à quarante écailles.

Chez le Ruthensparre, la première dorsale a sept rayons, elle commence au-dessus du milieu des pectorales, un peu en avant de la première tache noire ; la seconde dorsale naît au-dessus de l'anus, elle a seulement onze rayons en tout ; ces nageoires sont à peu près aussi hautes que le tronc ; elles ont des rayons minces et flexibles ; elles sont d'un gris teinté de roussâtre comme l'anale, qui est aussi longue que la seconde dorsale, et qui a le même nombre de rayons. La caudale ne mesure pas tout à fait le cinquième de la longueur totale ; elle est d'un gris marron, elle est rayée de bandes brunâtres, et marquée, à la base de ses rayons, d'une large tache noire. Les pectorales ont une quinzaine de rayons semblables, elles manquent de rayons crinoïdes; elles sont d'un gris blanchâtre ainsi que les ventrales; ces nageoires paraissent égales, leur longueur est contenue environ cinq fois et demie dans la longueur totale. La membrane antérieure de la ventouse est très-peu développée.

D. 7 — 1/10; A. 1/10; C. 13; P. 15; V. 1/5.

Quant au système de coloration, il est d'un gris roussâtre avec une série longitudinale de petites taches blanchâtres sur les flancs, parfois ces taches sont très-peu visibles; il y a de chaque côté deux taches noirâtres : la première est placée vis-à-vis du tiers postérieur de la pectorale, elle est plus marquée chez les mâles que chez les femelles, elle manque quelquefois dans ces dernières et dans les jeunes mâles; la seconde tache est plus grande, elle s'étale sur la base de la caudale, elle est ovale quand les rayons sont rapprochés, elle est très-arquée en arrière lorsque les rayons sont écartés, elle ne paraît jamais faire défaut.

Habitat. — Ce petit poisson est assez commun sur nos plages de l'Ouest, surtout dans la Manche; je ne l'ai pas trouvé dans le département des Basses-Pyrénées. Il n'a pas été signalé sur nos côtes de la Méditerranée.

D'après Nardo, le Ruthensparre vit dans l'Adriatique, écrit le professeur Canestrini; quant à moi, ajoute-t-il encore, je ne l'ai jamais vu (Canestr., *Fn. Ital.*, p. 174). Nardo nous apprend que ce Gobie se trouve en abondance dans le golfe de Venise, qu'il a des œufs en février et mars (Nardo, *in Sinon. moder. ecc.*, Stef. Chiereghini, 1847, p. 119).

Proportions : long. totale 0.044; tronc, haut. 0,007.

Tête, long. 0,010. — Œil, diam. 0,003, esp. préorbit. 0,002, esp. interorbit. 0,002.

LE GOBIE BORDÉ — *GOBIUS LIMBATUS*, Valenc.

Syn. : Le Gobie bordé, Gobius limbatus, Cuv. et Valenc., t. XII, p. 26, pl. 344.
Gobius limbatus, CBp., *Cat.*, n° 553.

Long. : 0,15 à 0,18.

Suivant l'opinion de Canestrini, les trois Gobies, appelés par

Valenciennes, céphalote, à gouttelettes, bordé, ne forment qu'une seule et même espèce. Au lieu de trancher définitivement la question, nous aimons mieux faire connaître les caractères du Gobie bordé.

Le tronc est assez gros, arrondi ; sa hauteur est contenue quatre fois et demie à cinq fois dans la longueur totale.

Dans le Bordé, la tête est un peu plus haute que large, c'est le contraire dans le Céphalote ; sa longueur est comprise seulement trois fois et trois quarts à quatre fois dans la longueur totale. Le museau est gros, assez court ; la mâchoire supérieure est un peu moins avancée que la mandibule, elles sont armées l'une et l'autre de dents très-pointues, assez fortes.

Le diamètre de l'œil est contenu cinq fois et un tiers dans la longueur de la tête, il fait un peu plus de la moitié de l'espace préorbitaire, il est égal à l'espace interorbitaire. Comme toujours, nous indiquons les proportions d'après le diamètre longitudinal.

Sur un sujet en assez mauvais état, il nous a été impossible de compter, d'une manière suffisamment exacte, le nombre des écailles de la ligne longitudinale.

A la première dorsale, il y a sept rayons, est-ce le nombre normal? Est-ce une simple anomalie, comme le suppose Canestrini? Les dorsales sont à peu près égales, elles sont d'un tiers ou d'un quart moins hautes que le tronc. La caudale est arrondie, elle mesure au moins le cinquième de la longueur totale. Les nageoires verticales sont brunâtres, teintées de jaune et bordées de blanc ou plutôt de bleu sur le frais, d'après Laurillard (Cuv. et Valenc.). Les pectorales, à rayons supérieurs crinoïdes, sont bien développées, mais elles ne vont pas jusqu'à l'anus ; elles sont d'un gris jaunâtre piqueté de blanc. Les ventrales paraissent insérées un peu en avant des pectorales; elles sont courtes, mais larges ; leur membrane antérieure, bien développée, porte, de chaque côté, un petit lobe pointu, un peu triangulaire.

D. 7 — 1/13 ; A. 1/11.

Il y a en quelque sorte deux systèmes de coloration ; la teinte générale est grisâtre avec des taches noires et quelques points blancs, les nageoires impaires et les pectorales sont d'un brun grisâtre avec des points blancs, les ventrales et l'abdomen sont d'un gris plus ou moins clair ; ou bien la teinte générale est plus foncée ; les lèvres sont noires, la tête est brune, les nageoires impaires sont brunâtres, les pectorales sont grisâtres avec des points noirs, les ventrales sont d'un brun assez foncé.

Habitat. — Méditerranée, très-rare, Nice.
Proportions : long. totale 0,178 ; tronc, haut. 0,039.
Tête, long. 0,048. — Œil, diam. 0,009, esp. préorbit. 0,017, esp. interorbit. 0,009.

On trouve encore décrites dans l'*Histoire naturelle* de Risso les deux espèces suivantes :

LE GOBIE ZÈBRE — *GOBIUS ZEBRUS*, Riss.

Gobius zebrus (Gobie zèbre), Riss., *Hist. nat.*, p. 282 ; CBp., *Cat.*, n° 563 ; Canestr., *Arch. zool.*, t. I, p. 142, pl. 7, fig. 4, *Fn. Ital.*, p. 171.

N. Vulg. : Gobiou raiat, Nice, d'après Risso.
Long. : 0,040 à 0,045.

Cette espèce est assez mal déterminée ; Risso indique cinq rayons à la première dorsale, Canestrini en compte six.

Ne connaissant pas le Gobie zèbre, j'en donne une courte description empruntée aux auteurs que je viens de citer.

Le corps est aplati postérieurement (Riss.); la hauteur est comprise cinq fois et trois quarts dans la longueur. (Canestr.)

La tête est grosse. (Riss.) Les dents aux mâchoires sont disposées sur plusieurs séries, celles de la rangée externe sont plus fortes que les autres. (Canestr.)

Suivant Canestrini, il y a environ trente-six écailles dans la rangée longitudinale, onze dans la rangée transversale.

D. 5 — 10 ; A. 8 ; C. 16 ; P. 14 ; V. 6 (Riss.).
Br. 4. — D. 6 — 1/11 ; A. 1/10 ; C. 13 ; P. 16 (Canestr.).

Le système de coloration est noirâtre, traversé de taches blan-

châtres (Riss.), d'un brun plus ou moins foncé, quelquefois olivâtre ; le corps présente une douzaine de lignes transversales
d'un blanc argenté qui disparaissent promptement après la
mort. (CANESTR.)

Habitat. Méditerranée, Nice.

LE GOBIE A FILAMENT — *GOBIUS FILAMENTOSUS*, Riss.

GOBIUS FILAMENTOSUS, Riss., *Hist. nat.*, p. 285 ; CBp., *Cat.*, n° 570.

Long. : 0,14.

Voici les caractères spécifiques indiqués par Risso.

La membrane de la seconde dorsale, beaucoup plus élevée que
celle de la première, est terminée sur chaque rayon par un long
filament bleuâtre.

Les mâchoires sont garnies de fines dents inégales, crochues.

D. 6 — 17 ; A. 16 ; C. 14, P. 14 ; V. 10.

Le corps est d'un jaune clair verdâtre, avec des traits plus
foncés... les dorsales sont d'un jaune clair transparent, avec des
raies longitudinales obscures ; la ventrale est bleuâtre... les
pectorales sont ornées à leur base d'une lunule noirâtre cerclée
de blanc.

Habitat. — Méditerranée, Nice. Je n'ai vu ce poisson dans aucun musée.

GENRE APHYE — *APHYA*, Riss.

Syn. : BRACHYOCHIRUS, Nardo.
? LATRUNCULUS, Günther.

Corps peu développé ; écailles lisses, caduques.
Tête allongée ; bouche grande ; mâchoires ayant les dents sur une seule
rangée.
Appareil branchial : ouïes largement fendues ; cinq rayons branchiostèges.
Nageoires ; première dorsale à cinq rayons ; ventrales réunies par une
membrane assez délicate.

Il faut le reconnaître, le genre Aphye a été excessivement mal déterminé par Risso qui, dans la diagnose, indique des caractères inexacts : les ventrales séparées, une caudale fourchue. Il est très-voisin du genre *Apocrypte* de Cuvier et Valenciennes, il présente la même disposition dans le système dentaire, le même nombre de rayons à la première dorsale. Il paraît se distinguer du genre *Latrunculus* de Günther par l'absence, à la mâchoire supérieure, d'une seconde rangée de dents formée par des canines ; Günther donne cependant le nom de *Latrunculus pellucidus* au poisson que nous allons étudier.

Le genre Aphye ne comprend qu'une seule espèce.

L'APHYE PELLUCIDE — *APHYA PELLUCIDA.*

Fig. 106.

Syn. : Athérine naine, Atherina minuta, Riss., *Ichth.*, p. 340.
Aphia meridionalis, Aphie méridionale, Riss., *Hist. nat.*, p. 288.
Gobius pellucidus, Nardo, *Giorn. Fisica ecc.*, Pavia, 1824, Bim. III, p. 7.
Gobius pellucidus (*nova species*), Kessler. *Ichth., südwestlichen Russlands*, dans *Bull. Soc. Imp. Naturalistes de Moscou*, 1859. t. XXXII, part. 2, p. 260.
Brachyochirus pellucidus, Nardo, in *Sin. moderna ecc.: Descrizione de' Crostacei... e de' Pesci... lagun. golf. veneto dall' ab. Stef. Chiereghini... dal Domen. Nardo*, Venez'a, 1847.
Brachyochirus aphya, CBp., *Cat.*, n° 586.
Gobius albus, Canestr., *Archiv. zool.*, t. I, p. 152, pl. 8. fig. 3. *Fn. Ital.*, p. 176.
Latrunculus pellucidus, Günth, t. III, p. 556.

N. Vulg. : Nounat et Nonnat, Nice.
Long. : 0,40 à 0,05.

Dans le département des Alpes-Maritimes, on pêche en abondance un poisson de très-petite taille, aux formes délicates, au corps transparent, appelé *Nonnat*.

En avant, le corps est arrondi, il est légèrement comprimé en arrière, il est allongé ; sa hauteur fait environ le septième de la longueur totale. Les écailles sont lisses, elles sont tellement caduques, tellement peu adhérentes que la peau semble toujours nue, et Nardo écrit même que le Brachyochire se distingue des Gobies par le manque d'écailles, qu'il porte à Venise le nom vulgaire de *Omo nudo*.

La tête a le profil supérieur presque droit, continuant la
ligne du dos ; elle est allongée ; sa longueur est comprise environ
quatre fois et demie dans la longueur totale, elle fait le double
de sa largeur. Le museau est court, large, aplati. La bouche est
grande, fendue obliquement jusqu'au-dessous de l'œil ; les lèvres
sont marquées d'un pointillé brun-marron très-fin, qu'il faut
examiner à la loupe pour bien voir le détail de la disposition ;
ce pointillé m'a paru manquer chez les mâles ; à quoi tient la
différence dans la coloration des lèvres ? Au sexe ? Y a-t-il simplement une exception pour les individus, cependant assez nombreux, que j'ai examinés ? La mâchoire supérieure est sensiblement plus courte que la mandibule ; la mâchoire inférieure est
relativement très-ascendante, elle est large en avant, elle a
presque la forme d'un fer à cheval allongé. Les dents sont aux
mâchoires disposées sur une seule rangée ; elles présentent dans
leur forme, dans leur nombre, des particularités qui permettent
de distinguer facilement les sexes. Chez les mâles, elles sont peu
nombreuses, mais proportionnément à la taille des animaux,
elles sont développées ; il y en a généralement sept sur chacun
des intermaxillaires ; à la mâchoire inférieure et de chaque côté
on en compte cinq, quatre dents coniques, plus une canine
très-crochue qui termine la série. Les dents, chez les femelles,
sont semblables aux deux mâchoires, elles sont excessivement
petites, à peine visibles, sous un verre grossissant elles paraissent coniques et légèrement crochues. La langue est lisse,
longue et large, arrondie, faiblement échancrée en avant. Les
os pharyngiens sont munis de dents très-fines, placées sur plusieurs rangées.

A la tête se trouvent des séries de pores excessivement curieuses
à étudier ; elles sont disposées d'une façon symétrique sur les
joues, les opercules, et principalement sur la région supérieure ;
ce sont des lignes transversales coupées par des lignes perpendiculaires, formant de légères saillies, d'un très-agréable dessin,
entre les yeux, sur la nuque et sur le museau.

Une tache noire assez large marque à peu près le tiers de la

circonférence supérieure du globe de l'œil ; quand on regarde le
poisson en dessus, on voit seulement deux macules noires sur les
côtés de la tête. L'iris est argenté. Le diamètre de l'œil fait le
quart de la longueur de la tête, il est égal à l'espace interorbitaire, un peu plus grand que l'espace préorbitaire.

Quant aux fentes branchiales, elles sont larges, elles sont plus
grandes que l'isthme qui les sépare. Les pièces operculaires sont
excessivement minces, transparentes. Il est assez difficile de voir
nettement les rayons branchiostèges ; Nardo en compte six ; sur
plusieurs individus j'en ai constamment trouvé cinq, c'est le
nombre indiqué par Canestrini.

D'après Kessler, Canestrini, il y a dans la rangée longitudinale vingt-quatre ou vingt-cinq écailles ; la rangée transversale
est composée de quatre écailles seulement. (Canestr.) Je n'ai jamais pu, même à Nice, me procurer des Nonnats complétement
couverts d'écailles. Éc., l. long. 24 ou 25 ; l. transv. 4.

La première dorsale a cinq rayons seulement, elle est très-
fragile, elle est moins haute que le tronc. En général la seconde
dorsale est un peu plus élevée que le tronc, sa hauteur fait
environ le sixième de la longueur totale ; il ne faut pas attacher
trop d'importance à la mesure de ces proportions ; la nageoire a
le plus souvent douze rayons mous, parfois elle en a treize.
L'anale compte onze ou douze rayons mous. La caudale est peu
arrondie, plutôt carrée ; elle fait le sixième de la longueur totale ;
elle a une quinzaine de grands rayons et quelques autres petits
en dessus et en dessous. Les pectorales, sans rayons crinoïdes,
sont aussi longues que la caudale, elles ont seize ou dix-sept
rayons. Les ventrales sont étroites, pointues, elles mesurent le
septième de la longueur totale ; la membrane qui les unit en
avant est mince, développée, elle forme avec les nageoires un
tube assez allongé.

Br. 5. — D. 5 — 1/12 ou 13 ; A. 1/11 ou 12 ; C. 15 ; P. 16 ou 17 ; V. 1/5 + 1/5.

Quand il vient d'être sorti de l'eau, le Nonnat est transparent ;
il est d'un jaune pâle sur le dos et les flancs, il est pâle sous le

ventre. Les dorsales, l'anale et la caudale sont d'un jaune excessivement pâle ; la base de ces nageoires est entourée d'un petit
pointillé noirâtre. Les pectorales sont blanchâtres à leur base,
d'un jaune très-clair dans le reste de leur étendue. Les ventrales
sont incolores pour ainsi dire.

Habitat. Méditerranée, excessivement commun d'Antibes à Menton.

Proportions : long. totale 0,045 ; tronc, haut. 0,006.

Tête, long. 0,010. — Œil, diam. 0,0025, esp. préorbit. 0,0020, esp. interorbit. 0,0025.

Une question, d'une certaine importance, se pose à l'esprit des ichthyologistes. L'*Aphya meridionalis* de Risso et le *Gobius albus* de Parnell ne font-
ils qu'une seule et même espèce, comme le pense Canestrini ? Évidemment
non, si, dans le genre *Latrunculus*, la disposition du système dentaire est, à
la mâchoire supérieure, telle que l'indique Günther ; il faut alors admettre
deux espèces qui non-seulement sont très-distinctes l'une de l'autre, mais
qui doivent encore être placées chacune dans un genre séparé. Günther
cependant semble partager l'opinion de Canestrini, t. III, p. 556, il dit que
le *Gobius pellucidus* de Nardo et de Kessler est probablement identique au
Latrunculus albus ; la seule différence qu'il trouve, d'après la description de
Kessler, entre ces animaux, est dans la proportion de l'œil qui est plus grand
chez le *Gobius pellucidus*. Est-ce bien l'unique différence qui existe ? Le
Gobius ou le *Brachyochirus pellucidus* de Nardo n'a qu'une seule rangée de
dents à la mâchoire supérieure, le *Latrunculus albus* en a deux, suivant
Günther ; les espèces alors ne sont pas identiques, et Günther ne doit pas
même appeler *Latrunculus pellucidus* le poisson que nous venons de décrire,
si la diagnose du genre *Latrunculus* est exacte.

En lisant la synonymie, on voit que le Nonnat a reçu un trop grand
nombre de dénominations génériques et spécifiques. Nous croyons devoir
reprendre le nom de genre et le nom d'espèce qui lui ont été donnés, l'un
par Risso (1826), l'autre par Nardo (1824) ; nous voulons ainsi conserver à
chacun de ces auteurs leur droit de priorité.

Sur nos côtes de l'Ouest, les Gobies ne sont pas recherchés, et ne servent
pas à l'alimentation, pour ainsi dire. Il n'en est pas de même sur nos bords
de la Méditerranée ; à Cette on apporte au marché des corbeilles remplies
de ces poissons et surtout de Gobies lotes et de Gobies à longs rayons qui
sont très-communs dans l'étang de Thau et dans les canaux.

L'Aphye pellucide est, dans les Alpes-Maritimes, l'objet d'une pêche spéciale qui se fait à diverses époques de l'année, et qui est principalement
très-abondante au printemps. Je me rappelle les quantités énormes de petits
poissons qui, au mois de mars, sont portés, une partie de la journée, dans
les rues de Nice et criés : *Nonnats, Nonnats.* Pour capturer ces animaux, les
pêcheurs nizzards se servent d'un filet à mailles nécessairement très-serrées
auquel ils donnent le nom de *Tartanoun.* Si la pêche se bornait à la prise

des Nonnats, elle ne produirait aucun mauvais résultat puisqu'elle n'apporterait que des poissons ayant atteint leur complet développement, mais elle enlève une masse prodigieuse de Clupes à peine éclos, des Sardines, des Anchois, et détermine l'appauvrissement d'une partie de la côte, surtout d'Antibes à Nice. Les Nonnats sont apprêtés de deux façons, tantôt ils sont jetés dans du lait bouillant et donnent un mets très-recherché de certaines personnes, tantôt ils sont frits et vraiment, ainsi préparés, ils sont d'une grande délicatesse.

Nos Gobies sont tous marins, excepté peut-être le Gobie lote qui vit, selon Valenciennes, dans les eaux douces et dans les eaux salées. Ces poissons se tiennent près du rivage, dans des endroits peu profonds, au milieu des plantes marines, des roches auxquelles ils s'attachent au moyen de leur ventouse.

Certains Gobies construisent des nids de façons assez différentes suivant les espèces : le Gobie constructeur fait son nid en forme de four. (NORDMANN, *Faune pontique*, p. 427.) Le Gobie noir, suivant quelques auteurs, établit le sien dans les algues ; le mâle garde le nid pour féconder et surveiller les œufs que les femelles viennent y déposer, il défend même, dans les premiers temps de l'éclosion, les petits avec beaucoup de courage. D'autres Gobies recherchent des pierres creuses, des coquilles pour y coller leurs œufs ; la femelle pond fixée par sa ventouse.

Ces animaux sont nombreux sur nos côtes ; ils restent toujours de petite taille. Ils se nourrissent principalement de crustacés, de mollusques et parfois de matières végétales. Le Gobie noir fait une chasse très-acharnée aux petites crevettes, comme on peut facilement le voir, à marée basse, sur nos plages de Normandie et de Bretagne.

Famille des *Mullidés, Mullidæ.*

Corps ovale, couvert de grandes écailles.

Tête assez forte : bouche petite : dentition des mâchoires faible, parfois incomplète. Sous la mâchoire inférieure deux barbillons attachés à l'os hyoïde.

Appareil branchial; fente des ouïes grande ; quatre rayons branchiostèges ; fausses branchies.

Nageoires; deux dorsales éloignées l'une de l'autre, assez courtes ; anale opposée à la seconde dorsale ; ventrales thoraciques, ayant un aiguillon et cinq rayons mous.

Cette famille comprend un seul genre :

GENRE MULLE — *MULLUS*, Linn.

Corps ovale, plus ou moins allongé, légèrement comprimé. Peau couverte de grandes écailles à plusieurs séries de spinules. Vertèbres au nombre de vingt-quatre, $10 + 14$; squelette de faible consistance.

Tête écailleuse, comprimée, à profil supérieur arqué, déclive en avant, museau arrondi. Bouche petite, légèrement protractile, horizontale, s'ouvrant au bout du museau près de la ligne inférieure de la tête ; mâchoire supérieure plus longue et plus large que la mandibule qu'elle déborde complètement, elle n'est pas dentée, suivant la plupart des auteurs, le fait est exact pour le Mulle rouget, mais elle porte souvent, chez le Surmulet, des dents excessivement fines ; mâchoire inférieure avec une bande étroite de très-petites dents ; vomer à chevron très-élargi, portant deux plaques ovales, séparées par une dépression longitudinale au milieu et par une échancrure en avant et en arrière ; ces plaques sont garnies de petites dents grenues : dents pharyngiennes un peu plus développées que les dents vomériennes, elles sont en cardes légèrement crochues, à pointe mousse : langue lisse. Maxillaire supérieur écailleux en arrière, en partie caché par le sous-orbitaire. Mandibule à branches rapprochées l'une de l'autre en dessous et formant, avec le bord interne de l'interopercule, une espèce de petite fossette allongée dans laquelle les barbillons peuvent se loger complètement.

Yeux grands, près du profil supérieur de la tête : préorbitaire ou sous-orbitaire antérieur très-développé.

Narines à deux orifices ; orifice postérieur étroit, arrondi, très-rapproché de l'orbite : orifice antérieur à bord légèrement renflé, assez éloigné de l'orifice postérieur.

Appareil branchial; fente des ouïes grande, se prolongeant jusqu'au dessous de l'œil : pièces operculaires minces, écailleuses : opercule à deux petites pointes sur le bord postérieur, ces pointes sont molles, elles présentent à peine des apparences d'épines ; rayons branchiostéges au nombre de quatre, il y a en trois qui sont bien développés, le quatrième est très-délié, très-ténu, il ressemble à une petite arête. Les deux barbillons sont attachés à l'os hyoïde, ils en sont même une dépendance ; ces barbillons sont tout à la fois des organes de tact et des organes de mouvement ; ils sont coniques, couverts de petites papilles serrées les unes contre les autres.

Ligne latérale bien marquée, formée d'écailles à canal très-large, muni de petits conduits latéraux.

Nageoires ; deux dorsales courtes, la première au-dessus ou à peine en arrière de la base de la pectorale, à sept ou huit aiguillons minces ; seconde dorsale opposée à l'anale, composée d'une épine et de huit rayons mous ; anale à deux rayons simples et six rayons branchus ; caudale fourchue : pectorales assez larges, un peu plus longues que la base de la première dorsale.

Vessie natatoire nulle.

Appareil digestif; estomac pointu en arrière ; appendices pyloriques nombreux, une vingtaine au moins.

Le genre Mulle se compose de trois espèces :

Salviani, le premier, a parfaitement distingué les deux espèces, qui depuis ont été admises par la plupart des auteurs, *veré duplex eorum genus esse, nos primi notavimus.* (SALVIAN., p. 236.) Il a donné de chacun de ces Mulles une figure exacte. A ces deux espèces il est à propos d'en ajouter une troisième, qui a été indiquée par Rafinesque, acceptée par Risso, mais qui, disons-le, n'a jamais été décrite avec précision.

Extrémité postérieure de la mâchoire supérieure — n'allant pas jusqu'à l'aplomb du bord antérieur de l'orbite. Longueur de la tête — plus grande que la hauteur du corps....... 1. SURMULET. — égale à la hauteur du corps. 2. MULLE BRUN. — atteignant et même dépassant l'aplomb du bord antérieur de l'orbite............ 3. MULLE ROUGET.

Les Mulles étaient assurément appelés *Trigles* par les Grecs de l'antiquité. Cette dénomination leur avait été donnée parce qu'on supposait qu'ils font trois pontes dans l'année. Aristote dit en effet, γίνεται.... τρίγλα μόνα, ταῖς, le trigle surmulet seul fraie trois fois. (Arist., *trad.*, Camus, liv. V, c. IX. p. 252-253.) Le terme latin *Mullus* indique la teinte de ces poissons, *mulleus*, couleur de pourpre, rouge. On leur donne sur nos marchés les noms vulgaires de Rougets, Rougets-barbarins ou Barbets à cause de leur système de coloration, à cause aussi de leurs barbillons. Brünnich prétend, mais à tort, que le Rouget a le corps argenté et qu'il ne devient rouge qu'après avoir été écaillé. Les pêcheurs ont, il est vrai, l'habitude d'enlever les écailles de ces poissons aussitôt qu'ils les ont sortis de l'eau, dans le but de rendre la teinte rouge plus foncée ; mais le Surmulet et le Rouget vivants n'en ont pas moins une teinte rougeâtre.

LE SURMULET — *MULLUS SURMULETUS*, Linn.

Syn. : MULLUS, Salvian., p. 235, fig. 95.

MULLUS SURMULETUS, Linn., p. 496. sp. 2 ; Bloch, pl. 57 ; CBp., *Cat.* n° 522 ; Günth., t. I, p. 401 ; Canestr., *Fn. Ital.*, p. 79.

MULLE SURMULET, Mullus surmuletus, Lacép., t. IX. p. 73 ; Riss., *Ichth.*, p. 213, *Hist. nat.*, p. 384.

LE SURMULLET OU GRAND MULLE RAYÉ DE JAUNE, Mullus surmuletus, Cuv. et Valenc., t. III. p. 433 ; *Règ. anim. ill.*, pl. 19, fig. 2.

THE STRIPED SURMULLET, Yarr., t. II, p. 97.

SURMULLET, Couch, t. I, p. 209.

N. Vulg. : Rouget, sur toutes nos côtes ; Rouge d'Yport, Fécamp ; Barbarin, Barbeau, Barberin, Rouget-barbet, Vendée : Rujet-gros, Pyrénées-Orientales ; Routget, Cette ; Streglia de rocca, Nice.

Long. : 0,20 à 0,30, quelquefois 0,40.

De nos trois espèces de Mulles c'est évidemment le Surmulet qui paraît atteindre la plus grande taille.

Le corps est arrondi vers le dos, comprimé vers le ventre, il est ovale, allongé; la longueur totale fait quatre fois et quart à quatre fois trois quarts, assez rarement cinq fois, la hauteur du tronc. La peau est couverte de larges écailles, mais qui relativement sont moins grandes que celles du Mulle brun et qui, chez les sujets de moyenne taille, portent, sur leur bord libre, seulement trois ou quatre spinules dans les rangées médianes; chez les individus qui ont acquis une longueur de vingt-cinq à trente centimètres, les spinules des séries médianes sont au nombre de quatre ou cinq.

Chez le Surmulet, la tête, à profil arrondi et avancé, est toujours plus longue que la hauteur du corps, sa longueur est comprise quatre fois à quatre fois et demie dans la longueur totale. La bouche est assez peu fendue. La mâchoire supérieure n'est pas constamment édentée, comme le supposent la plupart des ichthyologistes, elle porte souvent, au contraire, de très-petites dents, qui, à la vérité, sont fort caduques; son extrémité postérieure n'arrive pas à l'aplomb du bord antérieur de l'orbite. La mâchoire inférieure est munie de dents très-peu développées : le vomer est denté.

Les yeux sont grands, à fleur de tête. L'iris est d'un jaune rougeâtre. Le diamètre de l'œil varie suivant la taille des animaux, il est contenu trois fois et demie à quatre fois dans la longueur de la tête; chez les grands individus il est égal à l'espace interorbitaire, il est sensiblement plus long dans les jeunes; il fait les deux tiers de l'espace préorbitaire. L'espace interorbitaire est aplati.

Il est inutile de rappeler que l'opercule porte deux pointes mousses en arrière.

La ligne latérale est très-rapprochée du dos; elle va obliquement de la tête à la queue. Chacune de ses écailles est traversée par un très-large canal qui, sur les côtés, donne naissance à une dizaine de petits tubes, et qui, dans sa partie centrale, est percé de plusieurs orifices. Il y a trente-neuf écailles dans la ligne longitudinale, et dix ou onze dans la ligne transversale. Éc., l. long. 39 ; l. transv. $\frac{2 \text{ ou } 3}{6 \text{ ou } 7} + 1 = 10$ ou 11.

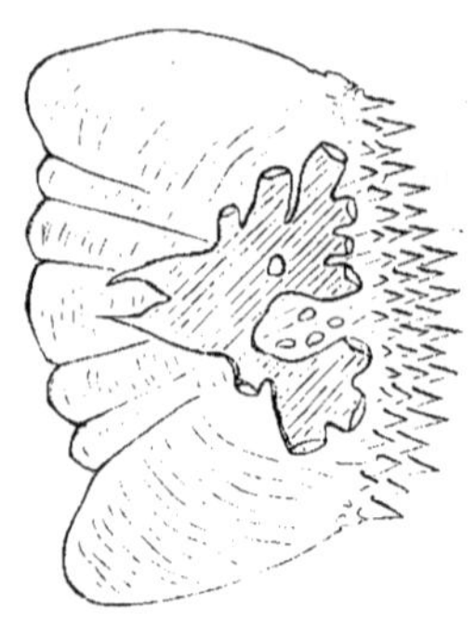

Fig. 107.

Ordinairemement la première dorsale a huit épines et non pas sept ; la première épine est excessivement courte, elle est portée sur le même interépineux que la suivante ; les aiguillons, à partir du deuxième, vont jusqu'au dernier en diminuant de longueur d'une façon régulière ; la nageoire présente une coloration variée ; à sa base est une bande lilas très-clair, au-dessus s'étale, dans les deuxième, troisième, quatrième espaces intraradiaires, une large tache jaune rougeâtre ; la partie supérieure de la nageoire qui est blanchâtre est traversée par une bande jaunâtre, portant une grande macule noirâtre. La seconde dorsale a neuf rayons ; elle est d'un jaune rougeâtre teinté de brun. L'anale est opposée à la seconde dorsale. La caudale est fourchue, elle fait près du cinquième de la longueur totale ; elle est rougeâtre. Le surscapulaire est fourchu. Les pectorales sont d'un jaune rosé et les ventrales sont rosées.

Br. 4. — D. 8 — 1/8 ; A. 8 ; C. 18 ; P. 17 ; V. 1/5.

La coloration est rouge sur le dos, rosée sur les flancs, d'un blanc rosé sous le ventre ; les côtés portent des bandes longitudinales jaunâtres au nombre de trois ou quatre.

Habitat. Le Surmulet se trouve sur toutes nos côtes.
Proportions : long. totale 0,234 ; tronc, haut. 0,047 ;
Tête, long. 0,052. — Œil, diam. 0,014, esp. préorbit. 0,022, esp. interorbit. 0,014.

LE MULLE BRUN — *MULLUS FUSCATUS*, Rafin.

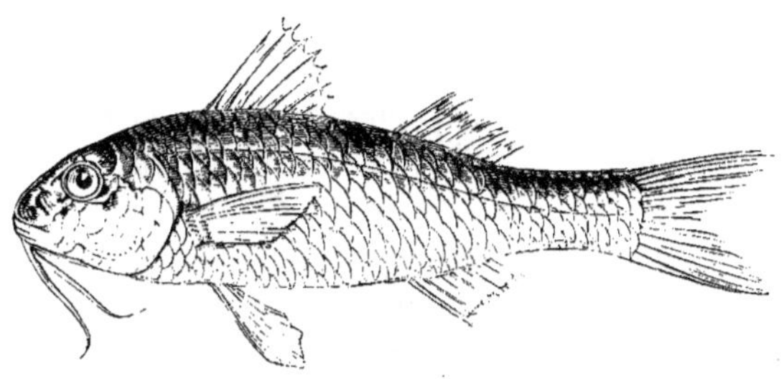

Fig. 108.

Syn. : MULLUS FUSCATUS, Rafin., *Caral.*, sp. 91, *Ind. ittiol. sicil.*, p. 27, sp. 188. MULLUS FUSCUS, Mulle brun, Riss., *Hist. nat.*, p. 386.

N. Vulg. : Streglia de fanga, Nice.
Long. : 0,15 à 0,25.

Plusieurs ichthyologistes, C. Bonaparte, Canestrini, regardent le Mulle brun comme un Mulle rouget; cependant les deux espèces présentent de grandes différences dans leur conformation. Si, au premier abord, le Mulle brun peut être confondu avec un autre Mulle, c'est assurément avec le Surmulet; il ne paraît pas devenir aussi grand que ce dernier.

Le corps est plus large que dans le Surmulet, la longueur totale ne faisant la hauteur que quatre fois et un quart environ, et moins encore chez quelques individus ; il est plus épais, il est couvert d'écailles plus grandes que dans l'autre espèce. Une écaille, observée avec attention, suffit pour faire distinguer l'un de l'autre chacun de ces Mulles. Dans le Mulle brun, les écailles ont les spinules plus petites mais plus nombreuses que dans le Surmulet; sur les séries médianes ou dans les longues rangées horizontales, il y a chez les sujets de moyenne taille cinq à sept spinules, tandis qu'il n'y en a que trois ou quatre chez le Surmulet; il est évident qu'il s'agit de spinules faciles à compter et non de spinules usées, presque détruites. Il est bon d'ailleurs, pour faire les comparaisons, de prendre des sujets de même longueur et de choisir les écailles dans les régions analogues.

Chez le Mulle brun, le profil antérieur de la tête est un peu moins avancé que dans le Surmulet ; l'extrémité postérieure de la mâchoire supérieure n'arrive pas non plus à l'aplomb du bord antérieur de l'orbite ; la longueur de la tête est égale à la hauteur du tronc, tandis qu'elle est plus grande chez le Surmulet.

L'iris est rougeâtre. Le diamètre de l'œil, suivant la taille des sujets, est contenu trois fois et demie à quatre fois et un tiers dans la longueur de la tête ; il mesure environ la moitié de l'espace préorbitaire, il est plus petit que l'espace interorbitaire qui est aplati.

Quant à la ligne latérale, elle est formée d'écailles qui non-seulement sont différentes de celles du Surmulet par le nombre des spinules, mais encore par la disposition du canal qui les traverse. Près de l'aire spinigère, vers sa terminaison, le canal est moins large que dans le Surmulet, il présente aussi des ramifications moins nombreuses, sept ou huit au plus. On compte trente-huit ou trente-neuf écailles dans la ligne longitudinale et neuf ou dix dans la ligne transversale. Éc., l. long. 38 ou 39 ; l. transv. $\frac{2}{6 \text{ ou } 7} + 1$.

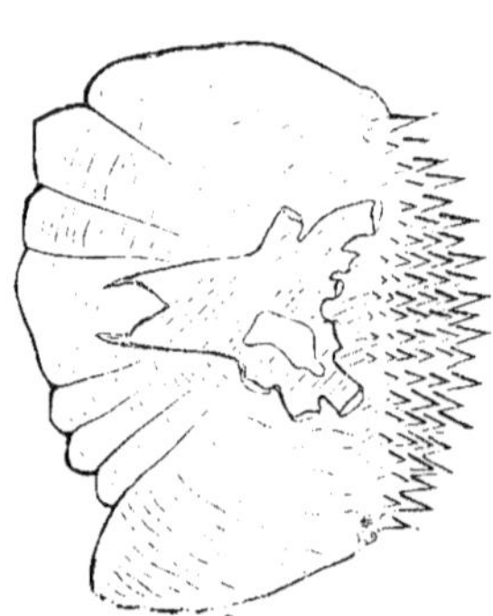

Fig. 109.

Il y a sept ou huit aiguillons à la première dorsale, qui a le fond violacé avec une bande jaunâtre et une macule noirâtre. La seconde dorsale est d'un jaune rougeâtre, elle est teintée de brun ou même noirâtre vers sa partie libre. La caudale est d'un tiers environ moins longue que la hauteur du tronc ; elle est jaunâtre avec une bordure le plus souvent noirâtre. L'anale, les pectorales et les ventrales sont d'un rouge jaunâtre.

D. 7 ou 8 -- 1/8 ; A. 2/6 ; C. 18 ; P. 17 ; V. 1/5.

Sur le dos et les côtés la teinte est rougeâtre, les écailles ont le bord libre marqué d'un pointillé brun plus ou moins foncé ; le ventre est jaune rougeâtre, parfois tout à fait jaunâtre ; trois ou quatre bandes longitudinales, assez larges, jaunâtres, s'étendent sur la région latérale.

Habitat. Méditerranée, commun à Nice, à Cette. Je n'ai jamais trouvé cette espèce sur nos côtes de l'Ouest, je l'ai cherchée inutilement dans le golfe de Gascogne où le Surmulet est commun.

Proportions : long. totale 0,205 ; tronc, haut. 0,048.

Tête, long. 0,048. — Œil, diam. 0,011, esp. préorbit. 0,022, esp. interorbit. 0,012.

LE MULLE ROUGET | *MULLUS BARBATUS.*

Syn. : Mulles, Salvian., p. 235, fig. 96.

Mullus barbatus, Willugh., p. 285, pl. S. 7, fig. 2 ; Linn., p. 495, sp. 4 ; Bloch, pl. 348, fig. 2 ; CBp., *Cat.*, n° 523 ; Günth., t. I, p. 401 ; Canestr., *Fn. Ital.*, p. 80, Le Mulle rouget, Mullus barbatus, Lacép., t. IX, p. 66.

Mulle rouget, Mullus ruber, Riss., *Ichth.*, p. 212, *Hist. nat.*, p. 385.

Le vrai Rouget ou Rouget-barbet, Mullus barbatus, Cuv. et Valenc., t. III, p. 442, pl. 70.

The Plain Surmullet, Yarr., t. II, p. 102.

Red Mullet, Couch, t. I, p. 217.

N. vulg. : Streglia de fanga, Nice ; Petit Barbarin, Poitou.

Long. : 0,15 à 0,25.

À la forme du corps, à celle de la tête, le Rouget se distingue facilement des autres Mulles. Le corps est élevé en avant, un peu moins oblong que celui du Surmulet ; sa hauteur fait environ le cinquième de la longueur totale. Les écailles paraissent plus petites que dans le Surmulet ; elles portent sur le milieu de leur bord libre des séries de spinules assez nombreuses, elles comptent rarement quatre, le plus souvent cinq ou six spinules dans les longues rangées ; elles ressemblent plus aux écailles du Mulle brun qu'à celles du Surmulet ; elles portent à la racine un nombre variable de quatre à sept festons.

La tête a le profil antérieur presque vertical, plus droit que dans les autres espèces ; sa longueur est comprise quatre fois et demie à quatre fois et trois quarts dans la longueur totale. Le museau est court. La mâchoire supérieure n'a pas de dents ; elle dépasse en arrière le bord antérieur de l'orbite chez les adultes, elle arrive à l'aplomb du bord antérieur de l'orbite chez les jeunes.

Chez le Rouget, l'iris est argenté. Le diamètre de l'œil fait au moins le quart de la longueur de la tête, la moitié de l'espace préorbitaire, il est un peu plus grand que l'espace interorbitaire qui est concave.

La ligne latérale est rapprochée du dos, légèrement courbe ; le canal longitudinal des écailles a généralement cinq divisions ou cinq branches terminales. Il y a dans la ligne longitudinale trente-huit à quarante écailles.

La première dorsale semble un peu plus avancée que dans les autres espèces ; elle est composée de sept ou huit rayons ; elle est d'un blanc rosé sans macule noirâtre, d'une teinte parfaitement uniforme dans les adultes ; les rayons sont rougeâtres, chez les jeunes surtout. La longueur de la caudale fait à peu près le cinquième de la longueur totale. Les pectorales ont généralement une quinzaine de rayons. L'anale est pâle, ou d'un jaune rosé comme les autres nageoires.

D. 7 ou 8 — 1/8 ; A. 2/6 ; C. 17 ; P. 15 ; V. 1/5.

Le système de coloration est rouge plus ou moins foncé sur le dos, rose argenté sur les flancs et le ventre ; il n'y a pas de bandes jaunes le long des flancs, ni de bordure brune aux écailles de la région dorsale.

Habitat. Méditerranée, commun, Nice, Cette, Port-Vendres. Océan, golfe de Gascogne, assez rare, Bayonne, Arcachon ; rare entre la Gironde et la Loire ; très-rare sur les côtes de Bretagne. Manche ? Je n'ai jamais vu, sur nos rivages de la Manche, le Mulle rouget qui paraît s'y trouver quelquefois ; il est cité dans le Catalogue des Poissons de Boulogne.

Proportions : long. totale 0,181 ; tronc, haut. 0,037.

Tête, long. 0,040. — Œil, diam. 0,011, esp. préorbit. 0,0215, esp. interorbit. 0,0095.

Les Mulles sont de magnifiques et d'excellents poissons, qui sont partout recherchés en raison de la délicatesse de leur chair. Les pêcheurs de Fécamp parlent avec un certain orgueil des Rouges d'Yport, et les habitants de Belle-Ile vantent leurs Rougets comme étant les plus délicieux. Les Mulles mordent à l'hameçon, mais ils se pêchent surtout au filet. Ils pénètrent quelquefois dans les ports ; j'en ai vu prendre à Audierne, près de la route de Pont-Croix. Ils se nourrissent de matières animales et végétales ; avec leurs barbillons, ils fouillent la vase ou le sable, pour chercher leur subsistance. Nous n'avons pas à rappeler la passion que les Romains avaient pour ces poissons, les dépenses énormes qu'ils s'imposaient afin de se les procurer et de les conserver dans leurs viviers, la manière dont ils les faisaient mourir et préparer pour leur table. De ce luxe, de ces mœurs d'un grand peuple qui tombe en décadence, Sénèque, Pline, etc., nous ont laissé des peintures assurément plus propres à inspirer la tristesse qu'à exciter la curiosité.

Famille des Triglidés, Triglidæ, Bp.

Syn. : Acanthoptérygiens a joue cuirassée, Cuv. et Valenc., part.
Cottoïdes, Agassiz.
Aspidopareï, van der Hoeven.
Scleroparei, Heckel et Kner ; Siebold.
Sclerogenidæ, Rich. Owen ; Yarrell, part.
Cataphracti, J. Müller ; Canestrini, part.

Corps oblong ou le plus souvent allongé ; peau rarement nue.

Tête de forme variable ; dents généralement assez petites, manquant parfois ; joue plus ou moins cuirassée, « les sous-orbitaires, ou l'un d'entre eux, se portent assez loin sur la joue pour la couvrir plus ou moins sur sa longueur, et pour s'articuler par leur extrémité postérieure avec le préopercule. » (Cuv. et Valenc.)

Appareil branchial; opercule, sous-opercule souvent épineux ; rayons branchiostèges au nombre de cinq à sept ; pseudobranchies.

Nageoires; deux dorsales, ou dorsale unique formée de rayons épineux et de rayons mous ; pectorales séparées en plusieurs parties ou bien à rayons inférieurs simples, non branchus mais articulés ; ventrales ayant souvent moins et jamais plus de cinq rayons mous.

Cette famille se partage en trois sous-familles :

	divisées en plusieurs parties.........	1. Triglixiens.		
Pectorales	non divisées. Dorsale	double......	2. Cottixiens.	
		simple......	3. Scorpéniniens.	

Sous-famille des Trigliniens, Triglini, Bp.

Syn. : DACTYLÉS, C. Duméril.

Corps allongé, arrondi ou formant une espèce de pyramide à pans inégaux dont la base est à la ceinture scapulaire. Peau couverte soit de larges pièces, d'écussons, soit d'écailles de grandeur variable, tantôt plus ou moins rudes, tantôt lisses.

Tête grosse, en forme de parallélipipède, cuirassée de plaques osseuses striées, remarquable surtout par le singulier développement de l'appareil sous-orbitaire, qui constitue en avant la plus grande partie du museau et s'articule en arrière avec le préopercule. Le bord supérieur du crâne est prolongé postérieurement par le surscapulaire, qui se termine en pointe plus ou moins saillante. Bouche en dessous; mâchoire supérieure plus longue.

Appareil branchial : rayons branchiostèges au nombre de six ou sept.

Nageoires; deux dorsales pouvant en général se loger dans le sillon médian de la région tergale; anale à peu près semblable à la seconde dorsale; pectorales bien développées, se divisant en deux parties parfaitement distinctes, l'une conservant toujours l'apparence d'une vraie pectorale, l'autre, ou la partie antérieure, réduite à quelques rayons ou doigts tantôt complètement libres, séparés les uns des autres, tantôt réunis par une membrane.

Vessie natatoire de forme variable, sans conduit pneumatophore.

Appareil digestif; estomac en cul-de-sac; appendices pyloriques plus ou moins nombreux.

La sous-famille des Trigliniens se compose de trois genres :

Division antérieure de la pectorale à doigts

réunis par une membrane..... 1. DACTYLOPTÈRE.

libres, au nombre de { deux.... 2. PÉRISTÉDION.

{ trois.... 3. TRIGLE.

GENRE DACTYLOPTÈRE — *DACTYLOPTERUS*, Lacép.

Corps allongé, couvert d'écailles très-adhérentes.

Tête grosse, garnie en dessus et latéralement de pièces osseuses; museau court; mâchoire supérieure plus avancée que l'inférieure, munies l'une et l'autre de dents granuleuses; palais lisse.

Appareil branchial : ouïes médiocrement fendues; opercule non épineux; préopercule armé d'une longue épine dirigée en arrière; six rayons branchiostèges.

Nageoires; première dorsale à rayons antérieurs détachés ; seconde dorsale et anale à rayons peu nombreux : surscapulaire terminé en épine forte et longue ; pectorales divisées en deux parties, sans rayons libres, la partie antérieure ou détachée est relativement assez courte, à rayons peu nombreux, la partie postérieure ou principale est très-longue et peut se développer en une aile d'une large surface ; ventrales ayant une épine et seulement quatre rayons mous.

Vessie natatoire petite. — **Appendices pyloriques** nombreux.

Ce genre est représenté par une seule espèce :

LE DACTYLOPTÈRE VOLANT
DACTYLOPTERUS VOLITANS.

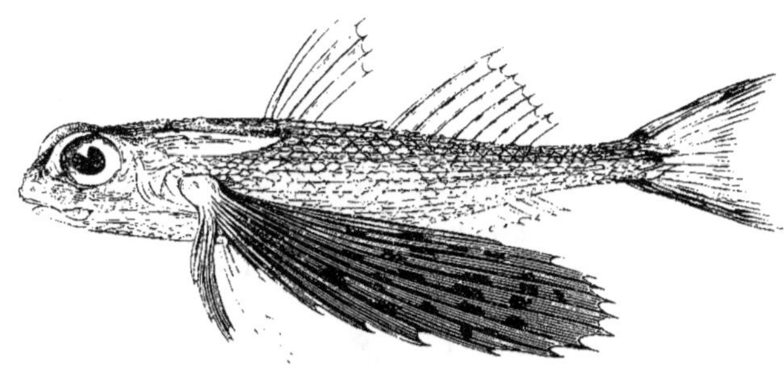

Fig. 110.

Syn. : Milvus. Bell., p. 195-197.
De l'Arondele de mer. Rondel., liv. X. c. I. p. 225.
Trigla volitans. Linn., p. 498. sp. 9 ; Bloch. pl. 351.
Le Pirapède. Bonnat.. *Encycl. méthod.*, p. 117. fig. 239.
Le Dactyloptère pirapède. Dactylopterus pirapeda, Lacép.. t. IX, p. 13: Riss.. *Hist. nat.*, p. 401 (Ptérapodes. *Ichth.*, p. 201.
Le Dactyloptère commun. Dactylopterus volitans. Cuv. et Valenc., t. IV. p. 117 : Guichen.. *Erpt. Algér.*, p. 41.
Dactylopterus volitans. CBp., *Cat.*, n° 535 : Günth., t. II, p. 221; Canestr., *Arch. zool.*, t. I, p. 45, pl. 4, fig. 4 — 5 (jeun.), *Fn. Ital.*, p. 97.

N. Vulg. : Gallina, Nice ; Ratapenada (Chauve-souris), Peï voulan, Cette ; Rate-penade, Aronde, Arondelle, Landole, Rondole, Provence, Languedoc ; Aulendra de mar, Roussillon.
Long. : 0,30 à 0,40, q. q. f. 0,50.

Grâce à sa merveilleuse organisation, le Dactyloptère peut à son gré, suivant ses besoins, nager tranquillement au sein des flots, ou prendre son essor, frapper l'air de ses longues ailes et fournir un vol plus ou moins prolongé.

Selon le développement des sujets, les proportions montrent des différences plus ou moins sensibles. Chez les individus de grande taille, la hauteur du tronc est comprise sept à huit fois dans la longueur totale, et seulement quatre fois et demie à cinq fois chez les petits. Le corps, plus arrondi chez les jeunes que chez les adultes, va en diminuant de la tête à la queue d'une façon régulière. Il est couvert de grandes écailles, semblables à des écussons. Les écailles sont excessivement adhérentes, elles sont dures ; celles qui revêtent le dos et les côtés sont très-rudes, elles ont leur bord libre fortement dentelé, elles portent une carène médiane plus ou moins saillante ; par suite de leur rapprochement symétrique, ces carènes forment des lignes longitudinales d'arêtes tranchantes. Sur les parties latérales du tronçon de la queue, se trouvent quatre rangées d'écailles très-relevées, la série inférieure est la plus forte, puis la série supérieure. Ces deux rangées se terminent par une espèce d'écusson faisant une longue saillie sur la base de la caudale. A la région inférieure du corps, les écailles affectent une forme différente, elles sont ovales, et présentent un peu la figure d'une feuille de myrte, elles sont fortement striées. Chez les jeunes individus, la carène des écailles latérales est peu marquée.

Un casque, composé de pièces osseuses granulées, couvre le dessus et une partie des côtés de la tête ; il s'étend même sur la partie antérieure du tronc. La tête est aplatie en arrière, concave entre les yeux ; elle est moins haute que large ; sa longueur, prise du bout du museau à la fente branchiale, est contenue cinq fois à cinq fois et demie dans la longueur totale. La distance qui sépare le museau de l'extrémité de l'épine préoperculaire varie suivant la taille des animaux, chez les grands individus elle mesure un peu plus du quart de la longueur totale, elle en mesure près de la moitié chez les très-jeunes sujets. Le museau est court, fendu sur le milieu, ce qui l'a fait comparer à un bec-de-lièvre. La bouche est petite, ouverte en dessous, entourée de

lèvres épaisses ; la lèvre supérieure est recouverte par les sous-
orbitaires. La mâchoire supérieure se porte en arrière un peu
au delà de la perpendiculaire tangente au bord antérieur de
l'orbite ; elle est plus avancée que la mandibule, qu'elle déborde
également sur les côtés, elles portent l'une et l'autre une bande,
plus large en avant, de dents petites, courtes, mousses, en pavés
ou plutôt en tubercules arrondis. La muqueuse de la bouche
est d'un rouge jaunâtre éclatant, d'un rouge feu, ce qui donne à
penser, d'après Rondelet, que l'Aroudelle de mer peut être « le
poisson nommé des anciens *Lucerna*. »

Sur les parties latérales et vers le profil supérieur de la tête
sont placés de grands yeux dont l'iris est jaunâtre. Le diamètre
de l'œil présente, suivant le développement des animaux, une
variation sensible dans les proportions ; chez les très-jeunes individus, il fait le tiers de la longueur de la tête (du museau à la
fente branchiale), il est égal à l'espace préorbitaire, il est d'un
tiers à peine moins grand que l'espace interorbitaire ; chez les
sujets qui ont acquis une grande taille, il est compris trois fois
et demie dans la longueur de la tête, il mesure les deux tiers de
l'espace préorbitaire. L'orbite a le bord antérieur bombé, saillant, et le bord supérieur échancré. Le sous-orbitaire antérieur
est très-développé, il est surtout fort allongé, il est échancré en
arrière de l'œil, et laisse ainsi entre son bord postérieur et le
préopercule un espace couvert d'écailles ; son bord inférieur est
denticulé principalement en arrière ; à son angle postérieur et
inférieur il porte deux épines divergentes, formant une espèce
de V, entre les branches duquel s'enfonce un petit sous-orbitaire
postérieur, qui s'unit au préopercule. Les grands sous-orbitaires
viennent presque se rejoindre en avant, ils entourent le museau.

Les narines sont placées sur la face antérieure de la tête ; les
orifices sont situés l'un au-dessous de l'autre. L'orifice antérieur,
situé en dedans de l'autre, est un peu plus rapproché de l'orbite
que de l'extrémité du museau ; il est à peu près arrondi et bordé
par une membrane, qui est légèrement plus développée en arrière, où elle se termine par une courte languette. L'orifice

postérieur est ovale, dirigé obliquement de dedans en dehors, il
est muni, à son angle inférieur, d'une petite valvule triangulaire
de teinte noirâtre.

Quant à la fente des ouïes, elle est presque verticale, assez
limitée; en bas, elle finit un peu au-dessous de l'épine préoperculaire. L'opercule est de petite dimension; il est couvert
d'écailles. Le préopercule a la forme d'un soc de charrue, il est
strié, granuleux; son angle postérieur se prolonge en une épine
très-forte, très-grande qui se porte en arrière sous la base de la
pectorale. Cette épine triangulaire, rugueuse, est garnie sur le
bord externe de dentelures plus ou moins fortes à pointe dirigée
en avant; elle a des proportions différentes suivant la taille des
animaux, sa longueur étant en raison inverse de leur développement; chez les grands individus, elle est moins longue que l'épine
surscapulaire, elle mesure seulement la moitié de la longueur
de la tête (du museau à la fente branchiale), elle finit un peu
après le bord postérieur du support de la pectorale; chez les
très-jeunes, au contraire,
elle est plus longue que l'é-
pine surscapulaire, elle est
égale à la longueur de la
tête, elle arrive jusqu'à
l'aplomb de la première
dorsale et même plus en
arrière. Les rayons bran-

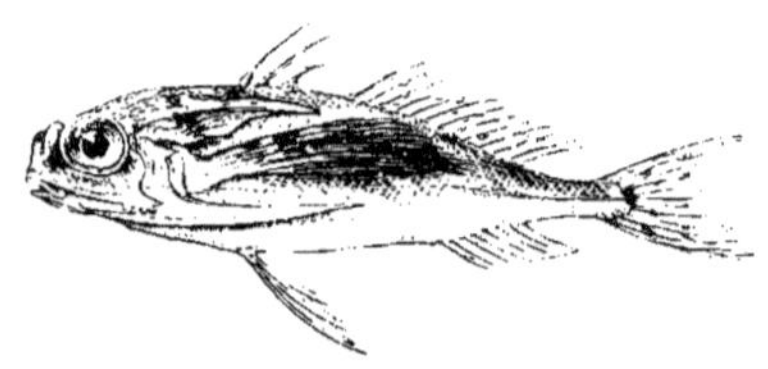

Fig. 111. *Dactyloptère jeune.*

chiostèges sont au nombre de six. La muqueuse de la chambre
branchiale est d'un rouge orangé.

Il n'y a pas de ligne latérale. Je compte soixante à soixante-
deux écailles dans la rangée longitudinale, et vingt-cinq ou vingt-
six dans la rangée oblique allant de la première dorsale à l'anus.
Éc., 1. long. 60 à 62; 1. transv. 25 ou 26.

Au milieu de l'échancrure formée par le prolongement des
surscapulaires commence le sillon de la première dorsale; cette
nageoire a sept rayons simples, flexibles, non piquants. Ses
deux premiers rayons se trouvent libres en grande partie; quand

ils sont rabattus, ils sont placés l'un à droite, l'autre à gauche des suivants, qui sont unis par une membrane développée allant se terminer à la base d'une épine crochue, à pointe tournée en arrière ; cette épine est l'extrémité d'un interépineux. La seconde dorsale n'est pas logée dans un sillon ; elle est plus haute que la précédente ; elle est assez courte, elle est munie de huit rayons articulés mais non fourchus, excepté le septième et parfois aussi le sixième. L'anale est opposée et semblable à la seconde dorsale, elle est un peu moins longue seulement, elle n'a que six rayons. La caudale est plus échancrée chez les grands sujets que chez les jeunes, elle a son lobe supérieur plus allongé que l'inférieur ; elle mesure environ le cinquième de la longueur totale ; elle compte huit ou neuf grands rayons et trois ou quatre petits ; nous l'avons dit, elle porte, de chaque côté de sa base, l'espèce d'écusson caréné et denticulé qui finit les deux principales rangées d'écailles.

Les surscapulaires sont excessivement développés ; ils s'unissent en dedans aux occipitaux externes, et limitent avec eux une large échancrure ouverte en arrière ; ils sont striés, granuleux, ils présentent une arête prononcée, qui se termine postérieurement en une épine très-longue et très-acérée. Les pectorales acquièrent des proportions extraordinaires ; ce sont de véritables ailes composées, écrit de Lacépède, d'une large membrane soutenue par de longs rayons que l'on a comparés à des doigts ; pour rappeler la conformation des pectorales, le naturaliste que nous venons de citer, a cru devoir donner à ces Poissons volants la dénomination générique de *Dactyloptère*. La nageoire est portée sur un pédoncule assez court, mais gros ; elle est profondément divisée en deux parties, une partie antérieure pourvue de six rayons, mesurant le cinquième environ de la longueur totale, une partie postérieure beaucoup plus considérable qui est à proprement parler l'instrument du vol, l'aile en un mot. Chez les grands individus, l'aile fait plus de la moitié, les trois cinquièmes environ de la longueur totale, elle arrive jusqu'à la base de la caudale ; quand elle est déployée, elle est aussi large

que longue, elle présente donc à l'air une surface très-étendue ;
elle a vingt-neuf ou trente rayons ; le premier rayon est court, les
rayons les plus allongés sont compris du septième au dix-neuvième, les suivants diminuent avec rapidité ; en arrière, la
nageoire est retenue au côté par une bride cutanée. Les pectorales éprouvent une singulière modification suivant l'âge des
animaux ; chez les très-jeunes, et j'avais fait cette observation
avant de connaître le travail du professeur Canestrini, auquel je
m'empresse de laisser l'honneur de la découverte, chez les très-
jeunes, les pectorales sont peu divisées et sont relativement fort
courtes, ne mesurant que le tiers de la longueur totale. De l'étude
d'un phénomène assurément remarquable, Canestrini tire
une conséquence qui nous semble peu rigoureuse : le Dactyloptère, écrit-il, subit une métamorphose ; le Céphalacanthe
(LACÉP.) n'est que la forme juvénile du Dactyloptère, ainsi que
je l'ai démontré en 1861. (*Archiv. zool.*, CANESTR. *Fn. Ital.*,
p. 97.) N'est-ce pas se laisser entraîner bien loin par les séduc-
tions du transformisme que de regarder le Dactyloptère et le
Céphalacanthe comme étant le même animal à des phases différentes de son évolution. Si les caractères spécifiques donnés par
les auteurs sont exacts, le Céphalacanthe a six rayons aux ventrales, il manque de vessie natatoire ; le Dactyloptère, nous le
savons, possède une vessie natatoire, il n'a que cinq rayons aux
ventrales. La métamorphose, on le voit, devient des plus complètes et des plus extraordinaires ! Quant à nous, malgré tout
ce que paraît avoir d'attrayant l'opinion de Canestrini, nous pensons que le genre Céphalacanthe ne doit pas encore être rayé du
cadre ichthyologique. Pour terminer ce qui a trait à l'organisation des nageoires, nous ajouterons que les ventrales ont une
épine et quatre rayons mous seulement ; ces nageoires sont
placées entre les pectorales, sous le tronc, rapprochées l'une de
l'autre ; elles mesurent un peu plus du sixième de la longueur
totale.

Br. 6. — D. 7 — 8 ; A. 6 ; C. 2/8 ou 9/1 ou 2 ; P. 6 + 29 ou 30 ; V. 1/4.

La première dorsale est d'une teinte grisâtre avec des marbrures brunâtres ; la seconde est d'un gris clair avec quatre, cinq taches ou anneaux brunâtres dans chacun des espaces intraradiaires. La caudale présente à peu près le même système de coloration que la seconde dorsale. Les ventrales et l'anale sont d'un blanc rosé. La petite pectorale est brunâtre, marquée de taches bleues ; la grande, ou l'aile, est noirâtre en dessous, puis grisâtre vers la base, elle a ses rayons alternativement foncés et rosés dans toute la longueur ; en dessus elle est noirâtre ou olivâtre avec de larges taches bleuâtres. Chez les jeunes animaux, les dorsales et les pectorales semblent d'une teinte assez uniforme, d'un brun foncé.

Quant à la coloration du corps, elle paraît assez variable : à la région dorsale, elle est d'un brun foncé chez les jeunes, tandis que chez les grands individus elle est d'un brun clair ou rougeâtre avec des taches bleu de ciel arrondies et plus ou moins nombreuses ; les côtés sont d'un rouge assez clair ; le ventre est rosé. La tête est en général d'un brun rougeâtre en dessus.

Nous l'avons dit, le casque protégeant le dessus de la tête, est composé de pièces osseuses parfaitement distinctes : ces différentes pièces, nettement déterminées par Cuvier et Valenciennes, sont : l'*ethmoïde*, l'*occipital supérieur*, les *frontaux antérieurs, principaux, postérieurs*, les *pariétaux*, les *mastoïdiens*, les *rochers*, les *occipitaux externes* et les *surscapulaires*.

L'œsophage a des parois assez épaisses ; il est garni à l'intérieur de plis longitudinaux. L'estomac est petit, lisse à l'intérieur ; celui que j'ai examiné contenait des restes de crustacés. Les appendices pyloriques sont divisés en deux groupes, ils paraissent assez variables dans leur nombre ; d'après Cuvier et Valenciennes, il y a plus de trente cœcums disposés en deux paquets à peu près égaux ; chez un Dactyloptère femelle, je trouve seulement sept appendices d'un côté et dix-huit de l'autre.

Les reins sont développés, surtout à la région antérieure ; chacun d'eux forme, au-dessus de la vessie aérienne, un lobe volumineux, qui est logé dans une cavité de chaque côté de la colonne vertébrale. La vessie urinaire, très-longue, paraît cylindrique quand elle n'est pas distendue ; elle s'ouvre en arrière de l'orifice génital.

Chacun des ovaires constitue une grande poche ovoïde, à parois fort épaisses ; dans la cavité, du côté externe, est un amas de replis ovigères teints d'un rouge orangé excessivement foncé. Les ovaires débouchent dans un tube commun. D'après Rondelet, les œufs sont rouges.

En avant se trouve une vessie natatoire, petite, bifurquée dans sa région antérieure.

Habitat. Méditerranée, assez rare, Nice. J'ai reçu de Cette plusieurs très-beaux Dactyloptères ; les plus grands mesurent près de 40 centimètres. Manche, cette espèce est indiquée dans le Catalogue des Poissons de Boulogne ?

Proportions : long. totale, 0,396 ; tronc, haut. 0,050, larg. 0,055.

Tête, long. du museau à la fente branchiale 0,072 ; distance du bout du museau à l'extrémité de l'épine : surscapulaire 0,139, préoperculaire 0,104. — Œil, diam., 0,021, esp. préorbit. 0,030, esp. interorbit., 0,041.

Jeune. long. totale 0,056 ; tronc, haut. 0,012, larg. 0,010.

Tête, long. du museau à la fente branchiale 0,014 ; distance du bout du museau à l'extrémité de l'épine : surscapulaire 0,025, préoperculaire 0,027. — Œil, diam. 0,005, esp. préorbit. 0,0015, esp. interorbit. 0,007.

Suivant Rondelet, le Dactyloptère vole hors de l'eau pour n'être pas la proie des plus grands poissons. Peine inutile ! si, comme l'écrit de Lacépède, cet animal qui semble avoir un double asile, ne trouve de sûreté nulle part ; il n'échappe aux périls de la mer que pour être exposé à ceux de l'atmosphère, il n'évite la dent des habitants des eaux que pour être saisi par le redoutable bec des oiseaux marins. L'espace parcouru dans l'air par les Poissons volants est très-diversement évalué ; il est d'une trentaine de mètres selon certains observateurs ; selon d'autres, il peut être de 180 à 200 mètres. L'obstacle, qui empêche le Dactyloptère de soutenir un vol plus étendu, est, d'après de Lacépède, le prompt dessèchement de ses ailes.

GENRE PÉRISTÉDION, *PERISTEDION*, Lacép.

De Lacépède a fait le nom de genre *Péristédion* pour rappeler la disposition des grandes plaques écailleuses qui, chez le Malarmat, forment une sorte de plastron à la face inférieure du tronc. Le nom de Péristéthion (περιστήθιον), qui se trouve aussi dans l'ouvrage du naturaliste français, est assurément plus correct ; en raison de son étymologie, il aurait dû être seul employé.

Corps allongé, figurant une pyramide octogone, revêtu de pièces écailleuses à large surface, à carène épineuse : tronc ayant la partie inférieure garnie d'une espèce de plastron.

Tête couverte de plaques osseuses, prolongée en museau profondément bifurqué ; bouche en dessous ; mâchoires et palais non dentés : barbillons sous la mandibule.

Nageoires : dorsales rapprochées ; la seconde dorsale de même longueur que l'anale ; deux rayons libres seulement détachés des pectorales.

Vessie natatoire assez grande, simple.

Appareil digestif ; estomac large ; sept à dix appendices pyloriques.

Le genre Péristédion compte seulement une espèce :

LE MALARMAT — *PERISTEDION CATAPHRACTUM.*

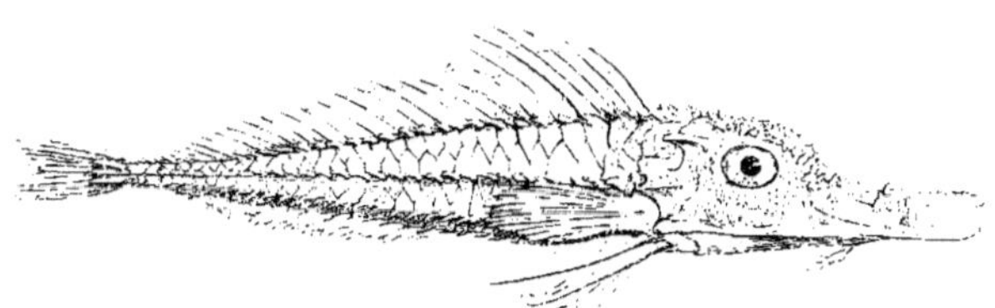

Fig. 112.

Syn. : MALARMAT. Bell., p. 209 ; Rondel., liv. X, c. IX. p. 236 ; Duham., *Pêch.*, p. 2, sect. 5, p. 113, pl. 9, fig. 2-4 ; Bonnat. *Encycl. méthod.*, p. 145, fig. 234 ; Cuv. et Valenc., t. IV, p. 104, pl. 75. *Règ. anim. ill.*, pl. 20, fig. 3.

TRIGLA CATAPHRACTA, Linn., p. 496, sp. 4 ; Bloch. pl. 349 ; Brunn., *Ichth. Mass.*, p. 72, n° 89.

LA CHABRONTÈRE, Trigla chabrontera, Bonnat, *Encycl. méthod.*, p. 145.

LE PÉRISTÉDION CHABRONTÈRE, Peristedion chabrontera, Lacép., t. IX, p. 53 ; Riss., *Hist. nat.*, p. 402.

LE PÉRISTÉDION MALARMAT, Peristedion malarmat, Lacép., t. IX, p. 50 ; Riss., *Ichth.*, p. 211.

PERISTEDION CATAPHRACTUS, Malarmat cuirassé. Riss., *Hist. nat.*, p. 402.

PERISTEDION CATAPHRACTUM, CBp., *Cat.*, n° 534 ; Brit. Capello, *Cat. Peix. Portug.*, n° 3, p. 26 ; Canestr., *Fn. Ital.*, p. 97.

PERISTETHUS CATAPHRACTUM, Günth., t. II, p. 217.

THE MAILED GURNARD, Yarr., t. II, p. 43.

ARMED GURNARD, Couch, t. II. p. 38.

N. vulg. : Pei fuorca, Nice ; Maonarmat, Cette ; Malarmat, Provence, Languedoc ; Mal armat, Roussillon.

Long. : 0,20 à 0,30.

Du bout du museau à l'extrémité de la queue, cet animal est revêtu d'une armure complète. Le corps présente la figure d'une pyramide octogone dont les angles sont hérissés d'épines; il est allongé, sa hauteur étant comprise environ sept fois à sept fois et quart dans la longueur totale. Il est couvert de grandes écailles ou de plaques épineuses qui, de chaque côté, sont disposées sur trois rangées jusqu'au troisième bouclier, ensuite sur quatre rangées. La région abdominale est protégée par un plastron composé de trois boucliers; deux boucliers sont placés en avant de l'anus, le troisième le borde en arrière. Chacun de ces boucliers, dont l'antérieur se montre de beaucoup le plus développé, est formé de deux pièces latérales qui viennent s'engrener sur la ligne médiane; ces pièces se relèvent sur les côtés, et s'unissent aux écailles qui constituent la longue série latérale commençant au niveau de l'arête de l'opercule. Après le troisième bouclier et la sixième écaille de la ligne du flanc, apparaît une nouvelle série d'écailles faisant la rangée latérale inférieure ou la courte rangée, composée de vingt-quatre pièces, six de moins que dans l'autre rangée. Sur le tronçon de la queue, les épines des écailles figurent une espèce de trident terminal, à pointe médiane plus longue; ces épines sont plus grandes que celles qui les précèdent; la pointe la plus saillante est la pointe de la dernière écaille de la grande rangée latérale. Les vertèbres sont au nombre de trente-trois, $10 + 23$.

Des os rugueux couvrent la tête qui est forte, très-allongée; sa longueur prise du milieu ou de l'échancrure du museau à la nuque est égale au quart de la longueur totale, et mesurée de l'extrémité du museau à la fin de l'opercule, elle fait plus du tiers de toute la longueur de l'animal. Le museau est très-avancé, profondément fourchu; chaque branche de la fourche est formée par la production considérable de l'un des sous-orbitaires antérieurs, et comprend le cinquième de la longueur entière de la tête. Comme le supposent certains auteurs, le prolongement rostral est-il une arme offensive redoutable? Il n'y a rien de probable dans cette manière de voir; le rostre est plutôt un instrument dont fait usage le Malarmat pour fouiller la vase ou le sable, et déterrer les petits animaux qui servent à sa nourriture.

Trois épines assez fortes se trouvent à la partie supérieure du museau, l'une est médiane et placée sur l'ethmoïde, les autres sont latérales et se dressent sur chacun des os du nez. La bouche est ouverte en dessous, elle est assez grande, demi-circulaire; les mâchoires, le vomer, les palatins, la langue, ne sont pas munis de dents. Sous la mâchoire inférieure sont attachés plusieurs barbillons de longueur inégale; les barbillons externes sont grands et très-ramifiés.

A la partie supérieure de la face latérale de la tête est l'orbite qui est ovale, nettement limitée. Le diamètre de l'œil fait environ le sixième de la longueur entière de la tête, un peu plus du quart de l'espace préorbitaire mesuré jusqu'à l'extrémité du museau, il est à peu près égal à l'espace interorbitaire qui est large, concave, bordé par un sourcil hérissé d'épines.

La fente des ouïes est grande. Les rayons branchiostèges sont au nombre de sept. L'opercule est petit, échancré sur le bord postérieur, il est muni en haut et en arrière d'une épine assez courte, il est traversé par une arête qui se termine en pointe; le préopercule est très-développé, il porte une crête horizontale fort longue, presque triangulaire, très-mince et très-saillante en arrière, finement dentelée, principalement sur le bord postérieur; l'interopercule est petit.

Il n'y a pas de ligne latérale. La ligne longitudinale se compose de trente écailles.

Une membrane, assez élevée parfois, rattache la première dorsale à la seconde. La première dorsale a sept ou huit rayons plus ou moins allongés; les rayons qui paraissent les plus grands sont le troisième, le quatrième et le cinquième; la membrane intraradiaire est excessivement délicate, elle se déchire sous le moindre effort exercé pour relever la nageoire; les rayons ne sont pas nus, isolés comme on le voit dans la plupart des figures représentant le Malarmat; chez certains individus, les trois rayons médians sont beaucoup plus allongés que les autres; dans ce développement y a-t-il un caractère de sexe? La seconde dorsale est assez haute, elle mesure à peu près les deux tiers de la hauteur du tronc, elle est longue, elle compte dix-neuf rayons, un de plus que l'anale. La caudale a seulement onze rayons. La pectorale n'est pas bien grande, elle ne fait pas en général le sixième de la longueur totale ; elle a deux rayons séparés, le premier est ordinairement plus long que la nageoire. La ventrale est de même longueur que la pectorale ; elle est attachée sur la partie latérale des deux boucliers antérieurs et n'est libre, ou peu s'en faut, que dans le quart de son étendue. Les dorsales sont rouges ainsi que la caudale ; l'anale et les ventrales sont d'un blanc pâle.

Br. 7. — D. 7 ou 8 — 1/18 ; A. 18 ; C. 11 ; P. 12 — 2 ; V. 1.5.

Il est rare de voir une coloration aussi jolie que celle du Malarmat sortant de la mer ; les parties supérieures et latérales du corps sont d'un rose couleur de chair ; le ventre est d'un rose argenté.

Ne pouvant aborder l'étude particulière de l'anatomie, nous nous bornerons à dire que le canal intestinal fait trois replis, que les appendices pyloriques sont en nombre variable de sept à dix. La vessie natatoire est simple et richement pourvue de corps rouges.

Habitat. Méditerranée, assez commun, Nice, Cette. Océan, Manche ; je n'ai jamais trouvé le Malarmat sur nos côtes de l'Ouest ; il n'est pas au Musée Fleuriau (la Rochelle) ; il est cité dans le Catalogue des Poissons de Boulogne (Bouchard-Chantereaux).

Proportions : long. totale 0,29 ; tronc, haut. 0,040.

Tête, long. de l'échancrure du museau à la nuque 0,070 ; distance de la pointe du sous-orbitaire antérieur à : l'extrémité de l'opercule 0,103, la pointe de l'épine surscapulaire 0,095. — Œil, diam. 0,017, esp. préorbit. mesuré à partir de : l'échancrure du museau 0,043, la pointe du sous-orbitaire 0,063 ; esp. interorbit. 0,017.

Le Malarmat se nourrit de petits crustacés, de mollusques et de zoophytes. Il est peu recherché comme aliment ; je l'ai cependant vu assez souvent sur le marché de Nice. A Cette, suivant un ancien usage, quelques personnes le font sécher, puis le suspendent au plafond au moyen d'une ficelle, et s'en servent comme d'une espèce de baromètre.

GENRE TRIGLE ou GRONDIN — *TRIGLA*, Arted.

Corps allongé, plus étroit à la région dorsale qu'à la région ventrale ; revêtu d'écailles adhérentes, variables de forme et de grandeur ; en général la partie inférieure est plus ou moins nue de la mandibule à l'anus. Vertèbres au nombre de trente à trente-huit.

Tête développée, en forme de parallélipipède, à profil antérieur déclive, armée d'épines plus ou moins fortes, couverte de plaques osseuses ciselées, striées, granuleuses ; museau crénelé, ordinairement échancré dans son milieu ; bouche ouverte en dessous ; mâchoire supérieure plus longue et plus large que la mandibule, garnies l'une et l'autre de petites dents en velours ; chevron du vomer avec une bande de dents en velours ; palatins non dentés ; langue grosse et lisse.

Yeux ovales, placés vers le profil supérieur de la tête. Sourcil épineux. Premier sous-orbitaire excessivement développé.

Narines à deux orifices logés dans le sillon séparant le bord interne du sous-orbitaire des plaques qui protégent la partie supérieure du museau.

Appareil branchial ; fente des ouïes très-grande, se prolongeant en dessous au delà du bord antérieur de l'orbite ; opercule épineux, non écailleux ; préopercule élargi dans sa région inférieure ; interopercule et sous-opercule minces, peu développés, plus ou moins cachés par les autres pièces ; rayons branchiostéges au nombre de sept. Dents pharyngiennes en velours ; tubercules des arcs branchiaux denticulés.

Ligne latérale à peu près droite, bifurquée sur la caudale, relevée parfois de grosses écailles rudes.

Nageoires ; deux dorsales logées dans un sillon bordé par les saillies des os interépineux ; première dorsale plus courte et plus haute que l'autre ; anale à peu près semblable à la seconde dorsale ; caudale peu échancrée ; pectorales grandes, avec trois rayons libres ; ventrales ayant une épine et cinq rayons mous.

Vessie natatoire très-variable de forme suivant les espèces, et parfois encore suivant le développement et le sexe des animaux, souvent pourvue de muscles à fibres striées.

Appareil digestif ; estomac en cul-de-sac ; appendices pyloriques au nombre de cinq à douze.

Lorsque les Trigles sont tirés de l'eau, ils font entendre un bruit plus ou moins fort qui les a fait appeler Grondins, Gronaus, Gourlins, Gurnards. Ils ont été comparés à des oiseaux, et en conséquence ils ont reçu les noms vulgaires de Gallines, Coqs de mer, Milans, Corbeaux. Ils portent encore à Cette les dénominations de Cabiounas ; de Pinaous, celles de Cabotilles dans les Pyrénées-Orientales, et même de Clartigs à Banyuls-sur-Mer.

Il y a une certaine confusion dans la synonymie ; au lieu d'employer les dénominations nouvelles ou douteuses, nous pensons qu'il vaut mieux reprendre les noms anciens, surtout ceux qui ont été donnés par Rondelet à la plupart de nos Grondins. Notre sagace naturaliste a parfaitement connu, et déterminé avec beaucoup de précision toutes les espèces, excepté le Trigle pin.

Le genre Trigle comprend sept et même huit espèces suivant la plupart des auteurs :

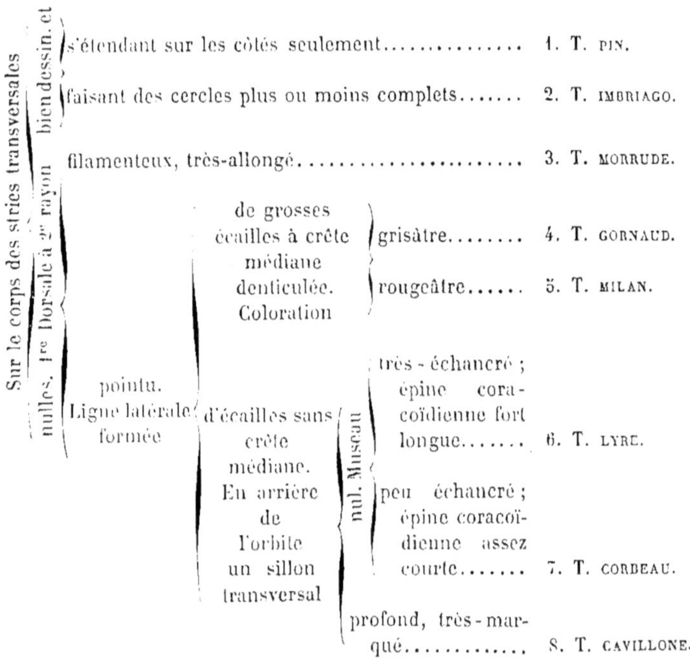

LE TRIGLE PIN — *TRIGLA PINI*, Bloch.

Syn. : TRIGLA CUCULUS? Linn., p. 497, sp. 4 ; CBp., *Cat.*, n° 525, *Fn. ital.*, fig.; Canestr., *Fn. Ital.*, p. 94.

TRIGLA PINI, Bloch, pl. 355; Günth., t. II, p. 199.

LA TRIGLE PIN, Trigla pini, Lacép., t. IX, p. 38 ; Riss., *Ichth.*, p. 206.

?TRIGLA HIRUNDO, Trigle hirondelle, Riss., *Hist. nat.*, p. 397.

LE GRONDIN ROUGE *ou* ROUGET COMMUN DE PARIS, Cuv. et Valenc., t. IV, p. 26.

THE RED GURNARD, Yarr., t. II, p. 10.

ELLECK, Couch, t. II. p. 19.

N. vulg. : Caraman, Galinetta, Nice; Rouget, Grondin rouge sur nos côtes de l'Ouest, où les mêmes noms sont aussi donnés à d'autres espèces.

Long. : 0.25 à 0,30.

Sur les flancs et rapprochée du dos se dessine une large rangée de stries transversales et parallèles, formées par des replis de la peau ou plutôt par le soulèvement des lamelles écailleuses de la ligne latérale. La disposition symétrique de ces lignes permet de reconnaître facilement le Trigle pin. Le corps est allongé, il diminue d'une façon régulière de la ceinture thoracique à la base de la caudale, il n'est pas très-élevé, sa hauteur étant comprise six fois et même six fois et trois quarts dans la longueur totale. Excepté dans la région abdominale qui est à peu près nue, il est couvert de très-petites écailles, ordinairement ovales, plus longues que larges ; ces écailles sont ciliées sur le dos et les côtés, elles sont lisses à la région inférieure du corps.

Généralement la tête est plus haute que le tronc ; elle est longue, elle mesure environ le quart de la longueur totale ; elle est légèrement comprimée dans sa région supérieure ; elle est couverte de pièces granuleuses, marquées de stries profondes plus ou moins radiées. Le museau est peu échancré ; ses lobes latéraux, formés par les sous-orbitaires, sont arrondis et garnis de cinq à sept épines ou crénelures peu développées et mousses chez les grands individus. La bouche est assez petite ; sa fente ne se prolonge pas au delà de l'orifice postérieur des narines. La mâchoire supérieure affleure et parfois même dépasse légèrement l'échancrure rostrale ; elle n'arrive pas en arrière à la perpendiculaire tangente au bord antérieur de l'orbite. Les deux mâchoires portent une bande de petites dents en velours.

L'iris est argenté. Le diamètre de l'œil est compris trois fois et un cinquième à trois fois et demie dans la longueur de la tête ; il fait les deux tiers de l'espace préorbitaire et le double de l'espace interorbitaire, qui est creusé en une gouttière assez profonde. Le sourcil montre en avant deux ou trois épines. Le sous-orbitaire présente plusieurs centres de stries ; le centre principal, dit Cuvier, forme comme un grand soleil sur la joue.

A peu près au milieu de la ligne, qui va du bord antérieur de l'orbite au bout du museau, se trouve l'orifice postérieur de la narine.

La fente des ouïes est très-longue, elle s'avance en dessous jusqu'à l'aplomb des narines. L'opercule est en arrière muni de deux épines, qui généralement ne dépassent pas la membrane branchiostège. A l'angle inférieur et postérieur du préopercule est une petite épine très-pointue, parfois encore il s'en trouve une autre plus courte et plus mousse. Le sous-opercule est une lamelle ovale.

Nous l'avons dit précédemment, la ligne latérale est formée de ces lamelles particulières qui cerclent en partie le corps de l'animal; elle est droite, régulière, elle suit le profil du dos, elle se bifurque sur la caudale. Quant aux écailles, elles sont logées dans des replis de la peau, elles sont courtes, étroites, mais très-hautes. Elles sont percées d'un large canal central, qui en arrière envoie une grosse branche dans chacune des ailes ou des productions latérales de l'écaille; cette branche fournit, le long de son bord postérieur, d'assez nombreux rameaux qui naissent isolément les uns des autres. L'extrémité supérieure des lames écailleuses arrive au niveau du bord des interépineux. Les pièces de la ligne latérale sont au nombre de soixante-dix environ; suivant Bloch, elles ressemblent à des feuilles de pin, et c'est, dit-il, cette ressemblance qui l'a porté à donner au poisson le nom de Pin.

Le sillon des dorsales est bordé latéralement d'une série de vingt-sept ou vingt-huit épines triangulaires. La première dorsale compte huit ou neuf aiguillons; le premier a le bord antérieur parfois peu rugueux, le plus souvent dentelé en scie; le deuxième aiguillon est le plus allongé, il est généralement plus grand que la hauteur du corps, mais il est moindre que la distance qui sépare le bord postérieur de l'orbite du bout du museau, du moins sur les animaux que j'ai examinés. La seconde dorsale, beaucoup moins haute que la première, a dix-huit rayons. L'anale commence un peu plus en arrière que la seconde dorsale; elle est soutenue par seize rayons le plus souvent. La caudale compte onze rayons; elle mesure à peu près le sixième de la longueur totale. Le surscapulaire est de figure triangulaire;

il se termine en une pointe assez forte, dirigée en arrière. Le coracoïdien est marqué de stries profondes, qui forment parfois des crénelures sur le bord postérieur de l'os; il est traversé par une arête assez saillante qui finit en épine aiguë. Les pectorales sont arrondies; elles sont très-longues, elles mesurent un peu moins du quart de la longueur totale, elles dépassent l'anus; elles ont dix rayons, plus les trois doigts. Les ventrales sont grandes, leur longueur est comprise quatre fois et demie environ dans la longueur totale. En général les pectorales, et peut-être aussi les ventrales, paraissent plus développées chez les mâles que chez les femelles.

Br. 7. — D. 8 ou 9 — 18; A. 16; C. 11; P. 10 + 3; V. 1,5.

Ordinairement les nageoires sont d'un rouge clair; les pectorales sont rougeâtres et teintées de violet jaunâtre, leur bord postérieur est liséré de jaune très-pâle. Le dos et les côtés sont d'un rouge clair, le ventre est blanc rosé.

La vessie natatoire est ovale, échancrée en avant, avec deux lobes très-petits, à peine marqués chez les mâles, beaucoup plus prononcés chez les femelles.

Il y a dix appendices pyloriques partagés en deux groupes.

Habitat. Ce Trigle se trouve sur toutes nos côtes. Méditerranée, moins commun que les autres espèces. Il est plus abondant à l'Ouest. Océan, commun, Arcachon, la Rochelle, les Sables-d'Olonne. Il est très-commun dans la Manche. Il est souvent apporté sur le marché de Paris.

Proportions : long. totale 0,285; tronc, haut. 0,042.

Tête, long. 0,070, haut. 0,045. — OEil, diam. 0,22, esp. préorbit. 0,035, esp. interorbit. 0,0105.

L'IMBRIAGO — *TRIGLA LINEATA.*

Syn. : Le surmulet sans barbe, Imbriaco, Rondel., liv. X, c. iv, p. 232.

Trigla (lastoviza), Brunn., *Spolia e mari Adriat.*, p. 99, nᵒˢ 13 ; Lacép., t. IX, p. 33.

Trigla adriatica, Gmel., *Linn. Syst. nat.*, p. 1346 ; Riss., *Ichth.*, p. 204, *Hist. nat.*, p. 394.

Trigla lineata, Walbaum, *Arted. renov.*, p. III. p. 373 ; Bloch, pl. 354 ; CBp., *Cat.*, n° 524, *Fn. ital.*, fig. ; Günth., t. II, p. 200 ; Canestr., *Fn. Ital.*, p. 95.

Rouget testard *ou* bécard, Duham., *Pêch.*, part. 2, sect. 5. p. 111, pl. 8, fig. 5.

Le Rouget camard, Cuv. et Valenc., t. IV, p. 34 ; Guichen., *Expl. Algér.*, p. 38.

The Streaked Gurnard, Yarr., t. II, p. 19 ; Couch, t. II, p. 25.

N. vulg. : Belugan, Nice; Imbriaco, Imbriago, Languedoc; Ibrougna, Cette; Camard, côtes de l'Ouest.

Long. : 0,25 à 0,35.

Brünnich n'a réellement pas attribué de nom spécifique au Trigle, dont il indique la diagnose, *corpore squamis verticillato...;* il écrit seulement que les pêcheurs de Spalatro l'appellent *Lastoviza.*

Ce poisson est allongé, un peu plus haut que large; la longueur totale fait six fois la hauteur du tronc et sept fois à sept fois et trois quarts la largeur. Des lignes transversales et parallèles, formées par des replis cutanés, entourent complétement le corps, excepté dans la région abdominale proprement dite; les lignes sont assez souvent plus nombreuses au-dessus qu'au-dessous de la ligne latérale; dans l'intervalle qui les sépare, sont logées plusieurs séries d'écailles, deux le plus généralement, parfois trois, rarement une seule. Les écailles sont en quelque sorte sous-épidermiques, elles sont bien différentes de celles qui composent la ligne latérale; elles sont très-petites et présentent des formes variées, elles sont ovales ou polygonales, elles sont lisses ou ciliées; les spinules sont fines et tombent ou s'usent facilement.

Un museau peu échancré et fort court a fait donner à ce Trigle le nom de Camard. La tête est grosse, à profil très-déclive; sa longueur, mesurée du bout du museau à la pointe de l'opercule, est contenue quatre fois et un tiers dans la longueur totale; sa hauteur, prise à la nuque ou plutôt à la région occipitale, fait près du sixième de la longueur totale. La bouche est semi-circulaire, à peu près aussi large que longue; aux mâchoires les dents sont courtes et un peu rugueuses, chez les jeunes surtout.

L'iris est argenté. Le diamètre de l'œil est d'un cinquième plus grand que l'espace interorbitaire; il fait le quart de la longueur de la tête, un peu plus de la moitié de l'espace préorbitaire. Le bord antérieur de l'orbite est marqué de stries profondes et porte cinq à sept dentelures. Le sous-orbitaire a le bord inférieur mousse chez les grands individus, et plus ou moins denticulé chez les jeunes.

L'opercule a les épines excessivement courtes.

De grosses écailles carénées forment la ligne latérale ; elles sont très-adhérentes, très-rudes ; elles se terminent par une pointe principale et une ou plusieurs autres plus petites ; elles sont au nombre de soixante-quatre à soixante-six.

Il y a de chaque côté, bordant le sillon des dorsales, environ vingt-cinq épines qui sont plus saillantes en arrière ; ces épines triangulaires sont, nous l'avons dit, les parties libres des inter-épineux ; elles ont leur bord supérieur mince, tranchant chez les jeunes, et plus ou moins denticulé chez les vieux individus. La première dorsale, beaucoup plus haute que la seconde, a dix ou onze rayons : le premier est crénelé sur l'angle antérieur, de même que l'extrémité du suivant ; le deuxième aiguillon est le plus grand ; ensuite viennent par degrés de longueur le troi-sième, le quatrième, le premier ; il ne faut pas attacher trop d'importance à la longueur proportionnelle des aiguillons. La seconde dorsale est d'un quart, ou peu s'en manque, plus longue que la première ; elle a seize ou dix-sept rayons ; l'anale en a un de moins. La caudale fait le septième de la longueur totale ; elle compte une douzaine de rayons. L'épine du coracoïdien est apla-tie, triangulaire, elle finit à l'aplomb de la pointe du quatrième interépineux. Les pectorales sont développées, elles dépassent l'anus en arrière, elles sont beaucoup plus longues que les ven-trales ; leur longueur est comprise environ trois fois et un tiers dans la longueur totale ; les doigts sont gros, arrondis. Les ven-trales font le cinquième, ou à peine plus, de la longueur totale.

D. 10 ou 11 — 16 ou 17 ; A. 15 ou 16 ; C. 12 ; P. 10 + 3 ; V. 1/5.

En Languedoc, ce poisson, dit Rondelet, est nommé *Imbriaco*, c'est-à-dire ivrogne, à raison de sa couleur rouge et luisante ; souvent la teinte n'est pas uniforme, et des taches noirâtres s'étalent sur le dos et sur les côtés ; le ventre est blanchâtre. Les pectorales sont grisâtres en dehors avec des taches d'un noir bleuâtre, elles sont noirâtres en dedans; l'anale est pâle. Les autres nageoires sont plus ou moins rougeâtres; assez fréquemment la première dorsale est marquée de macules noirâtres.

Il y a dix appendices pyloriques, partagés en deux groupes égaux; ils sont très-allongés. La vessie natatoire est ovale, à un seul lobe; la courbure antérieure est creusée au milieu d'un léger sillon. La partie latérale de la vessie porte une bande musculaire, qui va rejoindre celle du côté opposé à chaque extrémité de l'ovale. Chez un sujet mesurant 0^m,31 de longueur, la vessie aérienne a son diamètre horizontal long de 0^m,050 et son diamètre transversal de 0^m,028.

Habitat. Il se trouve sur toutes nos côtes; il est commun dans la Méditerranée et dans l'Océan; il paraît moins commun dans la Manche. Il est assez souvent apporté sur le marché de Paris.

Proportions : long. totale 0,31 ; tronc, haut. 0,052.

Tête, long. 0,071, haut. 0,050. — Œil, diam. 0,019, esp. préorbit. 0,034, esp. interorbit. 0,015.

LE MORRUDE — *TRIGLA CUCULUS.*

Syn. : De Morrude *ou* Rouget, Cuculus, Rondel., liv. X, c. ii, p. 227.

Trigla obscura. Linn.; CBp., *Cat.*, n° 530, *Fn. ital.*, fig. ; Günth., t. II, p. 210 ; Canestr.. *Fn. Ital.*, p. 96.

Trigla lucerna. Brünn., *Ichth. Mass.*, p. 76, n° 91.

Trigle milan, Trigla lucerna, Riss., *Ichth.*, p. 209.

Trigla cuculus, Trigle grondin. Riss., *Hist. nat.*, p. 394.

L'Orgue, Organo, Morrude, etc.. ou Grondin à première dorsale filamenteuse, Trigla lucerna, Cuv. et Valenc., t. IV, p. 72, pl. 72 ; Guichen., *Expl. Algér.*, p. 40.

The Shining Gurnard, Yarr., t. II, p. 39.

Lanthorn Gurnard, Couch, t. II, p. 33.

N. vulg. : Grondin barbarin, aux Sables-d'Olonne; Galinetta, Port-Vendres; Linota, Cette; Orghe, Nice; Orgue.

Long. : 0,20 à 0,27.

Jamais Rondelet n'a, comme le supposent quelques auteurs, confondu avec le Rouget de l'Océan le Morrude, qui présente les caractères spécifiques les plus tranchés.

Chez ce poisson le corps est à peu près arrondi ou plutôt conique, grêle, allongé; la hauteur du tronc est contenue six fois et un tiers à six fois et demie dans la longueur totale. Les

écailles qui couvrent la peau, excepté à la ligne latérale, sont
petites, généralement lisses, oblongues, marquées de stries
concentriques. Les vertèbres sont au nombre de trente-
cinq, 12 + 23.

La tête a le profil antérieur assez avancé relativement ; sa
longueur, qui l'emporte d'un tiers sur sa hauteur, est comprise
quatre fois et demie environ dans la longueur totale. Le museau
est peu fourchu et peu armé ; il a seulement sur chaque lobe
une petite pointe, qui est placée entre deux courtes dentelures,
l'une en dedans, l'autre en dehors et en arrière. La bouche est
petite, étroite en avant. Les mâchoires sont garnies de dents
excessivement courtes ; la mâchoire supérieure arrive en arrière
à l'aplomb du bord antérieur de l'orbite.

A la réunion du bord supérieur et du bord antérieur de l'orbite il y a deux, souvent trois petites pointes ou dentelures.
L'iris est jaunâtre. Le diamètre de l'œil fait un peu plus du
quart de la longueur de la tête, près des deux tiers de l'espace
préorbitaire, un peu moins du double de l'espace interorbitaire,
qui est concave.

Les épines des pièces operculaires et de l'épaule sont peu
développées.

La ligne latérale est droite, large, formée de grandes écailles
bien différentes de celles qui couvrent le corps. Ces écailles sont
deux fois plus larges que longues, marquées de stries divergentes,
en éventail à leur partie libre, qui présente une échancrure arrondie ; elles sont au nombre de soixante-huit à soixante-dix.

Il est facile de reconnaître le Morrude à la disposition de sa
première dorsale ; la nageoire a son deuxième rayon presque
sétiforme, excessivement allongé, faisant plus du tiers de la longueur totale ; le troisième rayon est un peu plus grand que le premier, qui est égal au quatrième ; il y a dix aiguillons qui sont
tous grêles et lisses. La seconde dorsale est très-rapprochée de la
première ; elle se compose de dix-huit rayons ; sa hauteur égale
à peu près le tiers de la longueur du grand rayon sétiforme de
l'autre nageoire ; les deux dorsales sont logées dans un sillon

bordé de très-petites épines, à pointe dirigée en arrière et peu saillante, au nombre de vingt-sept ou vingt-huit. L'anale a généralement dix-huit rayons. La caudale est un peu échancrée; elle mesure près du cinquième de la longueur totale. Les pectorales se terminent sous le commencement de la seconde dorsale, elles font un peu moins du quart de la longueur totale; elles ont, sans les doigts, une dizaine de rayons. Les ventrales sont égales aux pectorales.

Br. 7. — D. 10 — 18; A. 18; C. 11; P. 10+3; V. 1/5.

La teinte générale paraît varier; le dos et les côtés sont rougeâtres ou d'un brun rougeâtre; le ventre est gris blanchâtre. Le bord des écailles de la ligne latérale est brunâtre. Les dorsales ont une coloration gris rougeâtre assez clair; la caudale est rougeâtre; les pectorales sont d'un bleu plus ou moins foncé; les ventrales et l'anale sont blanchâtres.

Chez le Morrude la vessie natatoire est ovale, grande, à parois minces; les appendices pyloriques sont au nombre de huit.

Habitat. Méditerranée, assez commun, Nice, Cette. Océan, commun, golfe de Gascogne; assez commun sur les côtes de la Charente-Inférieure et de la Vendée; rare au nord de la Loire. Manche, excessivement rare; je ne l'ai pas trouvé en Normandie.

Proportions : long. totale 0,26; tronc, haut. 0,040.

Tête, long. 0,058, haut. 0,038. — Œil, diam. 0,015, esp. préorbit. 0,025, esp. interorbit. 0,009.

1re dorsale, haut. : 1er rayon, 0,041, 2e rayon, 0,096, 3e rayon, 0,045.

LE GORNAUD ou GRONDIN GRIS — *TRIGLA GURNARDUS*, Linn.

Syn. : Trigla gurnardus, Linn., p. 497, sp. 3; Bloch, pl. 58; CBp., *Cat.*, n° 532, *Fn. ital.*, fig.; Günth., t. II, p. 205; Canestr., *Fn. Ital.*, p. 95.

Le Bellicant, Duham., *Pêch.*, part. 2e, sect. 5, p. 111, pl. 9, fig. 1.

Le Grondeur, Bonnat., *Encycl. méthod.*, p. 145, pl. 60, fig. 236.

La Trigle Gurnau, Lacép., t. IX, p. 40; Riss., *Ichth.*, p. 207, *Hist. nat.*, p. 397.

Le Grondin proprement dit ou Grondin gris, Trigla gurnardus, Cuv. et Valenc., t. IV, p. 62.

The Grey Gurnard, Yarr., t. II, p. 28.

Gurnard, Couch, t. II, p. 27.

N. vulg. : Grugnao, Nice ; Bélugan et Cabiouna, Cette ; Grondin, Grondin gris, Gournaud, Gurnard, Gronan, côtes de l'Ouest.
Long. : 0,30 à 0,40 et même 0,60.

Il est nécessaire, pour bien étudier ce Trigle, de prendre des animaux à diverses phases de leur développement. Le corps est allongé, régulier ; la hauteur du tronc, qui est ordinairement plus grande que celle de la tête, est contenue six fois à six fois et trois quarts dans la longueur totale. La peau est couverte de petites écailles ciliées, au moins sur le dos et les côtés, et non pas lisses comme on l'indique souvent ; les spinules, il est vrai, sont faibles et se brisent facilement lorsque l'on cherche à détacher les écailles.

La tête est large, aplatie en dessus ; elle est beaucoup plus longue que haute ; sa longueur, suivant la taille des animaux, est comprise quatre fois à quatre fois et trois cinquièmes dans la longueur totale. Le museau est relativement allongé, il a le profil beaucoup moins perpendiculaire que dans la plupart des autres espèces ; il est très-peu échancré ; chaque lobe ou plutôt chaque espace préorbitaire porte en avant trois ou quatre épines et quelques dentelures en arrière. La bouche est oblongue ; sa fente se prolonge un peu en arrière de l'orifice postérieur de la narine. La lèvre supérieure est sous l'extrémité du museau. Les pièces qui recouvrent la tête sont striées et plus ou moins granulées.

Chez les individus de moyenne taille, le diamètre de l'œil mesure à peu près le tiers de la longueur de la tête, il fait les deux tiers de l'espace préorbitaire, il est d'un quart plus grand que l'espace interorbitaire ; chez les sujets qui ont acquis un grand développement, le diamètre de l'œil est contenu quatre fois et quart à quatre fois et demie dans la longueur de la tête, il mesure la moitié environ de l'espace préorbitaire, il est égal à l'espace interorbitaire. Toujours l'espace interorbitaire est large, aplati. Le sourcil a deux épines en avant, et souvent quelques dentelures en arrière.

L'épine horizontale de l'opercule est bien développée, elle atteint le milieu de l'épine coracoïdienne ; elle est granuleuse et très-pointue. Le préopercule montre certaines particularités qui peuvent servir à distinguer facilement ce Trigle de tous les autres ; un peu au-dessous de l'angle inférieur de l'opercule, sur son bord postérieur, il porte deux petites épines parallèles, à pointe dirigée en arrière, isolées l'une de l'autre par un léger intervalle ; l'épine inférieure est séparée par une échancrure arrondie et large du bord inférieur du préopercule, qui postérieurement se termine en un angle garni d'épines ou plutôt de fortes dentelures.

Une ligne latérale nettement dessinée va directement de la pointe du surscapulaire à la base de la caudale ; elle est saillante, formée de grosses écailles granulées, surtout chez les vieux individus, relevées d'une arête ou crête médiane, qui porte deux à cinq ou six dentelures et finit par une pointe dirigée en arrière. Le nombre des écailles paraît varier légèrement avec l'âge, chez de jeunes animaux il est de soixante-neuf à soixante-dix, et chez les grands de soixante-quatorze à soixante-quinze ; c'est du moins ce que j'ai constaté plusieurs fois ; mais, on le comprend, il n'y a certainement rien d'absolu dans ces indications.

Quant au sillon des dorsales, il est bordé par une série de vingt-huit ou vingt-neuf paires d'osselets dont le bord libre, chez les grands individus, n'est pas terminé par une épine pointue, mais est granuleux et très-légèrement denticulé, à cinq ou six petites crénelures ; chez les sujets de moyenne taille, les inter-épineux antérieurs ont seuls leur bord libre granuleux, les autres, au contraire, montrent une extrémité lisse, plus ou moins tranchante, avec une petite pointe dirigée en arrière. Généralement les deux premiers aiguillons de la première dorsale sont très-granuleux sur leur bord antérieur et sur les côtés ; le troisième l'est un peu moins. Le deuxième aiguillon est très-fort et très-long ; il est ordinairement égal à la hauteur du corps ; d'après Günther, il mesure même la distance qui sépare le bout du museau du bord postérieur de l'orbite, ce qui est loin d'être toujours exact. La première dorsale a le plus souvent huit aiguillons; elle finit au niveau du sixième osselet. Il y a quatre osselets entre les deux nageoires. La seconde dorsale, beaucoup moins haute que la précédente, compte dix-neuf ou vingt rayons. L'anale a dix-huit à vingt rayons. L'épine surscapulaire est rugueuse; l'épine coracoïdienne est saillante, granulée, très-pointue. Les pectorales sont généralement un peu plus courtes que les ventrales, elles n'atteignent pas l'anale, à peine arrivent-elles à l'anus, elles ne font que le cinquième de la longueur totale chez les grands individus et souvent moins chez les sujets de moyenne taille. Les ventrales mesurent ordinairement, chez les individus très-développés, un peu plus du cinquième de la longueur totale.

D. 7 à 9 — 19 ou 20; A. 18 à 20; C. 11; P. 10 + 3; V. 1/5.

Le système de coloration est variable; il est le plus souvent gris avec des taches blanchâtres sur le dos et les flancs, blanchâtre sous la gorge et sous le ventre. Parfois le dos est bleuâtre et le ventre blanc. « Je crois que c'est cette circonstance du bleu et du blanc qui a paru un habillement militaire, et lui a fait donner le nom de Bellicant. » (Duham., *Pêch.*, part. II, sect. V, p. 111.) Une tache noire marque assez fréquemment la première dorsale entre le troisième et le cinquième rayon. La ligne latérale forme une bande d'un blanc nacré qui se détache nettement sur la teinte générale.

La vessie natatoire est assez grande; elle est ovale, échancrée et presque bilobée en avant.

Il y a sept appendices pyloriques.

Habitat. Le Gornaud se pêche sur toutes nos côtes. Méditerranée, peu commun. Océan, très-commun, surtout en Vendée. Manche, très-commun. Il est assez souvent apporté sur le marché de Paris.

Proportions : long. totale 0,36 ; tronc, haut. 0,058.

Tête, long. 0,086, haut. 0,032. — Œil, diam. 0,019, esp. préorbit. 0,040, esp. interorbit. 0,019.

LE TRIGLE MILAN — *TRIGLA MILVUS*.

Syn. : Du Milan marin, Milvus, Rondel., liv. X, c. vii, p. 234.
Trigla milvus, Trigle milan, Riss., *Hist. nat.*. p. 395.
Trigla milvus. CBp.. *Cat.*, n° 531, *Fn. ital.*, fig.; Canestr., *Fn. Ital.*, p. 96.
Trigla hirundo, Brunn., *Ichth. Mass.*, p. 77, n° 93.
Trigla cuculus, Bloch, pl. 59 ; Günth., t. II. p. 207.
? Trigle Grondin, Trigla cuculus, Riss., *Ichth.*. p. 208.
Le Grondin rouge. Trigla cuculus. Cuv. et Valenc., t. IV, p. 67.
Bloch's Gurnard, Yarr., t. II, p. 32 ; Couch, t. II, p. 29.

N. vulg. : Grano, Nice ; Bélugo, Bélugar, Marseille ; Bélugan, Cabiouna, Cette ; Lloumbrigna, Port-Vendres.

La plupart des ichthyologistes regardent le Grondin gris et le Trigle milan ou Grondin rouge comme étant deux espèces particulières. L'un des premiers, Parnell émit à cet égard une opinion contraire ; pour lui, le Trigle milan n'est qu'une variété du Grondin gris. En effet, sauf le mode de coloration, y a-t-il chez ces poissons des caractères qui les distinguent nettement l'un de l'autre ? Suivant Cuvier et Valenciennes, le Grondin rouge diffère du Grondin gris parce que les épines de la dorsale ne sont pas granulées, ni les arêtes de la fossette du dos crénelées. (Cuv. et Valenc., t. IV, p. 67.) Ces différences spécifiques sont-elles bien réelles ? Existent-elles constamment ?

Il est indispensable, pour élucider une semblable question, d'examiner des sujets de même taille. Nous allons comparer deux de ces Grondins, un Gornaud acheté sur le marché de Paris, long de 0^m,225 et un Trigle milan envoyé au Muséum sous le nom de *Trigla Blochii*, mesurant 0^m,231.

Chez les deux Trigles, les proportions du corps, celles de la tête sont les mêmes; l'œil seulement paraît à peine moins ouvert chez le Grondin rouge, mais ce n'est qu'une différence individuelle. Le préopercule montre la conformation particulière que nous avons signalée dans le Gornaud.

Quant à la ligne latérale, elle est composée de soixante-neuf ou soixante-dix écailles dans les deux sujets. Les écailles, beaucoup moins crénelées que chez les grands individus, portent sur

leur crête médiane un, deux ou trois petits tubercules ; la crête
se termine en une pointe aiguë, allongée, qui se détache parfaitement de l'écaille. Ainsi les crénelures sont plus ou moins prononcées selon le développement des animaux ; mais une telle
disposition dans les écailles n'est pas spéciale à ces Grondins ;
chez l'Imbriago, on voit toujours se produire une modification
semblable.

Le sillon des dorsales est bordé par des pièces minces, triangulaires, très-pointues, non crénelées chez le Grondin rouge,
d'après quelques auteurs, tandis qu'elles sont crénelées, mousses
chez le Gornaud. Dans le Trigle milan d'une certaine taille, la
pointe des interépineux s'émousse, le bord supérieur devient
granuleux, il est marqué de crénelures. Les jeunes Gornauds
ont l'extrémité de leurs interépineux lisse, pointue. Le nombre
des crêtes interépineuses est le même chez le Trigle milan et
chez le Gornaud. Les rayons antérieurs de la première dorsale
ne sont pas toujours lisses chez le Grondin rouge, ils se montrent
de plus en plus granuleux suivant les progrès de l'âge ; ainsi chez
le *T. Blochii* du Muséum, qui est de petite taille, les trois premiers aiguillons de la dorsale sont déjà légèrement granulés.
Quant à la longueur proportionnelle du deuxième aiguillon, il
ne faut y attacher aucune importance ; Günther prétend qu'elle
est plutôt moins grande que la distance de l'extrémité du museau au bord postérieur de l'orbite ; dans le *T. Blochii* du Muséum,
le deuxième rayon est de longueur égale à la distance qui vient
d'être indiquée. Chez le Grondin rouge et chez le Grondin gris,
les dorsales ont chacune respectivement le même nombre de
rayons ; les ventrales sont un peu plus longues que les pectorales.

D. 7 à 9 — 18 à 20 ; A. 18 ou 19 ; C. 11 ; P. 10 + 3 ; V. 1/5.

Chez le Milan, le dos et les flancs sont rouges ; le ventre est
d'un gris blanchâtre ; quelquefois le dos est d'un violet assez
foncé ; la ligne latérale dessine une raie blanche sur le fond
rouge. Dans les jeunes, la teinte est d'un gris roussâtre. La première dorsale porte, entre le troisième et le cinquième ou le

sixième aiguillon, une tache noire bien limitée, qui atteint le bord supérieur de la membrane intraradiaire.

D'après Yarrell, la vessie natatoire du Trigle de Bloch est très-petite, ovale, très-légèrement divisée en avant, tandis que chez le Gornaud elle est grande, semblable à celle du Trigle pin, bilobée et faiblement divisée ; mais dans le Trigle pin, la forme de la vessie aérienne varie suivant le sexe. J'ai trouvé, chez le Milan (*T. Blochii*), une vessie natatoire ovale, échancrée, bilobée en avant comme celle de la femelle du Trigle pin.

Les appendices pyloriques sont en nombre variable de cinq et plus, disposés en deux groupes.

En résumé, sauf le système de coloration, il n'y a pas un seul caractère qui distingue nettement le Grondin rouge du Grondin gris ; nous pensons qu'il faut les rapporter l'un et l'autre à une même espèce.

Habitat. Le Milan se trouve sur toutes nos côtes ; il paraît beaucoup plus commun que le Gornaud dans la Méditerranée.

Proportions : *Trigla Blochii*, Muséum, long. totale 0,231 ; tronc, haut. 0,035.

Tête, haut. 0,034 ; distance de l'extrémité du museau : à la nuque, 0,051 ; à l'épine : surscapulaire 0,062, operculaire 0,066, coracoïdienne 0,068. — Œil. diam. 0,015, esp. préorbit. 0,025, esp. interorbit. 0,012.

1re dorsale, long. 0,028, 2e rayon, haut. 0,040 ; 2e dors., long. 0,070 ; pectorale, long. 0,045 ; ventrale, long. 0,047.

Gornaud, long. totale 0,225 ; tronc, haut. 0,034.

Tête, haut. 0,033 ; distance de l'extrémité du museau : à la nuque 0,046 ; à l'épine : surscapulaire 0,059, operculaire 0,061, coracoïdienne 0,0625. — Œil, diam. 0,016, esp. préorbit. 0,024, esp. interorbit. 0,012.

1re dorsale, long. 0,026, 2e rayon, haut. 0,034 ; 2e dors., long. 0,070 ; pectorale, long. 0,045 ; ventrale, long. 0,047.

LE TRIGLE LYRE — *TRIGLA LYRA.*

Du Gronau, Lyra, Rondel., liv. X, c. viii, p. 235.

Trigla lyra, Linn., p. 496, sp. 2 ; Bloch, pl. 350 ; CBp., *Cat.*, n° 533, *Fn. ital.*, fig. ; Günth., t. II, p. 208 ; Canestr., *Fn. Ital.*, p. 96.

Bourreau de Saint-Jean-de-Luz, Duham., *Pêch.*, part. 2e, sect. 5, p. 109, pl. 8, fig. 1.

Le Gronau, Trigla lyra, Bonnat., *Encyclop. méth.*, p. 145, pl. 60, fig. 235.

Trigle lyre, *Trigla lyra*, Lacép., t. IX, p. 29 ; Riss., *Ichth.*, p. 203, *Hist. nat.*, p. 393 ; Guichen., *Expl. Algér.*, p. 39.

La Lyre, *ou* Perlon aux grandes épines operculaires et claviculaires, *Trigla lyra*, Cuv. et Valenc., t. IV, p. 55.

The Piper, Yarr., t. II, p. 26 ; Couch, t. II, p. 23.

N. vulg. : Gallina, Nice ; Pinaou, Cette ; Grougnant, Languedoc ; Bourreau, Saint-Jean-de-Luz ; Cardinal, Poitou.

Long. : 0,25 à 0,40.

A la dimension de l'épine coracoïdienne, à la profondeur de l'échancrure du museau, à la pointe relevée des interépineux, le Trigle lyre est facile à reconnaître.

Il a le corps allongé, très-haut en avant, puis s'abaissant d'une manière sensible sous la première dorsale, et diminuant d'une façon progressive jusqu'à la base de la caudale où il est fort mince. La hauteur du tronc est comprise six fois à six fois et un cinquième dans la longueur totale. La peau est couverte de très-petites écailles, nettement ciliées, disposées par séries très-obliques. Le nombre des vertèbres est de trente-deux ou trente-trois ; Cuvier et Valenciennes indiquent 12 + 21, Günther compte 13/20 ; j'ai trouvé douze vertèbres abdominales et vingt vertèbres caudales.

La tête est ordinairement un peu plus haute que le tronc ; elle est allongée ; sa longueur, prise du bout du museau à la nuque ou à la base de l'épine operculaire, est contenue au plus quatre fois dans la longueur totale. Le profil antérieur est relativement allongé. Le museau est avancé, élargi, avec une échancrure plus profonde que dans les autres espèces, il est par conséquent un peu fourchu. Chaque sous-orbitaire se termine en avant par une proéminence plus longue que l'espace interorbitaire, large, aplatie, armée sur le bord d'épines plus ou moins pointues, plus fortes en avant et en nombre variable de sept à quinze. La bouche, assez grande, est fendue à peu près jusqu'au-dessous de l'orifice postérieur des narines. Les mâchoires sont garnies d'une bande large de dents égales, très-fines, à pointe presque mousse. Les dents vomériennes sont courtes, mousses, elles occupent un petit espace triangulaire ; les dents pharyngiennes sont aussi peu développées.

Tantôt l'iris est argenté, tantôt il est d'un rose pâle. Les yeux sont grands, ovales. Le diamètre longitudinal est compris trois fois à trois fois et un quart dans la longueur de la tête, il mesure environ les deux tiers de l'espace préorbitaire, il fait à peu près le double de l'espace interorbitaire, qui est légèrement concave. Le sourcil porte en avant une épine bien développée, une autre moins forte en arrière.

L'orifice antérieur de la narine est petit, tubuleux ; l'ouverture postérieure est allongée, beaucoup moins apparente que l'autre, bien qu'elle soit plus grande.

Comme dans la plupart des Trigles, l'opercule est armé de deux épines ; l'épine horizontale, qui est dirigée en arrière, est très-pointue, elle est très-longue, elle dépasse le bord de la pièce operculaire d'une longueur à peu près égale à l'espace interorbitaire. Le préopercule est traversé, dans sa partie inférieure, par une crête fort saillante qui se termine en arrière par une pointe, et se continue en avant avec l'arête du sous-orbitaire.

La ligne latérale est un peu courbe à son origine, puis se montre droite dans le reste de son étendue ; elle est formée d'écailles tubuleuses, étroites, qui dessinent une légère saillie.

De chaque côté, le sillon des dorsales est relevé par une série de vingt-cinq épines très-développées, triangulaires, presque tranchantes, à pointe très-aiguë dirigée en haut et en arrière. Les premières épines, moins grandes que les autres, sont assez souvent crénelées. La première dorsale a généralement neuf aiguillons robustes, fort pointus ; le premier aiguillon est dentelé ou granuleux sur le bord antérieur, le second est plus ou moins rugueux ; le troisième est ordinairement le plus allongé, parfois cependant il ne dépasse pas le second, il m'a toujours paru moins grand que la hauteur du tronc. La seconde dorsale est d'un tiers, et souvent davantage, moins élevée que la première ; elle est soutenue par seize ou dix-sept rayons. L'anale a le même nombre de rayons que la seconde dorsale. La caudale, un peu

échancrée, compte onze ou douze rayons. Le surscapulaire est
muni d'une épine assez longue, mais qui n'est rien en comparaison de celle dont se trouve armé le grand os de la ceinture
thoracique. En effet, l'épine coracoïdienne est excessivement développée, tout à fait caractéristique ; elle commence sur l'os par une
espèce d'arête rugueuse, striée, puis se prolonge en arrière jusque
vers le milieu des pectorales ; dans la moitié antérieure de sa partie libre, elle est légèrement aplatie ; elle est marquée de stries
sur la face supérieure, et sur la face inférieure elle est crénelée
sur le bord externe ; dans sa moitié postérieure elle devient lisse,
elle se termine par une pointe conique très-aiguë. Sa longueur,
prise à partir du bord postérieur du coracoïdien, est égale au
diamètre de l'œil ; la distance qui sépare le bord antérieur du
coracoïdien de l'extrémité de sa pointe, fait la moitié au moins
de la longueur de la tête. Les pectorales sont très-développées,
elles se portent en arrière à peu près jusqu'au niveau du cinquième ou du sixième rayon de l'anale ; leur longueur est comprise trois fois et un tiers à trois fois et demie dans la longueur
totale ; le quatrième rayon et le cinquième sont les plus grands.
Le nombre des rayons paraît variable, Cuvier et Valenciennes en
indiquent quatorze, sur divers animaux j'en compte onze ou
douze seulement. Les ventrales finissent vers l'anus, elles mesurent environ le cinquième de la longueur totale.

D. 9 — 16 ou 17 ; A. 16 ou 17 ; C. 11 ou 12 ; P. 11 à 14 + 3 ; V. 1/5.

Les nageoires sont généralement rouges ; la première dorsale
est souvent marquée d'un bleu très-foncé ; les pectorales ont
deux ou trois bandes d'un bleu fort sombre dans l'intervalle des
plus grands rayons ; les ventrales sont d'un blanc violacé ou
bleuâtre.

Quant à la teinte générale, elle est fort jolie ; le dos est d'un
beau rouge assez clair ; les flancs et le ventre sont d'un blanc
rosé et argenté.

La vessie natatoire est large, ovoïde, légèrement échancrée en
avant.

L'estomac est pourvu d'une membrane musculeuse très-forte ; les appendices pyloriques sont au nombre de six, en deux groupes, quatre et deux.

Habitat. Méditerranée, commun, Nice, Cette. Océan, golfe de Gascogne, commun et même très-commun à Arcachon ; moins commun au nord de la Gironde. Manche, assez rare, Cherbourg, le Havre, Boulogne. Il est quelquefois apporté sur le marché de Paris.

Proportions : long. totale 0,29 ; tronc, haut. 0,047.

Tête, long. 0,074. — OEil, diam. 0,023, esp. préorbit. 0,036, esp. interorb. 0,011.

Long. : épine operculaire 0,010, épine coracoïdienne 0,024.

LE PERLON ou TRIGLE CORBEAU — *TRIGLA CORAX.*

Syn. : Du Corbeau de mer, Corax, Corvus. Rondel., liv. X, c. VI, p. 233.

Du Rouget-grondin, Duham., *Pêch.*, part. 2, sect. 5, p. 104, pl. 7, fig. 1.

Trigla cuculus, Brunn., *Ichth. Mass.*, p. 77. n° 92.

Trigla hirundo, Bloch, pl. 60 ; Günth., t. II, p. 202.

La Trigle hirondelle. Trigla hirundo, Lacép., t. IX, p. 36 ; ? Riss., *Ichth.*, p. 205.

Du Perlon *nommé aussi* Rouget grondin, Trigla hirundo, Cuv. et Valenc., t. IV, p. 40 ; Guich., *Expl. Algér.*, p. 39.

Trigla corvus, Trigle corbeau, Riss., *Hist. nat.*, p. 398, confus.

Trigla microlepidota. Trigle à petites écailles. Riss., *Hist. nat.*, p. 399.

Trigla corax, CBp., *Cat.*, n° 527, *Fn. ital.*, fig. ; Canestr., *Fn. Ital.*, p. 95.

The Sapphirine Gurnard, Yarr., t. II, p. 21.

Tubfish, Couch, t. II, p. 21.

N. vulg. : Gallina, Gallinetta, Nice ; Cabota voulanta et Boulaïda, Cette ; Cabote, Galline, Provence, Languedoc ; Cabote, Port-Vendres ; Perlon, Bordeaux ; Perlan, Vendée ; Pirlon, Rouget, côtes de Normandie.

Long. : 0,40 à 0,60 et plus.

Parmi les Trigles qui vivent sur nos côtes, le Corbeau est assurément celui qui atteint la plus grande taille.

Il a le corps épais surtout en avant, il est plus ou moins allongé ; la hauteur du tronc est comprise de cinq fois et un tiers à sept fois dans la longueur totale. La peau est couverte de petites écailles ovales qui paraissent lisses, mais qui sont en réalité très-souvent munies de spinules excessivement fragiles. Les vertèbres sont en nombre variable de trente-trois ou trente-quatre, 14 ou 15 + 19.

La tête est large, aplatie en dessus, à profil antérieur allongé ; sa longueur mesure environ le quart de la longueur totale. Le museau est peu avancé, peu échancré, il est, pour ainsi dire, coupé carrément ; ses lobes sont garnis de très-petites pointes. La bouche est assez large. elle s'ouvre à peu près jusqu'au-dessous de l'orifice postérieur de la narine. Les mâchoires sont pourvues de dents très-fines, en velours, formant une bande plus large en avant que sur les côtés.

Au pourtour de la pupille, l'iris est d'un jaune brillant, il est plus foncé et souvent tacheté de points obscurs dans le reste de son étendue. Le diamètre de l'œil fait à peu près le cinquième de la longueur de la tête, les deux cinquièmes de l'espace préorbitaire ; il est égal à l'espace interorbitaire, qui est relativement large et assez peu concave. Le sourcil porte en avant deux, quelquefois trois épines.

L'orifice antérieur de la narine est légèrement tubuleux ; l'orifice postérieur est dirigé en arrière et en dehors, il est placé sur le milieu de la ligne allant de l'orbite au bout du museau.

Quant aux pièces operculaires, elles ne sont pas très-armées ; l'opercule a ses deux épines mousses et courtes, ne dépassant pas la membrane ; le préopercule n'a qu'une pointe peu développée.

La ligne latérale est droite, peu saillante ; elle est formée d'écailles étroites, allongées, légèrement tubuleuses, excessivement difficiles à détacher de la peau.

La partie libre des interépineux bordant le sillon des dorsales n'est pas très-saillante, elle constitue une série d'épines assez faibles relativement, et presque mousses chez les grands individus. La première dorsale est composée de huit ou neuf aiguillons assez grêles ; le premier a le bord antérieur tranchant, peu ou pas dentelé et à peine granuleux surtout chez les jeunes; le deuxième aiguillon, qui est le plus allongé, est, chez les jeunes, égal à la hauteur du corps, mais chez les sujets qui ont acquis un certain développement, il est presque toujours moins haut que le tronc; le troisième aiguillon est un peu plus grand que le premier. La seconde dorsale compte seize ou dix-sept rayons;

l'anale en a quatorze à seize, et la caudale douze ou treize. Le surscapulaire se termine en arrière par une pointe triangulaire, assez forte, mais courte ; le scapulaire est trapézoïde, aplati ; le coracoïdien est muni d'une épine assez courte, il est en soc de charrue, il est bien développé ; à sa face postérieure et inférieure il porte, vers le bord interne, une crête fortement prononcée qui limite avec le bord externe une fosse peu profonde dans laquelle sont fixés les os du bras ; le radius est presque carré, percé d'un trou ovale, il sert d'appui aux deux premiers os du carpe ou du métacarpe ; le cubitus est allongé, triangulaire, également percé d'un trou, il supporte les deux os inférieurs du métacarpe ; les métacarpiens sont aplatis, le supérieur est le plus petit, il donne insertion, ainsi que le suivant, aux rayons unis de la pectorale ; le premier doigt s'articule sur le troisième métacarpien, et les deux autres sur le métacarpien inférieur ; à la face interne du coracoïdien, au niveau de son épine, s'attache l'extrémité supérieure d'un os allongé, styliforme, le coracoïdien postérieur. Les pectorales sont très-développées, elles font le quart de la longueur totale et parfois même un peu plus ; elles sont à peu de chose près aussi larges que longues ; elles se composent de dix ou onze rayons ; les doigts sont tout à la fois des organes du mouvement et des organes du toucher, ils reçoivent des nerfs volumineux qui naissent au niveau de ces renflements de la moelle épinière si remarquables chez les Trigles. Les os du bassin sont soudés, ils forment une plaque rhomboïdale plus longue que large, percée dans sa moitié antérieure d'une ouverture ovale, au-dessous de laquelle s'avance une apophyse assez grêle ; la partie antérieure s'articule avec le coracoïdien correspondant, elle a le bord mince, très-relevé, perpendiculaire à son plan ; la partie postérieure figure un long triangle. Les ventrales mesurent le cinquième de la longueur totale, un peu plus chez les jeunes.

D. 8 ou 9 — 16 ou 17 ; A. 14 à 16 ; C. 12 ou 13 ; P. 10 ou 11 + 3 ; V. 1/5.

Les dorsales sont roses ; la première, d'une teinte un peu plus

foncée que l'autre, a parfois une tache obscure entre le quatrième
et le cinquième aiguillon; la seconde dorsale est rose, un peu
rougeâtre vers son bord libre, elle est à sa base d'un rose pâle.
La caudale est rougeâtre. Les pectorales présentent une coloration variable; généralement elles sont en dehors d'un violet
foncé, marquées parfois de taches rougeâtres, les rayons sont
blanchâtres; à leur face interne elles sont d'un vert très-foncé,
obscur, grivelé de noir, elles ont une assez large bordure
bleuâtre; le dernier espace intraradiaire est rose en dedans et
en dehors; les doigts sont roses, puis blanchâtres à leur extrémité libre; chez les jeunes, les nageoires portent en dedans une
large tache noire semée de taches d'un bleu quelquefois assez
clair. Les ventrales sont d'un blanc rosé ainsi que l'anale; toutefois, cette dernière nageoire a les espaces intraradiaires plus
roses.

La teinte générale présente de très-grandes différences; ordinairement le dos est d'un rose jaunâtre ou grisâtre, le ventre
d'un blanc rosé, les flancs sont d'un rose doré; la tête est rougeâtre. Certains sujets ont une coloration à peu près semblable à
celle du Gornaud, le corps est en dessus d'un gris brunâtre ou
olivâtre et blanchâtre en dessous.

Suivant le développement des sujets, la vessie natatoire affecte des formes variables. Chez les jeunes, les cornes latérales
sont petites, courtes; chez les individus de grande taille, la vessie
est trilobée, elle se compose d'un lobe médian ovale très-volumineux et de deux longues cornes latérales qui contournent en
quelque sorte le lobe principal. La corne gauche est plus développée que l'autre; elles se terminent toutes les deux en une
espèce de cordon fibreux. Le lobe médian est aplati à sa face
supérieure, convexe sur la face opposée; de chaque côté il est
garni de fibres musculaires transversales qui commencent vers
le repli de la corne et se portent jusqu'à son extrémité postérieure. Ces fibres musculaires s'enfoncent sous l'aponévrose, qui
tapisse la face supérieure de l'organe, et viennent la plupart se
fixer sur un raphé médian.

L'œsophage est garni de plis longitudinaux très-prononcés, surtout vers le pharynx; l'estomac est développé, lisse, d'une teinte rougeâtre. Les appendices pyloriques sont au nombre de huit, suivant Cuvier et Valenciennes; plusieurs fois j'en ai trouvé dix, onze et même douze.

Le foie est d'un gris blanchâtre, composé de deux lobes; la vésicule du fiel est très-longue, étroite.

La rate est ovoïde, elle est placée entre l'intestin et les appendices pyloriques, en arrière de l'ouverture du canal cholédoque dans le tube digestif.

Les reins sont volumineux, allongés, réunis à la partie postérieure; ils sont appliqués sur la vessie natatoire, à laquelle ils sont fortement fixés. La vessie urinaire est allongée.

Enfin les globules du sang paraissent plus allongés chez ce Trigle que chez le Gornaud, ils mesurent : grand diamètre $0^{mm},012$, petit diamètre $0^{mm},006$; dans le Grondin gris, ils ont : grand diamètre $0^{mm},009$, petit diamètre $0^{mm},006$.

Jeune. Le petit Perlon à pectorales tachetées, Trigla pœciloptera, Valenc.

Syn. : ? TRIGLA GARRULUS, Trigle geai, Riss., *Hist. nat.*, p. 400.
LE PETIT PERLON A PECTORALES TACHETÉES, Trigla pœciloptera, Cuv. et Valenc., t. IV, p. 47; Guichen., *Expl. Algér.*, p. 39.
TRIGLA POECILOPTERA, Günth., t. II, p. 203; ? CBp., *Cat.*, n° 528.
THE LITTLE GURNARD, Yarr., t. II, p. 24; Couch, t. II, p. 36.

Long. : 0.10 à 0.20.

Valenciennes a découvert sur les plages sablonneuses de Dieppe un très-petit Perlon, qui porte sur la pectorale, à sa face qui regarde le corps, une tache d'un noir profond, semée de points d'un blanc de lait. (Cuv. et VALENC.) Ce poisson n'est pas une espèce particulière, il est le jeune du Trigle corbeau; comparé à l'adulte, il présente certaines différences que nous allons indiquer rapidement.

Les lobes du museau ont chacun quatre ou cinq petites épines. Outre les deux épines que le sourcil porte en avant, comme chez l'adulte, il en a une troisième en arrière; l'espace interorbitaire est relativement concave.

Le sillon des dorsales est bordé d'épines très-pointues. La caudale est dans sa partie médiane d'une teinte bleu foncé. Les pectorales ont tantôt, sur le côté externe violet bleuâtre, une bordure bleu de ciel, et sur la partie inférieure et moyenne de leur face interne, qui est bleuâtre ou noirâtre, elles portent une plaque d'un bleu foncé, parsemée de taches bleu de ciel; tantôt elles n'ont pas de bordure, et sur leur face interne, qui est d'un rouge noirâtre, se montre une tache bleu de ciel, ou bien encore existe une plaque bleu foncé avec de petites taches blanches. La tache de la pectorale s'efface peu à peu à mesure que l'animal se développe, et finit par disparaître entièrement: j'ai bien souvent constaté le fait sur les nombreux Trigles qui étaient conservés dans les bassins de l'Aquarium d'Arcachon.

La coloration est d'un gris vert lavé de rouille sur le dos et les flancs, blanchâtre sous le ventre; ces deux teintes sont séparées par une longue bande jaunâtre, qui va de l'aisselle de la pectorale à la base de la caudale.

La vessie natatoire est tout à fait différente de celle de l'adulte: quand le poisson est très-jeune, elle est échancrée antérieurement et chaque lobule se partage en deux petites cornes, l'une dirigée en avant, l'autre rejetée sur le côté; suivant les progrès de l'évolution, la vessie change de forme, les deux cornes antérieures disparaissent plus ou moins, les cornes latérales grandissent et se prolongent sur les côtés du lobe médian.

Habitat. Ce Trigle est très-commun sur toutes nos côtes; il est constamment apporté sur le marché de Paris.

Proportions : long. totale 0,58; tronc, haut. 0,109.

Tête, long. 0,15. — OEil. diam. 0,030, esp. préorbit. 0,080, esp. interorbit. 0,032.

LE CAVILLONE OU TRIGLE RUDE
TRIGLA CAVILLONE AUT ASPERA.

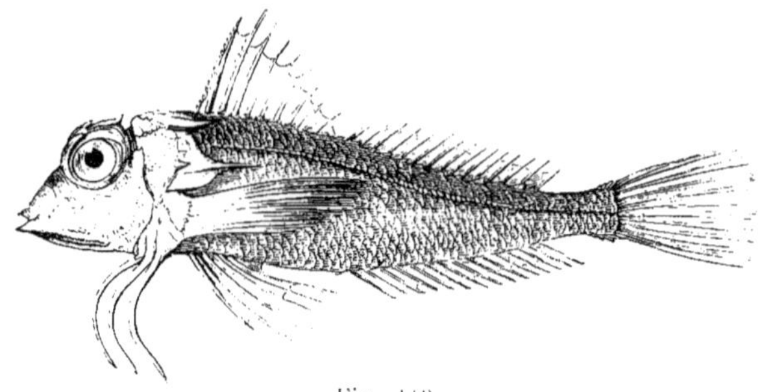

Fig. 113.

Syn. : Cavillone, Mullus asper, Rondel., liv. X, c. v, p. 233.
La Trigle cavillone, Trigla cavillone, Lacép., t. IX, p. 47 ; Riss., *Hist. nat.*, p. 396.
Le Trigle rude *ou* Cavillone, Trigla aspera (Viviani), Cuv. et Valenc., t. IV, p. 77, *Règ. an. ill.*, pl. 20, fig. 1 ; Guichen., *Expl. Algér.*, p. 40.
Trigla aspera, CBp., *Cat.*, n° 529, *Fn. ital*, fig. ; Canestr., *Fn. Ital.*, p. 94.
Lepidotrigla aspera, Günth., t. II, p. 196 ; Sauvage, *Nouvelles Archives du Muséum*, 1878, t. I. p. 154, pl. 2, fig. 11, écaille.

N. **vulg**. : Cavilloun, Nice ; Rascassoun, Rascoun, Cette.
Long. : 0,08 à 0,12.

Pour terminer l'histoire des Trigles, il nous reste à étudier un petit poisson que, dit Rondelet, on appelle en Languedoc *Cavillone*, de la semblance qu'il a avec une caville, en français cheville.

En effet, le corps est à peu près conique, il est allongé ; sa nauteur est contenue environ cinq fois et demie dans la longueur totale. Ses écailles sont plus développées et plus saillantes que celles des autres Trigles ; elles sont grandes, plus hautes que larges, fortement ciliées, garnies d'une rangée de spinules écartées. Dans cette disposition du dermosquelette, Günther a cru trouver un caractère suffisant pour établir le genre nouveau *Lepidotrigla*, qu'il nous semble inutile d'adopter. Les vertèbres sont au nombre de trente, 11 + 19.

La tête est développée, sa longueur, qui est d'un quart plus grande que sa hauteur, est comprise environ quatre fois dans la longueur totale; le profil antérieur est court, déclive, presque vertical. La région occipito-mastoïdienne est aplatie dans son milieu, et relevée sur les côtés par une espèce de tubercule anguleux. Les pièces qui protègent la tête sont profondément ciselées, couvertes de fines granulations. Le museau est court, assez large, peu échancré; chacun de ses lobes, muni en avant de quelques petites dents, porte à l'angle externe une épine assez forte, saillante, pointue, et sur le côté de fines crénelures. La bouche est plutôt grande; la mandibule est ovale, un peu resserrée en avant; le chevron du vomer est denté; la langue est large et épaisse.

Relativement l'œil est développé; son diamètre est contenu trois fois et demie à trois fois et deux tiers dans la longueur de la tête, il fait un peu moins des deux tiers de l'espace préorbitaire, il est à peine plus grand que l'espace interorbitaire, qui est concave. L'iris est jaunâtre. Le sourcil est fortement dessiné; il porte en avant deux petites épines et une autre en arrière plus grosse, plus proéminente, à pointe rejetée en dehors; après cette épine est creusé un sillon transversal, profond, qui entame même le bord postérieur de l'orbite.

L'opercule est armé d'une épine horizontale très-piquante.

Chez le Cavillone, les écailles de la ligne latérale sont très-différentes des autres, elles ne sont pas garnies sur leur bord libre d'une série de spinules; elles sont très-étroites et relativement assez hautes; leurs parties latérales figurent en quelque sorte deux petites ailes triangulaires. Elles sont percées d'un large conduit, qui envoie un rameau dans chacune des parties latérales, et en fournit un ou plusieurs autres dirigés vers le limbe postérieur. Le nombre des pièces de la ligne latérale varie de cinquante à soixante.

Il y a de chaque côté vingt-trois à vingt-cinq épines bordant le sillon des dorsales; elles sont tranchantes, crochues et fort aiguës, à pointe relevée, inclinée en arrière. La première dorsale, presque triangulaire, a neuf aiguillons assez grêles, mais excessivement acérés : le premier aiguillon est finement dentelé sur l'angle antérieur ; le deuxième aiguillon, et parfois aussi le troisième ont des dentelures en avant, ils sont les plus élevés. La seconde dorsale est longue, elle compte quinze ou seize rayons. La caudale a le bord postérieur légèrement concave ; elle mesure le cinquième de la longueur totale. Le surscapulaire est robuste, il est crénelé sur le bord interne, il est armé d'une pointe très-aiguë ; le coracoïdien est développé, son arête, qui est denticulée, se termine en une épine longue et excessivement acérée. Les pectorales ont dix ou onze rayons ; elles sont fort grandes, leur longueur est contenue trois fois et demie à trois fois et deux tiers dans la longueur totale. Les ventrales ne mesurent pas tout à fait le quart de la longueur totale.

D. 9 — 15 ou 16 ; A. 15 ; C. 11 ; P. 10 ou 11 + 3 ; V. 1/5.

Sur le dos la coloration est rouge le plus ordinairement, parfois d'un gris un peu jaunâtre ; le ventre est blanc ou d'un blanc teinté de jaune.

La vessie natatoire est relativement développée ; elle est ovale, elle n'est pas lobée, elle est seulement un peu échancrée à son extrémité antérieure, qui est la plus large ; sur un sujet de $0^m,112$, elle mesure $0^m,018$ de longueur.

Habitat. Méditerranée, assez rare, Nice ; Cette, commun.

Proportions : long. totale 0,118 ; tronc, haut. 0,024.

Tête, long. 0,0297, haut. 0,021. — Œil, diam. 0,008, esp. préorbit. 0,013, esp. interorbit. 0,007.

Les Grondins fournissent à l'alimentation un produit assez abondant ; ils sont fréquemment envoyés sur les marchés. Le Cavillone se consomme sur place ; à Cette il est vendu avec le fretin.

La chair des Trigles est d'assez bonne qualité. Suivant quelques auteurs, le Grondin gris est vénéneux à certaines époques (*Dict. méd.*, etc., Littré et Robin, art. *Vénéneux*). Nous ne savons ce qu'il y a de réel dans le fait que nous venons de rapporter ; en tout cas, les accidents d'intoxication causés par l'usage de la chair du Gornaud doivent être excessivement rares.

Sous-famille des Cottiniens, *Cottini*, Bp.

Corps plus ou moins allongé, épais en avant, mince en arrière.

Tête large, aplatie, non écailleuse, le plus souvent épineuse ; mâchoires dentées ; palatins et langue lisses.

Appareil branchial ; ouverture des ouïes de grandeur variable ; quatrième arc branchial ne portant qu'une série simple de lamelles respiratoires, et n'étant pas séparé, par une fente, de la paroi de la chambre branchiale. Rayons branchiostèges au nombre de six.

Ligne latérale bien marquée.

Nageoires ; deux dorsales rapprochées : anale opposée à la seconde dorsale ; caudale arrondie, parfois carrée : pectorales développées, composées en tout ou en partie de rayons simples, articulés, non branchus ; ventrales étroites, ayant une épine et moins de cinq rayons mous.

Vessie natatoire nulle. — **Appendices pyloriques** peu nombreux.

Cette sous-famille comprend deux genres bien différents l'un de l'autre.

Corps { nu ou n'ayant que des pièces écailleuses isolées.   1. Cotte.
{ revêtu de grandes écailles carénées............ 2. Aspidophore.

GENRE COTTE — *COTTUS*, Arted.

Corps allongé, épais en avant, aminci en arrière ; peau complètement nue ou portant parfois quelques pièces tuberculeuses isolées.

Tête grosse, déprimée. Dents en velours aux mâchoires et sur le vomer ; palatins et langue non dentés.

Nageoires ; seconde dorsale plus longue que la première et que l'anale ; ventrales ayant une première division composée d'une épine et d'un rayon mou enveloppés dans la peau, plus deux ou trois rayons mous.

Le genre Cotte est formé de trois espèces :

Préopercule à { une seule épine distincte................ 1. Chabot de rivièr
{ plusieurs épines. { unies sous la gorge.... 2. Cotte scorpion.
Membranes bran- { séparées par un inter-
chiostèges { valle assez large..... 3. Cotte a longues épines.

LE CHABOT DE RIVIÈRE — *COTTUS GOBIO*, Linn.

Syn. : Gobius fluviatilis alter, Bell., p. 321.
Du Chabot, Rondel., *Poissons de rivière*, c. XXII, p. 147 ; Duham., *Pêch.*, part. 2,

sect. 5, p. 123, pl. 11. fig. 5-6 ; Bonnat., *Encycl. méthod.*, p. 68. fig. 149 ; Vallot, *Ichth. franç.*, p. 78.

Cottus gobio, Linn., p. 452, sp. 6 : Bloch. pl. 39, fig. 1 ; Jurine, *Poissons du lac Léman*, p. 150. pl. 2 ; CBp., *Cat.*, n° 545 : Günth., t. II, p. 156 ; Canestr., *Fn. Ital.*, p. 29 ; Heckel et Kner, *Süsswasserfische der östreichischen Monarchie*, p. 27 ; Siebold, *Süsswasserfische von Mitteleuropa*, p. 62 ; Géhin. *Poissons. Départem. Moselle*, p. 48.

Le Cotte chabot, Cottus gobio, Lacép., t. VIII, p. 327 ; Riss., *Ichth.*, p. 182.

Chabot commun. Cottus gobio, Riss., *Hist. nat.*, p. 405.

Le Chabot de rivière, Cottus gobio, Cuv. et Valenc., t. IV, p. 145 ; Blanch., p. 161 ; Soland. *Poissons de l'Anjou*, p. 214.

The River Bullhead, Yarr., t. II, p. 48.

Miller's Thumb, Couch. t. II, p. 6.

N. vulg. : Cabot, Testard, Têtard, Grosse-tête ; Sassot, le Bourget, Annecy ; Séchot, lac Léman ; Vilain, Chaca, Gravelet, Bavard, Lorraine ; Bâne, Jacquard. Gau, Cafard. Côte-d'Or ; Chapsot, aux environs de Paris ; Chamsot, Normandie ; Chaboisseau, Godet, Échabot, Anjou ; Meunier, Mouné, Poitou ; Chabaou, Asé, Gard ; Tête d'aze, Languedoc ; Botta, Nice.

Long. : 0,10 à 0,12, rarement plus.

Le seul représentant de la famille des Triglidés qui habite nos eaux douces, est le Chabot.

Il a le corps légèrement conique, un peu aplati sur les côtés, allongé ; la hauteur est comprise six fois et quart à six fois et deux tiers dans la longueur totale. Les téguments ne sont pas complétement nus, comme le supposent quelques auteurs ; en effet, si l'on examine la peau du tronc avec soin, on trouve, au-dessus et principalement au-dessous de la ligne latérale, de petites écailles épineuses, qui ressemblent à de véritables boucles excessivement peu développées. L'anus n'a pas une position absolument fixe, cependant il est en général plus rapproché du bout du museau que de la racine de la caudale. Le nombre des vertèbres est de trente-deux ou trente-trois, 10 +.

La tête est couverte d'une peau molle, tout à fait nue ; elle est volumineuse, plus large que le corps, arrondie en avant, déprimée en dessus ; sa longueur, qui est égale à sa largeur, est contenue quatre fois à quatre fois et quart dans la longueur totale. Le museau est large, arrondi. La bouche est grande, elle est fendue à peu près jusqu'au-dessous du bord antérieur de l'orbite, ce qui permet à l'animal de saisir des proies ayant relativement de fortes dimensions. La mâchoire supérieure est pro-

tractile ; à l'état de repos elle est égale à la mandibule ; elles sont
l'une et l'autre garnies d'une large bande de dents en velours.
Le chevron du vomer aussi porte une bande de dents semblables. La langue est blanchâtre, large, épaisse, lisse, un peu libre
en avant.

Quant aux yeux, ils sont de moyenne grandeur ; ils occupent,
pour l'exercice de leur fonction, une position des plus favorables, ils sont placés un peu obliquement à la région supérieure
de la tête, et plus rapprochés de l'extrémité du museau que de
la nuque. L'iris est d'un jaune parfois assez pâle. L'œil est
couvert d'une peau qui devient plus ou moins pigmentée vers le
sourcil ; son diamètre fait le cinquième de la longueur de la
tête, les trois cinquièmes environ de l'espace préorbitaire, il est
plus petit que l'espace interorbitaire. Le sous-orbitaire est complétement caché sous la peau ; il s'articule avec le préopercule.

La fente branchiale est médiocrement ouverte ; elle est séparée de celle du côté opposé par un intervalle, qui fait à peu
près les trois quarts de sa hauteur. L'opercule se termine en
arrière par une pointe mousse, aplatie, bordée par la peau ; il
s'articule par sa base et son bord antérieur avec le sous-opercule, qui a la forme d'un V ou plutôt d'un soc de charrue dont
la pointe, légèrement recourbée, est portée en avant. Le préopercule est armé d'une épine très-pointue dirigée en arrière et
en haut ; cette épine devient plus saillante à la volonté de
l'animal qui, au moment du danger, peut gonfler sa membrane
branchiale et de cette façon relever son préopercule. Au-dessous
de l'épine principale, mais portée en sens contraire, s'en trouve
une autre beaucoup plus petite ; c'est une espèce de dent assez
difficile à sentir avec le doigt, ne devenant bien visible que par
la dissection. Les rayons branchiostèges sont très-bombés, ils
sont très-apparents, au nombre de six.

La ligne latérale est droite ; elle est soutenue par deux rangées
de petites pièces dures, placées les unes au-dessus des autres.

Les dorsales sont unies par une membrane triangulaire, basse
et courte ; la première est beaucoup moins haute que le corps ;

elle se compose de six à huit rayons simples, très-flexibles ; le troisième rayon et le quatrième sont un peu plus allongés que les autres, de sorte que le bord libre de la nageoire décrit une courbe à peu près régulière. La seconde dorsale, légèrement plus haute, et surtout beaucoup plus longue que l'autre, compte de seize à dix-huit rayons, qui pour la plupart sont articulés et simples ; le dernier, presque toujours fourchu, est attaché par un repli cutané au tronçon de la queue. L'anale est plus courte que la seconde dorsale, qui la dépasse en avant et en arrière ; elle est soutenue par douze ou treize rayons flexibles articulés ; le dernier rayon, comme celui de la seconde dorsale, est fourchu et retenu par une petite membrane au tronçon de la queue. La caudale mesure à peu près le sixième de la longueur totale, elle est arrondie ; elle a treize rayons ; les rayons externes sont simples. Les pectorales sont bien développées, larges et longues, la longueur étant comprise quatre fois et quart dans la longueur totale ; elles sont formées de treize ou quatorze rayons ; les six ou sept rayons inférieurs sont simples, articulés, libres dans une partie de leur longueur ; les rayons supérieurs sont ordinairement branchus, parfois cependant ils restent simples comme les autres. Les ventrales sont insérées à peu près vis-à-vis du milieu de la base des pectorales ; d'après la plupart des ichthyologistes, elles n'ont que trois rayons mous, c'est une erreur ; le rayon externe n'est pas constitué seulement par une épine enveloppée d'une peau épaisse ; cette division qui paraît, à première vue, n'avoir qu'une seule pièce de soutien, est composée : d'une épine mince, grêle, très-pointue, assez courte, ne faisant pas ordinairement la moitié de la longueur de la division ; d'un rayon mou, simple, articulé, semblable aux trois autres rayons, qui ne m'ont jamais paru ramifiés. La division externe de la ventrale, chez le Cotte scorpion, présente la même disposition, ce qui est très-facile à constater en raison de la grosseur des deux rayons.

Br. 6. — D. 6 à 8 — 16 à 18 ; A. 12 ou 13 ; C. 13 ; P. 13 ou 14 ; V. 1/4.

Les dorsales, la caudale et les pectorales sont généralement d'un gris plus ou moins brunâtre, souvent elles sont marquées de taches brunes ou noirâtres : l'anale et les ventrales sont ordinairement d'un blanc grisâtre.

Il n'y a rien de fixe dans le système de coloration ; la teinte générale est le plus souvent grisâtre avec de larges taches ou bandes noirâtres sur le dos et les côtés, elle est d'un gris plus clair, d'un blanc sale à la partie inférieure du corps. Les vieux individus sont parfois noirâtres ; parfois et surtout chez les jeunes, la teinte est d'un gris roussâtre avec des marbrures d'un brun plus ou moins foncé. La tête est grise, marquée de taches noires assez petites. Si la coloration varie suivant l'âge et le sexe, elle varie surtout en raison de l'habitat.

Nous ne dirons que peu de mots de l'anatomie du Chabot.

L'œsophage est large, aussi l'animal peut-il avaler des proies relativement énormes. L'estomac est un sac ovale, assez grand ; les appendices pyloriques sont au nombre de quatre, le plus souvent, de cinq parfois.

Le foie, très-volumineux, est d'un blanc rosé.

L'ovaire est double, d'une teinte noirâtre. Les œufs deviennent assez volumineux, ils sont d'un gris jaunâtre. Les laitances sont grosses, d'une coloration brunâtre.

Le péritoine est gris argenté avec quelques taches noirâtres.

Les globules du sang mesurent : grand diamètre $0^{mm},0128$, petit diamètre $0^{mm},0086$; le noyau a un diamètre de $0^{mm},004$; suivant Prévot, chez un fœtus de $3^{mm},00$ les globules sont circulaires, ils ont un diamètre de $0^{mm},013$ (*Génération chez le Séchot* par le Dr Prévot, Genève, 1825).

Habitat. Le Chabot est très-répandu dans les eaux douces, surtout dans les rivières à courant rapide, à fond pierreux.

Proportions : long. totale 106 ; tronc, haut. 0,017.

Tête, long. 0,025. — Œil, diam. 0,005, esp. préorbit. 0,009, esp. interorbit. 0,005.

Le Chabot est excessivement vorace ; il se nourrit de mollusques, de larves d'insectes, et même de poissons, il en avale qui sont parfois aussi gros que sa partie postabdominale. — Le mâle prend soin des œufs, que la

femelle délaisse aussitôt après les avoir déposés soit dans une espèce de
canal, soit sur des corps solides : *Nidum in fundo format, ovis incubat prius
vitam deserturus, quam nidum* (Linn., p. 452). D'après M. de Soland, quand
les œufs sont éclos, ce qui a lieu au bout de quatre semaines, le Chabot
n'abandonne pas sa progéniture : il nage de concert avec elle, jusqu'à ce que
les petits aient atteint à peu près la grosseur des individus qui caractérisent
son espèce (Soland, p. 215). — Il est inutile de rappeler comment on pêche
ce poisson ; les enfants se servent d'une fourchette, les hommes du métier
emploient la nasse ou la trouble. — La chair du Chabot devient rouge par
la cuisson : sa qualité est fort diversement appréciée.

LES CHABOTS DE MER, ou CHABOISSEAUX.

Cuvier et Valenciennes ont nettement séparé les Chabots de mer ou Chaboisseaux des Chabots qui vivent dans les eaux douces, et parfaitement
indiqué les caractères différentiels des uns et des autres. Si, à l'exemple de
certains ichthyologistes, on divise le groupe Chabot en plusieurs genres, il
devient juste, ce nous semble, de donner à l'un d'eux le nom de *Pontocottus*
(Chabot de mer). Comme le fait du reste observer Yarrell ou Richardson :
Dans l'*Histoire des Poissons*, les membres de ce genre (*Acanthocottus*, Girard),
sont nommés *Chaboisseaux* ou *Chabots de mer* (Yarr., t. 2, p. 54). Toutefois,
il ne faut pas l'oublier, le naturaliste anglais place dans le genre *Acanthocottus* le *Cottus bubalis*, qui fait partie du genre *Aspicottus* de Girard.

L'aspect étrange des Chabots de mer, et surtout la crainte exagérée des
accidents causés par les blessures qu'ils peuvent faire avec leurs épines, leur
ont valu outre les noms de Têtards, etc., ceux de Scorpions, Crapauds et
Diables de mer. Cette dernière expression est la plus généralement employée
par les pêcheurs, et en particulier par les pêcheurs de crevettes, qui redoutent les Chaboisseaux à peu près autant que les Vives. Quand ils sont tenus
dans la main, souvent ces poissons produisent un bruissement singulier qui
les a fait appeler Grogneurs, Coqs de mer. A l'embouchure de la Seine, ils
sont encore nommés Caramassous, d'après de Lacépède, Caramassons, suivant Cuvier et Valenciennes.

LE COTTE SCORPION — *COTTUS SCORPIUS.*

Syn. : Cottus scorpius, Linn., p. 452, sp. 5 ; Bloch, pl. 40 ; CBp, *Cat.*, n° 544 ;
Günth., t. II, p. 159.
Le Chaboisseau de mer commun, Cottus scorpius, Cuv. et Valenc., t. IV, p. 160.
Sea Scorpion, Short-spined Sea Bullhead, Yarr., t. II, p. 54.
Father-lasher, Couch, t. II, p. 8.

N. Vulg. : Vive de mousse, Arcachon ; Barlan, Biarritz.
Long. : 0,15 à 0,20.

De nos deux Cottes de mer celui qui atteint la plus grande taille est le Scorpion. Le corps est gros en avant, assez trapu, comprimé en arrière ; sa hauteur est comprise de quatre fois à cinq fois et quart dans la longueur totale. La peau est ordinairement lisse et nue, mais parfois elle montre, principalement vers la queue, des écailles éparses, arrondies, avec quatre ou cinq dentelures aiguës sur leur bord postérieur. Ces écailles ou ces espèces de tubercules n'existent, suivant certains auteurs, que chez les femelles, nous en avons trouvé chez des mâles. L'anus est plus éloigné du bout du museau que de la base de la caudale. Les vertèbres sont au nombre de trente-quatre ou trente-cinq, 12 ou 13 + 21.

La tête est armée d'épines ; elle est couverte d'une peau molle et complétement nue, percée quelquefois par la pointe des aiguillons ; elle est développée ; elle est à peu près aussi haute que large quand les membranes branchiostèges ne sont pas gonflées ; sa longueur, qui l'emporte d'un tiers ou d'un quart sur sa largeur, est contenue trois fois à trois fois et quart dans la longueur totale. Le museau est obtus, large, assez arrondi. La bouche est grande, elle est fendue jusqu'au prolongement du diamètre vertical de l'œil. La mâchoire supérieure est protractile, un peu plus longue que la mandibule ; elles portent l'une et l'autre une bande assez large de dents en velours ; le chevron du vomer est garni de dents semblables ; le voile, qui est placé en arrière de l'arcade dentaire supérieure, est long et haut. La branche montante de l'intermaxillaire glisse dans l'intervalle que limitent, de chaque côté, les épines nasales. L'extrémité du maxillaire supérieur arrive, en arrière, au moins jusqu'à l'aplomb du bord postérieur de l'orbite.

Les yeux sont latéraux, rapprochés du profil supérieur de la tête ; ils sont couverts par une peau qui est souvent pigmentée vers le bord de l'orbite. L'iris est jaunâtre. Le diamètre de l'œil fait à peu près le cinquième de la longueur de la tête, les deux tiers de l'espace préorbitaire, il est d'un sixième, parfois d'un quart plus grand que l'espace interorbitaire, qui est concave. Le sourcil est prononcé; à son extrémité postérieure s'élève un tubercule plus ou moins pointu; il est suivi d'une arête, qui se termine sur la nuque par un autre tubercule semblable au premier; l'intervalle, qui sépare la pointe de chacun de ces tubercules, ne fait pas le tiers de la longueur de la tête, il est généralement un peu moindre que l'espace préorbitaire.

L'orifice antérieur de la narine est plus éloigné du bout du museau que de l'orbite; il est placé un peu au-dessous du prolongement du diamètre longitudinal de l'œil; il est étroit, arrondi à bord peu saillant. L'orifice postérieur est assez difficile à voir, il est situé près de l'orbite, vis-à-vis du milieu de la hauteur de l'épine nasale, dans une espèce de sillon. Les épines nasales sont très-pointues, légèrement inclinées en dedans et en arrière; elles forment, avec l'extrémité de la branche montante de l'intermaxillaire, une saillie assez forte en avant de l'espace interorbitaire; elles ne deviennent vraiment distinctes et sensibles que lors de la protraction de la mâchoire supérieure.

Une particularité qui mérite de fixer l'attention, puisqu'elle suffit à elle seule pour faire distinguer l'une de l'autre les deux espèces vivant sur nos côtes, se remarque dans la disposition des membranes branchiostèges. Chez le Cotte à longues épines, les membranes branchiostèges sont séparées par un intervalle assez grand, tandis que chez le Cotte scorpion, elles se réunissent sous l'isthme de la gorge, qu'elles recouvrent par un large bord complétement libre. L'opercule est armé d'une épine aiguë, forte, qui dépasse en arrière celle du préopercule et fait le huitième ou le neuvième de la longueur de la tête. Le sous-opercule a l'angle inférieur terminé par une épine, qui est dirigée obliquement en bas et un peu en arrière, qui est enveloppée par la peau. Le préopercule est muni de trois épines; la plus développée se porte en arrière et en haut, elle mesure du cinquième au septième de la longueur de la tête; au-dessous d'elle s'en trouve une plus petite; enfin la troisième, qui est dirigée en bas et en avant, part de l'extrémité antérieure et inférieure de la pièce osseuse.

La ligne latérale est à peu près droite, en avant elle est rapprochée du profil du dos; elle s'étend de la pointe de l'épine scapulaire au milieu de la base de la caudale; elle est formée d'une série d'osselets saillants.

Une membrane assez courte et assez basse réunit les deux dorsales. La première de ces nageoires est peu élevée, beaucoup moins haute que le tronc; elle est courte, elle ne répond pas ordinairement à toute la longueur de la pectorale; généralement elle naît au-dessus de l'extrémité de la grande épine préoperculaire; elle a huit à dix rayons flexibles, à pointe très-faible. La seconde dorsale est plus haute et surtout plus longue que l'autre; elle commence par un petit aiguillon très-bas, à la suite duquel viennent treize à quinze rayons simples, articulés; le dernier, qui est semblable aux autres, est attaché, dans presque toute sa longueur, par une membrane sur le tronçon de la queue. L'anale est placée sous la seconde dorsale qui la dépasse en avant et en arrière; elle a onze ou douze rayons tous simples. La caudale est arrondie; elle fait le sixième, ou un peu plus, de la longueur totale; elle compte une douzaine de rayons. La ceinture scapulaire est munie de deux épines appartenant l'une au scapulaire, l'autre au coracoïdien. Les pectorales, bien développées, mesurent le quart de la longueur totale; elles sont un peu arrondies à leur extrémité; elles sont insérées sur une large base correspondant à l'intervalle qui sépare les pointes de l'épine supérieure et de l'épine inférieure du préopercule; elles sont formées de dix-sept rayons, tous simples, articulés. Les ventrales, beaucoup plus courtes que les pectorales, n'arrivent pas ordinairement jusqu'à l'anus; leur première division se compose d'une épine et d'un rayon mou; en outre il y a deux rayons mous.

D. 8 à 10 — 1/13 à 15; A. 11 ou 12; C. 12; P. 17; V. 1/3.

Les nageoires impaires et les pectorales sont grisâtres, marquées de taches noirâtres plus visibles sur les rayons; elles sont assez souvent traversées par des bandes noirâtres obliques. Les ventrales, d'un blanc grisâtre, sont généralement variées de points brunâtres.

Un gris roussâtre ou verdâtre colore le dos et les flancs ; le ventre est d'un gris jaunâtre ; des marbrures et des taches noirâtres se dessinent plus ou moins nettement sur le corps. La tête est ordinairement d'un brun ou d'un gris assez foncé, avec des points ou des taches blanchâtres.

Il est inutile de rappeler que la vessie natatoire manque chez les Cottes. L'estomac est un large cul-de-sac à parois épaisses ; les appendices pyloriques sont au nombre de huit environ.

Habitat. Le Scorpion se trouve sur nos côtes de l'Ouest. Manche, commun. Océan, assez commun, Bretagne ; moins commun au sud de la Loire ; assez rare dans le golfe de Gascogne, quelquefois il est pêché dans le bassin d'Arcachon ; je ne l'ai trouvé que très-rarement entre l'Adour et la Bidassoa.

Proportions : long. totale 0,180 ; tronc, haut. 0,035.

Tête, long. 0,060, larg. 0,038. — OEil, diam. 0,012, esp. préorbit. 0,017, esp. interorbit. 0,010.

LE COTTE A LONGUES ÉPINES — *COTTUS BUBALIS*.

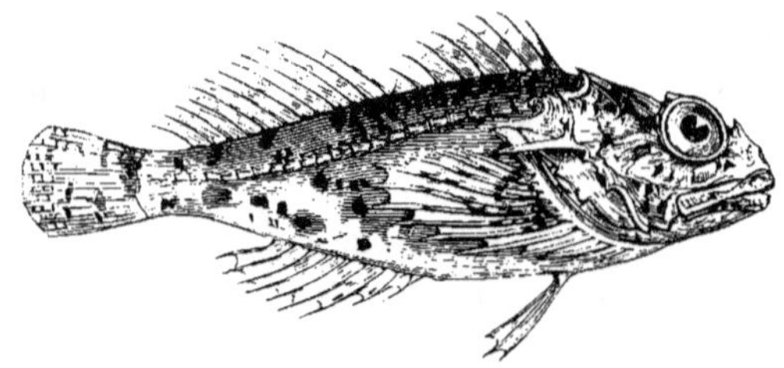

Fig. 114.

Syn. : COTTUS BUBALIS, Euphrasen, in *Nov. act. Stockholm*, 1786, t. VII, p. 64, V. *Arted. Genera*, Walbaum, pars 3, p. 391 ; CBp., *Cat.*, n° 543 ; Günth., t. II, p. 164.

LE CHABOISSEAU DU CONQUET, Duham., *Pêch.*, part. 2, sect. 5, p. 90, pl. 2, fig. 4.

LE CHABOISSEAU DE MER A LONGUES ÉPINES, Cottus bubalis, Cuv. et Valenc., t. IV, p. 165, pl. 78.

FATHER-LASHER, Long-spined Sea Bullhead, Yarr., t. II, p. 58.

BUBALIS, Couch, t. II, p. 11.

Long. : 0,10 à 0,13.

Il est inutile d'indiquer la raison qui détermina Euphrasen à donner le nom spécifique de *bubalis* au Cotte à longues épines.

Le corps est épais en avant, la hauteur est comprise quatre fois et quart à quatre fois et demie dans la longueur totale. La peau semble toujours lisse et nue, elle ne paraît jamais avoir d'écailles épineuses comme chez le Scorpion. Vertèbres au nombre de vingt-neuf ou trente. 12 +.

Quant à la tête, elle est mieux armée, elle a des épines plus nombreuses et plus longues que dans l'autre espèce ; elle est forte, un peu plus large que haute ; sa longueur fait près du tiers de la longueur totale. Le museau est assez large, arrondi. La bouche est fendue jusqu'au-dessous de l'intervalle qui sépare l'orbite de l'épine nasale ; elle est bordée de lèvres assez grosses. La mâchoire supérieure est un peu plus avancée que la mandibule ; elles portent toutes les deux une large bande de dents en velours. Le maxillaire supérieur ne dépasse pas en arrière le prolongement du diamètre vertical de l'œil.

Les yeux sont très-rapprochés l'un de l'autre. Le diamètre de l'œil mesure le quart de la longueur de la tête, il est un peu moins grand que l'espace préorbitaire, il fait le double de l'espace interorbitaire. La moitié supérieure de l'orbite est très-relevée, très-saillante, et l'espace interorbitaire n'est qu'une espèce de gouttière beaucoup plus longue que large. La crête du sourcil porte, en arrière, un tubercule que suit une arête bien marquée allant finir à l'épine mastoïdienne. La distance qui sépare le tubercule du sourcil de la pointe de l'épine mastoïdienne, fait à peu près la moitié de la longueur de la tête, elle est d'un tiers plus grande que l'espace préorbitaire, elle fait au moins le double de l'espace compris entre les deux arêtes.

Les narines présentent à peu près la même disposition que dans l'autre espèce ; l'épine nasale cependant est plus rapprochée de l'orbite que chez le Scorpion.

Il ne faut pas l'oublier, les membranes branchiostèges ne se joignent pas sous la gorge ; elles sont, au contraire, séparées l'une de l'autre par un intervalle dont la largeur est égale au tiers de la hauteur de la fente branchiale. L'opercule est pourvu d'une épine rugueuse sur la face externe, dirigée en arrière. Le sous-opercule a chacun de ses angles postérieurs terminé par une épine très-aiguë ; l'épine de l'angle inférieur est tournée en bas, elle paraît un peu plus forte que l'autre. Le préopercule est armé de quatre épines ; de son angle postérieur et supérieur part une épine qui se porte en arrière et un peu en haut, arrive aussi loin que la pointe de l'épine operculaire, elle est assurément très-longue, elle mesure le tiers de la longueur de la tête ; au-dessous d'elle se trouvent deux autres épines, beaucoup plus petites, dont la pointe regarde en arrière ; l'angle inférieur du préopercule s'allonge en une épine qui est légèrement crochue et dirigée en avant. La muqueuse de la chambre branchiale est souvent d'une teinte bleuâtre.

La ligne latérale est rapprochée du profil du dos: elle est légèrement courbe ; elle finit au milieu de la base de la caudale ; son enveloppe est composée de petits osselets épineux en avant surtout, ayant la forme de tubes échancrés.

Avant la fin de la grande épine préoperculaire, commence la première dorsale qui est basse ; elle compte huit, quelquefois neuf aiguillons. La seconde dorsale a douze ou treize rayons, les postérieurs atteignent presque la base de la caudale ; le dernier rayon est attaché par une membrane sur le tronçon de la queue. L'anale est courte, elle présente la même disposition que dans l'autre espèce ; elle est soutenue par neuf ou dix rayons. La caudale fait le sixième de la longueur totale ; elle a onze ou douze rayons. La ceinture scapulaire est munie de deux épines, comme dans le Scorpion ; l'épine coracoïdienne est assez large, mousse. Les pectorales, à quinze ou seize rayons, sont bien développées ; leur longueur fait près du tiers de la longueur totale. Les ventrales sont petites, elles ont quatre rayons.

D. 8 ou 9 — 12 ou 13 ; A. 9 ou 10; C. 11 ou 12 ; P. 15 ou 16; V. 1/3.

Les dorsales, suivant la teinte générale, sont d'un gris brunâtre ou rougeâtre, le plus souvent sans taches ; les pectorales,

la caudale et souvent l'anale sont marquées de taches brunes
disposées par séries ; les ventrales sont d'un gris blanchâtre ou
rosé. Le système de coloration est gris brunâtre ou rougeâtre sur
le dos, gris blanchâtre ou violacé sous la gorge et le ventre ; des
macules ou des points noirâtres, placés sans la moindre régularité, se montrent sur la tête et sur les parties supérieures du
corps, plus rarement à la région inférieure.

L'estomac est très-large ; il y a une huitaine de petits appendices pyloriques ; les villosités de l'intestin sont assez faciles à
distinguer.

Habitat. Manche, commun, Saint-Valery-en-Caux, Fécamp, Cherbourg,
Roscoff. Océan moins commun, côte de Bretagne ; assez rare au-dessous de
la Loire, Vendée ; je ne l'ai pas trouvé à Noirmoutiers : Cuvier et Valenciennes
l'ont reçu en grand nombre de la Rochelle, cependant Lemarié ne l'indique
pas dans son Catalogue des Poissons de la Charente Inférieure, etc. ; golfe de
Gascogne excessivement rare ou manquant ; malgré de nombreuses recherches, je n'ai pu me le procurer ni à Arcachon, ni aux environs de Bayonne.

Proportions : long. totale 0,109 ; tronc, haut. 0,025.

Tête, long. 0,034, larg. 0,029. — Œil, diam. 0,0085, esp. préorbit. 0,010,
esp. interorbit. 0,004.

Les Chaboisseaux, nous l'avons dit, sont communs sur nos côtes de la
Manche ; ils fréquentent les plages couvertes de varechs, ils se cachent dans
les trous, les petites flaques d'eau : et à marée basse, il est facile d'en faire
ample provision ; le meilleur moyen de se les procurer est d'aller soi-même
à la pêche. Ces poissons n'étant d'aucune utilité ne sont jamais recherchés.
D'après Fries et Ekström, les Scorpions mâles sont regardés, par les pêcheurs
scandinaves, comme étant vénéneux, mais les femelles servent à l'alimentation des pauvres gens.

GENRE ASPIDOPHORE — *ASPIDOPHORUS*, Lacép.

Syn. : AGONUS, Bl. Schneider.
PHALANGISTES, Pallas, *Zoogr. Rosso-Asiat.*

Corps en forme de pyramide allongée ; cuirassé de plaques écailleuses
(d'où le nom générique d'*Aspidophore*, qui veut dire *porte-bouclier*, Lacép.).

Tête très-large, couverte de pièces osseuses ; museau épineux ; dents sur
les mâchoires, pas sur le vomer.

Nageoires ; deux dorsales courtes ; anale opposée et semblable à la
seconde dorsale.

Le genre Aspidophore est représenté par une seule espèce.

Mon ami, le Dr Sauvage, place le genre Agonus ou Aspidophore dans les Trigliniens. La disposition de la pectorale non divisée, la conformation de la ventrale à rayons peu nombreux, et quelques autres caractères doivent, il me semble, faire rapprocher l'Aspidophore des Cottes plutôt que des Trigles. Du reste, la manière de voir que j'expose n'a rien d'absolu ; avant de l'adopter, il est utile de consulter le travail de mon savant confrère (H. E. Sauvage, *De la classification des Poissons qui composent la famille des Triglides, C. R. Acad. Scienc.*, 1873, t. LXXVII, p. 723).

L'ASPIDOPHORE ARMÉ — *ASPIDOPHORUS CATAPHRACTUS*.

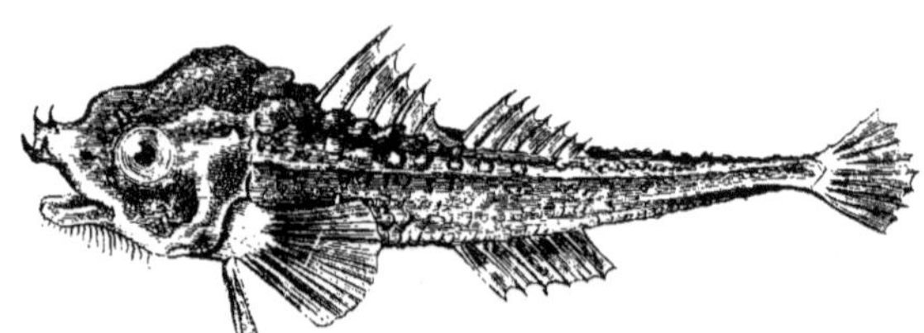

Fig. 115.

Syn. : CATAPHRACTUS, Schonevelde. *Ichthyol.*, Hamb., 1624, p. 30, pl. 3 ; Jonston, *Histor. nat. de Piscibus*, p. 77, pl. 16, fig. 5-6 ; Willugh., p. 211 ; Duham., *Pêch.*, part. 2, sect. 5, p. 117, pl. 11, fig. 3-4.

COTTUS CATAPHRACTUS, Linn., p. 451, sp. 1 ; Bloch, pl. 39, fig. 3-4.

L'ARMÉ, Bonnat., *Encycl. meth.*, p. 66, pl. 37, fig. 145.

AGONUS CATAPHRACTUS. Bl. Schneider. p. 104 ; Günth., t. II, p. 211.

L'ASPIDOPHORE ARMÉ, Aspidophorus cataphractus, Lacép., t. VIII, p. 301.

L'ASPIDOPHORE D'EUROPE, Aspidophorus europæus, Cuv. et Valenc., t. IV, p. 201.

ASPIDOPHORUS CATAPHRACTUS, CBp., *Cat.*, n° 540.

ARMED BULLHEAD, Yarr., t. II, p. 69.

POGGE, Couch, t. II, p. 41.

N. Vulg. : Souris de mer.
Long. : 0,10 à 0,12, q. q. f. 0,15.

En 1624, Schonevelde donna la description et la figure d'un petit poisson qui, dit-il, sera appelé *Cataphractus*, faute d'un nom plus ancien. La dénomination d'*armé*, de *cuirassé* convient en effet parfaitement à l'animal que nous allons étudier. Le corps est en forme de pyramide allongée ; sa hauteur est comprise six fois à sept fois et demie dans la longueur totale. Il est couvert de grandes écailles, de boucliers dont les angles dessinent des arêtes longitudinales très-prononcées. La série latérale

supérieure est composée d'écussons plus larges et plus saillants
que les autres, au nombre de trente-trois ou trente-quatre.
A la région inférieure du tronc, les boucliers sont larges et
forts; ils forment, au nombre de quatre, une rangée transversale qui précède les ventrales; et il y en a, de chaque côté,
environ une douzaine avant l'anale.

La tête est très-large, triangulaire, déprimée, à faces latérales
obliques de bas en haut et de dehors en dedans; sa longueur
qui l'emporte d'un tiers environ sur sa hauteur est contenue
quatre fois et demie dans la longueur totale. Le museau est
avancé, échancré; il est relevé de chaque côté par une éminence, qui se termine par deux petites épines presque verticales;
l'épine antérieure est un peu demi-circulaire, dirigée en avant;
l'épine postérieure a la pointe tournée en arrière. La bouche
est en dessous; elle est arquée; sa fente n'atteint pas tout à fait
l'aplomb du bord antérieur de l'orbite. La mâchoire supérieure
est large, elle déborde la mandibule; l'une et l'autre portent une
bande assez étroite de dents en velours très-ras. Le maxillaire
supérieur arrive en arrière jusqu'au prolongement du diamètre
vertical de l'œil. Sous la mâchoire inférieure, sous la gorge, à
la membrane branchiostège sont fixés de petits tentacules, des
appendices cutanés sétiformes, plus ou moins nombreux; il s'en
trouve aussi quelques-uns sur le museau.

Chez l'Aspidophore, l'œil paraît avoir des proportions assez
variables. Son diamètre est compris quatre fois et un tiers à cinq
fois dans la longueur de la tête; il est d'un sixième moins grand
que l'espace préorbitaire, et d'un cinquième, parfois même d'un
tiers, plus petit que l'espace interorbitaire, qui est concave. L'iris
est jaunâtre. Le sous-orbitaire est large, il cache la joue; il
porte une crête qui devient épineuse en arrière.

L'orifice antérieur de la narine est plus grand que l'autre, il
est tubuleux; l'orifice postérieur est près de l'orbite.

Quant à la fente des ouïes, elle est largement ouverte; les
membranes branchiostèges s'unissent sous la gorge; chacune
d'elles est soutenue par six rayons. Le quatrième arc branchial

porte une rangée simple de lamelles respiratoires. L'opercule est traversé par une arète horizontale, terminée en pointe mousse. Le préopercule a son angle postérieur et inférieur armé d'une forte épine.

La ligne latérale est à peu près droite ; elle est bien indiquée par une suite de petites saillies, qui sont placées dans une sorte de gouttière formée par les boucliers de deux séries voisines.

La première dorsale commence généralement après la quatrième paire des boucliers supérieurs, au-dessus du tiers postérieur des pectorales ; elle est beaucoup moins haute que le tronc ; elle est courte, composée seulement de cinq rayons ; sa membrane atteint le premier rayon de l'autre nageoire. La seconde dorsale est un peu plus longue que la précédente ; elle est soutenue par six ou sept rayons simples et articulés. L'anale, placée assez loin de l'anus, est sous la seconde dorsale, à laquelle elle ressemble par le nombre et la forme des rayons. La caudale mesure le septième de la longueur totale ; elle compte onze rayons. Les pectorales font le cinquième de la longueur totale, elles sont bien développées, arrondies ; elles ont une quinzaine de rayons simples, articulés. Les ventrales sont d'un quart moins longues que les pectorales ; elles sont étroites, elles n'ont, avec leur épine, que deux rayons mous.

Br. 6. — D. 5 — 6 ou 7; A. 6 ou 7; C. 11; P. 15; V. 1/2.

Les dorsales, la caudale et les pectorales paraissent d'un brun plus ou moins foncé ; l'anale est blanchâtre vers la base, brunâtre dans le reste de son étendue ; les ventrales sont d'un gris jaunâtre avec quelques taches brunes.

Il est assez difficile de bien indiquer le système de coloration ; tantôt les animaux sont d'une teinte sombre assez uniforme, tantôt ils présentent un fond rosé ou rougeâtre avec des bandes transversales brunes ou noirâtres ; le dessous du corps est d'un blanc jaunâtre en avant, grisâtre après l'anale.

Habitat. Ce poisson curieux est très-rare sur nos côtes. Les différents sujets que possède le Muséum viennent de Dunkerque, Abbeville, Dieppe et

Trouville. J'ai vu au Musée de Boulogne deux Aspidophores capturés sur la plage des Bains. Un individu a été pris dans la rade de Cherbourg (Jouan). Océan, côte de l'île d'Oléron et pertuis de Maumusson (Lemarié) ; la Rochelle, Musée Fleuriau.

Proportions : long. totale 0.128 ; tronc, haut. 0,017. larg. 0,021.

Tête, long. 0,028, haut. 0.016, larg. 0,025. — Œil, diam. 0,0064, esp. préorbit. 0,008, esp. interorbit. 0,005.

Suivant Shonevelde, les habitants de l'île de Nordstrand trouvent ce poisson délicieux ; ils lui coupent la tête, le font cuire à l'eau, puis, après avoir enlevé les écailles, le mangent assaisonné de beurre et de vinaigre.

Sous-famille des Scorpéniniens, Scorpænini.

Corps oblong, plus ou moins comprimé, couvert d'écailles plus ou moins ciliées, variables de forme et de grandeur.

Tête épineuse ; dents sur les mâchoires, le vomer et les palatins.

Appareil branchial; fente des ouïes très-grande ; opercule et préopercule épineux ; sept rayons branchiostèges ; trois séries doubles et une série simple de lamelles respiratoires, rarement quatre séries doubles ; pseudobranchies.

Nageoires ; dorsale unique composée de rayons épineux et de rayons mous ; anale assez courte, à trois aiguillons, à rayons mous moins nombreux que ceux de la dorsale ; caudale arrondie ou carrée ; pectorales ayant les rayons inférieurs simples, non ramifiés.

Appendices pyloriques assez peu nombreux.

Cette sous-famille comprend deux genres :

Tête { non écailleuse, portant des lambeaux cutanés...... . 1. Scorpène.
     { écailleuse, sans lambeaux cutanés................... 3. Sébaste.

GENRE SCORPÈNE — *SCORPÆNA*, Linn.

Corps oblong, écailleux, portant des lambeaux cutanés plus ou moins développés ; vertèbres au nombre de vingt-quatre, 8 ou 9 +.

Tête forte, comprimée latéralement, non écailleuse mais pourvue de franges cutanées, armée de piquants. Bouche grande ; dents en velours sur les mâchoires, le vomer et les palatins ; langue lisse.

Yeux placés vers le profil supérieur de la tête, et rapprochés l'un de l'autre.

Appareil branchial ; fente des ouïes très-longue ; opercule à deux arêtes divergentes, terminées en épines ; préopercule ayant ordinairement cinq épines ; bord libre des pièces operculaires garni d'une membrane bien développée, surtout en haut et en arrière ; quatrième arc branchial ne portant qu'une simple rangée de lamelles respiratoires ; sept rayons branchiostèges.

Nageoires ; dorsale très-avancée, plus ou moins échancrée, à rayons épineux plus nombreux que les rayons mous ; anale à trois aiguillons et cinq rayons mous ; pectorales développées, ayant les rayons inférieurs articulés mais simples ; ventrales grandes, composées d'une épine et de cinq rayons mous.

Vessie natatoire nulle. — **Appendices pyloriques** au nombre de huit ou neuf.

Les poissons de ce genre ont reçu les noms de Scorpions, Crapauds et Diables de mer à cause de leur aspect plus ou moins hideux et surtout à cause de leurs aiguillons qui les font redouter des pêcheurs. Notre *Rascasse* ou *Scorpeno*, dit Rondelet, est appelé Scorpion, non pas de la semblance qu'il ha avec le Scorpion de terre, mais à cause qu'il picque é point, é en piquant jette son venin comme le Scorpion de terre (Rondel., liv. VI, c. XIX, p. 169).

Ce genre est composé de deux espèces et même de trois suivant Risso ; mais la Scorpène jaune, nous le verrons, n'est qu'une simple variété de la Scorpène rouge ou truie.

Sous la mâchoire inférieure des lambeaux cutanés	{ plus ou moins nombreux..	1. S. TRUIE.
	{ nuls....................	2. S. RASCASSE.

LA SCORPÈNE TRUIE — *SCORPÆNA SCROFA*, Linn.

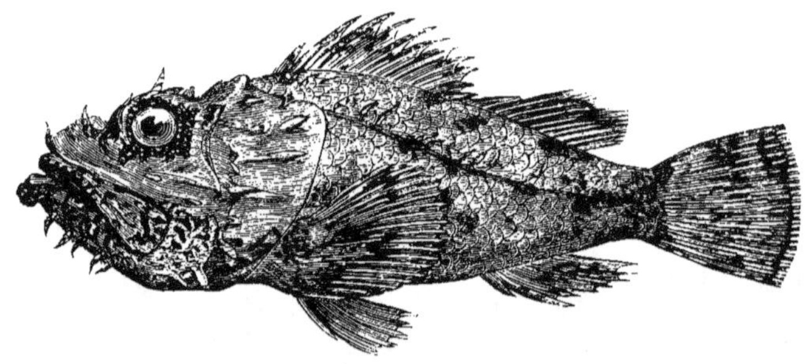

Fig. 116.

Syn. : SCORPIO MARINUS, Bell., p. 248.

SCORPIUS, Salvian., p. 199, pl. 73.

SCORPÆNA SCROFA, Linn., p. 453, sp. 2 ; Bloch, pl. 182 ; Brunn., *Ichth. Mass.*, p. 32, n° 45 ; Costa, *Fn. Regn. Napoli*, pl. 2 ; CBp., *Cat.*, n° 539 ; Günth., t. II, p. 108 ; Canestr., *Fn. Ital.*, p. 93 ; Lowe, *Fishes of Madeira*, p. 105, pl. 16 ; Sauvage, *Nouvelles Archives du Muséum*, 1878, t. I, p. 122.

CRABE DE BIARRITZ, Duham., *Pêch.*, part. 2, sect. 5, p. 94, pl. 4.

Scorpène truie, *Scorpæna scrofa.* Lacép., t. VIII. p. 352 ; Riss., *Ichth.*, 188. *Hist. nat.*, p. 370.

La grande Scorpène rouge, *Scorpæna scrofa.* Cuv. et Valenc., t. IV. p. 288; Guichen., *Expl. Algér.*, p. 41.

N. Vulg. : Capoun, Nice, Cette ; Scorpène, Marseille ; Rascasse, Escorpit, Pyrénées-Orientales ; Saccarailla et Saccoille, Saint-Jean-de-Luz, Biarritz ; Rascasse, Arcachon ; Sabourolle, Charente-Inférieure.

Long. : 0,25 à 0,40, quelquefois 0.50.

Bélon a parfaitement bien distingué les deux espèces de Scorpènes ; il en a même étudié l'anatomie avec soin, comme on peut le reconnaître par la courte citation suivante : *Tota horum piscium spina vertibulis vigintiquatuor constat.* Il a donné le nom de Scorpion de mer à l'animal que nous allons décrire.

Le corps est oblong ; sa hauteur est comprise trois fois et demie, rarement quatre fois dans la longueur totale. La courbure du dos n'est pas très-prononcée, celle du ventre est plus marquée. La peau est couverte d'écailles de moyenne dimension, plus développées que dans la Rascasse, garnies à leur bord libre d'une rangée de spinules, qui s'usent par le frottement, et disparaissent plus ou moins chez les sujets de grande taille. Les appendices ou lambeaux cutanés sont disposés sur les côtés ; ils se montrent ordinairement plus nombreux et plus allongés sur le trajet de la ligne latérale.

La tête est plus longue que haute ; sa longueur fait généralement plus du tiers de la longueur totale. Elle est couverte d'une peau qui est soulevée par des arêtes, percée par des épines, garnie d'appendices plus ou moins frangés, qui semblent varier en dimension, en nombre, suivant les individus. Le museau est court ; il porte des lambeaux cutanés. La bouche est oblique ; elle est relativement grande, bien qu'elle ne s'ouvre pas jusqu'à l'aplomb du bord antérieur de l'orbite. La mâchoire supérieure est moins avancée que l'inférieure ; elles sont l'une et l'autre garnies de dents en velours disposées sur de larges bandes ; le vomer et les palatins sont munis de dents pareilles. La langue est lisse. Le maxillaire supérieur est long, élargi à son extrémité postérieure qui dépasse le diamètre vertical postérieur de l'œil.

La mandibule est pourvue d'une lèvre plus forte que celle de la mâchoire supérieure ; elle porte à son extrémité antérieure un tubercule, qui fait une saillie plus ou moins prononcée ; en dessous elle est garnie de lambeaux cutanés dont le nombre paraît aller de dix à dix-huit.

La peau, qui passe devant l'œil, est plus ou moins pigmentée au voisinage de l'orbite. L'iris est jaune rougeâtre. Le diamètre de l'œil varie suivant la taille des sujets ; chez les individus fort développés, il ne fait guère que le sixième de la longueur de la tête ; chez les sujets assez jeunes, il mesure le cinquième de la longueur de la tête, les deux tiers environ de l'espace préorbitaire, il est un peu plus grand que l'espace interorbitaire. Le sourcil est très-saillant ; il est armé de trois épines ; la première est placée tout à fait en avant ; la seconde, qui est parfois peu sensible, est au-dessus du diamètre vertical de l'œil, assez rapprochée de la dernière ; la troisième épine est ordinairement la plus forte, elle a sa pointe dirigée en arrière et un peu en dehors. Outre ces épines, le sourcil porte encore deux tentacules ; le premier est attaché derrière l'épine antérieure, il est assez grêle ; le second appendice est ordinairement beaucoup plus allongé, il est large, plus ou moins frangé, il est inséré derrière la deuxième épine, qu'il cache en partie par sa base ; chez quelques sujets il est plus court que le diamètre de l'œil, et à peine plus haut que le premier. L'espace interorbitaire est étroit, concave, parcouru par deux arêtes divergentes en arrière, et se terminant chacune, le plus souvent, par trois épines disposées l'une en dedans et un peu en arrière de la troisième épine du sourcil, les deux autres vers la nuque. Entre le bord postérieur de l'orbite et l'origine de la fente branchiale, se trouvent ordinairement trois tubercules, plus ou moins épineux, formant une espèce de crête interrompue. Le second sous-orbitaire est traversé par une arête prononcée, qui est hérissée de deux ou trois pointes. Le sous-orbitaire antérieur est inégal, denticulé sur le bord inférieur ; il donne insertion à un appendice cutané bien développé.

L'orifice antérieur de la narine est plus rapproché de l'orbite que du museau ; il est légèrement tubuleux, et son bord postérieur s'allonge en un tentacule plus ou moins frangé ; l'orifice postérieur est près de l'œil. L'os nasal est armé d'une épine dirigée en haut.

Vers la partie antérieure de l'isthme de la gorge, les deux membranes branchiostèges se rapprochent l'une de l'autre, et s'unissent dans une faible étendue. Il y a trois séries doubles et une série simple de lamelles respiratoires, et, par suite de cette disposition, le nombre des fentes intrabranchiales est réduit à quatre.

La ligne latérale est un peu courbe en avant ; elle est accompagnée d'appendices cutanés. On compte dans une ligne longitudinale quarante à quarante-cinq écailles ; dans la ligne transversale, il y en a généralement vingt-deux à vingt-quatre ainsi disposées : $\frac{14 \text{ à } 16}{7} + 1 = 22$ à 24.

La dorsale commence très-en avant, au-dessus des épines surscapulaires, et vient se terminer assez près de la racine de la caudale ; elle est inégale, échancrée vers la fin de sa partie épineuse qui est deux fois plus longue que la partie molle. Les aiguillons, surtout les antérieurs, sont formés de côtés non symétriques ; le premier aiguillon et le onzième sont les plus courts ; le troisième et le quatrième sont les plus allongés, ils mesurent le tiers, parfois même la moitié de la hauteur du corps ; les suivants diminuent graduellement jusqu'au onzième, qui est d'un tiers moins haut que le dernier. La membrane intraradiaire s'infléchit en arrière de chacune des épines. La partie molle est légèrement arrondie, à peu près aussi haute que le troisième aiguillon ; elle se compose de onze rayons, le dernier est fourchu. L'anale est assez éloignée de l'anus ; elle est placée sous les deux tiers antérieurs de la région molle de la dorsale ; elle a trois aiguillons robustes, asymétriques, assez courts, surtout le premier, elle compte ensuite cinq rayons mous, qui sont d'un tiers et parfois de moitié plus allongés que les épines ; le dernier rayon présente la même conformation que celui de la dorsale. La caudale est large, arrondie ; elle mesure environ le cinquième de la longueur totale ; elle a dix ou onze rayons branchus et ordinairement quatre rayons simples, et plus courts en dessus et en dessous. Les pectorales sont très-larges ; elles font à peu près le cinquième de la longueur totale, elles sont arrondies ; elles se composent de dix-neuf rayons ; les neuf et parfois même les onze rayons inférieurs sont simples, les suivants sont branchus, excepté le dernier ou rayon supérieur, qui est simple, mince, effilé et résistant. Les ventrales sont insérées un peu en arrière de la base des pectorales ; elles sont assez longues ; leur épine est plus courte que les rayons mous ; le rayon interne est retenu à l'abdomen par une bride cutanée, qui se fixe sur la moitié de sa longueur.

D. 12/9 ; A. 3/5 ; C. 4/10 ou 11/4 ; P. 19 ; V. 1/5.

La teinte générale est variable ; le corps et la tête sont le plus souvent rougeâtres, plus ou moins tachetés de noir, parfois ils sont grisâtres avec des macules d'un brun plus ou moins foncé. Les nageoires impaires et les pectorales sont marquées de taches ou de bandes brunes, jaunâtres et encore de taches rougeâtres, suivant la coloration du corps ; les ventrales sont roses ou d'un jaune grisâtre avec des taches sombres. La dorsale porte souvent une tache noire, qui s'étend du sixième au neuvième ou dixième rayon épineux. Il est rare de trouver, dans une assez grande quantité de Scorpènes, deux individus présentant une teinte semblable.

Habitat. Méditerranée, ce poisson est commun à Nice, Cette. Océan, golfe de Gascogne, commun, Saint-Jean-de-Luz ; assez commun, Arcachon ; rare au-dessus de la Gironde, la Rochelle. Je ne l'ai jamais vu sur les côtes de la Vendée.

Proportions : long. totale 0,180 ; tronc, haut. 0,049.

Tête, long. 0,063, haut. 0,48, — OEil, diam. 0,0125, esp. préorbit. 0,018, esp. interorbit. 0,010.

Var. *La Scorpène jaune, Scorpæna lutea,* Riss.

Syn. : Scorpène jaune, Scorpæna lutea, Riss., *Ichth.,* p. 190, *Hist. nat.,* p. 371.

N. Vulg. : Capoun giaune, Nice ; Capoun tjaouné, Cette.

J'ai rapporté de Nice une de ces Scorpènes, que Risso considérait comme faisant une espèce particulière. L'examen m'a démontré nettement que j'avais sous les yeux une simple variété de la Scorpène truie. En effet, les proportions du corps, etc., la forme et le nombre des écailles sont absolument les mêmes que dans la grande Scorpène rouge. Il n'y a de différence que dans le système de coloration. Le corps est jaunâtre avec des marbrures brunâtres ; les nageoires, également jaunâtres, sont marquées de zébrures noirâtres. qui se dessinent principalement sur la dorsale, la caudale et les pectorales ; il y a une petite tache noire vers le milieu de la base de la dorsale.

LA RASCASSE ou SCORPÈNE BRUNE
SCORPÆNA PORCUS, Linn.

Syn. : Scorpæna, Bell., p. 248 ; Salvian., p. 201-202, pl. 74.

Scorpæna porcus. Linn., p. 452, sp. 1 ; Bloch. pl. 181 : Brunn.. *Ichth. Mass..* p. 32, n° 44 ; Costa, *Fn. Napol.*, pl. 3 ; CBp., *Cat.*, n° 538 ; Günth.. t. II, p. 107 : Canestr.. *Fn. Ital.*, p. 93 ; Sauvage, *Nouv. Archiv. Muséum,* 1878, t. I, p. 123, pl. 1. fig. 9. écaille.

La Scorpène rascasse, Scorpæna porcus. Lacép., t. VIII, p. 347 ; Riss.. *Ichth.*, p. 187. *Hist. nat.,* p. 370.

La petite Scorpène brune, *plus spécialement appelée* Rascasse, Scorpæna porcus. Cuv. et Valenc., t. IV, p. 300 ; Guichen., *Expl. Algér.*, p. 41.

N. Vulg. : Rascassa, Nice, Cette ; Rascasse, Rasquasse, Marseille : Cornilo, Biarritz ; Crapaud de mer, Arcachon, la Rochelle.

Long. : 0.15 à 0,25, rarement 0,30.

Moins grande que l'autre espèce, la Rascasse a le corps plus ovale, le dos et le ventre plus convexes ; la hauteur du tronc est comprise trois fois et quart dans la longueur totale. Les écailles sont beaucoup plus petites que chez la Scorpène truie ; elles sont très-peu ciliées, elles ont une forme allongée ; elles ont été comparées, avec assez de justesse, à celles de certaines couleuvres. Les appendices cutanés sont moins nombreux et moins développés que dans la grande Scorpène.

Quant à la tête, elle présente à peu près les mêmes proportions que dans l'autre espèce ; elle a des appendices cutanés moins nombreux, des épines plus saillantes. La mâchoire inférieure ne porte pas de lambeaux charnus.

L'iris est jaunâtre. Le diamètre de l'œil mesure le quart de la longueur de la tête, il est en général plus grand que l'espace préorbitaire, il fait le double de l'espace interorbitaire. Le sourcil porte deux tentacules plus ou moins développés.

Un tentacule se trouve à l'orifice antérieur de la narine.

La ligne latérale suit le profil du dos ; il n'y a sur son trajet que des lambeaux cutanés fort petits et fort peu nombreux. On compte soixante à soixante-cinq écailles dans la ligne longitudinale, et vingt-neuf à trente et une dans la ligne transversale. Éc. l. long. 60 à 65 ; l. transv. $\frac{9\ \mathrm{ou}\ 10}{19\ \mathrm{ou}\ 20} + 1$.

La dorsale a ses rayons épineux plus réguliers que dans la Scorpène truie ; le premier aiguillon fait plus de la moitié de la longueur du quatrième et du cinquième qui sont à peu près égaux. La nageoire porte souvent sur les 7ᵉ, 8ᵉ, 9ᵉ, 10ᵉ aiguillons, et sur les espaces intraradiaires, une tache noirâtre qu'on avait indiquée comme un caractère spécifique de la grande Scorpène.

D. 12/9 ; A. 3/5 ; C. 4/10 ou 11/4 ; P. 18 ; V. 1/5.

Rien de plus changeant que la coloration de la Rascasse ; généralement elle est grisâtre, variée de noir ; le ventre, les ventrales, les rayons inférieurs des pectorales ont une teinte rosée.

Habitat. Méditerranée, très-commune à Nice, Cette. Océan, la Rascasse est commune dans le golfe de Gascogne ; assez rare au-dessus de la Gironde, la Rochelle, le Croisic. Manche très-rare, Caen, ? Dieppe.

Proportions : long. totale 0,144 ; tronc, haut. 0,045.

Tête, long. 0,053. — Œil, diam. 0,014, esp. préorbit. 0,013, esp. interorbit. 0,007.

Suivant Bélon, la Scorpène truie recherche les grandes profondeurs, les roches, la Rascasse préfère les étangs, les côtes fangeuses. Ces poissons donnent une chair un peu coriace, estimée à Nice, assez peu appréciée à Marseille ; ils servent surtout à la confection de la *bouille-abaisse* ; la Rascasse, nous enseigne Méry, est indispensable

A ce plat phocéen accompli sans défaut.

GENRE SÉBASTE — *SEBASTES*, Cuv.

Corps oblong, comprimé, couvert d'écailles ciliées, sans lambeaux cutanés.

Tête écailleuse, plus ou moins épineuse. Dents sur les mâchoires, le vomer et les palatins.

Appareil branchial ; fente des ouïes très-grande ; opercule et préopercule épineux ; sept rayons branchiostèges.

Nageoires; dorsale longue, échancrée ; pectorales à rayons inférieurs à moitié libres et non branchus.

Appendices pyloriques peu nombreux.

Une seule espèce, jusqu'à présent, a été trouvée sur nos côtes.

LA SEBASTE DACTYLOPTERE — *SEBASTES DACTYLOPTERA.*

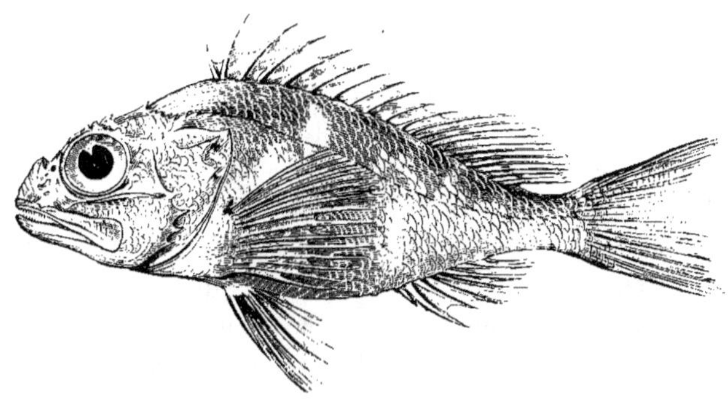

Fig. 117.

Syn. : Scorpæna dactyloptera, Scorpène dactyloptère, Delaroche. *Ann. Muséum* 1809, t. XIII, p. 337, et *Mém.*, p. 51, fig. 9 ; Riss., *Ichth.*, p. 186, *Hist. nat.*, p. 369.

La Sébaste de la Méditerranée, ou Scorpène dactyloptère de Laroche ; Serran impérial des Majorcains, Sebastes imperialis, Cuv. et Valenc., t. IV, p. 336 ; Guichen.. *Expl. Algér.*, p. 42.

Sebastes imperialis, CBp., *Cat.*, n° 537 ; Lowe, *Fishes of Madeira*, p. 171, pl. 24 ; Canestr., *Fn. Ital.*, p. 93.

Sebastes dactylopterus, Günth., t. II, p. 99.

N. Vulg. : Cardounicra, Nice ; Crabra (basque), Biarritz.
Long. : 0,20 à 0,30.

Cette Sébaste n'habite pas seulement la Méditerranée, elle se trouve encore dans le golfe de Gascogne, ainsi que je l'ai con-

staté à diverses reprises. Elle est facile à reconnaître. Son corps
est comprimé sur les côtés, assez haut en avant; il a le profil
supérieur arqué; la hauteur du tronc est contenue trois fois et
demie à trois fois et deux tiers dans la longueur totale. La peau
est couverte d'écailles de moyenne dimension, très-rudes, ayant
en général le bord postérieur garni de deux rangées d'épines
plus ou moins distinctes; sous la gorge, les écailles sont petites,
minces et lisses.

La tête est comprimée, garnie d'écailles, armée d'épines; sa
longueur, qui l'emporte d'un cinquième environ sur sa hauteur,
est comprise trois fois à trois fois et un quart dans la longueur
totale. Le museau est court. La bouche est oblique, grande; sa
fente dépasse en arrière la ligne verticale tangente au bord antérieur de l'orbite. A peine moins avancée que la mandibule, la
mâchoire supérieure présente, à sa région médiane, une échancrure dans laquelle est reçu le tubercule formé par la saillie antérieure des dentaires. Les mâchoires sont munies de dents
pointues, en cardes; le chevron du vomer est pourvu de dents
pareilles. Le palais est noirâtre en arrière; la langue est épaisse.
Le maxillaire supérieur porte, sur la partie élargie, un îlot de
petites écailles; son extrémité postérieure, quand la bouche est
fermée, s'étend plus loin que le prolongement du diamètre vertical de l'œil. Sous la mandibule, se voient de chaque côté trois
ou quatre pores très-larges.

Il n'y a pas de paupières; la peau qui passe au-devant de l'œil
garde une teinte rougeâtre sur tout le pourtour de l'organe placé
en dehors du champ de la cornée transparente. L'iris est doré
ou jaunâtre. L'œil est situé vers le profil supérieur de la tête; il
est ovale, fort développé; son diamètre mesure près du tiers de
la longueur de la tête, il est d'un quart plus grand que l'espace
préorbitaire, qui est double de l'espace interorbitaire. Le sourcil
est saillant; il est armé d'une épine en avant, et il en porte deux
ou trois autres sur le bord postérieur. L'espace interorbitaire est
nu, sans écailles; il est étroit, concave; en dedans du sourcil, il est
parcouru par une arête longitudinale très-prononcée, dentelée

en arrière et terminée en pointe aiguë. Sous l'orbite est une crête horizontale bien marquée, allant du bord antérieur du premier sous-orbitaire jusqu'au préopercule; le bord inférieur du premier sous-orbitaire a deux dentelures.

Les narines sont très-rapprochées de l'œil. L'orifice postérieur est large, ovale, placé à la base de l'épine antérieure du sourcil. L'orifice antérieur est au-dessous et un peu en dehors de l'autre, près du bord antérieur de l'orbite; il est arrondi, très-légèrement tubuleux; en arrière sa membrane s'allonge sous forme de tentacule. Le nasal est armé d'une épine fort pointue, dirigée en haut et en arrière, devenant plus saillante lors de la protraction des intermaxillaires.

Quant à la fente des ouïes, elle est très-longue; en dessous elle s'avance plus loin que le prolongement du diamètre vertical de l'œil. La joue et les pièces operculaires sont écailleuses. L'opercule, enveloppé dans la peau, n'est pas distinct du sous-opercule; il porte en arrière deux épines fort pointues, mais ne dépassant pas la bordure formée par la membrane branchiostège. Le préopercule est armé, sur le bord postérieur, de cinq épines; la seconde, en comptant de haut en bas, est ordinairement la plus développée; parfois les trois épines inférieures, ayant la pointe usée, sont peu saillantes. La muqueuse de la chambre respiratoire est d'un lilas très-foncé, presque noirâtre. Les dents pharyngiennes sont fines, pointues. Les tubercules, qui garnissent le bord interne des arcs branchiaux, sont denticulés; ils sont en double série, excepté sur le quatrième arc qui ne soutient qu'une seule rangée de lamelles respiratoires.

De l'épine du scapulaire, la ligne latérale se dirige, un peu obliquement de haut en bas, vers le milieu de l'insertion de la caudale; elle est bien marquée; elle se compose de cinquante-cinq à soixante écailles. Il y a dans la ligne transversale vingt-six écailles, ainsi disposées, $\frac{9}{16} + 1$.

Au-dessus de l'épine scapulaire commence la dorsale; elle est échancrée vers la fin de sa partie épineuse, qui se compose de douze aiguillons. Le troisième aiguillon et le quatrième sont les plus allongés ; les suivants vont en diminuant d'une façon régulière jusqu'au onzième qui est d'un tiers ou de moitié moins grand que le dernier. La portion molle est plus élevée que l'autre ; vers sa base, elle est couverte d'écailles ; elle est soutenue par douze ou treize rayons mous, qui se portent plus loin en arrière que ceux de l'anale. La deuxième épine de l'anale est au moins aussi forte que la troisième. La caudale est carrée. Le surscapulaire et le scapulaire sont munis l'un et l'autre d'une épine fort aiguë, dirigée en arrière. Les pectorales sont développées, larges, à base écailleuse ; elles sont attachées sur le tiers inférieur de la hauteur du tronc. Leurs sept ou huit rayons inférieurs sont simples, libres dans le tiers ou la moitié de leur longueur ; les neuf ou dix rayons suivants sont branchus ; les deux rayons supérieurs sont simples, non branchus. Les ventrales, insérées un peu en arrière des pectorales, arrivent jusqu'à l'anus, le dépassent même ; elles ont une épine assez longue ; leur rayon interne est en partie retenu par une bride cutanée.

Br. 7. — D. 12,12 ou 13 ; A. 3/5 ou 6 ; C. 16 ; P. 19 ; V. 1/5.

La teinte générale est tantôt d'un rouge plus ou moins vif avec des bandes verticales blanchâtres, tantôt elle est d'un rouge lavé de blanc, ou rosée avec des marbrures rougeâtres très-étendues ; parfois encore des bandes brunes descendent jusqu'au-dessous de la ligne latérale. La région inférieure est rosée.

Chez la Sébaste dactyloptère, il n'y a pas de vessie natatoire comme dans la Sébaste de Bibron. Les appendices pyloriques sont au nombre de cinq le plus souvent ; Delaroche en compte six. Le péritoine est noirâtre.

Habitat. Méditerranée, la Sébaste est commune à Nice ; assez commune à Marseille ; elle n'est pas citée dans le Catalogue des Poissons de Cette. Océan, assez commune à Saint-Jean-de-Luz, où, en 1869, j'ai été fort surpris de la trouver ; Bayonne ; Arcachon excessivement rare ; un échantillon dragué au large et porté sur le marché le 25 février 1871 (A. Lafont).

Proportions : long. 0,235 ; tronc, haut. 0,065.

Tête, long. 0,077, haut. 0,061. — OEil, diam. 0,024, esp. préorbit. 0,018, esp. interorbit. 0.009.

La Sébaste paraît se tenir dans les endroits profonds. Delaroche dit en avoir vu prendre plusieurs individus, auprès d'Iviça, à une profondeur de cent-soixante ou cent-quatre-vingts brasses (260 ou 290 mètres), et dans le voisinage de Barcelone, à la profondeur de trois cents brasses (540 mètres). Sa chair, ajoute-t-il, est peu estimée. On la connaît à Iviça sous le nom de *Séran impérial*, et à Barcelone sous celui de *Panégal* (Delaroche). Cuvier, écrit-il, a tiré le nom de *Sébaste* de l'épithète d'*impériale*, que l'espèce de la Méditerranée porte à Iviça, de σεβαστός (auguste) (Cuv. et Valenc., t. 4, p. 327).

La Sébaste de Bibron, Sebastes Bibroni, Sauvage.

Syn. : Sebastes Bibroni, Sauvage. *Nouv. Archiv. Muséum*, 1878, t. I, p. 116, pl. 1, fig. 3, écaille.

Parmi les poissons rapportés de Sicile par Bibron, le docteur Sauvage a su distinguer une nouvelle espèce de Sébaste à laquelle il a fort justement donné le nom du savant collaborateur de C. Duméril.

Voici le résumé des caractères spécifiques indiqués par l'auteur : Écailles à bord postérieur garni de nombreuses rangées de spinules, l. long. 42, l. transv. $\frac{13}{18}$; bord postérieur du maxillaire n'arrivant pas au-dessous du centre de l'œil ; pharynx non coloré en noir ; sous-orbitaire antérieur à deux épines dirigées en arrière ; crête de la joue pourvue de trois épines ; préopercule à quatre épines.

Nous avons en outre constaté avec notre confrère les particularités suivantes : le quatrième arc branchial est muni d'une série double de lamelles respiratoires, il y a cinq fentes intrabranchiales ; le péritoine pariétal est d'un blanc nacré ; il existe une vessie natatoire.

La Sébaste de Bibron se trouve-t-elle seulement en Sicile ? Ne se rencontre-t-elle pas sur nos côtes de la Méditerranée ? C'est une question que des recherches ultérieures aideront à décider. Au reste, il ne faut pas l'oublier, quelques rares poissons, le Schédophile médusophage, le Callanthias péloritain, signalés d'abord dans le détroit de Messine, ont été plus tard pêchés dans les eaux de Nice et de Marseille. Peut-être en sera-t-il un jour de même pour cette nouvelle espèce qui, sous beaucoup de rapports, présente le plus grand intérêt ?

Famille des Bérycidés, Berycidæ.

Corps ovale, couvert d'écailles.

Tête développée ; fente de la bouche plus ou moins oblique ; mâchoires à dents faibles.

Appareil branchial ; ouïes largement ouvertes ; pièces operculaires plus ou moins épineuses.

Nageoires ; dorsale unique, à rayons épineux moins nombreux que les rayons mous ; ventrales ayant un aiguillon et plus de cinq rayons mous.

Cette famille est représentée par un seul genre.

GENRE HOPLOSTÈTHE — *HOPLOSTETHUS*, Cuv.

Corps ovale, garni entre les ventrales et l'anus d'une cuirasse formée de pièces écailleuses carénées.

Tête nue, hérissée d'arêtes ou de crêtes osseuses limitant des cavités plus ou moins grandes, couvertes par la peau ; museau très-court, arrondi ; bouche non protractile, bien fendue ; mâchoires à dents fort petites ; vomer non denté.

Yeux grands, latéraux ; sous-orbitaires caverneux, portant des arêtes divergentes, plus ou moins âpres.

Appareil branchial ; rayons branchiostéges au nombre de huit.

Ligne latérale composée d'écailles plus grandes que les autres.

Nageoires ; ventrales ayant un aiguillon et six rayons mous.

Vessie natatoire grande. — **Appendices pyloriques** nombreux.

Le genre Hoplostèthe est constitué seulement par une espèce.

L'HOPLOSTÈTHE DE LA MÉDITERRANÉE
HOPLOSTETHUS MEDITERRANEUS.

Syn. : L'HOPLOSTÈTHE DE LA MÉDITERRANÉE. Hoplostethus mediterraneus, Cuv. et Valenc., t. IV, p. 469, pl. 97 *bis* ; Guichen., *Erpt. Algér.*, p. 42.

HOPLOSTETHUS MEDITERRANEUS, Günth., t. I, p. 9 ; Canestr., *Fn. Ital.*, p. 73.

TRACHICHTHYS MEDITERRANEUS, CBp., *Cat.*, n° 499.

TRACHICHTHYS AUSTRALIS, Costa, *Fn. Napol.*, pl. 10 *bis.*

TRACHICHTHYS PRETIOSUS, Loowe, *Fishes of Madeira*, p. 56, pl. 9.

Long. : 0,18 à 0,26.

Un poisson des plus rares fut pêché à Nice en 1829, et la même année fut, pour la première fois, décrit par Cuvier et Valenciennes sous le nom de d'Hoplostèthe de la Méditerranée. Il est de forme ovale, il a le dos et le ventre plus ou moins arqués. L'épaisseur du tronc fait les deux cinquièmes de sa hauteur, qui est comprise deux fois et deux tiers à trois fois dans la longueur totale. Le corps est couvert d'assez grandes écailles qui sont plus

ou moins rugueuses, plus ou moins ciliées au-dessus et un peu
au-dessous de la ligne latérale, et se montrent à peu près lisses
sur les côtés et sur le ventre. La région thoracique inférieure
ou plutôt la partie qui s'étend de la base des ventrales à l'anus
est garnie d'une espèce de cuirasse composée d'une série de
pièces écailleuses ou de boucliers. Ces pièces ont une certaine
ressemblance avec celles qui constituent la carène abdominale
de la plupart des Clupes ; elles sont ployées en V, elles ont leur
angle ou leur bord inférieur mince, tranchant, muni d'une
pointe, d'une épine assez courte, dirigée en arrière. Le nombre
des boucliers est variable ; ainsi, Costa en compte huit ou plutôt neuf sur des spécimens longs de cinq pouces dix lignes ; Cuvier et Valenciennes en indiquent onze sur un sujet de huit
pouces et demi ; sur des individus de sept pouces et demi à huit
pouces, Lowe trouve onze boucliers chez deux animaux et treize
chez un troisième. C'est de la position des pièces carénées sous
le thorax que les auteurs de l'*Histoire naturelle des Poissons* ont,
comme ils le disent, tiré le nom générique *Hoplostéthe*.

Moins longue que la hauteur du corps, la tête a sa longueur
comprise trois fois et un tiers à trois fois et deux tiers dans la longueur totale. Elle est forte, nue ; elle est hérissée d'arêtes âpres,
parfois dentelées, de crêtes rugueuses qui la parcourent en divers
sens, et limitent des cavités, des cellules plus ou moins spacieuses.
Elle est couverte d'une peau mince, transparente, tendue sur les
arêtes comme sur un châssis. Son profil supérieur est légèrement
convexe. Le museau est court, arrondi en dessus, obtus en avant.
La bouche est oblique, largement ouverte ; sa fente va presque
jusqu'au prolongement du diamètre vertical de l'œil. Les mâchoires sont garnies d'une bande étroite de dents excessivement
fines, principalement sur les intermaxillaires ; les palatins ont
aussi une petite bande de pareilles dents. Quant au vomer il
ne porte aucune âpreté ; la langue est également lisse, elle est
épaisse. Le maxillaire supérieur est long ; il est grêle en avant
et plus ou moins arrondi, mais il est très-développé et fort aplati
en arrière, il se termine en une large plaque triangulaire, qui

n'est aucunement recouverte par le sous-orbitaire. La mandibule présente à son extrémité un tubercule, qui s'enfonce dans
l'échancrure correspondante de la mâchoire supérieure. La muqueuse qui tapisse la bouche et le gosier, est noirâtre.

Les yeux, rapprochés du profil supérieur de la tête, sont
très-grands, arrondis. L'iris est d'un blanc jaunâtre, ou bien
argenté, suivant Costa. Le diamètre de l'œil mesure le tiers de
la longueur de la tête et même plus ; il fait presque le double
de l'espace préorbitaire, il est plus grand que l'espace interorbitaire, qui est convexe. Les sous-orbitaires forment près de l'œil
une espèce de relief ou de rebord épineux, duquel partent en
rayonnant des arêtes plus ou moins âpres ; il y en a généralement
cinq ou six, les unes sont dirigées en avant, d'autres en bas, les
deux ou trois plus longues se portent en arrière et atteignent le
bord antérieur du préopercule. Ces arêtes limitent des cellules
irrégulières qui sont recouvertes par la peau.

Les orifices des narines sont placés très-près de l'orbite ; ils
sont grands, séparés l'un de l'autre par une espèce de petite
bride. L'orifice postérieur est ovale et plus large que l'autre.

La fente des ouïes est fort longue, elle s'avance jusque sous
le milieu de l'œil et même plus loin. L'opercule est triangulaire ;
il a son côté postérieur et oblique bordé d'une membrane ; il
est couvert de stries et traversé par une arête horizontale, qui
devient épineuse en arrière. Le sous-opercule est mince ; il
forme une grande partie du bord vertical de l'ouverture branchiale. L'interopercule est à peu près caché par le préopercule ;
il est court et plus ou moins strié sur le bord. Le préopercule
est très-haut ; il est celluleux, couvert d'une membrane transparente qui est tendue sur les deux bords verticaux et fixée à
des arêtes transversales ; l'angle inférieur et postérieur de cet os
se termine par une épine très-forte, dirigée en arrière. La membrane branchiostège est soutenue par huit rayons. La muqueuse
de la chambre respiratoire est noirâtre.

Il y a une ligne latérale bien marquée ; elle est, en avant, rapprochée du profil supérieur du corps, vers la fin de la dorsale

elle se trouve placée au milieu du tronçon de la queue ; elle est
composée de vingt-huit ou vingt-neuf écailles beaucoup plus
grandes que les autres, plus hautes que longues, rhomboïdales,
relevées au milieu et pointues en arrière. Les écailles ordinaires sont assez nombreuses; on en compte une soixantaine
environ dans une rangée longitudinale, et vingt-huit à trente
dans une rangée verticale allant de la dorsale à la ventrale.
Éc. l. long. 60; l. transv. 28 à 30.

Aucune des nageoires ne paraît écailleuse. La dorsale commence un peu en arrière de l'aplomb de la base des pectorales ;
elle est en général assez régulièrement arquée ; elle compte six
aiguillons et douze ou treize rayons mous ; les épines sont rudes,
elles vont en s'allongeant de la première qui est fort courte jusqu'à la sixième, qui est souvent à peu près aussi haute que le
premier rayon mou. La forme de la nageoire semble n'être pas
toujours celle que nous venons d'indiquer, si l'on en juge d'a-
près la figure donnée par R. T. Lowe ; au lieu d'être arquée, la
dorsale parfois est plutôt triangulaire, les premiers rayons mous
étant beaucoup plus allongés que les rayons épineux. L'anale
ordinairement commence à peu près sous le milieu de la dorsale et finit en arrière dans le même plan vertical ; elle est composée de trois épines et de dix rayons mous. Lowe en indique
neuf seulement ; la première épine est excessivement courte, la
troisième est aussi longue que le premier rayon mou. La caudale, bien développée, mesure près du quart de la longueur
totale ; elle est fortement échancrée et même fourchue, mais,
à moins d'accident, elle n'est pas divisée jusqu'à sa racine ; la
distance séparant le milieu de la fourche de l'extrémité d'un
lobe, fait un peu plus de la moitié de la longueur entière de
la nageoire, qui a dix-neuf ou vingt grands rayons et, en dessus
comme en dessous, cinq à huit rayons courts, épineux. Le surscapulaire est armé d'une épine dirigée en arrière, juste à l'origine de la ligne latérale. La pectorale, insérée au quart inférieur de la hauteur du tronc, presque vis-à-vis du milieu du
sous-opercule, est oblongue ; elle mesure, ou peu s'en manque,

le quart de la longueur totale ; elle arrive au-dessus du commencement de l'anale ; elle a quatorze ou quinze rayons. La ventrale fait le sixième de la longueur totale ; elle est formée d'une épine et de six rayons mous, ce qui est exceptionnel, ou excessivement rare dans nos Acanthoptérygiens. L'épine est forte, elle est d'un cinquième environ plus courte que le plus grand rayon mou.

Br. 8. — D. 6 12 ou 13 ; A. 3/10 ; C. 5 à 8/19 ou 20 8 à 5 ; P. 14 ou 15 ; V. 1/6.

Les nageoires sont d'un rouge jaunâtre, qui devient plus clair à l'extrémité des rayons et sur le milieu de la caudale ; les pectorales semblent moins colorées que les ventrales. La tête paraît argentée, légèrement teintée de rose ; le corps est d'un rose violacé, pointillé de brun sur le dos, d'un rose pâle sur les flancs. Guichenot décrit de la manière suivante le système de coloration des Hoplostèthes qu'il a rapportés d'Alger : Dans l'état frais, ils sont brun foncé, à reflets argentés, violets et rosés, et ont toutes les nageoires d'une belle teinte rosée, tranchée, avec le ventre argenté.

Habitat. Méditerranée, excessivement rare. Deux, peut-être trois, de ces poissons ont été pêchés à Nice ? Le premier fut pris en 1829, et donné à Cuvier par Vérany ; le second, capturé en 1838, a été envoyé au Musée de Turin également par Vérany. Je dois à l'extrême obligeance de M. Salvadory d'avoir pu étudier le beau spécimen du Musée de Turin, je témoigne toute ma gratitude à l'auteur de l'*Histoire naturelle des Oiseaux d'Italie*. Au mois de décembre 1837, Costa eut la bonne fortune de trouver, dans les eaux de Procida, un individu de cette espèce ; il en reçut deux autres, ♂, ♀ au mois de février 1841. D'après Guichenot, l'Hoplostèthe, paraît moins rare sur la côte d'Algérie ; les pêcheurs lui donnent le nom de *Souris*.

Proportions : long. totale 0,26 ; tronc, haut. 0,092, épais. 0,037.

Tête, long. 0,075, haut. 0,085. — Œil, diam. 0,027, esp. préorbit. 0,013, esp. interorbit. 0,023. — Mâchoire supérieure, long. 0,048, larg. de l'extrémité postérieure du maxillaire 0,016.

Dorsale, long. 0,078, haut. 0,031. Anale, long. 0,045, haut. 0,018. Caudale, long. 0,060, distance du milieu de l'échancrure à la pointe des lobes 0,035. Pectorales, long. 0,062. Ventrales, long. épine 0,036, rayon mou 0,044.

Famille des Percidés, Percidæ.

Corps de forme variable, le plus souvent oblong, couvert d'écailles presque toujours cténoïdes.

Tête rarement nue; joues écailleuses en général, jamais cuirassées; mâchoires garnies de dents; vomer denté (excepté peut-être chez le Callanthias?); palatins souvent dentés; pas de barbillons.

Appareil branchial; fente des ouïes grande; opercule épineux; rayons branchiostèges au nombre de sept, très-rarement de six.

Nageoires; dorsale unique ou double, composée de rayons épineux et de rayons mous; anale ayant le plus souvent deux ou trois aiguillons et moins de rayons mous que la dorsale; caudale libre; ventrale avec un aiguillon et cinq rayons mous.

Vessie natatoire sans conduit pneumatophore. — **Appendices pyloriques** peu nombreux; estomac en cul-de-sac.

Cette famille se subdivise en trois sous-familles.

Dorsale
- unique ou double, et la 1re dorsale ayant au moins huit aiguillons. Dorsale
  - double .... 1. PERCINIENS.
  - unique. Tête
    - nue, creusée de fossettes . 1. PERCINIENS.
    - écailleuse ... 2. SERRANINIENS.
- double et à moins de huit aiguillons .... 3. APOGONINIENS.

Sous-famille des Perciniens, Percini.

Corps oblong ou allongé et arrondi, couvert d'écailles de moyenne grandeur.

Tête allongée; bouche horizontale ou légèrement oblique; dents en velours ou en cardes aux deux mâchoires; vomer denté.

Appareil branchial; opercule épineux, sept rayons branchiostèges.

Nageoires; une ou deux dorsales avec huit rayons épineux au moins.

Cette sous-famille se compose de quatre genres.

une épine : 1re dorsale à 13-15
épines.......................... 1. Perche.

terminale. Opercule à deux épines ; 1re dorsale à 8-9
épines.......................... 2. Bar.

double. Bouche sous le museau : joues non écailleuses.. 3. Apron.

Dorsale unique ; tête nue, creusée de fossettes.......... 4. Acérine.

GENRE PERCHE — *PERCA.*

Corps oblong. couvert d'assez petites écailles pectinées.

Tête allongée ; crâne et espace interorbitaire sans écailles ; dents en velours aux mâchoires, sur le vomer et les palatins ; langue nue, lisse.

Appareil branchial; opercule ayant une seule épine et quelques dentelures sur le bord postérieur ; préopercule dentelé.

Nageoires; deux dorsales rapprochées. la première ayant de treize à quinze aiguillons ; anale à deux épines ; pièces scapulaires dentelées.

Une seule espèce.

LA PERCHE DE RIVIÈRE — *PERCA FLUVIATILIS*, Bell.

Syn. : Πέρκη, Aristote, *trad.*. Camus. liv. VI. c. 14. p. 359.

Perca fluviatilis, Bell.. p. 293-295 ; Linn.. p. 481, sp. 1 : Bloch. pl. 52 ; Heckel et Kner, p. 3 : Siebold. p. 44 : CBp.. *Cat.*, n° 476. *Fn. ital.*, fig. ; Günth., t. I, p. 58 ; Géhin, p. 45 ; Canestr., *Fn. Ital.*, p. 9.

De la Perche, Rondel., 2e part., c. xix. p. 142 ; Bonnat., p. 126, pl. 53, fig. 204 ; Jurine, *Poiss. Léman*, p. 152, pl. 3.

La Perche de rivière. Perca fluviatilis. Duham., *Pêch.*, part. 2, sect. 5. p. 98, pl. 5, fig. 3 ; Blanch., p. 130 ; Soland, *Poiss. Anjou*. p. 210.

La Persèque perche, Lacép., t. X, p. 212.

La Perche commune de rivière, Perca fluviatilis, Cuv. et Valenc., t. II, p. 20, anat., pl. 1-8, *Rég. an.. ill.* pl. 6 ; Vallot. p. 63.

The Perch, Yarr.. t. II, p. 112 : Couch, t. I, p. 185.

N. vulg. : Perchaude, Perdrix de rivière ; Hurlin, Vosges ; Perca, Pyrénées-Orientales ; Perco, Pergo, Gard.

Long. : 0,25 à 0,40, rarement plus.

Des Acanthoptérygiens habitant les eaux douces de la France, celui qui atteint la plus grande taille, donne la chair la plus délicate, est sans contredit le beau poisson si bien connu sous le nom de Perche.

Il est oblong ; il a le corps légèrement comprimé, le dos

arqué, surtout à l'origine de la première dorsale, le ventre plus ou moins convexe, et le tronçon de la queue à peu près arrondi ; il présente des proportions assez variables.

La hauteur du tronc est comprise quatre à cinq fois dans la longueur totale. La peau est couverte d'écailles très-adhérentes, munies, à leur bord libre, de plusieurs rangées de spinules. L'anus est ordinairement placé au-dessous de l'espace qui sépare les dorsales, il est par conséquent plus rapproché de l'extrémité de la caudale que du bout du museau. Les vertèbres sont au nombre de quarante et une le plus souvent, il y en a rarement quarante-deux, 21 + 20 ou 21.

La tête a le profil supérieur légèrement ondulé ; elle s'incline doucement de la nuque au museau ; elle a la région frontale assez large, à peu près aplatie. Sa longueur qui l'emporte sur sa hauteur tantôt d'un cinquième, tantôt d'un huitième, fait le quart de la longueur totale, parfois un peu plus. Le museau est arrondi ; il est nu, ainsi que l'espace interorbitaire et le crâne. La bouche, faiblement protractile, s'ouvre jusqu'à l'aplomb de l'orifice antérieur de la narine. Les mâchoires sont égales, ou peu s'en faut ; elles ne sont pas couvertes d'écailles ; elles ont les dents toutes en velours, ainsi que le chevron du vomer et les palatins ; la langue est nue ; le maxillaire supérieur se porte en arrière jusqu'au prolongement du diamètre vertical de l'œil.

Souvent, chez des individus ayant à peu près la même taille, les proportions de l'œil présentent de sensibles différences. Le diamètre de l'œil mesure le cinquième ou le sixième de la longueur de la tête ; il fait ordinairement moins des deux tiers, rarement les trois quarts de l'espace préorbitaire, qui est à peine plus grand que l'espace interorbitaire. Le sous-orbitaire antérieur ou plutôt le préorbitaire est nu ; il est marqué sur la courbure postérieure et inférieure de fines dentelures, qui s'effacent plus ou moins chez certains sujets. Il est plus développé que les autres sous-orbitaires, avec lesquels il forme les deux tiers du pourtour de l'orbite. L'iris est d'un brun teinté de jaune.

L'orifice antérieur de la narine est entouré d'un léger bourrelet; il est placé vers le milieu du bord frontal du sous-orbitaire antérieur; l'autre orifice est rapproché de l'orbite.

Quant à la fente des ouïes, elle est grande, elle s'avance jusque sous le bord postérieur du maxillaire supérieur. L'opercule est presque triangulaire; à son angle postérieur il porte une épine aplatie, dirigée en arrière, ne dépassant pas la membrane branchiostège, et au-dessous il a quelques dentelures; dans sa moitié supérieure il est couvert d'écailles; il présente sur la plus grande partie de son étendue de légères stries dirigées de haut en bas et d'avant en arrière. Le sous-opercule est écailleux; il est dentelé sur le bord inférieur. L'interopercule est nu; il a sur le bord inférieur des dentelures qui sont peu visibles chez l'animal vivant. Le préopercule a l'angle postérieur arrondi, le limbe sans écailles, le bord postérieur finement dentelé, le bord inférieur épineux ou bien armé de dentelures qui sont au nombre de cinq ou six, et qui deviennent de plus en plus fortes à mesure qu'elles se portent en avant. La joue a de petites écailles, qui généralement sont lisses.

La ligne latérale est rapprochée du dos, elle en suit la courbure. On compte dans une rangée longitudinale soixante-cinq à soixante-dix écailles, et dans une rangée transversale vingt à vingt-quatre. Éc., l. long. 65 à 70; l. transv. $\frac{6 \text{ à } 8}{13 \text{ à } 15} + 1$.

L'origine de la première dorsale, l'épine de l'opercule et la base de la pectorale sont en quelque sorte dans un même plan vertical. La nageoire antérieure du dos est bien développée; elle forme une courbe régulière dont le point le plus élevé répond à la cinquième épine; elle compte treize à quinze aiguillons, forts, très-acérés; elle est d'un gris teinté de brunâtre avec une tache noire dans les deux derniers espaces intraradiaires; il y a parfois une tache de même couleur, seulement plus petite, vers le troisième aiguillon. La seconde dorsale est à peine moins haute, mais elle est d'un tiers plus courte que la première dont elle est rapprochée; elle commence avant l'anale et finit après; elle a un rayon épineux, très-souvent un rayon simple à la suite, puis treize à quinze rayons branchus; elle est grisâtre ou jaune verdâtre. L'anale est soutenue par deux fortes épines et huit ou neuf rayons mous. La caudale est échancrée, elle a dix-sept rayons. Le surscapulaire et le scapulaire ont leur bord dentelé; les dentelures sont parfois peu marquées, elles diminuent chez les vieux individus; le coracoïdien montre aussi quelques crénelures à son angle postérieur. Les pectorales ont quatorze rayons, elles sont ovales, assez petites, ne mesurant guère que le septième de la longueur totale; elles sont d'un jaune très-pâle, quelquefois teinté de gris. Les ventrales sont insérées un peu en arrière des pectorales; elles ont une épine très-pointue, d'un tiers environ plus courte que les rayons mous, qui sont à peu près égaux à la nageoire thoracique. L'anale, la caudale et les ventrales sont d'un rouge assez vif.

Br. 7. — D. 13 à 15 — 1,14 à 16; A. 2,8 ou 9; C. 17; P. 14; V. 1,5.

Le système de coloration est des plus variables suivant l'habitat, suivant la saison. En général la teinte est d'un vert doré ou d'un gris azuré sur le dos et les côtés, avec cinq ou sept bandes verticales d'un brun plus ou moins foncé; ces bandes descendent de la région dorsale vers les côtés où elles se perdent, elles sont plus ou moins marquées chez les grands individus, elles sont parfois peu visibles; la partie inférieure du corps est d'un gris blanchâtre.

L'anatomie de la Perche a été traitée d'une façon remarquable par Cuvier et Valenciennes; nous en dirons seulement quelques mots. Le canal digestif est court; les appendices pyloriques sont au nombre de trois.

Il y a deux laitances, un seul ovaire. Les œufs sont excessivement nombreux; lors de la ponte, dit Aristote, ils sortent liés les uns aux autres, comme ceux des grenouilles; ils sont tellement unis que les pêcheurs les tirent à eux en les entortillant, comme un ruban, autour du roseau qui porte leur ligne (ARIST, *trad.* Camus, liv. 6, c. 14, p. 359); ils adhèrent aux corps solides, aux plantes aquatiques. L'époque du frai est au printemps, de mars à mai.

La vessie natatoire est développée.

Habitat. La Perche est commune dans la plupart des eaux douces de notre pays ; elle paraît manquer aux environs de Nice, et même dans toute la partie des Alpes-Maritimes qui est à l'est du Var, elle n'est pas citée dans les ouvrages de Risso. D'après les renseignements qui m'ont été fournis à Agde par des personnes compétentes, elle est venue dans l'Hérault, par le canal du Midi, il y a vingt-cinq à trente ans ; les pêcheurs du pays se plaignent beaucoup de la présence de ce nouvel hôte, qui, en raison de son extrême voracité porte un grand dommage à leur industrie. Plusieurs riverains du lac du Bourget m'ont affirmé qu'ils voient le poisson diminuer d'une façon très-sensible, depuis que la pêche étant réglementée ils ne peuvent plus, à certaines époques, prendre la Perche comme ils en avaient l'habitude. La mesure, dont ils se plaignent, est-elle la vraie et la seule cause qui détermine l'appauvrissement de ces eaux naguère si fécondes? Il est permis de concevoir certains doutes à cet égard. Toutefois il faut bien reconnaître que les Perchettes sont excessivement abondantes dans le lac du Bourget, qu'elles ont un appétit insatiable.

En raison de l'étendue de son habitat, la Perche, étant soumise à de nombreuses influences extérieures, présente de très-grandes différences non-seulement dans son système de coloration, mais encore dans l'ensemble de ses formes. Aussi quelques auteurs, et je m'empresse de l'ajouter, ichthyologistes du mérite le plus incontestable, ont-ils cru trouver des espèces nouvelles là où il n'y a réellement que de simples variétés. M. Blanchard, bien qu'il ne la regarde pas comme une espèce, signale la Perche des Vosges comme ayant des caractères particuliers assez tranchés. J'ai observé dans les Vosges ce que j'avais déjà remarqué dans les Pyrénées ; parmi les poissons d'une même contrée, ceux qui vivent dans certaines eaux, surtout dans les courants rapides, sont plus minces, plus allongés que ceux qui restent dans les eaux tranquilles. J'ai pu examiner sur place les Perches des lacs de Gérardmer et de Retournemer, et constater une différence assez notable entre les poissons de ces deux lacs, si voisins l'un de l'autre, mais si dissemblables par leur configuration. Les Perches du lac de Retournemer ont le corps plus élancé. M. Blanchard, ayant reçu des lacs de Longemer et de Gérardmer des Perches longues seulement de 0^m,15 à 0^m,18, pense qu'elles doivent rester toujours très-petites. Sans affirmer qu'elles atteignent une taille fort développée, je puis dire que les dimensions indiquées par le savant membre de l'Institut, sont relativement trop faibles, sont au-dessous de la grandeur moyenne. J'ai rapporté de Gérardmer et de Retournemer des Perches mesurant plus de 0^m,22 et de 0^m,24 de longueur, et assurément elles ne sont pas des plus grandes. Dans ces lacs on en pêche qui pèsent mille à quinze cents grammes ; or partout les individus du poids d'un kilogramme et demi, comme l'écrit M. Blanchard, sont considérés comme de fort beaux poissons.

Proportions. Elles sont prises sur des Perches venant de trois départe-

ments : Yonne, (1° Sens) : Vosges, (2° Gérardmer, 3° Retournemer) : Gard,
(4° Saint-Gilles, canal de Beaucaire à Aigues-Mortes).

1°, Long. totale 0,385 : tronc, haut. 0,089.

Tête, long. 0,098, haut. 0,083. — OEil, diam. 0,016, esp. préorbit. 0,028,
esp. interorbit, 0,026.

2°, Long. totale 0,248 : tronc, haut. 0,053.

Tête, long. 0,063, haut. 0,052. — OEil, diam. 0,011, esp. préorbit. 0,018,
esp. interorbit. 0,017.

3°, Long. totale 0,225 : tronc, haut. 0,046.

Tête, long. 0,055, haut. 0,044. — OEil, diam. 0,011, esp. préorbit. 0,015,
esp. interorbit. 0,014.

4°, Long. totale 0,182 ; tronc, haut. 0,0455.

Tête, long. 0,051, haut. 0,044. — OEil, diam. 0,011, esp. préorbit. 0,014,
esp. interorbit. 0,013.

La Perche, nous l'avons dit, est excessivement vorace, elle fait une guerre
acharnée aux autres poissons. La délicatesse de sa chair lui a valu le nom
de Perdrix de rivière.

GENRE BAR — *LABRAX*, Cuv.

Corps oblong, légèrement comprimé, couvert d'écailles pectinées de
moyenne grandeur.

Tête à profil régulièrement déclive ; crâne et espace interorbitaire écailleux ; dents en velours sur les mâchoires, le vomer, les palatins et la langue ;
les dents de la langue sont disposées sur trois bandes ou plaquettes, une
bande médiane plus longue et plus large, deux latérales courtes et étroites.

Appareil branchial ; ouïes largement fendues ; opercule armé de deux
épines ; préopercule à bord postérieur dentelé et à bord inférieur muni d'é-
pines recourbées en avant ; sous-opercule et interopercule non dentelés :
fausses branchies ; sept rayons branchiostèges.

Nageoires ; deux dorsales rapprochées, la première à huit ou neuf aiguillons ; anale à trois épines ; pièces scapulaires non dentelées.

Le genre Bar se compose de deux espèces.

Vomer muni de dents sur le chevron { seulement........ 1. B. commun.
{ et le corps........ 2. B. ponctué.

LE BAR COMMUN — *LABRAX LUPUS*, Cuv.

Syn. : Lupus, Bell., p. 120-121.
Du Loup, Rondel, liv. IX, c. vi, p. 213, fig. sup. ; Bonnat, p. 127, pl. 51, fig. 208
Perca labrax, Linn., p. 482, sp. 5 ; Brunn., *Ichth. Mass.*, p. 61, n° 78.
Sciœna labrax, Bloch, pl. 301.
Sciœna diacantha, Bloch, pl. 302.

Le Bar. Duham.. *Pêch.*, part. 2. sect. 6. p. 141. pl. 2. fig. 2.

Le Centropome loup. Centropomus lupus. Lacép., t. X, p. 89.

Le Persègue byzantine. Lacép., t. X. p. 231.

Persègue loup. Perca labrax. Riss., *Ichth.*. p. 299. *Hist. nat.*. p. 106.

Le Bar commun d'Europe. Labrax lupus, Cuv. et Valenc.. t. II, p. 56, pl. 11. *Rég. an. ill.*. pl. 7, fig. 1 : Guichen.. *Erpl. Algér.*. p. 31.

Labrax lupus. CBp.. *Cat.*. n° 178 : *Fn. ital.*. fig.; Günth., t. I, p. 63 ; Canestr.. *Fn. Ital.*. p. 78: Brit. Capell., *Cat. Peix. Portug.*, n° 3, p. 9.

The Basse. Yarr., t. II. p. 118.

Bass. Couch.. t. I, p. 189.

N. vulg. : Loubas. Nice : Loup et Loupasson, quand il est jeune, Provence, Languedoc : Llobarro, Pyrénées-Orientales ; Pique. Ladatte, Bayonne : Loubineau. Barreau. jeune. Poitou : Lubin, Loire-Inférieure ; Brigne, Digne, Finistère : Loubine, Louvine.

Long. : 0.30 à 0,70, quelquefois 1.00.

D'après ses noms vulgaires nombreux et variés, il est facile de voir que le Bar est commun sur nos côtes. Il a le corps comprimé et plus ou moins allongé. La hauteur du tronc est comprise quatre fois à cinq fois et quart dans la longueur totale. Les vertèbres sont au nombre de vingt-cinq, et quelquefois de vingt-six, 13 + 12 ou 13.

Généralement la longueur de la tête est plus grande que la hauteur du corps. elle mesure à peu près le quart de la longueur totale. Le crâne et l'espace interorbitaire sont couverts d'écailles. La bouche est grande ; elle a des lèvres assez charnues. Les mâchoires sont rarement égales ; ordinairement la mandibule est un peu plus longue, mais parfois, chez les jeunes surtout. elle est moins avancée que la mâchoire supérieure. Il est inutile de rappeler la forme des dents. et leur disposition sur les mâchoires, sur les palatins et sur la langue. Quant au vomer, il ne porte de dents que sur le chevron ; il suffit d'examiner cette pièce osseuse pour distinguer le Bar commun du Bar tacheté.

Suivant la taille des animaux, les proportions de l'œil présentent des différences marquées. Chez les jeunes, le diamètre de l'organe est compris quatre fois et demie à cinq fois dans la longueur de la tête, et environ cinq fois et demie à cinq fois et deux tiers, chez les individus plus développés ; dans les petits il mesure plus des deux tiers de l'espace préorbitaire, et moins chez les grands ; il n'est pas tout à fait égal à l'espace interorbitaire.

La narine a ses ouvertures sur une même ligne, rapprochées l'une de l'autre, et plus loin du museau que de l'orbite. L'orifice postérieur est ovale, plus large que l'orifice antérieur, qui est arrondi et garni d'un petit bourrelet.

Les ouïes sont fendues jusque sous l'extrémité postérieure du maxillaire supérieur. L'opercule est armé de deux épines aplaties, à pointe dirigée en arrière. Le préopercule est dentelé sur le bord postérieur, épineux sur le bord inférieur. Le sous-opercule et l'interopercule sont lisses, sans crénelures. Les pièces operculaires, excepté une partie du limbe du préopercule, sont écailleuses. Les écailles qui garnissent l'espace interorbitaire, sont toujours lisses ainsi que la plupart de celles qui couvrent les joues.

De l'angle supérieur de la fente branchiale, la ligne latérale va presque directement jusqu'au milieu de l'insertion de la caudale. Il y a environ soixante-cinq à soixante-dix écailles dans la rangée longitudinale, et vingt-quatre à vingt-six dans une rangée oblique allant de la première dorsale à la ventrale. Éc., l. long. 65 à 70 ; l. transv. $\frac{12}{1.1.1.} + 1$.

La première dorsale commence après le tiers antérieur de la longueur totale, au-dessus, ou peu s'en faut, du milieu de la base de la ventrale ; elle compte huit ou neuf épines, parmi lesquelles la quatrième et la cinquième sont les plus allongées. Très-rapprochée de l'autre, et d'un tiers moins longue, la seconde dorsale est composée d'un aiguillon et de douze ou treize rayons mous. L'anale se porte ordinairement plus loin en arrière que la seconde dorsale ; elle a trois aiguillons et dix ou onze rayons mous ; son premier aiguillon, qui est le plus court, répond généralement au cinquième rayon mou de la seconde dorsale. La caudale a la base écailleuse ; son lobe supérieur, qui est le plus allongé, fait environ le sixième de la longueur totale, il est soutenu par neuf grands rayons, il en a un de plus que l'autre lobe ; en outre, il y a en dessus, comme en dessous, sept ou huit rayons courts. Le surscapulaire et le scapulaire ne présentent pas de dentelures sur leur bord libre. Le coracoïdien a l'angle postérieur mousse. Les pectorales ont la base écailleuse; elles ne sont pas très-grandes, elles ne font guère que le septième de la longueur totale. Les ventrales sont à peu près égales aux pectorales; elles sont insérées légèrement en arrière des autres nageoires paires; l'épine, très-pointue, est d'un tiers ou de moitié plus courte que le premier rayon mou.

Br. 7. — D. 8 ou 9 — 1/12 ou 13; A. 3/10 ou 11; C. 17; P. 15 ou 16; V. 1/5.

Le système de coloration est gris plombé sur le dos, gris plus clair, argenté sur les flancs; le ventre est blanc argenté. Chez certains individus, surtout quand ils sont jeunes, la région dorso-latérale est semée de petites taches noires; cette variété de coloration est bien plus fréquente chez les animaux vivant dans les eaux de l'Atlantique, dans celles de la Méditerranée, que chez les Bars qui séjournent dans la Manche. Les dorsales, l'anale et la caudale sont grisâtres; les pectorales et les ventrales sont blanchâtres. Une tache d'un brun foncé s'étale sur la partie postérieure de l'opercule, et parfois même gagne le sous-opercule.

Dans le Bar les papilles de la langue et de la muqueuse pharyngienne sont développées. L'estomac est grand. Il y a généralement cinq appendices pyloriques, trois d'un côté et deux de l'autre. Les villosités de la partie postérieure de l'intestin sont longues et nombreuses.

Var. Le Bar noirâtre, *Labrax nigrescens.*

Syn. : Centrope noirâtre, Centropomus nigrescens. Riss., *Ichth.*, p. 287.
Perca nigrescens, Perche noirâtre, Riss., *Hist. nat.*, p. 407.

N. vulg. : Loubas nègre, Nice.

La hauteur du tronc est égale à la longueur de la tête. — L'épine inférieure de l'opercule, et les épines du bord inférieur du préopercule sont plus fortes que dans le Bar ordinaire. — Il y a soixante-sept écailles dans la ligne longitudinale et vingt-cinq dans la rangée transversale : $\frac{8}{16} + 1$. — La caudale est un

peu plus échancrée que dans le Bar commun. — La coloration
est d'un brun plus ou moins foncé : les écailles ont une bordure
noirâtre. Ce poisson vient de Marseille.

Habitat. Le Bar se trouve sur toutes nos côtes ; il est sans cesse expédié
au marché de Paris. Il remonte parfois les rivières assez haut, le Var, la
Roïa (Risso), le Rhône (Rondelet), la Charente, la Sèvre et la Seudre (Lemarié) ; aux environs de Bayonne, il est pris dans l'Adour, la Nive. Suivant
Canestrini, il fraie au commencement de l'automne, dépose ses œufs à l'embouchure des fleuves et près du rivage.

Proportions : long. totale 0,295 ; tronc. haut. 0,057.

Tête, long. 0,072, haut. 0,050. — OEil, diam. 0,014, esp. préorbit. 0,0195,
esp. interorbit. 0,015.

Bar noirâtre, long. totale 0,280 ; tronc. haut. 0,070.

Tête, long. 0,072, haut. 0,057. — OEil, diam. 0,014, esp. préorbit. 0,021,
esp. interorbit. 0,015.

LE BAR TACHETÉ — *LABRAX PUNCTATUS*.

Syn. : ? Du Loup, Rondel., liv. IX. c. vi, p. 213, fig. inf.
? Du Thyourle de Bayonne, Duham., *Pêch.*, part. 2, sect. 6, p. 142.
? Sciœna punctata, Bloch, pl. 305.
? Perca punctata, Perche ponctuée, Riss., *Hist. nat.*, p. 407.
Labrax punctatus, Brito Capello, *Cat. Peix. Portug.*, n° 3, p. 9, fig. vomer, écailles :
L. Vaillant, *Distrib. géograph. des Percina*, dans *Compt. rend. Acad. scienc.*, 1872,
t. LXXV, p. 1278.

N. vulg. : Loubasson, Nice ; Thyoure, Bayonne.
Long. : 0,50 à 0,70, quelquefois 1,00.

Le nom de *tacheté* attribué à ce Bar est fort mal appliqué, et
doit nécessairement donner lieu à de fréquentes erreurs. Le Bar
commun, dans le Midi surtout, est souvent marqué de macules
noires, qui parfois peut-être manquent chez le Bar appelé tacheté.
Le système de coloration ne présente aucune certitude pour la
détermination spécifique. C'est, par conséquent, dans l'organisation même des animaux qu'il faut chercher les caractères qui
distinguent nettement chacune de nos espèces.

M. de Brito Capello, en 1867, a parfaitement exposé la diagnose
différentielle des Bars qui vivent dans les mers de l'Europe ; il
a donné plusieurs figures représentant la dentition de leur vomer
et la disposition de leurs écailles.

II.   22

Chez le Bar tacheté, les formes semblent un peu plus épaisses que dans le Bar commun. La tête mesure le quart de la longueur totale : sa longueur est à peine plus grande que la hauteur du corps. Le vomer porte des dents en velours sur toute sa face inférieure, sur le corps aussi bien que sur le chevron.

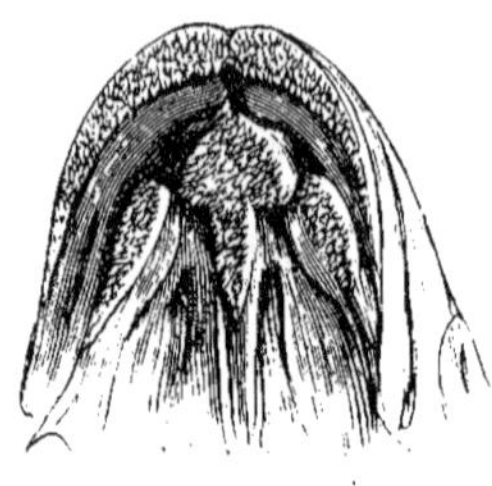

Fig. 118.

Les écailles qui couvrent les pièces operculaires, les joues et l'espace interorbitaire ont toujours le bord postérieur garni de spinules. L'examen de quelques écailles, prises dans l'espace interorbitaire, suffit pour faire reconnaître l'une ou l'autre des espèces.

Le diamètre de l'œil est compris quatre fois dans la longueur de la tête ; il est égal à l'espace préorbitaire.

Dans la rangée longitudinale, il y a environ soixante-dix écailles, et vingt-cinq ou vingt-six dans la ligne transversale.

Quant aux nageoires, elles sont semblables à celles du Bar commun, elles présentent les mêmes dispositions.

Une plus longue description étant inutile, nous terminerons en disant que le dos et les flancs sont marqués de petites taches noirâtres, ordinairement rangées par séries longitudinales ; nous répéterons que ces macules noirâtres, se montrant chez beaucoup de Bars communs, ne sont pas, comme le supposait Bloch, « le caractère distinctif » de la *Sciène ponctuée*.

Habitat. Le Bar tacheté est beaucoup moins commun que l'autre. Je ne l'ai jamais vu dans la Méditerranée, et cependant il s'y trouve puisque le Muséum en possède venant de Gênes. Océan assez rare, Arcachon, la Rochelle. Manche très-rare, Granville.

Proportions : long. totale 0,21 ; tronc, haut. 0,048, épais. 0,030.

Tête. long. 0,053, haut. 0,043. — Œil, diam. 0,013, esp. préorbit. 0,014, esp. interorbit. 0,012.

Les Bars sont aussi voraces que les Perches, et comme elles, ils se nourrissent de substances animales. Ils fournissent une chair plus ou moins délicate suivant leur habitat. D'après Rondelet, qui ne partage pas l'opinion des anciens Romains, les meilleurs Loups sont ceux qui se pêchent dans la mer, ensuite viennent ceux qui sont pris dans les étangs saumâtres ou bien à l'embouchure des fleuves, enfin ceux qui se trouvent dans les rivières. De tous les plus insalubres sont ceux qui vivent entre les deux ponts du Tibre, aux environs d'Arles, ou dans le port de Marseille (Rondel., édit. latin., p. 271). On sale et sèche les œufs comme ceux des Muges, et s'appellent aussi Botargues (Rondel., p. 215).

GENRE APRON — *ASPRO*, Cuv.

Corps allongé, arrondi, couvert d'écailles petites et rudes.

Tête aplatie; crâne et espace interorbitaire écailleux; museau avancé au-dessus de la bouche; dents en velours sur les mâchoires, le vomer et les palatins; langue lisse.

Appareil branchial; fente des ouïes grande; opercule épineux; préopercule à bord légèrement dentelé; pseudobranchies.

Nageoires; deux dorsales assez éloignées l'une de l'autre.

Une seule espèce.

L'APRON COMMUN — *ASPRO VULGARIS*, Cuv.

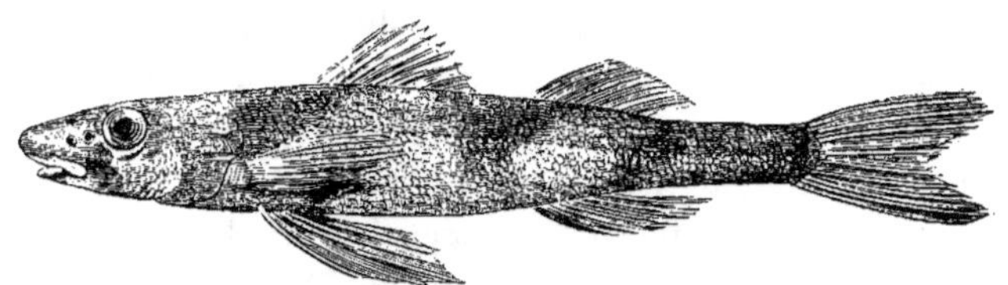

Fig. 119.

Syn. : DE L'APRON, Rondel., 2e part., c. xxix, p. 152; Bonnat., p. 126, pl. 54, fig. 206.

DE ASPERO PISCICULO, Gesner, p. 478; Aldrov., p. 615.

PERCA ASPER, Linn., p. 482, sp. 3; Bloch, pl. 107, fig. 1-2.

LE DIPTÉRODON APRON, Dipterodon apron, Lacép., t. IX, p. 365.

L'APRON PROPREMENT DIT, Aspro vulgaris, Cuv. et Valenc., t. II, p. 188, pl. 26, *Règ. an. ill.*, pl. VI, fig. 2.

L'APRON COMMUN, Aspro vulgaris, Vallot, p. 69; Blanchard, p. 143.

ASPRO VULGARIS, CBp., *Cat.*, n° 486; Heckel et Kner, p. 14; Günth, t. I, p. 78.

ASPRO APRON, Siebold, p. 55.

N. vulg. : Dauphin à Dijon d'après Vallot; Roi-poisson, Roi des Poissons, bords de la Saône; Sorcier, cours de l'Ain, du Rhône; Anadélo, Gard.

Long. : 0,12 à 0,15, quelquefois 0,18.

« Les Lionnois, dit Rondelet, appellent ce poisson semblable au Goujon, *Apron*, dont se doit nommer en latin *Asper*, de l'aspreté de ses écailles. »

Bien que de petite taille, l'Apron semble avoir une assez grande vigueur ; il a le corps allongé, arrondi, fusiforme, plus effilé, plus mince en arrière. La hauteur du tronc qui est égale à l'épaisseur, est contenue sept à huit fois dans la longueur totale. La peau, excepté sous une partie de la poitrine, est couverte d'écailles de moyenne dimension, à bord libre muni de plusieurs rangées de spinules. L'anus est situé à peu près au milieu de la longueur totale. Il y a quarante-deux vertèbres, 17 + 25.

La tête est déprimée, elle est large surtout en arrière ; sa longueur qui fait le double de sa hauteur est comprise quatre fois et un tiers dans la longueur totale. Le crâne et l'espace interorbitaire sont garnis d'écailles ; parfois cependant, chez les sujets de grande taille, le milieu du crâne n'est plus écailleux, il est marqué de stries radiées, qui partent du bord supérieur de l'orbite. Le museau est gros ; il forme au-dessus de la bouche une proéminence arrondie ; il est complétement nu, ainsi que les mâchoires et les joues. La bouche est retirée ; sa fente, qui est plus large que longue, ne dépasse guère l'aplomb de l'orifice antérieur de la narine. Les mâchoires, le chevron du vomer et les palatins sont armés de dents en velours ; la langue est lisse. La mâchoire supérieure n'atteint pas en arrière la ligne verticale tangente au bord antérieur de l'orbite.

Placés vers le profil supérieur de la tête, les yeux restent, malgré cette disposition, assez éloignés l'un de l'autre. L'iris est jaunâtre. Le diamètre de l'œil est contenu cinq fois à cinq fois et demie dans la longueur de la tête, il fait à peu près la moitié de l'espace préorbitaire, il est à peine plus petit que l'espace interorbitaire, qui est toujours couvert d'écailles.

Les narines ont des ouvertures ovales, assez larges, assez rapprochées l'une de l'autre. L'orifice antérieur est en général plus loin de l'extrémité du museau que du bord antérieur de l'orbite ;

la membrane qui le borde, forme en arrière un tentacule trian
gulaire.

Il est inutile de rappeler que les ouïes sont bien fendues. L
préopercule est écailleux dans sa partie supérieure : il est finement dentelé, mais sur le frais les dentelures, recouvertes par la
peau, sont peu ou point sensibles. L'opercule et le sous-opercule
sont garnis d'écailles : l'opercule a le bord postérieur arrondi : il
est armé de deux épines : l'épine supérieure est très-courte, cachée
parfois dans les téguments ; l'épine inférieure est assez longue et
fort pointue.

Rapprochée du profil supérieur en avant surtout, la ligne
latérale est à peu près droite ; elle est composée d'écailles plus
rudes que les autres. D'après Cuvier et Valenciennes, on compte
soixante-dix a quatre-vingts écailles dans une ligne longitudinale
et environ vingt-cinq sur une ligne verticale : j'en ai trouvé
soixante-huit à soixante-quinze dans une rangée longitudinale, et
vingt et une ou vingt-deux $\frac{6 \text{ ou } 7}{13 \text{ ou } 14} + 1$ dans la rangée transversale.

Les dorsales sont assez éloignées l'une de l'autre ; elles sont
médiocrement développées en hauteur et en longueur. La première nageoire prend naissance au-dessus du milieu des ventrales : elle dessine une courbe à peu près régulière ; elle est
composée de huit ou neuf aiguillons ; le deuxième aiguillon et le
troisième dépassent les autres, ils font plus de deux fois la longueur du premier et du dernier. La seconde dorsale a le premier
rayon épineux moitié moins haut que le suivant qui est simple,
articulé, et précède dix ou onze rayons branchus. L'anale commence dans le même plan vertical que la seconde dorsale, mais
finit un peu avant ; elle a deux épines, la première excessivement
courte, comme perdue dans la peau ; généralement elle compte
en outre neuf ou dix rayons mous, qui paraissent un peu plus
allongés que ceux de la dorsale opposée : le nombre des rayons
nous semble variable, Cuvier et d'autres auteurs en indiquent
onze ou douze. La caudale mesure le sixième, ou un peu moins,
de la longueur totale ; elle est assez large, légèrement échancrée ;

elle compte dix-sept rayons, plus deux petits rayons basilaires en dessus et en dessous. Les pectorales, arrondies, ont quatorze rayons. Les ventrales sont épaisses ; elles ont les rayons médians très-développés, ce qui leur donne une forme pointue ; elles sont plus allongées que les pectorales, la différence paraît sensible principalement chez les jeunes ; leur longueur est, chez les petits, comprise quatre fois et demie dans la longueur totale, et cinq fois et demie chez les grands individus.

Br. 7. — D. 8 ou 9 — 1/11 ou 12 ; A. 2/9 à 12 ; C. 2/17/2 ; P. 14 ; V. 1/5.

La région supérieure du corps est d'un brun marron ou plutôt brun jaunâtre, elle est traversée par trois, quatre, quelquefois même par cinq bandes noirâtres, qui descendent obliquement sur les côtés. La première bande, assez large, s'étend de la nuque à la première dorsale, elle atteint la base des rayons antérieurs de la nageoire. La deuxième bande est placée entre les dorsales, elle gagne même un peu la base de la seconde dorsale ; elle paraît la plus longue, elle descend jusque sur le ventre. La troisième bande, généralement bien marquée et assez longue, est à l'extrémité de la seconde dorsale. La quatrième bande est étroite, assez courte, rapprochée de la base de la caudale. Quand il existe une cinquième bande, elle se trouve sous la première dorsale. Il faut convenir qu'il y a beaucoup de variations dans la teinte générale et dans la disposition des bandes ; les deux bandes qui semblent se montrer constamment, sont situées l'une en avant, l'autre en arrière de la seconde dorsale. Le dessous du corps est d'un gris blanchâtre. Les nageoires sont d'un jaune nuancé de gris.

Le péritoine est argenté, pointillé de noirâtre ; l'estomac est en cul-de-sac ; les appendices pyloriques, fort peu développés, sont au nombre de trois. Il y a deux ovaires de même dimension. Les œufs, gros relativement, sont d'un blanc sale. L'époque du frai paraît très-variable, depuis décembre jusqu'en avril.

Habitat. L'Apron est un poisson d'eau douce, qui jusqu'à présent n'a été trouvé que dans le Rhône et ses affluents, Saône, Ouche, Ognon, Doubs

Ain, Isère, Gard. Il est assez commun à Varambon, près de Pont-d'Ain, d'après ce qui m'a été certifié par le fermier de la pêche. Suivant le témoignage de Rondelet, confirmé par Cuvier et Valenciennes, il se trouve principalement dans le Rhône entre Lyon et Vienne. Il n'est pas commun dans le Gard : celui dont je donne les proportions, a été pris sous mes yeux, dans une partie de pêche fort bien organisée, grâce à l'extrême obligeance de MM. Balazard de Nîmes et de Remoulins. Accompagnés de gens du métier, nous remontâmes la rivière depuis Remoulins jusque vers le merveilleux aqueduc construit par les Romains ; au milieu de notre exploration, j'aperçus, brillant sur le fond de sable, un Apron de grande taille : je m'empressai de faire signe au patron du bateau qui, d'un coup d'épervier habilement lancé, ramena bien vite l'*Anddélo* dans les mailles du filet. Malgré la présence de ce prisonnier de mauvais augure, notre pêche fut des plus heureuses, et la réputation de *Sorcier* qu'on fait à l'Apron ne semble guère justifiée. Nous n'étions pas seuls à poursuivre les malheureux poissons ; vers la fin de notre petit voyage nous eûmes l'occasion d'assister à un spectacle tout à la fois singulier et émouvant. Sur la rive gauche de la rivière se trouvaient des *plongeurs*, qui étaient en train de se livrer à leur travail habituel. Ces hommes descendent sous les roches, en fouillent les anfractuosités, et, après être restés sous l'eau pendant vingt-cinq à trente secondes, reparaissent tenant dans les mains, et même encore avec les dents, un certain nombre de poissons.

Proportion : long. totale 0,174 ; tronc, haut. 0,022, épais. 0,022.

Tête, long. 0,040, haut. 0,020, larg. 0,028. — Œil, diam. 0,008, esp. préorbit. 0,015, esp. interorbit. 0.0085.

L'Apron se nourrit de larves d'insectes, de petits poissons. D'après Vallot, Crespon, sa chair est très-estimée.

GENRE ACÉRINE OU GREMILLE — *ACERINA*, Cuv.

Syn. : *Puto Acerinam Plinii medici recentiorum Cernuam esse* (Bell., p. 293). L'opinion que nous venons de rapporter n'a rien de vraisemblable. Quoi qu'il en soit, les ichthyologistes ont attribué le nom d'*Acerina* au genre, et celui de *Cernua* à l'espèce.

Corps oblong, couvert d'écailles assez petites, pectinées.

Tête non écailleuse, creusée de fossettes ; dents en velours sur les mâchoires et sur le chevron du vomer.

Appareil branchial ; opercule et préopercule épineux ; pseudobranchies.

Nageoires ; dorsale unique, échancrée, à portion épineuse plus longue que la partie molle ; anale à deux aiguillons.

Ce genre n'est représenté que par une espèce.

LA GREMILLE COMMUNE — *ACERINA CERNUA*.

Syn. : Cernua, Bell., p. 291 ; Gesner, p. 226, fig. 2, assez bonne (envoyée d'Angleterre par J. Caius, qui donne au poisson le nom d'*Aspredo* : Willugh., p. 334, pl. X. 14. fig. 2.

De Perca fluviatilis genere minore, Gesn., p. 825.

Perca cernua, Linn., p. 487, sp. 30 ; Bloch. pl. 53. fig. 2.

De la Perche gardonnée ou goujonnée, Duham., *Péch.*, part. 2, sect. 4, p. 39, pl. 8. fig. 1.

Le Post, Perca cernua, Bonnat., p. 134, pl. 57. fig. 220.

L'Holocentre post. Holocentrus post, Lacép., t. X, p. 171.

La Gremille commune, Acerina vulgaris, Cuv. et Valenc., t. III, p. 4, pl. 41.

L'Acérine vulgaire, Vallot, p. 74.

La Gremille commune, Acerina cernua, Blanch., p. 151.

Acerina vulgaris, Nordmann, *Fn. pontiq.*, 368 ; Heckel et Kner, p. 19.

Acerina cernua, CBp., *Cat.*, n° 485 : Günth., t. I, p. 62 ; Siebold, p. 58.

The Ruffe, or Pope, Yarr., t. II, p. 122.

Ruff, Couch, p. 193.

N. vulg. : Perche goujonnière, goujonnée, gardonnée ; Perche à Goujon, Seine, Yonne, Aube ; Goujon perchat, Aube, etc. ; Chagrin, environs de Troyes ; Gremille, Gremenille, Lorraine ; Gremillet, Seine-Inférieure (Lacép.) ; Grimou, Gard.

Long. : 0,12 à 0,15.

De son temps, écrit Bélon, cette espèce, dont il a nettement tracé les principaux caractères, était inconnue dans les rivières de la France. Plus de deux cents ans se passent, et dans son *Dictionnaire d'histoire naturelle* (1775), Valmont de Bomare n'en fait pas encore mention. Le premier naturaliste, qui semble l'avoir signalée parmi les poissons de notre pays, est Duhamel (1777) ; il nous en a laissé une assez bonne description, et une figure très-reconnaissable.

La Gremille a le corps oblong, assez épais en avant, comprimé en arrière, le profil supérieur un peu plus arqué que l'inférieur. La hauteur du tronc est comprise quatre fois et quart à quatre fois et demie dans la longueur totale. Excepté sous la région pectorale qui est plus ou moins nue, la peau est couverte d'écailles rudes, fortement ciliées. Les vertèbres sont au nombre de trente-six ou trente-sept ; il y en a quinze abdominales.

Plus longue que la hauteur du corps, la tête mesure en général un peu plus du quart de la longueur totale ; elle est forte, à profil légèrement déclive, continuant la ligne du dos. Elle est sans écailles, complétement nue : elle est creusée de fossettes assez larges et assez nombreuses. Au milieu de l'espace interorbitaire est une fossette impaire ; il y a sur chaque moitié de la tête seize à dix-huit fossettes ainsi disposées : une dans l'espace interorbitaire, en avant du diamètre vertical de l'œil ; deux dans l'espace préorbitaire, l'une au-dessus, l'autre au-dessous de la narine ; cinq ou six entamant le bord externe des sous-orbitaires, et faisant un arc sur la joue ; enfin huit ou neuf formant une rangée externe ; de ces dernières trois sont creusées dans la mandibule, les autres dans le limbe du préopercule. Ces fossettes représentent en quelque sorte le système canaliculé latéral, dont la paroi squelettique est restée incomplète ; dans chacune d'elles se trouve un bouton nerveux très-développé. La région postérieure du crâne est creusée de sillons, marquée de stries très-prononcées, composant trois centres principaux. Le museau est assez gros, arrondi en avant. La bouche est de moyenne dimension, elle n'est pas fendue plus en arrière que l'aplomb de l'orifice postérieur de la narine. La mâchoire supérieure, assez protractile, est plus avancée que l'inférieure ; elles portent l'une et l'autre une bande de dents en velours ; le chevron du vomer a quelques dents courtes, crochues ; chez les grands individus, il y a souvent sur la langue un petit groupe de dents assez distinctes.

L'iris est jaune, teinté de brun à son pourtour supérieur. Le diamètre de l'œil est contenu environ trois fois et demie dans la longueur de la tête, il est à peu près égal à l'espace préorbitaire, il est d'un tiers au moins plus grand que l'espace interorbitaire.

Les ouvertures de la narine sont éloignées l'une de l'autre ; l'orifice antérieur est à peu près au milieu de l'espace préorbitaire ; l'orifice postérieur, plus grand que l'autre, est très-rapproché du bord de l'orbite.

En dessous la fente branchiale, qui est grande, s'avance plus loin que le prolongement vertical du diamètre de l'œil. L'opercule a l'angle postérieur armé d'une épine acérée, qui ne dépasse pas la bordure de la membrane branchiostège. Le préopercule a son limbe tout échancré ; il porte sur le bord postérieur cinq ou six petites épines, puis en bas une plus forte, vers son angle ; enfin, sur le bord inférieur, il en a trois autres, fortes et crochues, à pointe dirigée en avant. Les dents pharyngiennes sont en cardes fines.

A l'extrémité de l'épine du surscapulaire, commence la ligne latérale qui est rapprochée du dos, et légèrement courbe en avant ; elle est formée d'une quarantaine d'écailles à canal très-large, évasé en arrière. Il y a environ cinquante-cinq écailles dans une rangée longitudinale, et vingt ou vingt et une dans une rangée transversale $\frac{5}{14 \text{ ou } 15} + 1$.

La dorsale est fort longue, elle commence au-dessus de l'angle de l'opercule ; elle est échancrée vers la fin de sa portion épineuse ; elle se compose de vingt-quatre à vingt-six rayons, rarement plus ; les épines sont au nombre de douze à quatorze, quelquefois quinze, la première est très-courte, la quatrième, la cinquième et la sixième sont les plus allongées, les autres vont en décroissant jusqu'à la dernière ; les rayons mous sont ordinairement moins nombreux que les autres, il y en a onze ou douze ; le chiffre quatorze, indiqué par quelques auteurs, doit être exceptionnel. L'anale est opposée à la partie molle de la dorsale, mais finit plus tôt ; elle compte deux épines et six à huit rayons mous. La caudale est échancrée ; elle est formée de dix-sept rayons principaux, elle a en outre, en dessus comme en dessous, trois ou quatre petits rayons basilaires. Le surscapulaire a le bord postérieur finement dentelé jusqu'à l'angle inférieur, qui se termine par une crénelure ou plutôt par une épine très-courte, un peu crochue. Le coracoïdien a son angle postérieur prolongé en une épine, sur laquelle on voit souvent, chez les individus de grande taille, une ou deux dentelures ; parfois en dedans de l'épine coracoïdienne s'en trouve une autre fort petite, appartenant au coracoïdien postérieur. Les pectorales sont arrondies, elles mesurent environ le sixième de la longueur totale ; treize rayons les soutiennent. Les ventrales ont à peu près la même longueur que les pectorales ; l'épine est assez forte, elle est, ou

peu s'en manque, moitié plus courte que le deuxième rayon mou,
qui est le plus développé.

D. 12 à 15/11 à 14; A. 2/6 à 8; C. 3 ou 4/17/4 ou 3; P. 13; V. 1 5.

Au-dessus de la ligne latérale, la coloration est brunâtre tirant
sur le vert; elle est d'un brun jaunâtre sur les flancs, d'un blanc
argenté sous le ventre, d'un blanc rosé sous la poitrine et la
gorge. La tête est brunâtre à sa partie supérieure; sur les côtés,
elle est teintée d'azur et de vert rosé. Les pièces operculaires
sont nuancées de très-belles couleurs chatoyantes, variant du rose
au verdâtre. La tête, le dos et les côtés sont, chez les vieux individus surtout, parsemés de petites taches noirâtres. La dorsale est
d'un gris jaunâtre avec plusieurs rangées de macules noires. La
caudale est grisâtre, marquée de points noirs dans les espaces intraradiaires. L'anale et les ventrales sont blanchâtres. Les pectorales sont grisâtres, souvent tachetées de noir dans la partie
supérieure.

Chez la Gremille, les renflements nerveux du système canaliculé sont très-développés; dans le canal de la ligne latérale, il
y en a qui mesurent $0^{mm},150$ de diamètre. Ceux qui se trouvent
dans les cavités dont est creusée la surface de la tête, sont beaucoup plus gros encore; chacun d'eux a l'apparence d'un bouton
arrondi, pédonculé, couvert d'un réseau sanguin très-abondant.
Nous n'avons pas à décrire la structure de ces organes, nous dirons seulement que certains tubes nerveux paraissent se terminer par un léger renflement olivaire.

L'estomac est court; il y a seulement deux ou trois appendices
pyloriques, en arrière desquels l'intestin fait trois replis.

Les ovaires forment deux sacs qui peuvent acquérir beaucoup
de développement.

Habitat. La Gremille est commune dans les départements du Nord-Est,
assez commune dans le Nord, dans le bassin de la Seine, Aube, Yonne;
d'après Vallot, elle est bien le poisson cité dans Grosley sous la dénomination
de *Chagrin*, elle ne se trouve dans la Seine, au-dessous de Troyes, que depuis
le commencement du siècle. Elle a été prise en 1875 pour la première fois
à Saint-Gilles, dans le canal de Beaucaire à Aigues-Mortes; le pêcheur qui

avait l'obligeance de me procurer les poissons du canal, et de m'indiquer leurs noms vulgaires, avait écrit sur sa liste *inconnu* à propos de la Gremille ; c'est probablement, jusqu'à présent du moins, le point le plus méridional de son habitat. — L'Acérine paraît manquer dans le bassin de la Loire, dans celui de la Gironde : elle n'a été trouvée ni en Auvergne, ni dans l'Anjou, ni dans le Poitou ; elle n'a pas été signalée non plus dans la Dordogne, dans la Garonne, ni dans leurs affluents. Elle est indiquée dans le Catalogue des Poissons des environs de Bayonne par L. Darracq ; malheureusement ce Catalogue n'est pas toujours exact ; il est probable que l'auteur a pris la petite Vive pour la Gremille, comme il a confondu le *Polyprion cernium* avec le *Serranus gigas*. — La migration de certains poissons est parfois très-lente ; il ne faut pas oublier que le Chondrostome nase a paru dans la Seine il y a seulement un petit nombre d'années ; c'est en 1860, à Sens, que le premier spécimen de cette espèce fut pêché dans l'Yonne.

Proportions : long. totale, 0,138 ; tronc, haut. 0,032.

Tête, long. 0,036. — Œil, diam. 0,010, esp. préorbit. 0,011, esp. interorbit. 0,006.

La Gremille recherche les proies vivantes. C'est un de nos meilleurs poissons d'eau douce.

Sous-famille des Serraniniens, Serranini.

Corps oblong, plus ou moins comprimé.

Tête longue, plus ou moins écailleuse ; dents sur les mâchoires, et le plus ordinairement sur le vomer et sur les palatins.

Appareil branchial ; ouïes largement fendues ; pseudobranchies.

Nageoires ; dorsale unique à dix ou onze rayons épineux ; anale à trois aiguillons.

Cette sous-famille se compose de cinq genres.

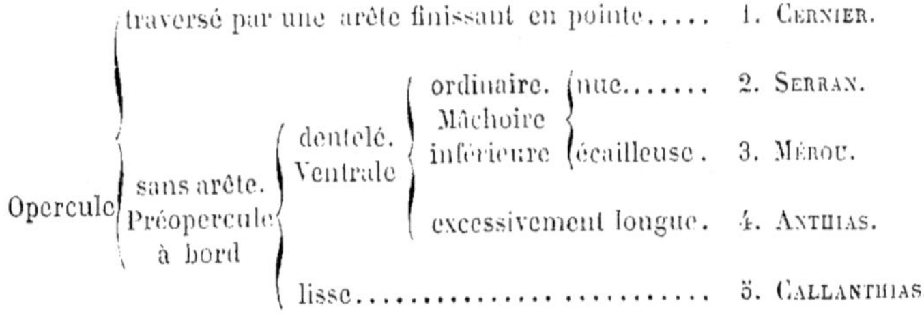

GENRE CERNIER OU POLYPRION — *POLYPRION*, Cuv.

Corps ovale, couvert de petites écailles cténoïdes.

Tête forte, hérissée d'arêtes, de crénelures ; museau court ; bouche grande, fendue obliquement ; dents en cardes ou en velours sur les mâchoires, le vomer, les palatins et la langue.

Appareil branchial ; opercule épineux, traversé par une arête terminée en épine ; préopercule, sous-opercule et interopercule dentelés ; sept rayons branchiostèges.

Nageoires ; dorsale longue, ayant onze aiguillons et onze, parfois douze rayons mous.

LE CERNIER BRUN — *POLYPRION CERNIUM*, Valenc.

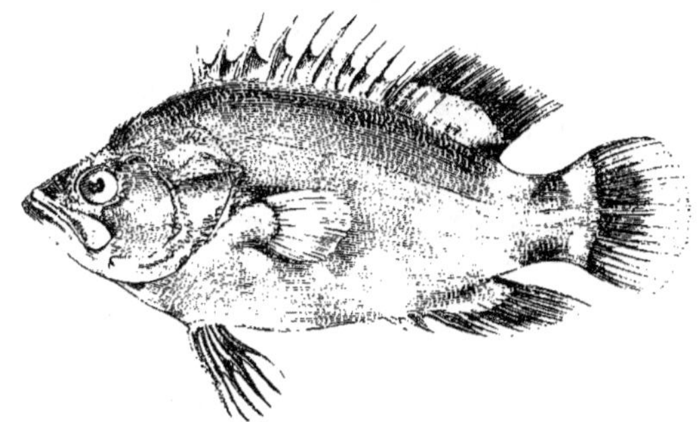

Fig. 120.

DU Mérou DE Cap-Breton, Duham., *Péch.*, part. 2, sect. 4. p. 38.

Scorpène marseillaise, Scorpæna Massiliensis, Riss., *Ichth.*, p. 184.

Holocentrus gulo, Soldado goulu. Riss., *Hist. nat.*, p. 367.

Cernié, Polyprion cernium, Valenc., *Mém. du Muséum*, t. XI, p. 265, pl. 17.

Le Cernier brun, Polyprion cernium, Cuv. et Valenc., t. III, p. 21, pl. 42, *Règ. an. ill.*, pl. 9, fig. 1.

Polyprion massiliense, Costa, *Fn. Napol.*, pl. 1.

Polyprion cernium, Bp., *Cat.*, n° 498 ; Günth., t. I, p. 169 ; Canestr., *Fn. Ital.*, p. 78.

Polyprion cernier, Lowe, *Fish. Madeira*, p. 183, pl. 26.

Sciæna aquila, Rosenthal, *Ichthyotomische Tafeln*, pl. 16.

Couch's Polyprion, Yarr., t. II, p. 124.

Stone Bass, Couch, t. I, p. 260.

N. vulg. : Lernia, Nice ; Cernier, Marseille ; Fanfré rascas, Cette ; Méro, Mérou, Saint-Jean-de-Luz, Bayonne, Cap-Breton.

Long. : 0,60 à 1,50 et même 2,00.

Le Cernier fut, pour la première fois, décrit sous le nom de *Mérou de Cap-Breton* dans le *Traité des Pêches* de Duhamel (1777).

Ce poisson a le corps ovale. comprimé, l'épaisseur faisant à
peine la moitié de la hauteur. qui est contenue trois fois dans
la longueur totale. Il est couvert de petites écailles très-rudes,
à plusieurs rangées de spinules. Il a vingt-six vertèbres, 13 + 13.

Sa tête, qui est forte, mesure le tiers de la longueur totale.
Elle est écailleuse, hérissée d'aspérités. d'arêtes, d'épines principalement chez les jeunes individus. Sur le milieu de sa région postérieure s'élève une crête mince. aussi longue que le
diamètre de l'œil, à profil supérieur légèrement courbe, entaillée,
dans sa partie antérieure, de fortes dentelures; chez les sujets de
petite taille, elle ressemble à un segment de scie circulaire. En
avant de cette crête et de chaque côté, se remarque un ensemble
d'arêtes dont la partie centrale paraît être au-dessus du tiers
postérieur de l'orbite. De ce milieu partent des lignes plus ou
moins prononcées; il y a d'abord une espèce d'éventail qui se
porte en arrière, il a deux branches externes assez courtes, et
éloignées du faisceau principal composé de sept ou huit arêtes
plus longues. qui s'écartent les unes des autres, en prenant une
direction légèrement oblique de dehors en dedans; puis en avant
se trouvent deux lignes ou plutôt deux arêtes, l'une plus courte
que l'autre reste droite, l'autre qui est plus en dehors forme une
partie de la crête du sourcil, elle est très-rugueuse dans les
jeunes, chez les grands individus elle s'use et s'efface plus ou
moins; outre ces diverses ramifications on voit encore deux ou
trois tubercules à la région médiane. Le museau est court. La
bouche est grande, fendue obliquement. La mâchoire supérieure,
moins avancée que la mandibule, est assez protractile; l'une et
l'autre sont garnies d'une bande, large en avant surtout, de dents
en velours chez les jeunes, en cardes assez fortes chez les grands
individus; le chevron du vomer porte, sur un espace triangulaire, des dents en cardes fines; des dents en velours sont disposées sur une large bande aux palatins, et sur une plaque médiane à la langue, qui est développée et libre dans une assez
grande étendue. Le maxillaire supérieur est couvert d'écailles; il
est triangulaire, élargi en arrière; son bord supérieur est sur-

monté d'une lamelle osseuse allongée, mobile dans les jeunes,
plus ou moins soudée au maxillaire chez les adultes ; son extrémité postérieure arrive, chez les jeunes, au delà du diamètre
vertical de l'œil, moins loin chez les vieux. La mâchoire inférieure est écailleuse ; elle porte à la symphyse une espèce de tubercule assez développé ; l'os articulaire a, chez les individus de
petite taille, son angle postérieur et inférieur armé de plusieurs
épines assez fortes.

Tantôt l'iris est argenté, tantôt il est d'un jaune clair. Les
proportions de l'œil varient selon le développement des animaux. Le diamètre de l'œil est compris quatre fois et trois
quarts à cinq fois et demie dans la longueur de la tête ; il fait un
peu plus de la moitié de l'espace interorbitaire. Chez les jeunes,
l'espace interorbitaire est relativement plus large, il est d'un cinquième environ plus grand que l'espace préorbitaire, il est d'égale
dimension chez les vieux individus. Le sourcil est large, très-
épineux ; le pourtour de l'orbite est saillant, hérissé de pointes
nombreuses, excepté en avant vers l'orifice postérieur de la narine ; chez les sujets développés, il n'y a que de simples stries sur
le bord supérieur de l'orbite. Le sous-orbitaire antérieur a le
bord supérieur et le bord inférieur plus ou moins crénelés.

Les ouvertures de la narine sont voisines l'une de l'autre, larges, arrondies ou ovales ; l'orifice postérieur est très-rapproché
de l'orbite ; l'autre a le bord postérieur relevé en petite valvule.

Quant aux ouïes, elles sont largement fendues. A partir de son
bord antérieur, l'opercule est traversé par une arête fortement
dentelée (jeunes), qui se termine postérieurement en épine robuste ; au-dessus de cette épine, vers le bord supérieur de l'opercule, s'en trouve une autre, petite et plus ou moins cachée dans
les téguments ; en dessous, il y a sur l'opercule une ou deux
saillies qui ne se voient pas dans les jeunes. Le sous-opercule
est allongé ; il est dentelé sur le bord libre ainsi que l'interopercule. Le préopercule a le bord postérieur et le bord inférieur
doublement crénelés, ou plutôt il porte, près de son limbe, une
arête dentelée, très-saillante chez les jeunes, effacée chez les

vieux individus. Les pharyngiens sont armés de dents. Les joues sont écailleuses.

Rapprochée du dos, la ligne latérale en suit à peu près la courbure ; elle n'est pas bien marquée. Le nombre des écailles est de cent-dix à cent-quinze dans la rangée longitudinale, et d'une cinquantaine dans la ligne transversale $\frac{17}{32 \text{ ou } 33} + 1$.

La dorsale est longue, elle commence au-dessus de l'angle postérieur de l'opercule, et l'extrémité de ses rayons mous arrive vers la base de la caudale ; sa portion épineuse peut se coucher dans un sillon plus ou moins profond. Les épines, robustes, portent, excepté les trois dernières, de fortes dentelures sur leur bord antérieur et externe ; elles ne sont réunies que par une membrane assez basse, de sorte qu'elles restent libres dans une assez grande partie de leur hauteur ; leur nombre est peu variable, il paraît y en avoir toujours onze ; les deux premiers aiguillons sont très-courts, les plus allongés sont le cinquième, le sixième et le septième ; le dixième est moins haut que le dernier ; quand ils sont rabattus, ces rayons forment sur le dos, par leur engrenage alternatif, une espèce de carène dentelée en dessus et latéralement. La portion molle de la nageoire est arrondie ; elle est beaucoup moins longue que la partie épineuse, bien qu'elle compte au moins autant de rayons ; elle est environ d'un tiers plus haute ; elle fait la moitié et plus de la hauteur du corps chez les jeunes, un peu moins dans les grands ; elle est écailleuse dans le tiers au moins de sa hauteur. L'anale est à peu près aussi longue que haute ; elle est opposée à la portion molle de la dorsale, elle est un peu moins haute, et comme elle, est écailleuse à sa base ; elle a trois fortes épines dentelées sur leur bord antérieur ; la troisième est de beaucoup la plus longue, cependant elle ne fait guère que la moitié de la longueur des rayons mous, qui sont au nombre de huit ou neuf. La caudale est coupée à peu près carrément avec les angles légèrement arrondis ; elle est large et assez longue, elle fait le sixième de la longueur totale ; elle compte dix-sept rayons, plus un petit en dessus et en dessous ; elle est couverte d'écailles sur le premier tiers de sa longueur. Le

surscapulaire est allongé; il est plus ou moins crénelé sur le bord;
le coracoïdien montre d'assez fortes dentelures au-dessus et en
avant de la base de la pectorale; ces aspérités diminuent et
même disparaissent chez les vieux individus. La pectorale est
écailleuse vers la base; elle mesure près du sixième de la longueur
totale; elle est arrondie; elle compte dix-sept rayons. Plus grande
que la pectorale, la ventrale est bien développée; elle est armée
d'une épine longue et robuste, qui est hérissée de dentelures
plus ou moins prononcées. Les nageoires sont d'une teinte générale bleu noirâtre; la base de la membrane intraradiaire de la
portion épineuse de la dorsale, le bord de la partie molle de la
même nageoire et de l'anale, le bord postérieur de la caudale et
la pointe des ventrales sont blanchâtres; chez les sujets de grande
taille, la coloration est moins foncée, elle est plutôt d'un gris
brunâtre.

Br. 7. — D. 11/11 ou 12; A. 3/8 ou 9; C. 1/17/1; P 17; V. 1/5.

Les jeunes sont d'un brun violacé ou lilas, varié de blanc et de
noirâtre; ils montrent sous le ventre quelques bandes blanchâtres
assez courtes et transversales. Chez les individus bien développés,
la teinte générale est d'un gris brunâtre, parfois même tirant sur
le jaune quand les poissons viennent d'être pêchés, comme j'ai
eu l'occasion de le constater à Saint-Jean-de-Luz. Il est probable aussi que le système de coloration se modifie suivant les
parages que fréquentent les Cerniers.

L'estomac est développé; il y a six appendices pyloriques; l'intestin forme six replis.

Habitat. Méditerranée, assez commun à Nice, où il est pêché toute l'année. J'ai vu au Musée de Marseille un beau Cernier mesurant environ 1^m,40
de longueur. Très-rare, Cette. Océan, golfe de Gascogne, commun à Saint-
Jean-de-Luz; il est souvent apporté sur le marché de Bayonne. Les habitants
du petit port de Socoa me paraissent faire la pêche du Cernier en même
temps que celle du Germon. Le Polyprion monte rarement au-dessus de la
Gironde; il est quelquefois pris sur la côte du Poitou, à l'île de Ré. C'est lui
qui est le *Mérou* de nos bords de l'Océan, et non pas le *Serranus gigas*, comme
l'ont cru plusieurs auteurs. Malheureusement Cuvier et Valenciennes ont com-

mis une erreur semblable : à propos du *Serranus gigas*, ils disent : « les pêcheurs de nos côtes de Provence et de Gascogne appliquent le nom de *Mérou* au poisson que nous allons décrire. Brunnich le témoigne pour les premiers, et Borda pour les seconds. » (Cuv. et Valenc., t. II, p. 272.) Il suffit de lire la description de Borda, qui est rapportée dans l'ouvrage de Duhamel, pour être convaincu de la méprise de nos savants ichthyologistes. D'après Borda, le grand aileron du dos « a vingt-trois rayons, dont onze sont pointus ; » il y a par conséquent douze rayons mous, ainsi que nous l'avons indiqué (D. 11/11 ou 12) ; dans le *Serranus gigas*, le nombre des rayons branchus est plus grand, il varie de quinze à seize. De nos jours comme du temps de Borda, les pêcheurs de Cap-Breton, de Bayonne donnent exclusivement le nom de *Mérou* au Cernier, que les Basques de Guétary, de Saint-Jean-de-Luz appellent *Méro*. Par suite d'une erreur regrettable, les naturalistes qui ont laissé des Catalogues des Poissons vivant sur divers points de nos côtes de l'Atlantique, citent toujours le *Serranus gigas* et jamais le *Polyprion*.

Proportions : long. totale 0,185 ; tronc, haut. 0,061, épais. 0,029.

Tête, long. 0,062. — OEil, diam. 0,013, esp. préorbit. 0,018, esp. interorbit. 0,022.

Une tête de sujet de grande taille, que j'ai rapportée de Bayonne, a les proportions suivantes : long. 0,255, haut. 0,185. — OEil, diam. 0,047, esp. préorbit. 0,084, esp. interorbit. 0,084.

Les différences qui existent entre les jeunes Cerniers et les grands, sont assez prononcées ; aussi voyons-nous Costa admettre deux espèces distinctes, l'une est le *Polyprion Americanum*, l'autre est son *Polyprion Massiliense*, qui reste toujours de petite taille, *non cresce più di un palmo*. Le savant naturaliste napolitain, supposant que ce Polyprion n'avait jamais été figuré, en donne un dessin exécuté avec beaucoup de soin et d'exactitude ; il ignorait sans doute alors que Valenciennes avait joint une figure à la description du Cernier publiée dans les *Mémoires du Muséum d'Histoire naturelle*.

Nous ne reviendrons pas sur le système de coloration qui varie avec l'âge : nous dirons seulement que toutes ces crêtes, toutes ces dentelures si prononcées dans les jeunes, s'émoussent plus ou moins et même disparaissent en partie chez les vieux individus. L'arête si relevée, si hérissée, qui traverse l'opercule s'abaisse et devient complétement lisse, elle se réduit à une espèce de relief peu prononcé et arrondi ; les aiguillons de la dorsale, de l'anale et de la ventrale perdent plus ou moins leurs tubercules épineux, parfois même elles finissent par n'être plus rugueuses.

Le Cernier se nourrit de poissons, de coquillages ; il se pêche plus souvent à l'hameçon qu'au filet. Il donne une chair blanche et savoureuse, plus fine, plus délicate que celle du Bar, à laquelle on peut la comparer.

DES SERRANS

Dans plusieurs excellents travaux, notre ami, le professeur L. Vaillant, a justement appelé l'attention sur certains caractères particuliers pouvant servir à déterminer avec précision les différents sous-genres qui composent le groupe des *Serranina*, ou le grand genre *Serranus* de Cuvier. Ces caractères sont tirés de la structure des écailles, de la disposition des dents. Ainsi, les écailles de la ligne latérale sont ciliées dans les Serrans proprement dits, dans les Anthias; elles sont lisses chez le Mérou. Les dents internes, placées vers le point de jonction des intermaxillaires, en arrière des canines, sont mobiles chez le Mérou; elles sont fixes au contraire chez les Serrans. Nous regrettons de ne pouvoir donner une analyse plus complète de ces recherches ingénieuses qui sont exposées avec beaucoup de méthode et de clarté par le savant naturaliste. L. Vaillant. *Sur certains caractères différentiels de quelques genres appartenant au groupe des* SERRANINA; *Bull. Soc. Philom. de Paris*, 1873, t. X, p. 51. — L. Vaillant et Bocourt. *Études sur les poissons.* 1877, p. 44 (*Mission scientifique au Mexique et dans l'Amérique centrale*).

GENRE SERRAN — *SERRANUS*.

Corps oblong, comprimé, couvert d'écailles à bord libre garni de plusieurs rangées de spinules.

Tête ayant des écailles sur le crâne, les joues; mâchoires nues, munies de dents en velours ou en cardes et de canines; vomer et palatins dentés; langue lisse, pointue, très-libre.

Appareil branchial : pièces operculaires écailleuses; opercule armé de trois épines, généralement aplaties; préopercule à bord plus ou moins dentelé; sept rayons branchiostèges.

Nageoires; dorsale à dix rayons épineux; caudale carrée ou peu échancrée.

Vessie natatoire simple, grande.

Les Serrans, appelés encore Perches de mer sur les côtes de la Méditerranée, sont des poissons de petite taille.

Le genre Serran se compose de trois espèces.

Bord inférieur du préopercule dentelé sur sa	moitié postérieure.	bien marqués..	1. S. ÉCRITURE.
	Traits irréguliers sur le museau, la joue	nuls..........	2. S. CABRILLE.
	toute sa longueur; espace interorbitaire écailleux.............................		3. S. HÉPATE.

LE SERRAN ÉCRITURE — *SERRANUS SCRIBA*.

Syn. : ? DE LA PERCHE DE MER, Rondel., liv. VI. c. VIII. p. 156.
PERCA MARINA, Salvian., p. 225. fig. 89; Willugh.. p. 327, pl. X. G. fig. 1 ; Brunn.. *Ichth. Mass.*, p. 63, n° 80.
? HOLOCENTRUS FASCIATUS, Bloch, pl. 240.

Lutjan écriture, Lutjanus scriptura, Lacép., t. X, p. 54 ; Riss., *Ichth.*, p. 264.

Holocentre marin, Holocentrus marinus, Lacép., t. X, p. 189 ; Delaroche, *Ann. Muséum*, 1809, t. XIII, p. 350, *Mém.*, p. 64 ; Riss., *Ichth.*, p. 291.

Holocentre a bandes, Holocentrus fasciatus ? Lacép., t. X, p. 193 ; Riss., *Ichth.*, p. 290.

Holocentrus argus, Holocentre argus, Spinola, *Ann. Muséum*, 1807, t. X, p. 372.

Serranus argus, Serran argus, Riss. *Hist. nat.*, p. 373 ; S. scriba, S. écrivain, id., p 374 ; S. fasciatus, S. à bandes, id., p. 375.

Serran écriture, Serranus scriba, Cuv. et Valenc., t. II, p. 214, pl. 28 ; Guichen., *Expl. Algér.*, p. 33.

Serranus scriba, CBp., *Cat.*, n° 492 ; Günth., t. I, p. 103 ; Canestr., *Fn. Ital.*, p. 74.

N. vulg. : Serran, Perca, Nice ; Saran, Cette ; Baque-Sarrane, Port-Vendres.

Long. : 0,15 à 0,20.

Ce poisson porte sur le museau et sur les joues des traits irréguliers qui ont été comparés à des caractères d'écriture, et lui ont fait donner son nom spécifique. Il a le corps oblong, et le profil abdominal généralement plus convexe que le profil dorsal. La hauteur du tronc, qui fait souvent le triple de l'épaisseur, est contenue trois fois et un tiers à trois fois et deux tiers dans la longueur totale. La peau est couverte d'écailles de moyenne grandeur, à plusieurs rangées de spinules. L'anus est plus éloigné de l'extrémité du museau que de la terminaison de la caudale. Il y a vingt-quatre vertèbres, 10 + 14.

La tête paraît cunéiforme ; sa longueur est comprise trois fois à trois fois et un cinquième dans la longueur totale. Le museau est mince, pointu ; il est nu, ainsi que les mâchoires. La bouche est grande ; elle est fendue obliquement à peu près jusque sous le bord antérieur de l'orbite ; quand elle est fermée, la mandibule, qui est plus avancée que la mâchoire supérieure, semble former le bout du museau. Les mâchoires sont garnies l'une et l'autre d'une bande assez large de dents en velours ou plutôt en cardes fines ; à la rangée externe, en avant et sur les côtés, il y a des dents plus fortes, plus crochues, des espèces de canines. Le chevron du vomer porte une plaque de dents en velours ; il y a une bande, sur les palatins, de dents semblables. La langue est lisse ; elle est très-longue et pointue. Le maxillaire supérieur a son extrémité postérieure élargie, allant jusqu'à l'aplomb du diamètre vertical de l'œil, et même un peu plus en arrière.

Ordinairement l'iris est d'un rouge doré. L'œil est arrondi, rapproché du profil supérieur. Son diamètre est contenu cinq fois à cinq fois et demie dans la longueur de la tête ; il est d'un quart au moins plus petit que l'espace préorbitaire et d'un cinquième environ plus grand que l'espace interorbitaire. L'os sous-orbitaire est allongé, assez étroit, il ne recouvre que très-peu le bord du maxillaire supérieur ; il est nu ainsi que l'espace interorbitaire.

Les orifices de la narine sont voisins l'un de l'autre ; ils sont plus rapprochés de l'orbite que du bout du museau ; ils sont étroits. En arrière la membrane de l'ouverture antérieure s'allonge en une petite languette triangulaire.

La fente des ouïes se prolonge en avant jusque sous le diamètre vertical de l'œil. Les pièces operculaires sont écailleuses. L'opercule est armé de trois épines aplaties, à pointe aiguë dirigée en arrière ; il est bordé par une membrane qui se termine en formant un angle au-dessus de l'insertion de la pectorale. Le sous-opercule n'est pas distinct de l'opercule. Le préopercule est finement crénelé sur le bord postérieur, sur l'angle postérieur et sur le tiers postérieur du bord inférieur ; il a son angle postérieur très-arrondi, il résulte de cette disposition que le bord postérieur et le bord inférieur ont à peu près la même longueur. Les écailles des joues sont petites ; elles sont lisses, jamais du moins, chez différents spécimens de France et d'Afrique, elles ne m'ont présenté aucune trace de spinules.

La ligne latérale décrit une courbe depuis le bord inférieur du surscapulaire jusqu'à la fin de la base de la dorsale, puis elle devient droite et gagne le milieu de l'insertion de la caudale ; elle suit le profil supérieur dont elle est trois fois plus rapprochée que du profil inférieur. Il y a environ soixante-dix écailles dans la rangée longitudinale, et vingt-cinq dans la ligne transversale. Éc., l. long. 70 ; l. transv. $\frac{6}{18} + 1$.

Au-dessus ou un peu en arrière de la base de la pectorale,

commence la dorsale qui est longue, régulière; elle est garnie
dans ses espaces intraradiaires, ainsi que les autres nageoires
verticales, d'une bande allongée, triangulaire, composée de petites écailles. Elle a dix aiguillons très-pointus qui portent, attaché à leur bord postérieur, un filament rougeâtre, espèce de
prolongement libre de la membrane intraradiaire au-dessus des
rayons. Le premier aiguillon est court; le deuxième est un peu
plus allongé; les suivants mesurent à peu près le tiers de la hauteur du corps. La portion molle de la nageoire est soutenue par
quatorze, rarement quinze rayons, qui sont un peu plus élevés
que les aiguillons; les derniers rayons, quand ils sont couchés,
atteignent presque la base de la caudale. L'anale commence
sous le deuxième rayon mou de la dorsale et finit sous le onzième ordinairement; elle compte trois épines et sept ou huit
rayons mous; ses épines en général sont dépassées par des prolongements de la membrane intraradiaire paraissant moins prononcés qu'à la dorsale; ces filaments n'existent pas chez certains
individus; le premier aiguillon est court; le second semble le
plus gros, il est à peu près de même longueur que le troisième;
la portion molle de l'anale est aussi haute que celle de la dorsale. La caudale est légèrement convexe ou plutôt carrée; elle
est assez longue, elle mesure un peu moins du cinquième de la
longueur totale; elle a dix-sept rayons, plus deux ou trois petits
en dessus et en dessous. Le tronçon de la queue est robuste; sa
hauteur est plus grande que la distance comprise entre la base
de la dorsale et celle de la caudale. Le surscapulaire paraît
comme une écaille avec quelques crénelures. Les pectorales sont
bien développées, elles font un peu moins du quart de la longueur totale, elles n'arrivent pas à l'anale; elles ont treize ou
quatorze rayons; les rayons médians sont un peu plus allongés
que les autres. Les ventrales ne mesurent pas tout à fait le cinquième de la longueur totale; elles sont pointues; le deuxième
rayon mou et le troisième sont les plus développés; l'épine est
acérée, moitié moins longue que la nageoire entière.

Br. 7. — D. 10/14 ou 15; A. 3/7 ou 8; C. 17; P. 13 ou 14; V. 1/5.

La dorsale est d'un gris jaune ou rosé avec de petites taches rouges plus ou moins arrondies, bien marquées surtout dans la région molle ; les filaments membraneux qui dépassent les épines sont d'un rouge très-vif. L'anale se montre d'un gris rosé avec les rayons jaunâtres, de petites taches rougeâtres dans les espaces intraradiaires et une bordure noirâtre. La caudale présente à peu près la même teinte, mais elle a ses taches mieux dessinées. Les petites taches rouges des nageoires impaires forment des séries de bandes interrompues. Les pectorales sont d'un jaune nuancé de rose, avec une tache brune à la base. Les ventrales sont brunâtres, elles ont aussi parfois des macules rougeâtres.

Quant au corps, il est d'un jaune rougeâtre avec cinq ou six bandes noirâtres verticales qui descendent de la base de la dorsale vers les côtés, et se partagent quelquefois en deux ; ordinairement les bandes, qui sont placées sous la partie molle de la dorsale, sont les plus larges et les plus longues, elles arrivent presque jusqu'à l'anale ; la première bande se divise en deux parties, la branche postérieure descend vers la base de la pectorale qu'elle marque en avant. Assez souvent les bandes noirâtres remontent dans les espaces intraradiaires de la dorsale, sur les petites rangées d'écailles.

Le dessus de la tête en général, le museau et les joues sont parcourus par des lignes sinueuses, entrecoupées, étroites, d'un bleu argenté ou tirant sur le lilas, à liséré noirâtre ; ces lignes, qu'on appelle l'écriture, se dessinent d'une façon plus ou moins nette sur un fond rougeâtre ou d'un brun roussâtre ; parfois le dessus de la tête, l'espace interorbitaire et le museau sont d'un brun marron ; alors les côtés du museau seulement et les joues sont marqués de traits lilas. La partie antérieure de l'opercule porte souvent une bande verticale brunâtre ; l'interopercule, les mâchoires ont des taches ou des traits d'un rouge brun.

Suivant Cuvier, il y a sept appendices pyloriques.

Habitat. Méditerranée, assez commun, Nice, Toulon, Marseille, Cette, Port-Vendres.

Proportions : long. totale 0,171 ; tronc, haut. 0,048, épais. 0,016.

Tête, long. 0,55. — Œil, diam. 0,010, esp. préorbit. 0,0145, esp. interorbit. 0,008.

LE SERRAN CABRILLE — *SERRANUS CABRILLA.*

Syn. : De Hiatula sive Channa, Salvian., p. 229, fig. 91.
Perca cabrilla, Linn., p. 488, sp. 33.
Perca marina, Brunn., *Ichth. Mass.*, p. 64, var.
Holocentrus virescens, Bloch, pl. 233.
Bodian hiatule, Bodianus hiatula, Lacép., t. X, p. 118.
Holocentre chani, Holocentrus chanus, Lacép., t. X, p. 162. — H. verdâtre, H. virescens, id., p. 171.
Holocentre jaune, Holocentrus flavus, Riss., *Ichth.*, p. 293. — H. serran, H. serranus, id., p. 294.
Serranus cabrilla, Serran cabrille, Riss., *Hist. nat.*, p. 375. — S. flavus, S. jaune id., p. 376.
Le Serran proprement dit, Serranus cabrilla, Cuv. et Valenc., t. II, pl. 223, pl. 29,
Serran commun, Guichen., *Expl. Algér.*, p. 33, pl. 1.
Serranus cabrilla, CBp., *Cat.*, n° 493 ; Günth, t. I, p. 106 ; Canestr., *Fn. Ital.*, p. 75.
Smooth Serranus, Yarr., t. II, p. 129.
Comber, Couch, t. I, p. 195.

N. vulg. : Serran, côtes de la Méditerranée ; Roussignaou, Cette ; Crak, Biarritz ; Cabre ou plutôt Crabe, Bayonne ; Fougère, Brest ; Sonneur, Violon, Cherbourg.

Long. : 0,15 à 0,20, quelquefois 0,25.

Chez le Cabrille, le corps est plus allongé que chez le Serran écriture ; il est aussi couvert d'écailles plus petites. La hauteur du tronc, qui fait le double de l'épaisseur, est contenue quatre fois et un huitième à quatre fois et trois quarts dans la longueur totale. Il y a vingt-quatre vertèbres.

La longueur de la tête est comprise trois fois et un tiers à trois fois et demie dans la longueur totale. Le museau est légèrement obtus, moins allongé que dans le Serran écriture. La bouche est grande, elle est fendue jusqu'au-dessous de l'orifice postérieur de la narine. La mâchoire supérieure est plus courte que la mandibule ; la dentition paraît à peu près semblable à celle de l'autre espèce, les mâchoires toutefois portent quelques dents plus fortes et plus crochues ; à la mandibule, les dents forment sur les côtés une bande plus étroite que chez le Serran écriture.

La langue est longue et étroite. Le maxillaire supérieur arrive
en arrière jusqu'au prolongement du diamètre vertical de l'œil.

L'iris est rougeâtre. Le diamètre de l'œil qui est ovale, est
compris quatre fois à quatre fois et deux tiers dans la longueur
de la tête; il est égal à l'espace préorbitaire chez les jeunes, il
est d'un septième plus court chez les sujets développés; il est
plus grand que l'espace interorbitaire, qui est nu.

L'appendice cutané qui surmonte le bord postérieur de l'orifice antérieur de la narine paraît moins allongé que dans l'autre
espèce.

Dans le Cabrille, l'angle formé par le bord membraneux de
l'opercule est plus étroit et moins long que dans le Serran écriture; l'épine inférieure de l'opercule semble plus faible et plus
courte; le préopercule a l'angle beaucoup moins arrondi; il
porte, à son angle surtout, des crénelures plus prononcées; les
crénelures viennent jusqu'au milieu du bord inférieur qui est
moins allongé que le bord postérieur. Un caractère d'une certaine importance est fourni par la disposition que présentent
les écailles de la joue; elles ont le bord libre garni de plusieurs
rangées de spinules; j'ai constaté le fait à plusieurs reprises.

La ligne latérale suit le même trajet que celle de l'espèce précédente. Le nombre des écailles est de quatre-vingt-cinq environ dans la rangée longitudinale, et de trente-trois ou trente-
quatre dans la ligne transversale. Éc., l. long. 85; l. transv.
$\frac{8 \text{ ou } 9}{23 \text{ ou } 24} + 1$.

Comme chez le Serran écriture, les nageoires impaires ont de
petites bandes d'écailles dans leurs espaces intraradiaires. La
dorsale commence au-dessus et généralement un peu en arrière
de l'insertion des pectorales; elle a dix aiguillons et quatorze
rayons mous; elle est d'un rouge ocracé peu foncé, avec des
bandes longitudinales d'un azur très-clair; dans sa région molle,
elle présente deux rangées d'ocelles bleu clair, et au-dessous
des ocelles, une bande bleuâtre d'une teinte affaiblie. L'anale
a trois épines et huit rayons branchus, parfois sept seulement;
elle a la même coloration que la dorsale avec deux bandes d'azur

clair ; Cuvier et Valenciennes indiquent trois bandes aurore et lilas sur l'anale. La caudale est un peu échancrée ; elle est d'un roux pâle avec trois rangées d'ocelles azur clair ; sa longueur fait le dixième de la longueur totale. Le tronçon de la queue paraît moins haut que dans le Serran écriture ; sa hauteur est moins grande que la distance qui existe entre la base de la dorsale et celle de la caudale. Le surscapulaire est fort petit. Les pectorales ont quatorze rayons ; leur longueur est comprise quatre fois et demie à cinq fois dans la longueur totale, dont les ventrales ne mesurent que le sixième. Les nageoires paires sont pâles avec les rayons d'un rouge jaunâtre.

D. 10/14 ; A. 3/7 ou 8 ; C. 17 ; P. 14 ; V. 1/5.

Le système de coloration est très-variable suivant le sexe, l'âge, la saison. La teinte générale est d'un gris jaunâtre ou d'un rouge assez clair avec sept à neuf bandes verticales d'un rouge brunâtre et trois ou quatre bandes longitudinales soit jaunâtres, soit d'un rouge vermillon ; ces bandes sont beaucoup plus marquées chez les mâles que chez les femelles ; le dessous de la gorge, dans les mâles, est d'un rose très-vif. Chez les femelles ordinairement la teinte est saumon ; les bandes longitudinales sont d'un jaune pâle. Le ventre est d'un jaune rosé. La tête montre une disposition de couleurs en quelque sorte caractéristique ; sur un fond rougeâtre se détachent trois bandes jaunes ou lilas dirigées obliquement de bas en haut et d'arrière en avant ; elles partent du bord postérieur de l'appareil operculaire ; la bande supérieure s'étend de l'angle de l'opercule à l'orbite ; la bande inférieure va jusque vers la mâchoire supérieure ; la bande intermédiaire est un peu moins longue ; sous l'œil est ordinairement une bandelette violacée. Ces bandes sont moins nettes, peuvent même parfois manquer chez les femelles. Les différences dans le système de coloration ont fait admettre plusieurs espèces.

Les appendices pyloriques sont peu nombreux ; j'en ai compté trois seulement.

Habitat. Le Cabrille se trouve sur toutes nos côtes. Il est commun dans la Méditerranée, Nice, Cette. Océan, golfe de Gascogne, assez commun à Saint-Jean-de-Luz; Charente-Inférieure, très-rare, île de Ré; Bretagne, rare, Brest; assez rare, Roscoff; Normandie, rare, Cherbourg; Picardie, excessivement rare, embouchure de la Somme.

Proportions : long. totale 0,20; tronc, haut. 0,048, épais. 0,025.

Tête, long. 0,058. — OEil, diam. 0,0125, esp. préorbit. 0,014, esp. interorbit. 0,10.

LE SERRAN HÉPATE — *SERRANUS HEPATUS*

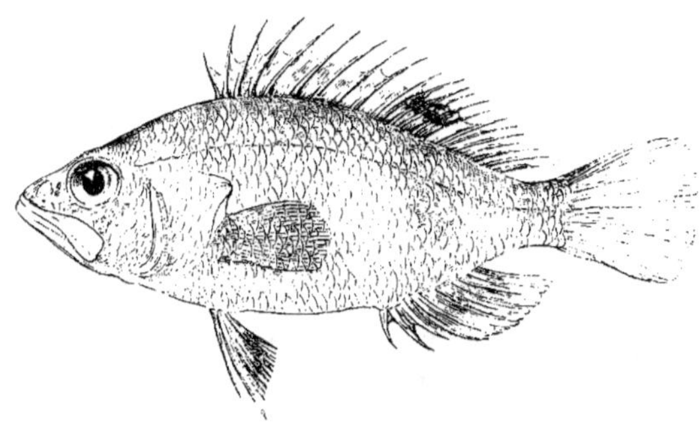

Fig. 124.

Syn. : SACHETTUS VENETORUM, Willugh., p. 326.
LABRUS HEPATUS, Linn., p. 474, sp. 4; Lacép., t. IX, p. 125.
LABRUS.... Brunn., *Spol. mari Adriat. report.*, p. 98, n° 11.
HOLOCENTRUS STRIATUS, Bloch. pl. 235, fig. 1.
LE LUTJAN ADRIATIQUE, Lutjanus Adriaticus, Lacép., t. X, p. 49.
HOLOCENTRE A MACHOIRE PONCTUÉE, Holocentrus siagonotus, Delaroche, *Ann. Museum*, t. XIII, p. 352, *Mém.*, p. 66, fig. 8.
HOLOCENTRE HÉPATE. Holocentrus hepatus, Riss., *Ichth.*, p. 292.
SERRANUS HEPATUS, Serran hépate, Riss., *Hist. nat.*, p. 377.
DU PETIT SERRAN A TACHE NOIRE SUR LA DORSALE, Serranus hepatus, Cuv. et Valenc., t. II, p. 231; Guichen. *Expl. Algér.*, p. 34.
SERRANUS HEPATUS, CBp., *Cat.*, n° 494, *Fn. ital.*, fig.; Canest., *Fn. Ital.*, p. 75.
CENTROPRISTIS HEPATUS, Günth., t. I, p. 84.

N. vulg. : Pétaijdé, Cette.
Long. : 0,08 à 0,12.

De nos Serrans l'Hépate est celui qui a la taille la moins développée. Il a le corps oblong, le profil du dos arqué. La hauteur du tronc, qui fait le double de l'épaisseur, est contenue trois fois et un tiers à trois fois et trois cinquièmes dans la longueur totale. La peau est couverte d'écailles relativement plus grandes que dans les autres espèces. Le nombre des vertèbres est de vingt-quatre.

A peine moins haute que longue, la tête est forte ; sa longueur est comprise trois fois à trois fois et un tiers dans la longueur totale. Le museau est arrondi, assez court. La bouche est bien fendue. Les mâchoires sont à peu près égales, ou la mâchoire supérieure est à peine moins avancée que la mandibule ; elles sont garnies l'une et l'autre de dents en cardes assez fortes ; les dents de la rangée externe sont les plus développées surtout en avant, et à la mâchoire supérieure, sur laquelle se voient ordinairement plusieurs petites canines. Le vomer et les palatins sont dentés. La langue est étroite, longue et lisse. Le maxillaire supérieur est nu, ainsi que le museau et la mâchoire inférieure ; il va jusqu'au prolongement du diamètre vertical de l'œil.

L'iris est jaunâtre. Le diamètre de l'œil, qui est ovale, fait le quart de la longueur de la tête ; il est à peu près égal à l'espace préorbitaire, et d'un quart ou d'un tiers plus grand que l'espace interorbitaire. Chez l'Ilépate, l'espace interorbitaire et l'os sous-orbitaire portent de petites écailles pectinées. Le sous-orbitaire a le bord inférieur légèrement courbe ; il recouvre le maxillaire supérieur en avant et sur le côté, mais pas en arrière.

Quant aux ouvertures des narines, elles paraissent un peu moins rapprochées l'une de l'autre que dans les deux autres espèces. L'orifice postérieur est arrondi, assez large, placé près de l'orbite.

Les pièces operculaires sont écailleuses. L'opercule est armé de trois épines. Le préopercule a son angle arrondi ; il est finement dentelé sur le bord postérieur et sur toute la longueur de son bord inférieur. Les joues sont couvertes d'écailles à plusieurs rangées de spinules.

Comme dans les autres espèces, la ligne latérale suit, sous la dorsale, la courbe du profil supérieur. On compte dans une rangée longitudinale quarante et une à quarante-quatre écailles,

et vingt ou vingt et une dans la ligne transversale. Éc., l. long.
41 à 44; l. transv. $\frac{5 \text{ ou } 6}{14} + 1$.

La dorsale commence au-dessus de la base de la pectorale ; elle
mesure la moitié de la longueur totale, caudale non comprise ;
elle est faiblement échancrée vers la réunion de la partie épineuse à la partie molle ; elle est marquée, au niveau ou un peu en
arrière de cette échancrure, d'une tache noire ovale, qui s'étend sur
la partie supérieure de ses premiers rayons mous. Elle compte dix
aiguillons à peu près égaux, excepté les deux premiers qui sont
courts, et onze, rarement douze rayons branchus, un peu plus
allongés que les rayons épineux. L'anale est courte, elle commence après et finit avant la portion molle de la dorsale ; elle a
trois épines et sept rayons mous ; la seconde épine est la plus
forte. La caudale est très-peu échancrée, elle est coupée presque verticalement ; elle fait le cinquième de la longueur totale.
Le surscapulaire ressemble à une écaille crénelée. Les pectorales
sont longues, elles atteignent ou même dépassent l'anus ; elles
ont quatorze rayons. Les ventrales sont triangulaires ; l'aiguillon est pointu, assez robuste, il fait près des deux tiers de la
longueur de la nageoire, qui est égale à la caudale. La hauteur
du tronçon de la queue est un peu moindre que la distance qui
sépare l'une de l'autre la base de la dorsale et celle de la caudale.

D. 10/11 ou 12; A. 3/7; C. 16; P. 14; V. 1/5.

La coloration est des plus variables ; tantôt elle est d'un gris
blanchâtre uniforme, ou légèrement plus foncé vers la région
supérieure, tantôt elle est grisâtre ou gris rougeâtre avec cinq
bandes verticales noirâtres, des bandes jaunâtres sous la gorge,
sur la tête, des lignes bleuâtres sur le ventre ; parfois la teinte
est beaucoup plus foncée, ainsi que je l'ai constaté sur des Serrans de Port-Vendres qui paraissent affectés de mélanisme. La
dorsale est grisâtre, avec quelques points noirs dans sa région
épineuse et une tache noirâtre arrondie vers la partie supérieure
des trois premiers rayons mous. L'anale est grisâtre. La caudale

est grise avec quelques points jaunes. Les pectorales sont jaunâtres, et les ventrales noirâtres.

La plupart des Serrans hépates que j'ai examinés à Cette,
étaient d'un gris argenté, avec les bandes verticales peu marquées ou même paraissant manquer complétement. Ils offraient
avec ceux de Port-Vendres un contraste de coloration des plus
frappants. Chez les Hépates de Port-Vendres, le fond est un
brun rougeâtre sur le corps, lavé de noir sur la tête et les opercules, avec cinq bandes noires verticales parfaitement dessinées.
La première bande descend de la nuque à la racine de la pectorale, en passant sur le bord postérieur de l'opercule ; la seconde
bande part de la base des trois premiers aiguillons de la dorsale
et s'arrête un peu au-dessous de la pectorale ; la troisième bande
va du sixième et du septième aiguillon de la dorsale rejoindre
sous le ventre celle du côté opposé, en formant ainsi une ceinture qui se trouve à la pointe des ventrales et en avant de l'anale ;
la quatrième bande est beaucoup plus large ; elle commence au
dernier aiguillon et s'étend jusqu'au dixième rayon mou de la
dorsale, elle se continue sur la troisième épine et les rayons
mous de l'anale qu'elle dépasse même en arrière ; enfin la cinquième bande entoure le tronçon de la queue, un peu avant la
base de la caudale. La dorsale est d'un gris jaunâtre avec des
taches brunes sur les huit premiers espaces intraradiaires ; une
grande tache noire, bien marquée, commence avant le dernier
aiguillon, et s'étale sur les quatre premiers rayons mous ; elle
est séparée par un seul espace intraradiaire d'une autre tache,
qui s'étend sur trois ou quatre espaces intraradiaires et sur leurs
rayons. Enfin le dernier rayon mou porte une petite tache noire
également. L'extrémité libre des rayons mous est d'un rouge
brunâtre. L'anale est noire, avec la pointe des rayons d'un brun
roussâtre. La caudale est d'un gris teinté de jaune clair ; les
rayons sont marqués de points roux. Les pectorales sont d'un
brun jaunâtre et les ventrales d'un noir d'ébène très-foncé.

Les appendices pyloriques sont au nombre de cinq.

Habitat. Le Serran hépate se trouve dans la Méditerranée ; il est commun sur toute la côte, de Nice à Port-Vendres. Je l'ai vu en grande abondance surtout à Cette, au mois d'août.

Proportions : long. totale 0,111 ; tronc, haut. 0,031, épais. 0,013.

Tête, long. 0,034. — OEil, diam. 0,009, esp. préorbit. 0,008, esp. interorbit. 0,0065.

Les Serrans donnent une chair généralement peu estimée. Depuis les recherches d'Aristote, le *Channa* (*S. Scriba* et probablement aussi *S. cabrilla*) est regardé comme hermaphrodite. Vers la fin du siècle dernier, Cavolini confirma la réalité du fait signalé par le créateur de l'Histoire naturelle. (Cavolini, *Memoria sulla generazione dei pesci e dei granchi*, p. 97, pl. 1, fig. 16-17. Napoli, 1787.) La plupart des anatomistes soutenant, malgré les travaux du savant italien, qu'il n'y a pas d'hermaphrodisme normal parmi les vertébrés, que les sexes sont toujours séparés, la question dut être reprise. Le docteur Dufossé, placé dans des conditions favorables, put examiner un fort grand nombre de Serrans; il fit trois cent soixante-huit autopsies qui lui démontrèrent l'identité de conformation des organes génitaux chez les *S. scriba, S. cabrilla, S. hepatus*. Il formule ainsi le résultat de ses observations : Les individus des espèces *S. scriba, S. cabrilla, S. hepatus* sont hermaphrodites. Chaque individu de ces trois espèces produit des œufs qu'il féconde dès qu'il les a pondus. (Dufossé, *De l'hermaphrodisme chez certains vertébrés*, dans *Ann. sc. nat.*, 1856, t. 5, p. 295-330, pl. 8, fig. 1-6.)

Suivant Dufossé, dans les eaux de Marseille et dans celles de la Ciotat, le temps du frai chez le *S. scriba* dure depuis la fin de juin jusqu'à la mi-septembre; chez le *S. hepatus*, la ponte commence dans les premiers jours du mois d'avril et finit dans la première quinzaine du mois d'août. Parmi les poissons de l'espèce *S. cabrilla*, les uns fraient d'avril en juin, et les autres de juillet en septembre. (Dufos., *loc. cit.*, p. 300-301.)

GENRE MÉROU, ou ÉPINÉPHÈLE — *EPINEPHELUS*, Bloch.

Syn. : Cerna, CBp. ; Canestr.

Corps ovale, couvert de petites écailles pectinées.

Tête écailleuse; mâchoire supérieure nue, mandibule garnie de très-petites écailles, armées l'une et l'autre de dents en cardes avec quelques canines. Dents en cardes sur le chevron du vomer et les palatins.

Appareil branchial; opercule à trois épines; préopercule dentelé; pseudobranchies ; sept rayons branchiostèges.

Ligne latérale composée d'écailles lisses, non ciliées.

Nageoires; dorsale ayant onze aiguillons et une quinzaine de rayons mous ; anale à trois épines et huit rayons mous.

Ce genre est représenté par une seule espèce.

LE MEROU BRUN — *EPINEPHELUS GIGAS.*

Syn. : PERCA GIGAS. Brunn., *Ichth. Mass.*, p. 65, nº 81.

MÉROU, *Perca gigas*. Bonnat., p. 132.

HOLOCENTRE MÉROU, Holocentrus merou, Lacép., t. X, p. 189 ; Riss., *Ichth.*, p. 289.

PERCHE MÉROU, Serranus gigas, Et. Geof. Saint-Hil., *De l'aile operculaire ou auri-culaire des Poissons*, dans *Mém. Muséum*, 1824, t. XI, p. 420, pl. 21, squel. tête.

SERRANUS GIGAS, Serran Mérou, Riss., *Hist. nat.*, p. 373.

LE GRAND SERRAN BRUN, *nommé plus particulièrement* Mérou, Serranus gigas, Cuv. et Valenc., t. II, p. 270, pl. 33 ; Guichen., *Expl. Algér.*, p. 35.

SERRANUS GIGAS, Günth., t. I, p. 132 ; Canestr., *Fn. Ital.*, p. 76 ; L. Vaillant, *Études sur les Poissons*, 1877, p. 57 (*Mission scient. Mexique... Amérique centrale*).

CERNA GIGAS, C.Bp., *Cat.*, nº 497.

? THE DUSKY SERRANUS, Yarr., t. II, p. 132.

? DUSKY PERCH, Couch, t. I, p. 198.

N. vulg. : Anfonsou, Nice ; Mérou et Méron, Marseille.

Long. : 0,39 à 0,60 et même 1,00.

Peut-être n'est-il pas inutile d'appeler de nouveau l'attention sur un point très-important? Le Mérou des Provençaux, nous le répétons, est complétement distinct du Mérou des Basques, qui n'est pas un Serran, mais un Polyprion, le Cernier en un mot.

Chez le Mérou les formes sont assez trapues. Le corps est épais vers le dos, plus comprimé sur les côtés ; sa hauteur, qui généralement ne fait pas le double de son épaisseur, est comprise trois fois et quart à quatre fois dans la longueur totale. Ses écailles sont petites ; excepté à la ligne latérale, elles présentent la figure d'un carré long ; elles ont leur bord postérieur garni de spinules disposées sur trois rangées et plus. L'anus est à peu près au milieu de la longueur totale. Il y a vingt-quatre vertèbres, 10 + 14.

La tête a le profil supérieur légèrement déclive ; elle est complétement couverte d'écailles, excepté sur la mâchoire supérieure. Sa longueur est variable suivant l'âge, chez les individus qui ont acquis un grand développement, elle est contenue deux fois et deux tiers dans la longueur totale, et trois fois et quart environ chez les sujets de moyenne taille. Le museau est assez arrondi, assez large. La bouche est grande, elle s'ouvre jusqu'à

l'aplomb du bord antérieur de l'orbite. La mâchoire supérieure
est moins avancée que la mandibule ; elles sont l'une et l'autre
garnies de dents en cardes fines, plus fortes à la rangée externe ;
au côté interne de chacun des intermaxillaires, il y a une ou
deux canines crochues ; en arrière des canines se trouvent, ainsi
que le fait remarquer L. Vaillant, des dents mobiles pouvant se
fléchir d'avant en arrière, s'appliquer sur la voûte palatine. La
mâchoire inférieure a, sur ses branches, de très-petites écailles
lisses ; elle porte ordinairement une canine de chaque côté de
la symphyse. Le vomer et les palatins sont dentés. La langue est
blanche, étroite, allongée, lisse. Le maxillaire supérieur dépasse en arrière le diamètre vertical de l'œil, il arrive presque
sous le bord postérieur de l'orbite ; il est triangulaire ; il n'est
pas couvert par le sous-orbitaire.

L'iris est d'un bleu foncé avec le bord pupillaire jaunâtre. Le
diamètre de l'œil, chez un jeune animal, fait le cinquième de
la longueur de la tête, il est d'un cinquième plus petit que l'espace préorbitaire, et d'un quart plus grand que l'espace interorbitaire. Chez les sujets de grande taille les proportions changent, le diamètre de l'œil ne mesure plus que le sixième ou le
septième de la longueur de la tête, il ne fait pas la moitié de
l'espace préorbitaire, il est plus petit que l'espace interorbitaire.

Les ouvertures de la narine sont rapprochées l'une de l'autre.
L'orifice postérieur est placé près du bord de l'orbite ; il est arrondi et plus grand que l'orifice antérieur, qui est tubuleux.

Sous la gorge, la fente des branchies s'avance jusqu'à l'aplomb
du bord postérieur du maxillaire supérieur. L'opercule est couvert d'écailles à peu près égales à celles du corps ; il porte en
arrière trois épines aplaties ; celle du milieu est la plus longue
et la plus forte. Le sous-opercule et l'interopercule sont peu
distincts, ils sont cachés sous les écailles ; ils ne sont pas crénelés. Le préopercule est garni d'écailles beaucoup plus petites
que celles de l'opercule ; il a le bord postérieur légèrement
courbe, l'angle postérieur arrondi et un peu saillant ; il porte en

arrière des crénelures qui deviennent de plus en plus fortes à mesure qu'elles descendent vers l'angle postérieur, sous lequel elles finissent. Les écailles des pièces operculaires, des joues, de l'espace interorbitaire, de la mâchoire inférieure m'ont toujours paru lisses.

La ligne latérale est placée au quart supérieur de la hauteur du corps ; elle suit le profil du dos jusqu'à la fin de la dorsale, elle s'abaisse alors et se continue directement sur le tronçon de la queue. Le professeur Vaillant, nous l'avons dit, a trouvé dans la disposition des écailles qui la constituent, un des meilleurs caractères du genre Mérou. Ces écailles sont triangulaires, plus étroites à leur bord postérieur ; elles sont lisses ; le canal, qui traverse chacune d'elles, est rétréci en arrière ; il présente la forme d'une bouteille dont le goulot est dirigé vers le bord libre de l'écaille. Il y a une centaine d'écailles dans une rangée longitudinale, et une quarantaine dans une rangée transversale, dont neuf au-dessus de la ligne latérale.

Les nageoires sont toutes plus ou moins écailleuses à leur base. La dorsale est très-longue, elle commence en avant des pectorales, au-dessus des épines de l'opercule ; elle compte onze rayons épineux forts et très-pointus ; le quatrième, qui est le plus développé, fait à peu près les trois quarts du plus grand rayon mou ; la portion molle se termine en lobe arrondi, elle se porte en arrière plus loin que l'anale ; elle a quinze ou seize rayons ; elle est écailleuse dans les trois quarts de sa hauteur ; elle est mieux protégée que la partie épineuse, qui a des écailles sur le quart inférieur seulement. L'anale prend naissance sous le quatrième rayon mou de la dorsale, assez loin de l'anus ; elle a sa troisième épine plus forte et plus longue que les autres ; sa portion molle est composée de huit rayons ; elle est plus haute que la nageoire n'est longue ; elle forme un lobe arrondi, qui semble mieux détaché que celui de la dorsale. La caudale est arrondie ; elle mesure le cinquième de la longueur totale ; elle a quinze grands rayons, plus trois ou quatre petits rayons basilaires. En général, la hauteur du tronçon de la queue est égale à la distance qui existe entre la base de la dorsale et celle de la caudale. Les pectorales sont aussi longues que la caudale ; elles ont dix-sept rayons. Enfin les ventrales sont égales au sixième de la longueur totale ; elles sont placées sous les pectorales ; elles sont très-rapprochées l'une de l'autre ; elles sont maintenues par une courte membrane, qui va se fixer au ventre ; l'épine est moitié moins longue que le rayon suivant.

Br. 7. — D. 11/15 ou 16 ; A. 3/8 C. 15 ; P. 17 ; V. 1/5.

La coloration est assez variable, d'un brun rougeâtre ou lie de vin plus clair sous la gorge, parfois brun jaunâtre avec des taches grises assez larges, parfois jaunâtre avec des nuages d'un brun plus ou moins foncé ; le ventre est jaune. Les nageoires m'ont paru d'un brun lie de vin foncé avec l'extrémité des rayons mous d'un gris blanchâtre.

Habitat. Méditerranée, rare, Nice, Marseille ; il n'est pas cité dans le Catalogue des Poissons de Cette ; d'après Guichenot il est très-commun en Algérie. Se trouve-t-il sur nos côtes de l'Atlantique ? Ce n'est pas probable, du moins il n'a jamais été signalé d'une façon certaine. Trompés par la similitude du nom appliqué à deux espèces différentes, F. Darracq, A. Lafont, Lemarie ont pris le *Polyprion cernium* pour le *Serranus gigas*. Couch et Yarrell l'indiquent parmi les poissons de l'Angleterre. Couch donne une figure qui assurément n'est pas celle du *Serranus gigas*. Dans son ouvrage, Yarrell joint à la figure publiée par Cuvier et Valenciennes le texte de Couch ; il ajoute qu'il y a concordance entre la description et le dessin empruntés à des auteurs différents. La concordance est-elle bien réelle ? Le poisson, d'après Couch, a la tête et le corps couverts de grandes écailles ; l'opercule porte une grande épine aplatie ; l'anale a deux aiguillons. Il est inutile de poursuivre les citations et de chercher des ressemblances qui n'existent pas.

Proportions : long. totale 0,131 ; tronc, haut. 0,038, épais. 0,021.

Tête, long. 0,040. — Œil, diam. 0,008, esp. préorbit. 0,010, esp. interorbit. 0,006. V. L. Vaillant, *loc. cit.*, p. 57.

Le Musée de Toulouse possède un spécimen de grande taille. Au Musée de Gênes est un Mérou fort bien monté, ayant : long. totale 0,96 ; tête, long. 0,36 ; dans cette belle collection se voit encore un (*Cerna*) *Serranus macrogenis*, Sassi, à caudale en croissant, mesurant : long. totale 0,80 ; long. tête, prise de la fin de l'opercule à : mâchoire supérieure 0,22 ; mandibule 0,26.

GENRE ANTHIAS ou BARBIER — *ANTHIAS*.

Corps ovale, couvert de grandes écailles ciliées.

Tête écailleuse ; museau court : mâchoire supérieure moins avancée que la mandibule, toutes deux écailleuses, munies de dents en velours et de plusieurs canines ; dents sur les palatins et le vomer ; langue lisse.

Appareil branchial : pièces operculaires écailleuses ; opercule armé de trois épines : préopercule à bord crénelé ; sept rayons branchiostèges.

Nageoire : dorsale longue, à troisième aiguillon beaucoup plus grand que les autres : caudale excessivement fourchue, à lobes terminés en filaments ; ventrales très-développées, atteignant au moins la partie molle de l'anale.

Une espèce :

LE BARBIER ou L'ANTHIAS SACRE — *ANTHIAS SACER*.

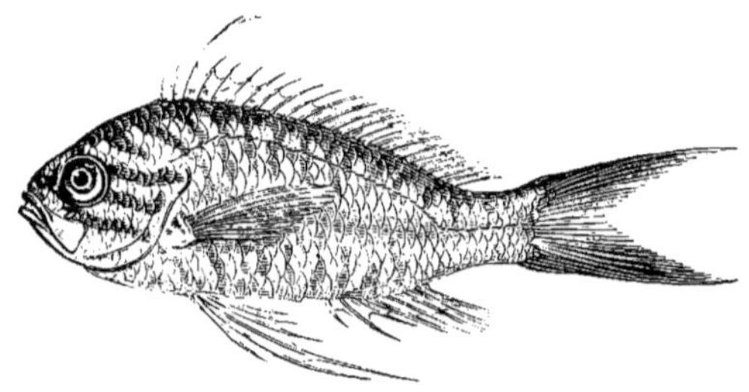

Fig. 122.

Syn. : De la première espèce d'Anthias nommé Barbier, Rondel., liv. VI, c. xi, p. 161.

Labrus anthias, Linn., p. 474, sp. 3.

Le Barbier, Labrus anthias, Bonnat., p. 105, fig. 194 (inexact).

Anthias sacer, Bloch, pl. 315 ; CBp., *Cat.*, n° 490, *Fn. ital.*, fig. ; Lowe, *Fish. Madeira*, p. 19, pl. 4 ; Günth., t. I, p. 88 ; Canestr., *Fn. Ital.*, p. 76.

Lutjan anthias, Lutjanus anthias, Lacép., t. X, p. 25 ; Riss., *Ichth.*, p. 260.

Aylopon anthias, Rafin., *Ind. itt.*, p. 17, n° 78 : Guichen., *Index generum ac spec. Anthiadidorum in Mus. Parisiensi observat.*, p. 2.

Ailopon anthias, Ailopon barbier, Riss., *Hist. nat.*, p. 378.

Le Barbier de la Méditerranée, Serranus anthias, Cuv. et Valenc., t. II, p. 250, pl. 31 ; Guichen., *Expl. Algér.*, p. 34.

Aylopon Ivicæ ; A. Hispanus ; A. Rissoi ; A. Nicæensis ; A. Algeriensis, Guichen., *Index gen. spec. Anthiad. Mus. Parisiensi observ.*, p. 2-5.

N. vulg. : Sarpanansa, Nice ; Barbier, Montpellier.

Long. : 0,12 à 0,15 et même 0,18.

Un des poissons les plus magnifiques de la Méditerranée est assurément le Barbier. Il a le corps ovale, le profil du dos arqué en avant. La hauteur du tronc qui fait le double au moins de l'épaisseur, est contenue environ trois fois dans la longueur, caudale non comprise. La peau est couverte de grandes écailles ciliées, à deux rangées de spinules le plus généralement. L'anus est moins éloigné de la base de la caudale que de l'extrémité du museau. Le nombre des vertèbres est de vingt-six, 10 + 16.

La tête est complétement écailleuse ; elle est aussi haute que longue, et sa longueur est égale, ou peu s'en manque, à la hauteur du tronc ; le profil supérieur s'incline assez brusquement. Le museau est court, arrondi, couvert d'écailles ciliées. La bouche est très-oblique ; sa fente ne s'étend pas jusqu'au bord antérieur de l'orbite. La mâchoire inférieure est plus avancée que la mâchoire supérieure, au-devant de laquelle elle se relève quand la bouche est fermée ; elles sont munies l'une et l'autre de dents en velours, en outre, de quelques canines. La mâchoire supérieure porte deux canines assez fortes, dirigées en avant ; la mandibule en a quatre le plus souvent, parfois six, deux ou quatre assez grosses en arrière et deux plus petites sur le devant. Le vomer et les palatins sont garnis de dents en velours ; la langue est lisse et libre. Le maxillaire supérieur est écailleux, ainsi que le maxillaire inférieur ; il est large en arrière ; son bord postérieur fait le tiers de la longueur de la mâchoire, il arrive au prolongement du diamètre vertical de l'œil.

L'iris est lilas ou rougeâtre, il est doré vers son bord pupillaire. Le diamètre de l'œil fait le tiers de la longueur de la tête ; il est d'un tiers plus grand que l'espace préorbitaire. Quant à l'espace interorbitaire, il est souvent égal à l'espace préorbitaire, parfois il est un peu plus grand ; il est couvert d'écailles cténoïdes.

Entre les ouvertures de la narine, et en dedans, est un pore arrondi, dans lequel on peut enfoncer un crin assez profondément. Les ouvertures de la narine sont petites, arrondies, très-rapprochées l'une de l'autre ; l'orifice postérieur est placé, pour ainsi dire, au point de réunion du bord supérieur et du bord antérieur de l'orbite.

La fente des ouïes s'avance jusque sous l'extrémité élargie du maxillaire supérieur. L'opercule est armé de trois épines ; les deux épines inférieures sont fort aiguës. Le préopercule a le bord postérieur finement dentelé, le bord inférieur souvent peu crénelé ; il porte à l'angle postérieur une ou deux, quelquefois trois dentelures plus développées que les autres, excessivement aiguës, l'une d'elles est comme une petite épine. Le sousopercule montre quelques fines crénelures à son bord inférieur. Les pièces operculaires et les joues sont garnies d'écailles pectinées.

La ligne latérale est très-marquée ; de l'angle supérieur de la fente branchiale, elle remonte sous le quatrième aiguillon de la dorsale, dont elle est séparée par deux écailles seulement ; elle suit le profil du dos, puis à la terminaison de la nageoire, elle s'abaisse tout à coup, devient droite et se continue jusque sur le milieu de la base de la caudale. Le nombre des écailles n'est pas très-grand ; il est de trente-six à trente-neuf dans la ligne latérale, et de seize ou dix-sept dans la rangée transversale. Éc., l. lat. 36 à 39 ; l. trans. $\frac{2}{13 \text{ ou } 14} + 1$.

La dorsale est très-longue ; elle commence au-dessus de l'opercule et finit assez près de la caudale, elle en est séparée par une distance à peu près égale à la hauteur du tronçon de la queue. Elle a dix ou onze aiguillons très-pointus, qui ont tous en arrière une espèce de filament formé par le prolongement de la membrane intraradiaire. La portion épineuse mesure environ le tiers de la hauteur du tronc, elle n'a donc pas de très-hauts aiguillons, excepté toutefois le troisième qui est fort allongé, parfois égal, ou peu s'en faut, à la longueur de la tête, il est du double ou d'un tiers plus haut que le quatrième ; il porte sa membrane très-près de sa pointe, ce qui lui donne l'air d'un fouet de cocher (Cuvier). C'est le grand aiguillon qu'on a comparé à un rasoir, qui a fait donner à l'Anthias le nom de Barbier (Rondel., Lacép.). La portion molle a une quinzaine

de rayons ; elle s'élève en pointe en arrière, et l'extrémité de
ses derniers rayons atteint la base de la caudale. L'anale prend
naissance sous la région molle de la dorsale et finit plus tôt ;
elle est étroite, allongée et pointue en arrière ; elle a trois
épines assez fortes et sept rayons beaucoup plus allongés, qui
arrivent à l'insertion de la caudale quand ils sont couchés. La
caudale est écailleuse à la base ; elle est excessivement fourchue ;
elle est remarquable par le développement de ses rayons externes, qui se terminent en filaments ; son lobe inférieur qui est
le plus développé fait souvent le tiers de la longueur totale et
parfois davantage ; le nombre des rayons est de dix-sept, sans
compter deux ou trois petits rayons basilaires en dessus comme
en dessous. Les pectorales ont dix-sept rayons ; elles sont moins
longues que la tête. Quant aux ventrales, elles sont aussi longues, et quelquefois même plus longues que le lobe inférieur de
la caudale ; le premier, le second rayon mou et un rameau du
troisième sont très-grands, ils atteignent et même dépassent en
arrière la base de l'anale ; l'épine est grêle et relativement assez
courte. Les pectorales sont rosées, les autres nageoires sont d'une
teinte safran ou rose et jaunâtre.

D. 10 ou 11/15 ; A. 3/7 ; C. 17 ; P. 17 ; V. 1/5.

Rien n'est splendide comme l'Anthias sortant de la mer ; il
est inutile avec la plume de chercher à donner une faible idée
de cette richesse de teintes, que le pinceau le plus délicat serait
inhabile à reproduire. La coloration est des plus éclatantes, c'est
un rouge rosé sur le dos et les côtés, un rosé sur la partie inférieure des flancs, un rose pâle argenté sous le ventre. La tête
est d'une teinte rosée avec trois bandes jaunâtres obliques ; la
première de ces bandes part de la région antérieure de la nuque,
où elle est ordinairement unie à celle du côté opposé ; la seconde
vient du bord postérieur de l'orbite et la troisième qui est la
plus longue, commence vers le museau et passe sous le bord
inférieur de l'orbite ; ces bandes arrivent sur le bord postérieur
de l'opercule, la bande inférieure se continue même en arrière

sur la base de la pectorale. On voit encore généralement une bandelette transversale de même couleur sur le devant de l'espace interorbitaire. Risso parle d'une variété d'Anthias qui a sur le corps des bandes longitudinales ; j'ai vu en effet des Barbiers ayant soit une bande d'un rouge brunâtre au-dessous de la ligne latérale, soit des bandes jaunâtres sur les côtés.

La vessie natatoire est très-développée, de teinte nacrée.

Habitat. Méditerranée, il est assez commun à Nice, surtout il me semble, au printemps ; il est assez rare à Celle, j'en possède deux spécimens, l'un que j'ai trouvé sur le marché de cette ville, l'autre qui m'a été envoyé dernièrement et dont je vais indiquer les proportions.

Proportions : long. totale 0,160 ; long. caudale non comprise 0,105 ; tronc, haut, 0,037.

Tête, long. 0,035. — OEil, diam. 0,012 ; esp. préorbit. 0,008, esp. interorbit. 0,008.

Dorsale, long. 3e aiguillon 0,024, membrane 0,013. Caudale, long. lobe supérieur 0,045, lobe inférieur 0,057. Ventrale, long. 0,057.

La chair du Barbier est d'après Risso presque aussi bonne que celle des Serrans ; ce n'est pas l'opinion de Canestrini.

GENRE CALLANTHIAS — *CALLANTHIAS*, Lowe.

Corps assez allongé, couvert de grandes écailles ciliées.

Tête écailleuse ; museau court ; mâchoires munies de canines et de petites dents en velours.

Appareil branchial ; opercule à deux épines ; préopercule à bord non dentelé ; six rayons branchiostèges.

Ligne latérale très-rapprochée du profil supérieur, finissant à peu près en même temps que la dorsale.

Nageoires ; dorsale ayant onze épines et dix ou onze rayons mous ; caudale profondément échancrée.

LE CALLANTHIAS PÉLORITAIN
CALLANTHIAS PELORITANUS.

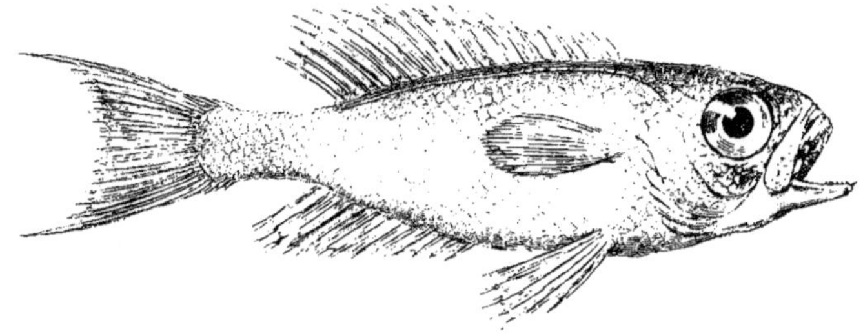

Fig. 123.

Syn. : Bodianus Peloritanus, Cocco.
Anthias Peloritanus, Cocco, *Indice ittiol. mar. Messina* (Mss.).
Anthias euphthalmus, CBp., *Cat.*, n° 491. *Fn. ital.*, fig.
Callanthias paradiseus, Lowe, *Fish. Madeira*, p. 13, pl. 3.
Callanthias peloritanus, Günth., t. I, p. 87 ; Canestr., *Fn. Ital.*, p. 77.

Long. : 0,15 à 0,20.

Sans trop perdre à la comparaison, le Callanthias peut être placé à côté du Barbier ; s'il est paré de couleurs moins variées, il a des formes plus élégantes. Son corps est oblong, comprimé, à profil abdominal un peu plus arqué que le profil dorsal. La hauteur du tronc qui est double de son épaisseur est contenue quatre fois et demie à sept fois dans la longueur totale, ou plutôt trois fois et un tiers dans la longueur, caudale non comprise. La peau est couverte de grandes écailles, à bord postérieur anguleux ou légèrement convexe, garni, en général, de deux rangées de spinules très-dures et très-rudes ; les écailles qui sont en avant des ventrales ne paraissent pas ciliées. L'anus est plus rapproché de la base de la caudale que du bout du museau. Suivant Lowe, le nombre des vertèbres est de vingt-quatre, 11 + 13.

La tête est écailleuse ; sa longueur est égale à la hauteur du corps ou à peine plus grande. Une crête assez prononcée s'étend de l'espace interorbitaire à l'origine de la dorsale. Le museau est très-court et semble à peu près nu. La bouche est fendue obliquement ; elle est de moyenne grandeur, et assurément pas aussi petite que l'indique le prince de Canino. La mâchoire supérieure est légèrement protractile ; quand la bouche est complétement ouverte, l'intermaxillaire devient vertical, et forme une espèce d'arcade au-dessus de la mandibule. Le voile de la mâchoire supérieure est assez large à la partie médiane. L'intermaxillaire porte une bande fort étroite de très- petites dents crochues ; à l'angle supérieur ou interne de chacun des intermaxillaires est un petit groupe de dents excessivement fines avec une canine plus développée. Le voile de la mâchoire inférieure est court ; en avant il y a deux canines crochues, entre elles sont d'autres dents très-courtes et très-faibles ; de chaque côté, la mandibule est armée de deux ou trois dents crochues, plus fortes que les autres qui sont en velours fin et ras. Suivant C. Bonaparte, suivant Lowe, le vomer et les palatins ne sont pas lisses, ils ont des dents excessivement ténues ; malgré mes recherches, soit au moyen d'une loupe, soit à l'aide d'une aiguille, j'avoue n'avoir pu constater sur ces os la présence d'aucune dent. La langue est libre, pointue, lisse et blanche.

Pour rappeler la dimension de l'œil du Callanthias, le prince de Canino a cru devoir donner à ce poisson le nom spécifique de *buphthalmus*, œil-de-bœuf. En effet, les yeux sont très-grands ; ils sont arrondis, placés vers le profil supérieur de la tête. L'iris est d'un blanc rosé. Le diamètre de l'œil est compris deux fois et demie dans la longueur de la tête, il fait environ le double de l'espace préorbitaire, et près d'un tiers de plus que l'espace interorbitaire, qui est aplati, couvert de petites écailles généralement peu ciliées. Sur le tiers antérieur du pourtour de l'orbite se trouvent cinq ou six pores étroits. Le premier sous-orbitaire a son angle antérieur et externe terminé en une très-petite épine mousse.

L'orifice antérieur de la narine est en dedans et au-dessous de l'orifice postérieur, il est très-étroit. L'orifice postérieur n'est guère plus large, il ressemble à un pore ; il est situé vers la partie antérieure du bord supérieur de l'orbite, et non à la place qui est indiquée dans la figure de la Faune italienne.

Seul parmi nos Percidés, le Callanthias n'a que six rayons branchiostèges. La fente branchiale est grande, elle s'avance en dessous jusque vers le prolongement du diamètre vertical de l'œil. Les pièces operculaires sont écailleuses. L'opercule a deux épines fort peu développées ; l'épine inférieure est un peu plus longue que l'autre. L'interopercule a le bord libre complètement lisse, sans crénelures, ce qui est une exception chez les Serra-niniens.

Une autre particularité se remarque encore dans la disposition de la ligne latérale qui n'est pas continue. Cette ligne commence vers l'angle supérieur de la fente branchiale, remonte vers la base de la dorsale qu'elle côtoie ; elle finit en même temps que la nageoire, ou bien un peu plus en arrière. Elle est composée de vingt-deux à vingt-quatre écailles ; entre deux écailles, il y en a de plus petites qui remplissent l'espace laissé libre à la base de la dorsale. On compte dans la rangée longitudinale quarante à quarante-deux écailles, et douze ou treize dans la ligne trans-versale allant de la dorsale à la ventrale. Éc., l. long. 40 à 42 ; l. transv. 12 ou 13.

La dorsale prend naissance un peu en avant de l'insertion de la pectorale ; elle occupe la plus grande partie de la région supé-rieure du corps. Sa portion épineuse est formée de onze aiguil-lons, qui, du premier au dernier, vont s'allongeant d'une façon régulière. La portion molle, moins longue, mais plus élevée que l'autre, est soutenue par dix ou onze rayons. L'anale commence sous le neuvième ou le dixième rayon épineux de la dorsale, et finit en même temps que cette nageoire ou à peine plus en avant ; elle a trois épines ; la troisième qui est la plus longue, est suivie de neuf ou dix rayons mous. La caudale est très-profon-dément échancrée ; elle a quinze à dix-sept grands rayons plus deux ou trois petits, en dessus comme en dessous ; ses rayons externes se terminent en filaments plus ou moins développés, mesurant parfois la moitié de la longueur du corps, mais tellement fragiles qu'il est rare de les trouver intacts; le lobe supérieur est le plus allongé. En raison de la ressemblance qu'il trouvait entre cette nageoire et la queue des Oiseaux de Paradis, Lowe a cru devoir attribuer au Callanthias la dénomination spécifique de *paradisæus*. Le tronçon de la queue est robuste, sa hauteur est égale, ou peu s'en manque, à la moitié de la hauteur du tronc. Les pectorales sont d'un quart moins longues que la tête, relativement à la taille de l'animal elles paraissent courtes; elles sont légèrement arrondies ou tronquées; elles ont dix-neuf à vingt et un rayons; le rayon supérieur est simple. Les ventrales sont égales aux pectorales, elles semblent triangulaires.

Br. 6. — D. 11/10 ou 11; A. 3/9 ou 10; C. 15 à 17; P. 19 à 21; V. 1/5.

En dessus la tête et le corps sont d'un rose rougeâtre: la partie inférieure de la tête et la région ventrale sont d'un rose pâle. Les nageoires sont d'un jaune rougeâtre, excepté les ventrales qui sont d'un jaune très-pâle, presque blanches.

Habitat. : Méditerranée, excessivement rare, Nice.

Ce poisson fut décrit pour la première fois, en mai 1829, par le docteur A. Cocco, qui lui donna le nom de *Bodianus peloritanus* (*Giornale di scienze, Lettere ed Arti*, Palermo, 1829, n° 77, p. 138, CBp.).

Proportions : long. totale 0,150; long. caudale non comprise 0,110; tronc, haut. 0,033, épais. 0,016.

Tête, long. 0,034, haut. 0,033. — OEil, diam, 0,014, esp. préorbit. 0,0075, esp. interorbit. 0,010.

Dorsale, long. 0,058. Anale, long. 0,030. Caudale, long. lobe supér. 0,038 ? échancrure 0,020, lobe inf. 0,039. Pectorales, long. 0,025. Ventrales, long. 8,025.

Nous ne pouvons terminer l'histoire des Serraniniens sans parler d'un poisson, que plusieurs naturalistes italiens ont rangé parmi les Plectropomes.

Le Plectropome à bandes, Plectropoma fasciatum, Costa.

Syn. : Plectropoma fasciatum, Costa, *Fn. Napol.*, pl. 6, fig. 1, anim., fig. 2-5 écailles; CBp., *Cat.*, n° 495; Canestr., *Fn. Ital.*, v. 77.

Les proportions semblent les mêmes que dans le Serran Cabrille.

Les écailles prises sur différentes régions du corps, de la tête, sont toutes pectinées. — Les mâchoires sont garnies de petites dents en cardes; elles ont quelques canines sur le devant. — Le préopercule est dentelé sur le bord postérieur: il a le bord inférieur droit, sans crénelures; il ne porte pas à l'angle ces dents plus ou moins grosses, qui, dirigées obliquement en avant (Cuvier), font le caractère du genre Plectropome. — La caudale est légèrement échancrée.

$$\text{D. 11/16 ; A. 3/9 ; V. 1/5.}$$

Le dos est rougeâtre; les flancs paraissent d'un gris rosé; cinq bandes bleuâtres longitudinales s'étendent sur les côtés; la bande supérieure s'arrête vers l'angle de la fente branchiale; les autres se continuent sur l'opercule et finissent avant le bord postérieur du préopercule. Une bande bleuâtre va obliquement de bas en haut, du bord postérieur du préopercule au bord inférieur de l'orbite, elle n'atteint pas tout à fait le prolongement du diamètre vertical de l'œil. L'autre bande part du bord inférieur du préopercule, en arrière de la verticale passant par le milieu de l'œil, et se dirige obliquement d'avant en arrière et de bas en haut vers l'articulation du maxillaire supérieur.

Quel est ce poisson? Canestrini le rapporte à l'Holocentre à bandes (Lacép.). Ce n'est pas beaucoup éclairer la question. En tout cas, il ne peut être l'Holocentre figuré par Bloch, pl. 240. Canestrini ajoute que les auteurs, et dernièrement encore Günther, l'ont confondu avec le Serran écriture. Assurément la forme de la caudale, les spinules dont certaines écailles sont munies ne permettent pas de le regarder comme un Serran écriture, mais lui donnent toute l'apparence d'un Serran cabrille, dont il n'est probablement qu'une variété. — Habitat, Nice, d'après Canestrini.

Sous-famille des Apogoniniens, *Apogonini*.

Corps couvert de grandes écailles ciliées.

Tête; museau court; dents en velours sur les mâchoires, le vomer et les palatins; langue lisse.

Appareil branchial; ouïes largement fendues; pièces operculaires écailleuses; opercule épineux; sept rayons branchiostèges; pseudobranchies.

Nageoires; deux dorsales écartées, la première à six ou sept aiguillons; anale à deux épines.

Cette sous-famille renferme deux genres :

Crâne, espace interorbitaire, museau { nus............... 1. APOGON.
{ écailleux.......... 2. POMATOME.

GENRE APOGON — *APOGON*, Lacép.

Corps ovale, comprimé, couvert de grandes écailles d'assez faible adhérence.

Tête assez développée ; crâne, espace interorbitaire et museau nus, sans écailles.

Appareil branchial : opercule épineux ; préopercule à double rebord, légèrement dentelé en arrière.

Nageoires : première dorsale à six épines ; anale à deux aiguillons.

L'APOGON COMMUN — *APOGON IMBERBIS*.

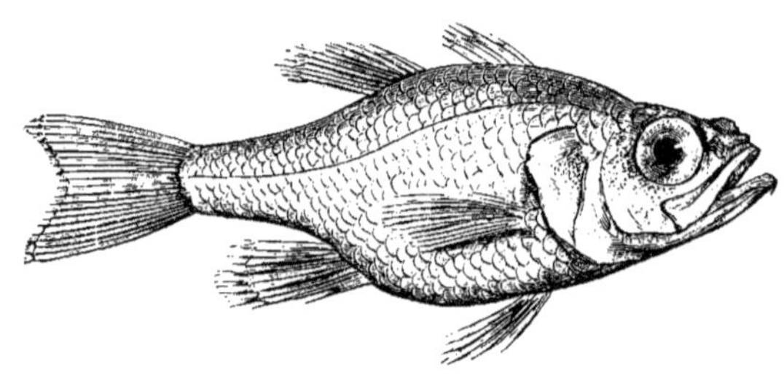

Fig. 124.

Syn. : Corvulus, Gesner, p. 1273.

Mullus imberbis sive rex mullorum, Willugh., p. 286.

Mullus imberbis, Linn., p. 496, sp. 3.

Le Roi des Rougets. Mullus imberbis, Bonnat., p. 144.

L'Apogon rouge. Apogon ruber, Lacép., t. IX, p. 89 ; Riss., *Ichth.*, p. 215, *Hist. nat.*, p. 383.

Centropomus rubens, le Centropome rouge, Spinola, *Ann. Muséum*, 1807, t. X, p. 370, pl. 20, fig. 2.

Perca pusilla, Delaroche, *Ann. Muséum*, 1809, t. XIII, p. 318, *Mém.*, p. 32.

Dipterodon ruber, Rafin., *Ind. itt. sic.*, p. 26, sp. 184.

Apogon ruber, Rafin., *Ind. ill. sic.*, p. 27, sp. 189.

Du Mulle imberbe ou Apogon, Cuv., *Mém. Muséum*, 1815, t. I, p. 236, pl. 11.

L'Apogon commun, *vulgairement* Roi des rougets, Apogon rex mullorum, Cuv. et Valenc., t. II, p. 143. *Rég. an. ill.*, pl. 7, fig. 2 : Guichen., *Expl. Algér.*, p. 32.

Apogon rex mullorum, CBp., *Cat.*, n° 489. *Fn. ital.*, fig.

Apogon rex, Lowe, *Fish. Madeira*, p. 149, pl. 21.

Apogon imberbis, Günth., t. I, p. 230 ; Canestr., *Fn. Ital.*, p. 78.

N. Vulg. : Sarpanansa, Nice.

Long. : 0,10 à 0,15.

Dans la fort bonne description qu'il donne de ce poisson, Willughby commence par dire qu'il ne sait pas au juste pourquoi les pêcheurs maltais l'appellent Roi des Mulles. Il est, en effet, difficile de trouver les traits de ressemblance communs à l'Apogon et aux Rougets.

L'Apogon reste toujours de petite dimension : il a le corps ovale, le profil du dos et celui du ventre très-arqués jusqu'en arrière de l'anale, l'abdomen renflé. Le tronc est médiocrement comprimé, sa hauteur est comprise trois fois à trois fois et un tiers dans la longueur totale. Les écailles sont minces, grandes, faciles à détacher : elles ont à leur racine de nombreux festons et plusieurs rangées de spinules à leur bord postérieur. Cuvier et Valenciennes comptent vingt-cinq vertèbres, 9 + 16 ; Lowe en indique vingt-quatre, 10 + 14.

Il n'y a pas d'écailles sur les mâchoires, le museau, l'espace interorbitaire, ni sur la partie supérieure et antérieure du crâne. La tête est à peu près aussi haute que longue ; sa longueur est contenue trois fois à trois fois et demie dans la longueur totale. Le museau est court, obtus ; il porte en dessus plusieurs lignes saillantes : la plus longue descend de l'espace interorbitaire, sur le devant elle se partage en deux branches obliques, qui vont chacune de leur côté s'unir, au bout du museau, à l'extrémité d'une petite crête venant du bord antérieur de l'orbite. La bouche, légèrement oblique, s'ouvre jusqu'en arrière de la ligne tangente au bord antérieur de l'orbite. La mâchoire supérieure est à peine plus courte que la mandibule ; elles portent l'une et l'autre une bande étroite de dents en velours, très-fines et très-courtes. Le chevron du vomer et les palatins sont aussi munis de dents semblables. La langue est lisse, mince et libre. Le maxillaire supérieur dépasse en arrière le prolongement du diamètre vertical de l'œil. Sous chacune des branches de la mâchoire inférieure se dessinent deux lignes saillantes longitudinales, qui se rejoignent vers la symphyse.

L'iris est doré. Le diamètre de l'œil mesure le tiers de la longueur de la tête ; il est un peu plus grand que l'espace préorbitaire qui est égal à l'espace interorbitaire. Le sourcil est prononcé, mais sans épines.

Les orifices de la narine sont rapprochés de l'œil ; ils sont placés dans une petite fossette limitée en dessus par la crête allant de l'orbite au bout du museau, et en dessous par une autre saillie plus courte.

De grandes écailles, minces comme celles du corps, couvrent les pièces operculaires et les joues. L'opercule est bordé d'une membrane assez large ; il porte en arrière une épine fort peu saillante. Le préopercule présente une disposition particulière ; son bord postérieur, légèrement dentelé, est séparé par une dépression d'une saillie antérieure, espèce de crête, qui contourne la joue en arrière et en bas, et paraît former un double rebord. Le sous-opercule n'est pas toujours distinct. L'interopercule est mince ; il se croise un peu sous la gorge avec celui du côté opposé.

La ligne latérale est rapprochée du dos, elle en suit la courbure ; après la fin de la dorsale elle gagne le milieu du tronçon de la queue et se continue directement jusqu'à la base de la caudale. Elle se compose de vingt-huit à trente écailles, quelquefois de trente-deux ; le canal est large et très-court. Dans une rangée transverse on compte onze écailles, $\frac{4}{8} + 1$.

Au-dessus de l'insertion de la pectorale commence la première dorsale, qui est courte et assez basse ; elle a six épines dont la plus longue ne fait pas moitié de la hauteur du tronc ; la longueur de sa base est égale à l'espace préorbitaire, elle est un peu plus grande que l'espace qui sépare les deux nageoires du dos. La seconde dorsale est plus élevée que l'autre ; elle est soutenue par un aiguillon et neuf rayons mous. L'anale est opposée à la seconde dorsale, seulement elle commence un peu après et finit à peine plus en arrière ; elle a deux aiguillons et huit rayons mous. Le tronçon de la queue est développé. La caudale est échancrée, elle est large ; elle mesure un peu moins du cinquième de la longueur totale ; elle a dix-sept grands rayons, plus deux ou trois rayons basilaires en dessus comme en dessous. Les pectorales sont longues, elles atteignent l'anale ; elles comptent dix à douze rayons. Les ventrales sont courtes, triangulaires; elles sont insérées un peu plus en avant que les pectorales ; leur épine est assez forte, elle fait plus de la moitié de la longueur des grands rayons.

Br. 7. — D. 6 — 1/9; A. 2/8; C. 17; P. 10 à 12; V. 1/5.

Les nageoires sont rouges ; la seconde dorsale est marquée d'une tache noire vers son extrémité.

Le corps est d'un rougeâtre plus foncé vers le dos, plus clair, plus argenté vers le ventre, et plus ou moins moucheté de petits points noirs. Sur le tronçon de la queue, à la fin de la ligne latérale, est une tache noirâtre plus ou moins effacée. La tête est d'un rouge jaunâtre, avec des points noirâtres, plus marqués sur les joues et sur les opercules.

'estomac est court ; il y a quatre appendices pyloriques.

Habitat. Méditerranée, assez rare, Nice, Marseille. Quel est ce poisson qui est fort commun sur la côte des Pyrénées-Orientales et qui est appelé Apogon ou roi des Rougets (Companyo, *Hist. nat., Pyrénées-Orientales*, t. III, p. 400) ?

Proportions : long. totale 0,117 ; tronc, haut. 0,035.

Tête, long. 0,033, haut. 0,031. — OEil, diam. 0,0105, esp. préorbit. 0,008, esp. interorbit. 0,008.

Suivant Risso, la chair de l'Apogon est fort bonne.

GENRE POMATOME — *POMATOMUS*.

Corps allongé, épais, couvert de grandes écailles assez faciles à détacher.

Tête développée, complétement écailleuse.

Yeux très-grands ; paupière garnie d'écailles sur une certaine étendue.

Appareil branchial; opercule ayant deux petites épines ; préopercule à bord postérieur échancré, avec l'angle arrondi et strié.

Nageoires plus ou moins couvertes d'écailles ; deux dorsales bien séparées, la première à sept aiguillons ; anale à deux épines.

LE POMATOME TÉLESCOPE — *POMATOMUS TELESCOPUS*, Riss.

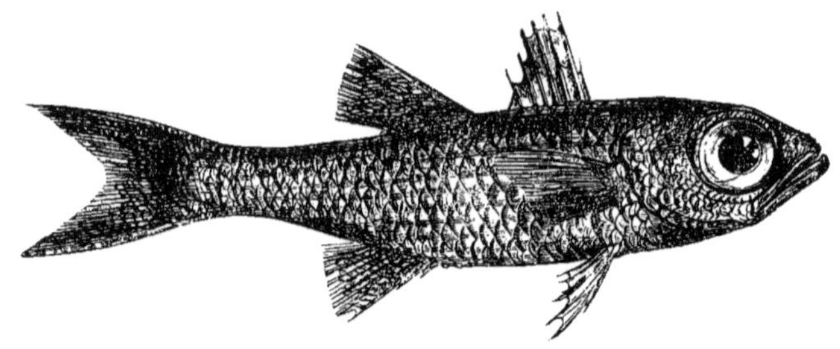

Fig. 125.

Syn. : Pomatome télescope, Pomatomus telescopus, Riss., *Ichth.*, p. 301, fig. 31, *Hist. nat.*, p. 387.

Le Pomatome télescope. Pomatomus telescopium. Cuv. et Valenc., t. II, p. 171, pl. 24, et t. VI, p. 495, *Règ. an. ill.*, pl. 7ª fig. 1 ; Guichen., *Expl. Algér.*, p. 32.

Pomatomus telescopus. CBp., *Cat.*, nº 488.

Pomatomus telescopium, Günth., t. I, p. 250 ; Canestr., *Fn. Ital.*, p. 79.

Long. : 0,10 à 0,50.

Risso, le premier, a fait connaître ce poisson auquel il a donné, en raison de la grandeur de ses yeux, le nom spécifique de Télescope.

Le Pomatome a des formes arrondies, le corps allongé, le profil du dos et celui du ventre à peu près droits et réguliers. Chez les grands individus, la hauteur du tronc ne l'emporte pas généralement d'un tiers sur l'épaisseur ; elle est contenue quatre fois et demie à cinq fois et quart dans la longueur totale. La peau est couverte de grandes écailles qui sont assez peu adhé-rentes, excepté celles de la ligne latérale, et qui sont pectinées sur une étendue assez large de leur bord libre. Les spinules affectent une disposition tout à fait particulière, elles paraissent imbriquées, elles sont aplaties, élargies, elles sont relevées dans leur partie moyenne par une carène très-prononcée. Pour bien voir ces détails, il est nécessaire de choisir une écaille non usée par le frottement, une écaille du museau de préférence.

La tête est grosse, forte, large, aplatie en dessus ; elle est, sauf aux lèvres et à l'intermaxillaire, complétement garnie d'écailles ciliées; sa hauteur est à peine moindre que celle du corps : sa longueur est comprise trois fois et demie environ dans la longueur totale. Le museau est court, épais, tronqué. L'ouverture de la bouche est oblique, large. Le maxillaire supérieur n'atteint pas en arrière tout à fait le prolongement du diamètre vertical de l'œil. La mâchoire supérieure est échancrée dans son milieu. La mandibule est avancée, ascendante; elle porte à son extrémité un tubercule qui s'enfonce dans l'échancrure de l'autre mâchoire : ses branches sont longues, rapprochées l'une de l'autre, elles limitent un espace jugulaire ovale, qui est couvert d'écailles. Une bande en velours ras de dents très-fines s'étend sur les mâchoires; une bande étroite de dents semblables se voit distinctement sur les palatins, bien que Günther fasse de leur absence un des caractères du genre Pomatome; une plaque arrondie de petites dents se trouve sur le vomer, qui est développé et forme dans la bouche une saillie remarquable. La langue est pointue, longue, absolument lisse; elle est d'une teinte noirâtre comme tout l'intérieur de la cavité buccale.

Nous l'avons dit, les yeux sont d'une grandeur peu ordinaire. L'iris est jaunâtre ou jaune argenté. Le diamètre de l'œil fait plus du tiers de la longueur de la tête; il est d'un quart au moins plus grand que l'espace préorbitaire. L'espace interorbitaire est légèrement concave, il est très-large, un peu moins grand que le diamètre de l'œil. Le sous-orbitaire antérieur est presque triangulaire, il est large en avant, à bord inférieur convexe; il cache le tiers supérieur du maxillaire; les sous-orbitaires ne sont pas bien visibles sous les écailles qui plaquent toute leur face externe. La peau passe d'arrière en avant sur le globe de l'œil et forme une espèce de paupière à bord antérieur arrondi, limitée par un sillon profond, occupant les deux tiers du pourtour de l'œil. Cette paupière est couverte d'écailles pectinées jusqu'au niveau de la cornée en arrière, en haut et en bas, ainsi que la languette semi-lunaire supérieure; il n'y a pas d'écailles sur la partie antérieure et inférieure du globe de l'œil.

qui est bordée par le sillon de la paupière et garnie d'une peau
noirâtre.

Les ouvertures de la narine sont assez distantes l'une de
l'autre; l'orifice antérieur est plus éloigné du museau que de
l'œil; l'orifice postérieur est à peu près au milieu de la ligne
qui va de l'autre orifice au bord de l'orbite.

Cachées sous les écailles, les pièces operculaires sont peu
distinctes les unes des autres. L'opercule a deux petites épines
au-dessus de la concavité de son bord postérieur. Le préopercule
a le bord postérieur échancré; en arrière il forme un angle arrondi très-saillant, qui arrive presque jusqu'à la fente des ouïes;
son bord postérieur et son bord inférieur sont marqués de stries
assez fines et assez molles. L'interopercule est assez large,
allongé, rapproché de celui du côté opposé, de cette façon, ils
cachent l'un et l'autre les rayons branchiostèges. La muqueuse
de la chambre respiratoire est noirâtre.

La ligne latérale est bien marquée; elle est généralement
composée de quarante-cinq écailles qui sont adhérentes, enveloppées dans la peau, qui ont leur bord postérieur coupé carrément ou même un peu échancré, ne montrant aucune trace de
spinules. Le canal est large, évasé en arrière. Il y a quatorze
écailles dans la ligne transversale, $\frac{3}{10} + 1$.

La première dorsale commence un peu en arrière de la fente
branchiale, elle a sept aiguillons effilés, grêles; le troisième
aiguillon est le plus développé, sa longueur est à peu près égale
a celle de la pectorale; le quatrième aiguillon est un peu moins
grand; le premier est court, il fait un peu plus du tiers de la
hauteur du suivant; à la base des premières épines se trouvent
de petites écailles. La seconde dorsale est aussi haute que l'autre;
elle a un aiguillon et neuf ou dix rayons mous peu distincts;
elle est enveloppée dans une peau épaisse et écailleuse; elle se
termine en filaments sétiformes; son épine est de moitié plus
courte que le premier rayon mou. L'anale prend naissance un
peu avant la fin de la seconde dorsale à laquelle elle ressemble;
elle a deux épines et neuf rayons mous; la première épine est

très-courte ; la seconde, beaucoup plus grande, fait au moins la moitié de la longueur du premier rayon mou. La caudale est très-fourchue ; elle est formée de dix-huit ou dix-neuf rayons. Les pectorales sont un peu plus longues que les ventrales, elles mesurent le septième de la longueur totale ; elles sont écailleuses comme les autres nageoires ; quand les écailles sont enlevées les rayons ressemblent à des faisceaux de crins juxtaposés ; il y en a vingt-deux ou vingt-trois. Les ventrales sont munies d'une épine faisant les deux tiers de la longueur du premier rayon mou ; d'après Cuvier et Valenciennes les trois premiers rayons seulement sont écailleux. ils le sont tous chez les animaux bien conservés, mais les écailles tombent assez facilement.

Br. 7. — D. 7 — 1/9 ou 10 ; A. 2/9 ; C. 17 ou 18 ; P. 22 ou 23 ; V. 1/5.

La teinte générale est uniforme, d'un brunâtre plus ou moins violacé.

L'estomac forme un cul-de-sac assez grand ; le nombre des appendices pyloriques paraît très-variable. Cuvier et Valenciennes en indiquent vingt-deux, je n'en ai trouvé que dix sur une femelle de grande taille. Le péritoine est noirâtre.

Habitat. Méditerranée. très-rare, Nice.
Proportions : long. totale 0,471 ; tronc. haut. 0,092, épais. 0,066.
Tête, long. 0,133, haut. 0,090. — Œil, diam. 0,048, esp. préorbit. 0,034, esp. interorbit. 0,043.
Le Pomatome, dit Risso, se retire dans les grandes profondeurs ; il donne une chair d'un goût délicieux. La femelle est pleine d'œufs jaunes au printemps.
La famille des Percidés se compose d'espèces qui vivent les unes dans les eaux douces, Perche, Gremille, Apron, les autres dans les eaux salées, et ce sont assurément les plus nombreuses. Parmi ces dernières, les Bars, le Cernier et le Serran cabrille sont communs aux deux mers qui baignent les côtes de France. Quant aux Percoïdes qui forment la sous-famille des Serraniniens (Cernier et Cabrille exceptés) et celle des Apogoniniens, ils paraissent ne se trouver que dans la Méditerranée ; la présence d'aucun de ces poissons n'a encore été constatée d'une manière authentique dans le golfe de Gascogne.

Famille des Sciénidés, Sciænidæ.

Corps de forme variable, le plus souvent oblong, comprimé, couvert d'écailles pectinées.

Tête écailleuse; museau obtus; bouche médiocrement fendue; mâchoires garnies de dents; vomer et palatins non dentés. A la partie supérieure de la tête, les os portent des crêtes plus ou moins saillantes qui soutiennent la peau, et circonscrivent des espaces celluleux.

Appareil branchial; ouïes largement ouvertes; pièces operculaires écailleuses; opercule épineux; sept rayons branchiostéges; pseudobranchies.

Nageoires; deux dorsales rapprochées, la première à neuf ou dix épines, la seconde longue, ayant au moins vingt-trois rayons; anale courte, à deux épines et six à huit rayons mous; ventrales thoraciques, ayant un aiguillon et cinq rayons mous.

Vessie natatoire sans conduit pneumatophore, de forme très-variable.

Canal intestinal; estomac en cul-de-sac; appendices pyloriques au nombre de huit à dix.

Cette famille comprend trois genres :

Barbillon à la mâchoire inférieure
- court et gros.................... 1. OMBRINE.
- nul. Anale à 2e aiguillon
  - grêle......... 2. MAIGRE.
  - très-développé. 3. CORB.

GENRE OMBRINE — *UMBRINA*, Cuv.

Corps oblong, comprimé, couvert d'écailles assez grandes.

Tête à profil supérieur courbe; museau arrondi, avec des pores distincts; mâchoire supérieure recouvrant la mandibule, portant l'une et l'autre une bande de petites dents en velours; un barbillon court et gros sous la symphyse de la mâchoire inférieure.

Appareil branchial; opercule à deux épines aplaties.

Nageoires; première dorsale à neuf ou dix aiguillons assez grêles; anale à seconde épine longue et forte; caudale carrée ou légèrement arrondie.

Ce genre se compose de deux espèces :

Diamètre de l'œil
- faisant environ moitié de l'espace préorbitaire.................... 1. O. COMMUNE.
- égal, ou peu s'en faut, à l'espace préorbitaire.................... 2. O. DE LAFONT.

L'OMBRINE COMMUNE — *UMBRINA CIRROSA*.

Syn. : Chromis, Bell., p. 112-114, fig. : Gesner. p. 265, fig.
De l'Umbre, Rondel., liv. V, c. ix, p. 120.
Coracinus, Salvian., p. 117, pl. 34.
Sciæna cirrosa, Linn., p. 481, sp. 5 : Bloch, pl. 300 ; Agass.. *Poiss. foss.*, t. IV.
p. 178, pl. K.
Le Cheilodiptère cyanoptère, Cheilodipterus cyanopterus, Lacép.. t. IX. p. 206.
La Persèque umbre, Perca umbra, Lacép.. t. X. p. 227 ; Riss., *Ichth.*. p. 297.
Umbrina cirrosa, Ombrine barbue, Riss.. *Hist. nat.*. p. 409.
L'Ombrine commune. Umbrina vulgaris, Cuv. et Valenc., t. V. p. 171. *Règ. an. ill.*.
pl. 28. fig. 3 ; Guichen., *Expl. Algér.*, p. 43.
Umbrina cirrosa. CBp.. *Cat.*. n° 474, *Fn. ital.*. fig. ; Günth.. t. II, p. 274 : Canestr.,
Fn. Ital., p. 81.
Umbrina, Yarr.. t. II, p. 110 ; Couch, t. II, p. 50.

N. Vulg. : Oumbrina, Nice ; Caine, Chrau, Provence ; Daïnés (Cette),
Languedoc ; Bourrugue. Verrue, Bayonne ; Bourrugat, Arcachon.
Long. : 0,30 à 0,50 et même 0,70.

Comme au temps de Rondelet, l'Ombrine commune porte encore aujourd'hui, sur les côtes du golfe de Gascogne le nom de *Borrugat*, ou plutôt *Bourrugat*, à cause de son barbillon mandibulaire, qui, en effet, ressemble à une espèce de verrue. Ce poisson a le corps élevé en avant, comprimé, couvert d'écailles pectinées très-adhérentes. La hauteur du tronc est comprise trois fois et deux tiers à quatre fois dans la longueur totale. La colonne rachidienne se compose de vingt-cinq ou de vingt-six vertèbres ; Cuvier et Valenciennes indiquent « vingt-cinq vertèbres, dont onze abdominales et quatorze caudales. » Mais ces ichthyologistes, et Agassiz le fait remarquer, n'ont probablement compté qu'une vertèbre nuchale sans côtes, tandis qu'il y en a deux ; les huit ou neuf vertèbres suivantes portent des côtes ; la onzième ou la douzième, qui a ses apophyses unies en anneau (Cuv. et Valenc.), doit être considérée comme une vertèbre caudale et non comme une vertèbre abdominale ; et par suite on a la formule : vertèbres 10 ou 11 + 15. Les quatrième, cinquième et sixième corps vertébraux ont chacun, à leur partie inférieure, un enfoncement dans lequel la vessie natatoire prend des points d'adhérence. Quant au nombre des côtes il n'est pas fixe, il est généralement de neuf, mais parfois il peut être de huit seulement.

Excepté sur les lèvres, la mâchoire supérieure et la membrane branchiostège, la tête est entièrement couverte d'écailles, qui sont pectinées, moins cependant les écailles sous-épidermiques de la mandibule. Elle a le profil supérieur courbe ; sa longueur, qui est à peu près égale à sa hauteur, est contenue quatre fois à quatre fois et demie dans la longueur totale. Le museau est arrondi ; son rebord est entamé de quatre ou cinq petites échancrures, il présente trois pores assez larges, au-dessus desquels il y en a un ou deux plus petits ; il forme, avec les sous-orbitaires et les nasaux, une avance sous laquelle peut se retirer presque complétement la mâchoire supérieure. Les lèvres sont garnies de papilles développées. La mâchoire supérieure est assez protractile, elle s'allonge surtout en s'abaissant ; elle déborde la mandibule ; l'une et l'autre sont munies d'une bande assez large de dents fines, égales, en velours ras. Sous la symphyse de la mandibule est attaché un barbillon charnu, tronqué, de chaque côté duquel, et sur la même ligne transversale, se trouvent deux pores assez étroits.

Autour de l'œil, la peau forme une espèce de repli palpébral ; la conjonctive, en passant sur la cornée, s'amincit tellement qu'elle peut s'enlever en montrant une ouverture parfaitement circulaire. Sous la sclérotique est une couche épaisse de tissu adipeux. L'iris est d'un rouge pâle. Le diamètre de l'œil est compris cinq fois à cinq fois et demie dans la longueur de la tête ; il fait la moitié de l'espace préorbitaire, les deux tiers environ de l'espace interorbitaire.

L'orifice antérieur de la narine est plus près de l'orbite que du bout du museau ; il est beaucoup moins grand que l'orifice postérieur qui est oblong.

L'opercule se termine par deux épines aplaties, séparées par une échancrure, dirigées en arrière, ne dépassant pas la membrane noirâtre qui borde la fente branchiale. Le préopercule a l'angle arrondi, le bord montant droit et dentelé chez les jeunes ;

il y a une ou deux crénelures à l'angle, mais pas au bord inférieur qui est rectiligne.

La ligne latérale apparaît sous l'angle inférieur du surscapulaire, elle suit la courbure du profil supérieur jusqu'à la terminaison de la dorsale, elle devient droite ensuite et se continue sur le tronçon de la queue; elle est formée de soixante-huit à soixante-dix écailles, dont le canal, assez large, se divise à son extrémité en six ou huit petits conduits. Dans la ligne transversale, le nombre des écailles est de vingt-huit environ. Éc., l. lat. 68 à 70; l. transv. $\frac{8}{19} + 1 = 28$.

La première dorsale commence au-dessus de l'insertion de la pectorale; elle est triangulaire; elle est composée de dix aiguillons assez grêles; le troisième et le quatrième aiguillon sont les plus élevés; le premier et le dernier sont très-courts. Une petite membrane fort basse réunit les deux nageoires du dos. La seconde dorsale compte une épine et vingt-deux ou vingt-trois rayons mous; elle est régulière, assez basse; elle est longue, mais elle finit bien en avant de la caudale; la distance qui s'étend de la base de la seconde dorsale à celle de la caudale, est à peu près égale au neuvième de la longueur totale, elle est plus grande que la hauteur du tronçon de la queue. L'anale prend naissance sous le milieu de la seconde dorsale, et finit plus tôt que cette nageoire; elle est courte par conséquent; elle est haute, pointue; elle a deux épines et sept rayons mous; la première épine est très-petite, mais la suivante est forte. La caudale fait le sixième de la longueur totale, parfois un peu moins; elle est carrée, ou plutôt coupée un peu obliquement de haut en bas et d'arrière en avant; elle a dix-sept ou dix-huit rayons. Le surscapulaire est comme une écaille dentelée. Les pectorales ont dix-sept rayons; elles sont pointues. Les ventrales sont un peu plus longues que les pectorales; leur aiguillon a moitié moins de longueur que leur premier rayon mou.

Br. 7. — D. 10 — 1/22 ou 23; A. 2/7; C. 18; P. 17; V. 1/5.

La première dorsale est noirâtre; la seconde est jaunâtre avec des lignes bleuâtres. La caudale est brunâtre. L'anale et les nageoires paires sont jaunâtres avec des reflets rougeâtres.

Le dos et les parties latérales du corps sont jaunâtres; le ventre est gris argenté. De la région supérieure descendent vingt-cinq à trente bandes obliques d'arrière en avant; les lignes antérieures se dirigent vers la nuque, les autres se portent en ondulant sur les côtés, où elles s'effacent; chez l'animal frais, ces bandes sont d'un bleu d'acier tirant un peu sur le brun, elles deviennent plus foncées, presque noirâtres, quand le poisson a séjourné dans l'alcool. La membrane qui continue l'angle de l'opercule est noirâtre.

La vessie natatoire est très-grande, sans appendices. Les appendices pyloriques sont généralement au nombre de huit; cependant la plupart des auteurs en comptent neuf et même dix.

Habitat. Ce poisson se trouve sur nos côtes du Midi et de l'Ouest. Méditerranée, commun, Nice, Cette. Océan, assez commun dans le golfe de Gascogne, Saint-Jean-de-Luz, Arcachon; plus rare au-dessus de la Gironde, la Rochelle. Manche, excessivement rare? D'après les ichthyologistes anglais (Yarrell, Couch, un individu seulement a été trouvé dans leur pays; il a été pris, en 1827, dans la rivière d'Exe. Il ne paraît pas remonter vers le Nord: il n'est pas indiqué dans l'ouvrage de Schlegel (*Natuurlijke Historie van Nederland. — De Visschen*. Amsterdam, 1870). Depuis quelques années, il arrive de temps en temps des Ombrines sur le marché de Paris.

Proportions : long. totale 0.30; tronc, haut. 0.083.

Tête, long. 0.070, haut. 0.072. — Œil. diam. 0.013, esp. préorbit. 0,026, esp. interorbit. 0,021.

L'OMBRINE DE LAFONT — *UMBRINA LAFONTI*, Nob.

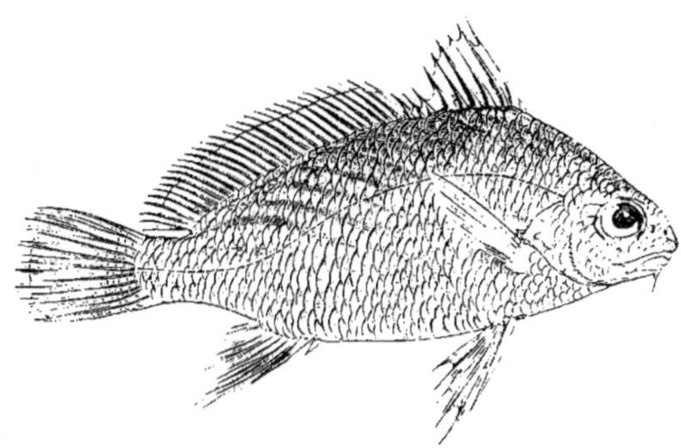

Fig. 126.

Syn. : L'Ombrine de Lafont. Umbrina Lafonti. E. Moreau. *Revue et Magasin de zoologie*, 1874, 3ᵉ série, t. II, p. 118, pl. 14.

N. Vulg. : Coucou, Bourrugal nègre, Arcachon.
Long. : 0,30 à 0,45.

Il y a quelques années, j'ai trouvé, sur nos côtes de l'Atlantique, une autre espèce d'Ombrine, qui a le corps plus comprimé, et un peu plus haut que celui de l'Ombrine commune. Le dos et le ventre dessinent une courbe prononcée. La hauteur du tronc est comprise trois fois à trois fois et demie dans la longueur totale. La peau est couverte d'écailles caduques, excepté celles de la ligne latérale, plus grandes et plus fortes que dans l'autre espèce. On compte huit paires de côtes et vingt-cinq vertèbres. 10 + 15.

La tête est un peu plus haute que longue; sa longueur est contenue quatre fois à quatre fois et demie dans la longueur totale. Le museau affecte une forme caractéristique, il est obtus, plus gros et plus court que dans l'Ombrine commune; il présente sur le bord trois larges pores et au-dessus une rangée semi-circulaire de trois pores beaucoup plus étroits. Les mâchoires sont garnies d'une bande large de dents en velours fin et ras. Le barbillon de la mandibule semble plus carré et plus épais que celui de l'Ombrine commune.

Dans cette espèce, les yeux sont grands. Le diamètre de l'œil fait le quart de la longueur de la tête ; il est égal, ou peu s'en faut, à l'espace préorbitaire et à l'espace interorbitaire. L'iris est d'un jaune pâle en arrière, noirâtre en avant. La crête du sourcil est bien marquée.

Par suite du raccourcissement du rostre, l'ouverture antérieure de la narine se trouve à peu près sur le milieu de la ligne allant du museau à l'orbite. L'orifice postérieur est grand, ovale.

L'opercule a deux épines peu saillantes. Le préopercule montre de fines dentelures sur le bord vertical, une ou deux plus fortes à son angle postérieur, et quelques crénelures sur le bord inférieur ; ces dernières sont parfois cachées par les écailles. La membrane postérieure des opercules est en haut d'un jaune grisâtre, en bas d'un gris argenté pointillé de noir ; on ne voit pas cette large bordure noirâtre qui, dans l'Ombrine commune, tranche d'une façon si marquée sur la teinte des parties voisines. La muqueuse tapissant la chambre branchiale et l'arrière-bouche est d'un lilas très-foncé, presque noirâtre. Sur les pharyngiens inférieurs les dents paraissent plus nombreuses et surtout plus coniques, plus longues que dans l'autre espèce.

Quant à la ligne latérale, elle ne compte qu'une cinquantaine d'écailles ; elle suit à peu près la courbure du profil dorsal ; elle se continue sur la caudale, entre le neuvième et le dixième espace intraradiaire. Le canal des écailles semble en arrière être un peu moins ramifié que dans l'Ombrine commune. Éc., l. lat. 50 à 52 ; l. transv. $\frac{5}{12} + 1 = 18$.

La première dorsale est triangulaire, aussi haute que longue, elle mesure environ la moitié de la hauteur du corps ; elle a neuf ou dix aiguillons. La seconde dorsale, plus longue que dans l'autre espèce, est soutenue par une épine et vingt-sept à vingt-neuf rayons mous ; ses derniers rayons, quand ils sont couchés, atteignent presque la base de la caudale. L'anale a sept rayons mous et deux épines ; la seconde épine est longue et forte, plus développée que chez l'Ombrine commune. La caudale est car-

rée, elle a dix-neuf rayons; elle fait le cinquième de la longueur
totale; la distance qui la sépare de la base de la seconde dorsale
est égale au quinzième de la longueur totale, elle est plus petite
que la hauteur du tronçon de la queue; ces proportions sont
bien différentes de celles qu'on trouve dans l'autre espèce. Le
surscapulaire est dentelé, il est développé. Les pectorales ont
dix sept rayons; elles font le sixième de la longueur totale. Les
ventrales sont ordinairement un peu plus longues que les
pectorales.

D. 9 ou 10 — 1/27 à 29; A. 2/7; C. 19; P. 17; V. 1/5.

La première dorsale est d'un gris brunâtre; la seconde est
d'un gris jaunâtre avec la pointe des rayons noirâtre. L'anale est
brunâtre avec une bande grise à sa base. La caudale et les pectorales sont d'un gris jaunâtre. Les ventrales sont blanchâtres à
la partie antérieure de leur côté interne, noirâtres dans le reste
de leur étendue; vues de côté, elles paraissent entièrement
noirâtres.

La coloration générale est grisâtre avec un fin pointillé noirâtre; des bandes brunes plus ou moins foncées vont d'avant en
arrière, et un peu obliquement de bas en haut, des côtés vers le
dos; ces bandes disparaissent assez promptement, elles sont
bien différentes des raies ondulées qui se montrent si régulières
et si persistantes dans l'Ombrine commune. Au-dessous de la
seconde dorsale, la région du dos est teintée d'un vert doré assez
brillant.

Les appendices, au nombre de huit, sont beaucoup plus développés que dans l'Ombrine commune.

Habitat. Ce poisson est assez rare, il se rencontre dans le golfe de Gascogne, Arcachon; il n'entre pas dans le bassin d'Arcachon, comme l'autre
espèce, il se tient toujours au large, et ne se prend guère qu'au chalut. Il est
pêché parfois au-dessus de la Gironde, la Rochelle, il figure dans la collection
du Musée Fleuriau. Il est indiqué sous le nom de *Sciæna nigra*, *Corb*, dans le
Catalogue des Poissons... de la Charente, etc., Lemarié. Nous connaissons la
cause de l'erreur dans laquelle est tombé l'auteur; depuis quelques années
la rectification a été faite, M. Lemarié peut s'en convaincre; s'il veut bien

examiner aujourd'hui le même poisson qu'il a naguère étudié, il le verra inscrit sous la nouvelle dénomination.

Proportions : long. totale 0,36 ; tronc, haut. 0,11.

Tête, long. 0,080, haut. 0,090. — Œil, diam. 0,019, esp. préorbit. 0,021, esp. interorbit. 0,020.

J'ai dédié cette espèce à mon ami A. Lafont, auteur de plusieurs travaux sur la faune de la Gironde.

GENRE MAIGRE OU SCIÈNE — *SCIÆNA*, Linn.

Corps oblong.

Tête grosse, écailleuse ; museau mousse ; bouche légèrement oblique ; mâchoires à peu près égales, avec les dents de la rangée externe plus fortes que les autres, mais sans canines.

Appareil branchial ; opercule à deux épines.

Nageoires ; première dorsale ayant une dizaine d'aiguillons ; seconde dorsale longue ; anale à deux aiguillons, le premier excessivement petit, comme perdu dans les téguments, le second mince, grêle, recouvert par la peau, souvent peu distinct des rayons mous.

Vessie natatoire développée, garnie de nombreux appendices ramifiés.

LE MAIGRE COMMUN OU L'AIGLE — *SCIÆNA AQUILA*, Cuv.

Syn. : Umbra marina, Bell., p. 117-119.

De Peis rei, c'est-à-dire poisson roial, Rondel., liv. V, c. x, p. 122.

Umbra, Umbrina, Salvian.. p. 115. pl. 33.

De Maigre, Duham., *Pêch.*, part. 2. sect. 6. p. 137, pl. 1. fig. 3.

Le Cheilodiptère aigle, Cheilodiptera aquila, Lacép.. t. IX. p. 209.

Persèque Vanloo, Perca Vanloo, Riss., *Ichth.*, p. 298, pl. 9, fig. 30.

Aigle ou Maigre, Cuv., *Mém. Muséum*, 1815, t. I. p. 1, pl. 1-3, anim., vessie natatoire.

Le Fégaro ou Maigre, Sciæna aquila, Cuv., *Rég. an..* 1817, p. 298.

Sciæna aquila, Sciène aigle, Riss.. *Hist. nat..* p. 111.

Le Maigre d'Europe, Sciæna aquila, Cuv. et Valenc., t. V, p. 28, pl. 100, *Rég. an. ill..* pl. 27, fig. 1 : Guichen., *Expl. Algér.*, p. 43.

Sciæna aquila, Günth.. t. II. p. 291 : Canestr., *Fn. Ital.*, p. 81 ; H. Schlegel, *Natuurlijke Historie van Nederland. De Visschen*, p. 21, pl. 2, fig. 3.

Sciæna umbra, CBp.. *Cat.*, n° 472, *Fn. ital.*, fig.

The Maigre, Yarr., t. II, p. 104.

Sciæna, Couch, t. II. p. 54.

N. Vulg. : Aigle, côtes de la Manche ; Aigle de mer, Maigre, Mègre, Nègre. Haut-Bar, côtes de l'Océan ; Mégro, Arcachon, Bayonne ; Tihoure (le jeune), Basses-Pyrénées ; Peis rei. Languedoc ; Daïnès, Cette ; Figou, Nice.

Long. : 0,40 à 0,80, parfois 2,00.

Ainsi que le fait observer Cuvier, le Maigre, sous le rapport de la forme générale, présente beaucoup de ressemblance avec le Bar. Le corps est oblong. La longueur totale fait quatre à cinq fois la hauteur du tronc. La peau est couverte d'écailles plus larges que longues, obliques, à côté inférieur plus porté en arrière que le côté supérieur, garnies de plusieurs rangées de spinules. Les vertèbres sont au nombre de vingt-quatre 11 + 13 ; souvent, chez les sujets de grande taille, les deux cavités du corps d'une vertèbre ne communiquent plus l'une avec l'autre : par suite de cette oblitération, la corde dorsale n'est plus continue, elle est interrompue de distance en distance. L'anus est plus éloigné du bout du museau que de l'extrémité de la caudale.

La tête est forte, bien développée, à profil supérieur régulier, légèrement déclive ; elle est, moins sur les lèvres et la mâchoire supérieure, garnie d'écailles qui sont cténoïdes, excepté généralement celles du museau et des joues ; sa longueur est comprise quatre fois à quatre fois et demie dans la longueur totale. Le museau est obtus, légèrement convexe. La bouche est médiocrement fendue ; la commissure des lèvres arrive un peu en arrière du bord antérieur de l'orbite. Les lèvres ne sont pas très-charnues. Les mâchoires sont à peu près égales ; elles portent une rangée de dents écartées, pointues, un peu crochues, assez fortes surtout à la mâchoire supérieure ; elles en ont encore d'autres beaucoup plus petites. Il n'existe pas de dents sur le vomer, les palatins, ni sur la langue qui est large et libre. Le maxillaire supérieur s'élargit en arrière, il se prolonge jusque sous le milieu de l'orbite ; il est en partie caché par le premier sous-orbitaire qui est fort celluleux. Il y a deux ou trois pores étroits sous la symphyse de la mandibule.

Dans les sujets de taille moyenne, le diamètre de l'œil fait le sixième de la longueur de la tête, un peu plus de la moitié de l'espace préorbitaire et les deux tiers de l'espace interorbitaire. L'iris est jaunâtre. La paupière paraît adipeuse dans sa partie antérieure.

L'orifice antérieur de la narine est beaucoup plus rapproché de l'œil que du bout du museau ; il est assez étroit et sensiblement éloigné de l'ouverture postérieure ; cette dernière, qui est relativement large, confine au bord antérieur de l'orbite.

La fente branchiale s'avance jusque sous l'extrémité élargie du maxillaire supérieur. L'opercule est muni de deux épines aplaties, séparées l'une de l'autre par une échancrure arrondie assez large. Le bord postérieur du préopercule a des dentelures peu prononcées, qui s'effacent ou diminuent plus ou moins complétement suivant les progrès de l'âge. Il y a sept rayons branchiostèges ; les premiers sont grêles ; les trois derniers sont fort développés, ils sont aplatis en dehors, arrondis en dedans. Il est inutile de rappeler que les pièces operculaires et les joues sont couvertes d'écailles.

Vers le surscapulaire apparaît la ligne latérale, qui décrit d'abord une courbe assez faible, cessant après l'origine de la seconde dorsale, puis se continue directement jusqu'à l'extrémité de la caudale ; elle est composée de cinquante à cinquante-cinq écailles. Les écailles sont cténoïdes ; leur canal est terminé par plusieurs ramifications, qui souvent se prolongent assez loin dans l'aire spinigère. Sous la première dorsale, une rangée transversale contient une trentaine d'écailles. Éc., l. lat. 50 à 55 ; l. transv. $\frac{8 \text{ ou } 9}{19 \text{ ou } 20} + 1$.

De chaque côté du dos, un repli cutané, couvert d'écailles, forme le bord d'un sillon plus creux en avant, dans lequel les nageoires peuvent se coucher et même se cacher plus ou moins. La première dorsale a neuf et même le plus souvent dix épines ; la première épine est très-courte ; la troisième et la quatrième sont plus allongées que les autres, elles mesurent la moitié de la hauteur du tronc, et quelquefois plus encore. La seconde dorsale est unie à la première par une petite membrane ; elle est un peu moins haute, mais beaucoup plus longue que l'autre nageoire ; elle est soutenue par un aiguillon et vingt-sept à vingt-neuf rayons mous. L'anale est courte ; elle finit loin de la caudale ; elle a deux épines, la première est excessivement petite, cachée dans la peau ; la seconde, bien que plus grande, fait à peine la moitié de la longueur du premier rayon mou ; il y a sept rayons mous, rarement huit. La caudale est carrée, ou très-peu échancrée ; elle est formée de dix-sept ou dix-huit rayons. Le surscapulaire a le bord postérieur dentelé, au moins chez les jeunes. Les pectorales font, ou peu s'en manque, le sixième de la longueur totale : elles ont seize rayons. Les ventrales semblent un peu moins longues que les pectorales.

Br. 7. — D. 9 ou 10 — 1/27 à 29 : A. 2/7 ou 8; C. 17 ou 18; P. 16; V. 1 5.

Les nageoires paires, la première dorsale et l'anale sont rougeâtres ; la seconde dorsale et la caudale sont grisâtres.

Le dos est d'un gris plombé teinté de brun ; les flancs et le ventre sont d'un gris argenté. Chez les jeunes, quand ils viennent d'être pêchés, les côtés sont très-souvent marqués de taches arrondies d'un blanc argenté très-brillant.

Quant à la vessie natatoire, elle est fort grande, elle s'étend du commencement à la fin de la cavité abdominale ; elle est excessivement remarquable par le développement de son corps rouge, et par la disposition de ses appendices branchus. Dans le premier volume des *Mémoires du Muséum*, Cuvier a publié un travail plein d'intérêt sur la structure anatomique de cet organe.

Les appendices pyloriques sont au nombre d'une dizaine.

Habitat. Le Maigre se trouve sur toutes nos côtes. Méditerranée, assez commun, Nice, Marseille, Cette. Océan, assez commun dans le golfe de Gascogne, au moins de juillet à septembre. Saint-Jean-de-Luz, Arcachon ; plus rare en remontant vers le Nord, la Rochelle, les Sables-d'Olonne. Manche, rare, Cherbourg, Arromanches, Dieppe, Dunkerque. Il est parfois apporté sur le marché de Paris.

Proportions : long. totale 0,410 ; tronc, haut. 0,092.

Tête, long. 0,099, haut. 0,077.— Œil, diam. 0,016, esp. préorbit. 0,029, esp. interorbit. 0,023.

Les Maigres, écrit Duhamel, sont de passage ; il est rare qu'ils restent un temps un peu considérable dans un même parage. — On en prend peu dans le mois d'avril ; c'est dans les mois de mai, juin et juillet qu'ils viennent par bandes, et c'est dans cette saison que j'en ai vu faire la pêche dans le Perthuis entre l'île de Ré et la rivière de Saint-Benoît, où on va les chercher sous l'eau jusqu'à dix ou douze brasses.— Quand ces poissons sont rassemblés en troupe, ils avertissent du lieu où il faut les aller chercher, par un mugissement plus fort que celui des Grondins, et qui se fait entendre d'assez loin. Il est arrivé que trois pêcheurs dans une barque, étant guidés par ce bruit, ont pris vingt Maigres d'un seul coup de filet. — Suivant les pêcheurs, le bruit que font ces poissons est assez considérable pour être entendu lors même qu'ils sont à vingt brasses sous l'eau. — Aux environs de la Rochelle, on appelle ce bruit *seiller*, terme qui lui est affecté, comme *braire*, *hennir*... à l'égard d'autres animaux. — Les pêcheurs n'emploient aucun appât pour attirer le poisson ; mais ils comptent produire cet effet avec un sifflet, qui, suivant eux, fait à l'égard de ces poissons le même effet que les appaux pour les cailles. — Ce poisson est d'une force extraordinaire ; car souvent, quand il est en vie dans une barque, il renverse d'un coup de queue un matelot. Pour prévenir cet accident et éviter qu'il ne déchire les filets, les pêcheurs les assomment avant de les tirer à bord. (Duham., *loc. cit.*, p. 137-139.)

GENRE CORB — *CORVINA*, Cuv.

Corps oblong, couvert d'écailles de moyenne grandeur.

Tête forte, écailleuse ; museau gros, arrondi ; mâchoire supérieure plus longue et plus large que la mandibule, garnie de dents en velours, avec une rangée externe de dents régulières plus fortes que les autres.

Nageoires ; anale à seconde épine très-développée.

LE CORB NOIR — *CORVINA NIGRA*, Cuv.

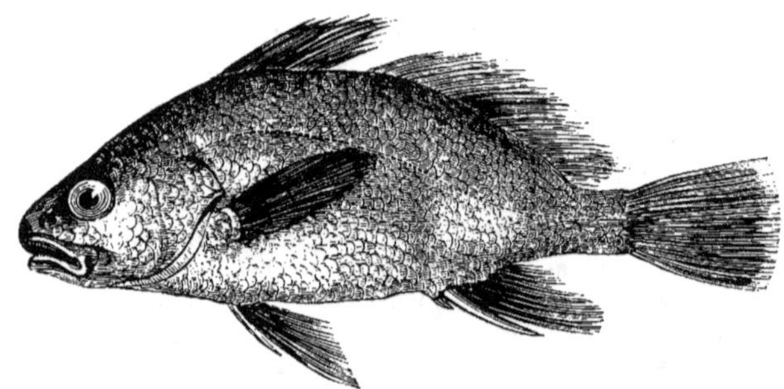

Fig. 127.

Du Corb, Coracinus, Rondel., liv. V, c. VIII, p. 118.
Corvo di fortiera (*Coracinus niger*), Salvian, p. 117, pl. 35 ; Willugh., pl. S, 20.
Sciæna umbra, Linn., p. 480, sp. 4 ; Rosenthal, *Ichthyol. Taf.*, pl. 17, fig. 1.
Sciæna nigra, Bloch, pl. 297.
Sciène umbre, Sciæna umbra, Lacép., t. X, p. 133 ; Riss., *Ichth.*, p. 295, (Sciène corbeau), *Hist. nat.*, p. 410.

Le Corb ou Corbeau des Provençaux, *Corvina nigra*, Cuv. et Valenc., t. V, p. 86, *Rég. an. ill.*, pl. 28, fig. 1.

Corbs noir, Guichen., *Expl. Algér.*, p. 43.

Corvina nigra, CBp., *Cat.*, n° 475, *Fn. ital.*, fig. ; Günth., t. II, p. 296 ; Canestr., *Fn Ital.*, p. 82.

N. Vulg. : Corbeau Cuorp, Coracin noir, Provence.
Long. : 0,18 à 0,25.

Deux caractères, l'absence de barbillon mandibulaire, le développement de la seconde épine de l'anale, suffisent pour faire rapidement distinguer le Corb des Ombrines et du Maigre. Le corps est ovale ; le profil du dos est plus arqué, plus convexe que celui du ventre. La hauteur du tronc, qui est triple de son épaisseur, est comprise trois fois et demie à trois fois et deux tiers dans la longueur totale. La peau est couverte d'écailles de moyenne grandeur, à bord postérieur garni de plusieurs rangées de spinules. Il y a généralement onze vertèbres abdominales et quatorze vertèbres caudales. La position de l'anus paraît varier avec l'âge ; suivant le prince de Canino, l'anus est plus rapproché de l'extrémité postérieure que de l'antérieure ; c'est précisément le contraire que j'ai constaté sur des sujets de moyenne taille.

La tête est forte, écailleuse ; sa longueur, qui est à peu près égale à sa hauteur, mesure environ le quart de la longueur totale. Le museau est gros, arrondi ; il montre six ou sept pores disposés sur deux lignes, l'une dessinant une courbe, l'autre, horizontale, suivant le bord antérieur du rostre. Sous l'extrémité de la mandibule, il y a le plus ordinairement cinq pores, deux latéraux, et un médian à la symphyse. La bouche, à peu près horizontale, est assez petite ; sa fente ne dépasse pas le bord antérieur de l'orbite. La mâchoire supérieure déborde l'autre ; elles sont toutes les deux garnies d'une bande large de dents en velours ; à la rangée externe, principalement sur la mâchoire supérieure, les dents sont plus fortes et plus grandes que dans les autres rangées. L'extrémité postérieure du maxillaire est large ; elle est en partie cachée par les sous-orbitaires ; elle arrive jusque sous le milieu de l'œil.

Tantôt l'iris est doré, tantôt il est d'un jaune brunâtre. Le diamètre de l'œil fait environ le quart de la longueur de la tête ; il est un peu moins grand que l'espace préorbitaire, il est égal à l'espace interorbitaire.

L'orifice antérieur de la narine est plus rapproché de l'orbite que du bout du museau ; il est entouré d'un petit bourrelet ; l'orifice postérieur est plus large que l'autre ; il est ovale.

La fente branchiale ne s'avance pas tout à fait jusque sous l'extrémité élargie du maxillaire supérieur. L'opercule a deux épines aplaties. L'interopercule est légèrement dentelé ; il a son angle arrondi. Les pièces operculaires et les joues sont écailleuses ; les écailles qui couvrent les joues et les sous-orbitaires sont généralement lisses ; sur plusieurs sujets elles ne m'ont présenté aucune trace de spinules.

De la fente branchiale jusque sous le milieu de la seconde dorsale, la ligne latérale décrit une courbe allongée ; elle devient droite sur le tronçon de la queue et se continue sur la caudale. Elle est formée de cinquante-huit à soixante écailles dont le canal se ramifie en arrière. Dans la rangée transversale il y a une trentaine d'écailles. Éc., 1. lat. 58 à 60 ; l. transv. $\frac{8\ ou\ 9}{19\ ou\ 20} + 1$.

Un peu en avant de l'insertion de la pectorale commence la première dorsale ; elle compte dix épines grêles ; la première épine est très-courte ; les autres s'allongent jusqu'à la sixième ou la septième, et forment une pointe plus ou moins prononcée. D'un quart environ moins haute que la première dorsale, à laquelle elle est rattachée par une membrane courte et basse, la seconde nageoire du dos est très-allongée, égale ; elle est soutenue par un aiguillon et vingt-trois à vingt-cinq rayons mous. L'anale a sa base écailleuse ; elle est beaucoup plus haute et beaucoup plus courte que la seconde dorsale, sous le milieu de laquelle elle prend naissance ; elle est remarquable par le développement de sa seconde épine, qui cependant est d'un quart moins longue que le premier rayon mou ; cette épine est plus épaisse dans sa partie moyenne, elle paraît courbe ; quant au premier aiguillon, il est très-court ; lorsqu'ils sont couchés, les rayons mous atteignent, chez les jeunes, la base de la caudale ;

ils sont au nombre de sept ou huit. La caudale est carrée, avec les angles ordinairement un peu arrondis ; elle mesure le cinquième de la longueur totale ; elle se compose de dix-sept à dix-neuf rayons. Le surscapulaire n'est pas dentelé. Les pectorales sont assez pointues, médiocres ; elles ont dix-sept rayons ; le rayon supérieur est simple, assez fort, mais peu allongé. Les ventrales sont triangulaires, plus longues que les pectorales, elles font le cinquième de la longueur totale ; leur épine est robuste, elle est de moitié moins grande que le premier rayon mou, qui est le plus développé.

Br. 7. — D. 10 — 1/23 à 25 ; A. 2/7 ou 8 ; C. 17 à 19 ; P. 17 ; V. 1/5.

Les nageoires sont d'une teinte brunâtre, excepté l'anale et les ventrales qui ont leurs rayons mous d'un noir foncé.

Le système de coloration présente quelques différences ; chez les jeunes, il est brunâtre avec un pointillé noir ; chez les grands, il paraît brunâtre varié de jaune, et sous la gorge et le ventre, d'un jaune piqueté de noir.

La vessie natatoire est d'une teinte nacrée ; elle est grande, elle s'étend dans toute la longueur de l'abdomen ; elle est pointue en arrière ; il est assez facile de la détacher, quand on a fait cette opération, on peut se convaincre qu'elle n'est munie d'aucun appendice, bien que Günther prétende le contraire. Il y a huit appendices pyloriques.

Habitat. Méditerranée, assez commun à Nice, assez rare à Cette.

Le poisson qui, dans le Catalogue de M. Lemarié, est inscrit sous le nom de Corb est une Ombrine de Lafont.

Proportions : long. totale 0,182 ; tronc, haut. 0,051.

Tête, long. 0,046, haut. 0,045. — Œil, diam. 0,011, esp. préorbit. 0,013, esp. interorbit. 0,011.

Les Sciénidés ont, l'Aigle surtout, les pierres de l'oreille très-développées ; chez un Maigre de grande taille, apporté sur le marché de Paris, l'otolithe a les proportions suivantes : longueur 0,030, hauteur 0,018, épaisseur 0,014. — Ces poissons se nourrissent principalement de substances animales ; les Maigres poursuivent les bancs de Sardines, de Harengs. Ils fournissent une chair estimée. Suivant Risso, les pêcheurs de Nice préparent, avec les œufs des Ombrines, des Bars et des Sciènes, une espèce de boutargue fort délicate.

Famille des Scombridés, Scombridæ.

Corps de forme variable ; peau rarement nue, couverte ordinairement d'écailles petites et lisses, quelquefois tuberculeuses, plus ou moins rudes.

Tête plus ou moins développée ; dentition généralement faible, parfois nulle.

Appareil branchial ; ouïes bien fendues ; sept rayons branchiostèges le plus souvent.

Nageoires ; dorsale simple ou double ; parfois la première dorsale est composée d'aiguillons plus ou moins libres ; anale souvent précédée de quelques épines paraissant constituer une première nageoire ; en arrière de la dorsale et de l'anale, il y a, dans certaines espèces, des rayons détachés appelés *pinnules* ou *fausses nageoires* ; ventrales thoraciques (très-rarement jugulaires, Astroderme), plus ou moins développées, parfois très-réduites, et même manquant, comme dans certains faux-apodes (Espadon).

Appendices pyloriques généralement nombreux.

Chez quelques Scombridés, certaines nageoires subissent des modifications plus ou moins marquées. Ainsi la première dorsale des Échénéis se change en une sorte de plaque, de ventouse qui leur permet de se fixer aux corps solides ; de Blainville a, le premier, démontré que le disque céphalique de ces animaux est une dorsale modifiée ; voici comment il s'exprime : la plaque ovale qui occupe le dessus de toute la tête et du commencement du dos dans ce genre de poissons, n'est réellement qu'une partie du lophioderme, avec une disposition et un usage tout particuliers. Sa composition est cependant réellement la même que celle du lophioderme en général ; les supports forment toujours une série de pièces médianes, triangulaires, etc. (BLAINV., *Princip. Anat. comp.*, p. 165-166.) Plus tard Baudelot, qui ne connaissait pas le travail de notre savant anatomiste, reprit la même étude, et confirma l'opinion nettement exposée par de Blainville (BAUDEL., *Disque céphalique des Rémoras*, dans *Ann. sc. nat.*, 1867, t. VII, p. 153.) Chez l'Espadon jeune, la dorsale est continue ; chez l'adulte, elle s'abaisse dans sa partie médiane, qui est parfois rasée jusque sur le dos, et ses extrémités semblent ainsi constituer deux nageoires distinctes. Les ventrales, dans les Stromatées, s'atrophient avec les progrès de l'âge ; à leur place, chez les adultes, il ne reste qu'une espèce de bourrelet de moins en moins sensible.

La famille des Scombridés compte douze sous-familles.

Disque sur la tête
- nul. Museau
  - non prolongé en lame. Dorsale
    - double. Fausses nageoires
      - plusieurs après la 2ᵉ dorsale et l'anale. 1. SCOMBRINIENS.
      - manquant, ou une seule. Anale
        - double. Ligne latérale
          - cuirassée. 2. CARANGINIENS.
          - ordinaire. Écussons osseux de chaque côté de la 2ᵉ dorsale
            - manquant. . . . . 3. CENTRONOTINIENS.
            - et de l'anale. . . 4. ZÉINIENS.
        - simple. Caudale
          - carrée . . . . 5. CAPRINIENS.
          - fourchue. . . . . . 6. CUBICÉPINIENS.
    - unique. Ventrale
      - ayant au moins 14 rayons. . . . . 7. LAMPRINIENS.
      - à moins de 9 rayons. Dorsale commençant
        - au-dessus ou en arrière de l'ouverture des ouies. Dents des mâchoires sur
          - plusieurs rangées. . . . . . . 8. BRAMINIENS.
          - une seule rangée ou nulles. 9. CENTROLOPHINIENS.
        - sur la tête. . . . . 10. CORYPHÉNINIENS.
  - prolongé en lame; ventrales manquant, ou à rayons peu nombreux. . . . . 11. XIPHÉINIENS.
- ovale, composé de lamelles osseuses. . . . . 12. ÉCHÉNÉINIENS.

Sous-famille des Scombriniens, Scombrini.

Corps fusiforme, couvert ordinairement de très-petites écailles. Dans certaines espèces, les écailles qui revêtent la poitrine sont différentes des autres ; elles sont plus grandes ; elles forment une sorte de ceinture à bords inégaux ; cette ceinture, plus ou moins complète, plus ou moins large, a été désignée par les ichthyologistes sous le nom de *corselet*. Sur le tronçon de la queue, il y a de chaque côté deux petites crêtes et souvent une carène médiane.

Tête allongée ; mâchoires dentées ; langue lisse en général.

Yeux pourvus d'une paupière adipeuse.

Appareil branchial ; ouïes largement fendues ; sept rayons branchiostéges ; pseudobranchies ; joues couvertes d'écailles, ou plutôt de pièces dures plus ou moins osseuses.

Nageoires ; deux dorsales, la première occupant en général un sillon dans lequel elle peut s'abaisser et plus ou moins se cacher ; derniers rayons de la seconde dorsale et de l'anale séparés et formant les fausses nageoires ou pinnules ; caudale fourchue ou bien en croissant, ses trois rayons médians sont triangulaires, à bord postérieur développé.

La sous-famille des Scombriniens comprend quatre genres.

	éloignées l'une de l'autre. Carène	nulle. . . .	1. SCOMBRE.	
Dorsales	latérale sur le tronçon de la queue	distincte .	2. AUXIDE.	
	rapprochées. Dents des mâchoires	fines, courtes ; vomer généralement denté.	3. THON.	
		longues, fortes ; vomer non denté.	4. PÉLAMIDE.	

GENRE SCOMBRE — *SCOMBER.*

Corps allongé, fusiforme ; tronçon de la queue grêle, sans carène latérale, mais ayant, de chaque côté, deux petites crêtes, placées entre les racines de la caudale.

Tête longue, plus ou moins conique ; bouche grande ; mâchoires avec une rangée de petites dents pointues ; vomer et palatins dentés.

Nageoires ; dorsales éloignées l'une de l'autre ; anale précédée d'une petite épine crochue ; cinq ou six fausses nageoires après la seconde dorsale et après l'anale.

Ce genre se compose de deux espèces.

<table>
<tr><td rowspan="2">Espace interorbitaire</td><td>de teinte foncée, non transpa-
rent . . . . 1. Sc. MAQUEREAU</td></tr>
<tr><td>blanchâtre, plus ou moins trans-
parent. . . . . 2. Sc. COLIAS.</td></tr>
</table>

LE SCOMBRE MAQUEREAU — *SCOMBER SCOMBER*.

Syn. : DU MAQUEREAU, Rondel., liv. VIII, c. VII. p. 191.

SCOMBER SCOMBER, Linn., p. 492. sp. 1 ; Brunn., *Ichth. Mass.*, p. 68, n° 84 ; Bloch, pl. 54 ; Günth., t. II. p. 357 ; Schlegel, p. 5, pl. 1, fig. 1 ; Canestr., *Fn. Ital.*, p. 101.

DES MAQUEREAUX, Duham., *Pêch.*, part. 2, sect. 7, p. 166, pl. 1, fig. 1.

LE MAQUEREAU, Scomber scomber, Bonnat., p. 138, pl. 58, fig. 227.

LE SCOMBRE MAQUEREAU, Scomber scombrus, Lacép., t. VIII, p. 106.

SCOMBRE MAQUEREAU, Scomber scomber, Riss., *Ichth.*, p. 170.

MAQUEREAU COMMUN, Scomber scomber, Riss., *Hist. nat.*, p. 412 ; Cuv. et Valenc., t. VIII, p. 6, *Rég. an. ill.*, pl. 45, fig. 1.

SCOMBER SCOMBRUS, CBp., *Cat.*, n° 676.

THE MACKEREL, Yarr., t. II, p. 193.

MACKAREL, Couch. t. II, p. 67.

N. vulg. : Auriou, Nice ; Auriol, Marseille ; Beïdat, Cette ; Verrat, Languedoc ; Barat, Roussillon ; Brill, Brehel, Basse-Bretagne.

Long. : 0,30 à 0,40, quelquefois plus.

Tout le monde connaît ce beau poisson ; il est inutile d'en faire une description très-détaillée. Le corps est fusiforme, allongé ; la hauteur du tronc est comprise cinq fois et demie à six fois et demie dans la longueur totale. Les écailles, excessivement petites, semblent perdues dans la peau. Les vertèbres sont au nombre de trente-quatre. Le tronçon de la queue est grêle, il s'enfonce dans la racine de la nageoire ; il ne porte pas de carène latérale, mais il présente de chaque côté deux petites crêtes qui se prolongent sur la caudale.

La tête est conique, légèrement comprimée sur les côtés ; sa longueur est contenue quatre fois et demie à quatre fois et trois quarts dans la longueur totale. Le museau est pointu. La bouche est grande. Les mâchoires sont à peu près égales, parfois, chez les jeunes, la mandibule paraît à peine plus avancée ; les mâchoires portent une rangée de petites dents coniques, régulières, qui, chez les adultes, sont au nombre d'une quaran-

taine sur chacun des côtés. Les palatins ont aussi une rangée de
dents pareilles ; il y en a quelques-unes sur les côtés du chevron
du vomer ; elles sont crochues. La langue est lisse, allongée,
assez libre. Le maxillaire supérieur est complétement caché par
le premier sous-orbitaire quand la bouche est fermée ; un petit
osselet s'attache à son extrémité postérieure.

L'iris est d'un jaune doré. Le diamètre de l'œil est compris
cinq à six fois dans la longueur de la tête, il fait les deux tiers de
l'espace préorbitaire, un peu moins chez les grands individus.
Le globe oculaire est protégé par deux paupières parfaitement
distinctes qui présentent une ouverture verticale ; ces paupières
ne peuvent se rapprocher, il reste entre elles un espace ovale.

L'orifice antérieur de la narine est arrondi, éloigné de l'autre,
qui ressemble à une petite fente placée à l'angle de la paupière
adipeuse.

La fente des ouïes est très-grande, elle s'avance plus loin que
le prolongement du diamètre vertical de l'œil. Les pièces operculaires sont lisses. L'opercule porte sur le bord postérieur une
petite échancrure, qui est cachée par la peau. Le préopercule a
l'angle arrondi ; il montre en arrière une rangée de pores assez
étroits. Les joues sont couvertes de longues écailles fortement
unies les unes aux autres, enfoncées dans la peau et peu distinctes. Les appendices antérieurs, qui bordent le côté interne
du premier arc branchial, dépassent la commissure des mâchoires et se voient parfaitement quand la bouche est ouverte.

La ligne latérale, légèrement sinueuse, est formée d'écailles
un peu plus grandes que celles qui couvrent le corps.

Quant aux nageoires, elles sont assez peu développées. La
première dorsale commence à peu près au-dessus du milieu des
pectorales ; elle est triangulaire, ou plutôt légèrement falciforme ; elle est aussi haute que longue, ou peu s'en manque ;
elle peut s'abaisser dans un sillon ; elle se compose de douze
rayons le plus souvent ; parfois il n'y en a que dix ou onze, rarement il s'en trouve treize ; la deuxième épine est la plus longue :
après elle viennent, pour la hauteur, la première et la troi-

sième ; la dernière est très-réduite. La seconde dorsale, opposée
à l'anale, est basse et courte ; elle a une épine et onze rayons
mous, suivis de cinq fausses nageoires ; la dernière pinnule
montre un rayon plus allongé et beaucoup plus large que les
autres. L'anale est précédée d'une petite épine crochue très-
acérée ; elle a le même nombre de rayons que la seconde dorsale ;
après elle viennent également cinq fausses nageoires. La caudale
est fortement échancrée ; à la base des rayons, se remarquent, de
chaque côté, deux crêtes molles qui convergent, en arrière, un
peu l'une vers l'autre. Les pectorales sont courtes, elles ne mesurent que le neuvième de la longueur totale ; elles sont placées
très-haut ; elles ont une vingtaine de rayons. Les ventrales sont
insérées un peu en arrière des pectorales, elles sont petites ;
entre elles est un appendice fort peu développé.

Br. 7. — D. 10 à 13 — 1/11 + V ; A. 1 — 1/11 + V ; C. 17 ; P. 19 ou 20 ; V. 1/5.

Les dorsales, la caudale et les pectorales sont d'un brun plus
ou moins foncé ; l'anale et les ventrales sont d'un gris blanchâtre.

Le dos présente une admirable richesse de couleurs ; de
larges lignes sinueuses d'un bleu très-foncé viennent se mêler à
des lignes d'un beau vert et se terminent sur une bande longitudinale, allant de l'attache de la pectorale à la queue. Cette
bande, d'un blanc doré, large d'un demi-centimètre à peu près,
est séparée des flancs par une autre bande légèrement teintée de
noir, plus ou moins bien tracée, parfois peu dessinée. Le ventre
est d'un blanc argenté très-brillant avec des reflets dorés. Le
dessus de la tête est d'un bleu noirâtre plus ou moins foncé ;
l'espace interorbitaire ne montre pas cette transparence, cette
nuance pâle qui est si remarquable chez le Colias. J'ai reçu de
Concarneau un Maquereau ayant un système de coloration analogue à celui que présente le *Scomber scriptus* de Couch ; le dos
et les côtés, au voisinage de la ligne latérale, sont marqués de
lignes bleuâtres, étroites, sinueuses, formant des zigzags plus
ou moins prononcés. Faut-il admettre l'opinion de Couch, et

regarder ce spécimen comme étant d'une espèce distincte? Rien ne porte à le supposer.

Il n'y a pas de vessie natatoire.

Le péritoine pariétal est brunâtre. L'estomac est allongé, conique. Les appendices pyloriques sont nombreux. Les globules du sang mesurent : grand diamètre 0^mm,012, petit diamètre 0^mm,007 ; le diamètre du noyau est de 0^mm,003.

Habitat. Toutes nos côtes. Suivant de nombreuses observations, les Maquereaux se montrent dans la Manche vers le commencement d'avril; ils sont alors maigres, petits, ils sont appelés *Sansonnets* en Normandie, et *Roblots* en Picardie ; ils sont pleins à la fin de mai, en juin et pendant une partie de juillet, c'est dans cet état qu'ils sont le plus estimés; plus tard, lorsqu'ils ont jeté leur frai, ils sont moins appréciés, et sont nommés *Chevillés*; il s'en trouve encore en septembre et octobre, et quelquefois même jusqu'à la fin de l'année. Ils sont très-abondants sur les côtes du Poitou, pendant le printemps et l'été. Dans le golfe de Gascogne, on n'en fait pas une pêche spéciale. Presque toute l'année on en prend dans la Méditerranée ; à Cette, la pêche est très-fructueuse.

Proportions : long. totale 0,322 ; tronc, haut. 0,050, épais. 0,031.

Tête, long. 0,070, haut. 0,043. — Œil, diam. 0,013, esp. préorbit. 0,020, esp. interorbit. 0,017.

LE SCOMBRE COLIAS — *SCOMBER COLIAS.*

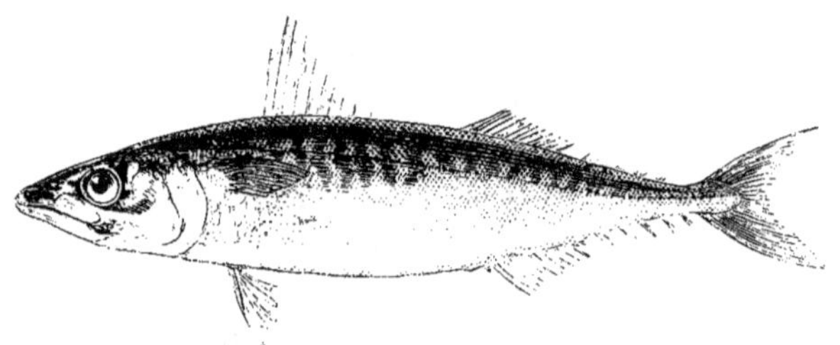

Fig. 128.

Syn. : De Cocton, Colias, Rondel., liv. VIII, c. viii, p. 192 ; Lacép., t. VIII, p. 121.

Scomber colias, Linn. Gmel., t. I, p. 1329; Günth., t. II, p. 361 ; Canestr., *Fn. Ital.*, p. 101; ? Rafin., *Ind., itt. sicil.*, p. 20, n° 97.

Scombre colias, Scomber colias, Riss., *Ichth.*, p. 171 (Maquereau à vessie), *Hist. nat.*, p. 413.

Le Maquereau colias, Scomber colias, Cuv. et Valenc., t. VIII, p. 39, pl. 209.

Scombre a vessie, Scomber pneumatophorus, Delaroche. *Ann. Muséum*, 1809, t. XIII, p. 334, *Mém.*, p. 48.

Le Maquereau pneumatophore, Scomber pneumatophorus. Cuv. et Valenc., t. VIII, p. 36.

Scombre pneumatophore, Scomber pneumatophorus, Guichen., *Expl. Algér.*, p. 56.

Scomber pneumatophorus. CBp., *Cat.*, n° 678 ; Günth., t. II, p. 359.

Scomber macrophthalmus. Rafin., *Ind. itt. sicil.*, p. 20, n° 98 ; CBp., *Cat.*, n° 677.

The Spanish Mackerel, Yarr., t. II, p. 204.

Spanish Mackerel, Couch, t. II, p. 78.

N. vulg. : Cavaluca, Nice ; Aourneaou-bias, Marseille ; Gros-Yol, Biar, Cette ; Bizet, Roussillon.

Long. : 0,20 à 0,30 et même 0,35.

Rondelet avait très-bien distingué le Scombre Colias du Maquereau commun. Le Colias a, dit-il, « une partie de la teste si claire qu'on y voit par le travers les nerfs descendants du cerveau aux ieux, qu'on appelle optiques, comme par le travers d'un verre ». En outre, quand il est arrivé à son complet développement, il a la région pectorale couverte d'assez grandes écailles qui dessinent une sorte de corselet. Le jeune, qui a été regardé comme une espèce particulière, et nommé Scombre pneumatophore, n'a pas à la poitrine d'écailles sensiblement plus larges que dans les autres parties du corps. Il arrive chez le Colias ce qui arrive chez la Pélamide, le corselet ne se forme qu'en raison des progrès de l'évolution. La hauteur du tronc l'emporte d'un tiers sur son épaisseur, elle est contenue cinq fois et demie à six fois dans la longueur totale.

Quant à la longueur de la tête, elle est comprise quatre fois et quart environ dans la longueur totale. Les dents sont plus fines et plus nombreuses que chez le Maquereau commun ; il y en a une soixantaine sur chaque côté des mâchoires. Les appendices antérieurs du premier arc branchial n'atteignent pas l'angle de la bouche.

Il est probable que le *Scomber Colias* de Rafinesque est le jeune du Maquereau commun ; on doit le croire d'après l'épithète de *Macrophthalmus* donnée par ce naturaliste à l'espèce que nous décrivons. En effet, chez le Colias de Rondelet, l'œil est grand ; son diamètre fait le quart de la longueur de la tête, les deux tiers de l'espace préorbitaire, il l'emporte même un peu sur la largeur de l'espace interorbitaire. L'intervalle qui sépare les yeux et la partie supérieure du museau, chez les jeunes surtout, sont blanchâtres, plus ou moins diaphanes.

Vis-à-vis de l'insertion de la pectorale, l'opercule a le bord postérieur entamé d'une large échancrure arrondie, couverte par la peau ; il est, dans sa partie supérieure, garni de petites écailles. Le préopercule a le bord inférieur presque droit, d'un tiers plus long que le bord postérieur.

La ligne latérale est bien marquée, mais elle a des écailles plus petites que celles du corselet. Dans le Colias, la première dorsale est presque triangulaire, elle est à peu près aussi haute que longue ; elle a dix aiguillons ; la première épine est allongée, elle fait les deux tiers de la suivante ; la deuxième épine et la troisième sont les plus grandes ; les autres vont en diminuant d'une façon régulière jusqu'à la septième qui semble la dernière ; mais avec un peu d'attention, on en trouve une huitième très-petite, une neuvième, et même une dixième qui n'est guère sensible que chez les grands individus, c'est donc à tort que Günther indique sept rayons seulement. La seconde dorsale a douze rayons, ainsi que l'anale ; après chacune de ces nageoires viennent cinq pinnules.

$$\text{D. } 10 - 1/11 + \text{V}; \text{ A. } 1 - 1/11 + \text{V}.$$

Le dos est d'un bleuâtre tirant sur le vert, avec des bandes et des taches noirâtres ; il y a sur les côtés et sur le ventre des taches plus ou moins grandes d'un vert noirâtre ; au reste ces teintes sont très-variables. La membrane qui borde l'opercule est marquée d'une tache noirâtre.

La vessie natatoire est, proportion gardée, plus développée chez l'adulte que chez le jeune ; son extrémité postérieure est conique.

Habitat. Méditerranée, assez commun sur la côte de Provence ; suivant Risso, le Colias est de passage à Nice, il apparaît en mai, novembre ; je l'ai plusieurs fois trouvé sur le marché de Nice au mois de mars ; Cette, rare. Océan, golfe de Gascogne, rare, Arcachon ; très-rare au-dessus de la Gironde, la Rochelle, Musée Fleuriau. Je ne crois pas qu'il ait jamais été trouvé au nord de la Loire.

Proportions : long. totale 0,30 ; tronc, haut. 0,054, épais. 0,034.

Tête, long. 0,070, haut. 0,045. — Œil, diam. 0,017, esp. préorbit. 0,024, esp. interorbit. 0,015.

GENRE AUXIDE — *AUXIS.*

Corps fusiforme ; écailles du thorax formant un corselet bien dessiné ; une carène latérale sur le tronçon de la queue.

Tête longue ; museau conique ; mâchoires à dents très-petites ; vomer non denté.

Nageoires ; dorsales éloignées l'une de l'autre ; seconde dorsale et anale courtes, suivies de sept à neuf pinnules.

Une seule espèce.

L'AUXIDE BISE — *AUXIS BISUS.*

Syn. : Bize, sorte de Pélamide, Duham., *Pêch.*, part. 2, sect. 7, p. 209, pl. 7, fig. 4.

Scomber bisus, Scombre biseau, Rafin., *Caratt.*, p. 45, sp. 122, pl. 2, fig. 1, *Ind. itt. sicil.*, p. 20, n° 101.

Scombre de Laroche, Scomber Rochei, Riss., *Ichth.*, p. 165.

Thynnus Rocheanus, Thon de Laroche, Riss., *Hist. nat.*, p. 417.

L'Auxide commune ou Bonitou, Auxis vulgaris, Cuv. et Valenc., t. VIII, p. 139, pl. 216, *Règ. an. ill.*, pl. 48, fig. 1.

Auxis bisus, CBp., *Cat.*, n° 679.

Auxis Rochei, Günth., t. II, p. 369 ; Canestr., *Fn. Ital.*, p. 103.

The plain Bonito, Yarr., t. II, p. 224, fig. transp., p. 219 ; Couch, t. II, p. 105.

N. vulg. : Bounicou, Bounitou, Nice.

Long. : 0,30 à 0,45.

Dans son *Traité des Pêches*, Duhamel donne une figure de l'Auxide qu'il appelle Bize. Plus tard, en 1810, deux autres ichthyologistes décrivent le même poisson, auquel Rafinesque attribue le nom de Scombre biseau, et Risso, celui de Scombre de Laroche.

Suivant l'âge les proportions se modifient ; le corps est fusiforme, plus ou moins renflé. L'épaisseur du tronc fait les deux tiers de la hauteur, qui est comprise de quatre à six fois dans la longueur totale. La peau semble lisse ; les écailles sont imperceptibles, excepté autour du thorax ; dans cette région elles se

montrent plus ou moins grandes, et, chez l'adulte, elles dessinent
un corselet complet. Ce corselet forme en arrière quatre angles
aigus, un dorsal, deux latéraux, un ventral ; l'angle supérieur,
ou dorsal, se termine au milieu de l'espace qui sépare les dorsales ;
l'angle latéral finit en arrière, loin de la pointe de la pectorale ;
l'angle inférieur dépasse un peu l'extrémité des ventrales. L'é-
chancrure supérieure du corselet s'enfonce jusque sous la cinquième ou sous la quatrième épine de la première dorsale ;
l'échancrure inférieure s'avance jusqu'à la ligne menée de l'insertion de la pectorale à celle de la ventrale. Le tronçon de la
queue porte de chaque côté une carène médiane assez allongée,
et vers la base de la caudale deux crêtes excessivement réduites.
Il y a trente-neuf vertèbres.

La tête est forte ; elle est en forme de cône comprimé latéralement ; sa longueur est contenue quatre fois à quatre fois et un tiers
dans la longueur totale. Le museau est court, pointu. L'ouverture
de la bouche est légèrement oblique, assez petite ; elle ne dépasse
pas en arrière l'aplomb de l'orifice antérieur de la narine. Les
mâchoires sont égales, ou la mâchoire supérieure est à peine
moins avancée que la mandibule ; elles sont garnies l'une et
l'autre d'une rangée de dents très-courtes et très-fines. La langue
est large, libre, elle a de chaque côté un repli membraneux.
Quand la bouche est fermée, l'extrémité postérieure du maxillaire
supérieur est à découvert ; son angle supérieur s'enfonce dans une
petite encoche, en arrière du premier sous-orbitaire ; son angle
inférieur et son bord postérieur se placent dans une dépression
formée sur le bord externe de la mandibule.

Tantôt l'iris est d'un jaune pâle, tantôt il est d'un jaune rougeâtre. Les paupières adipeuses sont assez larges. Le diamètre de
l'œil est compris cinq fois et quart à cinq fois et deux tiers dans
la longueur de la tête ; il mesure les trois quarts de l'espace préorbitaire, les trois cinquièmes de l'espace interorbitaire.

Les orifices de la narine sont assez rapprochés ; l'ouverture
postérieure est étroite.

La fente des ouïes s'avance jusque sous l'extrémité élargie du maxillaire supérieur. L'opercule a le bord cilié. Le préopercule montre une forme différente de celle que présente le préopercule chez le Maquereau, il a les bords courbes, dessinant la moitié d'un ovale ou d'une ellipse.

Quant à la ligne latérale, elle est assez peu marquée en avant, elle est bien visible, onduleuse après la pointe latérale du corselet.

La première dorsale est séparée de la seconde par une distance plus grande que la longueur de sa base ; elle dépasse un peu en arrière l'extrémité de la pectorale ; elle est triangulaire ; elle se compose de dix ou plutôt de onze aiguillons ; les deux premières épines sont les plus longues ; la dixième est très-petite ; la dernière est excessivement courte, peu visible, assez enfoncée dans la peau quelquefois pour ne plus pouvoir être comptée. La seconde dorsale est écailleuse, courte, basse ; elle a une douzaine de rayons ; elle est suivie de huit, rarement de neuf fausses nageoires. L'anale commence sous la fin de la seconde dorsale, à laquelle elle ressemble ; après la nageoire viennent sept pinnules. La caudale est en croissant ; elle mesure environ le septième de la longueur totale ; elle a vingt et un grands rayons, plus six ou sept rayons basilaires, en dessus comme en dessous. Les pectorales sont courtes, elles font un peu moins du huitième de la longueur totale ; elles comptent vingt à vingt-deux rayons ; elles sont légèrement falciformes ; elles se placent dans une dépression de la peau. Les ventrales sont un peu moins longues que les pectorales ; elles sont pointues ; elles sont séparées l'une de l'autre par un repli cutané à bord postérieur arrondi ; chacune de ces nageoires peut s'enfoncer en partie sous la plaque cutanée et en partie dans un retrait de la peau.

Br. 7. — D. 10 ou 11 — 1/10 ou 11 + VIII ou IX ; A. 1 10 à 12 + VII ; C. 6 ou 7 21 6 ou 7 ; P. 20 à 22 : V. 1,5.

Les nageoires sont grisâtres. La coloration générale est assez variable ; le dos est bleuâtre avec des bandes et des taches d'un bleu plus foncé ; les flancs et une partie du corselet sont d'un bleu très-clair ; le ventre est argenté ; parfois les bandes et les taches sont effacées sur le dos, qui présente une teinte uniforme. Parmi les espèces figurées par Lesueur, pendant son séjour à Nice (1809), se trouve une Auxide qui a le dos bleu foncé, et, en arrière de la première dorsale, des taches à bord assez clair; les côtés et le ventre sont d'un bleu grisâtre. Suivant Lesueur, ce poisson, qu'il dit être voisin du *Scomber Rochei*, Riss., a huit épines à la première dorsale, dix fausses nageoires, après la seconde dorsale, huit après l'anale.

Il n'y a pas de vessie natatoire. Le péritoine, qui tapisse la paroi supérieure de la cavité abdominale, est d'un blanc nacré; il est épais, fibreux; comme le font très à propos observer Cuvier et Valenciennes, il ressemble à la tunique d'une vessie aérienne.

Habitat. Méditerranée, assez rare, Nice ; d'après Risso, le Bounitou apparaît sur la côte de Nice au printemps, en été et en automne ; « la femelle est plus grosse, pond en août des œufs blanchâtres, liés par un gluten roussâtre. » Océan, excesssivement rare, Concarneau.

L'animal dont je vais indiquer les proportions, a été pêché à Concarneau dans les premiers jours de juin 1878. Ce beau spécimen a été acquis pour le Muséum par le Dr Sauvage, qui a eu l'amabilité de le mettre à ma disposition.

Proportions : long. totale 0,447 : tronc, haut. 0,095, épais. 0,065.

Tête, long. 0,107, haut. 0,081. — Œil, diam. 0,019, esp. préorbit. 0,025, esp. interorbit. 0,031.

Ventrale, long. 0,043; plaque cutanée séparant les ventrales, long. 0,041, larg. 0,011.

La chair de l'Auxide est d'un rouge foncé ; suivant Risso, elle est d'assez mauvaise qualité, elle est indigeste et noircit au contact de l'air.

GENRE THON — *THYNNUS*.

Corps fusiforme ; corselet plus ou moins développé, à échancrure suspectorale commençant sous la première dorsale ; tronçon de la queue portant de chaque côté une carène plus ou moins saillante et deux petites crêtes entre les racines de la caudale.

Tête allongée ; bouche assez grande ; dents petites, fines, sur les mâchoires et les palatins ; vomer généralement denté.

Narines; orifice postérieur de la narine dans une fente verticale.

Nageoires: dorsales rapprochées; première dorsale ayant de treize à

quinze aiguillons ; sept à neuf fausses nageoires; caudale en croissant, à
lobes écartés.

Appendices pyloriques très-nombreux.

Le genre Thon se compose de cinq espèces.

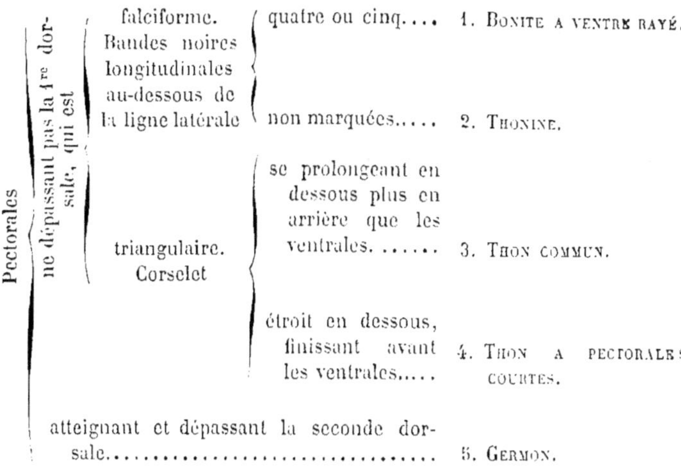

LA BONITE A VENTRE RAYÉ — *THYNNUS PELAMIS.*

Syn. : Scomber pelamis, Linn., p. 492. sp. 2.
Le Scombre bonite. Scomber pelamides, Lacép., t. VIII, p. 95.
? Scombre bonite, Scomber pelamis, Riss., *Ichth.*, p. 167.
La Bonite a ventre rayé. Thynnus pelamys, Cuv. et Valenc., t. VIII p. 113,
pl. 214. *Règ. an. ill.*, pl. 47, fig. 2.
Thynnus pelamys, CBp., *Cat.*, n° 685; Günth., t. II, p. 364; Canestr., *Fn. Ital.*,
p. 102.
The Bonito, Yarr., t. II, p. 215 ; Couch, t. II, p. 97.

Le *Thynnus pelamis*, Thon pélamide, Riss., *Hist. nat.*, p. 415, n'est pas la
Bonite, mais la Pélamide sarde.

Long. : 0,40 à 0,70.

Habitant les mers de la zone torride, la Bonite ne se trouve
jamais que par accident au milieu des eaux qui baignent les côtes
de l'Europe. Elle a le corps assez trapu. La hauteur du tronc est
comprise environ quatre fois dans la longueur totale. Le corselet

est développé ; son angle pectoral dépasse de beaucoup la nageoire ; son échancrure inférieure est large, elle s'étend vers la gorge, en avant de l'insertion des ventrales.

Quant à la longueur de la tête, elle est contenue trois fois à trois fois et un tiers dans la longueur totale. Le museau est pointu. Les mâchoires et les palatins ont de petites dents : le vomer ne semble pas denté, peut-être les dents sont-elles caduques ? La mâchoire supérieure, moins avancée que la mandibule, arrive en arrière assez près du diamètre vertical de l'œil.

L'iris est d'un blanc légèrement doré. Le diamètre de l'œil fait à peine le septième de la longueur de la tête ; il mesure plus de la moitié de l'espace préorbitaire.

Le préopercule est arrondi.

La ligne latérale est sinueuse ; elle s'abaisse après la seconde dorsale.

La première dorsale est haute en avant, presque pointue ; elle est falciforme ; son premier rayon est plus haut et plus fort que le suivant ; les troisième, quatrième et cinquième rayons décroissent rapidement ; les autres baissent, d'une façon moins sensible, jusqu'au quinzième, qui est le dernier. La seconde dorsale compte treize rayons ; elle a le bord postérieur échancré ; elle est suivie de huit pinnules. L'anale a quatorze rayons ; elle commence un peu plus en arrière que la seconde dorsale ; après elle viennent sept fausses nageoires. La caudale a ses lobes étroits et allongés ; la distance qui sépare la pointe des lobes, fait près du tiers de la longueur totale. Les pectorales ne dépassent pas le onzième aiguillon de la première dorsale ; elles mesurent un peu plus du septième de la longueur totale ; elles sont à peu près triangulaires, à bord inférieur très-légèrement échancré. Les ventrales sont insérées en arrière de la terminaison de l'échancrure inférieure du corselet.

Br. 7. — D. 15 -- 1/12 + VIII; A. 2/12 + VII; P. 26 ou 27; V, 1/5.

Le dos et le haut des côtés sont d'un bleu teinté de rose ; le reste du corps est argenté ; quatre, quelquefois cinq bandes bru-

nâtres, dessinant une légère courbure, s'étendent le long des
flancs à partir du corselet, et remontent vers la ligne latérale en
arrière de la seconde dorsale.

Habitat. Accidentellement, Méditerranée, Océan. Les auteurs anglais
nous apprennent que des Bonites ont été prises sur les côtes de Cork, Wex-
ford, Cornouailles, Cumberland, dans le golfe de la Clyde et même dans le
golfe de Forth.

Proportions : long. totale 0,550 ; tronc, haut. 0,135.

Tête, long. 0,170. — Œil, diam. 0,023, esp. préorbit. 0,043.

LA THONINE — *THYNNUS THUNNINA.*

Syn. : Scomber Commerson, Scomber Commersonii, Riss., *Ichth.*, p. 163.

Thynnus Leachianus, Thon de Leach, Riss., *Hist. nat.*, p. 416.

La Thonine ou Touna, Thynnus thunnina, Cuv. et Valenc., t. VIII, p. 104, pl. 212,
Règ. an. ill., pl. 46, fig. 1.

Thon thonine, Guichen., *Expl. Algér.*, p. 57.

Thynnus thunnina, CBp., *Cat.*, n° 682 ; Günth., t. II, p. 364 ; Canestr., *Fn. ital.*,
p. 102.

N. vulg. : Touna, Nice ; Thounina, Cette.

Long. : 0,70 à 1,00.

Chez la Thonine, la hauteur du tronc est comprise quatre fois
et trois quarts à cinq fois dans la longueur totale. Le corselet à
des échancrures profondes ; l'échancrure sus-pectorale est anguleuse ; l'échancrure inférieure passe un peu en avant des ventrales,
de façon que ces nageoires sont insérées sur la partie lisse de
l'abdomen. L'angle pectoral du corselet se porte en arrière à
peu près jusque sous le treizième aiguillon de la première
dorsale.

La longueur de la tête est contenue quatre fois à quatre fois
et quart dans la longueur totale. Le museau est pointu ; la bouche
est assez grande. La mandibule est plus longue que la mâchoire
supérieure ; elles portent l'une et l'autre des dents fines et pointues. Le vomer et les palatins sont dentés.

Le diamètre de l'œil est compris six fois à six fois et demie dans
la longueur de la tête ; il fait la moitié de l'espace interorbitaire
qui est à peine plus grand que l'espace préorbitaire.

Quant au contour visible du préopercule, il dessine une demi-ellipse à diamètre longitudinal plus grand que le diamètre perpendiculaire.

La ligne latérale est sinueuse, bien marquée.

Il y a une quinzaine d'aiguillons à la première dorsale, qui est élevée en avant; la première épine est plus haute que la deuxième; après la troisième épine les autres baissent rapidement jusqu'à la dixième; cette disposition produit une échancrure arrondie qui rend la nageoire plus ou moins falciforme. La seconde dorsale est placée un peu en avant de l'anale; elle est soutenue par un aiguillon et une douzaine de rayons mous. L'anale a généralement quatorze rayons. A la caudale on compte trente-cinq ou trente-six rayons. Les pectorales sont triangulaires; elles sont courtes, elles ne mesurent pas le septième de la longueur totale; elles finissent au-dessous du huitième aiguillon de la première dorsale; elles ont vingt-six rayons. Les ventrales sont à peu près égales aux pectorales.

D. 15 ou 16 — 1/12 + VIII q.q.f. IX; A. 2/12 + VII ou VIII; C. 35 ou 36; P. 26; V. 1,5.

La coloration est bleue sur le dos, avec des bandes noires flexueuses; elle est argentée sur les côtés et le ventre, qui sont marqués de quelques taches noirâtres.

Habitat. Méditerranée. La Thonine est peu commune; elle est de passage à Nice de mai à octobre, suivant Risso; elle est péchée à Marseille, à Cette.

Proportions : long. totale 0,830: tronc, haut. 0,165.
Tête, long. 0,195, haut. 150. — Œil, diam. 0,030, esp. préorbit. 0,035, esp. interorbit. 0,060.
Pectorale, long. 0,105.

LE THON COMMUN — *THYNNUS THYNNUS*.

Syn. : Thynnus, Bell., p. 106-108.
De Thon, Rondel., liv. VIII, c. xii, p. 198.
Scomber thynnus. Linn., p. 493, sp. 3 : Bloch, pl. 55; Brünn., *Ichth. Mass.*, p. 70, n° 86.

Du gros Thon ou vrai Thon, Thynnus, Duham., *Pêch.*, part. 2, sect. 7, p. 190, pl. 5.
Le Thon, Scomber thynnus, Bonnat., p. 139, pl.58, fig. 228.
Le Scombre thon, Scomber thynnus, Lacép., t. VIII, p. 59 ; Riss., *Ichth.*, p. 163.
Thynnus mediterraneus, Thon commun, Riss., *Hist. nat.*, p. 414.
Le Thon commun, Thynnus vulgaris, Cuv. et Valenc., t. VIII, p. 58, pl. 210, *Règ. an.
ill.*, pl. 45, fig. 2 ; Guichen., *Expl. Algér.*, p. 57.
Thynnus vulgaris, CBp., *Cat.*, n° 680 ; Canestr., *Fn. Ital.*, p. 101.
Thynnus thynnus, Günth., t. II, p. 362.
The Tunny, Yarr., t. II, p. 209 ; Couch, t. II, p. 86.

N. vulg. : Thoun et Toun, Provence, Languedoc ; Thon rouge, Bayonne.
Long. : 0,80 à 1,50 et même 2,00.

Par sa taille, le Thon l'emporte sur les autres espèces du même
genre. Il a le corps fusiforme, très-renflé dans la région thoracique. La hauteur du tronc, qui est d'un tiers plus grande que l'é-
paisseur, est comprise quatre fois et quart à quatre fois et deux
tiers dans la longueur totale. Le corselet est bien dessiné, il est
très-grand ; la pointe supérieure se prolonge jusqu'à la fin de
la seconde dorsale ; la pointe latérale dépasse la pectorale en
arrière, elle s'étend jusque sous la seconde dorsale ; la pointe
inférieure, ou abdominale, entoure la base des ventrales, et se
porte jusqu'à l'aplomb de l'extrémité des pectorales ; l'échancrure supérieure n'est pas profonde, elle s'arrête sous la dernière
ou l'avant-dernière épine de la première dorsale ; l'échancrure
inférieure est plus étendue, elle s'avance, entre l'insertion de la
pectorale et celle de la ventrale, assez près de la fente branchiale.
Le nombre des vertèbres est de trente-neuf.

La longueur de la tête mesure le quart environ de la longueur
totale. Le museau a le profil régulier ; il est assez pointu. La
bouche est médiocrement fendue. La mâchoire supérieure est un
peu moins avancée que la mandibule ; elles portent l'une et
l'autre une rangée de petites dents très-pointues et légèrement
crochues ; le vomer et les palatins sont aussi dentés. Le maxillaire supérieur n'arrive pas, en arrière, au prolongement du
diamètre vertical de l'œil. La joue semble ridée, bien qu'étant
couverte de pièces écailleuses. Ces pièces dermosquelettiques
sont très-longues, étroites, elles sont unies les unes aux autres ;
elles montrent des espèces de corpuscules osseux.

L'iris est jaunâtre. L'œil est protégé par une paupière adipeuse circonscrivant une ouverture ovale. Son diamètre, variable suivant la taille des animaux, est contenu de sept à neuf fois dans la longueur de la tête, il fait la moitié, ou seulement le tiers de l'espace préorbitaire.

A peu près au milieu de la ligne allant du bout du museau au bord antérieur de l'orbite, est placé l'orifice antérieur de la narine, qui est très-petit ; l'orifice postérieur est une fente verticale assez longue au fond de laquelle se trouve un trou arrondi.

Les pièces operculaires qui limitent la fente branchiale ont le contour postérieur arrondi. Le préopercule a le bord postérieur coupé à peu près carrément.

En avant la ligne latérale est courbe, elle est rapprochée du profil supérieur ; elle s'abaisse, sous la seconde dorsale, pour gagner le milieu du tronçon de la queue et joindre la carène latérale, qui prend naissance à l'aplomb de la septième pinnule dorsale. Cette carène est bien saillante, arquée.

Au-dessus, et même un peu en avant de l'insertion de la pectorale, commence la première dorsale ; elle se prolonge en arrière plus loin que la pleurope ; le premier aiguillon est généralement le plus allongé, puis viennent les deuxième, troisième, quatrième et cinquième qui sont beaucoup plus grands que les autres ; il y a quatorze épines, rarement quinze. La seconde dorsale compte quatorze rayons ; en raison de l'allongement de ses premiers rayons mous, elle affecte une forme pointue ; elle est très-courte ; après elle viennent neuf, quelquefois dix pinnules. L'anale naît un peu plus en arrière que la seconde dorsale ; elle a quatorze rayons ; elle est suivie d'une huitaine de fausses nageoires. La caudale a la base assez forte ; elle compte une vingtaine de rayons, plus huit ou neuf rayons basilaires en dessus et en dessous ; la distance qui sépare la pointe de ses lobes est comprise trois fois et deux tiers à quatre fois dans la longueur totale. Les pectorales sont falciformes ; elles ont une trentaine de rayons ; elles sont généralement plus longues que l'espace postorbitaire, elles finissent à l'aplomb de la onzième ou douzième

épine de la première dorsale ; leur longueur est contenue cinq
fois et demie à six fois et trois quarts dans la longueur totale ; à l'état de repos, la nageoire est appliquée dans une espèce d'enfoncement creusé sur le corselet. Les ventrales sont
insérées dans le triangle abdominal du corselet ; elles peuvent
se loger dans une fossette ; elles sont beaucoup plus courtes que
les pectorales : l'épine est forte et relativement grande, elle est
à peu de chose près aussi longue que le premier rayon mou.

D. 14 ou 15 — 1/13 +IX ou X ; A. 2/12 + VIII ou IX ; C. 20 ; P. 30 ou 31 ; V. 1/5.

La première dorsale, les pectorales et les ventrales sont d'un
brun foncé ; la caudale est d'un brun plus clair ; la seconde dorsale et l'anale sont d'un rouge jaunâtre assez clair ; les pinnules
sont jaunâtres avec une bordure noire.

La coloration est d'un bleu plus ou moins foncé sur le dos,
elle est grisâtre sur les flancs et le ventre avec des taches, nombreuses et rapprochées, d'un blanchâtre argenté.

Habitat. Le Thon est commun sur toutes nos côtes de la Méditerranée.
Nice, Antibes, Saint-Tropez, Toulon, la Ciotat, Cassis, Marseille, Cette, Collioure. Océan, golfe de Gascogne, il paraît ne pas remonter souvent plus
loin que l'embouchure de l'Adour ; il est plus ou moins commun, suivant les
années, à Saint-Jean-de-Luz, Guétary ; à la fin de juillet et au commencement d'août 1875, la pêche a été abondante et même très-abondante certains
jours, il y avait sur le marché de Bayonne beaucoup plus de Thons que de
Germons ; Arcachon excessivement rare ; côtes du Poitou, accidentellement.
Manche. Boulogne, Bouchard-Chantereaux.

Proportions : Thon pesant 67 kil., long. totale 1,67 ; tronc, haut. 0,36,
épais. 0,26.

Tête, long. 0,44, haut. 0,31. — Œil, diam. 0,048, esp. préorbit. 0,145.

Distance comprise entre les pointes de la caudale 0,44 ; pectorale, long.
0,25.

Dans la nuit du 28 au 29 avril 1878, il a été pêché à Cette un Thon pesant
152ᵏⁱˡ,500, ayant une longueur de 1ᵐ,96 et une circonférence de 1ᵐ,52.

En Sardaigne, d'après Cetti, le Thon qui pèse moins de cent livres est un
Scampirro ; s'il ne dépasse pas trois cents livres, c'est un *mezzo-Tonno* (*demi-
Thon*) ; quand il atteint ce poids il commence à être vraiment Thon ; mais il
acquiert plus de développement ; les Thons de mille livres ne sont pas très-
rares ; parfois, il s'en pêche d'énormes, de dix-huit cents livres. On peut
supposer, ajoute le naturaliste, que dans cette espèce, contrairement à ce

qui se remarque dans la plupart des autres poissons, le mâle arrive à une
taille plus grande que la femelle; les Thons les plus gros, qui se prennent
dans la Méditerranée, ont toujours des laitances. (CETTI, *Storia naturale di
Sardegna*, t. 3, p. 134-135.)

LE THON A PECTORALES COURTES
THYNNUS BRACHYPTERUS.

Syn. :? THONIN, sorte de Pélamide, Duham., *Pêch.*, part. 2. sect. 7, pl. 7, fig. 5.
LE THON A PECTORALES COURTES, Thynnus brachypterus, Cuv. et Valenc., t. VIII,
p. 98, pl. 211, *Règ. an. ill.*, pl. 46, fig. 2; Guichen., *Expl. Algér.*, p. 57.
THYNNUS BRACHYPTERUS, CBp., *Cat.*, n° 681; Günth., t. II, p. 363; Canestr., *Fn. Ital.*,
p. 102.

Couch et Yarell indiquent le Thon à pectorales courtes parmi les poissons
de l'Angleterre, mais ils commettent une erreur. Le *Short-finned Tunny*,
Couch, t. 4, p. 425, pl. 82, est une jeune Pélamide; il ne peut y avoir le
moindre doute à cet égard, la figure le démontre clairement.
Long. : 0,50 à 1,00.

Chez le Thon aux ailes courtes, le corselet est assez peu développé ; il est étroit sur les côtés et à la partie inférieure du
tronc. L'échancrure sus-pectorale est arrondie ; elle se termine
sous le cinquième, ou sous le quatrième aiguillon de la première
dorsale. L'angle latéral ne s'allonge pas jusqu'à la fin de la première dorsale ; il dépasse fort peu la pectorale ; au-dessous de
cette nageoire s'ouvre une très-large échancrure, qui s'avance
près des ouïes, et laisse un grand espace lisse autour et surtout en avant des ventrales. La hauteur du tronc est comprise
environ quatre fois et demie dans la longueur totale.

La longueur de la tête mesure au moins le quart de la longueur
totale. La bouche paraît un peu plus fendue que celle de Thon
commun. La mâchoire inférieure est plus avancée que la supérieure : elles ont, l'une et l'autre, des dents fines et pointues.

Le diamètre de l'œil fait environ le sixième de la longueur de
la tête et la moitié au moins de l'espace préorbitaire.

Comme dans le Thon commun, le préopercule a le bord postérieur coupé carrément.

La ligne latérale est légèrement sinueuse.

La première dorsale a quatorze ou quinze épines ; le premier

aiguillon est plus fort et aussi haut que le deuxième ; après le
troisième aiguillon, les autres décroissent d'une façon régulière,
de sorte que la nageoire prend une forme triangulaire, bien
différente de la forme qu'elle montre chez la Thonine. La seconde
dorsale compte également quatorze ou quinze rayons. L'anale a
deux aiguillons et une douzaine de rayons mous. Il y a neuf pinnules en dessus et huit en dessous. La caudale a dix-neuf grands
rayons, et huit rayons basilaires en haut et en bas. La pectorale
est triangulaire, courte ; sa longueur est comprise de sept à
huit fois dans la longueur totale, elle est moindre que celle de
l'espace postorbitaire ; la pointe de la nageoire atteint à peine
l'intervalle qui sépare le dixième du onzième aiguillon de la
première dorsale ; elle compte une trentaine de rayons.

D. 14 ou 15 — 1/13 ou 14 + IX ; A. 2/12 + VIII ; C. 8.19.8 ; P. 31 ; V. 1/5.

La coloration est d'un bleu assez clair sur le dos et les côtés,
avec quatorze ou quinze larges bandes verticales d'un bleu plus
foncé. La région inférieure des flancs et le ventre sont d'un blanc
argenté. Les nageoires sont d'un gris plus ou moins foncé, parfois
teinté de marron.

D'après Cuvier et Valenciennes, ce Thon est pourvu d'une
vessie natatoire.

Habitat. Méditerranée, assez commun. Nice. Marseille, Cette.
Proportions : long. totale 0,48 ; tronc. haut. 0,110.
Tête, long. 0,123. — Œil, diam. 0,022, esp. préorbit. 0,012, esp. postorbit.
0,065.
Pectorale, long. 0,060.

LE GERMON — *THYNNUS ALALONGA.*

Syn. : Alalungha, Cetti, *Storia naturale di Sardegna*, t. III, p. 191.
Alilanghi, Duham., *Pêch.*, part. 2, sect. 7, p. 205.
Germon, Duham., *Pêch.*, part. 2, sect. 7, p. 207, Thon, pl. 6, fig. 1.
L'Alalunga, Scomber alalonga, Bonnat., p. 139.
Le Scombre germon, Scomber germo, Lacép., t. VIII, p. 84.
Scombre aile longue, Scomber alalunga, Riss., *Ichth.*, p. 169.
Orcynus alalonga, Germon à aile longue, Riss., *Hist. nat.*, p. 419.
Le Germon, Thynnus alalonga, Cuv. et Valenc., t. VIII, p. 120, pl. 215, *Règ. an.
ill.*, pl. 47, fig. 1.

THYNNUS ALALONGA. CBp., *Cat.*, n° 684 ; Günth.. t. II, p. 366 ; Canestr., *Fn. Ital.*, p. 103.

THE GERMON. Yarr., t. II. p. 220 ; Couch, t. II, p. 109.

N. vulg.; Thon, côtes de Bretagne, Belle-Ile ; Germon et quelquefois Longue-oreille, Thon aux longues ailes, Poitou, Guyenne ; Thon blanc, Alot, Bayonne, Saint-Jean-de-Luz ; Thoun, Cette ; Alalonga, Nice.

Long. ; 0.70 à 1,00.

Ses grandes pectorales font de suite reconnaître le Germon, qui présente à peu près les mêmes formes que le Thon. La hauteur du tronc l'emporte d'un tiers sur l'épaisseur, elle est contenue quatre fois et demie environ dans la longueur totale. Le corselet est bien développé ; son angle latéral est très-allongé, il va, en arrière, à peu près aussi loin que la pointe de la pectorale ; son échancrure supérieure se termine vis-à-vis du dixième aiguillon de la première dorsale. Il y a quarante vertèbres. Les septième, sixième et cinquième avant-dernières vertèbres ont leurs apophyses latérales excessivement élargies ; leur neurapophyse et leur hémapophyse sont aplaties, couchées sur le corps de la vertèbre suivante qu'elles retiennent sans le secours d'aucun ligament.

La tête est allongée ; sa longueur est comprise trois fois et demie à quatre fois et quart dans la longueur totale. Le museau est conique. La bouche est fendue jusque sous le bord antérieur de l'orbite. La mâchoire supérieure est un peu moins avancée que la mandibule ; elles ont l'une et l'autre de petites dents pointues ; les palatins et la langue sont garnis de dents très-courtes ; le vomer en porte une plaque de fort petites. Les parois de la bouche, à la voûte palatine surtout, sont incrustées de plaques isolées, assez dures. Le maxillaire supérieur, comme chez la plupart des Scombriniens, porte, à son extrémité postérieure, un osselet surnuméraire, qui finit par se souder plus ou moins à l'os principal.

L'iris est argenté. L'œil est grand ; son diamètre fait le cinquième ou le sixième, de la longueur de la tête, les deux tiers ou les trois cinquièmes de l'espace préorbitaire qui est, en général, un peu plus grand que l'espace interorbitaire.

Le battant operculaire a le bord postérieur arrondi ; le préopercule a le bord montant tronqué et légèrement sinueux.

Il y a quatorze aiguillons à la première dorsale, qui est assez haute en avant, falciforme ; la première épine est plus longue que les suivantes. La seconde dorsale a quinze rayons, dont les trois premiers sont épineux ; elle est très-courte, à bord postérieur échancré, elle est suivie de huit pinnules. L'anale a la même forme, la même composition que la seconde dorsale, elle commence un peu plus en arrière ; après elle viennent sept ou huit pinnules. La caudale a la base assez large ; elle a vingt et un grands rayons, plus une dizaine de rayons basilaires en dessus et en dessous ; la distance qui sépare la pointe des lobes mesure à peu près le quart de la longueur totale. Les pectorales sont remarquables par leur développement, elles dépassent en arrière la seconde dorsale, elles font le tiers environ de la longueur totale ; elles sont insérées au milieu de la hauteur du corps ; elles sont pointues, complétement falciformes ; elles ont trente-cinq ou trente-six rayons, les rayons inférieurs sont très-courts ; le bord supérieur de la nageoire peut se loger dans une dépression du corselet. Les ventrales n'ont guère que le tiers de la longueur des pectorales, ou même moins encore ; leur épine est à peu près aussi longue que le premier rayon mou ; l'écaille qui sépare ces nageoires, se termine en une double pointe.

D. 14 — 3/12 + VIII : A. 3 12 + VII ou VIII : C. 21 : P. 35 ou 36 ; V. 1/5.

Le dos est coloré d'un bleu très-foncé ; les côtés et les parties inférieures du corps sont d'un gris bleuâtre.

Il est assez difficile d'étudier l'anatomie du Germon. Sur nos côtes de l'Ouest, les pêcheurs ont l'habitude, pour mieux conserver le poisson, de lui enlever l'appareil branchial et les organes contenus dans l'abdomen. L'appendice pylorique est assez gros et très-ramifié ; il a un aspect glanduleux, quand il est disséqué il ressemble à une grappe de raisin ou plutôt à une masse d'œufs de Seiche ; et, dit Cuvier, c'est dans cet état que Duhamel nous en a laissé une assez bonne figure, prise d'un manuscrit de Duverney. (DUHAM., *loc. cit.*, pl. 6, fig. 2.)

Nous ne pouvons décrire la structure de l'œil ; nous rappellerons seulement que cet organe est pourvu d'un muscle particulier, auquel nous avons donné le nom de *muscle choroïdien* (V. t. 1, p. 84).

Habitat. Méditerranée, rare, Nice, de passage, mai, juin, Risso ; rare à Cette. Océan, golfe de Gascogne, commun de juin à septembre, Socoa, Biarritz, Arcachon ; côtes du Poitou, commun pendant l'été, les pêcheurs de l'île d'Yeu en apportent parfois de grandes quantités aux Sables-d'Olonne ; Bretagne, assez commun, à la fin de juillet, août, Belle-Ile, Lorient, et même Douarnenez. Manche, assez rare, jusqu'à la baie de Morlaix, excessivement rare au delà. Le Germon est, depuis quelques années, expédié en assez grande abondance sur le marché de Paris, et vendu sous le nom de Thon.

Proportions : long. totale 0,910 ; tronc, haut. 0,021, épais. 0,130. Tête, long. 0,240. — Œil, diam. 0,042, esp. préorbit. 0,076, esp. interorbit. 0,076. — Mâchoire supérieure, long. 0,085. — Pectorale, long. 0,36.

Le Germon est appelé, à Bayonne, Thon blanc. Sa chair, en effet, est plus blanche que celle du Thon ; elle est aussi beaucoup plus estimée et, je pense, avec raison, bien que Risso prétende le contraire.

GENRE PÉLAMIDE — *PELAMYS*.

Corps oblong, assez allongé ; tronçon de la queue portant de chaque côté une carène médiane et deux petites crêtes vers la base de la caudale ; corselet peu développé.

Tête ; bouche assez grande ; dents fortes, pointues, sur les mâchoires ; dents sur les palatins, pas sur le vomer.

Nageoires ; dorsales contiguës ; première dorsale de longueur variable ; seconde dorsale commençant avant l'anale ; six à neuf fausses nageoires.

Le genre Pélamide comprend deux espèces.

1re dorsale à { plus de 20 rayons	1. P. SARDE.
moins de 13 rayons	2 P. BONAPARTE.

LA PÉLAMIDE SARDE OU COMMUNE — *PELAMYS SARDA*.

Syn. : PELAMIS, Bell., p. 177-179.
DU BONITON, Amia, Rondel., liv. VIII, c. IX, p. 193.
DE LA PÉLAMYDE, OU DU THON D'ARISTOTE, Rondel., liv. VIII, c. X, p. 195.
DE LA BIZE, Sarda, Rondel., liv. VIII, c. XI, p. 197.

PELAMIS, Limosa. Salvian., p. 123, pl. 38.

PELAMYS SARDA, Willugh., p. 179, pl. M. 1, fig. 2 ; CBp., *Cat.*, n° 686 ; Günth., t. II, p. 367 ; Canestr., *Fn. Ital.*, p. 103.

SCOMBER PELAMIS, Brunn., *Ichth. Mass.*, p. 68, n° 85.

DE LA BONITE. Duham., *Pêch.*, part. 2. sect. 7. p. 206, pl. 7, fig. 2.

SCOMBER SARDA, Bloch. pl. 334 : Rosenthal, *Ichthyotom. Tafeln*, pl. 17. fig. 3.

LE SCOMBRE SARDE, Scomber sarda, Lacép., t. VIII, p. 102 : Riss., *Ichth.*, p. 168.

SCOMBER MEDITERRANEUS, Scombre méditerranéen, Delaroche, *Ann. Muséum*, t. XIII, p. 336, *Mém.*, p. 50.

THYNNUS PELAMIS. Thon pélamide, Riss., *Hist. nat.*, p. 415.

THYNNUS SARDUS, Thon sarde, Riss., *Hist. nat.*, p. 417.

LA PÉLAMIDE COMMUNE, ou Bonite à dos rayé, Pelamys sarda, Cuv. et Valenc., t. VIII, p. 149, pl. 217, *Rég. an. ill.*, pl. 48, fig. 2 ; Guichen., *Expl. Algér.*, p. 58.

THE PELAMID. Yarr., t. II. p. 226ª : Couch, t. II, p. 102.

THE BELTED BONITO, Couch, *Cornish Fauna*, Yarr., t. II, p. 219, fig. p. 224.

SHORT-FINNED TUNNY, Couch, t. IV, p. 425, pl. 82.

N. vulg. ; Palamida, Boussicou, Nice ; Bonitou, Bonite, Cette.

Long. 0,30 à 0,50 et même 0,70.

Suivant son degré de développement, la Pélamide présente dans l'ensemble de ses formes, dans les nuances de son système de coloration des différences tellement tranchées que beaucoup de naturalistes ont regardé le jeune et l'adulte comme faisant chacun une espèce distincte, à laquelle ils ont donné un nom particulier. Le corps est légèrement aplati sur les côtés. La hauteur du tronc est comprise cinq fois à cinq fois et demie dans la longueur totale. Le corselet est étroit ; l'échancrure supérieure est généralement plus avancée que l'origine de la première dorsale ; l'échancrure inférieure arrive près de la ceinture scapulaire ; la pointe latérale dépasse à peine l'extrémité de la pectorale ; chez le jeune, le corselet est peu dessiné, il figure de chaque côté une sorte de triangle, dont la base longe la partie moyenne de la ceinture scapulaire, et dont l'angle postérieur n'atteint pas la pointe de la pectorale. Sur le reste du corps les écailles sont excessivement fines, la peau semble nue. Latéralement le tronçon de la queue porte une grande carène et deux crêtes vers la base de la caudale.

La longueur de la tête est comprise quatre fois à quatre fois et quart dans la longueur totale. Le museau est pointu. La bouche est bien fendue. Les mâchoires sont à peu près égales ; parfois, chez les jeunes, la mâchoire supérieure est plus avancée que la mandibule ; elles ont l'une et l'autre une rangée de dents beaucoup plus fortes que celles du Thon ; entre ces dents qui sont acérées, crochues à pointe tournée en dedans, écartées, il s'en trouve d'autres plus petites. La troisième dent latérale de la mandibule est en général plus développée que les dents voisines. L'extrémité du maxillaire supérieur est libre en arrière, non cachée par le sous-orbitaire ; elle dépasse le prolongement du diamètre vertical de l'œil.

Ordinairement l'iris est jaunâtre, chez quelques sujets il est argenté. Le diamètre de l'œil mesure environ le sixième de la longueur de la tête ; il fait la moitié de l'espace préorbitaire, parfois un peu plus ; il est égal aux deux tiers de l'espace inter-orbitaire. J'ai trouvé dans l'orbite une masse blanchâtre, composée d'éléments lymphatiques, dont je ne puis donner ici la description.

Les orifices de la narine sont éloignés l'un de l'autre ; l'ouverture antérieure est arrondie, étroite, à bord formant une légère saillie ; l'orifice postérieur est dans la petite fente, qui se trouve à l'angle antérieur de la paupière adipeuse.

La fente des ouïes s'avance jusque sous l'orifice antérieur de la narine ; le battant operculaire a le bord postérieur arrondi ; le préopercule dessine une demi-ellipse. Le premier arc branchial porte une double rangée d'appendices aplatis, allongés, à bord interne denticulé. Les trois arcs branchiaux suivants ont le côté externe couvert de dentelures très-fines, très-serrées, en velours ras ; à leur côté interne, les dentelures sont réunies sur de petites plaquettes tuberculeuses. Les dents, sur les pharyngiens inférieurs, sont en velours, un peu moins développées que celles des pharyngiens supérieurs.

La ligne latérale est légèrement sinueuse ; en arrière, comme cela arrive dans la plupart des Scombriniens, ses écailles sont moins petites qu'en avant.

Au-dessus de l'insertion de la pectorale, en arrière du fond de l'échancrure supérieure du corselet, commence la première dorsale : elle est composée de vingt-deux à vingt-quatre rayons ; le premier aiguillon est un peu plus court que le suivant; les deuxième, troisième et quatrième épines sont les plus grandes ; les autres diminuent graduellement, de sorte que la nageoire présente la figure d'un triangle très-allongé. La seconde dorsale est très-rapprochée de l'autre ; elle est petite, écailleuse à la base ; elle a quatorze ou quinze rayons ; après elle viennent huit ou neuf fausses nageoires. L'anale prend naissance sous les derniers rayons de la seconde dorsale, à laquelle elle ressemble par la forme et la composition ; elle est suivie de six à huit pinnules. La caudale a ses lobes très-divergents ; elle compte une vingtaine de grands rayons, plus huit rayons basilaires en dessus comme en dessous. Les pectorales sont triangulaires, peu développées, elles mesurent à peine le dixième de la longueur totale, elles finissent, dans les jeunes, sous le septième aiguillon de la première dorsale ; elles s'appliquent, à l'état de repos, dans une légère dépression du corselet. Les ventrales sont encore plus courtes que les pectorales; elles ne sont séparées, près de leur base, que par un fort petit appendice ; elles peuvent en partie se loger dans un enfoncement ovale, peu profond.

Br. 7. — D. 22 à 24 — 2/12 ou 13 + VIII ou IX; A. 2/11 à 13 + VI à VIII;
C. 8,20/8; P. 16; V. 1 5.

Les dorsales et la caudale sont d'un brun plus ou moins foncé ; les pectorales sont d'un brun bleuâtre ; les ventrales et l'anale sont d'un gris clair ou légèrement jaunâtre.

Le système de coloration varie suivant l'âge ; chez les jeunes individus le dos est bleuâtre, les côtés et le ventre sont argentés ; dix à douze bandes verticales, d'un bleu clair, descendent de la région supérieure sur les flancs ; la disposition et la teinte de ces bandes sont bien indiquées dans la figure donnée par Couch, t. IV, pl. 82 (p. 425); les bandes verticales deviennent plus foncées à mesure que les animaux se développent. Chez les adultes, le dos est bleuâtre, il est marqué de douze à quinze, parfois seize, larges bandes noirâtres ou d'un bleu foncé, qui s'abaissent perpendiculairement jusque sur le milieu de la région latérale en coupant des lignes beaucoup moins foncées. Ces lignes, qui sont au nombre de sept à neuf, se dirigent un peu obliquement d'arrière en avant et de haut en bas ; quelquefois les bandes verticales sont plus ou moins effacées, elles sont beaucoup moins visibles que les lignes obliques, surtout chez les sujets de grande taille, cette disposition est bien dessinée dans le Boniton de Rondelet, p. 193. Les intervalles, qui les séparent sur les côtés, sont argentés, ainsi que le ventre.

Les appendices pyloriques sont très-nombreux. La vésicule du fiel est fort longue.

Habitat. Méditerranée, ce poisson est assez commun à Nice, avril, septembre, décembre, Risso ; Cette, peu commun. Océan, baie de Gascogne, rare, Saint-Jean-de-Luz, Arcachon ; côtes de Bretagne, je l'ai vu pour la première fois à Lorient en 1877. Manche, accidentellement.

Depuis quelques années, la Pélamide est de temps à autre apportée sur le marché de Paris, pendant les mois d'août, de septembre et même d'octobre.

Proportions : long. totale 0,255 ; tronc, haut. 0,047.

Tête, long. 0,061, haut. 0,039. — Œil, diam. 0,011, esp. préorbit. 0,021, esp. interorbit. 0,017.

LA PÉLAMIDE DE BONAPARTE
PELAMYS BONAPARTE, Vérany.

Syn. : ? Maquereau unicolor, Scomber unicolor, Geoff. St-Hil., *Descript. Égypte, Hist. nat., Poiss.*, pl. 24, fig. 6.

Cybium Bonaparti, Verany, *Atti dell' ottava riunione degli Scienziati italiani tenuta in Genova*, 1846, p. 493.

Cybium commersoni, CBp., *Cat.*, n° 687.

? Maquereau *Pelamys* unicolor, Guichen., *Expl. Algér.*, p. 58.

Pelamys Bonaparte, Filippi et Verany, *Nota sopr. alc. pesci nuovi... del Mediterraneo*, p. 10, fig. 4.

Pelamys unicolor, Günth., t. II, p. 368 ; Canestr., *Fn. Ital.*, p. 103.

Long. : 0,50 à 0,80.

Si l'on en juge d'après la figure donnée, sans texte explicatif, dans la *Description de l'Égypte*, le Maquereau unicolor de Geoffroy Saint-Hilaire n'est pas le poisson, qui, plus tard, a été désigné par Vérany sous le nom de Pélamide Bonaparte. Dans cette espèce, le corps est plus élevé et plus comprimé que chez la Pélamide sarde ; la hauteur du tronc est comprise environ cinq fois dans la longueur totale. Le corselet est plus dessiné ; son échancrure pectorale semble dépasser l'origine de la dorsale.

La longueur de la tête est contenue cinq fois et quart dans la longueur totale. Le museau est assez pointu. Lorsque la bouche est ouverte, la mâchoire supérieure semble plus courte que la mandibule. Les dents sont fortes, coniques, écartées les unes des autres ; sur la moitié de chacune des mâchoires, on compte en haut une vingtaine de dents, et quinze à dix-huit en bas. Le maxillaire supérieur est développé ; son extrémité élargie se porte sous l'orbite.

L'iris est jaunâtre. Le diamètre de l'œil ne mesure guère que le septième de la longueur totale ; il fait un peu plus du tiers de l'espace préorbitaire.

Le battant operculaire a le bord postérieur arrondi : le préopercule a le bord postérieur presque droit, et le bord inférieur légèrement courbe.

Vers l'angle supérieur de la fente branchiale apparaît la ligne latérale ; elle est un peu onduleuse, composée d'écailles bien distinctes.

Sur le sujet monté, envoyé par de Filippi au Muséum de Paris, la première dorsale ne présente pas tout à fait la forme indiquée dans la figure accompagnant la description de Vérany ; elle a la disposition d'un triangle régulier à base allongée ; sa longueur est comprise cinq fois et deux tiers dans la longueur totale ; dans le Maquereau unicolor (*loc. cit.*), la première dorsale est séparée de la seconde par une distance égale aux deux tiers de la longueur de sa base, qui fait seulement le huitième de la longueur totale. Le nombre des aiguillons est de treize. Trèsrapprochée de la première dorsale, la seconde est beaucoup moins longue, mais elle paraît un peu plus haute que l'autre ; elle est triangulaire, avec le bord postérieur échancré ; elle est composée de treize rayons ; à la suite viennent huit pinnules. L'anale commence sous les derniers rayons de la seconde dorsale, à laquelle

elle ressemble tant par la forme que par le nombre des rayons ; elle est suivie de sept fausses nageoires. La caudale est développée ; elle compte une vingtaine de grands rayons ; la distance qui sépare l'une de l'autre l'extrémité de ses lobes est comprise cinq fois et deux tiers dans la longueur totale ; les crêtes qui se trouvent entre les racines de la nageoire sont bien dessinées ; la carène latérale du tronçon de la queue est très-prononcée. La pectorale a dix-huit ou dix-neuf rayons ; sa longueur fait à peine le huitième de la longueur totale. La ventrale est beaucoup plus courte que l'autre nageoire paire.

D. 13 - 1/12 -;- VIII ; A. 1/12 $+$ VII ; C. 20 à 22 ; P. 18 ou 19 ; V. 1/5.

La première dorsale est, selon Vérany, d'un violet foncé, les autres nageoires sont beaucoup plus pâles ; les ventrales, l'anale et les pinnules inférieures sont, vers le bord, nuancées de jaune-orange.

La partie supérieure du corps est d'une teinte bleuâtre uniforme, sans aucune trace de lignes, ni de bandes ; le ventre est argenté. C'est le système de coloration indiqué par Guichenot pour le Maquereau unicolor, qui assurément mérite beaucoup mieux le nom de bicolor.

Habitat. Méditerranée, excessivement rare, Nice. Dans l'espace de quinze ans, MM. Gal, naturalistes à Nice, ont trouvé seulement cinq de ces Pélamides, ayant une longueur de 0ᵐ,70 à 0ᵐ,75, et un poids moyen de 3ᵏ,000·

Proportions *animal monté* : long. totale 0,740, tronc, haut. 0,145.

Tête, long. 0,140. — Œil, diam. 0,020, esp. préorbit. 0,056, esp. interorbit. 0,052. — Mâchoire supérieure, long. 0,068.

1ʳᵉ dorsale, long. 0,135, haut. 0,051 ; 2ᵉ dorsale, long. 0,080. haut. 0,054 ; pectorale, long. 0,088 ; ventrale, long. 0,033.

Sous-famille des Caranginiens, Carangini.

Corps de forme variable, couvert d'écailles lisses.

Tête plus ou moins forte ; mâchoires dentées.

Appareil branchial ; fente des ouïes grande ; sept rayons branchiostèges ; pseudobranchies.

Ligne latérale armée entièrement ou en partie de lames écailleuses, espèces de boucliers à carène plus ou moins prononcée.

Nageoires; deux dorsales : la première, composée de sept ou huit aiguillons, est précédée d'une épine fixe à pointe dirigée en avant ; cette épine est la partie saillante d'un interépineux ; seconde dorsale beaucoup plus longue que l'autre ; après l'anus, deux épines forment une espèce de petite nageoire ; anale longue, opposée à la seconde dorsale ; caudale fourchue.

Vessie natatoire bifurquée en arrière généralement. — **Appendices pyloriques** nombreux.

La sous-famille des Caranginiens comprend deux genres.

Ligne latérale garnie de boucliers sur	toute sa longueur................	1. SAUREL.
	sa partie droite, ou postérieure.	2. CARANX.

GENRE SAUREL — *TRACHURUS*, Cuv.

Corps allongé, couvert d'écailles lisses.

Tête longue ; dents plus ou moins fines sur les mâchoires, le vomer, les palatins et la langue.

Ligne latérale ayant des boucliers sur toute sa longueur.

LE SAUREL — *TRACHURUS TRACHURUS*.

Syn. : TRACHURUS (*Maquereau bastard*), Bell., p. 189 ; Salvian. p. 78-79. pl. 15 : Willugh., p. 290, pl. S. 12 : Gesner, p. 552.

DE SIEUREL, Trachurus, Rondel., liv. VIII, c. VI, p. 190.

SCOMBER TRACHURUS, Linn., p. 494, sp. 6 ; Bloch. pl. 56 : Brunn.. *Ichth.Mass.*, p. 70, n° 87.

CARANGUE *ou* MAQUEREAU BATARD, Duham., *Péch.*, part. 2, sect. 7. p. 188, pl. 1. fig. 2.

LE GASCON, Scomber trachurus, Bonnat., p. 140, pl. 58. fig. 230.

LE CARANX TRACHURE, Caranx trachurus. Lacép., t. VIII, p. 141 : Riss.. *Ichth.*, p. 173, *Hist. nat.*, p. 421.

LE SAUREL *ou* MAQUEREAU BATARD DE LA MANCHE, Cuv. et Valenc., t. IX. p. 11, pl. 246, *Règ. anim. ill.*, pl. 57, fig. 1.

CARANX TRACHURUS, CBp.. *Cat.*, n° 689 ; Schlegel, *Wisschen*, p. 8, pl. 1, fig. 2.

CARANX SAUREL.. Guichen., *Expl. Algér.*, p. 61.

TRACHURUS TRACHURUS. Günth., t. II, p. 419 ; Canest., *Fn. Ital.*, p. 109.

THE SCAD, Yarr., t. II. p. 236 ; Couch, p. 136.

N. Vulg. : Maquereau bâtard, Carangue, côtes de Normandie ; Makarelle, Bretagne ; Chinchard, Noirmoutiers ; Chichard, Querelle, Poitou ; Coustout, Coustut, Arcachon ; Chicharou, Basses-Pyrénées ; Bizet, Roussillon ; Gascon, Gascoun, Saurel, Sieurel, Languedoc, Provence ; Séveran et Souvereou, Provence ; Suck-Cagnenck, Nice ; Macreuse, marché de Paris.

Long. : 0,20 à 0,30 ; rarement 0,50.

Il y a beaucoup de ressemblance entre la forme du Maquereau commun et celle du Saurel, qui, pour cette raison, a reçu des pêcheurs, sur les côtes normandes, le nom de Maquereau bâtard. Le corps est en fuseau allongé, très-diminué vers l'insertion de la caudale. La crête du dos, en avant de la première nageoire, est peu saillante. La hauteur du tronc est comprise cinq fois à cinq fois et demie dans la longueur totale. La peau est couverte d'écailles lisses, assez petites, minces, bien différentes de celles qui constituent la ligne latérale. On compte vingt-quatre vertèbres, dont quatorze appartiennent à la queue ; les deux premières vertèbres abdominales ne portent pas de côtes ; les deux dernières ont leurs apophyses inférieures réunies par une traverse osseuse, complétant une espèce d'anneau solide ; il est inutile de rappeler que le nombre des côtes est de huit seulement.

La tête a le profil supérieur régulier, continuant la courbe du dos ; elle a des écailles sur le crâne, la joue et la tempe ; sa longueur, qui l'emporte d'un cinquième environ sur sa hauteur, est contenue quatre fois et quart à quatre fois et demie dans la longueur totale. La crête de la nuque est peu relevée. Le museau est nu ; il est moins allongé et plus épais que celui du Maquereau ; il est légèrement échancré. La bouche est large, à fente oblique ; elle est protractile, pourvue de lèvres assez peu épaisses. La mâchoire supérieure est plus courte que la mandibule ; elle est munie d'une bande de très-fines dents en velours ; à la mâchoire inférieure les dents, qui forment la rangée externe, sont un peu plus fortes que les autres ; le chevron et le corps du vomer, les palatins ont des dents excessivement petites ; sur le milieu de la langue se trouve une bande assez longue de dents en velours d'une extrême finesse. L'intermaxillaire a sa branche montante développée, ce qui lui permet de se porter fort en avant. Le maxillaire supérieur a son extrémité postérieure aplatie, élargie, arrivant à l'aplomb du bord antérieur de l'orbite ; son bord supérieur donne appui au surmaxillaire, qui est mince, grêle, mais relativement fort allongé, et se trouve caché par le sous-orbitaire quand la bouche est fermée.

Des membranes, ou des paupières adipeuses, garnissent l'orbite, et laissent entre elles une ouverture verticale deux fois plus haute que large. L'iris est d'un blanc jaunâtre. Le diamètre de l'œil est compris trois fois et demie à quatre fois dans la longueur de la tête, il est un peu moins grand que l'espace préorbitaire, il est égal, ou peu s'en manque, à l'espace interorbitaire. Le premier sous-orbitaire est strié, il présente la figure d'un triangle allongé ; il est séparé de celui du côté opposé par un intervalle dans lequel se place la branche montante de chacun des intermaxillaires.

Les ouvertures de la narine sont très-voisines l'une de l'autre, elles sont uniquement séparées par une bride étroite ; elles sont plus rapprochées du bord de l'orbite que de la pointe du museau.

La fente des ouïes s'avance jusque sous l'extrémité élargie du maxillaire supérieur. L'opercule est écailleux dans sa partie supérieure ; son bord postérieur est entamé d'une échancrure arrondie, qui est couverte par une membrane noirâtre ; son bord inférieur est oblique, il descend d'arrière en avant. Le sous-opercule est mince, beaucoup plus long que large. Le préopercule est développé ; son angle est arrondi ; son bord inférieur est marqué de stries assez légères. Les joues sont couvertes de petites écailles.

Vers l'angle supérieur de la fente branchiale commence la ligne latérale ; elle suit le profil du dos jusqu'à l'origine de la seconde dorsale ; à ce point elle s'abaisse régulièrement, puis arrivée sous le dixième ou le onzième rayon de la nageoire, au milieu de la hauteur du corps, elle devient droite et se continue sur le tronçon de la queue et la base de la caudale, dont elle sépare les deux lobes. Les écailles ou plutôt les boucliers de la ligne latérale sont des lames beaucoup plus hautes que larges, et à peu près lisses à la région antérieure du corps, leur pointe étant peu développée, peu proéminente ; sous la seconde dorsale leur arête médiane devient plus prononcée, plus aiguë. Sur le tronçon de la queue surtout, entre les lobes de la caudale, les boucliers sont plus étroits, mais leur carène est plus saillante, leur épine plus forte, plus acérée. Le nombre des boucliers est loin d'être constant, il varie de soixante-dix à quatre-vingt-quinze et parfois il s'en trouve plus encore. La différence dans le nombre des boucliers n'est-elle pas la preuve de l'existence de plusieurs espèces? Suivant Cuvier, il y a parmi les Saurels trois subdivisions : la première comprenant les individus ayant moins de quatre-vingts boucliers, comme les Maquereaux bâtards de la Manche; la seconde formée par des Saurels ayant quatre-vingts à quatre-vingt-huit boucliers; la troisième enfin, composée d'animaux comptant plus de quatre-vingt-treize boucliers; et ajoute Cuvier, en parlant des Saurels de cette dernière subdivision : « Je les crois tout à fait d'une autre espèce; leur corps est plus grêle, leur ligne latérale plus étroite, » etc. (Cuv. et Valenc., t. IX, p. 18.) M. de Brito Capello vient confirmer l'opinion de Cuvier; il admet, sur les côtes du Portugal, l'existence de deux espèces distinctes : le *Trachurus trachurus* qui a de soixante-neuf à soixante-dix-sept boucliers; le *Trachurus fallax*, dont le corps est plus grêle, et dont la ligne latérale est composée de quatre-vingt-onze à cent cinq boucliers. (Brit. Capello. *Cat. peix. Portugal... Journ. sc. mathem. physic. natur.*, n° 4, Lisboa, 1867.)

Trois interépineux, peu sensibles, sont cachés sous la peau avant l'épine oblique, qui précède la première dorsale. Un peu en arrière de l'insertion de la ventrale commence la première dorsale; elle est triangulaire; elle se compose de huit épines assez grêles; son troisième aiguillon et son quatrième, qui sont les plus allongés, mesurent à peu près la moitié de la hauteur du tronc; son dernier aiguillon est le plus court. La seconde dorsale est rapprochée de la première; elle est longue; elle compte une épine et vingt-huit à trente-deux rayons mous; elle est assez haute en avant, elle devient basse au-dessus de la partie droite de la ligne latérale. Deux épines, unies par une membrane, forment une petite nageoire avant l'anale; la première épine est souvent plus forte et plus longue que la seconde; elles peuvent se cacher dans un sillon. L'anale commence un peu plus en arrière que la seconde dorsale, à laquelle elle ressemble; elle a une épine grêle, de moitié moins grande que le rayon suivant, puis vingt-cinq à vingt-neuf rayons mous. Le tronçon de la queue est court, robuste, il a plus d'épaisseur que de hauteur. La caudale est fourchue ; sur le milieu de la base, elle est garnie de boucliers, qui vont en décroissant et terminent la ligne latérale ; elle compte dix-sept grands rayons, plus quatre ou cinq rayons basilaires, en dessus comme en dessous. Les pectorales sont composées d'une vingtaine de rayons ; elles sont falciformes, elles atteignent la seconde dorsale: leur longueur est contenue environ quatre fois et demie dans la longueur totale. Les ventrales sont insérées un peu en arrière des pectorales ; elles sont presque moitié plus courtes que les autres nageoires paires ; elles peuvent, à l'état de repos, se loger en partie dans une fossette triangulaire, bordée latéralement par un relief de la peau de l'abdomen ; leur épine est grêle, et ne fait guère que la moitié de la longueur du premier rayon mou, qui est souvent le plus développé.

Br. 7. — D. 8 — 1/28 à 32 ; A. 2 — 1/25 à 29 ; C. 4 ou 5/17/5 ou 4 ; P. 21 ; V. 1/5.

Le Saurel a la moitié supérieure du corps d'un gris bleuâtre et la moitié inférieure d'un blanc argenté. Sur le frais, les parties latérales de la tête ont une teinte irisée. Une tache noire, nous l'avons dit, se montre sur le bord de l'opercule. Il existe encore une petite tache noirâtre à l'aisselle de la pectorale.

En poursuivant ses recherches sur le rôle que joue la vessie natatoire dans la locomotion, le D' A. Moreau a été amené à reconnaître la singulière disposition que présente cet organe chez le Saurel. Contrairement à ce qui paraît normal chez les Acanthoptérygiens, la vessie aérienne du Maquereau bâtard n'est pas close ; elle est pourvue d'un canal qui vient s'ouvrir dans la chambre branchiale du côté gauche (V. *Ann. scienc. nat.*, 1876, t. IV, pl. 13, fig. 1-2).

Habitat. Ce poisson est plus ou moins commun sur toutes nos côtes. Il est assez souvent apporté sur le marché de Paris.

Proportions : long. totale 0,233 ; tronc, haut. 0,042.

Tête, long. 0,032, haut. 0,040. — Œil, diam. 0,014, esp. préorbit, 0,016, esp. interorbit. 0,015.

GENRE CARANX — *CARANX*, Cuv.

Corps de forme variable, couvert d'écailles.

Ligne latérale n'ayant pas de boucliers sur la partie antérieure ou courbée.

Ce genre se compose de trois espèces.

Fausse nageoire après la 2ᵉ dorsale	nulle. Boucliers au nombre de	moins de trente..	1. C. LUNE.
		plus de quarante.	2. C. FUSEAU.
	une, ainsi qu'après l'anale............		3. C. SUARÉOU.

LE CARANX LUNE — *CARANX LUNA*.

Syn. : Le CARANX LUNE, Caranx luna, Geoff. St-Hil., *Descript. Égypte, Hist. nat., Poiss.*, pl. 23, fig. 3-4, texte in-8°, p. 374 ; Cuv. et Valenc., t. IX, p. 80 ; Guichen., *Expl. Algér.*, p. 62.

CITULA BANCKSII, Citule de Bancks, Riss., *Hist. nat.*, p. 422, fig. 13.

SELENIA LUNA, CBp., *Cat.*, n° 692.

CARANX DENTEX, Günth., t. II, p. 441 ; Canestr., *Fn. Ital.*, p. 109.

N. Vulg. : Pei Suvareou, Nice.

Long. : 0,24 à 0,40 et même 0,60 d'après Risso.

Chez le Caranx lune, le corps est ovale, haut, comprimé. L'épaisseur du tronc fait environ les deux cinquièmes de la hauteur, qui est comprise trois fois et quart à trois fois et demie dans la longueur totale. La première dorsale est précédée d'une crête tranchante. La peau est couverte d'écailles assez grandes, arrondies sur le bord libre. Suivant Cuvier et Valenciennes, le nombre des vertèbres est de vingt-cinq, $10 + 15$.

La tête est écailleuse, à profil supérieur allongé, oblique, à crête tranchante, commençant au milieu de l'espace interorbitaire, et se continuant sur la nuque. Sa longueur semble présenter des variations assez sensibles ; elle est contenue quatre fois à quatre fois et demie dans la longueur totale ; ce dernier rapport est plus rare, si j'en juge d'après les proportions indiquées par Risso et d'après celles que j'ai relevées moi-même. Le museau est assez long. La bouche est peu fendue ; le maxillaire supérieur n'atteint pas en arrière la verticale tangente au bord antérieur de l'orbite. La mâchoire supérieure est un peu plus avancée que la mandibule ; elles portent l'une et l'autre une rangée de petites dents à peu près cylindriques ; derrière les dents du milieu il s'en trouve quelques autres encore moins développées. Sur la partie médiane, la langue est munie d'une rangée de petites dents ; le vomer et les palatins n'en montrent aucune.

L'iris est jaune doré. Les proportions de l'œil sont variables. D'après Cuvier et Valenciennes, le diamètre de l'œil égale le cinquième de la longueur de la tête ; suivant Risso, il n'en mesure pas le sixième ; sur un sujet, d'assez petite taille, que j'ai examiné, il fait le quart de la longueur de la tête, les deux tiers de l'espace préorbitaire, les quatre cinquièmes de l'espace interorbitaire. Le premier sous-orbitaire est mince, haut en avant.

Les ouvertures des narines sont assez larges.

Sur le bord postérieur de l'opercule se voit une tache noirâtre.

En avant et jusque sous le milieu de la seconde dorsale, la ligne latérale suit la courbure du profil supérieur, elle devient droite ensuite, et se garnit de boucliers, à carène plus ou moins saillante. Le nombre des boucliers est généralement de vingt-six, mais il varie de vingt-quatre à vingt-huit.

La première dorsale commence à peu près au-dessus de l'insertion des ventrales ; elle est assez basse ; elle se compose de huit épines, dont les plus longues sont la deuxième et la troisième. La seconde dorsale, opposée à l'anale, compte vingt-cinq à vingt-huit rayons. L'anale est précédée de deux aiguillons, unis par une petite membrane ; elle est soutenue par vingt et un à vingt-trois rayons. Les dorsales et l'anale peuvent se loger dans un sillon à bord épais. Le tronçon de la queue est grêle. La caudale est fourchue ; elle a dix-sept grands rayons, et deux ou trois rayons basilaires, en dessus comme en dessous. Les pectorales sont falciformes, très-longues, elles arrivent jusque sous le sixième ou le huitième rayon mou de l'anale ; leur longueur est comprise quatre fois et quart à quatre fois et demie dans la longueur totale. Les ventrales sont courtes, elles n'atteignent pas l'anus ; leur longueur ne fait même pas la moitié de celle des pectorales.

Br. 7. — D. 8 — 1/24 à 27 ; A. 2 — 1/20 à 22 ; C. 17.

Les nageoires sont d'un gris jaunâtre. La teinte est d'un bleu verdâtre changeant ou ardoisé sur le dos, blanc argenté sur les côtés, et d'un blanc uni sous le ventre.

Habitat. Méditerranée, rare, Nice, mai, juin, Risso.
Proportions : long. totale 0,240 ; tronc. haut. 0,074, épais. 0,032.
Tête, long. 0,061. — OEil, diam. 0,017, esp. préorbit. 0,025, esp. interorbit. 0,021. — Mâchoire supérieure, long. 0,024.
Suivant Risso, la chair de ce poisson est d'un goût délicat.

LE CARANX FUSEAU — *CARANX FUSUS.*

Syn. : Le Caranx fuseau, Caranx fusus, Geoff. St-Hil., *Descript. Égypte, Hist. nat., Poiss.*, pl. 24, fig. 3-4, texte in-8°, p. 378 ; Cuv. et Valenc., t. IX, p. 52.
Caranx fusus, Günth., t. II, p. 445.

Long. : 0,28.

Nous rapportons à cette espèce un poisson, qui a été pêché dans les eaux de Nice, il y a une douzaine d'années. Il a le corps ovale, allongé, couvert de petites écailles. La hauteur du tronc qui fait le double de l'épaisseur est comprise quatre fois dans la longueur totale. La crête du dos est tranchante en avant, et complétement nue. Le tronçon de la queue est plus large que haut.

La tête a le profil supérieur convexe, une crête tranchante, nue, commençant vers l'orifice postérieur de la narine et se continuant en arrière avec la crête du dos ; elle est couverte d'écailles sur la partie latérale, en arrière de l'orbite. Sa lon-

gueur, qui est à peine plus grande que sa hauteur, est contenue
environ quatre fois et demie dans la longueur totale. Le museau
est assez court, la bouche moyenne. La mâchoire supérieure
est à peine moins avancée que la mandibule; elle porte une
petite bande de dents en velours et une série externe de dents
plus fortes que les autres ; la mâchoire inférieure n'en a qu'une
seule rangée. Le vomer, les palatins et la langue sont dentés.
Le maxillaire supérieur arrive en arrière à l'aplomb du bord antérieur de l'orbite.

Au-dessus de l'œil est une espèce de crête ou de sourcil, qui va
du bord postérieur de l'orbite à l'orifice postérieur de la narine.
L'iris est doré. Le diamètre de l'œil fait, ou peu s'en manque,
le quart de la longueur de la tête; il est d'un quart environ
moins grand que l'espace préorbitaire, et ne mesure guère que
les deux tiers de l'espace interorbitaire.

Les ouvertures de la narine sont très-rapprochées l'une de
l'autre. L'orifice postérieur est arrondi, un peu plus grand que
l'orifice antérieur, qui est placé plus près de l'orbite que de l'extrémité du museau.

Sur le bord postérieur, l'opercule est marqué d'une tache
noire ; il a le bord inférieur très-oblique, aussi long et même
plus long que le bord postérieur ; il est écailleux dans sa partie
supérieure, jusqu'au niveau de la tache, nu dans le reste
de son étendue, ainsi que le sous-opercule et l'interopercule ;
ces deux pièces ont leur bord libre arrondi. Le préopercule est
écailleux dans sa région supérieure ; en arrière, il est gravé
de stries fines, assez nombreuses ; il a le bord postérieur rectiligne dans sa partie supérieure, arrondi vers l'angle inférieur,
de même que la partie postérieure du bord inférieur.

A l'angle supérieur de la fente des ouïes commence la ligne
latérale; elle est droite jusqu'au-dessous de la quatrième épine
de la première dorsale, elle devient courbe alors jusque sous
les premiers rayons de la seconde dorsale, puis elle se continue
directement vers la caudale. Elle est formée d'écailles, de petits
et de grands boucliers. En avant, il y a quinze ou seize écailles ;

puis viennent quatre petits boucliers, qui apparaissent sur la seconde moitié de la courbure de la ligne latérale ; le premier se trouve au-dessous de l'intervalle qui sépare les deux dorsales. Les grands boucliers sont au nombre de quarante-cinq ; ils ne se montrent que sur la partie droite de la ligne latérale ; ils sont très-développés, surtout en arrière, où ils cachent tout le côté du tronçon de la queue. Éc., 15 ou 16, boucl. $4 + 45 = 64$ ou 65.

La première dorsale est précédée d'un petit tubercule peu saillant, et d'une épine couchée, à pointe dirigée en avant ; elle est d'un tiers environ moins haute que longue ; elle a générale-ment huit aiguillons, rarement sept. La seconde dorsale est longue ; elle finit sur le tronçon de la queue en même temps que l'anale ; elle a une épine et vingt-quatre rayons mous. Les dorsales sont insérées dans un sillon assez profond ; le bord du sillon de la seconde dorsale, comme celui de l'anale, est relevé par un repli de la peau. Deux épines peu développées, assez éloignées de l'anale, forment une première petite nageoire. L'a-nale commence un peu plus en arrière que la seconde dorsale ; elle compte un aiguillon et dix-neuf ou vingt rayons mous ; les rayons antérieurs sont beaucoup plus grands que les autres ; les rayons médians semblent cachés dans le sillon ; le dernier rayon à l'anale, comme à la seconde dorsale, est un peu plus allongé que ceux qui le précèdent. La caudale est très-fourchue ; elle fait environ le cinquième de la longueur totale. Les pectorales ont dix-huit rayons ; elles sont falciformes ; elles sont très-longues, elles mesurent le quart de la longueur totale ; elles dépassent la courbure de la ligne latérale, elles atteignent la perpendiculaire menée de l'anale au septième rayon de la seconde dorsale ; elles paraissent un peu plus grandes que celles du spécimen figuré dans l'ouvrage de Geoffroy Saint-Hilaire ; probablement la diffé-rence de longueur qu'elles montrent, est en raison de la taille plus ou moins développée des animaux. Les ventrales sont très-courtes, comparativement aux pectorales, elles n'arrivent pas jusqu'à l'anus ; elles sont fort rapprochées l'une de l'autre,

logées dans une petite fossette, dont le bord est formé par un
léger repli de la peau.

D. 7 ou 8 — 1/24 ; A. 2 — 1/19 ou 20 ; P. 18 : V. 1/5.

Les nageoires paraissent d'un gris plus ou moins foncé. Le
système de coloration est gris bleuâtre sur le dos, jusqu'au niveau de la ligne latérale, gris blanchâtre sur les côtés, argenté
sous le ventre. Sur la partie supérieure de l'opercule est une
tache noirâtre, qui vient s'étendre sur la ceinture scapulaire et
au-dessus de la fente branchiale.

Habitat. Méditerranée, excessivement rare, Nice.
Proportions : long. totale 0,28 ; tronc, haut. 0,070, épais. 0,034.
Tête, long. 0,063, haut. 0,062. — Œil, diam. 0,015, esp. préorbit. 0,019,
esp. interorbit. 0,021. — Mâchoire supérieure, long. 0,025.
1re dorsale, long. 0,036, 2e dorsale long. 0,086 ; anale, long. 0,072 ; tronçon
de la queue, long. 0,018, haut. 0,009, épais. 0,011 : caudale, long. 0,055 ;
pectorale, long. 0,071 ; ventrale, long. 0,028.

LE SUARÉOU — *CARANX SUAREUS*, Riss.

Syn. : Le Suaréou, Caranx Suareus. Cuv. et Valenc., t. IX. p. 33.

Long. : 0,40 à 0,50.

Sa forme générale, dit Cuvier, diffère peu de celle du Saurel.
Sa hauteur est six fois dans sa longueur, sa tête quatre fois et
demie. Sa mâchoire inférieure avance un peu plus que l'autre.
Sa ligne latérale est droite sur les deux tiers postérieurs du tronc,
et y porte quarante-six plaques aiguës. — La seconde dorsale et
l'anale sont suivies d'une fausse nageoire. La pectorale est falciforme, elle fait plus du quart de la longueur totale.

Br. 7. — D. 8 — 1/30 + I ; A. 2 — 1/24 + I ; C. 17 ; P. 25 ; V. 6.

Le dos a des nuances gorge de pigeon. Les côtés sont argentés
et irisés. Le dessous est d'un blanc mat. Il y a une tache noire
à l'opercule et du noir à la sommité des plaques. La seconde
dorsale a du noirâtre vers son bord, l'anale est lavée de rose.

Habitat. Méditerranée, Nice.

Risso paraît être le seul naturaliste qui ait vu le Suaréou. Il a fourni à Cuvier les documents à l'aide desquels a été faite la description que nous venons de reproduire à peu près textuellement. (Cuv. et Valenc., t. IX, p. 33-34.)

Sous-famille des Centronotiniens, Centronotini.

Corps ovale, plus ou moins allongé, couvert de petites écailles lisses.

Tête de forme variable ; dents sur les mâchoires, le vomer, les palatins.

Appareil branchial ; fente des ouïes plus ou moins grande ; rayons branchiostéges au nombre de sept à neuf.

Nageoires ; première dorsale courte, précédée d'une épine fixe dirigée en avant, ou constituée par des aiguillons isolés ; seconde dorsale longue ; deux épines après l'anus, formant en quelque sorte une première anale ; caudale fourchue ou échancrée.

La sous-famille des Centronotiniens comprend trois genres.

Carène latérale sur le tronçon de la queue	longue ; 1ʳᵉ dors. formée d'épines isolées.		1. Naucrate.
	nulle. 1ʳᵉ dorsale à	épines libres en partie......	2. Liche.
		membrane intraradiaire développée..............	3. Sériole.

GENRE NAUCRATE — *NAUCRATES*, Rafin.

Corps oblong, fusiforme, couvert de petites écailles lisses ; une carène latérale sur le tronçon de la queue.

Tête régulière ; dents en velours sur les mâchoires, le vomer, les palatins et la langue.

Appareil branchial ; ouïes largement fendues ; sept rayons branchiostéges ; pseudobranchies.

Nageoires ; trois ou quatre épines isolées, petites, remplaçant la première dorsale ; seconde dorsale longue ; deux épines libres avant l'anale.

Vessie natatoire petite. — **Appendices pyloriques** au nombre de douze à quinze.

Une seule espèce.

LE PILOTE — *NAUCRATES DUCTOR.*

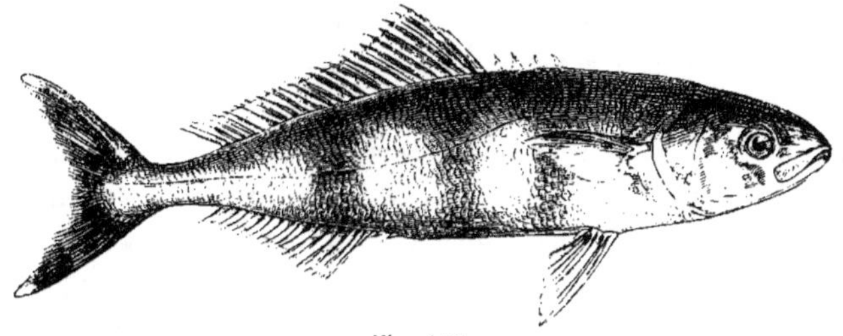

Fig. 129.

Syn. : Gasterosteus ductor, Linn., p. 489, sp. 2 ; Brunn.. *Ichth. Mass.*, p. 67, n° 83.
Du Pilote, Duham., *Pêch.*, part. 2, sect. 4, p. 55, pl. 4, fig. 4, pl. 9, fig. 3.
Scomber ductor, Bloch, pl. 338.
Le Pilote, Gasterosteus ductor, Bonnat., p. 136, pl. 57, fig. 223.
Le Centronote pilote, Centronotus conductor, Lacép., t. VIII, p. 383 ; Riss., *Ichth.*,
p. 193, *Hist. nat.*, p. 428.
Naucrates fanfarus, Rafin., *Ind. itt. sicil.*, p. 19, n° 90.
Le Pilote, Naucrates ductor, Cuv. et Valenc., t. VIII, p. 312, pl. 232 ; Guichen.,
Expl. Algér., p. 60.
Naucrates ductor, CBp., *Cat.*, n° 666 ; Günth., t. II, p. 374 ; Canestr., *Fn. Ital.*,
p. 104.
The Pilot-fish, Yarr., t. II, p. 227 ; Couch, t. II, p. 107.

N. Vulg. : Fanfre, Nice, Marseille ; Fanfré, Galafat, Cette.
Long. : 0,20 à 0,30.

L'habitude qu'a ce poisson d'accompagner les navires, lui a
fait donner le nom de Pilote. Le corps est couvert de petites
écailles lisses ; il a la forme d'un ovale allongé ; son épaisseur
fait les deux tiers de sa hauteur, qui est comprise quatre fois et
demie à cinq fois dans la longueur totale. Le tronçon de la
queue est carré, plus large que haut ; il porte de chaque côté une
carène développée, espèce de crête triangulaire, à bord libre
tranchant, à base allongée s'étendant jusqu'au milieu des racines de la caudale. Le nombre des vertèbres est de vingt-six,
10 + 16.

Continuant la ligne du dos, le profil supérieur de la tête devient légèrement courbe en avant. La longueur de la tête, qui
l'emporte d'un cinquième environ sur la hauteur, est contenue

quatre fois et demie dans la longueur totale. Le museau est obtus. La bouche est un peu oblique ; elle est assez petite, seulement fendue jusque sous l'orifice antérieur de la narine. La
mâchoire supérieure est à peine moins avancée que la mandibule : elles portent l'une et l'autre une bande de petites dents
en velours ; de pareilles dents garnissent les palatins, le corps
et le chevron du vomer. La langue est libre, à bords minces,
convexe en avant ; elle a, sur le milieu, une bande longitudinale
de fort petites dents en velours ras. Le voile de la mâchoire
supérieure est très-développé, un peu ondulé sur le bord. Le
maxillaire supérieur a son extrémité postérieure élargie, atteignant à peine la perpendiculaire tangente au bord antérieur
de l'orbite ; le surmaxillaire est mince, allongé ; il ne paraît pas
se souder au maxillaire.

L'iris est doré. L'œil est pourvu d'une paupière circulaire. Son
diamètre est compris cinq fois dans la longueur de la tête, il
fait la moitié de l'espace interorbitaire, qui est plus grand que
l'espace préorbitaire. Le front et l'espace interorbitaire ont une
peau lisse, complètement dépourvue d'écailles ; ils présentent
une surface convexe transversalement. Le premier sous-orbitaire
est mince, allongé, mais assez étroit, il ne cache qu'une petite
partie de la mâchoire supérieure.

Placées vers le profil supérieur de la tête, les ouvertures des
narines sont plus rapprochées de l'extrémité du museau que
de l'orbite ; elles ne sont séparées l'une de l'autre que par une
petite bride cutanée. L'orifice antérieur est étroit, à bord un
peu relevé ; l'orifice postérieur est en général assez difficile à voir,
il est souvent caché par la membrane qui le sépare de l'autre
orifice. La peau qui environne les narines, est parfois couverte
de fort petites écailles.

La fente des ouïes s'avance jusque sous le milieu de l'œil.
L'espace jugulaire est très-étroit, presque nul ; à l'état de repos
les interopercules croisent légèrement l'un sur l'autre. L'opercule
a des écailles sur la partie supérieure ; il est beaucoup plus haut
que large, du double environ ; il est presque triangulaire ; il est

marqué de stries profondes qui, partant de son bord antérieur,
se dirigent obliquement de haut en bas vers son bord postérieur.
Le sous-opercule forme une lamelle triangulaire beaucoup plus
longue que large ; il est nu ainsi que l'interopercule. Le préopercule a le pourtour très-finement strié ; il a le bord postérieur
faiblement échancré ; son angle est arrondi. La joue est écailleuse ;
en arrière de l'œil, la paupière adipeuse est bordée d'écailles
minces, fines, beaucoup plus allongées que larges, ayant assez
de ressemblance avec celles qui couvrent la joue des Scombres.

La ligne latérale est sinueuse, un peu arquée au-dessus de la
pectorale, à peu près droite ensuite.

Trois ou quatre épines libres constituent la première dorsale,
qui commence un peu avant la fin des pectorales ; elles sont
fort petites et peuvent se cacher complétement dans leur sillon. La seconde dorsale prend naissance au-dessus de la terminaison des ventrales ; elle se compose d'une épine et de vingt-cinq
à vingt-huit rayons mous ; elle n'est pas très-haute ; ses rayons
antérieurs, qui sont les plus élevés, ne mesurent pas en général
la moitié de la hauteur du corps ; ses derniers rayons, quand ils
sont couchés, arrivent près de la base de la caudale. En arrière
de l'anus se trouvent deux très-petits aiguillons. Ensuite vient
l'anale qui a dix-sept ou dix-huit rayons ; son épine est grêle,
assez courte ; ses premiers rayons mous sont un peu plus allongés que les autres, et la rendent légèrement falciforme ; ses
derniers rayons, comme ceux de la seconde dorsale, atteignent
presque la base de la caudale. La caudale fait un peu plus du cinquième de la longueur totale ; elle est très-échancrée ou plutôt
fourchue, à lobes peu effilés ; elle a sa base garnie d'écailles ;
elle est précédée, en haut comme en bas, d'une petite fossette
transversale ; elle a dix-sept grands rayons, et, en outre, cinq ou
six rayons basilaires, en dessus et en dessous. Les pectorales
comptent dix-sept ou dix-huit rayons ; elles sont courtes ; leur
longueur est à peu près égale au huitième de la longueur totale ;
la partie supérieure de leur insertion est à peine au-dessous de
la ligne prolongeant en arrière le diamètre longitudinal de l'œil.

Les ventrales sont égales aux pectorales, et même un peu plus longues que ces nageoires, chez les sujets de grande taille ; elles sont pointues ou plutôt triangulaires, ayant le bord externe beaucoup plus allongé que le bord interne ; elles sont très-rapprochées l'une de l'autre ; elles sont épaisses ; l'aiguillon est beaucoup plus court que le premier rayon mou ; le rayon interne est retenu à l'abdomen par une petite membrane.

Br. 7. — D. 3 ou 4 — 1/25 à 28 ; A. 2 — 1/16 ou 17 ; C. 5 ou 6/17/6 ou 5; P. 17 ou 18 ; V. 1/5.

Ce poisson est d'un gris bleuâtre sur le dos, d'un gris bleuâtre ou légèrement jaunâtre sur les flancs. Le corps est traversé par cinq ou six larges bandes d'un bleu foncé, allant de la région dorsale à la ligne du ventre, formant des espèces de ceintures plus ou moins complètes. Quand les bandes sont au nombre de cinq, elles sont ainsi disposées : la première passe sur la ceinture scapulaire et la base des pectorales ; la seconde part de la base des épines libres qui représentent la première dorsale ; la troisième est placée sous la seconde dorsale, en avant de l'anus ; la quatrième se trouve un peu après la moitié antérieure de la seconde dorsale, et descend sur le tiers antérieur de l'anale ; enfin la cinquième réunit l'extrémité postérieure de la seconde dorsale à celle de l'anale, et de plus elle s'étale sur le tronçon de la queue. Les trois dernières bandes se prolongent, en haut et en bas, sur les parties correspondantes de la seconde dorsale et de l'anale. La tête est d'un gris brunâtre à sa région supérieure ; l'espace écailleux, qui est en arrière et au-dessous de l'œil, est généralement d'un jaunâtre teinté de brun.

Les ventrales sont noirâtres, les pectorales d'un gris violacé ; la caudale porte une espèce de bande verticale d'un bleu très-foncé, comme les bandes qui traversent le corps ; l'extrémité de ses lobes est blanchâtre. La seconde dorsale et l'anale ont une coloration grisâtre, relevée par la teinte foncée des bandes verticales, qui s'étendent sur elles. Les premiers rayons de la seconde dorsale, ceux de l'anale, les ventrales ont une bordure blanche.

Habitat. Méditerranée, assez commun, Nice, Toulon, Marseille, Cette. Océan très-rare. Manche, excessivement rare ; en 1831, deux individus ont été pêchés à Cayeux, près de Saint-Valery-sur-Somme.

Proportions : long. totale 0,290 ; tronc. haut. 0,062, épais. 0,040.

Tête, long. 0,064, haut. 0,052. — Œil, diam. 0,013, esp. préorbit. 0,020, esp. interorbit. 0,0255. — Mâchoire supérieure, long. 0,022.

Plusieurs naturalistes prétendent qu'il existe une sorte d'alliance entre le Pilote et le Requin. De quel Requin d'abord veulent-ils parler? Les Naucrates, différents Squales peuvent accompagner les vaisseaux, et parcourir à leur suite de longues distances. Mais dans ces voyages, les Pilotes subissent, sans la rechercher, la société de leurs dangereux compagnons, trop près desquels ils prennent soin de ne pas s'exposer. — Lorsque les bâtiments, revenant de la pêche de la Morue, les *Merluciers*, comme on les appelle, entrent dans le port de Cette, on voit parfois, autour d'eux, un plus ou moins grand nombre de *Fanfres*, qui pénètrent même assez souvent dans l'étang de Thau, en remontant le canal qui traverse la ville. L'animal dont je viens d'indiquer les proportions, a été harponné dans ce canal. A la fin d'octobre 1877, une bande de Pilotes est arrivée dans le petit port de Balaruc-les-Bains (étang de Thau) ; les habitants du pays les ont ramassés après les avoir assommés à coups de perches, ou les ont pêchés avec des paniers à vendange ; et, bien que dépourvus d'engins convenables, ils ont réussi à en prendre une centaine de kilogrammes. La chair du Naucrate est, paraît-il, de bonne qualité.

GENRE LICHE — *LICHIA*, Cuv.

Corps oblong, comprimé, couvert de petites écailles lisses. Vertèbres au nombre de vingt-quatre, 10 — 14.

Tête à profil supérieur plus ou moins arqué ; dents sur les mâchoires, le vomer les palatins et la langue.

Appareil branchial ; fente des ouïes grande ; huit ou neuf rayons branchiostèges.

Nageoires : une épine fixe, dirigée en avant, précède les aiguillons qui forment la première dorsale ; ces aiguillons assez courts, en partie libres, ont à leur bord postérieur une petite membrane triangulaire, vestige de la membrane intraradiaire ; seconde dorsale et anale longues, falciformes ; deux épines avant l'anale ; caudale fourchue.

Vessie natatoire développée, bifurquée en arrière. — **Appendices pyloriques** en nombre variable.

Le genre Liche comprend trois espèces.

Mâchoires à dents {

en velours. {
  Maxillaire supé-{
  rieur {

- n'atteignant pas le prolonge-ment du diamètre vertical de l'œil................. 1 L. GLAYCOS.
- dépassant l'aplomb du bord postérieur de l'orbite..... 2. L. AMIE.

sur une seule rangée................... 3. L. VADIGO.

LA LICHE GLAYCOS — *LICHIA GLAUCUS*.

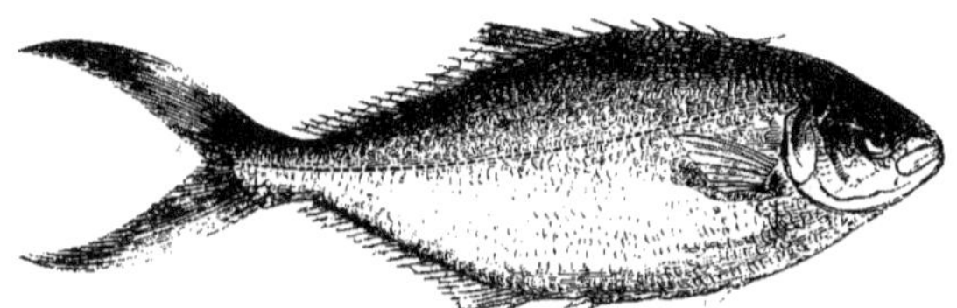

Fig. 130.

Syn. : De Derbio, *Glaucus*, Rondel., liv. VIII, c. xv, p. 201.
? SCOMBER GLAUCUS, Linn., p. 494, sp. 5.
Le CARANX GLAUQUE, Caranx glaucus. Lacép.. t. VIII, p. 149.
CENTRONOTE GLAYCOS, Centronotus glaycos. Riss., *Ichth.*. p. 194.
LICHIA GLAYCOS. Liche glaycos, Riss., *Hist. nat.*. p. 429.
LA LICHE GLAYCOS, Lichia glaucus, Cuv. et Valenc., t. VIII, p. 358, pl. 234 ; Guichen., *Expl. Algér.*, p. 61.
LICHIA GLAUCUS, CBp., *Cat.*, n° 668.
LICHIA GLAUCA, Günth., t. II, p. 477 ; Canestr., *Fn. Ital.*, p. 110.
THE DERBIO, Yarr., t. II, p. 232 ; Couch, t. II, p. 139.

N. vulg. : Lecca, Nice ; Litcha, Nicha, Pélamida, Cette.
Long. : 0,30 à 0,40 et quelquefois 0,50.

Doué d'un merveilleux talent d'observation, Rondelet a su parfaitement reconnaître les trois espèces de Liches qui vivent sur nos côtes de la Méditerranée. Il a décrit sous le nom de *Derbio*, dans l'édition française, sous celui de *Glaucus* dans l'édition latine, le poisson que nous allons étudier. Le Glaycos a le corps ovale, très-comprimé, couvert de petites écailles cycloïdes. La hauteur du tronc, qui fait le triple de l'épaisseur, est contenue près de quatre fois dans la longueur totale. La première dorsale est précédée d'une crête qui se continue avec celle de la tête, mais qui est écailleuse.

Plus haute que longue, la tête a sa longueur comprise cinq fois et demie dans la longueur totale ; son profil supérieur dessine une courbe assez allongée ; sa crête est nue, elle descend jusqu'au niveau des narines. Le museau est court, arrondi. La bouche est oblique, légèrement protractile ; elle est fendue seulement jusqu'à l'aplomb de l'orifice postérieur de la narine. Les mâchoires, à peu près égales, sont garnies de bandes assez étroites de dents en velours, très-fines, courtes, acérées ; le vomer et les palatins sont dentés. La langue est libre, large, à bord mince ; elle porte une bande longitudinale de dents excessivement petites. Le maxillaire supérieur s'élargit en arrière, et arrive au-dessous du bord antérieur de l'orbite ou à peine plus loin.

Entouré d'une paupière adipeuse, l'œil est ovale. Son diamètre est contenu quatre fois et un tiers, à quatre fois et demie dans la longueur de la tête ; il fait les deux tiers au moins de l'espace préorbitaire, qui est un peu moins grand que l'espace interorbitaire. Sur le frais, l'iris est d'un gris argenté, il devient jaunâtre chez l'animal conservé. Près du bord postérieur de l'orbite se trouvent des écailles minces et longues.

Les ouvertures de la narine sont fort voisines. L'orifice antérieur est à peine plus rapproché de l'orbite que du bout du museau ; l'orifice postérieur est ovale, plus large que l'autre, il est placé vers l'angle de la paupière adipeuse.

La fente des ouïes s'avance jusque sous le milieu de l'œil. L'opercule est lisse, ainsi que le sous-opercule. L'interopercule est arrondi vers son angle postérieur ; il est légèrement strié. Les rayons branchiostèges sont au nombre de huit.

Au-dessus de la pectorale, la ligne latérale est un peu ondulée, ensuite elle se continue directement jusque sur la base de la caudale.

Sans compter la première épine, qui est couchée en avant et qui appartient à un interépineux, la première dorsale a cinq et

le plus souvent six aiguillons ; ces aiguillons, très-courts et très-
acérés, sont en arrière pourvus d'une petite membrane, ils peuvent s'abaisser chacun dans une petite fossette particulière. La
seconde dorsale est longue ; elle est relevée en avant ; elle a vingt-
cinq ou vingt-six rayons ; le premier est une épine assez forte,
qui fait le tiers à peu près du rayon suivant. Au milieu de la
distance qui sépare de l'anale la fente, dans laquelle s'ouvrent
les organes génito-urinaires, se trouvent deux épines isolées, la
première est assez courte, la seconde est plus grande, très-acérée,
elle peut se coucher dans un sillon. L'anale a la même forme et
la même composition que la seconde dorsale. Le tronçon de la
queue est assez large ; sa hauteur est à peine moindre que sa
longueur. La caudale a sa base écailleuse ; elle est fort développée, elle fait plus du quart de la longueur totale ; elle est excessivement fourchue ; ses rayons médians n'ont guère que le quart
de la longueur des rayons formant les lobes ; il y a dix-sept
rayons ordinaires, plus trois ou quatre rayons basilaires. Les
pectorales ont dix-sept rayons ; leur longueur ne mesure pas le
huitième de la longueur totale. Les ventrales sont d'un tiers
plus courtes que les pectorales ; elles sont très-rapprochées l'une
de l'autre, et logées en partie dans une petite fossette ; l'épine
est grêle, de moitié moins longue que le premier rayon mou.

Br. 8. — D. 5 ou 6 — 1/24 ou 25 ; A. 2 — 1/24 ou 25 ; C. 3 ou 4/17/4 ou 3 ; P. 17 ;
V. 1/5.

La coloration est très-brillante ; à la région supérieure, jusqu'à
la ligne latérale, elle est d'un gris ardoisé ou d'un bleu d'outre-
mer, d'un gris argenté sur les joues, les côtés et le ventre ; trois
ou quatre taches d'un gris ardoisé forment, sur les flancs, de
courtes bandes verticales, qui descendent un peu au-dessous de
la ligne latérale, et qui vont par leur extrémité supérieure se
fondre dans la teinte du dos. La seconde dorsale et l'anale, qui
sont d'un jaune assez clair, portent sur leurs rayons antérieurs
une large tache noirâtre très-marquée ; la caudale est grisâtre,
avec la pointe des lobes complétement noire ; les pectorales sont
d'un gris teinté de jaune ; les ventrales sont blanchâtres.

La vessie natatoire est bifurquée, à cornes allongées. Il y a douze ou treize appendices pyloriques.

Habitat. Méditerranée, assez commun, Nice, en avril, juin, septembre d'après Risso, et même plus tôt, ainsi au mois de mars, j'ai vu assez souvent le Glaycos sur le marché de Nice ; rare à Cette. Océan, excessivement rare.

Proportions : long. totale 0,318 ; tronc, haut. 0,082, épais. 0,027.

Tête, long. 0,057, haut. 0,064. — Œil, diam. 0,013, esp. préorbit. 0,017, esp. interorbit. 0,019. — Mâchoire supérieure, long. 0,019.

LA LICHE AMIE — *LICHIA AMIA.*

Syn. : Lampuga, Bell., p. 154-155.
De la Liche, seconde espèce de *Glaucus*, Rondel., liv. VIII, c. xvi, p. 203.
Amia, Salvian., p. 121-122, pl. 37.
Scomber amia, Linn., p. 495, sp. 9.
Le Caranx amie, Caranx amia, Lacép., t. VIII. p. 145.
Le Centronote vadigo, Centronotus vadigo, Lacép., t. VIII, p. 349.
Le Centronote Lyzan, Centronotus Lyzan. Lacép., t. VIII. p. 387 ; Riss., *Ichth.*, p. 195.
Lichia lyzan, Liche lyzan, Riss.. *Hist. nat..* p. 430.
La Liche amie, Lichia amia, Cuv. et Valenc., t. VIII, p. 318, *Règ. an. ill.*, pl. 54, fig. 3 ; Guichen., *Erpl. Algér.*, p. 60.
Lichia amia, Agass., *Poiss. foss.*, t. V, p. 33, pl. C. squel. ; CBp.. *Cat.*, n° 167 Günth., t. II, p. 476 ; Canestr., *Fn. Ital.*, p. 110.

N. Vulg. : Leccia, Nice ; Litcha, Cette.
Long. : 0,50 à 0,80 et parfois 1,00.

La Liche amie a le corps ovale, plus ou moins allongé, comprimé, couvert d'écailles fort petites. La hauteur du tronc est comprise trois fois et demie à quatre fois et demie dans la longueur totale. Le profil du dos semble un peu plus arqué que celui du ventre.

Généralement la tête est un peu moins haute que longue ; sa longueur est contenue environ cinq fois dans la longueur totale. Le museau est légèrement convexe, assez court. De l'espace interorbitaire part une crête, qui, basse à son origine, devient en arrière plus haute, plus tranchante, et se continue sur le dos. La bouche est bien fendue ; ses deux voiles, en haut et en bas, sont développés. La mâchoire supérieure est à peine moins avancée que la mandibule ; l'une et l'autre sont garnies d'une bande large de dents en velours. Les palatins ont une bande, et le vomer, une plaque de dents semblables. La langue est libre dans une assez grande étendue; elle porte en avant une plaque ovale couverte de dents en velours ras. La mâchoire supérieure dépasse en arrière le bord postérieur de l'orbite.

L'iris est jaunâtre. Le diamètre de l'œil est compris cinq fois et demie dans la longueur de la tête, il fait les deux tiers, ou peu s'en faut, de l'espace préorbitaire, et la moitié au moins de l'espace interorbitaire.

Les ouvertures de la narine sont plus rapprochées de l'orbite que du bout du museau; elles ne sont séparées l'une de l'autre que par un espace très-étroit. L'orifice postérieur est le plus large.

En dessous la fente des ouïes se prolonge à peu près jusqu'à la ligne tangente au bord antérieur de l'orbite. Les pièces operculaires sont lisses, et paraissent nues; l'opercule est en forme de trapèze, à bord antérieur plus allongé, à bord postérieur faiblement échancré. Le sous-opercule est triangulaire, allongé, étroit, peu distinct de l'opercule. L'interopercule est une lamelle quadrilatérale, mince, légèrement courbe et cinq fois moins haute que longue. Le préopercule a son angle inférieur et postérieur assez arrondi. Les rayons branchiostèges sont au nombre de neuf. La joue est couverte de très-petites écailles.

La ligne latérale est marquée d'un trait noirâtre; elle décrit une double courbure; elle fait une courbure convexe au-dessus de la pectorale, puis à la fin de la nageoire, jusque sous le milieu de la seconde dorsale, elle dessine une autre courbure prononcée, plus longue que la première, à concavité tournée vers le dos; après avoir regagné le milieu de la hauteur du corps, elle se continue directement vers la base de la caudale.

A la première dorsale il y a six à huit, le plus souvent sept épines assez fortes, ayant à leur bord postérieur une petite membrane triangulaire. La seconde dorsale est falciforme; elle est haute en avant, s'abaisse vers le septième rayon, qui n'a guère que le tiers de la longueur des précédents; elle compte une épine et vingt ou vingt et un rayons mous. L'anale ressemble pour la forme à la seconde dorsale, elle est seulement un peu moins haute et à peine moins longue, elle finit en arrière dans le même plan vertical, elle a un nombre égal de rayons ; elle est précédée d'une paire de petites épines reliées par une membrane très-basse, et pouvant se cacher dans un sillon. La caudale est écailleuse à la base ; elle est très-fourchue ; elle a dix-sept grands rayons et quatre rayons basilaires en-dessus comme en-dessous ; sa longueur est variable, suivant les individus, elle fait le quart ou le cinquième de la longueur totale ; le tronçon de la queue mesure un tiers de plus en longueur qu'en hauteur. Les pectorales sont assez courtes, elles font seulement le huitième ou le neuvième de la longueur totale ; elles ont dix-neuf à vingt et un rayons. Les ventrales sont insérées sous la fin de la base des pectorales ; elles sont un peu moins longues que ces dernières nageoires.

Br. 9. — D. 6 à 8 — 1/20 ou 21 ; A. 2 — 1/20 ou 21 ; C. 4/17/4 ; P. 19 à 21 ;
V. 1/5.

La coloration est d'un blanc verdâtre ou grisâtre assez clair sur le dos, d'un blanc argenté sur les côtés et à la région inférieure du corps. Les nageoires ont une teinte jaunâtre plus ou moins foncée ; la pointe de la seconde dorsale est brunâtre, ainsi que celle de l'anale. Chez les jeunes individus de « quatre à cinq pouces » les côtés, fait observer Cuvier, sont marqués de sept ou huit bandes verticales noirâtres, qui descendent un peu au-dessous de la ligne latérale.

Habitat. Méditerranée, assez rare, Nice, grandes profondeurs, apparaît aux équinoxes, d'après Risso ; Marseille, rare ; Cette, très-rare.

Proportions : long. totale 0,53 ; tronc, haut. 0,120.

Tête, long. 0,106, haut. 0,090. — Œil, diam. 0,019, esp. préorbit. 0,030, esp. interorbit. 0,035. — Mâchoire supérieure, long. 0,057.

LA LICHE VADIGO — *LICHIA VADIGO.*

Syn. : De la troisième espèce de Glaucus, Rondel., liv. VIII, c. XVII. p. 203.
Le Centronote glaycos, Centronotus glaycos, Lacép., t. VIII, p. 386.

Centronote vadigo, *Centronotus vadigo.* Riss., *Ichth.*, p. 196.
Lichia vadigo, Liche vadigo, Riss.. *Hist. nat.*, p. 430.
La Liche vadigo, *Lichia vadigo.* Cuv. et Valenc., t. VIII. p. 363. pl. 235.
Lichia vadigo, CBp., *Cat.*, n° 669 ; Günth., t. II, p. 478 ; Canestr., *Fn. Ital.*, p. 111.

N. Vulg. : Leccia, Nice.
Long. : 0,40 à 0,65.

Moins comprimé que celui des autres espèces, le corps de la Liche vadigo est assez allongé ; sa hauteur est comprise quatre fois a quatre fois et demie dans la longueur totale. La peau est couverte de petites écailles minces.

La tête a le profil supérieur médiocrement arqué, et la crête assez peu saillante ; sa longueur qui est à peine plus grande que sa hauteur, est contenue environ cinq fois et quart dans la longueur totale. Le museau est arrondi. La bouche est à peu près fendue jusque sous le bord antérieur de l'orbite. La mâchoire supérieure est moins avancée que la mandibule ; elles portent toutes les deux une seule rangée de dents pointues, légèrement crochues, séparées les unes des autres. Le maxillaire supérieur est large en arrière, il dépasse le prolongement du diamètre vertical de l'œil, mais il n'atteint pas, en général, le bord postérieur de l'orbite. Le vomer, les palatins et la langue ont des dents en velours ras.

L'iris est argenté. Le diamètre de l'œil est compris cinq fois et demie à six fois dans la longueur de la tête, et une fois et demie à une fois et trois quarts dans l'espace préorbitaire.

Il y a huit rayons branchiostèges. Le battant operculaire a le bord postérieur arrondi.

En avant la ligne latérale est légèrement courbe, puis sous la seconde dorsale, ou mieux à partir de la perpendiculaire tombant sur les épines de l'anale, elle devient droite jusqu'à sa terminaison, et se trouve placée sous la bande festonnée qui marque les côtés.

La première dorsale a sept aiguillons. La seconde dorsale, plus longue que dans les autres espèces, compte une trentaine de rayons. L'anale commence plus en arrière que la seconde

dorsale ; elle a vingt-quatre ou vingt-cinq rayons. A la seconde
dorsale, comme à l'anale, le dernier rayon est plus allongé que
les précédents. La caudale paraît moins échancrée et moins
développée que chez la Liche glaycos ; elle est à peine aussi
longue que la tête. Les pectorales ont dix-sept rayons, rarement
seize ; leur longueur est comprise environ sept fois et demie dans
la longueur totale.

Br. 8. — D. 7 — 1/29 à 31 ; A 2 — 1/23 ou 24 ; C. 22 ; P. 16 ou 17 ; V. 1/5.

Le système de coloration présente une disposition singulière,
qui suffit pour faire reconnaître cette Liche au premier coup
d'œil. La teinte bleuâtre de la région supérieure n'est pas limitée
sur les flancs par une ligne à peu près droite ; elle forme une
sorte de bande festonnée, dont les dentelures, assez larges et
ondulées, se dessinent très-nettement sur le fond argenté des
côtés. Rondelet avait cru que la série de zigzags est formée par
la ligne latérale ; « le trait des ouïes jusques à la queue, dit-il, est
toujours tortu, comme le corps d'un serpent, ou d'un ver, quand
ils cheminent, ou en façon des undes qui se haussent é se
baissent, le dos est de bleu obscur jusques à ce trait, le dessous
est fort blanc. » (Rondel., *loc, cit.*, p. 203.) Les nageoires sont
d'un grisâtre plus ou moins foncé.

Habitat. Méditerranée, Nice, très-rare.
Proportions : long. totale 0,635 ; tronc, haut. 0,140.
Tête, long. 0,120, haut. 0,115. — Œil, diam. 0,020, esp. préorbit. 0,035.
Mâchoire supérieure, long. 0,065.
D'après Rondelet, cette Liche donne une chair grasse, de bon goût ; la
femelle, écrit Risso, dépose ses œufs au commencement de l'été.

GENRE SÉRIOLE — *SÉRIOLA*, Cuv.

Corps ovale, comprimé, couvert de petites écailles lisses.
Tête ayant une crête qui se continue sur la nuque ; dents en velours sur
les mâchoires, le vomer, les palatins et la langue.
Appareil branchial; ouïes largement fendues ; sept rayons branchio-
stèges ; pseudobranchies.
Nageoires ; première dorsale précédée d'une épine fixe dirigée en avant

à membrane intraradiaire bien développée; seconde dorsale longue; deux
épines avant l'anale; caudale fourchue.

Vessie natatoire simple. — **Appendices pyloriques** nombreux.

Une seule espèce bien déterminée.

LA SÉRIOLE DE DUMÉRIL — *SERIOLA DUMERILII.*

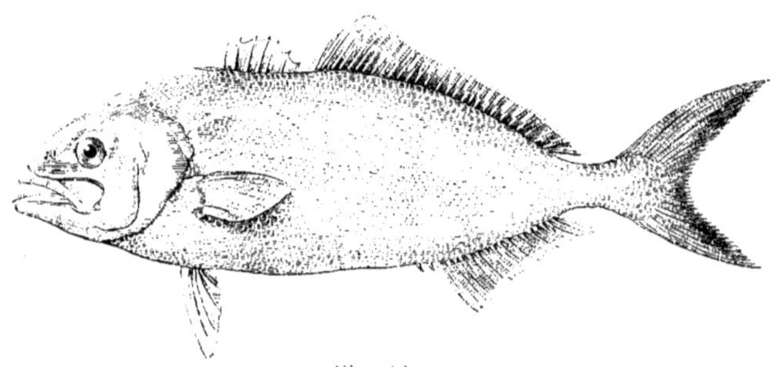

Fig. 131·

Syn. : Caranx Dumeril, Caranx Dumerili, Riss., *Ichth.*, p. 175, pl. 6, fig. 20.
Seriola Dumerili, Sériole de Duméril, Riss., *Hist. nat.*, p. 424.
La Sériole de Duméril, Seriola Dumerilii, Cuv. et Valenc., t. IX, p. 201, pl. 258,
Règ. an. ill., pl. 56, fig. 1; Guichen., *Expl. Algér.*, p. 62.
Micropteryx Dumerili, CBp., *Cat.*, n° 671.
Seriola Dumerilii, Günth., t. II, p. 462; Canestr., *Fn. Ital.*, p. 109.

N. vulg. : Seriola, Nice ; Sariola, Rousillon.
Long. : 0,40 à 0,90.

Dans la Méditerranée se trouve un beau poisson, que Risso a
fait connaître sous le nom de Sériole de Duméril ; il a le corps
ovale, comprimé. La hauteur du tronc, qui fait le double de
l'épaisseur, est comprise trois fois et demie à quatre fois
dans la longueur totale. Le dos est étroit, il est tranchant surtout en avant de la première dorsale ; son profil paraît un peu
plus arqué que celui du ventre. La peau est couverte de fort
petites écailles, plus longues que larges, excessivement minces,
très-fragiles et parfaitement lisses. Les vertèbres sont au nombre
de vingt-quatre, 10 + 14.

Légèrement variable dans ses proportions, suivant la taille

des sujets, la tête est, chez les jeunes, aussi haute que longue ;
chez les grands individus, elle est d'un sixième moins haute
que longue ; sa longueur fait environ le quart de la longueur
totale. Sa région supérieure n'est pas garnie d'écailles. Son
profil continue la ligne du dos, il est assez arqué. La crête de
la nuque est mince, peu saillante ; elle s'avance jusqu'au milieu
de l'espace interorbitaire. Le museau est convexe. La bouche
est assez grande, elle est fendue, chez les jeunes animaux,
jusqu'au-dessous de l'orifice postérieur des narines, un peu plus
en arrière chez les sujets développés. Les mâchoires, à peu près
égales, sont munies d'une bande, large en avant surtout, de
dents en velours ; les dents externes paraissent un peu plus
fortes, plus pointues et plus crochues que les autres Les palatins et le chevron du vomer sont dentés. La langue est large,
libre dans une assez grande étendue, à bord antérieur mince et
courbe ; elle porte sur le milieu une longue bande ovale, de
petites dents en velours ; ordinairement il y en a encore une
ligne sur les côtés. Le voile du palais, ou de la mâchoire supérieure, est bien développé. Le maxillaire supérieur se porte, en
arrière, jusqu'au prolongement du diamètre vertical de l'œil ; il
se termine par une palette qui est très-large vers le bord postérieur, et qui a le bord supérieur relevé par un osselet, comme
chez les Scombriniens en général ; l'articulation du maxillaire
supérieur et du surmaxillaire est marquée par une petite crête
longitudinale.

L'iris est d'un jaune rougeâtre. Le diamètre de l'œil mesure
un peu plus du cinquième de la longueur de la tête ; il fait les
deux tiers de l'espace préorbitaire, qui est un peu plus étendu
que l'espace interorbitaire. L'espace interorbitaire est convexe,
il semble plus large chez les sujets de grande taille.

La narine a ses ouvertures très-rapprochées ; l'orifice antérieur est plus étroit que l'autre ; il est entouré d'un petit bourrelet, il est plus éloigné du bout du museau que du bord antérieur de l'orbite.

La fente branchiale se prolonge jusqu'au-dessous du bord antérieur de l'orbite. L'espace jugulaire est fort étroit ; les membranes branchiostèges se croisent un peu en avant, sous la gorge. L'opercule forme une espèce de trapèze à bord antérieur plus long que les autres et marqué de stries, à bord inférieur très-oblique d'arrière en avant et de haut en bas, à bord postérieur entamé par une échancrure arrondie ; de son angle antérieur et supérieur partent des stries radiées. Le sous-opercule est étroit, il est assez allongé, ainsi que l'interopercule dont le bord interne est arrondi. La partie antérieure du préopercule et la joue sont garnies d'écailles jusqu'au niveau du bord postérieur du maxillaire supérieur ; et même les écailles passent en avant, entre l'orbite et le maxillaire supérieur, et couvrent une partie du premier sous-orbitaire.

La ligne latérale est composée d'écailles lisses, un peu plus grandes que les autres ; elle décrit une double courbure en sens inverse. Une corde menée de l'origine à la terminaison de la ligne latérale, semble la couper vers le milieu de la perpendiculaire élevée des épines de l'anale à la seconde dorsale ; elle passe au-dessous de la courbure antérieure, au-dessus de la courbure postérieure.

La pointe couchée de l'interépineux, qui précède la première dorsale, est assez peu saillante. Unie à la seconde par une membrane basse et courte, la première dorsale commence un peu en arrière de l'insertion des pectorales ; elle peut s'enfoncer dans une espèce de petit sillon ; elle compte sept épines assez faibles, attachées les unes aux autres par une membrane intraradiaire bien développée ; elle est très-courte, sa longueur étant contenue neuf à dix fois dans la longueur totale ; elle est aussi très-basse, ses rayons médians, qui sont les plus élevés, mesurant à peine la moitié de la longueur de sa base. La seconde dorsale naît au-dessus de l'extrémité des ventrales ; elle est, en avant, beaucoup plus haute que la première dorsale ; elle est très-longue, sa base égale presque la moitié de la longueur de l'animal sans la nageoire de la queue ; elle a trente et un à trente-trois rayons ; ses derniers rayons étendus arrivent, ainsi que ceux de

l'anale, fort près de la racine de la caudale. En avant de l'anale sont deux petites épines à peu près libres, elles ne sont unies
que par une membrane excessivement basse ; elles peuvent se
cacher dans un sillon. L'anale commence à peu près sous le
milieu de la seconde dorsale, à laquelle elle ressemble beaucoup, elle est toutefois d'un tiers environ plus courte ; elle se
compose d'une épine et de dix-neuf à vingt et un rayons mous ;
elle est bordée, comme la seconde dorsale, d'un repli écailleux,
beaucoup plus marqué au niveau des grands rayons. Le tronçon
de la queue est court, large et haut ; la hauteur fait les deux tiers
de la longueur. La caudale a sa base écailleuse, surtout dans la
région moyenne ; elle est très-fourchue, bien développée, sa
longueur étant comprise environ quatre fois et demie dans la
longueur totale; elle a dix-sept grands rayons, plus quatre ou
cinq petits, en dessus comme en dessous ; le lobe supérieur m'a
toujours paru un peu plus allongé que l'inférieur. Les pectorales sont ovales, courtes, elles mesurent à peine le huitième
de la longueur totale ; leur insertion est au-dessous du milieu
de la hauteur du tronc. Les ventrales font chez les grands le septième, chez les jeunes le sixième de la longueur totale ; elles
n'arrivent pas en arrière à l'aplomb de l'anus ; elles sont dans
une espèce de dépression bordée en avant par une pointe écailleuse ; leur membrane interne s'attache, dans une assez grande
longueur, à la peau de l'abdomen, ce qui les rend un peu solidaires; le rayon épineux est assez faible.

Br. 7. — D. 7 — 1/30 à 32; A. 2 — 1/19 à 21 ; C. 4 ou 5/17/5 ou 4; P. 19 ou
20 ; V. 1/5.

Le système de coloration est gris argenté teinté de bleu ou de
violet sur le dos, teinté de jaunâtre sur les flancs, gris argenté
sous le ventre. D'après Valenciennes les jeunes ont cinq ou six
larges bandes verticales noirâtres ; ces bandes doivent probablement disparaître de bonne heure, car elles ne se voyaient plus
sur un sujet ayant moins de 0^m,20 de longueur. L'espace postorbitaire est marqué parfois d'une bande brunâtre. Les nageoires

sont jaunâtres ; la caudale a l'extrémité de ses lobes d'un brun
assez foncé ; la seconde dorsale est d'un jaune légèrement
nuancé de brun ; les ventrales ont la face interne d'un jaune
foncé.

La vessie natatoire est ovale, grande. Il y a une cinquantaine
d'appendices pyloriques.

Habitat. Méditerranée, assez rare, Nice. D'après Risso, les Sérioles se
tiennent dans les grandes profondeurs.

Proportions : long. totale 0,350 ; tronc, haut. 0,090.

Tête, long. 0,085, haut. 0,075. — Œil, diam. 0,018, esp. préorbit. 0,028.

Suivant Risso, la chair est ferme et d'un très-bon goût ; la femelle est pleine
d'œufs vers la fin du printemps et en été.

? La Sériole de Rafinesque, *Seriola Rafinesquii*, Riss.

Syn. : Trachurus agilus, Rafin., *Carat.*, n° 115, *Ind. itt. sicil.*, p. 20, n° 106.
Seriola Rafinesquii, Sériole de Rafinesque, Riss., *Hist. nat.*, p. 425.
? Micropteryx rafinesquii, CBp., *Cat.*, n° 673.

Quel est ce poisson ? Il est impossible de le savoir quant à présent. Je me
contente de reproduire, en l'abrégeant, la description faite par Risso.

Long. : 0,60.

Le corps est un peu plus renflé que dans l'espèce précédente ; il est coloré
de bleu, de fauve, de jaune, sur un fond argenté brunâtre. La mâchoire inférieure est beaucoup plus courte que la supérieure, garnies toutes les deux
de plusieurs rangées de dents isolées. Les yeux sont argentés, cerclés de
brun. Ventrales tirant sur le brun ; la queue est presque entière et lisérée de
noirâtre ; *pinna anali brevi* ; *cauda semilunata.*

Br. 5. — D. — 26 ; A. 9 ; C. 18 ; P. 16 ; V. 5.

Risso termine en disant qu'il ne connaît pas la femelle. Le mâle est un
animal singulier, qui ne présente guère les caractères d'une Sériole.

Sous-famille des Zéiniens, Zeini.

Corps ovale ; carène du ventre formée de boucliers épineux.

Nageoires : deux dorsales et deux anales ; la seconde dorsale et la seconde anale sont bordées d'écussons épineux.

Cette sous-famille est représentée par un seul genre.

GENRE ZÉE — *ZEUS*, Arted.

Corps haut, très-comprimé, couvert de petites écailles non imbriquées, à stries concentriques.

Tête haute, comprimée, nue excepté sur les joues ; bouche très-protractile, à fente oblique ; mâchoire supérieure moins avancée que la mandibule, garnies l'une et l'autre de dents fines ; vomer denté.

Appareil branchial : ouïes largement fendues ; sept rayons branchiostèges ; pseudobranchies ; une série simple de lamelles respiratoires sur le quatrième arc branchial.

Nageoires : deux dorsales contiguës ; première dorsale ayant une dizaine d'aiguillons, et de longs filaments intraradiaires, soutenus par des appendices ou des rayons sétacés ; seconde dorsale et seconde anale ayant, de chaque côté de leur base, une série d'écussons épineux ; première anale à trois ou quatre aiguillons ; caudale arrondie ; ventrales insérées un peu en avant des pectorales.

Vessie natatoire très-développée, ovoïde. — **Appendices pyloriques** fort nombreux.

Le genre Zée comprend deux espèces.

Épine du scapulaire
{ très-courte, à peine sensible.... 1. Z. FORGERON.
{ aussi longue, ou plus longue
{ que le diamètre de l'œil....... 2. Z. A ÉPAULE ARMÉE.

LE ZÉE FORGERON — *ZEUS FABER*, Linn.

Syn. : FABER, Salvian., p. 204, pl. 75.
ZEUS FABER, Linn., p. 454, sp. 3 ; Bloch, pl. 41, Rosenthal, pl. 13, fig. 1 ; Agass., *Poiss. foss.*, t. V, p. 31, pl. B, fig. 2 ; CBp., *Cat*, n° 693 ; Günth., t. II, p. 393 ; Schlegel, p. 15, pl. 2, fig. 1 ; Canestr., *Fn. Ital.*, p. 104.
DORÉE OU POULE DE MER. Duham., *Pêch.*, part. 2, sect. 5, p. 84, pl. 1, fig. 1.
LE POISSON SAINT-PIERRE, Zeus faber, Bonnat., p. 73, pl. 39, fig. 154.
LE ZÉE FORGERON, Zeus faber, Lacép., t. X, p. 384 ; Riss., *Ichth.*, p. 303. *Hist. nat.*, p. 379.
DE LA DORÉE COMMUNE, Zeus faber, Cuv. et Valenc., t. X, p. 6, *Règ. an. ill.*, pl. 60, fig. 1 ; Guichen., *Expl. Algér.*, p. 64.
THE DORY, Yarr., t. II, p. 251.
DORÉE, Couch, t. II, p. 118.

N. vulg. : Dorée, Normandie ; Poule de mer, Bretagne ; Poisson Saint-Pierre, Poule de mer, Poitou ; la Rose, Arcachon ; Gal, Peï San Pierré, Cette ; Peï San Peire, Nice ; Poisson Saint-Christophe. Au marché de Paris, et sur

différents points de nos côtes, ce poisson porte certains noms qu'il est inutile
de rappeler.

Long. : 0,30 à 0,50 et même 0,60.

L'aspect bizarre de ce poisson le fait de suite remarquer. Il a
le corps comprimé, très-haut, de forme ovale. La hauteur du
tronc est comprise deux fois et un tiers à deux fois et demie dans
la longueur totale. La peau est garnie de très-petites écailles
non imbriquées ; les écailles légèrement convexes ont le type
cycloïde, elles présentent des stries concentriques, et cependant
beaucoup d'entre elles, chez les jeunes sujets principalement,
sont armées d'une, parfois de deux spinules fort pointues. La
carène du ventre est formée de treize ou quatorze paires
d'écussons osseux, à crête terminée par une épine dirigée en
arrière. Les vertèbres sont au nombre de trente et une à trente-
quatre ; il y a généralement quatorze vertèbres abdominales,
dont les quatre premières ne portent pas de côtes ; je n'en
vois pas non plus sur la dernière ; les côtes sont peu développées.

La tête n'est pas écailleuse, excepté sur les joues ; elle est aussi
haute que longue ; sa longueur fait plus du tiers de la longueur totale. La bouche est extraordinairement protractile ; elle est grande,
fendue obliquement. A l'état de repos la mâchoire inférieure est
relevée, et placée en avant de la mâchoire supérieure ; mais
dans la protraction la mâchoire supérieure s'abaisse, et arrive à
l'aplomb de la mandibule. La conformation de l'intermaxillaire
permet à ce mouvement extraordinaire de se produire. La branche montante de l'intermaxillaire est excessivement développée,
elle est beaucoup plus longue que la partie dentée, elle arrive
dans l'espace interobitaire, mesure plus de la moitié de la longueur de la tête. Les mâchoires sont garnies d'une bande assez
étroite de dents en velours. Le chevron du vomer porte un
groupe de petites dents sur chacun de ses angles latéraux. Le
maxillaire supérieur est aplati, un peu élargi. A la mandibule,
le dentaire est armé d'une épine sur le bord inférieur, près de la
symphyse ; l'articulaire a le bord postérieur échancré, l'angle

supérieur pourvu d'une épine dirigée en arrière ; il est en rapport en dedans et en bas avec l'angulaire, qui a son angle postérieur terminé en crochet.

Les yeux sont grands. ovales, placés très-haut, très-en arrière,
près de l'occiput. L'iris est jaunâtre. Le diamètre de l'œil est
compris quatre fois à quatre fois et demie dans la longueur de
la tête ; il fait, lorsque la bouche est fermée, un peu plus de la
moitié de l'espace préorbitaire ; il est de deux cinquièmes plus
étendu que l'espace interorbitaire. L'angle supérieur et antérieur de l'orbite est relevé par un tubercule. Les sous-orbitaires sont minces, aplatis.

Les orifices de la narine sont fort rapprochés l'un de l'autre,
ainsi que du bord antérieur de l'orbite ; l'ouverture postérieure
est beaucoup plus large que l'autre.

Quand la bouche est fermée, la fente branchiale, qui est très-
grande, s'avance jusque sous le maxillaire supérieur. L'opercule
est mince triangulaire ; le sous-opercule est aplati. foliacé, à
bord antérieur un peu plus épais ; l'interopercule est allongé,
étroit ; le préopercule est excessivement long, il mesure au moins
les deux tiers de la longueur de la tête ; il est étroit ; il a la
forme d'un arc très-ouvert ; il est pointu à ses extrémités ; il est
marqué de stries, principalement dans sa moitié supérieure. Les
membranes branchiostèges s'unissent sous l'isthme du gosier.
Le quatrième arc branchial ne porte qu'une simple rangée de
lamelles respiratoires. Le bord interne des arceaux des branchies
est pourvu de tubercules denticulés. Les pharyngiens sont peu
développés ; ils sont munis de petites dents. La joue est couverte
d'écailles lisses, non imbriquées.

La ligne latérale décrit une courbe très-prononcée en avant ;
arrivée sous le milieu de la seconde dorsale, elle gagne la moitié
de la hauteur du corps, et se continue directement jusqu'à la
caudale ; elle est bien marquée, elle est soutenue par des osselets allongés.

Au-dessus de l'angle postérieur du battant operculaire, commence la première dorsale ; elle est unie à la seconde par une

membrane basse et courte ; elle a dix aiguillons, quelquefois neuf seulement ; ces aiguillons, excepté les deux derniers, sont très-robustes ; le deuxième et le troisième sont plus allongés que les autres. Toutes ces épines, sauf généralement la première et la dernière, ont, de chaque côté, à la base, une apophyse simple ou bifurquée, terminée en pointe. La membrane intra-radiaire se détache en très-grands filaments, qui dépassent de beaucoup la pointe des aiguillons. Ces filaments sont soutenus par des tiges sétacées, excessivement grêles, élastiques, analogues à celles qui se trouvent dans les nageoires impaires de beaucoup de Plagiostomes ; les tiges s'attachent dans le sillon postérieur des épines. La seconde dorsale compte vingt-deux ou vingt-trois rayons ; elle est légèrement arrondie ; elle finit assez près de la caudale ; de chaque côté elle est bordée par une série de huit à dix, rarement sept, boucliers osseux. Les boucliers sont allongés ; ils sont armés de deux épines ; l'une, placée sur le bord supé-rieur, est ordinairement la plus forte, elle est dirigée en arrière ; l'autre, fixée sur la face externe, se porte en dehors et un peu en arrière ; ces épines sont assez souvent triangulaires et tranchantes. La première anale se compose de quatre, rarement de trois aiguil-lons développés qui, sauf le premier, ont une épine de chaque côté de leur base. Une membrane réunit la première anale à la seconde, qui a vingt et un ou vingt-deux rayons articulés ; cette nageoire ressemble à la seconde dorsale ; elle est bordée, à droite, à gauche, par une série de neuf boucliers à deux épines. Le tronçon de la queue est court ; sa hauteur est à peu près égale à sa longueur. La caudale a quinze rayons ; elle est arrondie ; sa longueur est contenue cinq fois et demie dans la longueur to-tale. Le scapulaire et le coracoïdien ont chacun une épine. Les pectorales sont attachées un peu au-dessous du milieu de la hau-teur du corps ; elles ne font guère que le huitième de la longueur totale ; parfois moins encore ; elles ont treize rayons. Les ven-trales sont insérées un peu plus en avant que les pectorales, elles sont beaucoup plus longues ; elles atteignent, et même chez les jeunes individus, elles dépassent la première anale ; elles sont placées après la cinquième ou après la sixième paire d'écussons de la carène abdominale.

Br. 7. — D. 9 ou 10 — 22 ou 23 ; A. 3 ou 4 — 21 ou 22 ; C. 15 ; P. 13 ; V. 1/5.

Les nageoires sont d'une teinte brunâtre. Le corps est d'un gris argenté lavé de jaune, avec une tache noirâtre, arrondie, sur les flancs. Cette tache ordinairement a le centre d'une teinte moins foncée ; elle est entourée d'un cercle d'un gris assez clair.

La vessie natatoire est très-développée, ovoïde ; elle est généralement pourvue de cinq corps rouges. Elle est fixée en arrière au grand os interépineux, au moyen d'un fort ligament ; en avant elle présente une aponévrose résistante, sur laquelle se fixent deux muscles puissants, destinés à exercer sur l'organe une action plus ou moins énergique.

L'œsophage est large ; l'estomac est en cul-de-sac assez grand, à parois épaisses ; les appendices pyloriques sont nombreux.

Les laitances, ainsi que les ovaires, sont doubles.

Les reins sont renflés et séparés en avant ; ils ont chacun un uretère particulier, qui débouche isolément dans la vessie urinaire ; l'urèthre s'ouvre en arrière du conduit génital.

Les globules du sang mesurent : grand diamètre $0^{mm},0147$, petit diamètre $0^{mm},0090$.

Habitat. Ce poisson est commun sur toutes nos côtes ; il est assez souvent apporté sur le marché de Paris.

Proportions : long. totale 0,44 ; tronc, haut. 0,183.

Tête, long. 0,167, haut. 0,165. — Œil, diam. 0,038, esp. préorbit. 0,070, esp. interorbit. 0,022. — Maxillaire supérieur, long. 0,085.

Le Zée est très-vorace ; avec sa large bouche, il peut engloutir des proies volumineuses. J'ai trouvé dans l'estomac d'une femelle, assez grosse, quatorze poissons à peu près entiers, et beaucoup de morceaux de poissons, des débris de néréides.

Il est étonnant de voir faire si peu d'estime de la Dorée, qui cependant fournit une chair des plus délicates.

LE ZEE A EPAULE ARMÉE — *ZEUS PUNGIO*.

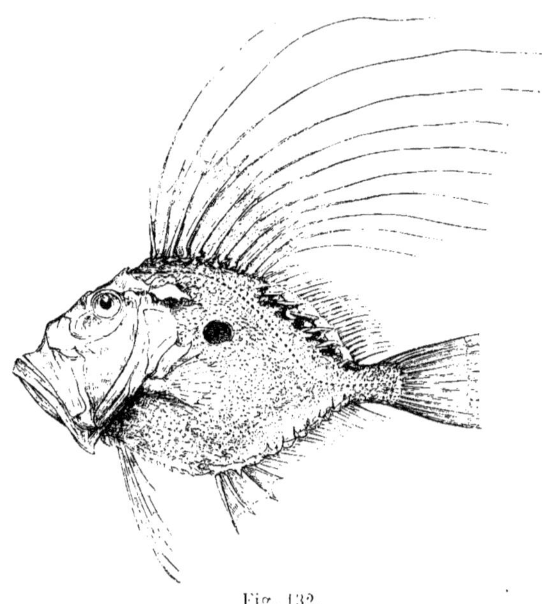

Fig. 132.

Syn. : ? Dorada, Bell., p. 150-151.

De la Dorée, *ou* poisson Saint-Pierre, Rondel., liv. II. c. xviii, p. 263.

D'une seconde espèce de Dorée de la Méditerranée, Zeus pungio, Cuv. et Valenc., t. X, p. 25, pl. 280.

Dorée a épaule armée, Zeus pungio, Guichen., *Expl. Algér.*, p. 64.

Zeus pungio, CBp., *Cat.*, n° 694; Günth., t. II, p. 394.

Long. : 0,30 à 0,50.

Il existe une grande ressemblance entre le Zée forgeron et le Zée à épaule armée. Le corps est peut-être un peu plus allongé chez le Zée à épaule armée ; la hauteur du tronc, chez un individu de grande taille, est comprise deux fois et trois quarts dans la longueur totale. La peau est couverte d'écailles un peu plus développées que celles de la Dorée.

La longueur de la tête est contenue trois fois dans la longueur totale. Les mâchoires et le vomer sont armés de dents plus fortes relativement que dans l'autre espèce. Le maxillaire supérieur est à peine plus grand que l'espace préorbitaire.

L'iris est d'un jaune rougeâtre ; chez un grand individu, le diamètre de l'œil ne mesure pas tout à fait le cinquième de la longueur de la tête, il en fait le quart chez un sujet de taille moyenne ; chez le grand individu, il est compris deux fois et trois quarts dans l'espace préorbitaire, deux fois seulement chez l'autre. Le second sous-orbitaire est, chez les jeunes. muni d'une épine très-acérée, dirigée en dehors et un peu en arrière ; chez les sujets développés, cette épine est beaucoup moins prononcée, et même parfois disparaît complétement.

La première dorsale a dix et le plus souvent onze aiguillons plus forts que dans l'espèce ordinaire ; les aiguillons les plus développés sont le troisième, le quatrième et le cinquième ; le troisième est le plus allongé, il est égal à près de la moitié de la hauteur du corps ; la base de ces rayons porte de chaque côté une épine grosse et courte ; un petit écusson osseux se trouve souvent près de l'articulation des deux derniers aiguillons. La seconde dorsale est soutenue par vingt-deux à vingt-quatre rayons ramifiés ; elle est, de chaque côté, bordée par une série de cinq à sept écussons osseux, qui sont bombés, et plus volumineux que dans le Zée forgeron. Chez les sujets de grande taille, les écussons montrent parfois leur épine antérieure et externe transformée en lame triangulaire, à bord antérieur convexe, à bord postérieur mince et concave ; chez les jeunes individus, ils ont leurs deux épines à peu près égales, mais toujours beaucoup plus longues, et beaucoup plus larges que dans l'autre espèce. La première anale a quatre aiguillons. La seconde nageoire compte vingt-deux ou vingt-trois rayons branchus ; elle a de chaque côté une rangée de sept ou huit écussons à deux épines triangulaires fort saillantes. La caudale se compose de treize rayons. L'armure de l'épaule est des plus singulières ; l'os scapulaire est pourvu d'une forte épine, à pointe dirigée en arrière ; cette épine, en général plus longue que le diamètre de l'œil, a sa face externe souvent lisse, arrondie, mais parfois relevée en

carène mince, triangulaire, fort saillante, avec une ou plusieurs
dentelures. Le coracoïdien a son angle postérieur également
muni d'un aiguillon robuste, dont la pointe se porte en arrière
et en haut. Les pectorales ont une douzaine de rayons très-
courts. Les ventrales sont grandes, leur longueur fait souvent
plus du quart de la longueur totale.

Br. 7. — D. 10 ou 11 — 22 à 24; A. 4 — 22 ou 23; C. 13; P. 12; V. 1/5.

La coloration est grisâtre; la tache arrondie des côtés manque
souvent: quand elle existe, elle paraît moins marquée que dans
l'autre espèce.

Habitat. Ce poisson ne se trouve que dans la Méditerranée; je ne l'ai
jamais vu ni à Port-Vendres, ni du côté de Nice; mais il est très-abondant à
Cette, au mois d'août, il est à peu près aussi commun que le Zée forgeron.

Proportions : long. totale 0,47; tronc. haut. 0,17, épais. 0,03.

Tête, long. 0,155, haut. 0,135. — Œil, diam. 0,028, esp. préorbit. 0,078,
esp. interorbit. 0,023. — Maxillaire supérieur, long. 0,080.

Épine du scapulaire, long. 0,058. — Écusson placé près de la seconde dorsale, base : long. 0,024, larg. 0,020; haut. 0,022.

On lit dans la Faune d'Italie du professeur Canestrini : L'espèce *Zeus pungio*, *CV*, est considérée par Perugia comme la forme juvénile du *Zeus faber*.
Pour démontrer combien cette manière de voir est peu fondée, il suffit de
rappeler que le Zée à épaule armée ne se trouve ni dans la Mer du Nord, ni
dans la Manche, ni dans la partie de l'Atlantique baignant les côtes de France.

Sous-famille des Capriniens, Caprini.

Corps ovale, comprimé, couvert d'écailles rudes.

Nageoires ; deux dorsales réunies par une membrane assez courte; anale
non précédée d'épines libres, longue; ventrales ayant un aiguillon et cinq
rayons mous.

GENRE CAPROS — *CAPROS*, Lacép.

Tête longue, haute; bouche très-protractile: dents fort petites sur les mâchoires et le vomer.

Appareil branchial: ouïes largement fendues; cinq rayons branchiostèges ; pseudobranchies.

Nageoire : première dorsale ayant généralement neuf aiguillons; anale
à trois épines et plus de vingt rayons mous, opposée à la seconde dorsale.

Vessie natatoire, bien développée. — **Appendices pyloriques** peu nombreux.

Le genre Capros est formé d'une seule espèce.

LE CAPROS SANGLIER — *CAPROS APER.*

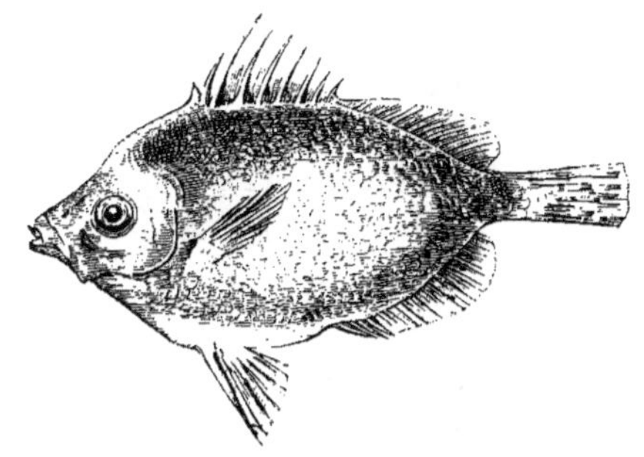

Fig. 133.

Syn. : Du Sanglier, Rondel., liv. V, c. xvii, p. 141 ; Bonnat., p. 73.
Aper Rondeletii, Willugh., p. 296, pl. J. 4, fig. 4.
Zeus aper, Linn., p. 455, sp. 4.
Perca pusilla, Brunn., *Ichth. Mass.*, p. 62, n° 79.
Le Capros sanglier, Capros aper, Lacép., t. XI, p. 12 ; Riss., *Ichth.*, p. 305, *Hist. nat.*, p. 380 ; Guichen., *Expl. Algér.*, p. 65.
Le Sanglier, Cuv. et Valenc., t. X, p. 30, pl. 281.
Le Capros *ou* Sanglier, Capros aper, *Règ. an. ill.*, pl. 60, fig. 2.
Capros aper, CBp. *Cat.*, n° 657 ; Günth., t. II, p. 495 ; Canestr., *Fn. Ital.*, p, 111.
The Boar-fish, Yarr., t. II, p. 258.
Boarfish, Couch, t. II. p. 142.

N. Vulg. : Verrat, Nice ; Peï porc, Cette.
Long. : 0,08 à 0,12, rarement 0,16.

La forme de son museau et la rudesse de ses écailles ont fait donner à ce petit poisson le nom de Sanglier. Le corps est ovale, court, très-comprimé. L'épaisseur du tronc ne mesure que le quart ou le cinquième de la hauteur, qui est contenue environ deux fois et quart dans la longueur totale. La peau est couverte de petites écailles à longs cils qui la font paraître velue ; le disque de l'écaille est ovale, à stries concentriques, sans échan-crures, ni festons ; il porte sur la partie postérieure plusieurs rangées de spinules très-longues et très-pointues, semblables à des soies ; les spinules en raison de leur dimension, de leur attache, sont tout à fait différentes de celles qui se trouvent sur les écailles cténoïdes en général.

La tête est très-âpre, elle est garnie d'écailles rudes ; elle est plus haute que longue ; sa longueur est comprise trois fois à trois fois et demie dans la longueur totale. Le museau est étroit, arrondi ; en raison de sa forme, il a été, avec plus ou moins de justesse, comparé au groin du pourceau. La bouche est petite, excessivement protractile. A l'état de retrait la mâchoire supérieure est moins avancée que la mandibule, mais elle la dépasse quand la protraction est complète, ce qui s'explique par l'extrême longueur de la branche montante de chacun des intermaxillaires, et alors le maxillaire supérieur prend une direction oblique de haut en bas et d'arrière en avant. Les mâchoires portent une bande de fort petites dents en velours, ainsi que le vomer ; la langue est lisse et libre. L'extrémité postérieure du maxillaire supérieur est étroite ; elle n'arrive pas à l'aplomb du bord antérieur de l'orbite. La mandibule a le bord inférieur couvert de denticules excessivement pointus.

Les yeux sont très-grands, arrondis. L'iris est rouge, argenté vers le bord. Le diamètre de l'œil est, en général, au moins aussi grand que l'espace préorbitaire, et que l'espace interorbitaire. Le sourcil est rugueux. L'espace interorbitaire est âpre, aplati et même un peu déprimé dans sa partie moyenne ; en arrière est une pièce marquée de stries longitudinales, triangulaire, qui monte sur le vertex. Les sous-orbitaires sont rugueux ; le premier est triangulaire, à bord inférieur festonné ; les autres sont étroits, à bord mince.

Vers la réunion du bord supérieur au bord antérieur de l'orbite, se trouve l'orifice postérieur de la narine ; il est grand, ovale ; un peu en avant est l'autre orifice, qui est étroit, arrondi, plus rapproché de l'œil que du bout du museau.

En dessous, la fente branchiale s'avance plus loin que le prolongement du diamètre vertical de l'œil. L'opercule est

étroit, haut, triangulaire. Le sous-opercule est fort petit. Le
préopercule a le bord postérieur légèrement échancré, et finement dentelé, formant un angle droit, à peine émoussé, avec le
bord inférieur, qui est mince, et aussi finement dentelé. La
membrane branchiostège est écailleuse dans sa partie inférieure ; sous l'isthme du gosier elle s'unit à celle du côté opposé.
Il y a cinq rayons branchiostèges. La joue est couverte d'é-
cailles.

Il est parfois assez difficile de suivre le trajet de la ligne
latérale. Elle commence au-dessus de l'angle supérieur de la
fente branchiale, monte, en décrivant une courbe, sous le troisième aiguillon de la première dorsale, suit à peu près la ligne
du dos ; arrivée sous le tiers postérieur de la seconde dorsale,
elle descend sur le milieu de la hauteur du corps, et se continue
directement jusqu'à la caudale.

La première dorsale commence au-dessus de l'insertion de la
pectorale ; elle a neuf, rarement dix aiguillons, très-pointus,
robustes et rugueux ; le premier est très-court ; le deuxième fait
à peine la moitié de la longueur du troisième, qui est le plus
développé, et mesure environ la moitié de la hauteur du tronc ;
les aiguillons suivants vont en diminuant jusqu'au dernier, qui
est plus grand que le premier. Unie par une membrane assez
basse à la première dorsale, la seconde est moins haute ; elle est
à peu près aussi longue que l'autre ; elle a vingt-trois ou vingt-
quatre rayons. L'anale prend naissance au-dessous de la dernière
épine de la première dorsale, elle finit en même temps que la
seconde, assez près de la base de la caudale ; elle se compose de
trois aiguillons et vingt-trois rayons mous. Le tronçon de la
queue est à peu près aussi haut que large. La caudale est coupée
carrément ou légèrement arrondie ; elle fait à peine moins du
cinquième de la longueur totale ; elle compte douze grands
rayons, plus trois rayons basilaires, en-dessus et en-dessous.

Les pectorales ont quatorze rayons ; leur longueur est égale à
celle de la caudale. Généralement les ventrales sont un peu plus
longues que les pectorales ; l'aiguillon est plus grand que les

rayons mous ; il est rude, dentelé sur le bord antérieur, strié sur les faces latérales ; il est très-robuste et très-pointu.

Br. 5. — D. 9 ou 10 — 23 ou 24 ; A. 3/23 ; C. 3/12/3 ; P. 14 ; V. 1/5.

Les nageoires sont d'un rouge assez pâle. La région supérieure du corps est rougeâtre, la région inférieure est d'un rougeâtre glacé d'argent ; un petit Capros d'Algérie avait le dos et les côtés d'un rouge jaunâtre ; à Cette, un individu, qui m'a été donné peu d'instants après avoir été pêché, avait la partie supérieure du corps d'un rouge très-vif.

Habitat. Méditerranée, assez rare, Nice, Marseille ; assez commun, Cette. Océan, golfe de Gascogne, très-rare, Arcachon ; Charente-Inférieure, la Rochelle, Musée Fleuriau ; j'ai rapporté de la Rochelle un Sanglier de grande taille, mesurant 0ᵐ,158 ; Finistère, très-rare, un individu a été pêché à Concarneau en 1878. Manche, Finistère, en 1876, un pêcheur de Roscoff a trouvé un Capros dans l'estomac d'un Congre.

Proportions : long. totale 0,080 ; tronc, haut. 0,035, épais. 0,007.

Tête, long. 0,023, haut. 0,031. — Œil, diam. 0,009, esp. préorbit. 0,008, esp. interorbit. 0,008. — Maxillaire supérieur, long. 0,008.

Le Capros se nourrit de Mollusques, de Crustacés. D'après Risso, sa chair est blanche, tendre, d'un assez bon goût ; il faut avouer qu'on ne doit pas en faire grand usage.

Suivant Agassiz, les *Capros* n'appartiennent point à la famille des Scombridés ; ils doivent être rangés avec les *Acanthures,* à côté des *Centriscus* (Agass., *Poiss., foss.,* t. IV, p. xII).

Sous-famille des Cubicépiniens, Cubicepini.

Corps oblong, comprimé, couvert d'écailles minces, peu adhérentes.

Tête forte ; museau court ; bouche petite ; mâchoires ayant des dents fines.

Nageoires : deux dorsales contiguës ; anale opposée à la seconde dorsale ; caudale fourchue.

Un seul genre.

GENRE CUBICEPS — *CUBICEPS*, Lowe.

Narines à deux orifices placés vers le bord supérieur du museau.

Appareil branchial : fente des ouïes grande ; pièces operculaires peu distinctes ; six rayons branchiostèges ; pseudobranchies.

Le genre Cubiceps n'est représenté que par une espèce.

LE CUBICEPS GRÊLE — *CUBICEPS GRACILIS.*

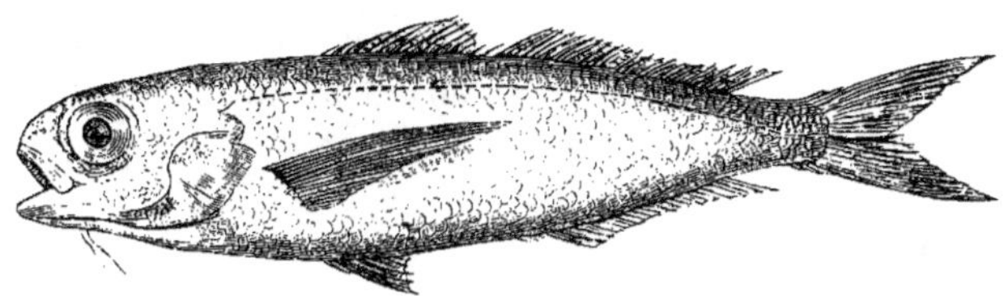

Fig. 134.

Syn. : SERIOLA GRACILIS, Lowe, *Fishes of Madeira, in Proc. Zoolog. Society of London*, 1843, p. 82.

? ATIMOSTOMA CAPENSIS, Smith, *Pisces*, pl. 24, in *Illustrations of the Zoolog. south Africa*, 1834-1835-1836, Lond., 1849.

NAVARCHUS SULCATUS, Filippi e Verany, *Nota sop. alc. pesci nuovi... del Mediterraneo*. p. 7, fig. 1, Torino, 1857.

TRACHELOCIRRHUS MEDITERRANEUS, N. Doùmet, *Revue et Magasin de Zoologie*, 1863, p. 212, pl. 15.

CUBICEPS GRACILIS, Günth., t. II, p. 389 ; Canestr., *Fn. Ital.*, p. 104.

Long. : 0,18 à 1,00 ?

L'auteur de l'*Histoire naturelle des Poissons de Madère* fit, en 1843, connaître à la Société zoologique de Londres une nouvelle espèce de Scombridé, qu'il appela *Seriola gracilis*. Plus tard cette même espèce fut trouvée sur les côtes de la Méditerranée et décrite sous des noms différents par de Filippi et par M. Doùmet. Le Cubiceps, pour reprendre la désignation générique indiquée par Lowe, est comprimé latéralement. Le corps a le profil supérieur légèrement courbé, le profil inférieur droit en avant de l'anus, puis relevé jusqu'au tronçon de la queue. La hauteur du tronc, qui fait le double de l'épaisseur, est comprise cinq fois dans la longueur totale. Les écailles sont caduques, de moyenne grandeur, minces ; elles ont souvent à leur bord libre des spinules délicates ; la place et le nombre des écailles sont indiqués par les restes des cellules cutanées, dans lesquelles elles se sont développées. Sur le spécimen que j'ai sous les yeux, le sillon latéral inférieur, signalé

Fig. 135.

par de Filippi, n'existe pas ; le sillon médian est le résultat de la
dépression qui règne entre les muscles latéraux.

La tête est couverte d'écailles, excepté sur le museau et sur les
mâchoires. Elle est comprimée, à faces latérales planes, à profil
supérieur légèrement déclive ; sa longueur, qui l'emporte d'un
cinquième sur sa hauteur, est contenue quatre fois et quart dans
la longueur totale. Le museau est court, arrondi ; il a sur le
bord quelques pores étroits. La bouche est petite, à fente
oblique. Les mâchoires sont égales, ou la mâchoire supérieure
est à peine moins avancée que la mandibule, dont elle entoure
l'arcade dentaire quand la bouche est close ; elle a fort peu de
protractilité ; les mâchoires ont une rangée de petites dents,
fines, pointues, tant soit peu crochues. Le vomer porte une
plaque ovale, faiblement concave, garnie de dents très-fines. A
la base de la langue, se trouve une pièce munie de dents ; elle
est triangulaire, elle a sa pointe dirigée en arrière. Le maxillaire supérieur est complétement caché par le sous-orbitaire,
lorsque la bouche est fermée. Sous la gorge, un peu en avant
du diamètre vertical de l'œil, il y a, chez l'animal que j'ai sous
les yeux, deux barbillons terminés par une espèce de petite soie
noirâtre : le plus allongé de ces appendices mesure 0^m,011, et
l'autre 0^m,006 seulement ; ces barbillons, chez certains individus,
sont plus développés, chez d'autres ils manquent.

Autant qu'on peut en juger sur un animal, qui est longtemps
resté dans l'alcool, l'iris est bleuâtre. Il n'y a pas de paupières ;
l'œil est couvert par la peau ; il est arrondi, développé ; son
diamètre est contenu trois fois et demie à quatre fois dans la
longueur de la tête, il est d'un quart plus grand que l'espace
préorbitaire, il est égal, ou peu s'en manque, à l'espace interorbitaire. Le sous-orbitaire antérieur paraît, ainsi que l'espace
interorbitaire, avoir été couvert d'écailles.

Les narines ont leurs ouvertures placées vers le profil supérieur de la tête, sur le devant du museau. L'orifice antérieur est
un peu plus grand que l'autre ; au-dessus de lui se montrent
quatre ou cinq pores, rangés sur une petite ligne courbe. L'ori-

fice postérieur est rapproché de l'autre ; il est entouré d'un léger bourrelet, ou plutôt son bord semble un peu relevé. En arrière et au-dessus de chacune des narines, se voit un groupe de dix à douze petits pores brillants.

La fente branchiale ne s'avance pas tout à fait jusqu'au prolongement du diamètre vertical de l'œil. Les pièces operculaires, bien qu'ayant perdu leurs écailles, ne sont pas nettement distinctes les unes des autres. L'opercule est mince, légèrement strié ; à son bord postérieur, qui est triangulaire, il porte deux pointes ou plutôt deux saillies anguleuses, excessivement aplaties, séparées l'une de l'autre par une petite échancrure que recouvre la peau. Au-dessous de l'angle, le sous-opercule semble continuer le bord postérieur de l'opercule. L'interopercule est assez développé. Le bord postérieur du préopercule est à peu près droit ; l'angle est saillant en arrière, un peu arrondi : le bord inférieur est convexe, il est marqué de stries assez légères. Les rayons branchiostèges sont très-minces, très-aplatis ; il y en a réellement six, et non cinq, comme l'indiquent de Filippi et Vérany. La muqueuse de la chambre branchiale est noirâtre.

Quant à la ligne latérale, elle est simple ; elle est rapprochée du profil supérieur dont elle suit la courbure jusque vers le tronçon de la queue. Il y a soixante à soixante-six écailles dans la rangée longitudinale et dix-huit à vingt dans la rangée transversale $\frac{3 \text{ ou } 4}{14 \text{ ou } 15} + 1$.

La première dorsale commence au-dessus de l'insertion des ventrales ; elle est triangulaire ; elle compte douze épines, dont la cinquième, qui est la plus allongée, mesure presque le tiers de la hauteur du tronc ; la nageoire peut s'abaisser dans un sillon, qui se continue en arrière, mais en devenant moins profond. La seconde dorsale est longue, régulière ; elle paraît, en avant, à peu près aussi haute que l'autre ; elle est soutenue par une épine et vingt et un rayons mous. Également placée dans un sillon, l'anale finit en même temps que la seconde dorsale, mais elle est plus courte ; elle a trois épines et dix-neuf rayons mous ; les deux premières épines sont excessivement courtes, la troisième fait un peu moins de la moitié de la longueur du premier rayon mou. La caudale est très-fourchue, mais non divisée jusqu'à la base ; elle a dix-sept grands rayons, plus trois ou quatre petits rayons basilaires, en dessus comme en dessous. Les pectorales sont falciformes, ou plutôt elles sont pointues ; elles sont longues, elles mesurent un peu plus du quart de la longueur totale ; elles ont une insertion oblique, un peu au-dessous du milieu de la hauteur du tronc ; il y a une vingtaine de rayons. Les ventrales ont le tiers de la longueur des pectorales ; à l'état de repos, elles sont logées dans une espèce de fossette triangulaire, qui part de l'insertion des nageoires, et finit un peu en avant de l'anus ; l'épine est très-courte, elle fait à peine le tiers du premier rayon mou ; entre les nageoires se voit une toute petite écaille.

Br. 6. — D. 12 — 1/21 ; A. 3/19 ou 20 ; C. 3 ou 4/17/4 ou 3 ; P. 18 à 20 ; V. 1/5.

Le nombre des rayons des nageoires paraît variable, Lowe indique : D. 9 — 3/20 ; A. 3/20 ; C. 24. Dans l'Atimostome du Cap, qui est probablement l'animal adulte, Smith compte : D. 9 — 21 ; A. 17 ; l'auteur fait observer que, le sujet étant en mauvais état, plusieurs caractères n'ont pu être déterminés avec précision. De Filippi et Vérany écrivent : D. 11/20 ; A. 3/20. Enfin M. Doûmet donne la formule suivante : D. 10 — 25 ou 26 ; A. 22 ; C. 16 ; P. 18 à 20 ; V. 5 ; la ventrale n'a pas de rayon épineux.

La teinte générale est d'un roux marron ; une bande plus foncée, parallèle au profil tergal dont elle est rapprochée, s'étend de l'angle supérieur de la fente branchiale jusqu'à la base de la caudale. La tête est d'un gris jaunâtre nuancé de roux. Les dorsales et les pectorales sont brunes ; l'anale est d'un jaune grisâtre pâle ; la caudale est grisâtre, avec l'extrémité des lobes noirâtre ; les ventrales sont d'un gris assez pâle. Le système de coloration, que je viens d'indiquer, est celui que j'ai constaté sur un animal conservé dans l'alcool depuis longtemps. Suivant Lowe, la teinte est uniforme, d'un gris pâle, avec les nageoires et le dos sombres, brunâtres. D'après Smith, en dessus la coloration est d'un jaune brunâtre, châtain, en dessous, d'un jaune brun pâle cendré. Selon de Filippi, la teinte devait être sur le dos gris de plomb foncé, claire sous le ventre.

Habitat. Méditerranée, excessivement rare, Nice, deux spécimens; Cette, l'individu que possède M. Doûmet a été pris à l'hameçon, en mai 1861, le long des brisants situés au sud-ouest du port de Cette (Doûmet).

Proportions : long. totale 0,185; tronc, haut. 0,037, épais. 0,017.

Tête, long. 0,044, haut. 0,035. — Œil, diam. 0,012, esp. préorbit. 0,009, esp. interorbit. 0,013. — Mâchoire supérieure, long. 0,011.

1re dorsale, long. 0,033, 2e dorsale long. 0,048; anale, long. 0,039; caudale, long. 0,034; pectorale, long. 0,048; ventrale, long. 0,016.

Il faut, nous croyons, rapporter à cette espèce le poisson qui a été décrit et figuré par le Dr Smith, sous le nom d'*Atimostoma Capensis*. Le Cubiceps, si notre supposition est exacte, parvient donc à une grande taille; et les spécimens trouvés dans la Méditerranée sont des individus non adultes; l'*Atimostoma Capensis* mesurait quarante-deux pouces anglais, ou 1m,066.

Sous-famille des Lampriniens, *Lamprini*.

Corps ovale, comprimé, couvert de petites écailles caduques.

Tête à profil arrondi; bouche petite; mâchoires non dentées.

Appareil branchial; ouïes largement ouvertes; six ou sept rayons branchiostèges.

Nageoires; dorsale unique, plus ou moins haute en avant, très-longue; anale longue; caudale échancrée; pectorales à base horizontale; ventrales insérées plus en arrière que les pectorales, à rayons nombreux.

Vessie natatoire très-grande, fourchue en arrière. — **Appendices pyloriques** nombreux.

La sous-famille des Lampriniens est réduite à un seul genre.

GENRE LAMPRIS — *LAMPRIS*, Retzius.

Caractères de la sous-famille.

Le genre Lampris est formé d'une espèce unique.

LE LAMPRIS LUNE — *LAMPRIS LUNA*.

Syn. : Le Poisson lune, Duham.. *Pêch.*, part. 2, sect. 4. p. 74, pl. 15.
Le Poisson royal. Zeus regius. Bonnat.. p. 72. pl. 39, fig. 155.
Lampris guttatus. Retzius, *Nouv. Mém. Acad. scienc. Suède*, 1799, t. XX. part. 3e,
p. 91 Cuv. et Valenc.: CBp., *Cat.*, n° 695 ; Schlegel, p. 12, pl. 1. fig. 5.
Le Chrysotose lune, Chrysotosus luna. Lacép., t. XI. p. 8.
Lampris luna, Chrysotose lune, Riss., *Hist. nat.*, p. 341.
Du Lampris tacheté ou Chrysotose, Poisson lune, Cuv. et Valenc., t. X. p.
pl. 282, *Règ. an. ill.*, pl. 61.
Lampris lauta, Lowe, *Fish. Madeira*, p. 27, pl. 5.
Lampris luna, Günth., t. II, p. 416 ; Canestr., *Fn. Ital.*, p. 108.
The Opah, Yarr.. t. II, p. 263 ; Couch. t. II. p. 133.

N. vulg. : Peï d'Africa, Nice, Riss.
Long. : 0,40 à 1,00.

Ses couleurs éclatantes ont valu à ce poisson les noms de Lampris, de Chrysotose. Il a le corps ovale, comprimé, couvert d'écailles petites et caduques. La hauteur du tronc est comprise deux fois et quart et deux fois et deux tiers dans la longueur totale. La partie de l'animal qui est en avant de la dorsale est limitée par des lignes plus courbes que celles de la région postérieure. Le nombre des vertèbres varie de quarante-trois à quarante-cinq.

La tête a le profil supérieur convexe ; elle est plus haute que longue ; sa longueur est contenue trois à quatre fois dans la longueur totale. Le museau est arrondi. La bouche est terminale ; elle est petite, et légèrement protractile. La mâchoire supérieure est un peu moins avancée que la mandibule ; elles sont privées de dents l'une et l'autre. Le maxillaire supérieur est court.

Placé à peu près vers le milieu de la hauteur de la tête, l'œil est de plus ou moins grande dimension. Suivant Cuvier et Valenciennes, l'œil a plus du tiers de la longueur de la tête ; mais si l'on examine les figures données par ces auteurs soit dans l'*Histoire naturelle des Poissons*, soit dans le *Règne animal illustré*, on trouve que les proportions indiquées plus haut n'existent pas ; il y a probablement une erreur de mot, *tiers* aura été mis au lieu de *quart*. En général le diamètre de l'œil paraît mesurer le quart environ de la longueur de la tête, chez les sujets de moyenne taille, le cinquième à peine, chez les animaux fort développés ; il est égal, ou peu s'en manque, à l'espace interorbitaire, qui est moins grand que l'espace préorbitaire. L'iris est argenté à reflet doré.

Les orifices de la narine sont très-étroits : ils sont placés à peu près au milieu de la distance qui sépare le bout du museau du bord antérieur de l'orbite.

La fente des ouïes est très-grande ; les pièces operculaires sont lisses.

Au-dessus de la base des pectorales, la ligne latérale dessine une courbe très-convexe qui la rapproche du profil supérieur ; puis, sous la partie antérieure de la dorsale, elle décrit une autre courbe en sens inverse ; elle devient droite en arrière et se continue sur le tronçon de la queue.

La dorsale commence un peu après la base des pectorales ; elle se porte très-loin en arrière ; ses premiers rayons forment une espèce de faux à bord antérieur convexe. ils sont parfois excessivement allongés, d'un tiers environ plus grands que la hauteur du corps ; à partir du dix-septième rayon ou du dix-huitième, les suivants diminuent au point de ne plus faire que le dixième, et moins encore, de la hauteur du tronc ; les derniers rayons se relèvent un peu, et quand ils sont allongés, leur pointe arrive à la base de la caudale ; il y a cinquante et quelques rayons. L'anale est semblable à la partie de la dorsale, à laquelle elle correspond. elle finit en même temps : elle a une quarantaine de rayons. Le tronçon de la queue est court, aussi haut que long. La caudale est en croissant ; elle est bien développée, elle fait plus du quart de la longueur totale chez les jeunes sujets, moins chez les animaux de forte taille ; elle a vingt-deux grands rayons, plus six ou sept rayons basilaires, en-dessus comme en-dessous. Les pectorales sont falciformes, relevées en général ; leur insertion est, pour ainsi dire, parallèle à l'axe du corps, et se trouve à peu près au milieu de la hauteur du tronc ; les rayons sont au nombre de vingt-quatre au moins ; les premiers sont beaucoup plus développés que les autres, ils mesurent le quart environ de la longueur totale. Les ventrales sont attachées plus en arrière que les pectorales, au-dessous de la pointe de la dorsale ; elles sont rapprochées l'une de l'autre : elles sont falciformes ; quand elles sont intactes, elles font, chez les jeunes, la moitié de la longueur totale ; elles ont quatorze à seize rayons. Les rayons des ventrales et les rayons antérieurs de la dorsale sont très-souvent mutilés, ou bien perdent par l'usure une partie de leur longueur ; ils paraissent plus développés chez les jeunes que chez les vieux individus.

D. 53 à 55 ; A. 38 à 41 ; C. 6 ou 7/22/7 ou 6 ; P. 24 ; V. 14 à 16.

La coloration est extrêmement brillante. Le Lampris est, suivant l'expression d'un observateur, rapportée par de Lacépède, *comme un seigneur de la cour de Neptune, en habit de gala*. Il est bleuâtre sur le dos, violacé sur les côtés, rose sous le ventre ; il a des taches ovales argentées sur tout le corps. Les nageoires sont d'un rouge magnifique.

D'après Cuvier et Valenciennes, la vessie natatoire est très-grande, arrondie en avant, terminée en arrière par deux cornes courtes.

Habitat. Ce poisson est excessivement rare sur nos côtes. Manche, Boulogne, Dieppe, le Havre. Océan, la Rochelle, Musée Fleuriau ; et suivant Lemarié, Noirmoutiers, île d'Yeu, île de Ré. Le Muséum possède un spécimen qui a été pêché à l'embouchure de la Gironde ; il est jeune ; il a les ventrales et les rayons antérieurs de la dorsale fort développés. Méditerranée, Marseille, Toulon, Nice.

Proportions (sujet monté) : long. totale 0,40 ; tronc, haut. 0,152

Tête, long. 0,144, haut. 0,145. — Œil, diam. 0,032, esp. préorbit. 0,41, esp. interorbit. 0,035.

Dorsale, haut : en avant 0,220, en arrière 0,015 ; caudale, long. 0,105 ; pectorale, long. 0,104 ; ventrale, long. 0,200.

A mon dernier voyage à Boulogne, grâce à l'extrême obligeance de M. Allaud, directeur du Musée de la ville, j'ai pu examiner à loisir un superbe Lampris, qui a été préparé avec beaucoup d'habileté par mesdemoiselles Duburquoy. Ce poisson de grande taille, du poids de 22^{kil},500, est venu échouer, en juillet 1878, au *Cran Œuf*, près de Wimereux (Pas-de-Calais) ; il a les proportions suivantes :

Long. totale 0,97 ; tronc, haut. 0,40, épais. 0,21.

Tête, long. 0,27, haut. 0,37. — Œil, diam. 0,050.

Dorsale, haut. en avant 0,21 ; anale, haut. 0,03 ; caudale, long. 0,21 ; pectorale, long. 0,24 ; ventrale, long. 0,23.

Le Lampris du Musée de Boulogne présente la plus grande ressemblance avec celui qui est figuré, sous le nom de *Lampris lauta*, dans l'ouvrage de Lowe, *Fish. Madeira*, pl. 5. — Sa chair a été servie sur plusieurs tables, et trouvée excellente.

Sous-famille des Braminiens, Bramini.

Corps ovale, comprimé, couvert d'écailles assez grandes.

Tête comprimée ; museau court ; mâchoires dentées.

Nageoires ; nageoires impaires écailleuses ; dorsale et anale longues.

GENRE CASTAGNOLE — *BRAMA*, Schneid.

Tête écailleuse ; bouche très-oblique, presque verticale quand la mâchoire inférieure est relevée ; dents en cardes sur les mâchoires, les palatins.

Appareil branchial ; ouïes largement fendues ; sept rayons branchiostèges ; pseudobranchies.

Nageoires ; dorsale et anale à premiers rayons épineux, à premiers rayons mous plus longs que les autres, falciformes ; caudale échancrée ; pectorales bien développées ; ventrales assez petites, à six rayons.

Vessie natatoire nulle. — **Appendices pyloriques** peu nombreux.

Une seule espèce.

LA CASTAGNOLE — *BRAMA RAII*, Schneid.

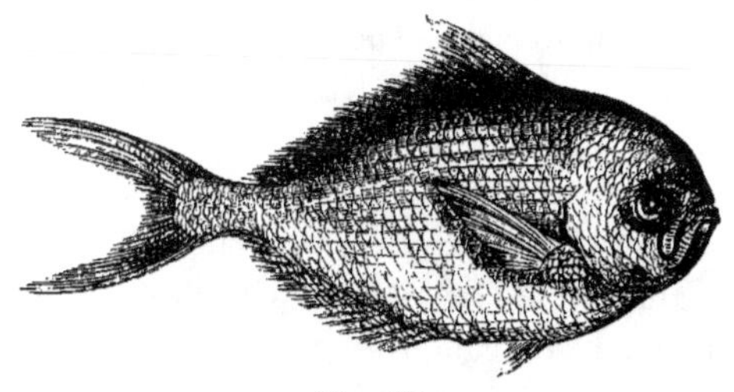

Fig. 136.

Syn. : Brama marina cauda forcipata, Willugh., pl. V. 12.
De la Castagnole, Duham., *Pêch.*, part. 2, sect. 4, p. 26, pl. 5, fig. 1.
Sparus Raii, Bloch, pl. 273.

Le Brème denté, Sparus brama, Bonnat., p. 104, pl. 50, fig. 192.

Brama Raii, Bloch. Schneid., p. 99; Rosenthal, *Ichthyotom. Taf.*, pl. 12, fig. 1; CBp., *Cat.*, nᵒ 696; Günth., t. II, p. 408; Canestr., *Fn. Ital.*, p. 107.

Le Spare castagnole, Sparus castaneola, Lacép., t. IX, p. 315; Riss., *Ichth.*, p. 248.

Brama Raii, Castagnole de Ray, Riss., *Hist. nat.*, p. 433.

Des Castagnoles et en particulier de l'espèce de la Méditerranée, Cuv. et Valenc., t. VII, p. 281, pl. 190.

Castagnole commune, Guichen., *Expl. Algér.*, p. 56.

Ray's sea Bream, Yarr., t. II, p. 165.

Ray's Bream, Couch, t. II, p. 129.

N. vulg. : Castagnolla, Nice ; Castagnolle, Cette.
Long. : 0,30 à 0,70.

La Castagnole a le corps ovale, très-comprimé, le profil du dos fortement arqué, surtout en avant. L'épaisseur du tronc est contenue trois fois et demie à quatre fois dans sa hauteur, qui fait au moins le tiers de la longueur totale. La peau est couverte d'écailles assez grandes, imbriquées ; quand elles sont détachées, elles présentent une disposition particulière, suivant la région de laquelle elles proviennent. Les écailles qui sont au milieu du corps sont beaucoup plus hautes que longues ; leur base, ou la partie antérieure et cachée, est un long stylet vertical dont les pointes dépassent en haut et en bas la lame ou l'éventail, qui, figurant une demi-ellipse, a deux ou trois fois plus de hauteur que de longueur. Les écailles du tronçon de la queue ont la base plus ou moins cordiforme, et aussi grande ou moins grande que la partie externe ou libre, qui est un peu anguleuse dans le milieu de son bord postérieur. Toutes les écailles sont festonnées sur leur bord postérieur, et légèrement striées sur leur face libre.

Excepté sur l'espace interorbitaire et sur le museau, la tête est garnie d'écailles ; elle est arquée, en avant elle forme un demi-cercle, pour ainsi dire ; elle est d'un quart environ plus haute que longue ; sa longueur est comprise quatre fois et trois quarts à cinq fois dans la longueur totale. Le museau est très-court. La bouche est oblique, ou plutôt arquée ; elle s'ouvre seulement jusque sous l'orifice postérieur de la narine. La mâchoire supérieure est moins avancée que la mandibule ; elles sont munies

l'une et l'autre de dents en cardes fines, assez nombreuses; les
dents qui forment la rangée externe sont un peu plus fortes que
les autres; il y a souvent sur le devant de la mâchoire inférieure
deux ou quatre dents allongées, semblables à des canines. Les
palatins sont dentés. La langue et le vomer sont lisses. Le maxillaire supérieur a son extrémité postérieure élargie, allant jusqu'au prolongement du diamètre vertical de l'œil. Le bord inférieur des branches de la mandibule forme un petit tubercule
sous la symphyse.

L'œil est placé à peu près au milieu de la hauteur de la tête,
sur le deuxième quart antérieur de la ligne allant du bout du
museau au bord postérieur du battant operculaire. Son diamètre
mesure environ le quart de la longueur de la tête; il est égal,
ou peu s'en faut, à l'espace préorbitaire, et aussi à l'espace interorbitaire. L'iris est jaunâtre.

Près du bord antérieur de l'orbite est une fente verticale, ou
plutôt légèrement oblique, qui est l'ouverture postérieure de la
narine; elle est parfois assez difficile à voir; son angle inférieur
est sur le prolongement du diamètre longitudinal de l'œil. L'o-
rifice antérieur est situé un peu plus haut que l'autre; il est
ovale; il est plus rapproché du museau que de l'orbite.

Excepté sur le limbe du préopercule, les pièces operculaires,
ainsi que les joues, sont couvertes d'écailles. La fente des ouïes
s'avance jusque sous le milieu de la mandibule. La membrane
branchiostège est soutenue par sept rayons aplatis. Les dents
pharyngiennes sont en velours ou en cardes fines; le bord interne des arcs branchiaux est garni de tubercules denticulés. Il
y a des fausses branchies assez développées.

Il est difficile de suivre la ligne latérale. Dans une série longitudinale on compte soixante-quinze à quatre-vingts écailles,
et trente-quatre à trente-six dans une rangée transversale.

Toutes les nageoires sont écailleuses à leur base; de plus les
écailles garnissent presque complétement la surface des nageoires impaires. La dorsale est longue; elle commence par un repli de la peau, à la fin du tiers antérieur de la longueur totale,

au-dessus de la fin de l'insertion de la pectorale; elle finit en même temps que l'anale; elle est haute en avant; basse dans la plus grande partie de son étendue; ses rayons les plus allongés sont à partir du quatrième, ou du cinquième, jusqu'au neuvième; il y a trois épines et trente et un à trente-trois rayons mous. L'anale est semblable à la dorsale, elle est seulement plus courte; elle est soutenue par vingt-neuf ou trente rayons. Les rayons de la dorsale et de l'anale se terminent en filaments noirâtres, comme des espèces de crins. Le tronçon de la queue est carré, un peu moins haut que long. La caudale est profondément échancrée; elle est développée, elle est d'une longueur égale au quart de la longueur totale; elle compte dix-sept grands rayons, plus cinq rayons basilaires, en dessus et en dessous. Les pectorales sont attachées à peu près au tiers inférieur de la hauteur du tronc; elles sont à peine moins longues que la caudale; elles ont une vingtaine de rayons; elles sont relevées sur les côtés du corps, en raison de leur mode d'insertion, qui est oblique; la partie interne de leur base est retenue au tronc par une membrane couverte de longues écailles cunéiformes, dont le bord postérieur, large et convexe, est denticulé; la disposition de la membrane est fort curieuse. Les ventrales sont très-courtes; elles sont placées sous les pectorales; elles ont une petite épine; à leur côté externe est un appendice écailleux, triangulaire, assez développé; le rayon interne est en grande partie couvert d'écailles.

Br. 7. — D. 3/31 à 33; A. 2/27 ou 28; C. 5/17/5; P. 19 ou 20; V. 1/5.

La teinte générale est d'un blanc argenté nuancé de gris dans la région supérieure. La dorsale et l'anale sont argentées sur leur partie écailleuse, noirâtres, à leur bord libre; la caudale est d'un gris noirâtre; les pectorales et les ventrales sont d'un gris jaunâtre très-pâle. L'estomac est large, à parois épaisses; il y a cinq appendices pyloriques.

Habitat. Méditerranée, rare, Nice; très-rare, Cette. La Castagnole me semble assez commune à Gênes; sur le marché de cette ville, j'ai vu plusieurs individus de moyenne taille. Océan, accidentellement. Manche, en 1828, une Castagnole a été pêchée à Caen (Cuv. et Valenc.).

Proportions : long. totale 0,330 ; tronc, haut. 0,118, épais. 0,031.

Tête, long. 0,069, haut. 0,092. — Œil diam. 0,016, esp. préorbit. 0,017, esp. interorbit. 0,017. — Mâchoire supérieure, long. 0,034.

Suivant Risso, la chair de la Castagnole est légère et délicate

Sous-famille des Centrolophiniens, Centrolophini.

Corps plus ou moins oblong.

Tête de forme variable ; mâchoires ordinairement dentées, et portant une seule rangée de dents.

Appareil branchial ; cinq à sept rayons branchiostèges.

Nageoires ; dorsale unique, plus ou moins longue ; anale opposée à la dorsale.

La sous-famille des Centrolophiniens se compose de quatre genres :

<pre>
                                   ⎧ au-dessous des
                          ⎧ assez ⎨   pectorales... 1. CENTROLOPHE.
                          ⎪ grandes,⎨
                  ⎧ nulle.⎨ et insérées⎨ en avant des
                  ⎪Ventrales⎨   ⎩   pectorales... 2. SCHÉDOPHILE.
Carène latérale ⎨   ⎪
      sur   ⎪   ⎨ manquant, ou fort cour-
  le tronçon   ⎪   ⎩   tes.................. 3. STROMATÉE.
  de la queue   ⎪
                  ⎩ développée....................... 4. LOUVAREOU.
</pre>

GENRE CENTROLOPHE — *CENTROLOPHUS.*

Corps plus ou moins oblong, couvert de petites écailles ; squelette de faible consistance.

Tête plus ou moins écailleuse ; une rangée de dents sur les mâchoires ; pas de dents sur le vomer, ni sur les palatins.

Appareil branchial ; fente des ouïes grande ; sept rayons branchiostèges. pseudobranchies.

Nageoires ; dorsale longue, écailleuse à sa base, ainsi que l'anale ; caudale plus ou moins échancrée.

Vessie natatoire très-petite. — **Appendices pyloriques** au nombre de cinq à neuf.

Ce genre comprend plusieurs espèces, dont quelques-unes
ne sont pas encore nettement déterminées.

```
                      quatre fois, et plus, la hauteur du tronc.  1. C. POMPILE.

      six rayons.\   moins      moins de trente rayons....  2. C. VALENCIENNES.
      Longueur  /     de
 à    totale    quatre fois plus de trente/peu visibles..  3. C. OVALE.
      faisant        la            rayons.
      hauteur.       Pores       /très-distincts,
      Dorsale à    sur la tête     nombreux.  4. C. ÉPAIS.

      sept rayons?...................................  5. C. LIPARIS.
```

LE CENTROLOPHE POMPILE — *CENTROLOPHUS POMPILUS*.

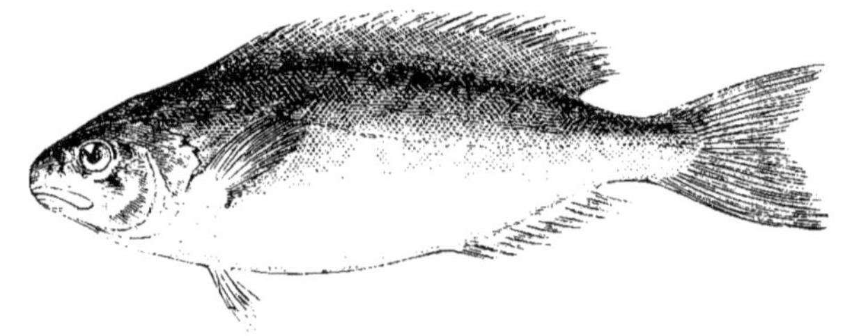

Fig. 137.

Syn. : DU POMPILE, Rondel., liv. VIII, c. XIII, p. 199.

DU POMPILO. *Rondeletius*. Gesner, p. 887; Aldrov., p. 325; Willugh., p. 215,
pl. O. 4. fig. 6.

DU SERRAN DE PROVENCE. Duham.. *Pêch*.. part. 2, sect. 4, p. 37, pl. 6, fig. 2.

CORYPHÆNA POMPILUS, Linn., p. 447, sp. 5.

LE CORYPHÈNE POMPILE. Coryphæna pompilus, Lacép., t. VIII, p. 279; Riss., *Ichth.*,
p. 180.

LE CENTROLOPHE NÈGRE. Centrolophus niger. Lacép.. t. X, p. 254.

CENTROLOPHUS POMPILUS, Centrolophe pompile, Riss., *Hist. nat.*. p. 336.

LE CENTROLOPHE POMPILE. Centrolophus pompilus, Cuv. et Valenc., t. IX, p. 334,
pl. 269; Guichen., *Expl. Algér.*. p. 63.

LE CENTROLOPHE NÈGRE, Centrolophus morio, Cuv. et Valenc., t. IX, p. 342, *Règ. an.
ill.*, pl. 65. fig. 2.

CENTROLOPHUS POMPILUS, CBp., *Cat.*, n° 705, *Fn. ital.*. fig.; Günth., t. II, p, 403;
Canestr., *Fn. Ital.*, p. 105.

CENTROLOPHUS NIGER, CBp.. *Cat.*, n° 706.

THE BLACKFISH, Yarr., t. II, p. 247.

POMPILUS, Couch, t. II, p. 123.

N. vulg. : Fanfre d'America, Nice, Riss.
Long. : 0,20 à 0,40, rarement 0,60.

Très-probablement le Centrolophe pompile et le Centrolophe
nègre sont des animaux de même espèce ; les différences qu'ils
présentent dans leur système de coloration semblent dépendre
uniquement de l'état plus ou moins avancé de leur développement. Le Pompile à le corps oblong, comprimé, couvert d'é-
cailles excessivement petites et lisses. La hauteur du tronc, qui
fait le tiers environ de l'épaisseur, est contenue quatre fois à
quatre fois et un cinquième dans la longueur totale. Le profil du
dos est semblable à celui du ventre, il est régulier, légèrement
convexe. En avant de la dorsale est une crête mince, qui se continue vers la nuque. D'après Cuvier et Valenciennes, le rachis
se compose de vingt-cinq vertèbres, 11 + 14.

Chez les sujets de moyenne taille, la tête est aussi haute que
longue ; sa longueur est comprise cinq fois dans la longueur
totale. La peau qui recouvre la partie supérieure de la tête est
criblée d'une foule de pores excessivement petits, difficiles à voir
a l'œil nu. La crête du crâne est tranchante ; elle se porte en arrière sur la nuque. Le museau est court, gros, arrondi. La bouche
est petite ; sa fente ne s'étend guère plus loin que la verticale
passant par l'orifice postérieur de la narine. Les mâchoires sont
égales, ou la mâchoire supérieure est à peine plus avancée que
la mandibule ; elles sont garnies l'une et l'autre d'une rangée de
petites dents crochues, à pointe très-fine. Le vomer, la langue et
les palatins sont lisses. La langue est blanche ; elle est large,
convexe en avant, libre, mince sur les bords. L'intermaxillaire a
sa branche montante assez courte, et par conséquent n'a que peu
de protractilité. Le maxillaire supérieur n'atteint pas, en arrière,
le prolongement du diamètre vertical de l'œil ; lorsque la bouche
est fermée, il est en grande partie recouvert par le sous-orbitaire.

La peau qui borde l'orbite, et forme une espèce de paupière,
est marquée, excepté en avant, de petits plis réguliers. L'iris est
jaunâtre. L'œil est placé sur le second quart antérieur de la tête.
Son diamètre fait le quart de la longueur de la tête ; il est un

peu moins grand que l'espace préorbitaire ; il mesure les trois quarts de l'espace interorbitaire. Le premier sous-orbitaire est mince, allongé et assez large ; les suivants sont étroits, ils ont leur bord externe festonné.

Les ouvertures de la narine sont très-rapprochées l'une de l'autre ; l'orifice antérieur est arrondi, étroit ; l'orifice postérieur est une petite fente ovale, presque verticale, placée à peu près sur le milieu de la ligne allant de l'orbite au bout du museau.

En dessous, la fente des ouïes s'avance jusqu'à la perpendiculaire tangente au bord antérieur de l'orbite. L'opercule se termine en arrière par un angle mousse ; il est écailleux. Le préopercule a son angle postérieur arrondi ; il est finement crénelé sur le contour, en arrière et en dessous. Le sous-opercule et l'interopercule ont leur bord libre strié, ou plutôt légèrement crénelé. Les membranes branchiostèges se rejoignent en se croisant un peu, celle du côté gauche passe en dessous ; elles sont, l'une et l'autre, soutenues par sept rayons. Le pharynx est muni d'un appareil singulier, sur lequel Cuvier a, le premier, appelé l'attention. Entre les os pharyngiens supérieurs, entre ceux-ci et les pharyngiens inférieurs il existe des espèces de pièces supplémentaires, qui ne dépendent pas, comme le suppose Günther, de l'épibranchial du quatrième arceau des branchies. Il y a, entre le troisième arc branchial et le quatrième, trois ou quatre pièces supplémentaires ; il s'en montre une ou deux entre le quatrième arc branchial et l'os pharyngien inférieur. A la suite de ces pièces, qui se dirigent vers l'œsophage, se remarquent de chaque côté cinq plis longitudinaux, plus un pli médian, attaché au bord interne des pharyngiens inférieurs ; entre les plis latéraux s'en trouvent de plus petits, plus enfoncés, au nombre de quatre ; ils portent, comme les autres, une série double de tubercules denticulés. Les os pharyngiens, les pièces supplémentaires, les tubercules des plis œsophagiens sont garnis de dents coniques, très-fines et relativement longues.

Vers l'angle supérieur de la fente branchiale apparaît la ligne latérale ; en avant, elle est assez rapprochée du profil supérieur ;

elle décrit une courbe allongée au-dessus de la pectorale, puis
descend au milieu de la hauteur du corps, et se continue directement jusqu'à la base de la caudale. Elle est très-bien marquée,
composée de petites écailles saillantes.

La dorsale commence au-dessus ou un peu en arrière de l'insertion de la pectorale ; elle est longue, formée de trente-huit à
quarante rayons ; les premiers rayons sont courts et épineux ; les
derniers rayons sont un peu plus allongés que les précédents.
L'origine de l'anale est plus rapprochée de l'insertion de la caudale que de l'extrémité du museau ; la nageoire est composée de
vingt-trois à vingt-cinq rayons. La dorsale et l'anale sont couvertes d'écailles, excessivement petites, jusque sur la moitié de leur
hauteur ; elles ont des rayons sétiformes. Le tronçon de la queue
a deux fois moins de hauteur que de longueur. La caudale est
échancrée ; elle compte dix-sept grands rayons, plus quatre
rayons basilaires, en dessus comme en dessous ; sa longueur fait
le sixième de la longueur totale. Les pectorales sont insérées au-
dessous du milieu de la hauteur du tronc ; elles ont une vingtaine
de rayons ; elles sont assez courtes ; leur longueur mesure environ le septième de la longueur totale. Les ventrales sont encore
plus courtes que les pectorales ; leur rayon interne est retenu au
tronc par une petite membrane.

Br. 7. — D. 38 à 40 ; A. 23 à 25 ; C. 4/17/4 ; P. 21 ; V. 1/5.

La coloration est variable ; le dos et les côtés sont d'un bleu
foncé avec des taches jaunâtres ou grisâtres, ou d'un bleu très-
foncé, noirâtre, uniforme sans taches ; le ventre est bleu cendré.
Les ventrales sont bleuâtres ; les autres nageoires sont d'un brun
plus ou moins foncé. D'après Risso « les jeunes Pompiles qu'on
pêche au printemps sont fasciés de bandes transversales noirâtres. » (Riss., *Hist. nat.*, p. 336.) Selon Valenciennes, le Pompile
est d'un joli vert glauque argenté avec les nageoires bleuâtres
(Valenc., *Diction. Hist. nat. d'Orbigny*).

Le nombre des appendices pyloriques varie de six à neuf ; j'en
ai trouvé sept sur un animal venant de Nice.

Habitat. Méditerranée, assez commun à Nice ; rare, Cette. Océan, excessivement rare, la Rochelle, Musée Fleuriau ; Noirmoutiers. Manche, accidentellement, un individu pris à Fécamp a été envoyé à de Lacépède, qui l'a décrit sous le nom de *Centrolophe nègre*.

Proportions : long. totale 0,24; tronc, haut. 0,059, épais. 0,021.

Tête, long. 0,048, haut. 0,049. — Œil, diam. 0,012, esp. préorbit. 0,014, esp. interorbit. 0,016. — Mâchoire supérieure, long. 0,018.

LE CENTROLOPHE DE VALENCIENNES — *CENTROLOPHUS VALENCIENNESI*, Nob.

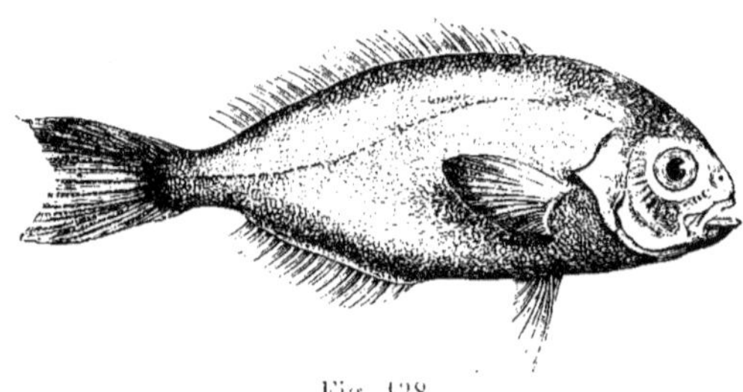

Fig. 138.

Long. : 0,15.

Dans la collection de poissons laissés par Valenciennes au Muséum se trouve un Centrolophe qui présente certains rapports de ressemblance avec le Centrolophe ovale, mais s'en distingue par un nombre moindre de rayons à la dorsale et à l'anale. Cet animal, de petite taille, a le corps oblong. La hauteur du tronc, qui fait le triple de l'épaisseur, est comprise trois fois et un tiers dans la longueur totale. La peau est garnie de très-fines écailles.

La tête est en grande partie couverte d'écailles : elle est aussi haute que longue ; sa longueur est contenue trois fois et trois quarts dans la longueur totale. Le museau est nu, épais, court, arrondi. La bouche est fendue obliquement. Les mâchoires portent une rangée de dents pointues et crochues. Le maxillaire supérieur dépasse un peu, en arrière, la verticale tangente au bord antérieur de l'orbite.

L'œil n'est pas au milieu de la hauteur de la tête, il est plus rapproché du profil supérieur que de l'inférieur ; le centre de la

pupille est au point de jonction des deux cinquièmes supérieurs
de la hauteur de la tête avec les trois cinquièmes inférieurs. L'iris
est jaunâtre. Le diamètre de l'œil mesure le quart de la longueur
de la tête ; il est égal à l'espace préorbitaire, et un peu moins
grand que l'espace interorbitaire. La région postorbitaire est
marquée de pores nombreux.

L'orifice antérieur de la narine est un peu plus éloigné de
l'extrémité du museau que du bord antérieur de l'orbite ; l'orifice postérieur est une fente verticale légèrement ovale.

En dessous, la fente des branchies s'avance plus loin que le
diamètre vertical de l'œil. L'opercule a le bord postérieur entamé par une échancrure, qui sépare deux pointes peu saillantes.
Le préopercule montre des stries vers son bord postérieur, qui
est presque droit ; à l'angle postérieur et inférieur se trouvent
quelques fines dentelures. La joue et l'opercule sont couverts
d'écailles.

La ligne latérale est courbe en avant ; elle est formée d'écailles
qui, un peu plus grandes que les autres, sont au nombre de
soixante-quinze environ.

La dorsale est longue ; elle est basse, sa plus grande hauteur
étant égale seulement au quart de la hauteur du corps ; elle a
huit rayons épineux qui vont en croissant, le dernier est assez
haut relativement aux autres. Les rayons mous sont beaucoup
moins nombreux que dans le Centrolophe ovale, il n'y en a que
vingt et un. L'anale est aussi haute que la dorsale ; elle a trois
aiguillons, et seulement seize rayons mous, un tiers de moins
que dans le Centrolophe ovale ; elle finit, en arrière, dans le
même plan vertical que la dorsale. Le tronçon de la queue est
d'un tiers environ moins haut que long ; sa longueur fait près du
huitième de la longueur totale. La caudale, légèrement échancrée, a dix-neuf grands rayons, plus quatre rayons basilaires,
en dessus comme en dessous ; sa longueur mesure près du cinquième de la longueur totale. Les pectorales comptent vingt-
deux rayons ; les plus grands font le sixième de la longueur
totale. Les ventrales sont aussi longues que les pectorales, ou peu

II. 32

s'en manque ; l'épine n'a pas la moitié de la longueur du rayon mou suivant. Les nageoires impaires ont la base écailleuse.

D. 8/21 ; A. 3/16 ; C. 4 19/4 ; P. 22 ; V. 1/5.

Le poisson, conservé depuis longtemps dans l'alcool, est d'une teinte jaunâtre.

Habitat. Méditerranée, excessivement rare, Marseille.
Proportions : long. totale 0,150 ; tronc, haut. 0,045, épais. 0,015.
Tête, long. 0,040, haut. 0,040. — Œil, diam. 0,010, esp. préorbit. 0,010, esp. interorbit. 0,012. — Mâchoire supérieure, long. 0,012.
Caudale, long. 0,029 ; pectorale, long. 0,025 ; ventrale, long. 0.024.

LE CENTROLOPHE OVALE — *CENTROLOPHUS OVALIS*, Cuv.

Syn. : Le Centrolophe ovale, Centrolophus ovalis, Cuv. et Valenc., t. IX. p. 346.
Centrolophus ovalis. Günth., t. II, p. 414 ; Canestr., *Fn. Ital.*, p. 105.
? Mupus imperialis, Cocco. CBp., *Cat.*, n° 707.

Long. : 0,35.

Chez le Centrolophe ovale, les proportions du corps sont à peu près les mêmes que dans le Centrolophe de Valenciennes. La hauteur du tronc mesure le triple de l'épaisseur et le tiers de la longueur totale. La peau est couverte d'écailles beaucoup plus grandes que celles du Pompile, fait observer Cuvier.

La tête porte une crête plus saillante que chez le Pompile ; sa longueur est égale au quart de la longueur totale.

Le diamètre de l'œil est contenu quatre fois dans la longueur de la tête.

La ligne latérale suit à peu près le profil du dos. Il y a dans une rangée longitudinale environ quatre-vingt-dix écailles.

Les nageoires ont la base garnie d'écailles. La dorsale est basse, en avant surtout ; elle a six rayons épineux, courts, très-distincts, et des rayons mous qui sont au nombre de plus de trente. L'anale est basse ; elle est composée de trois rayons épineux et de vingt-quatre rayons mous. La hauteur du tronçon de la queue est un peu moindre que la distance qui sépare la dorsale de la caudale. Cette dernière nageoire est un peu échancrée ;

sa longueur fait, selon Cuvier, le septième de la longueur totale. Les pectorales ont vingt-deux rayons ; elles sont de même longueur que les ventrales, ne mesurant pas, dit Cuvier, le cinquième de la longueur totale.

D. 6/32 ou 33 ; A. 3/24 ; C. 17 ; P. 22 ; V. 1/5.

La coloration est d'un brun marron sur le dos, d'un gris olivâtre sous le ventre. D'après Cuvier, le nombre des appendices pyloriques est de cinq.

Habitat. Méditerranée, excessivement rare, Nice.

LE CENTROLOPHE ÉPAIS — *CENTROLOPHUS CRASSUS*.

Syn. : LE CENTROLOPHE ÉPAIS. Centrolophus crassus, Cuv. et Valenc., t. IX, p. 348.
CENTROLOPHUS POROSISSIMUS, Canestr., *Mem. Accad. sc. Torino*, 1862, sér. II, t. XXI, p. 365, pl. 2, fig. 5, *Fn. Ital.*, p. 106.
? CENTROLOPHUS CRASSUS, Canestr., *Mem. Accad. sc. Torino*, 1862, sér. II, t. XXI, p. 362, pl. 2, fig. 1, *Fn. Ital.*, p. 106.

Long. : 0,30 à 0,45.

Nous croyons devoir rapporter à cette espèce le *Centrolophus porosissimus* de Canestrini. Le corps est ovale, couvert de petites écailles. L'épaisseur du tronc est forte relativement, elle fait la moitié de la hauteur, qui est comprise deux fois et trois quarts, ou un peu moins de trois fois dans la longueur totale.

La tête est aussi haute ou plus haute que longue, elle mesure le quart de la longueur totale ; elle a le profil supérieur courbe en avant et arrondi transversalement ; en arrière elle présente une crête assez saillante ; elle est couverte d'écailles, excepté sur le museau, l'espace interorbitaire, le pourtour de l'œil et la région supérieure du crâne ; elle est criblée de pores excessivement nombreux surtout vers le museau, vers la région sous-orbitaire et la région postorbitaire. Le museau est court, arrondi. La bouche est légèrement oblique, à peine fendue jusque sous le bord antérieur de l'orbite. La mâchoire supérieure semble un peu plus avancée que la mandibule ; elles ne portent, l'une et l'autre, qu'une seule rangée de dents excessivement fines et très-courtes ; le palais et la langue sont lisses. Le maxillaire supérieur ne va pas, en arrière, jusqu'au prolongement du diamètre vertical de l'œil.

L'œil est placé au milieu de la hauteur de la tête. L'iris est jaunâtre. Le diamètre de l'œil fait le quart de la longueur de la tête ; il est égal à l'espace préorbitaire, et mesure les trois cinquièmes de l'espace interorbitaire.

L'orifice antérieur de la narine est situé à peu près au milieu de la ligne allant du bout du museau au bord antérieur de l'orbite ; il est arrondi, entouré d'un bourrelet ; il est rapproché de l'orifice postérieur, qui figure une fente verticale, ovale, beaucoup plus longue que large.

Comme dans les autres Centrolophes, la fente des ouïes est fort grande, elle s'avance plus loin que le diamètre vertical de l'œil. La joue et l'opercule sont garnis d'écailles. L'opercule est mince ; il se prolonge en pointe au-dessus de la base de la pectorale. Le préopercule a son limbe strié, large, surtout en bas ; il a le bord postérieur sinueux, l'angle et le bord inférieur arrondis ; son pourtour et le bord de l'interopercule sont marqués de fines crénelures.

La ligne latérale est sinueuse, convexe en avant jusqu'au dessus de l'anus, concave en arrière. Il y a une centaine d'écailles dans une rangée longitudinale.

Des écailles couvrent la base des nageoires impaires, et celle de la pectorale. La dorsale est longue ; elle commence vers le tiers antérieur de la longueur totale, au-dessus de la fente branchiale ; elle a six ou sept aiguillons et trente à trente-deux rayons mous ; sa hauteur relative paraît varier avec la taille des sujets. L'anale prend naissance à peu près sous le milieu de la dorsale ; elle a trois rayons épineux et vingt-deux rayons mous. La longueur du tronçon de la queue, mesurée sur le bord supérieur, est à peine égale au septième de la longueur totale, elle est d'un quart plus grande que la hauteur. La caudale est échancrée à peu près jusqu'au quart de sa longueur, qui fait le cinquième de la longueur totale, le sixième seulement d'après Cuvier ; cette différence tient probablement au mode de mensuration ; la nageoire a dix-sept ou plutôt dix-neuf grands rayons, et en outre quatre rayons basilaires, en-dessus comme en-dessous. Les pectorales sont insérées vers le tiers inférieur de la hauteur du corps, elles sont étroites à leur extrémité ; elles comptent vingt-deux rayons ; leur longueur est contenue cinq fois et demie dans la longueur totale. Les ventrales sont placées un peu en arrière de la base des pectorales, qu'elles ne dépassent pas ; leur longueur fait le septième de la longueur totale.

Br. 7. — D. 6 ou 7/30 à 32 ; A. 3/22 ; C. 4/19/4 ; P. 22 ; V. 1/5.

D'après Cuvier et Valenciennes, ce poisson est ardoisé sur le dos, et l'ardoisé se change par degré en argenté blanchâtre vers le ventre. Les nageoires sont noirâtres. Le tout avait dans le frais un glacé verdâtre.

Quant au Centrolophe très-poreux de Canestrini, il a le dos d'un brun roussâtre et le ventre argenté.

Habitat. Méditerranée, excessivement rare, Nice.

Proportions : long. totale 0,452 ; tronc, haut. 0,155, épais. 0,070.

Tête, long. 0,110, haut. 0,144. — OEil, diam. 0,025, esp. préorbit. 0,025, esp. interorbit, 0,041. — Mâchoire supérieure, long. 0,037.

Dorsale, haut. 0,035 ; caudale, long. 0,095 ; pectorale, long 0,082 ; ventrale, long. 0,065.

Au Musée de Gênes, j'ai examiné le poisson qui, sous le nom *C. crassus*, a été décrit et figuré par Canestrini dans les *Mémoires de l'Académie royale des sciences de Turin*. C'est un animal fort bien monté, ayant une longueur de 0,44 ; il me paraît, sous plusieurs rapports, différer du spécimen dont je viens d'indiquer les proportions.

LE CENTROLOPHE LIPARIS — *CENTROLOPHUS LIPARIS*, Riss.

Syn. : LE CENTROLOPHE LIPARIS, Centrolophus liparis, Riss., *Hist. nat.*, p. 337 ; Cuv. et Valenc., t. IX, p. 345.

Long. : 0,780.

Quel est ce poisson? Il a, suivant Risso, le corps d'un beau bleu, terminé par une queue fort épaisse, la tête oblongue. Les mâchoires sont égales, armées de très-fines dents; les yeux médiocres; la ligne latérale est droite.

Br. 7. — D. 38; A. 23; C. 22; P. 14; V. 7?

Les nageoires sont demi-transparentes (Riss.).

GENRE SCHÉDOPHILE — *SCHEDOPHILUS*, Cocco.

Corps oblong, comprimé, couvert de petites écailles.

Tête haute; mâchoires garnies d'une rangée de dents.

Appareil branchial; préopercule à bord dentelé; sept rayons branchiostèges; pseudobranchies.

Nageoires; dorsale très-longue; ventrales ayant une épine et cinq rayons mous.

SCHÉDOPHILE MÉDUSOPHAGE — *SCHEDOPHILUS MEDUSOPHAGUS*, Cocco.

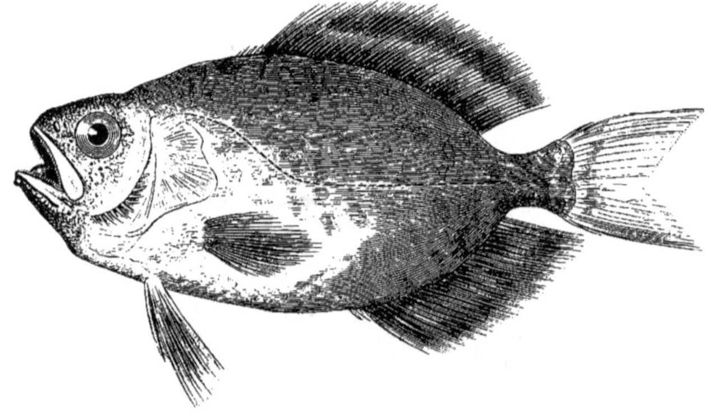

Fig. 139.

Syn. : Centrolophus medusophagus, Cocco, *Giorn. Innom. Mess.*, ann. III, n° 7, p. 57 (CBp.); *Ind. ittiol., mar. Messina* (Ms.).
Schedophilus medusophagus, Cocco, *loc. cit.*; CBp., *Cat.*, n° 708, *Fn. ital.*, fig.; Günth., t. II, p. 412; Canestr., *Fn. Ital.*, p. 108.

Long. : 0,122 à

Parmi les espèces rares, que le professeur A. Cocco a découvertes dans le détroit de Messine, se trouve le Schédophile médusophage. Ce poisson a le corps excessivement comprimé, avec le profil supérieur très-convexe, ainsi que la ligne du ventre. La hauteur du tronc est comprise trois fois environ dans la longueur totale. La peau est couverte d'écailles fort petites. Le nombre des vertèbres paraît être de vingt-quatre ou vingt-cinq.

La tête a le profil supérieur légèrement déclive ; elle est à peu près aussi haute que longue ; sa longueur est contenue trois fois et demie à quatre fois dans la longueur totale. Le museau est assez gros, arrondi. La bouche est grande, fendue obliquement : les lèvres sont minces, bordées d'un fin liséré noirâtre. Les mâchoires sont munies d'une rangée de dents égales, fines et pointues. Il semble y avoir quelques dents courtes et grêles sur le chevron du vomer et sur les palatins. La valvule buccale supérieure est assez large. La langue est développée, épaisse ; elle est triangulaire, et libre dans une assez grande étendue. La muqueuse de la bouche est blanchâtre. La mâchoire inférieure est ovale : le bord inférieur forme à la symphyse une petite saillie, une sorte de tubercule ; le maxillaire supérieur arrive, en arrière, jusqu'au bord antérieur de l'orbite.

A la réunion du bord supérieur et du bord postérieur de l'orbite est une saillie rugueuse. L'iris est argenté. L'œil est arrondi ; son diamètre fait le quart de la longueur de la tête, il est égal à l'espace préorbitaire, et mesure près de deux fois la largeur de l'espace interorbitaire.

Les ouvertures de la narine sont très-rapprochées l'une de l'autre, elles ne sont séparées que par une mince cloison. L'orifice antérieur est placé un peu plus haut, et un peu plus en dedans que l'orifice postérieur ; il est arrondi et bordé de noir.

La fente operculaire est très-longue, elle s'avance plus loin que le bord antérieur de l'orbite. L'opercule est excessivement mince ; il est entamé d'une échancrure sur le bord postérieur ; il se termine par une espèce d'angle très-aigu, une sorte de pointe molle ; il est couvert de stries divergentes ; la peau, qui est usée par le frottement, fait paraître les stries plus prononcées qu'elles ne doivent l'être probablement. Le sous-opercule est mince ;

l'interopercule a le bord cilié. Le préopercule est muni sur le
bord postérieur, et sur le bord inférieur, de dentelures régulières
assez longues, au nombre de onze ou douze ; les dentelures supérieures ont la pointe dirigée en haut.

En avant, la ligne latérale se montre sur l'angle de la fente
branchiale ; elle s'abaisse, en décrivant une légère courbure à
convexité supérieure, jusqu'au-dessus du tiers postérieur de la
pectorale, puis va directement en arrière, et aboutit au milieu
de la base de la caudale.

Sur le spécimen que possède le Muséum, il n'y a pas, en avant
de la dorsale, ces trois ou quatre pointes sous-cutanées, qui
sont indiquées dans la figure de la *Faune italienne*, et qui sont
formées par les saillies des interépineux antérieurs. La dorsale
est fort longue ; elle commence au-dessus de l'insertion de la
pectorale ; elle compte trois rayons épineux, très-courts, et quarante-quatre à quarante-huit rayons mous, d'une teinte noirâtre
ressemblant à des crins. L'extrémité des rayons postérieurs
atteint la base de la caudale. L'anale a deux rayons épineux,
faibles et courts, plus vingt-huit rayons mous ; elle porte, à la
base, quatre ou cinq taches noirâtres ; elle est un peu moins
haute que la dorsale. Le tronçon de la queue est robuste ; il est
aussi haut que large. La caudale est échancrée ; elle est soutenue
par une vingtaine de grands rayons. Les pectorales mesurent le
cinquième de la longueur totale ; elles ont dix-huit rayons. Les
ventrales sont évidemment jugulaires, elles naissent en avant
et non pas au-dessous de la base des pectorales, comme l'indique
Günther.

Br. 6. — D. 3/44 à 48 ; A. 2/26 à 28 ; C. 1 ou 2/20/2 ou 1 ; P. 18 ou 19 ; V. 1/5.

Sur le corps, la teinte est olivâtre, plus sombre vers la région
dorsale, avec des taches noirâtres, variées de formes, rangées
en séries longitudinales, et plus ou moins unies les unes aux
autres. La tête est d'un jaune verdâtre.

Habitat. Méditerranée, excessivement rare ; le spécimen, dont je vais
indiquer les proportions, a été pêché dans les eaux de Marseille, au mois

de juillet 1877 ; M. Marion a bien voulu en faire présent au Muséum.

Proportions : long. totale 0, 122 ; tronc, haut. 0,042.

Tête, long. 0,034, haut. 0,036. — Œil, diam. 0.009. esp. préorbit. 0,009, esp. interorbit. 0,005. — Mâchoire supérieure, long. 0,015.

GENRE STROMATÉE — *STROMATEUS.*

Corps ovale, comprimé, couvert de petites écailles lisses.

Tête plus haute que longue ; museau court ; bouche assez petite ; mâchoire supérieure un peu moins avancée que la mandibule, ayant l'une et l'autre une rangée de dents fines et courtes : langue et palais lisses.

Appareil branchial ; fente des ouïes grande ; opercules lisses ; six rayons branchiostéges ; pseudobranchies.

Nageoires ; dorsale et anale longues, à partie épineuse peu distincte, à base écailleuse ; caudale plus ou moins échancrée : ventrales très-petites ou nulles.

Vessie natatoire nulle. — **Appendices pyloriques** nombreux.

Le genre Stromatée se compose de deux espèces. suivant la plupart des auteurs :

Ventrales { manquant...................................... 1. S. FIATOLE.

{ distinctes...................................... 2. S. MICROCHIRE.

LE STROMATÉE FIATOLE — *STROMATEUS FIATOLA.*

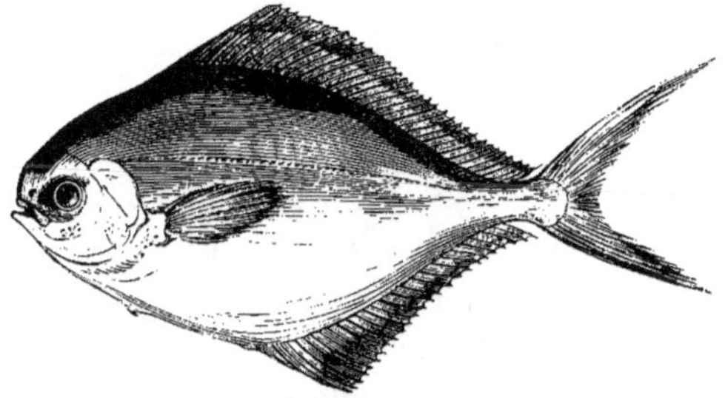

Fig. 140.

Syn. : CALLICHTHYS, Fictola Romanis, Bell.. p. 152-153 ; Aldrov., p. 195.

DE FIATOLA, Rondel., liv. V, c. XXIV, p. 138 ; Gesner, p. 1109.

DE LA FIATOLA, Rondel., liv. VIII, c. XX, p. 206.

DE STROMATEO, Rondel., *édit. latin.*, liv. V, c. XXIV, p. 157 ; Gesner, p. 1109 ; Aldrov., p. 191 ; Willugh., p. 156, pl. J. 4, fig. 2.

HEPATUS, *Figo* Venetis, Gesner, p. 489.

Stromateus fiatola, Linn., p. 432, sp. 1 ; CBp., *Cat.*, p. 697, *Fn. ital.*, fig. ; Günth., t. II, p. 397 ; Canestr., *Fn. Ital.*, p. 105.

La Fiatole, Stromateus fiatola, Bonnat., p. 42.

Le Stromatée fiatole, Stromateus fiatola, Lacép., t. VII, p. 176 ; Riss., *Ichth.*, p 100 : Cuv. et Valenc., t. IX, p. 373, pl. 272, *Rég. an. ill.*, pl. 63, fig. 1 ; Guichen., *Expl. Algér.*, p. 64.

Le Chrysostrome fiatoloïde, Chrysostromus fiatoloides, Lacép., t. VII, p. 366.

N. vulg. : Lampuga, Nice ; Lippa, Cette.
Long. : 0,15 à 0,30

A la forme rhomboïdale du corps, à l'absence de ventrales on reconnaît aisément le Stromatée. Le tronc est comprimé ; sa hauteur, chez les sujets de grande taille, fait le triple de son épaisseur, et le tiers de la longueur totale. La peau est couverte de fort petites écailles, minces, généralement arrondies, à stries concentriques.

La tête est d'un quart environ plus haute que longue ; sa longueur est comprise quatre fois à cinq fois et quart dans la longueur totale. Le profil supérieur est courbe. Au-dessus du museau commence une crête tranchante, qui se continue sur la nuque. Le museau est obtus. La bouche est petite, elle s'ouvre à peine jusque sous l'orifice antérieur de la narine. La mâchoire supérieure n'est pas protractile ; elle est seulement un peu moins avancée que la mandibule ; elles ont toutes les deux une rangée de dents très-fines, régulières, serrées les unes contre les autres. La langue est large ; elle a le bord antérieur convexe ; elle est libre ; elle ne porte pas de dents ; le vomer n'en a pas non plus. Le voile supérieur de la bouche est mince, assez large. Chez un sujet de grande taille, la muqueuse du palais est, en arrière, piquetée de noir. L'extrémité du maxillaire n'arrive pas à l'aplomb du bord antérieur de l'orbite.

L'œil est placé un peu au-dessous du milieu de la hauteur de la tête, sur le second quart de la ligne allant du museau à la fente branchiale. Son diamètre fait le cinquième de la longueur de la tête, la moitié de l'espace interorbitaire, les deux tiers, et plus, de l'espace préorbitaire ; chez les jeunes animaux, le diamètre de l'œil est relativement plus grand. L'iris est jaunâtre.

Le sous-orbitaire est mince, allongé, assez étroit ; il recouvre en partie le maxillaire supérieur, quand la bouche est fermée.

Les orifices de la narine sont voisins ; l'ouverture antérieure est petite, arrondie ; l'ouverture postérieure est une fente ovale, placée un peu au-dessus du prolongement du diamètre horizontal de l'œil, un peu plus rapprochée de l'orbite que du bout du museau.

La fente des ouïes s'avance jusque sous le milieu de l'œil. L'opercule est mince ; il a le bord postérieur entamé d'une échancrure ; de son angle antérieur et supérieur descendent des stries, qui se dirigent un peu obliquement en arrière. Le préopercule est large ; il est marqué de stries, principalement sur le bord inférieur. Les membranes branchiostèges se réunissent sous la gorge ; elles sont soutenues chacune par six rayons aplatis ; le premier rayon est petit, caché dans la peau. Les arcs branchiaux sont garnis de tubercules dentés. Les dents pharyngiennes supérieures et inférieures sont courtes. À son origine, l'œsophage présente un renflement ovalaire très-prononcé, pourvu de puissantes couches musculaires. Si l'on fend l'organe sur le milieu de la paroi supérieure et qu'on écarte les parties divisées, on voit à l'intérieur deux enfoncements garnis, excepté sur une languette triangulaire, d'une quantité d'épines de grosseurs et de formes différentes. Les unes sont longues, claviformes, les autres sont courtes, grêles. Ces épines sont maintenues dans la muqueuse par des racines disposées en rayons et perpendiculaires à leur axe ; elles ont la surface hérissée de soies et de denticules. Entre les deux enfoncements, sur la paroi inférieure, est une espèce de raphé qui porte aussi des tubercules denticulés. Les épines s'avancent jusque sous les pharyngiens supérieurs. Willughby a donné une bonne description de cette singulière disposition anatomique ; il a regardé le renflement de l'œsophage comme un premier estomac. Cet organe, en raison des fonctions qu'il doit remplir, soit pour diviser, broyer ou râper les aliments, peut, il nous semble, être comparé à une espèce de gésier.

De l'angle supérieur de la fente branchiale au tronçon de la
queue, la ligne latérale décrit une courbe régulière, peu prononcée : elle n'est droite que dans une courte partie de son
trajet ; elle est bien marquée, elle est composée d'écailles beaucoup plus distinctes que celles qui couvrent la peau, légèrement
saillantes. Parfois, au milieu de la hauteur du corps, se voit
une ligne horizontale, qui est tout simplement le sillon de séparation des muscles latéraux.

La dorsale commence au-dessous du milieu des pectorales ;
elle continue, par son bord antérieur, la crête de la nuque ; elle
est assez longue, peu élevée, sa plus grande hauteur ne faisant
guère que le quart de la longueur de sa base ; en avant elle est
enveloppée dans la peau ; elle compte quarante-cinq à quarante-
huit rayons ; les quatre ou cinq premiers rayons paraissent épineux. L'anale est semblable à la dorsale ; elle est seulement un
peu moins longue ; elle prend naissance sous l'extrémité des
pectorales, ou sous l'angle que forme en avant la nageoire du
dos ; elle a trois rayons épineux, cachés dans les téguments, et
trente-deux à trente-quatre rayons mous ; elle se termine en
même temps que la dorsale. Le tronçon de la queue est à peu
près carré : sa longueur, qui fait les deux tiers de son épaisseur,
est contenue environ dix-huit fois dans la longueur totale. La
caudale est très-développée ; elle a une longueur qui est comprise trois fois et demie à quatre fois dans la longueur totale ;
elle est très-fourchue ; ses lobes sont pointus, fort allongés, surtout chez les animaux de grande taille ; le nombre des rayons est
de dix-sept, il y a en outre six à huit rayons basilaires, en dessus
comme en dessous. Les pectorales sont ovales ; elles comptent
vingt-trois à vingt-cinq rayons ; leur longueur est égale au
sixième ou au septième de la longueur totale. Chez les sujets
qui ont acquis toute leur croissance, les ventrales manquent
complétement, elles sont atrophiées, et à leur place, il n'y a
plus, comme le fait observer Cuvier, qu'un très-léger bourrelet
de chaque côté du profil abdominal ; mais le bourrelet n'est pas
formé uniquement par la peau ; si, au moyen d'une aiguille

très-fine, on dégage, avec précaution, les téguments, on parvient
à distinguer, en se servant d'une loupe, les restes de rayons qui
échappent à l'œil nu.

Br. 5. — D. 5,40 à 43 ; A. 3,32 à 34 ; C. 6 à 8/17-8 à 6 ; P. 23 à 25 ; V. 0.

La coloration est bleuâtre sur le dos, d'un blanc argenté sous
le ventre, la gorge, sur les joues ; des taches dorées, ovales, plus
ou moins allongées, se montrent sur tout le corps. Au-dessus de
la ligne latérale, il y a souvent trois ou quatre bandes longitudinales d'un brun légèrement doré.

LE STROMATÉE SESERIN ou MICROCHIRE
STROMATEUS MICROCHIRUS.

Syn. : De Tronchou, Rondel., liv. VIII. c. xix. p. 205.
De Seserino, Rondel., *édit. latine*. liv. VIII, c. xx, p. 257 ; Gesner, p. 1041.
Centrolophus microchirus, Bonelli, *Mem. Accad. sc. Torino* (CBp. .
Fiatola fasciata. Fiatole fasciée, Riss., *Hist. nat.*, p. 289.
Seserin aux petites ventrales, Seserinus microchirus. Cuv. et Valenc.. t. IX,
p. 416, pl. 276.
Seserin de Rondelet, Seserinus Rondeletii, Cuv., Cuv. et Valenc.. *Règ. an. ill.*,
p. 142, pl. 63. fig. 3.
Stromateus microchirus, CBp., *Cat.*, nº 693. *Fn. ital.*, fig. ; Günth.. t. II. p. 398 :
Canestr., *Fn. Ital.*, p. 105.

Long. : 0,05 à 0,10.

Lorsqu'on a sous les yeux deux Stromatées de taille fort différente, il est aisé de distinguer la Fiatole du Seserin. Mais quand
l'animal atteint quatorze à seize centimètres de longueur, il devient difficile à déterminer ; ce n'est déjà plus un Seserin, ce
n'est pas encore une Fiatole ; à la place des ventrales, se trouvent deux moignons sur lesquels, après quelques recherches,
on peut apercevoir des rudiments de rayons enveloppés dans la
peau. Chez les jeunes animaux, les ventrales sont très-visibles,
elles sont étroites ; elles se composent d'une épine et de cinq
rayons mous.

Quant aux formes générales, elles sont les mêmes à peu près
dans le Seserin que dans la Fiatole ; chez les Stromatées, comme

chez les autres poissons, il faut, bien entendu, tenir compte des modifications apportées par le développement. Le système de coloration seul est différent; chez les très-jeunes animaux, la teinte est jaunâtre avec un pointillé noir; chez les sujets de moyenne taille, la coloration est jaunâtre dans la région supérieure, argentée sur les côtés et sous le ventre, des bandes verticales noirâtres partent du dos et descendent plus ou moins sur les parties latérales.

En somme, nous croyons que le Stromatée aux petites ventrales est le jeune du Stromatée fiatole. Il ne faut voir aucun caractère spécifique dans la présence ou dans l'absence des ventrales; ces organes s'atrophient graduellement à mesure que se fait le développement général.

Habitat. Très-rare, Nice, Marseille, les Martigues, Cette.

Proportions : 1ʳ long. totale 0,286 ; tronc, haut. 0,095, épais. 0,032.

Tête, long. 0,051, haut. 0,069. — Œil, diam. 0,010, esp. préorbit. 0,014, esp. interorbit. 0,020. — Mâchoire supérieure, long. 0,015.

Caudale, long. 0,082 ; pectorale, long. 0,042 ; ventrale, long. 0,00.

2ᵉ Long. totale 0,155 ; tronc, haut. 0,059, épais. 0,013.

Tête, long. 0,032, haut. 0,044. — Œil, diam. 0,008, esp. préorbit. 0,009, esp. interorbit. 0,013. — Mâchoire supérieure, long. 0,010.

Caudale, long. 0,040 ; pectorale, long. 0,026 ; ventrale, long. 0,003.

3ᵉ Long. totale 0,095 ; tronc, haut. 0,037, épais. 0,008.

Tête, long. 0,023, haut. 0 030. — Œil, diam. 0,006, esp. préorbit. 0,007, esp. interorbit. 0,009. — Mâchoire supérieure, long. 0,008.

Caudale, long. 0,022 ; pectorale, long. 0,017 ; ventrale, long. 0,006.

GENRE LOUVAREOU — *LUVARUS*, Rafin.

Syn. : LUVARUS, Rafinesque ; Cuvier et Valenciennes.
AUSONIA, Risso ; Günther ; Canestrini.
PROCTOSTEGUS, Nardo.

Corps oblong ; une carène latérale sur le tronçon de la queue ; peau couverte de petites plaques écailleuses peu adhérentes.

Tête haute, comprimée ; museau court ; bouche petite ; mâchoires non dentées.

Appareil branchial ; fente des ouïes longue ; trois à cinq rayons branchiostèges.

Nageoires ; dorsale et anale insérées sur la moitié postérieure du corps, finissant en même temps, à rayons antérieurs plus grands que les postérieurs ; caudale en croissant ; ventrales très-petites, recouvrant l'anus.

LE LOUVAREOU IMPÉRIAL — *LUVARUS IMPERIALIS*, Rafin.

Syn. : LUVARUS IMPERIALIS, Rafin., *Carat.*, gen. 22, sp. 53, *Ind. itt. sicil.*, p. 39,
n° 290, pl. 1, fig. 1 ; CBp., *Cat.*, n° 700.
 AUSONIA CUVIERI, Ausonie de Cuvier, Riss., *Hist. nat.*, p. 342, fig. 28.
PROCTOSTEGUS PROTOTYPUS, Nardo, *De Proctostego, nov. Piscium gener. specimen
ichthyol. anatomic.*, fig. 1, Patavii, 1827.
DU LOUVAREOU, Luvarus, Cuv. et Valenc., t. IX. p. 412.
AUSONIA CUVIERI, Lowe, *Proceed. Zool. societ. London*, 1843, t. XI, p. 81 ; CBp.,
Cat., n° 699 ; Günth., t. II, p. 414 ; Canestr., *Fn. Ital.* p. 108.

N. Vulg. : Thon blanc, Cette ; Pei barbaresch, Nice, Riss.
Long. : 0,60 à 1,00 et même 1,75.

Le corps du Louvareou est ovale, fusiforme, légèrement comprimé ; chez une femelle, pêchée à Venise, en 1839, il était
arrondi, semblable, dit Nardo, à celui des gros Thons ; sa hauteur est comprise trois fois et demie à trois fois et trois quarts
dans la longueur totale. Le tronçon de la queue est relativement
grêle, mince ; il porte de chaque côté une carène fort développée. La peau semble parfois plus ou moins nue, cependant elle
est couverte de petites plaques dures, rugueuses, qui sont assez
souvent réunies en tubercules ; ces espèces d'incrustations sont
beaucoup plus visibles lorsque les téguments sont desséchés ;
elles sont très-friables ; elles ont les bords inégaux, usés. D'après
Nardo, le nombre des vertèbres est de vingt.

La tête est comprimée, haute ; sa longueur est comprise
quatre fois et demie à cinq fois dans la longueur totale ; à la
surface, excepté sur les lèvres et sur la mâchoire supérieure, est
une sorte de revêtement formé de petites pièces dures et irrégulières. Le museau est court, obtus. La bouche n'est nullement
protractile ; elle est petite, sa fente cependant dépasse, en arrière,
la perpendiculaire descendant des narines. La lèvre supérieure
est très-mince ; la lèvre inférieure est plus prononcée. Les
mâchoires, le vomer, ne portent pas de dents ; l'intérieur de la
bouche est garni de plaques granuleuses, qui sont principalement développées au palais. sur la langue et, en avant, sur le
plancher de la bouche. La langue est large, épaisse, à bord

convexe, assez libre. Suivant Nardo, le palais est complétement
édenté ; il n'en est pas toujours ainsi ; sur un sujet de grande
taille, les palatins sont munis de dents nombreuses, fines, coniques, légèrement crochues. Le voile du palais est très-étendu ; il
est épais, parcouru par des vaisseaux d'assez fort calibre. Le voile
de la mâchoire inférieure est un peu moins grand. Ces voiles
font l'office de deux larges valvules, ils empêchent aux aliments
de s'échapper de la bouche, qui n'a pas de dents pour les retenir.
Lorsque la bouche est fermée, le maxillaire supérieur est complétement caché par le sous-orbitaire, et même l'intermaxillaire
est aussi à peu près entièrement couvert, de sorte que latéralement le bord inférieur du sous-orbitaire semble former la lèvre
supérieure. L'intermaxillaire est mince, allongé ; le maxillaire
supérieur est une pièce triangulaire, très-large à son extrémité
postérieure, qui est faiblement convexe. La mâchoire inférieure
paraît égale à la supérieure ; elle est basse en avant, mais très-
haute sur le côté et en arrière. L'intérieur de la bouche est d'un
rouge orangé, ainsi que les lèvres et le bord des maxillaires.

Sur l'animal sortant de la mer, l'œil est, paraît-il, d'un éclat
des plus brillants ; la sclérotique présente deux zones de coloration, l'une interne rougeâtre, l'autre externe d'un bleu noirâtre.
L'iris est rougeâtre ou doré. L'œil est placé sur le côté, à peu
près au milieu de la hauteur de la tête ; il est arrondi et relativement assez petit ; son diamètre ne mesure guère que le
sixième de la longueur de la tête.

Les orifices de la narine sont ovales ; ils sont séparés par un
espace assez étroit, égal à leur plus grand diamètre ; ils sont
disposés sur la même ligne horizontale, cependant l'orifice antérieur semble situé un peu plus haut que l'orifice postérieur.

En avant, la ligne latérale est peu marquée, elle suit le profil
du dos ; elle devient droite vers le quart postérieur de la longueur
du corps, et se termine dans la carène du tronçon de la queue.

La dorsale est reculée ; elle est placée sur une grande partie
de la moitié postérieure du corps ; elle a treize rayons : les premiers rayons sont plus grands que les derniers. L'anale est

opposée et semblable à la dorsale ; elle a quatorze rayons. La caudale forme un croissant très-développé ; la distance qui sépare la pointe de chacun de ses lobes est égale, ou peu s'en manque, au tiers de la longueur totale. Les pectorales sont plutôt longues, elles mesurent le cinquième de la longueur totale. Les ventrales sont excessivement courtes ; elles recouvrent, comme une espèce d'opercule, l'orifice de l'anus ; elles sont parfois réduites à deux épines ; cependant Risso compte un aiguillon et quatre rayons mous ; sur le sujet que j'ai examiné à Gênes, elles m'ont paru relativement assez larges ; d'après mon correspondant de Cette, les rayons des nageoires formaient comme une sorte de plaque garnie d'aiguillons et de filaments sétacés.

Br. 5. — D. 13 ; A. 14 ; C. 16 ; P. 18 ; V. 14, Risso.
Br. 3 ou 4. — D. 13 ; A. 14 ; C. 32 ; P. 16 ; V. 0, Nardo.

Le dos est doré, les côtés sont d'un blanc teinté de bleu, et le ventre brille d'un blanc argenté très-éclatant. La caudale est dorée à la base et dans une partie de son étendue ; l'extrémité des rayons est argentée. La ventrale est brunâtre. Les autres nageoires sont rougeâtres.

La vessie natatoire est grande.

Habitat. Méditerranée, excessivement rare, Nice, Cette. Un de ces magnifiques poissons a été pêché à Cette, le 3 août 1875 ; un autre a été pris dans les mêmes parages, il y a environ quarante-huit ans. Océan : il faut probablement rapporter à cette espèce le poisson qui a été capturé, en 1826, à l'île de Ré (Cuv. et Valenc., t. 9, p. 413).

Proportions : (Louvareou pêché à Cette, 3 août 1875) long. : totale, environ 1,75 ; du museau au milieu de la caudale, 1,55 ; circonférence 1,21. — Ventrale, long. environ 0,06. — Distance entre les pointes de la caudale, 0,55, — Poids estimé 80ᵏ,00 à 90ᵏ,000.

(*Animal monté*, Musée de Gênes), long. : totale 1,10, du museau au milieu de la caudale 1,04.

Tête, long. 0,250.

Pectorale, long. 0,220 ; ventrale, long. 0,040.

Distance du museau à : dorsale 0,60 ; anale 0,57.

Suivant mon correspondant de Cette, le Louvareou ressemble beaucoup au Thon, il est seulement plus trapu, relativement plus gros ; il a, d'après une coupe verticale faite dans la région thoracique, le corps plutôt arrondi que comprimé. La chair est d'une grande blancheur ; elle est très-délicate.

Sous-famille des Coryphéniniens, *Coryphænini*.

Corps de longueur variable, comprimé, couvert de petites écailles lisses ou de pièces granuleuses, rudes au toucher.

Tête comprimée, à crête plus ou moins tranchante.

Nageoires : dorsale unique, fort longue, commençant sur la tête, à rayons simples, flexibles ; caudale échancrée ou fourchue ; ventrale ayant une épine et quatre ou cinq rayons mous.

La sous-famille des Coryphéniniens se compose de deux genres.

Carène latérale sur le tronçon de la queue	bien marquée..........	1. ASTRODERME.
	nulle.................	2. CORYPHÈNE.

GENRE ASTRODERME — *ASTRODERMUS*, Bonelli.

Syn. : DIANA, Riss.

Corps ovale, comprimé, couvert de tubercules rudes, de pièces granuleuses ; carène latérale sur le tronçon de la queue ; anus très-avancé.

Tête rehaussée par une crête longitudinale ; bouche fort petite ; dents très-fines sur les mâchoires, les palatins et la langue.

Appareil branchial ; cinq rayons branchiostèges ; pseudobranchies.

Nageoires ; dorsale unique, commençant sur la tête, très-longue, ainsi que l'anale ; caudale plus ou moins échancrée ; ventrales jugulaires.

L'ASTRODERME ÉLÉGANT — *ASTRODERMUS ELEGANS*.

Syn. : CORYPHÆNA ELEGANS, Riss., *Mém. présenté à l'Institut.* 7 mars 1814 (CV.).
ASTRODERMUS CORYPHÆNOIDES, Bonelli (CV.).
ASTRODERMUS GUTTATUS, Bonelli (CV. *Règ. an. ill.*, p. 145, note).
DIANA SEMILUNATA, Diane en croissant, Riss., *Hist. nat.*, p. 267, fig. 14.
L'ASTRODERME ÉLÉGANT, Cuv. et Valenc., t. IX, p. 353, pl. 270.
ASTRODERME DE VALENCIENNES, Astrodermus Valenciennesi, Cocco, Cuv. et Valenc., *Règ. an. ill.*, pl. 66, fig. 1.
ASTRODERMUS ELEGANS, CBp., *Cat.*, n° 701, *Fn. ital.*, fig. ; Canestr., *Fn. Ital.*, p. 108.
DIANA SEMILUNATA, Günth., t. II, p. 413.

N. Vulg. : Pei d'America, Nice, Riss.
Long. : 0,20 à 0,42.

Les progrès de l'âge déterminent, chez les animaux de cette
espèce, de notables différences dans les proportions ; de là il
résulte nécessairement que les descriptions et les figures, données par les naturalistes, présentent entre elles beaucoup de dis-
cordances. Le corps est oblong, haut en avant, fort étroit en
arrière, très-comprimé ; l'épaisseur ne fait pas le tiers de la
hauteur. Chez les jeunes, la hauteur du tronc est comprise trois
fois et quart dans la longueur totale, et trois fois et trois quarts
chez les sujets de grande taille. Le tronçon de la queue est
épais, moins haut que large ; il porte sur le côté une carène
médiane rugueuse. encroûtée de petites plaques tuberculeuses ;
au-dessus et au-dessous de cette carène, il a, sur chacun de ses
bords, une crête longitudinale qui se prolonge jusqu'à la base
de la caudale. La peau est couverte de pièces granuleuses, de
tubercules étoilés, rudes au toucher ; c'est de la disposition du
dermosquelette que Bonelli a tiré le nom générique. L'anus est
très-avancé ; il est placé immédiatement en arrière de l'insertion des ventrales qui le recouvrent.

La tête est haute, comprimée, à crête tranchante, à profil
arrondi chez les grands, à courbure plus faible dans les jeunes ;
sa longueur proportionnelle est assez variable, elle est comprise
quatre fois à quatre fois et demie dans la longueur totale ; elle
n'en fait pas le quart chez les jeunes, qui ont le museau tronqué. La bouche est terminale ; elle est fort petite ; sa fente n'a
pas une longueur égale au tiers de l'espace préorbitaire. La
mâchoire supérieure n'est pas protractile ; elle est un peu moins
avancée que la mandibule ; elles portent toutes les deux une rangée de dents très-fines, très-caduques. Les palatins et la langue
sont munis de dents en velours ; ces dents manquent chez les
jeunes ou tombent facilement, car le prince de Canino dit que les
mâchoires seules sont dentées. La bouche présente une conformation très-singulière, fort remarquable ; outre le voile palatin ou
buccal supérieur, qui se trouve à la partie interne de la mâchoire

supérieure, et qui est peu développé, il en existe un autre qui
paraît attaché au bord antérieur du vomer; il est beaucoup plus
grand que l'antérieur; il est échancré, forme deux lobes. Le
maxillaire supérieur est très-court, mince, large en arrière surtout, il est presque triangulaire; il est complétement caché par
le sous-orbitaire, quand la bouche est fermée ; son extrémité
postérieure atteint à peine ou ne dépasse guère le milieu de
l'espace préorbitaire.

Chez les très-jeunes individus, l'œil est placé à peu près au
milieu de la hauteur de la tête ; chez les sujets ayant acquis une
certaine taille, il est plus rapproché du profil inférieur, ce qui
s'explique par le développement de la crète. L'iris est doré.
L'œil est petit, arrondi. Son diamètre fait le septième de la longueur de la tête chez les grands, le sixième chez les jeunes; il
est égal au tiers ou même à la moitié de l'espace préorbitaire.

D'après Cuvier, les orifices de la narine sont plus élevés que
l'œil : ils sont presque contigus; l'antérieur est ovale et assez
grand ; le postérieur ressemble à une piqûre d'aiguille. Malgré
une recherche attentive, je n'ai pu trouver qu'un seul orifice
arrondi, assez large, à bord un peu saillant, placé au-dessus
de la ligne horizontale, menée du bord supérieur de l'orbite au
museau.

La fente des ouïes commence à peine au-dessus de l'insertion
de la pectorale, un peu au-dessous du milieu de la hauteur du
tronc; elle s'avance jusqu'au prolongement du diamètre vertical
de l'œil. Le battant operculaire décrit une courbe régulière ; il
est retenu en haut par une membrane. L'opercule a plus de
largeur que de hauteur ; il est foliacé ; il a son angle postérieur
et supérieur arrondi. Le préopercule est mince ; il a l'angle
postérieur arrondi; il a le bord montant moins long que le
bord inférieur, qui dessine une courbe allongée. C. Bonaparte
indique seulement quatre rayons branchiostèges ; il en existe
cinq en réalité ; le cinquième est beaucoup plus mince, plus
étroit que les autres qui sont aplatis. Les pseudobranchies sont
développées.

Il est assez difficile de bien distinguer la ligne latérale ; elle semble suivre la courbure du profil supérieur.

La dorsale est excessivement longue ; elle commence à peu près au-dessus du bord postérieur du préopercule, ou mieux, au-dessus du milieu de la ligne allant du bord postérieur de l'orbite à l'angle de l'opercule ; elle s'étend jusqu'à une faible distance de l'insertion de la caudale ; elle est soutenue par vingt-deux ou vingt-trois rayons, qui vont s'allongeant, par degré et d'une manière peu sensible, jusqu'au douzième, parfois jusqu'au quatorzième ou quinzième ; les rayons qui suivent décroissent régulièrement. L'anale est très-avancée : elle prend naissance sous le tiers antérieur des pectorales ; elle se termine en même temps que la dorsale ; elle affecte une disposition à peu près semblable à celle de la nageoire du dos ; elle décrit une courbe assez régulière ; elle compte dix-sept ou dix-huit rayons. Le tronçon de la queue est court ; sa longueur ne mesure guère que la dix-septième partie de la longueur totale, parfois, chez certains individus, elle en fait le onzième. La caudale est en croissant fort développé, à lobes très-divergents ; elle est composée de dix-sept grands rayons, en outre elle a sept ou huit rayons basilaires en haut et en bas ; la longueur de son lobe supérieur est comprise environ quatre fois et trois quarts dans la longueur totale ; la longueur de la distance qui sépare l'une de l'autre la pointe de ses lobes, fait le quart de la longueur totale. Les pectorales sont aiguës ; elles ont dix-huit rayons ; leur longueur est contenue quatre fois à quatre fois et trois quarts dans la longueur totale. Les ventrales sont insérées un peu en avant des pectorales, et à cause de la position qu'elles occupent, Risso avait rangé sa *Diane en croissant* parmi les *Jugulaires*. Chacune de ces nageoires est composée d'une épine et de quatre rayons mous seulement, comme le fait judicieusement observer Cuvier. L'épine est très-large, triangulaire, à bord externe fortement dentelé ; elle est tellement rapprochée de celle du côté opposé qu'elle paraît lui être unie, et former avec elle une sorte de bouclier qui, chez les sujets de grande taille, couvre l'anus et les rayons mous. Les rayons mous ne sont pas articulés sur une base horizontale, ils sont placés sur une ligne longitudinale en arrière de l'épine, à la suite les uns des autres. Le premier rayon est assez fort, il semble collé à la face interne de l'épine ; après lui viennent les trois autres rayons, qui diminuent progressivement de force et de longueur. Chez les jeunes animaux, les rayons mous sont ordinairement très-allongés ; à quelle cause faut-il attribuer leur raccourcissement chez les adultes ? A la rupture par suite de chocs, à l'usure produite par des frottements, ou bien à une atrophie naturelle ? Cette dernière hypothèse semble la plus rationnelle, si l'on en juge d'après la régularité de longueur relative de chacun des rayons. Les ventrales chez l'Astroderme forment à l'anus une espèce d'opercule, comme chez le Louvareou. Dans la *Faune italienne* à propos de ce qui est écrit sur la conformation des ventrales, il y a probablement une erreur de rédaction ; sur la figure on voit seulement deux épines dentelées, une pour chaque ventrale, et non quatre, ainsi que le texte l'indique.

Br. 5. — D. 22 ou 23 ; A. 17 ou 18 ; C. 7 ou 8/17,8 ou 7 ; P. 18 ; V. 1/4.

La coloration est rose jaunâtre sur le dos et les côtés, avec des taches noirâtres circulaires, blanchâtre sous le ventre. Chez les jeunes, la teinte générale est d'un brun bleuâtre ou violacé, et encore d'un blanc argenté, avec des reflets bruns sur le dos.

D'après Cuvier, il y a cinq appendices pyloriques.

Habitat. Méditerranée, excessivement rare, Nice.

Proportion : long. totale 0,340 ; tronc, haut. 0,092, épais. 0,028. — Tronçon de la queue, long. 0,020, haut. 0,008, épais. 0,011 ; carène latérale, long. 0,012.

Tête, long. 0,082, haut. 0,092. — Œil, diam. 0,014, esp. préorbit. 0,028, esp. interorbit. 0,022. Distance du centre de la pupille à la ligne du profil : supérieur 0,040, inférieur 0,032. — Mâchoire supérieure, long. 0,015. — Distance du museau à la narine 0,014.

Caudale, long. : lobe supérieur 0,072, lobe inférieur 0,070 ; distance entre les pointes de la nageoire 0,090. Pectorale, long. 0,081. Ventrale, long. épine 0,013.

Selon Günther, la figure de l'Astroderme, publiée dans l'*Histoire naturelle des Poissons*, est mauvaise *bad*. Ordinairement pour juger de la ressemblance d'un portrait, il faut connaître l'original. M. Günther ne paraît pas avoir vu beaucoup d'Astrodermes, pas même celui dont il a fait la description, et dont il a muni la ventrale de deux épines. Quant à la figure, pl. 270, CV., elle est l'image exacte d'un grand Astroderme, qui est au Muséum de Paris.

GENRE CORYPHÈNE — *CORYPHÆNA*.

Corps allongé, comprimé, couvert de petites écailles lisses.

Tête longue, à profil supérieur plus ou moins arqué : museau court ; mâchoires, vomer et palatins munis de dents en cardes ; langue dentée.

Appareil branchial ; ouïes largement fendues ; sept rayons branchiostèges ; pas de pseudobranchies.

Nageoires ; dorsale très-longue, commençant sur la tête, finissant près de la caudale ; anale occupant à peu près la moitié postérieure de la région ventrale ; caudale fourchue ; ventrales ayant une épine et cinq rayons mous.

A propos des Coryphènes, Günther fait de Cuvier une critique que nous ne voulons pas qualifier. Nous ne prendrons certainement pas la peine de réfuter cette diatribe, dans laquelle il n'y a absolument rien de vrai. Ainsi Günther prétend que c'est Cuvier lui-même *himself*, GÜNTH., t. II. p. 405) qui a traité l'histoire des Coryphènes. A l'affirmation si positive de Günther, qu'il nous suffise d'opposer le témoignage, la signature de Valenciennes (*Hist. nat. Poiss.*, CV. t. IX, p. XXIV). Non, Cuvier n'est pas l'auteur du travail que lui attribue Günther ; tous les ichthyologistes le savent ; et M. Günther ne doit pas l'ignorer, il connaît parfaitement bien l'*Histoire naturelle des Poissons*, comme le prouvent de la manière la plus évidente les emprunts mal déguisés qu'il a faits à cet ouvrage.

LA CORYPHÈNE HIPPURUS — *CORYPHÆNA HIPPURUS*.

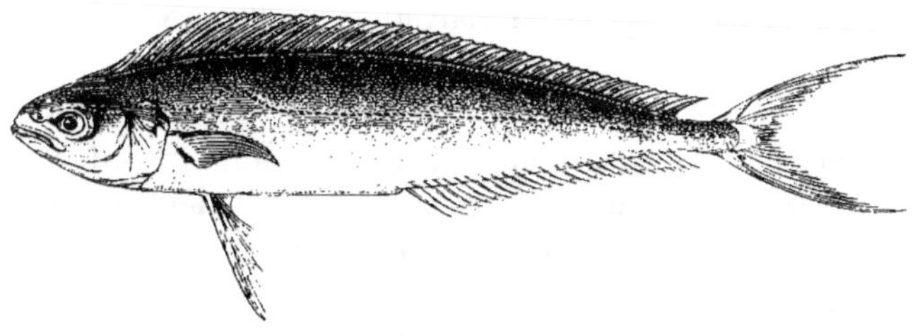

Fig. 141.

Syn. : DU LAMPUGO, Equiselis, Rondel., liv. VIII, c. XVIII. p. 204.
CORYPHÆNA HIPPURUS, Linn., p. 446, sp. 1 ; Bloch, pl. 174 ; CBp., *Cat.*, n° 702 *Fn. ital.*, fig ; Günth., t. II, p. 405 ; Canestr., *Fn. Ital.*, p. 107.

Le Coryphène hippurus, Coryphæna hippurus, Lacép., t. VIII. p. 262.

Coryphène dorade. Coryphæna hippurus, Riss., *Ichth.*, p. 178, *Hist. nat.*, p. 339.

Coryphæna pelagica, Coryphène pélagique, Riss., *Hist. nat.*, p. 340.

La grande Coryphène de la Méditerranée, Coryphæna hippurus, Cuv. et Valenc., t. IX. p. 278. pl. 266; Guichen., *Expl. Algér.*, p. 63.

Le Lampuge pélagique, Lampugus pelagicus. Cuv. et Valenc., t. IX, p. 318.

Coryphæna pelagica, CBp., *Cat.*, n° 704, *Fn. ital.*, fig.; Günth., t. II. p. 407; Canestr., *Fn. Ital.*, p. 107.

N. Vulg. : Fera, Pei fouran, Nice.
Long. : 0,30 à 0,50 et même 1,00.

S'il est aisé de distinguer les Coryphènes des autres Scombridés, il est assurément très-difficile de les différencier les unes des autres. Les caractères spécifiques attribués par les naturalistes aux Coryphènes, qui vivent dans la Méditerranée, ne sont pas déterminés avec une précision suffisante. Les Lampuges des côtes d'Italie, décrits par Valenciennes, doivent, suivant le prince de Canino, être rapportés à une seule espèce dont les sujets présentent, dans leur conformation, certaines différences qui dépendent de l'âge et du sexe. Quant à la Coryphène hippurus ou queue de cheval, qui certainement peut être considérée comme l'adulte du Lampuge pélagique, elle a le corps en lame épaisse, allongée, diminuant d'une façon régulière à partir des ventrales jusqu'à la caudale. La hauteur du tronc, qui fait deux fois à deux fois et un tiers l'épaisseur, est comprise cinq fois et trois quarts à six fois et deux tiers dans la longueur totale. La peau est couverte d'écailles très-fines, très-minces, peu développées. Les écailles affectent deux formes bien différentes ; celles qui constituent les premières rangées de la région dorsale, ressemblent à des lamelles très-allongées, étroites, pointues à leur partie cachée, et dont la largeur ne mesure que le dixième de la longueur ; les autres écailles sont beaucoup moins longues, elles sont à peu près ovales.

Suivant la taille des sujets, la tête présente des proportions variables ; sa longueur est contenue cinq fois et un tiers à cinq fois et trois quarts dans la longueur totale ; elle est d'un cinquième plus grande que la hauteur, chez les jeunes individus, elle est à

peine plus grande, chez les sujets de taille développée. Le profil
supérieur est arqué, tranchant ; une crête fort prononcée commence en avant de l'orifice antérieur de la narine, et se continue
en arrière avec la crête dorsale. La partie supérieure de la tête est
nue, excepté vers l'insertion de la dorsale. Le museau est court,
gros, obtus, légèrement oblique en avant. La bouche est grande,
elle s'ouvre, un peu obliquement, jusque sous le bord antérieur de l'orbite. La mâchoire supérieure a peu de protractilité :
elle est plus courte que la mandibule ; elles sont armées l'une
et l'autre de dents excessivement pointues. La mâchoire supérieure porte une rangée externe de dents crochues et régulières, à pointe tournée en arrière, allant jusqu'à la commissure
des lèvres. En dedans de cette rangée, se trouve une bande large
de dents en cardes, moins longues que les autres ; elle occupe
le tiers antérieur de l'intermaxillaire ; elle paraît séparée du
groupe des dents vomériennes par le voile de la mâchoire supérieure, qui, développé en forme de fer à cheval, se prolonge
jusque sur le quart postérieur de l'intermaxillaire. La mandibule est aussi pourvue d'une série externe de dents plus fortes,
crochues, tournées en arrière ; elle a, en dedans, une bande
assez large de dents en cardes. Le voile membraneux de la mâchoire inférieure est moins étendu que l'autre. Le vomer a sur
le chevron une plaque ovale de petites dents crochues, séparée,
par un étroit intervalle, de la bande allongée de dents en velours dont les palatins sont garnis. La langue est bien développée, libre dans une grande étendue ; elle est mince sur les
bords ; elle est protégée, sur le milieu, par une large plaque
ovale de dents en velours fin. La mâchoire supérieure arrive, en
arrière, à peu près sous le milieu de l'orbite ; sa longueur ne
mesure pas tout à fait la moitié de la longueur de la tête.

Suivant la taille des sujets, les proportions de l'œil sont très-
variables ; chez un jeune animal, le diamètre de l'œil est compris trois fois et demie dans la longueur de la tête, il est égal à
l'espace préorbitaire ; chez un individu assez grand, il mesure
le cinquième de la longueur de la tête, il fait les deux tiers de

l'espace préorbitaire, qui est à peine moins grand que l'espace interorbitaire. Chez un poisson ayant 0^m,40 de longueur, le centre de la pupille est un peu plus distant du profil supérieur de la tête que du profil inférieur ; et le bord postérieur de l'orbite est plus éloigné du bout du museau que du bord postérieur de l'opercule. L'iris est rougeâtre ; la paupière est ovale, mince. Le premier sous-orbitaire est étroit ; il laisse le maxillaire supérieur à découvert dans une partie de son étendue, même quand la bouche est fermée.

Les ouvertures de la narine sont à peine situées plus haut que le prolongement du diamètre horizontal de l'œil ; elles sont fort rapprochées l'une de l'autre ; elles sont ovales. L'orifice postérieur est le plus large ; son bord antérieur est légèrement relevé en bourrelet. L'orifice antérieur est en forme de petit tube excessivement court ; son bord postérieur se prolonge en une espèce de petite languette.

La fente branchiale s'avance, sous la gorge, jusqu'au prolongement du diamètre vertical de l'œil. La membrane branchiostège du côté gauche passe sous l'autre, en la croisant. L'opercule est mince, presque deux fois aussi haut que large ; il est couvert de stries fines, dirigées obliquement de haut en bas et d'avant en arrière ; il présente une petite échancrure vers le haut de son bord postérieur ; il porte de fines écailles à la partie supérieure. Le sous-opercule est peu distinct de l'opercule ; il est marqué de stries sur le bord postérieur. Le préopercule est développé ; il a l'angle postérieur arrondi, le bord inférieur légèrement courbe ; son bord postérieur est finement strié ; sa partie supérieure et sa région antérieure sont couvertes de petites écailles. L'interopercule est mince, à bord libre strié ; son bord inférieur est presque parallèle au bord inférieur du préopercule. Les joues sont écailleuses jusque vers l'extrémité postérieure de la mâchoire supérieure.

Au-dessus de la pectorale, la ligne latérale figure une espèce de V renversé, puis elle va tantôt en décrivant une ou deux sinuosités, tantôt directement jusqu'à la caudale ; à l'aplomb de

l'extrémité des ventrales, elle est placée au milieu de la hauteur
du corps.

La dorsale commence au-dessus de l'espace qui s'étend de
l'orbite au bord postérieur du préopercule ; elle est régulière,
elle s'élève doucement jusqu'à son dixième rayon, qui est égal au
onzième, et mesure environ la moitié de la hauteur du corps ;
puis elle va en diminuant d'une manière progressive, mais peu
sensible, jusqu'à sa terminaison près de la caudale ; le quaran-
tième rayon est d'un tiers seulement plus court que le dixième ;
le dernier rayon, qui est un peu plus allongé que le précédent,
touche presque la caudale, quand il est couché. Le nombre des
rayons varie de cinquante-quatre à soixante. Généralement l'a-
nale commence sous le trente-sixième ou le trente-septième
rayon de la dorsale; le premier rayon est une épine excessivement courte, qui ne paraît avoir été signalée par aucun ichthyologiste ; le troisième rayon mou fait un peu moins du tiers de la
hauteur du tronc ; c'est le plus allongé ; le cinquième est d'un
quart plus court, ou peu s'en manque, et le sixième d'un tiers
environ. Il résulte de la disposition des rayons antérieurs de la
nageoire une échancrure plus ou moins prononcée, qui varie,
il faut bien le reconnaître, avec le développement de l'animal,
qui même n'existe pas chez certains individus. Cette échancrure de l'anale est d'une très-grande importance aux yeux de
certains naturalistes ; elle permet de distinguer la Coryphène
hippurus de la Coryphène pélagique ; d'après le prince de Canino, la nageoire dessine en avant un angle caractéristique de
la Coryphène hippurus. Mais cet angle est-il bien toujours en
avant ? Suivant Risso, l'anale est échancrée vers le milieu; c'est
aussi la conformation qu'elle montre dans la figure (pl. 266) de
l'*Histoire naturelle des Poissons*. La nageoire est légèrement
convexe, sans angle, ni sinuosité dans la Coryphène pélagique,
fait remarquer C. Bonaparte ; mais le Lampuge de Sicile, que
C. Bonaparte regarde comme la Coryphène pélagique, est représenté avec une anale légèrement échancrée dans l'ouvrage
de Cuvier et Valenciennes (pl. 268). L'anale a vingt-quatre à

vingt-huit rayons, plus une fort petite épine cachée dans la peau. Le tronçon de la queue est à peu près aussi haut que long; sa longueur, qui fait le double de sa largeur, est comprise vingt à vingt-cinq fois dans la longueur totale. La caudale est très-fourchue; elle est développée; sa longueur est contenue quatre fois et demie à quatre fois et trois quarts dans la longueur totale; le lobe supérieur est un peu plus allongé que l'autre; les rayons sont couverts de petites écailles; ils sont au nombre de vingt-cinq, en comptant les deux basilaires qui se trouvent en dessus et en dessous. La peau, qui couvre la ceinture scapulaire, présente, au-dessus de l'insertion de la pectorale, un petit espace triangulaire sans écailles. La pectorale est attachée un peu au-dessous du milieu de la hauteur du tronc; en dedans, à l'aisselle, elle est retenue au corps par une membrane triangulaire, mince, non écailleuse; la nageoire est assez large, elle est légèrement falciforme; elle se compose de vingt ou vingt et un rayons; ses rayons supérieurs, qui sont les plus allongés, ne mesurent guère que le neuvième ou le dixième de la longueur totale. Les ventrales peuvent se loger en partie dans un sillon qui se prolonge, en se rétrécissant, jusqu'à l'anus; elles ont une épine assez grêle, moitié plus courte que les deux premiers rayons mous; ces rayons, beaucoup plus développés que les autres, font le septième de la longueur totale; le dernier rayon mou, sur une assez grande longueur de son bord interne, donne attache à une large membrane échancrée, qui vient se fixer vers le milieu du sillon, en longeant celle du côté opposé.

Br. 7. — D. 54 à 60 ; A. 1/24 à 28 ; C. 2/21/2 ; P. 20 ou 21 ; V. 1/5.

La dorsale est d'un gris argenté, à reflets dorés; l'anale est d'un blanc grisâtre; la caudale est d'un gris argenté, avec le bord interne et l'extrémité des lobes d'un bleu foncé presque noirâtre. Les pectorales ont une teinte jaune brunâtre. En dehors, les ventrales sont d'un jaune argenté; à leur face interne, elles sont d'un noir bleuâtre; la membrane, qui retient le dernier rayon mou à l'abdomen, paraît d'un gris jaunâtre.

La coloration semble variable ; la région supérieure du corps est d'un gris argenté ou d'un gris bleuâtre plus ou moins foncé ; près de la base de la dorsale, il y a généralement une douzaine de grandes taches ovales, noirâtres, rangées en série. Les côtés et le ventre sont d'un gris jaunâtre, ainsi que les joues et la gorge.

Habitat. Méditerranée, très-rare, Nice, Port-Vendres.

Proportions : long. totale 0,40 ; tronc, haut. 0,062, épais. 0,026.

Tête, long. 0,070, haut. 0,058. — Œil, diam. 0,015, esp. préorbit. 0,022, esp. interorbit. 0,021. — Mâchoire supérieure, long. 0,031.

La Coryphène dont je viens de donner les proportions, m'a été envoyée de Port-Vendres, grâce à l'extrême obligeance de M. le professeur Cortie. Au mois d'août 1874, ce poisson a été trouvé à moitié mort sur la plage qui est voisine du cap Béarn : suivant le rapport des pêcheurs, il est arrivé dans ces parages à la suite d'un bâtiment américain, qui se dirigeait vers le joli port des Pyrénées-Orientales.

Sous-famille des *Xiphéiniens, Xiphoini.*

Corps allongé, fusiforme ; peau nue, ou couverte d'écailles, de tubercules peu développés ; tronçon de la queue ayant de chaque côté une seule carène ou deux crêtes superposées.

Tête fort longue ; museau s'avançant en bec pointu, formé par l'allongement de la mâchoire supérieure, ou plutôt constitué dans sa plus grande étendue par le vomer et les intermaxillaires ; dents petites ou manquant.

Appareil branchial : ouïes largement fendues ; opercules lisses ; sept rayons branchiostèges ; pseudobranchies.

Nageoires ; une ou deux dorsales ; caudale en croissant ; ventrale nulle, ou à rayons peu nombreux.

Vessie natatoire plus ou moins développée. — **Appendices pyloriques** très-nombreux.

Cette sous-famille se compose de deux genres.

<table>
<tr><td rowspan="2">Ventrales</td><td>manquant.................................... 1. ESPADON.</td></tr>
<tr><td>ayant un ou plusieurs rayons............... 2. TÉTRAPTURE.</td></tr>
</table>

GENRE ESPADON — *XIPHIAS*.

Nageoires : dorsale unique ou double ; pas de ventrales.

Le genre Espadon comprend trois espèces.

Crête latérale sur le tronçon de la queue	unique, formant carène........	1. Espadon épée.
	double. Dorsale plus basse que le tronc.	2. Makaira noiratre.
	Dorsale plus haute que le tronc.	3. Machæra voilier.

L'ESPADON ÉPÉE — *XIPHIAS GLADIUS*.

Syn . : Xiphius, Bell., p. 169.
De poisson nommé Empereur, Rondel., liv. VIII, c. xiv, pl. 200.
Gladius, Salvian., p. 126-127. pl. 39.
Xiphias piscis, Willugh., p. 161, pl. J. 27, fig. 2.
Xiphias gladius, Linn., p. 432, sp. 1 ; Bloch, pl. 76 ; Rosenthal, *Ichthyotom. Taf.*,
pl. 21 ; CBp., *Cat.*, n° 719 ; Günth., t. II, p. 511 ; Schlegel, p. 10, pl. 1, fig. 3-4 ;
Canestr., *Fn. Ital.*, p. 111.
Spada, Cetti, *Storia nat. Sardegna*, t. III, p. 93-96, p. 142-146.
De l'Empereur ou Poisson a Épée, Duham., *Pêch.*, part. 2, sect. 9, p. 333,
pl. 26, fig. 3.
Le Xiphias espadon, Xiphias gladius, Lacép., t. VII, p. 145 ; Riss., *Ichth.*, p. 99,
(Espadon empereur) *Hist. nat.*, p. 208.
L'Espadon épée, Xiphias gladius, Cuv. et Valenc., t. VIII, p. 255, pl. 225-226, pl. 231,
ostéol. tête, *Rég. an. ill.*, pl. 50 ; Guichen., *Expl. Algér.*, p. 60.
The Swordfish, Yarr., t. II, p. 240 ; Couch, t. II, p. 145.

N. Vulg. : Épée, Dard, Empereur ; Peiz espasa, Pyrénées-Orientales ; Peï
emperur, Celte ; Emperatour, Nice.
Long. : 1,50 à 4,00 et plus.

Au milieu des Scombridés, l'Espadon se fait remarquer par
le développement de sa taille, et surtout par le prolongement de
son museau, qui lui donne un aspect étrange, lui fournit une
arme des plus redoutables. Il a le corps fusiforme, plus ou
moins allongé. Les proportions varient suivant la taille des sujets. Les jeunes sont beaucoup plus minces, plus élancés que
les adultes ; chez eux, la hauteur du tronc ne fait guère que le
neuvième de la longueur totale, tandis qu'elle en mesure le
sixième chez les grands individus. Les adultes ont le corps

assez arrondi, d'un tiers environ plus haut que large. La peau est lisse chez les adultes, mais chez les jeunes elle est couverte de scabrosités, de petits tubercules placés en séries assez régulières suivant la longueur du corps ; cette disposition est parfaitement représentée dans la figure qui accompagne le texte de Cuvier et Valenciennes (pl. 225, Espadon épée, *jeune*). Le nombre des vertèbres est de vingt-cinq ou de vingt-six, 14 +.

En dessus la tête est aplatie ou très-légèrement bombée ; sa longueur fait environ le tiers de la longueur totale, et même plus chez les jeunes animaux. La bouche est fendue jusque sous le bord postérieur de l'orbite ; elle n'est pas dentée, suivant l'opinion généralement admise d'une manière beaucoup trop absolue. Les mâchoires et le vomer sont garnis d'une large bande de fort petites dents en velours excessivement ras ; ces dents sont assurément peu distinctes à l'œil nu, mais elles sont facilement senties par le doigt ; sous un verre grossissant elles paraissent coniques, un peu crochues. Le développement proportionnel des mâchoires est très-remarquable ; il se produit à l'inverse de ce qui se montre dans certains poissons à bec allongé ; chez l'Orphie, par exemple, la différence entre la longueur de la mâchoire supérieure et celle de la mandibule diminue à mesure que l'animal grandit ; chez l'Espadon au contraire cette différence augmente de plus en plus avec l'âge. Ainsi dans un jeune Espadon ayant une taille de 0ᵐ,45, une tête longue de 0ᵐ,175, les mâchoires mesurées à partir de la commissure buccale ont : la supérieure 0ᵐ,130, l'inférieure 0ᵐ,092 ; la mandibule est d'un quart environ plus courte que le bec : chez un individu ayant une tête longue de 0ᵐ,69, la mâchoire supérieure a 0ᵐ,57 de longueur, et l'inférieure 0ᵐ,155, la mandibule n'a guère plus du quart de la longueur du bec. La mandibule se termine en pointe très-aiguë ; entre ses branches, et en arrière, se trouve un voile semi-circulaire fort développé. Le bec est épais à la base, qui est constituée par les frontaux, l'ethmoïde, les maxillaires supérieurs, le vomer et les intermaxillaires ; ces dernières pièces forment la pointe du bec. La partie supérieure de l'épée est couverte d'une peau noirâtre, une espèce de cuir ; elle est marquée de stries longitudinales ; elle est aplatie à partir de l'extrémité de l'ethmoïde ; la face inférieure est légèrement convexe ; les bords sont minces et tranchants. La largeur et l'épaisseur du bec sont variables ; voici les proportions que je trouve, à la fin de l'ethmoïde, sur une épée longue de $0^m,57$: largeur, $0^m,044$; épaisseur, $0^m,012$. Ce glaive est une arme terrible, qui probablement sert plus à la défense qu'à l'attaque. Dans son *Histoire naturelle de Sardaigne*, Cetti affirme que les Espadons ne poursuivent pas les Thons, mais vivent en très-parfait accord avec eux. Si les pêcheurs redoutent l'entrée des Espadons au milieu des Thonaires, ce n'est pas à cause du carnage que ces animaux peuvent faire de leurs compagnons de captivité ; ils ont peur au contraire de voir leurs filets déchirés par le bec de l'Espadon, laisser échapper les Thons qu'ils emprisonnent.

L'iris est d'un blanc jaunâtre. L'œil est grand ; son diamètre fait environ les deux tiers de l'espace postorbitaire. La sclérotique est très-épaisse. Il existe un muscle choroïdien analogue à celui que j'ai signalé dans l'œil du Germon.

Les orifices de la narine sont placés près du bord antérieur de l'orbite, un peu au-dessus du prolongement du diamètre horizontal de l'œil ; ils sont très-voisins l'un de l'autre, ovales, assez étroits.

La fente des ouïes est fort longue. Les pièces operculaires sont lisses. L'opercule est large, à bord postérieur à peu près arrondi ; le sous-opercule est très-uni à l'opercule. Le préopercule est relativement étroit ; son bord postérieur est vertical ; son angle inférieur et postérieur est légèrement arrondi, il se termine brusquement, car le bord inférieur est excessivement court. Les rayons branchiostèges sont au nombre de sept. La pseudobranchie est bien développée. Aristote a parfaitement reconnu la disposition des branchies ; elles sont doubles, écrit-il, et au nombre de huit ; en effet, les lamelles respiratoires, qui forment deux séries sur chacun des arcs branchiaux, sont en quelque sorte séparées jusqu'à leur base et constituent un feuillet antérieur et un feuillet postérieur, ou, si l'on veut, un feuillet externe et un feuillet interne (V. Arist., *trad.* Camus, liv. II, chap. XIII, p. 85).

La dorsale est très longue, elle commence au-dessus de la fente branchiale et finit vers la pointe antérieure de la carène de la queue; elle est entière chez les jeunes, plus ou moins usée dans son milieu chez les grands individus, et simulant ainsi deux nageoires distinctes; elle est composée de quarante-trois rayons; les trois rayons antérieurs sont simples, épineux, bas, surtout le premier et le deuxième; les quatre ou cinq rayons suivants sont les plus élevés, ils forment la pointe de la nageoire. L'anale est relativement assez courte, elle prend naissance sous le tiers postérieur de la dorsale et finit en même temps que la nageoire du dos, ou même plus tôt; elle compte dix-sept rayons; elle est haute en avant, assez basse en arrière; elle est entière chez les jeunes, interrompue chez les sujets de grande taille. Le tronçon de la queue porte de chaque côté une carène médiane fort saillante. La caudale se modifie avec le développement des animaux; chez les jeunes elle est plutôt fourchue, chez les adultes elle est échancrée en croissant; elle a dix-sept grands rayons et quatre ou cinq rayons basilaires en haut comme en bas. La pectorale est placée très bas, au niveau de l'angle postérieur et inférieur du battant operculaire; elle est falciforme; elle mesure environ le septième de la longueur totale, et parfois même un peu plus chez les petits sujets; elle a seize rayons; les trois rayons supérieurs sont les plus allongés.

Br. 7. — D. 3/40 ; A. 2/15 ; C. 4 ou 5/17/5 ou 4 ; P. 16.

La coloration est d'un bleu foncé sur le dos, d'un argenté brillant sur les côtés et le ventre.

La vessie natatoire est bien développée.

Il y a de nombreux appendices pyloriques.

Habitat. L'Espadon se trouve sur toutes nos côtes. Méditerranée, assez commun, Nice, Cette. Océan, golfe de Gascogne, assez rare, Bayonne,

Arcachon ; rare entre la Gironde et la Loire, la Rochelle ; très rare au nord de la Loire. Manche, excessivement rare, le Havre, Boulogne.

Proportions : long. totale 0,45.

Tête, long. 0,175. — Œil, diam. 0,015, esp. préorbit. 0,125, esp. interorbit. 0,025.—Distance de l'angle de la bouche à mâchoire : supér. 0,130, infér. 0,092.

Dorsale, long. 0,200 ; anale, long. 0,060 ; pectorale, long. 0,067.

Espadon pêché à Cette, août 1877 ; poids 85,00 à 90,00 ; longueur prise du bout du museau au milieu de l'échancrure de la caudale 2,43 ; circonférence 1,14.

LE MAKAIRA NOIRATRE — *MAKAIRA NIGRICANS.*

Syn. : Le Makaira noiratre, Makaira nigricans, Lacép., édit. in-4°, t. IV, p. 689, pl. 13, fig. 3, édit. Pillot, t. VII, p. 156.

Le Makaira, Cuv., *Rég. an.*, 1817, t. II, p. 327.

Du Makaira, Cuv. et Valenc., t. VIII, p. 287.

Long. : 3,30.

De Lacépède, auquel nous empruntons la description suivante, dit que le Makaira échoué aux environs de la Rochelle, avait le corps épais. La hauteur du tronc était comprise trois fois et un tiers dans la longueur totale.

Le sommet de la tête était élevé et arrondi. La mâchoire inférieure n'atteignait qu'au milieu de la longueur de la mâchoire supérieure. On ne voyait pas de dents. La mâchoire supérieure faisait à peu près le cinquième de la longueur totale. L'épée était unie, sans sillons, arrondie sur les bords ; la partie osseuse de cette arme avait quelques rapports avec l'ivoire.

La première dorsale avait une hauteur moindre que celle du tronc. L'anale était à peu près de même dimension que la seconde nageoire du dos. La pectorale était fort étroite, mais presque aussi longue que la mâchoire d'en haut. Les deux boucliers (ou crêtes) qui se trouvaient, de chaque côté, sur le tronçon de la queue, étaient placés l'un au-dessus de l'autre.

Habitat. Océan ; en 1802, ce Makaira fut jeté par une tempête sur un rivage de la mer voisin de la Rochelle ; il pesait 365 kilogrammes. Suivant M. Lemarié, un Makaira a été pêché à l'île de Ré en 1835. Mais quel est ce poisson ? Un Makaira noirâtre ou bien un Makaira voilier ?

Proportions : long. totale 3,30 ; tronc, haut. 1,00. — Mâchoire supérieure, long. 0,65. — 1re dorsale, haut. 0,62 ; 2e dorsale, haut. 0,24 ; distance séparant, l'une de l'autre, les pointes de la caudale 1,30 ; pectorale long. 0,62. — Longueur de chaque bouclier (crête) 0,06.

Des habitants de l'île de Ré ont mangé avec plaisir de ce poisson. Sa chair cependant était un peu sèche (Lacép.).

LE MACHÆRA VOILIER — *MACHÆRA VELIFERA.*

Syn. : Le MACHÆRA VOILIER, Machæra velifera, Cuv., *Nouv. Ann. Muséum Hist. nat.*, 1832, t. I, p. 43-49, pl. 3, *Règ. an. ill.*, pl. 52.
HISTIOPHORUS GRACILI-ROSTRIS, Cuv. et Valenc., t. VIII, p. 308.
XIPHIAS VELIFER, Günth., t. II, p. 512.

Long. : 2,30 à 2,60.

Le Machæra voilier paraît moins trapu que le Machæra noirâtre. Sa longueur, dit Cuvier, prise de la pointe de l'épée jusqu'à la ligne verticale qui joint les deux pointes de sa caudale, comprend douze fois sa hauteur prise à la base des pectorales.

La longueur de la tête est trois fois et un tiers dans la longueur totale. Le museau, mesuré de sa pointe à la commissure des mâchoires, prend les trois quarts de la longueur de la tête. La mâchoire inférieure, mesurée depuis cette commissure jusqu'à sa pointe, a sa longueur comprise deux fois et demie dans celle de la mâchoire supérieure. L'épée est un peu déprimée. Tout ce qui est au-dessus de la mâchoire inférieure a la forme d'un demi-cône. Sa largeur, prise à l'endroit qui est au-dessus de la pointe de la mâchoire inférieure, est comprise seize fois depuis sa propre pointe jusqu'à cet endroit, vingt-cinq fois jusqu'à l'œil, et vingt-huit fois jusqu'à la commissure des mâchoires.

La première dorsale est, dans sa région la plus élevée, plus haute que le tronc. La seconde dorsale est séparée de la première par un intervalle nu ; mais je ne sais pas, ajoute Cuvier, si, comme dans le Xiphias de nos mers, c'est un effet de l'âge ; elle a sept rayons articulés, précédés d'un petit rayon épineux. De chaque côté, sur le tronçon de la queue, se voient deux

crêtes horizontales. Il y a deux anales ; la première commence
sous le trente-cinquième rayon de la première dorsale ; elle
compte trois rayons épineux, cinq branchus, quatre simples,
douze en tout. La seconde anale répond à la seconde dorsale ;
elle a la même forme et le même nombre de rayons.

La comparaison que nous avons faite du museau de ce poisson
de Saint-Domingue avec celui du Machæra échoué à l'île de Ré
en 1772, et conservé au Musée de la Rochelle, nous porte à
croire qu'il est de la même espèce, laquelle se trouverait ainsi
du petit nombre de celles qui traversent quelquefois l'Atlantique. Nous pensons aussi que c'est à cette espèce qu'appartient
le museau indiqué dans notre huitième volume, p. 308, sous le
nom de *Gracili-rostris* (Cuv.).

Il est fâcheux que l'animal, pêché en 1835 à l'île de Ré, n'ait
pas été mieux déterminé. Il est difficile de le rapporter à l'une
ou l'autre de ces deux espèces.

Au Muséum de Paris est un magnifique Machæra voilier, venant de Saint-Domingue.

GENRE TÉTRAPTURE — *TETRAPTURUS*, Rafin.

Syn. : Tetrapterus, Agass.

Corps allongé, fusiforme ; deux crêtes, de chaque côté, sur le tronçon
de la queue.

Tête longue ; bec effilé, arrondi en dessus ; mâchoires garnies de dents
en velours.

Nageoires ; deux dorsales, la première beaucoup plus longue que l'autre ; anale double ; ventrale réduite à un seul rayon.

LE TÉTRAPTURE AIGUILLE ou ORPHIE
TETRAPTURUS BELONE.

Syn. : Tetrapturus belone, Rafin., *Carat.*, gen. 41, sp. 145, p. 54, pl. 1, fig. 1,
Ind. itt. sicil., p. 30, n° 225 ; CBp. *Cat.*, n° 720 ; Canestr., *Archiv. Zool.*, t. I, p. 259,
pl. 17, fig. 3, écail., *Fn. Ital.*, p. 112.
Le Tétrapture aguïa, Tetrapturus belone, Cuv. et Valenc., t. VIII, p. 280, (T. orphie)
pl. 227-228, squel., anim., *Règ. an. ill.*, p. 123, pl. 51, fig. 1.
Tetrapterus belone, Agass., *Poiss. foss.*, t. V, p. 89, pl. E.
Histiophorus belone, Günth., t. II, p. 513.

Long. : 1,50 à 2,40.

A la suite des Espadons, viennent les Tétraptures qui s'en distinguent par la présence de leurs ventrales. Le Tétrapture aiguille a le corps allongé et légèrement comprimé. La hauteur du tronc, qui est double de l'épaisseur, est contenue huit à neuf fois dans la longueur totale. La peau semble lisse ; elle est couverte de pièces écailleuses qui, suivant Canestrini, sont étroites à la base, élargies et découpées, à leur bord postérieur, en cinq parties ou cinq pointes, trois supérieures plus longues et deux inférieures plus courtes, ainsi que le démontre la figure donnée par ce naturaliste. De chaque côté, le tronçon de la queue porte deux petites crêtes superposées. Le nombre des vertèbres est de vingt-quatre ; il y a douze vertèbres abdominales, qui toutes donnent attache à des côtes assez peu développées.

La tête a le profil supérieur légèrement déclive ; sa longueur fait le quart environ de la longueur totale. Le bec est plus ou moins effilé, il est arrondi en dessus ; sa longueur est comprise cinq fois et demie à sept fois dans la longueur totale : la mâchoire inférieure est beaucoup moins longue que la supérieure ; elles sont garnies l'une et l'autre de dents en velours. Les palatins sont pourvus de pareilles dents sur une courte bande ; le vomer n'en a pas. La bouche est ouverte jusque sous l'œil. Le maxillaire supérieur est allongé, assez étroit, il dépasse en arrière le bord postérieur de l'orbite.

Les yeux sont arrondis, de moyenne grandeur.

Il y a deux orifices à la narine.

Quant aux branchies, elles présentent la même conformation que celles de l'Espadon ; les rayons branchiostèges sont au nombre de sept.

La ligne latérale est sinueuse en avant.

La première dorsale prend naissance au-dessus, et même un peu en avant du milieu de l'opercule; elle est fort longue, elle se compose de quarante-trois rayons épineux ; elle est généralement moins haute que le corps ; les trois premiers rayons sont courts; les plus allongés sont le cinquième, le sixième et le septième, ils ont presque la hauteur de la partie du tronc au-dessus de laquelle ils sont placés. La seconde dorsale est courte ; elle a six rayons branchus ; le dernier rayon est plus allongé que les précédents. La première anale est placée sous le tiers postérieur de la première dorsale ; elle compte deux épines et treize rayons mous ; les derniers rayons sont fort courts, parfois peu distincts. La seconde anale est opposée à la seconde dorsale ; elle a sept rayons. Le tronçon de la queue est assez allongé ; la seconde dorsale finit au-dessus de la vingtième vertèbre. La caudale est en croissant ; elle est bien développée ; elle a dix-sept grands rayons, plus quatre rayons basilaires en dessus et en dessous. Les pectorales sont assez courtes; elles sont soutenues par dix-huit rayons. Les ventrales ont seulement un grand rayon, qui mesure environ un quart ou un tiers de plus en longueur que les pectorales,

Br. 7. — D. 43 — 6 ; A. 2/13 — 7 ; C. 4/17/4 ; P. 18 ; V. 1.

La coloration est brun bleuâtre sur le dos, blanchâtre sous le ventre.

Habitat. Excessivement rare, Méditerranée, Nice. Océan, la Rochelle.

En 1866, il a été pêché à Nice un Tétrapture, qui est conservé dans le Musée de la ville. D'après les renseignements de MM. Gal frères, qui ont préparé ce beau poisson, il mesure : long. totale 1,80, haut. 0,20 ; il pesait 18 kilogrammes.

Le Musée Fleuriau (la Rochelle) possède un spécimen qui a les proportions suivantes :

Proportions : long. totale 2,33.

Tête, long. 0,59. — Mâchoires, mesurées à partir de l'angle de la bouche jusqu'à leur extrémité, long : mâch. sup. 0,41 ; mâch. inf. 0,25.

1re dorsale, long. 1,10, haut. en avant 0,30, au milieu 0,10 ; 2e dorsale, long. 0,07 ; 1er rayon de la 2e dorsale, de la 2e anale, long. 0,035, dernier rayon des mêmes nageoires, long. 0,09 ; caudale, long. de la distance séparant l'une de l'autre la pointe de chacun des lobes 0,47.

Les proportions de Tétrapture que je viens d'indiquer, m'ont été données par le savant directeur du Musée Fleuriau, par M. Beltremieux, qui même a eu la gracieuseté de m'envoyer une esquisse de ce poisson magnifique. Le sujet est parfaitement monté ; on le remarque de suite quand on entre dans le beau Musée, qui renferme les diverses collections d'histoire naturelle de la Charente-Inférieure, et qui est sans contredit l'un des Musées les plus riches de nos départements.

Au Musée civique de Gênes, j'ai vu un Tétrapture belone et un Tétrapture de nouvelle espèce, qui a été décrit et figuré par Canestrini sous le nom de *Tetrapturus Lessonæ* (*Archiv. Zool. Anat.* 1861, t. I, p. 259, pl. 17). Ces deux animaux ont été pêchés dans le golfe de Gênes.

Sous famille des Échénéiniens, *Echeneini*.

Corps allongé, en forme de fuseau ou plutôt de coin avec les angles arrondis, légèrement comprimé sur les côtés, couvert de petites écailles lisses, enduites d'un mucus très épais.

Tête large, aplatie, portant un disque ovale, composé d'un nombre variable de lamelles transversales, paires, épineuses ; museau assez allongé ; bouche terminale, peu fendue ; mâchoire inférieure plus avancée que la supérieure, munies l'une et l'autre de dents en velours, ainsi que le vomer et les palatins.

Nageoires ; première dorsale transformée en disque dorso-céphalique , seconde dorsale reculée, opposée à l'anale, qui est semblable ; ventrales ayant une épine et cinq rayons mous.

GENRE ÉCHÉNÉIS — *ECHENEIS*, Arted.

Appareil branchial ; ouïes largement fendues ; rayons branchiostèges au nombre de sept à neuf.

Vessie natatoire nulle. — **Appendices pyloriques** au nombre de six à huit.

Le genre Échénéis est formé de deux espèces.

Disque composé de lamelles paires au nombre de
{ moins de vingt..... 1. É. RÉMORA.
{ vingt au moins..... 2. É. NAUCRATE.

L'ÉCHÉNEIS RÉMORA — *ECHENEIS REMORA*.

Fig. 142.

Syn. : ? DU POISSON NOMMÉ REMORA, Rondel., liv. XV, c. XVII, p. 334.
? DE REMORA, Aldrov., p. 335-336, fig.
ECHENEIS REMORA, Linn., p. 446, sp. 1 ; Bloch, pl. 172 ; Rafin., *Ind. itt. sicil.*, p. 29,

n° 208 : Cuv., *Rég. an.*, 1817, t. II, p. 228 ; Rosenthal, *Ichthyotom. Taf.*, pl. 20, fig. 1-8 ;
Costa, *Fn. Napol.*, pl. 26 ; CBp., *Cat.*, n° 609 ; Günth., t. II, p. 378 ; Canestr.,
Fn. Ital., p. 152.

    Du Sucet ou Rémora, Duham., *Pêch.*, part. 2, sect, 4. p. 56, pl. 4, fig. 5.

    Le Rémore, Echeneis remora, Bonnat., p. 57, pl. 33, fig. 123.

    L'Échénéis rémora, Echeneis remora, Lacép., t. VIII, p. 235 ; Riss., *Ichth.*, p. 177,
Hist. nat., p. 269.

    The common Remora, Yarr., t. I, p. 671.

    Remora, Couch, t. II, p. 113.

N. Vulg. : Sussapega, Nice.

Long. : 0,20 à 0,35.

Les anciens naturalistes ont confondu sous un même nom les
deux ou trois espèces d'Échénéis, qui vivent dans la Méditerranée. De ces curieux poissons le moins rare, sur nos côtes, est
le Rémora. Il a le corps allongé, en forme de coin aux angles
arrondis, un peu plus épais que haut. La hauteur du tronc est
comprise, chez les grands animaux, sept fois dans la longueur
totale, et neuf à dix fois chez les petits. La peau est épaisse, légèrement granuleuse, finement chagrinée quand elle est sèche ;
elle est garnie de très petites écailles ovales, fort minces, à stries
concentriques, cachées dans un épiderme enduit d'une mucosité abondante. Les vertèbres sont généralement au nombre de
vingt-sept, 12 + 15.

Plus large que le corps, la tête est convexe en dessous, aplatie
en dessus, portant un disque bien développé, couverte sur les
côtés d'une peau chagrinée, cachant de petites écailles ; proportionnellement elle est plus longue chez les jeunes que chez les
adultes ; sa longueur est comprise quatre fois et quart à cinq
fois dans la longueur totale. Le museau est court, à bord demi-
circulaire. La bouche est légèrement oblique, assez large, elle
est fendue seulement jusque sous les narines. La mandibule est
plus longue et plus large que la mâchoire supérieure ; elle forme
la partie avancée de la tête. La lèvre supérieure est bordée
d'un grand nombre de denticules excessivement ténus. Des
dents très fines, en velours, garnissent les mâchoires, le devant
du vomer et les palatins. La langue est large, blanche ; elle a
quelques aspérités. En arrière, le maxillaire supérieur se ter-

mine sous le milieu de l'espace qui sépare la narine de l'orbite.

L'œil est légèrement ovale ; il est entouré d'une paupière circulaire : il est placé au-dessous de l'intervalle qui s'étend de la cinquième à la huitième lamelle du disque, parfois un peu plus en arrière, il correspond à l'intervalle compris entre la septième et la dixième lamelle du disque. Son diamètre, chez les sujets de moyenne taille, fait le cinquième de la longueur de la tête, la moitié de l'espace préorbitaire, et le tiers de l'espace interorbitaire. L'iris est d'un jaune brunâtre.

Les ouvertures de la narine sont voisines ; elles sont placées au-dessus du prolongement du diamètre horizontal de l'œil, plus rapprochées de l'orbite que de l'extrémité du museau. L'orifice antérieur est légèrement tubuleux et moins visible que l'orifice postérieur.

Au niveau du bord supérieur de l'insertion de la pectorale, commence la fente des ouïes, elle s'avance jusque sous la commissure des lèvres ; elle est arquée. Les pièces operculaires sont peu distinctes ; elles sont enveloppées dans une peau épaisse, à fines écailles ovales ; elles sont bordées en arrière par un repli de la membrane branchiostège, qui se prolonge en haut, jusqu'à la base de la pectorale. Mises à nu, ces pièces montrent certaines particularités de conformation que nous ne pouvons étudier en détail ; le sous-opercule est relativement fort développé, il est plus allongé que l'opercule, il constitue une grande partie du bord postérieur et inférieur du battant operculaire. Les lamelles branchiales sont d'un blanc rosé ; l'intérieur de la chambre respiratoire est d'un blanc teinté de gris. Les membranes branchiostèges se croisent sous la gorge ; la membrane du côté gauche passe en dessous ; les rayons branchiostèges sont petits, grêles, très rapprochés les uns des autres ; ils sont au nombre de sept.

A partir du bord supérieur de l'insertion de la pectorale se montre la ligne latérale, qui se dirige un peu obliquement d'avant en arrière pour se terminer au milieu de la base de la caudale.

Nous l'avons dit, le disque céphalique est une nageoire dorsale modifiée ; il est très développé, ovale, plus large en arrière. Il n'est pas seulement placé sur la tête, il couvre aussi la partie antérieure du tronc ; il commence en avant près du bord de la mâchoire supérieure, et s'étend en arrière au delà du milieu des pectorales chez les jeunes, moins loin chez les adultes ; sa longueur, qui est le double de sa largeur, fait le tiers de la longueur totale chez les petits, un peu moins chez les grands. Sa face supérieure est plane, légèrement déprimée, encadrée par un repli de la peau. De chaque côté de la ligne médiane existe une série de petites lamelles, qui sont au nombre de dix-sept le plus ordinairement, parfois il y en a dix-huit ou dix-neuf, rarement seize. Ces lamelles de longueur variable, en raison de la forme du disque, sont de hauteur égale ; elles ont leur bord libre garni de plusieurs rangées de petites épines ; elles sont séparées les unes des autres, excepté en avant et en arrière, par des intervalles réguliers ; à l'état de repos, elles sont inclinées en arrière, suivant une comparaison faite par plusieurs auteurs, elles sont un peu disposées comme les lames d'une persienne ; elles peuvent se redresser, et relever ainsi les épines dont elles sont pourvues. Chacune de ces lamelles représente la moitié de l'un des rayons formant la première dorsale. Le pourtour du disque est assez large, surtout en arrière, plus ou moins épais, susceptible de s'appliquer à la surface des corps. En raison de la disposition et de la mobilité de ses lamelles, en raison de l'élasticité de son bourrelet, le disque agit comme une puissante ventouse. Pour détacher l'animal, il faut non pas le tirer en arrière, mais au contraire le pousser en avant, afin de rabattre les lamelles du disque et de diminuer ainsi la force de son adhérence. La seconde dorsale s'étend sur la moitié postérieure de la longueur du corps ; dans les jeunes, elle est moins longue que le disque, elle est à peu près aussi longue chez les sujets développés ; elle va presque jusqu'à la base de la caudale ; elle est plus haute en avant ; sa plus grande hauteur fait environ le tiers de sa longueur ; ses rayons, enveloppés dans la peau, sont assez peu distincts, ils sont au nombre de dix-huit à vingt-deux. L'anale est opposée et semblable à la seconde dorsale, elle a vingt ou vingt-deux rayons ; elle finit un peu avant la base de la caudale. Le tronçon de la queue est assez haut, court. La caudale, légèrement échancrée, a seize rayons ; sa longueur mesure près du sixième de la longueur totale. La pectorale commence vis-à-vis de la treizième lamelle du disque, chez les jeunes, un peu plus en arrière chez les adultes ; elle a son bord supérieur très rapproché du pourtour de la plaque céphalique ; elle est soutenue par vingt-trois à vingt-cinq rayons ; elle est large, coupée obliquement, presque triangulaire ; elle est courte ; sa longueur est comprise environ sept fois et demie dans la longueur totale. Les ventrales, rapprochées l'une de l'autre, sont logées dans une petite fossette ; elles sont grêles ; elles sont à peine moins longues que les pectorales ; elles ont six rayons ; le rayon interne est assez court ; il est retenu par une membrane qui l'attache à l'abdomen.

Br. 7.—D. 16 à 19—18 à 22 ; A. 20 à 22 ; C. 16 ; P. 23 à 25 ; V. 1/5.

La coloration paraît uniforme, elle est d'un brun ardoise teinté de violet.

Habitat. Méditerranée, rare, Nice. Océan, excessivement rare, la Rochelle.
Proportions : long. totale 0,104 ; tronc, haut. 0,010, épais. 0,012.
Tête, long. 0,024, haut. 0,010. — Œil, diam. 0,005, esp. préorbit. 0,011, esp. interorbit. 0,015. — Mâchoire supérieure, long. 0,011.
Disque, long. 0,035, larg. 0,017, paires de lamelles, 17 ; 2° dorsale, long. 0,021 ; anale, long. 0,022 ; caudale, long. 0,016 ; pectorale, long. 0,014.

L'ÉCHÉNÉIS NAUCRATE — *ECHENEIS NAUCRATES.*

Syn. : Echeneis naucrates, Linn., p. 446, sp. 2 ; Bloch, pl. 171 ; CBp., *Cat.*, n° 610 ; Agass., *Poiss. foss.*, t. V, p. 117, pl. G, fig. 2 ; Günth., t, II, p. 384 ; Canestr., *Fn. Ital.*, p. 152.
Le Sucet, Echeneis naucrates, Bonnat., p. 58, pl. 33, fig. 124.
L'Echénéis naucraté, Echeneis naucrates, Lacép., t. VIII, p. 248 ; Riss., *Hist. nat.*, p. 270 ; Cuv., *Rég. an. ill.*, p. 312, pl. 108, fig. 3ª disque ; Guichen., *Expl. Algér.*, p. 111.
Echeneis Veterum, Costa, *Fn. Napol.*, pl. 25.

Long. : 0,30 à 0,70.

Chez le Naucrate, le corps paraît plus effilé que chez le Rémora ; la hauteur du tronc, qui est un peu moindre que l'épaisseur, est contenue de huit à treize fois dans la longueur totale. A partir de l'anus, le corps va diminuant d'une façon régulière. La peau semble finement granuleuse ; elle est couverte d'écailles excessivement petites, minces, allongées, qui, vues sous un verre grossissant, montrent un bord postérieur, étroit, pointu ou plutôt légèrement ovale. Il y a une trentaine de vertèbres, dont seize caudales, suivant Agassiz.

La tête présente la forme d'une pyramide triangulaire, dont les faces latérales sont faiblement convexes ; elle est plus large que le tronc ; sa longueur, qui fait le double au moins de sa hauteur est comprise six fois à six fois et demie dans la longueur totale. La mandibule est beaucoup plus avancée que la mâchoire supérieure ; elle porte une bande, large en avant surtout, de dents en velours qui ne correspondent pas à celles de l'autre mâchoire. La mâchoire supérieure, le vomer et les palatins ont des dents en velours. La langue est libre dans une certaine étendue ; elle est mince sur les bords ; elle montre une grande plaque ovale, garnie de petites dents en velours fin. La mâchoire supérieure arrive, en arrière, à peine sous l'orifice antérieur de la narine.

Les yeux sont arrondis ; ils sont placés sous l'espace compris entre la sixième et la neuvième lamelle du disque. Le diamètre de l'œil est contenu six fois et demie environ dans la longueur de la tête, trois fois et demie dans la largeur de l'espace inter-orbitaire ; il fait le tiers de l'espace préorbitaire.

Les orifices de la narine sont à peine séparés l'un de l'autre ; ils sont plus rapprochés de l'orbite que de l'extrémité du museau ; l'orifice antérieur est entouré d'un petit bourrelet ; l'ouverture postérieure est ovale.

Au niveau du deuxième rayon supérieur de la pectorale, commence la fente des ouies, elle s'avance jusque sous la narine ; la membrane branchiostège est soutenue par neuf rayons, assez faciles à compter.

La ligne latérale passe entre le disque et la base de la pectorale, et se continue obliquement jusqu'à l'insertion de la
caudale ; elle dessine vis-à-vis de la pectorale une sinuosité,
qui parfois est plus prononcée d'un côté que de l'autre.

Chez un animal conservé depuis longtemps dans l'alcool, la
peau qui forme une bordure au disque est comme spongieuse ;
elle donne au doigt la sensation analogue à celle qu'on éprouve
en touchant un feutre humide. Le disque finit en arrière à peu
près au-dessus du milieu de la longueur des pectorales. Sa
longueur, qui fait le triple de sa largeur moyenne, est comprise
quatre fois et demie à cinq fois dans la longueur totale. Ses
lamelles sont au nombre de vingt ou plutôt de vingt et une à
vingt-quatre paires ; elles ont sur leur bord libre deux ou trois
rangées d'épines inégales ; les épines qui forment la rangée
postérieure sont très sensiblement plus fortes et plus longues
que les autres, c'est du moins ce que j'ai constaté sur plusieurs
spécimens. La seconde dorsale commence vers le milieu de la
longueur totale, caudale non comprise ; elle se compose de
trente-cinq à quarante rayons ; sa plus grande hauteur fait environ le sixième de la longueur de sa base. L'anale est opposée
et semblable à la seconde dorsale, elle est peut-être un peu plus
haute ; elle a trente-quatre à trente-neuf rayons. Le tronçon de
la queue est court ; il a une épaisseur égale à sa hauteur. La
caudale, suivant la taille des animaux, présente quelques différences de forme ; elle est légèrement échancrée chez les sujets
de grande taille, sinueuse, ou faiblement convexe chez les
individus qui n'ont pas acquis leur développement ; elle a
quatorze grands rayons, plus deux rayons basilaires, en dessus
comme en dessous ; sa longueur mesure le huitième de la longueur totale, ou peu s'en manque. Les pectorales comptent dix-
huit à vingt et un rayons ; elles ont une base large ; elles sont
presque falciformes ; leur longueur fait le huitième de la longueur totale ; dans la figure de l'*Echeneis Veterum*, donnée par
Costa, la nageoire est évidemment trop courte. Les ventrales,
insérées au-dessous des pectorales, ne mesurent guère que le

dixième de la longueur totale ; l'épine est moitié moins grande que le premier rayon mou, qui, avec le suivant, est le plus allongé. Le rayon interne, ou cinquième rayon mou, donne insertion à une membrane, qui l'attache au tronc et s'unit à celle du côté opposé, avec laquelle elle circonscrit en arrière une échancrure assez profonde.

Br. 9. — D. 20 à 24 — 35 à 40 ; A. 34 à 39 ; C. 2/14/2 ; P. 18 à 21 ; V. 1/5.

La couleur du Naucrate, dit Guichenot, est d'un bleuâtre très-foncé, qui passe au noirâtre vers le dos ; il en est de même de la caudale qui a ses bords jaunes. La dorsale et l'anale sont brunes, bordées de jaune ; un bande étroite, blanchâtre ou jaunâtre, s'étend le long des parties inférieures du corps.

Habitat. Méditerranée, excessivement rare, Nice. Il faut évidemment rapporter à cette espèce l'Échénéis naucrate de Risso, qui est pourvu de neuf rayons branchiostèges.

Proportions : long. totale 0,412 ; tronc, haut. 0,032, épais. 0,038.

Tête, long. 0,065, haut 0,029. — Œil diam. 0,010, esp. préorbit. 0,031, esp. interorbit. 0,033. — Mâchoire supérieure, long. 0,022.

Disque céphalique, long. 0,092, larg. 0,030, paires de lamelles, 21 ; 2° dorsale, long. 0,154 ; anale long. 0,133 ; caudale, long. 0,050 ; pectorale, long. 0,050 ;

L'Échénéis naucrate, dont je viens d'indiquer les proportions, a été rapporté d'Algérie par Guichenot.

Les anciens ont attribué aux Rémoras une force irrésistible ; il est inutile de rappeler les faits merveilleux que Pline a décrits avec tant de complaisance ; il faut chercher à l'issue de la bataille d'Actium d'autres causes que l'influence d'un Échénéis arrêtant le navire d'Antoine. — De Lacépède a publié sur les mœurs de ces poissons d'intéressantes observations ; il nous apprend, d'après Commerson, comment, sur la côte de Mozambique, les pêcheurs, employant un moyen ingénieux, se servent des Naucrates pour s'emparer des tortues marines. — Les Échénéis se fixent principalement sur les corps flottants, et se font ainsi transporter sans aucune fatigue ; ils s'attachent aux animaux de grande taille, à la carène des vaisseaux. Il y a quelques années une de ces gigantesques tortues de mer, une Tortue luth, fut prise à Cette ; elle portait, adhérent à sa carapace, un Échénéis qu'on ne put enlever qu'avec une certaine difficulté.

La famille des Scombridés, si nombreuse en espèces, est des plus intéressantes pour le naturaliste, des plus utiles à l'homme. Que de bras, chaque année, sont employés à la pêche des Maquereaux, des Thons, des Germons ! Quelle ressource fournit à l'alimentation publique la chair excellente de ces animaux ! On en fait parfois des captures tellement considérables qu'il devient impossible d'en tirer un parti bien avantageux ; pour ne citer qu'un exemple de ces pêches trop abondantes, je rappellerai que, le 7 septembre 1876, trois mille Thons furent pris aux environs de Collioure.

Famille des Trichiuridés, Trichiuridæ.

Syn. : GEMPYLIDÆ, Yarr.

Corps très allongé, très comprimé ; peau couverte d'un enduit argenté, sans écailles ; vertèbres fort nombreuses.

Tête allongée ; bouche à fente plus ou moins longue ; mâchoires pointues ; mâchoire supérieure plus courte que la mandibule, armées l'une et l'autre de dents plus ou moins fortes, ayant sur le devant quelques dents crochues plus développées que les autres ; palatins dentés.

Appareil branchial ; ouies largement ouvertes ; sept ou huit rayons branchiostèges ; pseudobranchies.

Nageoires ; dorsale unique, très longue ; anale de longueur variable ; ventrale nulle, ou réduite à un fort petit rayon, en forme d'écaille.

Cette famille se compose de deux genres qui sont rangés dans les Scombéroïdes par Cuvier et Valenciennes.

Caudale {
échancrée, ventrale réduite à une écaille....... 1. LÉPIDOPE..

nulle, ventrale nulle....................... 2. TRICHIURE.

GENRE LÉPIDOPE ou JARRETIÈRE — *LEPIDOPUS*, Goüan.

Corps très allongé, comprimé, étroit, non écailleux.

Tête longue ; museau pointu, bouche grande ; mâchoire et palatins armés de dents.

Appareil branchial ; fente des ouies grande, huit rayons branchiostèges.

Nageoires ; dorsale commençant sur la nuque et finissant près de la caudale, égale, à rayons tous épineux ; anale courte relativement ; caudale échancrée ; ventrale réduite à une écaille.

LE LÉPIDOPE ARGENTÉ — *LEPIDOPUS ARGENTEUS.*

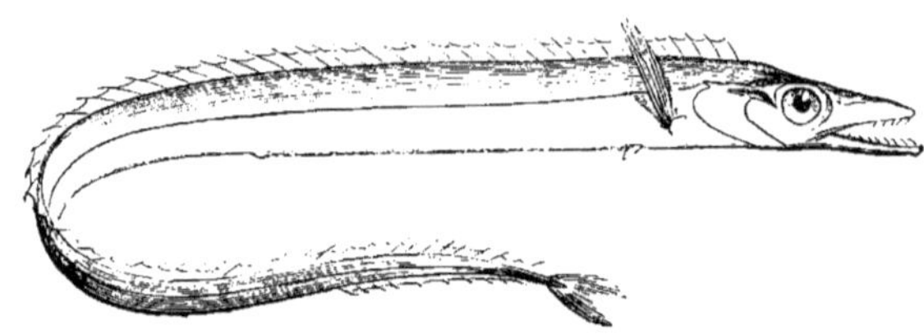

Fig. 143.

Syn. : La Jarretière, Lepidopus, Goüan, *Histoire des Poissons*, p. 185, pl. 1, fig. 4.
La Jarretière, Lepidopus argenteus, Bonnat., (1788), p. 58, pl. 87, fig. 364.
Trichiurus caudatus, Euphras., in *Nov. Act. Stockh.*, (1788-1789), t. IX, p. 48, pl. 9 ;
Arted. Walbaum, par. 3ª, p. 607.
Le Lépidope gouanien, Lepidopus gouanianus, Lacép., t. VII, p. 369 ; Riss., *Ichth.*,
p. 151. *Hist. nat.*, p. 290.
Lépidope Péron, Lepidopus Peronii, Riss., *Ichth.*, p. 148, *Hist. nat.*, p. 291.
Le Lépidope argenté, Lepidopus argyreus, Cuv. et Valenc., t. VIII, p. 223, pl. 223,
Règ. an. ill., pl. 67 ; Guichen., *Expl. Algér.*, p. 59.
Lepidopus, Agass., *Poiss. foss.*, t. V, p. 67, pl. D, fig. 1.
Lepidopus ensiformis, CBp., *Cat.*, nº 710,
Lepidopus caudatus, Günth., t II, p. 344 ; Canestr., *Fn. Ital.*, p. 188.
The Scabbard-fish, Yarr., t. II, p. 269 ; Couch, t. II, p. 59.

N. vulg. : Argentin. Nice ; Peï d'artjen, Cette.
Long. : 0,40 à 1,50 et même 2,00.

C'est seulement en 1770 que le Lépidope fut, pour la première
fois, décrit, sous le nom de *Jarretière,* par Goüan, professeur
à Montpellier. Il a le corps ensiforme, ou plutôt semblable à
une espèce de ruban très allongé ; la longueur fait de quinze à
vingt fois la hauteur, qui est triple ou quadruple de l'épaisseur.
Le dos est tranchant, l'abdomen légèrement arrondi ; la partie
inférieure du corps est fort amincie après l'épine, qui est placée
en arrière de l'anus. La peau est sans écailles ; elle est couverte
d'un enduit blanchâtre qui s'attache aux doigts. L'anus est situé
vers le milieu de la longueur totale, caudale non comprise. Le
nombre des vertèbres est de cent onze ou cent douze, 40 +.

La tête est comprimée ; elle est allongée ; sa longueur mesure le septième environ de la longueur totale ; le front est

légèrement aplati ; en arrière se montre une crête assez mince. Le museau est pointu ; il continue le profil de la tête. La bouche est fendue jusque sous l'orifice postérieur de la narine ; elle n'est pas protractile. Les mâchoires sont étroites, aiguës ; la mâchoire inférieure, plus allongée que l'autre, se termine par une espèce de petit boutoir. Les dents sont tranchantes, pointues. Sur le devant des mâchoires, il y en a qui sont beaucoup plus grandes que les autres ; elles sont légèrement crochues, à pointe tournée en arrière ; elles sont au nombre de quatre à six à la mâchoire supérieure, de deux à la mandibule ; plusieurs de ces longues dents manquent souvent, et surtout à la mâchoire supérieure, sur laquelle se trouvent les plus développées. Les petites dents forment, sur chaque côté des mâchoires, une rangée assez régulière. Les palatins ont aussi une rangée de petites dents. Le vomer n'est pas denté. Le maxillaire supérieur est caché par le sous-orbitaire, ainsi qu'une partie de l'intermaxillaire, quand la bouche est fermée.

Placés très-haut, vers le profil supérieur, les yeux sont grands, arrondis. L'iris est blanc argenté. Le diamètre de l'œil fait environ le cinquième de la longueur de la tête, la moitié de l'espace préorbitaire ; il est un peu plus grand que l'espace interorbitaire, qui est déprimé dans son milieu, et parcouru par des arêtes longitudinales venant de la crête du crâne.

L'orifice antérieur de la narine est excessivement étroit, il ressemble à un pore noirâtre. L'orifice postérieur est situé vers le côté, à peu près au niveau du diamètre longitudinal de l'œil ; il est ovale, rapproché du bord antérieur de l'orbite.

En dessous, la fente des ouïes s'avance jusqu'à l'aplomb du bord antérieur de l'orbite. Les pièces operculaires sont minces, peu distinctes, elles sont cachées sous un pigment argenté. Le bord postérieur de l'opercule, ainsi que celui du sous-opercule, est strié et comme cilié. Les os pharyngiens portent des dents en cardes. Les rayons branchiostèges sont au nombre de huit. La paroi externe de la chambre branchiale est d'un brun plus ou moins violacé.

II. 35

De l'angle supérieur de la fente branchiale part la ligne latérale ; elle est bien marquée ; elle est légèrement courbe en avant, droite ensuite dans le reste de son étendue.

La dorsale est excessivement longue ; elle commence à la crête occipitale et s'étend jusqu'à une petite distance de la caudale ; elle se compose de cent à cent cinq rayons simples et flexibles ; elle est basse, sa hauteur ne mesure que le quart ou le tiers au plus de la hauteur du corps. Après l'anus se trouve une écaille, ou plutôt une espèce d'épine, à pointe tournée en arrière ; à la suite il y a encore une série de très petites épines, mais l'anale véritable ne commence que fort en arrière ; elle est plus basse que la dorsale ; elle a un nombre de rayons variables de dix-huit à vingt-cinq ; les rayons antérieurs sont parfois, surtout chez les jeunes animaux, peu distincts, très difficiles à compter. Le tronçon de la queue est court et grêle. La caudale est fourchue ; elle est peu développée, sa longueur ne faisant guère que le vingtième de la longueur totale dans les jeunes, moins encore chez les sujets de grande taille ; elle compte dix-sept ou dix-huit grands rayons, plus sept ou huit rayons basilaires en dessus comme en dessous. Les pectorales soutenues par douze rayons, sont insérées vers le tiers supérieur de la hauteur du corps ; elles sont relevées, appliquées contre le tronc ; les derniers rayons, qui sont les plus allongés, se dressent à côté des rayons de la dorsale, ils sont, en général, un peu plus grands que la hauteur du corps. Chaque ventrale est représentée par une écaille mobile, allongée, à pointe mousse, attachée un peu en arrière de la base des pectorales.

Br. 8. — D. 100 à 105 ; A 18 à 25 ; C. 7 ou 8/17 ou 18/8 ou 7 ; P. 12 ; V. 1.

Le corps est couvert d'une espèce de pigment poisseux d'un blanc argenté ; les joues et le dessus de la tête sont d'un bleu clair sur l'animal qui vient d'être pêché.

La vessie natatoire est étroite, fusiforme, très longue ; elle commence près de la paroi antérieure de l'abdomen, et se termine un peu en arrière de l'anus ; elle est d'un blanc argenté. L'œsophage est très développé : l'estomac est un sac fort allongé ;

les appendices pyloriques sont nombreux ; il y en a vingt-trois
environ. Le péritoine est noirâtre.

Habitat. Méditerranée, commun à Nice ; assez rare à Cette. Océan, golfe
de Gascogne, très rare ; accidentellement au-dessus de la Gironde, la Rochelle, Ouessant.
Proportions : long. totale 0,425 ; tronc, haut. 0,022, épais. 0,008.
Tête long. 0,058, haut. 0,025. — Œil, diam. 0,011, esp. préorbit. 0,022,
esp. interorbit. 0,009. — Mâchoire supérieure, long. 0,021.
Un Lépidope envoyé de la Rochelle par d'Orbigny au Muséum, mesure :
long. totale 1,55 ; tronc, haut. 0,085. — Tête, long. 0,220.
Le Lépidope est excessivement vorace. J'ai trouvé dans l'estomac d'un
animal de petite taille six poissons, qui pouvaient à peine y tenir ; le dernier
poisson avalé était encore au commencement de l'œsophage. Suivant Risso,
la chair du Lépidope est ferme, d'un bon goût.

GENRE TRICHIURE — *TRICHIURUS*, Linn.

Corps très-allongé ; queue longue, mince, sétiforme.
Tête longue ; bouche grande ; mâchoires et palatins dentés.
Appareil branchial ; ouies largement fendues ; sept rayons branchio-
stèges.
Nageoires ; dorsale très longue ; anale constituée par des épines courtes
et libres ; pas de caudale, ni de ventrale.

LE TRICHIURE LEPTURE — *TRICHIURUS LEPTURUS*.

Syn. : Trichiurus lepturus. Linn., p. 429, sp. 1 ; Bloch, pl. 158 ; CBp., *Cat.*,
n° 709 ; Günth.. t. II, p. 346.
Le Trichiure lepture, Trichiurus lepturus, Lacép., t. VII, p. 43.
Le Trichiure de l'Atlantique, Trichiurus lepturus, Cuv. et Valenc., t. VII, p. 237.
The silvery Hairtail, Yarr., t. II, p. 275.
Hairtail, Couch, t. II. p. 61.

Long. : 0,50 à 1,00.

Par l'ensemble de ses formes le Trichiure a beaucoup de rapport avec le Lépidope ; il est couvert d'un enduit blanchâtre qui
l'a fait appeler *Ceinture d'argent*. Le corps est très comprimé,
très allongé ; sa hauteur est comprise seize à dix-sept fois dans
la longueur totale. Le dos et le ventre ont le bord fort mince. La
queue est longue, et, comme l'indiquent les noms donnés à cet
animal, elle est très grêle, terminée en cheveu.

La tête, qui ressemble à celle du Lépidope, est comprimée, longue ; sa longueur fait environ le huitième de la longueur totale. La bouche est à peu près fendue jusque sous le bord antérieur de l'orbite. Les mâchoires sont pointues ; la mandibule est plus proéminente que la mâchoire supérieure ; elles sont l'une et l'autre armées de dents aiguës et tranchantes ; en avant il y a quatre longues dents crochues à la mâchoire supérieure, et deux à la mandibule ; les longues dents, à la mâchoire inférieure, m'ont paru manquer assez souvent ; parfois il s'en trouve seulement trois à la mâchoire supérieure. Les palatins sont munis de dents très fines. Le vomer et la langue sont lisses.

L'iris est d'un jaune peu foncé, presque blanchâtre chez les sujets conservés. Le diamètre de l'œil varie avec la taille des animaux ; il fait, en moyenne, le sixième environ de la longueur de la tête, et ordinairement un peu moins de la moitié de l'espace préorbitaire.

Couvertes par la peau, les pièces operculaires sont peu distinctes les unes des autres ; le bord postérieur de l'opercule est frangé.

La ligne latérale est courbe en avant ; elle suit, en arrière de la pectorale, à peu près le tiers inférieur de la hauteur du corps.

La dorsale commence en avant de l'angle de la fente branchiale ; elle finit plus tôt que chez le Lépidope ; elle laisse entre ses derniers rayons et la pointe de la queue, une distance un peu plus grande que la longueur de la tête ; elle a environ cent trente-quatre rayons. L'anale est formée d'au moins cent quinze épines isolées ; ces épines, excepté la première, sont excessivement petites, à peine saillantes. Les pectorales sont relevées ; elles sont assez larges ; mais courtes ; elles comptent onze rayons. Il est inutile de rappeler que la caudale et la ventrale manquent complètement.

Br. 7. — D. 130 à 136 ; A. 115 à 118 ; P. 11.

La dorsale est d'un gris assez foncé ; le corps est blanc argenté.

Habitat. Océan, excessivement rare. Le Muséum possède un très beau Trichiure qui fut acheté, en 1871, sur le marché de Paris.

Famille des Tænioïdés, Tænioïdæ.

Syn. : Pétalosomes. C. Duméril.

Corps allongé, très comprimé, plus ou moins ensiforme : peau le plus souvent nue, rarement couverte de petites écailles ; vertèbres nombreuses.

Tête de forme variable ; mâchoires dentées.

Yeux latéraux.

Nageoires ; dorsale très étendue, régnant parfois sur toute la longueur du corps ; anale très variable dans son développement, pouvant manquer ; ventrales plus ou moins longues.

Cette famille se compose d'espèces n'ayant que peu d'affinités entre elles ; cependant nous la conservons telle qu'elle a été établie par les auteurs de l'*Histoire naturelle des Poissons*. Les genres Lépidope et Trichiure que primitivement Cuvier, dans le *Règne animal*, avait placés parmi les Tænioïdés, et qui doivent y rester, suivant C. Bonaparte, forment, d'après nous, une petite famille servant de trait d'union entre les Scombridés et les Tænioïdés.

La famille des Tænioïdés se compose de trois sous-familles.

Anale { existante et très { courte, reculée près de la caudale............. 1. Lophotiniens.

longue............... 2. Cépoliniens.

nulle................................... 3. Trachyptériniens.

Sous-Famille des Lophotiniens, Lophotini.

Corps allongé, comprimé, en lame élargie ; peau nue ; anus très reculé.

Tête surmontée d'une crête triangulaire très haute, sur laquelle s'articule une longue épine ; museau court ; mâchoires, vomer et palatins dentés.

Appareil branchial ; ouïes largement fendues ; six rayons branchiostèges ; pseudobranchies.

Nageoires : dorsale allant du sommet de la crête de la tête jusqu'auprès de la caudale ; anale courte, très reculée ; caudale peu développée.

GENRE LOPHOTE — *LOPHOTES*, Giorna.

Caractères de la sous-famille.

LE LOPHOTE DE LACÉPÈDE — *LOPHOTES CEPEDIANUS.*

Syn. : Lophotes cepedianus. Giorna, *Mém. Poiss. esp. nouv.*, etc. (lu, séance, 20 septembre 1808), dans *Mém. Acad. impér. sc. Turin 1805-1808*, Turin, 1809,

t. XVI, p. 19, pl. 2, fig. 1; CBp., *Cat.*, n° 716; Günth., t. III, p. 312; Canestr., *Fn. Ital.*, p. 195.

Le Lophote cépédien, Lophotes cepedianus, Cuv., *An. Muséum*, 1813, t. XX, p. 393, pl. 17; Cuv. et Valenc., X. p. 405, pl. 301; *Règ. an. ill.*, pl. 70.

Lophotus Lacepede, Lophote de Lacépède, Riss., *Hist. nat.*, p. 293.

N. vulg.: Argentin, Nice, Riss.
Long. : 1,00 à 1,40.

Ce singulier poisson n'est connu que depuis le commencement du siècle. Le professeur Giorna le décrivit pour la première fois en 1803, et le figura dans les Mémoires de l'Académie de Turin. La description, faite d'après un sujet en mauvais état, n'est pas complète. Cuvier ayant reçu, en 1813, un autre Lophote, pêché dans le golfe de Gènes, en donna une étude plus exacte; il lut à l'Académie des sciences un Mémoire qui est inséré dans le vingtième volume des Annales du Muséum, et accompagné d'un dessin exécuté par Laurillard.

Chez le Lophote, la hauteur du tronc, qui est triple de l'épaisseur, est contenue environ sept fois dans la longueur totale. La peau, sans écailles, est sillonnée de rides très petites. L'anus est fort reculé, il est placé vers l'extrémité du corps.

La tête présente une forme des plus singulières; elle est relevée en avant par une crête triangulaire, excessivement saillante, armée d'une épine longue et comprimée, qui est le premier rayon de la dorsale. Le museau est court; la bouche est petite, fendue obliquement. La mandibule est relevée; la mâchoire supérieure est peu protractile; elles portent l'une et l'autre des dents en cardes; le vomer et les palatins sont aussi dentés.

Les yeux sont fort grands; leur diamètre semble à peu près égal au tiers de la longueur de la tête.

Les pièces operculaires sont plus ou moins striées.

La ligne latérale va de la crête de la tête à la caudale; en avant elle décrit une courbe à concavité supérieure.

La dorsale commence sur la crête de la tête, en avant des yeux, et se termine près de la caudale, elle compte plus de deux cents rayons. Le premier rayon est une épine pointue et tranchante. L'anale est fort courte et fort reculée. La caudale est peu développée. Les pectorales sont assez grandes ; elles sont placées près du profil inférieur du corps ; elles sont relevées sur les côtés du tronc. Les ventrales sont très petites.

Br. 6. — D. 230; A. 17; C. 17; P. 15; V. 1/5 (CV.).

Le corps est d'un gris argenté, avec des taches arrondies d'une teinte argentée plus brillante que le fond. Les nageoires sont d'un rose assez foncé.

Habitat. Méditerranée, excessivement rare, Nice.
Proportions : long. totale 1,34 ; tronc, haut. 0,180.
Tête, long. 0,170, haut. : vers la fente branchiale 0,185 ; à la base de l'épine qui surmonte la crête 0,205.
Ces proportions ont été relevées sur le Lophote qui fut, en 1813, envoyé de Gênes à Cuvier par Mart. Duvaucel.

Sous-Famille des Cépoliniens, Cepolini.

Corps très allongé, comprimé, couvert de fort petites écailles cycloïdes.
Tête assez courte, obtuse ; bouche fendue obliquement ; mâchoires munies de dents ; vomer et palatins non dentés.
Appareil branchial; ouïes largement fendues ; six rayons branchiostèges ; pseudobranchies.
Nageoires ; dorsale allant de la nuque à la caudale ; anale avancée, très longue ; caudale pointue ; ventrales ayant une épine et cinq rayons mous.

GENRE CÉPOLE — *CEPOLA*, Linn.

Caractères de la sous-famille.

Le genre Cépole est représenté par une seule espèce.

LA CÉPOLE ROUGEATRE — *CEPOLA RUBESCENS.*

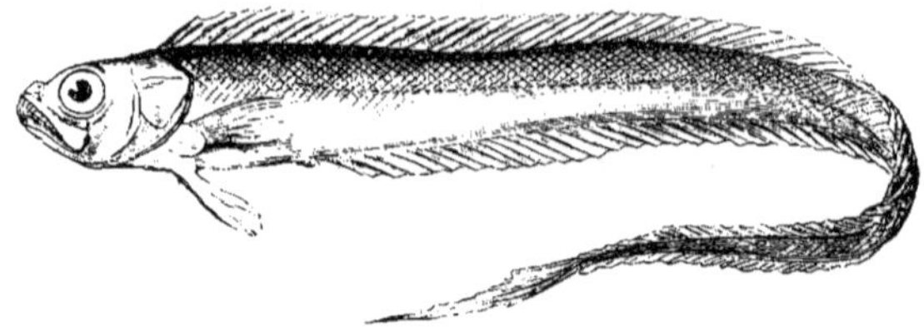

Fig. 144.

Syn. : SERPENT ROUGE, Rondel., liv. XIV, c. VIII, p. 317.
MURUS ALTER, sive serpens rubescens Rondel., Aldrov., p. 367.
TÆNIA RUBRA, Willugh., p. 117.
CEPOLA TÆNIA, Linn., p. 415, sp. 1 ; Bloch, pl. 170 ; Riss., *Ichth.*, p. 153.
CEPOLA RUBESCENS, Linn., p. 415. sp. 2 ; Brunn., *Ichth. Mass.*, p. 28, n° 39 ; CBp.,
Cat., n° 717 ; Günth., t. III. p. 486 ; Canestr., *Fn. Ital.*, p. 192.
LA CÉPOLE SERPENTIFORME, Cepola serpentiformis, Lacép., t. VII, p. 378.
CÉPOLE SERPENTIFORME, Cepola rubescens, Riss., *Ichth.*, p. 154.
CEPOLA RUBESCENS, Ruban serpentiforme, Riss., *Hist. nat.*, p. 294.
LA CÉPOLE ROUGEATRE, Cepola rubescens, Cuv. et Valenc., t. X, p. 388, pl. 300 ;
Guichen., *Erpl. Algér.*, p. 65.
THE RED BANDFISH, Yarr., t. II, p. 305 ; Couch, t. II, p. 262.

N. Vulg. : Calegnairis, Nice ; Roudgeole, Marseille ; Doumoizella, Cette ;
Fouet, Port-Vendres.
Long. : 0,30 à 0,40 et même 0,50.

Le corps de la Cépole est comprimé, effilé surtout en arrière ;
la hauteur du tronc, qui mesure un peu plus de deux fois l'épaisseur, est contenue de quinze à dix-huit fois dans la longueur
totale. La peau est couverte d'écailles excessivement petites, très
minces, lisses, ovales, non imbriquées, formant des espèces de
losanges. L'anus est placé fort en avant, au-dessous ou à peine en
arrière du huitième rayon de la dorsale. Il y a soixante-neuf vertèbres.

Relativement la tête est assez courte ; sa longueur, qui l'emporte d'un quart environ sur sa hauteur, est comprise onze à
treize fois dans la longueur totale ; le profil supérieur décrit une
courbe légère. Le crâne, les mâchoires, les joues n'ont pas d'é-
cailles. Le museau est tronqué. La bouche assez protractile, est

fendue très obliquement ; elle est grande, bien que sa fente
n'arrive pas à la perpendiculaire tangente au bord antérieur de
l'orbite. La mâchoire supérieure est presque verticale. quand la
bouche est ouverte. La mandibule se relève au-devant de la
mâchoire supérieure ; elle est ovale, large, arrondie vers la symphyse. Les mâchoires portent une rangée de dents séparées. assez
longues, grêles, aiguës, légèrement crochues, avec la pointe tournée en arrière : les dents antérieures sont les plus développées,
surtout à la mandibule. La langue est lisse, étroite, libre, elle n'est
retenue au plancher de la bouche que par un frein assez lâche.
Le vomer et les palatins ont leur bord en saillie. dessinant une
espèce de fer à cheval. Le maxillaire supérieur est aplati. large
en arrière, en forme de palette triangulaire, dont l'angle supérieur, lorsque la bouche est fermée, dépasse un peu le prolongement du diamètre vertical de l'œil.

Les yeux sont placés vers le profil supérieur de la tête. L'iris
est argenté, souvent teinté de rouge. Le diamètre de l'œil mesure
à peu près le tiers de la longueur de la tête ; il est d'un tiers au
moins plus grand que l'espace préorbitaire, qui est égal à l'espace interorbitaire. Le sourcil est légèrement relevé.

L'orifice antérieur de la narine est fort étroit ; il est bien séparé de l'orifice postérieur, qui est plus large, ovale, situé au
point de réunion du bord postérieur et du bord antérieur de
l'orbite.

Quant à la fente des ouïes, elle est très longue, elle s'avance
sous la gorge, au moins jusqu'au prolongement du diamètre
vertical de l'œil. Les pièces operculaires sont nues ; elles paraissent lisses sous la peau. L'opercule et le sous-opercule forment
une espèce de battant triangulaire, à bord postérieur légèrement courbe ; à sa partie supérieure, l'opercule est renforcé par
une arête horizontale, qui se termine postérieurement en une
pointe enveloppée par la peau. L'interopercule est mince, triangulaire. Le préopercule a le bord postérieur à peu près droit,
l'angle postérieur convexe ; son bord inférieur, dirigé obliquement en avant, porte trois petites épines qu'on peut sentir faci-

lement sous les téguments ; le limbe du préopercule est creusé
de petites fossettes.

Il n'y a pas d'écailles sur les nageoires. La dorsale est excessivement longue ; elle commence sur la nuque, et se termine en
arrière par une membrane qui s'attache à la base, et même,
quand elle est intacte, au rayon supérieur de la caudale ; elle
est bien développée, sa hauteur mesure les deux tiers, et souvent
plus, de la hauteur du corps ; elle compte soixante-sept à soixante-
neuf rayons flexibles, minces ; les trois premiers rayons sont simples, les autres sont articulés. L'anale prend naissance sous le
neuvième rayon de la dorsale, et finit comme cette nageoire ; elle
a une soixantaine de rayons. La caudale est pointue ; elle fait le
septième ou le huitième de la longueur totale ; elle semble, avec
ses rayons flexibles, plus ou moins unis, plus allongés au milieu,
continuer le corps par un filament très grêle ; elle compte une
dizaine de rayons. La pectorale est ovale, elle est soutenue par
dix-huit rayons. La ventrale est à peu près de même longueur
que la pectorale ; son épine est grêle et pointue ; son dernier
rayon mou est, dans une partie de la longueur, attaché au ventre
par une membrane assez large.

Br. 6. — D. 67 à 69 ; A. 60 ; C. 10 ou 11 ; P. 18 ; V. 1/3.

Le dos et les côtés sont rouges ; la région inférieure du corps
est d'un rouge jaunâtre. Les nageoires sont d'un rouge jaunâtre assez clair ; la dorsale a la partie antérieure teintée d'un
rouge assez vif. La membrane, qui unit l'intermaxillaire au
maxillaire supérieur, est marquée d'une tache noire assez
grande ; cette tache se voit distinctement lorsque, par suite de la
protraction de la mâchoire supérieure, les deux os s'écartent
l'un de l'autre.

La vessie natatoire est fort grande ; elle est pointue en avant,
large en arrière. Il y a une huitaine d'appendices pyloriques.

Habitat. Ce poisson est assez commun, dans la Méditerranée, Nice, Cette,
Port-Vendres. Océan, très rare, golfe de Gascogne, Biarritz, Arcachon ;
Charente-Inférieure, la Rochelle, Musée Fleuriau. Manche, accidentellement,
Finistère, Roscoff.

Proportions : long. totale 0,518; tronc, haut. 0,024 ; épais. 0,010.
Tête, long. 0,032, haut. 0,025. — OEil, diam. 0,010, esp. préorbit. 0,006,
esp. interorbit. 0,006.

Sous-Famille des Trachyptériniens, Trachypterini.

Corps allongé, très comprimé ; vertèbres fort nombreuses.
Tête plus ou moins haute ; bouche médiocre, protractile ; mâchoire à
dents aiguës, en général peu développées ; maxillaire supérieur large.
Nageoires; dorsale très longue ; anale nulle ; caudale de forme variable.

Cette sous-famille comprend deux genres,

Ventrale à	un seul rayon......................	1. Régalec.
	plusieurs rayons.........·..........	2. Trachyptère.

GENRE RÉGALEC — *REGALECUS*, Brunn.

Syn. : Gymnetrus, Bl. Schneid.; Riss.; Cuv. et Valenc.

Corps très allongé, en forme de ruban, garni de petits tubercules
écailleux.
Tête à profil oblique en avant ; museau court; bouche presque verticale ;
mandibule dirigée en haut, n'ayant, comme la mâchoire supérieure que des
dents excessivement fines.
Appareil branchial ; ouïes largement ouvertes ; six ou sept rayons
branchiostèges ; pseudobranchies.
Nageoires; dorsale s'étendant du sommet de la tête à l'extrémité du
corps; pas d'anale ; caudale peu développée ou nulle ; ventrale réduite à un
seul rayon fort allongé.

Le genre Régalec est formé de deux espèces.

Anus ouvert	après le quart antérieur du corps..........	1. R. épée.
	sous le quart antérieur du corps..........	2. R. trait.

LE RÉGALEC ÉPÉE — *REGALECUS GLADIUS*.

Syn. : ? Cepola, *Gladius*, Arted. Walb., par. 3ᵃ, p. 617.
Gymnetrus longiradiatus, Gymnètre à long rayon, Riss., *Hist. nat.*, p. 296, fig. 43.
Le Gymnètre épée, Gymnetrus gladius, Cuv. et Valenc., t. X, p. 352, pl. 298,
Règ. an. ill., pl. 69.
Regalecus gladius, Günth., t. III, p. 308; Canestr., *Fn. Ital.*, p. 195.

N. Vulg. : Argentin, Nice, Riss.
Long. : 2,00 à 2,75.

A de rares intervalles se rencontrent, sur nos côtes de la Méditerranée, ces poissons au corps comprimé, conservant une hauteur régulière dans presque toute son étendue. La hauteur du tronc est contenue environ dix-neuf fois dans la longueur totale, caudale non comprise. La peau est couverte de tubercules osseux, lisses, semblables à de petites verrues.

La longueur de la tête, qui l'emporte un peu sur la hauteur, fait, sans la caudale, le dix-neuvième de la longueur entière. La bouche est protractile : elle est fendue presque perpendiculairement à l'axe du corps. La mandibule est relevée en avant de la mâchoire supérieure ; elles ont l'une et l'autre une rangée de dents excessivement fines. Le maxillaire supérieur est ovale, il a, ou peu s'en manque, deux fois plus de longueur que de largeur : il descend près de la symphyse de la mandibule. La joue est garnie de pièces écailleuses, pareilles à celles du corps.

L'iris est argenté. Le diamètre de l'œil mesure un peu moins du quart de la longueur de la tête. L'œil est arrondi ; il est plus développé que dans le Régalec trait ; il est séparé du profil supérieur par un espace plus grand que son diamètre.

En arrière les pièces operculaires forment un ovale allongé ; les ouïes sont très largement fendues.

La ligne latérale est lisse ; elle est un peu courbe en avant.

La dorsale commence au-dessus du bord antérieur de l'orbite. Elle se compose de rayons excessivement nombreux ; il y en a environ trois cent quarante. Les cinq premiers rayons forment, sur le crâne, un panache très élevé, trois ou quatre fois plus haut que la tête. Les sept rayons suivants sont libres dans une fort grande partie de leur hauteur ; ils se terminent par une membrane élargie ; le premier de ces rayons est encore plus développé que les rayons du panache ; les autres vont en décroissant jusqu'au septième. Les rayons, qui viennent ensuite, sont réguliers ; ils se continuent jusqu'à l'extrémité du corps. Généralement la caudale est plus ou moins brisée ; elle est assez grande, paraît intacte dans la figure donnée par Risso. elle est formée de douze rayons. Les pectorales sont courtes : elles ont quatorze rayons. Chacune des ventrales est représentée par un seul rayon allongé, portant, dans sa première moitié, une membrane s'élargissant vers le tiers postérieur de la nageoire, qui est terminée par une espèce de petite expansion cutanée.

Br. 6. - - D. 340 ; A. 0 ; C... P. 14 ; V. 1 (CV.).

Le corps est argenté avec des taches grisâtres.

Habitat. Méditerranée, excessivement rare, Nice.

LE RÉGALEC TRAIT — *REGALECUS TELUM.*

Syn. : LE GYMNÈTRE TRAIT, Gymnetrus telum. Cuv. et Valenc., t. X, p. 361. pl. 299
REGALECUS TELUM. Günth., t. III, p. 309.

Long. : 2,00.

Il y a une telle ressemblance entre le Régalec trait et le Régalec épée, qu'à première vue on est tenté de les regarder comme étant de même espèce. Toutefois le Régalec trait paraît relativement plus allongé ; chez lui, la hauteur du tronc est contenue environ vingt-quatre fois dans la longueur totale, caudale non comprise. L'anus, comme le fait remarquer Valenciennes, se trouve placé dans les deux espèces sous le quatre-vingt-dixième rayon de la dorsale, mais sous le quart antérieur de la longueur du corps chez le Régalec trait, plus en arrière dans le Régalec épée ; la longueur de l'œsophage et de l'estomac n'égale pas la moitié de la longueur du corps dans le Régalec trait, elle en mesure plus de la moitié dans le Régalec épée.

L'œil est plus petit et plus haut placé que dans le Régalec épée ; il est séparé du profil supérieur par un espace égal à son diamètre.

D'après Valenciennes, la dorsale a trois cent quatre-vingt-dix-huit rayons.

Les Régalecs manquent de vessie natatoire; ils ont de nombreux appendices pyloriques.

Habitat. Méditerranée, excessivement rare, Nice. — Les Régalecs que possède le Muséum ont été rapportés de Nice par Laurillard.

GENRE TRACHYPTÈRE — *TRACHYPTERUS*, Goüan.

Corps allongé, très comprimé; peau ordinairement nue; vertèbres fort nombreuses.

Tête à crête tranchante; museau court, plus ou moins tronqué; bouche protractile à fente oblique; mâchoires munies de petites dents aiguës.

Appareil branchial; fente des ouïes grande; six rayons branchiostèges; pseudobranchies.

Ligne latérale presque droite, âpre, formée, en arrière surtout, par des espèces d'écussons armés d'une épine plus ou moins développée.

Nageoires; dorsale très longue, commençant sur la tête et allant jusque vers la caudale, à premiers rayons formant panache : anale nulle; caudale fragile, rarement entière, à rayons inférieurs souvent brisés, à rayons supérieurs devenant, en général, plus ou moins verticaux chez les vieux individus; pectorales peu développées; ventrales à plusieurs rayons.

Le genre Trachyptère comprend quatre ou cinq espèces.

Profil inférieur du corps

régulier. Dorsale à —
 plus de 160 rayons, qui sont —
  rudes. Longueur du corps faisant —
   moins de six fois la hauteur. ...... 1. Tr. FAUX.
   plus de sept fois la hauteur. ...... 2. Tr. IRIS.
  lisses.................. 3. Tr. A RAYONS LISSES.
 moins de 150 rayons............. 4. Tr. DE SPINOLA.

irrégulier, sinueux........................... 5. Tr. A CRÈTE.

LE TRACHYPTÈRE FAUX — *TRACHYPTERUS FALX.*

Syn. : FALX, Pesce falce Venetis, Bell., p. 136-137.
DE LA SECONDE ESPÉCE DE T.ÆNIA, Rondel., liv. XI, c. XVII, p. 262.
GYMNÈTRE LACÉPÈDE, Gymnetrus Cepedianus, Riss., *Ichth.*, p. 146, fig. 17.
GYMNETRUS CEPEDIANUS, Gymnètre cépédien, Riss., *Hist. nat.*, p. 295.
LE TRACHYPTÈRE FAUX, Trachypterus falx, Cuv. et Valenc., t. X, p. 333.

TRACHYPTERUS TÆNIA, Costa, *Fn. Napol.*. pl. 9 ; CBp., *Cat.*, n° 711 ; Günth., t. III, p. 302 : Canestr., *Fn. Ital.*, p. 193.

N. Vulg. ; Gros Argentin, Nice, Riss.: Peï d'artjen, Flamba, Cette.
Long. : 0,50 à 1,00 et même 1,50.

Il faut le reconnaître, l'étude des Trachyptères présente d'assez grandes difficultés. La rareté des animaux et la fréquence des mutilations auxquelles les expose la délicatesse de leurs organes, ne permettent pas de faire aisément des comparaisons suffisantes, d'arriver toujours à une juste détermination des espèces. Chez le Trachyptère faux, le corps présente la forme d'une lame qui, d'avant en arrière, diminue d'une façon régulière ; sa hauteur est contenue cinq fois et demie à six fois et quart dans la longueur entière, caudale non comprise. La peau est nue ; il y a de légères saillies, de petits tubercules principalement sur le tranchant du ventre. L'anus est sous la première moitié de la longueur du corps.

La tête est plus haute que longue ; sa longueur fait environ le huitième de la longueur totale, sans la caudale. La bouche est de moyenne dimension, elle est fendue obliquement. L'intermaxillaire a sa branche montante excessivement longue, aussi la mâchoire supérieure est-elle fort protractile. Chaque mâchoire est armée de six à huit dents, courtes et pointues ; il y a sur le vomer trois ou quatre dents semblables.

En raison de l'aplatissement de la cornée, l'œil, ou plutôt sa partie externe, ressemble à un disque argenté, percé dans son milieu. Le diamètre de l'œil mesure à peu près le tiers de la longueur de la tête ; il est un peu plus grand que l'espace préorbitaire.

La fente des ouïes s'avance jusque sous l'orbite. Les pièces operculaires sont minces et marquées de stries fort prononcées. Le préopercule est relativement assez large, il est presque triangulaire ; son angle postérieur est peu arrondi.

La ligne latérale est à peu près droite ; elle est âpre, épineuse surtout en arrière, où elle est composée de petites boucles.

Sur la tête, les huit premiers rayons de la dorsale forment un panache plus ou moins développé; les autres rayons, qui sont au nombre de cent soixante à cent soixante-douze, sont moins élevés; cependant ceux qui se trouvent vers le milieu de la longueur de la nageoire, mesurent la moitié ou les deux tiers de la hauteur du corps. Tous ces rayons sont âpres au toucher, ils sont rugueux; ils ont de chaque côté de leur base une petite épine; ils sont réunis par une membrane mince et délicate qui se déchire à la moindre résistance. Le tronçon de la queue est fort grêle, relativement surtout à la dimension de la nageoire qu'il porte. Ordinairement la caudale est plus ou moins mutilée, souvent elle a ses grands rayons relevés, faisant à peu près un angle droit avec l'axe du corps; elle a une longueur égale ou supérieure au cinquième de la longueur totale; elle paraît constituée par un nombre assez variable de rayons; elle en a treize ou quatorze, selon Valenciennes, huit grands rayons redressés et cinq ou six petits filets en dessous; d'après Costa la nageoire est composée de dix rayons, elle est, à moins d'accident, placée suivant l'axe du tronc; sur un animal de moyenne taille, je trouve six grands rayons et six petits. La pectorale a son insertion parallèle à l'axe du corps; elle est peu développée; elle est soutenue par onze rayons. La ventrale est plus ou moins longue; elle est très fragile; elle montre un nombre variable de rayons. Costa en compte quatre seulement; j'en distingue sept, chez un sujet en assez mauvais état; Valenciennes indique un rayon épineux et sept rayons mous; c'est évidemment le dernier nombre cité qui doit être regardé comme étant le nombre normal.

Br. 6. — D. 8 + 160 à 172; C. 6 à 8 + 5 ou 6; P. 11; V. 1/7.

Les nageoires sont roses. Le corps brille d'un éclat argenté très vif; il est marqué dans la région dorsale, au-dessus de la ligne latérale de trois taches noirâtres, assez régulièrement espacées les unes des autres.

Habitat. Méditerranée, très rare, Nice, Cette, Port-Vendres.

Proportions : long. totale 0,526, sans la caudale 0,417; tronc, haut. 0,069. épais. 0,007.

Tête, long. 0,050, haut. 0,065. — Œil, diam. 0,016, esp. préorbit. 0,015, esp. interorbit. 0,010. — Maxillaire supérieur, long. 0,020, larg. 0,012.

Caudale, long. 0,109 ; pectorale, long. 0,016; ventrale, long. 0,033.

LE TRACHYPTÈRE IRIS — *TRACHYPTERUS IRIS*.

Syn. : ? DU FLAMBO, Rondel., liv. XI. c. XVI, p. 261.
TÆNIA FALCATA IMPERATI, Aldrov., p. 371.
TÆNIA PRIMA RONDELETII; ichthyopolis Romanis Cepolæ dicta. Willugh., p. 116, pl. G. 7, fig. 5.
CEPOLA IRIS, Artéd. Walb., p. 3*, p. 617.
LE TRACHYPTÈRE IRIS, Trachypterus iris, Cuv. et Valenc,. t. X. p. 341, pl. 297.
TRACHYPTERUS IRIS, Günth., t. III, p. 303.

Long.: 0,70 à 1,40.

Suivant Costa, le Trachyptère faux et le Trachyptère iris ne sont que des variétés d'une même espèce. Dans ces animaux cependant les proportions montrent d'assez grandes différences. Ainsi le Trachyptère iris est beaucoup plus allongé que la Faux ; sa hauteur, mesurée aux pectorales, est contenue huit fois et demie à neuf fois dans la longueur totale, caudale non comprise. Le corps est marqué de stries transversales ; il est très effilé et très comprimé, l'épaisseur ne faisant guère que le neuvième de la hauteur. Dans son tiers postérieur, la queue est grêle et mince ; sur l'un et l'autre côté, elle est armée d'une douzaine de fortes épines crochues ; chacune de ces épines est portée sur un petit bouclier, qui répond au milieu de la longueur d'une vertèbre, mais dépend du système de la ligne latérale. L'anus s'ouvre un peu avant la fin de la première moitié de la longueur du tronc.

A peu près aussi haute que longue, la tête est un peu plus épaisse que le tronc ; sa longueur est comprise dix fois et demie environ dans la longueur entière, sans la caudale. Le museau est tronqué. La bouche est fort oblique. Les mâchoires sont plus ou moins armées ; en général, elles portent chacune six à huit dents courtes et pointues ; chez les sujets de grande taille, le nombre des dents paraît diminuer. Sur un animal, mesu-

rant 1^m,05 de longueur, je ne trouve à la mâchoire supérieure
que quatre dents fort petites, deux à droite, deux à gauche ; à
la mandibule, il n'y a, de chaque côté, qu'une seule petite dent
crochue ; le vomer, qui est ordinairement muni de trois ou
quatre dents, est à peu près lisse chez cet individu. Le maxillaire supérieur est d'un tiers plus long que large ; sa longueur
fait le tiers de la longueur de la tête ; il est très rugueux. La
langue est lisse.

L'iris est argenté. Le diamètre de l'œil est compris trois fois
et demie dans la longueur de la tête ; il est à peine moindre
que l'espace préorbitaire ; il est d'un tiers au moins plus grand
que l'espace interorbitaire. Le bord supérieur de l'orbite est
séparé du profil de la tête par une distance égale à la moitié
de la longueur de l'espace préorbitaire.

Les orifices de la narine sont assez larges, ovales, rapprochés
de l'orbite.

Comme chez le Trachyptère faux, la fente des ouïes est
grande. Les pièces operculaires, plus ou moins rugueuses, sont
couvertes de stries plus ou moins marquées ; elles sont minces,
et sont peu adhérentes les unes aux autres. La membrane branchiostège est soutenue par six rayons.

La ligne latérale commence vers le bord postérieur de l'orbite ; elle descend, après avoir fait une courbure légère, un peu
au-dessous du milieu de la hauteur du corps ; elle se rapproche du profil du ventre à mesure qu'elle se porte en arrière ;
elle est âpre ou plutôt épineuse, surtout dans la région postérieure, où elle est formée d'écussons, de boucliers qui paraissent fixés à la colonne vertébrale, et qui sont armés chacun
d'une pointe crochue dirigée en arrière.

La dorsale forme sur la tête un panache plus ou moins élevé,
rarement intact, composé d'une huitaine de rayons. A la base
de la nageoire se trouvent des apophyses assez développées. Les
rayons, au nombre de cent soixante-douze à cent soixante-seize,
sont réguliers ; les plus allongés, ceux du panache exceptés,
mesurent près de la moitié de la hauteur du corps ; chez les

sujets de grande taille, ils ne sont pas très rugueux, il en est même qui semblent à peu près complètement lisses. La caudale a huit rayons le plus ordinairement ; je n'en ai trouvé que sept chez un grand individu, et cependant la nageoire ne paraissait pas endommagée, elle était assez longue, sa longueur, égale à la hauteur du corps, faisait le neuvième de la longueur totale. Les pectorales sont courtes. Les ventrales sont longues ; elles ont six à huit rayons, le plus souvent brisés et difficiles à compter exactement. Les nageoires sont d'un blanc rosé.

Br. 6. — D. 8 -+- 164 à 168 ; C. 7 ou 8 -+- 3 à 6 ; P. 11 ; V. 15 à 7.

Ce Trachyptère est d'un argenté fort brillant, avec trois larges taches arrondies, d'une teinte noirâtre, placées sur la partie supérieure du corps ; la première tache est située à la fin du premier cinquième de la longueur du corps ; la deuxième est marquée sur le tiers antérieur de la longueur du corps ; la troisième tache se trouve au milieu de la longueur totale.

Habitat. Méditerranée, assez rare, Nice ; (?) Banyuls, Pyrénées-Orientales.

Proportions : long. totale 1,05, sans la caudale, 0,94 ; tronc, haut. 0,110, épais. 0,012.

Tête, long. 0,090, haut. 0,088. — Œil, diam. 0,026, esp. préorbit. 0,028, esp. interorbit. 0,015.— Maxillaire supérieur, long. 0,030, larg. 0,020.

LE TRACHYPTÈRE A RAYONS LISSES
TRACHYPTERUS LEIOPTERUS.

Syn. : ? Bogmarus Aristotelis, Vogmare d'Aristote, Riss., *Hist. nat.*, p. 297.
Le Trachyptère a rayons lisses, Trachypterus leiopterus, Cuv. et Valenc., t. X. p. 312.
Trachypterus liopterus, Günth., t. III, p. 304.

Long. : 1,30 à 1,50.

Chez les sujets de grande taille, les rayons de la dorsale perdent en partie leurs aspérités ; et sur un même individu, souvent, au milieu de rayons plus ou moins rudes, plus ou moins rugueux, il s'en trouve qui sont très unis, très lisses. Le Tra-

chyptère a rayons lisses est probablement une simple variété
du Trachyptère iris, dont il ne semble différer que par l'état
dès rayons de sa dorsale. Il a le corps très comprimé, très
allongé. La hauteur du tronc est contenue neuf fois environ
dans la longueur de l'animal, sans la caudale. Vers le profil
inférieur, la peau est couverte de tubercules coniques, à base
assez large. L'anus est placé un peu avant la fin de la première
moitié de la longueur du poisson, caudale non comprise. D'après
Cuvier et Valenciennes, le nombre des vertèbres est de quatre-
vingt-dix ou de quatre-vingt-onze.

La tête est un peu moins haute que longue ; sa longueur fait
le dixième de la longueur totale, sans la caudale. La mâchoire
supérieure est munie de huit dents. La mandibule est armée
de dents plus fortes que celles de la mâchoire supérieure, un
peu plus crochues ; ces dents au nombre de huit, quatre de
chaque côté, sont réunies deux par deux. Le vomer porte deux
ou trois dents courtes et pointues. La langue est allongée, lisse
et libre.

La cornée est aplatie ; l'œil, ou plutôt l'iris ressemble à un
petit disque argenté, percé au centre. Le diamètre de l'œil, qui
est un peu moins grand que l'espace préorbitaire, fait presque
le tiers de la longueur de la tête.

Les orifices de la narine sont petits, arrondis, rapprochés de
l'orbite.

La ligne latérale est âpre, épineuse ; les boucliers postérieurs
sont développés, ils portent une épine crochue, fort saillante,
à pointe tournée en avant.

Tous les rayons de la dorsale sont parfaitement lisses, sans la
moindre aspérité ; les six ou sept premiers rayons forment
panache ; les autres sont réguliers, ils sont au nombre de cent
soixante-neuf à cent soixante-quatorze. La caudale est longue ;
sur l'animal que j'étudie, elle est un peu cassée, elle a une longueur égale à la hauteur du tronc ; elle a huit grands rayons,
plus six rayons brisés. Les pectorales sont soutenues par une
douzaine de rayons. Les ventrales sont insérées au-dessous,

mais un peu en arrière des pectorales ; elles sont rarement en-
tières ; elles comptent huit rayons.

D. 6 ou 7 + 169 à 174 ; C. 8 + 6 ; P. 12 ; V. 8.

L'animal est d'un blanc argenté fort brillant, il est marqué
d'une tache noirâtre sur le premier cinquième de sa longueur, caudale non comprise. D'après Valenciennes, il y a
généralement une seconde tache placée au tiers de la longueur
totale.

Habitat. Méditerranée, très rare, Nice.
Proportions : long. totale 1,44, sans la caudale 1.30 ; tronc, haut. 0,140,
épais. 0,010.
Tête, long. 0,130, haut. 0,125. — OEil, diam. 0,042, esp. préorbit. 0,050,
esp. interorbit. 0,027.—Maxillaire supérieur, long. 0,047, larg. 0,030.

LE TRACHYPTÈRE DE SPINOLA
TRACHYPTERUS SPINOLÆ.

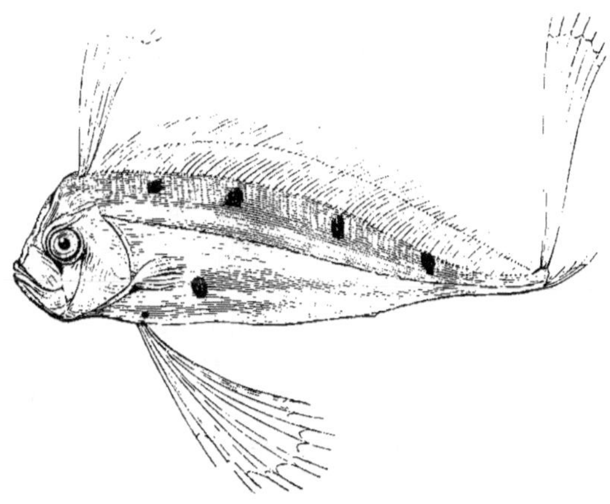

Fig. 145.

Syn. : Le Trachyptère de Spinola, Trachypterus Spinolæ, Cuv. et Valenc., t. X,
p. 328, pl. 296.
Trachypterus Rondeletii, Costa, *Fn. Napol.*, pl. 9 *bis*.

Trachypterus Spinolæ, CBp., *Cat.*, n° 712; Günth., t. III, p. 300; Canestr., *Fn. Ital.*, p. 193.

N. vulg. : Flamba, Cette.
Long. : 0,09 à 0,22.

Restant de petite dimension, le Trachyptère de Spinola paraît moins exposé aux mutilations que ses congénères. Il a le corps excessivement aminci, mais relativement fort élevé. La hauteur du tronc est contenue trois fois et demie à quatre fois dans la longueur totale, sans la caudale. Le profil du dos est légèrement convexe ; le bord du ventre ne porte que de très faibles saillies à peu près mousses. La peau est marquée de stries verticales, très visibles surtout au-dessus de la ligne latérale. L'anus est fort reculé, il est placé à la fin du second tiers de la longueur du corps.

Généralement la tête est un peu plus haute que longue ; sa longueur ne mesure pas tout à fait le quart de la longueur de l'animal, sans la caudale.

Le diamètre de l'œil fait à peine le tiers de la longueur de la tête ; il est un peu plus grand que l'espace préorbitaire.

Sur un individu, en bon état de conservation, le panache a une hauteur égale à la hauteur de la tête ; il est composé de cinq à sept rayons, de quatre seulement d'après Costa. Outre ceux du panache, la dorsale compte cent vingt à cent trente-neuf rayons. Le tronçon de la queue est très mince, très grêle. La caudale est fort développée ; elle a une longueur égale au tiers de la longueur totale ; elle est échancrée, ses rayons médians étant plus courts que les autres ; à moins d'accident, elle est placée suivant l'axe du corps, ce qui est assez rare, il faut bien le reconnaître ; en général ses rayons supérieurs sont relevés plus ou moins perpendiculairement ; le nombre des rayons varie de huit à douze, compris, bien entendu, ceux qui peuvent être détériorés. Les pectorales sont courtes, elles ont dix ou onze rayons. Placées un peu en arrière des pectorales, les ventrales sont excessivement grandes, elles ont une longueur supérieure au tiers de la longueur totale ; elles sont formées d'une épine et de cinq rayons mous ; Valenciennes en indique seulement quatre ; un de ces rayons probablement était brisé chez le sujet qu'étudia le savant naturaliste.

D. 5 à 7 + 120 à 139 ; C. 8 à 12 ; P. 10 ou 11 ; V. 1/5.

Le corps est argenté ; il est marqué de trois ou quatre taches, placées au-dessus de la ligne latérale ; quelquefois il en porte une autre sur les flancs. Les nageoires sont d'un rouge plus ou moins clair.

Habitat. Méditerranée, rare, Nice, Cette. — Le 29 janvier 1878, un de ces jolis animaux fut péché dans le port de Cette, et apporté vivant à une personne qui eut l'amabilité de me le donner.

Proportions : long. totale 0,095, sans la caudale 0,063 ; tronc, haut. 0,017.

Tête, long. 0,015, haut. 0,017. — Œil, diam. 0,0045, esp. préorbit. 0,004. — Maxillaire supérieur, long. 0,006, larg. 0,003.

Dorsale, hauteur du panache 0,016 ; caudale, long. 0,032 ; pectorale, long. 0,005 ; ventrale, long. 0,036.

LE TRACHYPTÈRE A CRÈTE — *TRACHYPTERUS CRISTATUS.*

Syn. : TRACHYPTÈRE CRÉTÉ, Trachypterus cristatus, Bonelli, *Mem. Accad. sc. Torino*, 1819. t. 24, p. 487, pl. 9.

Le TRACHYPTÈRE DE BONELLI, Trachypterus Bonellii, Cuv. et Valenc., t. X, p. 331.

TRACHYPTERUS CRISTATUS, Günth., t. III, p. 301.

Long. : 0,50 à 0,90.

Certains auteurs, C. Bonaparte, Canestrini, regardent le Trachyptère de Spinola et le Trachyptère à crête comme étant d'une même espèce ; cependant il existe entre ces animaux des différences fort tranchées. Chez le Trachyptère à crête, l'abdomen semble lobé et pendant ; la ligne du ventre est ondulée en avant de l'anus ; le bord inférieur du tronc est assez épais dans sa partie antérieure, mais en arrière il devient mince, forme une espèce de crête qui remonte brusquement, et se termine sur le bourrelet qui entoure l'anus et l'orifice externe des organes génito-urinaires. A partir de l'anus, le corps se rétrécit graduellement, il se termine en une queue assez grêle ; et de chaque côté, vers le bord inférieur, il est garni d'une série de boucles qui marquent le trajet de la ligne latérale. Quant à la ligne du dos, elle dessine en avant une courbe légère, puis s'abaisse d'une façon régulière. Le tronc est élevé ; sa hauteur est contenue environ six fois dans la longueur de l'animal, caudale non comprise ; elle est quatre fois et demie à cinq fois plus grande que l'épaisseur. La peau est couverte de tubercules plus ou moins larges ; elle n'est pas nue, comme chez les autres Trachyptères ; sous l'épiderme des tubercules se trouvent des écailles excessivement amincies, ovales, fort transparentes, à stries concentriques. L'anus est ordinairement sous le quarante-cinquième rayon de la dorsale.

La tête est forte, plus épaisse que le corps ; sa hauteur l'emporte à peine sur sa longueur. Le museau est court. La bouche est relativement assez large. La mandibule est relevée et enfoncée sous la mâchoire supérieure. La branche montante de l'intermaxillaire est excessivement longue ; son extrémité arrive dans l'espace interorbitaire. Sur chacun des intermaxillaires sont fixées une dizaine de petites dents, à pointe dirigée en dedans ou en arrière ; les trois ou quatre dents placées vers le bord interne de l'os, sont un peu plus grandes que les autres. La mandibule est munie sur chaque côté de six à huit dents. Le maxillaire supérieur est ovale, très large ; il est marqué de stries, assez régulièrement radiées, qui descendent de sa partie rétrécie ; il est légèrement frangé à son pourtour.

L'œil est arrondi, et fort développé ; son diamètre est compris deux fois et demie dans la longueur de la tête ; il est d'un septième environ plus grand que l'espace préorbitaire. Les os sous-orbitaires sont étroits.

La fente des ouïes est très longue. Les pièces operculaires sont minces, fortement striées ; elles sont couvertes par la peau seulement. La joue, ou la partie qui est limitée par le bord de l'orbite, le maxillaire supérieur et le préopercule, est garnie d'une peau rude, parsemée de tubercules variables de forme, ne paraissant pas cacher d'écailles sous l'épiderme, qui est plus ou moins épais. Le préopercule est très long et assez étroit ; il est courbe ; la courbure du bord postérieur est un peu plus prononcée que celle du bord antérieur.

Au point de réunion du bord postérieur et du bord supérieur de l'orbite commence la ligne latérale ; elle se dirige obliquement de haut en bas et d'avant en arrière. En avant, elle est formée d'osselets rugueux, et même épineux, qui vont jusqu'au dessus de l'anus ; à partir de ce point elle est composée d'écussons ou de boucles, qui garnissent le bord inférieur du corps et s'étendent jusqu'à la base de la caudale. En arrière principalement, les boucles sont développées ; elles ont une base ovale, radiée, supportant une épine crochue, plus ou moins forte, à pointe dirigée vers la queue. Le nombre des osselets est de quarante-trois ou quarante-quatre, celui des boucles est de quarante-cinq.

La dorsale prend naissance en arrière du prolongement du diamètre vertical de l'œil ; les six ou sept premiers rayons forment un panache, à la suite, il y en a cent quatorze à cent vingt et un ; les rayons portent, de chaque côté de leur base, une apophyse pointue, une espèce d'épine. La caudale a, sur un sujet, huit grands rayons, relevés, pour ainsi dire, à angle droit, et cinq rayons brisés près de leur insertion, continuant l'axe du corps. Les pectorales ont la pointe dirigée en haut, la base parallèle à l'axe du corps ; elles comptent onze rayons ; le premier rayon, ou le rayon antérieur est fort court. Les ventrales sont insérées un peu plus en avant que les pectorales ; elles ont l'une et l'autre seulement trois rayons, qui ne sont pas entiers, sur l'individu servant à mon étude.

D. 6 ou 7 + 114 à 121 ; C. 8 + 5 ; P. 11 ; V.3.
Br. 6. — D. 120 ; C. 9 + 1 ; P. 10 ou 11 ; V. 6 (Bonel.).

Les nageoires sont rougeâtres ; en général, il y a deux taches noirâtres sur le panache de la tête, et cinq autres sur la moitié postérieure de la dorsale ; chez un sujet, la dorsale était noire en arrière. La caudale est, dans une assez grande étendue, teintée d'un bleu noirâtre.

Habitat. Méditerranée, très-rare, Nice. Au Musée de Gênes j'ai vu plusieurs de ces Trachyptères fort bien montés.

Proportions : long. totale 0,895, sans la caudale 0,760; tronc, haut. 0,133, épais, 0,028.

Tête, long. 0,133, haut. 0,139. — Œil, diam. 0,053, esp. préorbit. 0,046, esp. interorbit. 0,033. — Maxillaire supérieur, long. 0,063, larg. 0,030. — Préopercule, long. 0,092, larg. 0,021.

Dorsale, panache, haut. 0,080, long. 0,020 ; caudale, long. 0,135 ; pectorale, long. 0,050 ; ventrale, long. 0,074.

Boucliers, long. 0,010 à 0,012, larg. 0,004 à 0,005.

L'animal, étudié par Bonelli, mesurait : long. totale 0,700, sans la caudale, 0,595 ; il a été « pêché à Lerici, dans le golfe de la Spézia, et porté à Gênes » au mois de juin 1818 (Bonel.).

Trachyptère gymnoptère, Trachypterus gymnopterus, A. Dumér.

Chez certains sujets, les rayons de la dorsale paraissent nus, libres, ils sont plus ou moins isolés ; le professeur A. Duméril a pensé trouver, dans cette disposition de la nageoire, le caractère d'une nouvelle espèce, à laquelle il donna le nom de *Trachypterus gymnopterus.* J'ai examiné avec attention l'individu inscrit, au Muséum, sous cette dénomination, et je me suis assuré que le poisson n'est autre qu'un *Trachypterus leiopterus,* dont la dorsale est endommagée. La membrane qui réunit les rayons de la nageoire, est tellement délicate qu'elle se déchire sous la moindre traction ; il est même difficile de compter les rayons de la dorsale sans produire des solutions de continuité, bien qu'on prenne les plus grandes précautions pour éviter ces accidents.

Les Tænioïdés sont carnivores, ils vivent de mollusques, de petits crustacés; les Trachyptères mordent à l'hameçon. Ces poissons, très curieux, très intéressants à étudier pour le naturaliste, ne sont d'aucune utilité, ne fournissent aucun produit à la nourriture de l'homme. En Islande, d'après Cuvier et Valenciennes, le Trachyptère bogmare est regardé « comme venimeux ».

FIN DU DEUXIÈME VOLUME.

TABLE ALPHABÉTIQUE

DES NOMS DES ESPÈCES

FIN DE LA TABLE.

9 782329 377575